教育部高职高专规划教材

冲压模具设计与制造

CHONGYA MUJU SHEJI YU ZHIZAO

第二版

徐政坤 主 编
范建蓓 副主编
翁其金 主 审

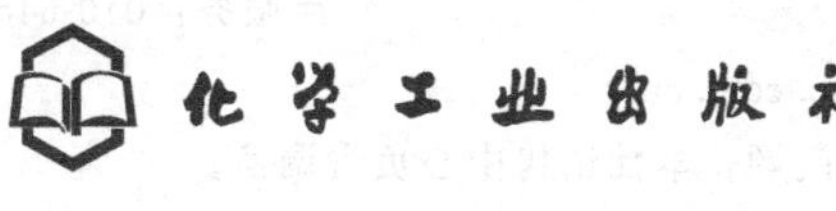

·北 京·

本书系统地介绍了冲压模具设计与制造的基本原理、基本方法和相关知识。内容包括冲压模具设计基础，冲压模具制造基础，冲裁模、弯曲模、拉深模、成形模、多工位级进模设计与制造，冲模寿命、材料与安全措施，冲压工艺规程的编制等。

本书以培养技术应用能力为主线，将冲压成形原理、冲压工艺与模具设计、模具制造工艺学等三门关联课程的内容进行了有机的融合，并选编了较多的应用实例和习题，突出了应用性、实用性、综合性和先进性，体系新颖，内容翔实。

本书可作为高职高专各类院校模具设计与制造专业及机械、机电类各相关专业的教材，也可供从事模具设计与制造的工程技术人员参考。

图书在版编目（CIP）数据

冲压模具设计与制造/徐政坤主编．—2版．—北京：化学工业出版社，2009.5（2023.1重印）
教育部高职高专规划教材
ISBN 978-7-122-05143-1

Ⅰ．冲…　Ⅱ．徐…　Ⅲ．①冲模-设计-高等学校：技术学院-教材②冲模-制模工艺-高等学校：技术学院-教材
Ⅳ．TG385.2

中国版本图书馆CIP数据核字（2009）第045129号

责任编辑：高　钰　　　文字编辑：张绪瑞
责任校对：宋　玮　　　装帧设计：史利平

出版发行：化学工业出版社（北京市东城区青年湖南街13号　邮政编码100011）
印　　装：涿州市般润文化传播有限公司
787mm×1092mm　1/16　印张23½　字数604千字　2023年1月北京第2版第7次印刷

购书咨询：010-64518888　　　售后服务：010-64518899
网　　址：http：//www.cip.com.cn
凡购买本书，如有缺损质量问题，本社销售中心负责调换。

定　　价：59.00元

出版说明

高职高专教材建设工作是整个高职高专教学工作中的重要组成部分。改革开放以来，在各级教育行政部门、有关学校和出版社的共同努力下，各地先后出版了一些高职高专教育教材。但从整体上看，具有高职高专教育特色的教材极其匮乏，不少院校尚在借用本科或中专教材，教材建设落后于高职高专教育的发展需要。为此，1999 年教育部组织制定了《高职高专教育专门课课程基本要求》（以下简称《基本要求》）和《高职高专教育专业人才培养目标及规格》（以下简称《培养规格》），通过推荐、招标及遴选，组织了一批学术水平高、教学经验丰富、实践能力强的教师，成立了“教育部高职高专规划教材”编写队伍，并在有关出版社的积极配合下，推出一批“教育部高职高专规划教材”。

“教育部高职高专规划教材”计划出版 500 种，用 5 年左右时间完成。这 500 种教材中，专门课（专业基础课、专业理论与专业能力课）教材将占很高的比例。专门课教材建设在很大程度上影响着高职高专教学质量。专门课教材是按照《培养规格》的要求，在对有关专业的人才培养模式和教学内容体系改革进行充分调查研究和论证的基础上，充分吸取高职、高专和成人高等学校在探索培养技术应用性专门人才方面取得的成功经验和教学成果编写而成的。这套教材充分体现了高等职业教育的应用特色和能力本位，调整了新世纪人才必须具备的文化基础和技术基础，突出了人才的创新素质和创新能力的培养。在有关课程开发委员会组织下，专门课教材建设得到了举办高职高专教育的广大院校的积极支持。我们计划先用 2～3 年的时间，在继承原有高职高专和成人高等学校教材建设成果的基础上，充分汲取近几年来各类学校在探索培养技术应用性专门人才方面取得的成功经验，解决新形势下高职高专教育教材的有无问题；然后再用 2～3 年的时间，在《新世纪高职高专教育人才培养模式和教学内容体系改革与建设项目计划》立项研究的基础上，通过研究、改革和建设，推出一大批教育部高职高专规划教材，从而形成优化配套的高职高专教育教材体系。

本套教材适用于各级各类举办高职高专教育的院校使用。希望各用书学校积极选用这批经过系统论证、严格审查、正式出版的规划教材，并组织本校教师以对事业的责任感对教材教学开展研究工作，不断推动规划教材建设工作的发展与提高。

教育部高等教育司

第二版前言

本书第一版于2003年8月出版，五年多以来，得到了广大读者的厚爱与支持，他们对本书提出了许多宝贵意见，在此表示衷心的感谢！

为了使本书能更好地适合高职教育的实际需要，并能满足大部分读者提出的要求，我们对本书在以下几方面作了修订。

（1）精简了冲压成形理论中有关塑性变形理论方面的内容，突出了冲压基本规律的描述与应用，使内容简单、易懂。

（2）删除了冲压模具制造生产中不常用或不再使用的加工方法，突出了先进加工方法的应用。

（3）简化了各冲压工艺中的理论分析，去除了部分较复杂的模具结构。

（4）更换了部分设计实例，使实例更加典型实用，简单明了。

（5）对原版存在的错误进行了修正。

本书的内容已制作成用于多媒体教学的PPT课件，并将免费提供给采用本书作为教材的院校使用。如有需要，请发电子邮件至cipedu@163.com获取，或登陆www.cipedu.com.cn免费下载。

随着科学技术的迅速发展和对高职教育要求的不断更新，本书必然存在还需进一步改进的地方。在本版出版以后，我们还将不断对本书进行修改、补充和完善。希望读者及同行继续关心支持本书，多提宝贵意见，使本书得到进一步完善。

编　者

2009年2月

第一版前言

本书是根据全国高职高专专门课开发指导委员会制定的《冷冲压模具设计与制造》课程的基本要求和教材编写大纲，遵循“理论联系实际，体现应用性、实用性、综合性和先进性，激发创新”的原则，在总结近几年各院校模具专业教改经验的基础上编写的。本书的主要特点如下。

1. 根据从事冲压模具设计与制造的工程技术应用性人才的实际要求，理论以“必需、够用”为度，着眼于解决现场实际问题，同时融合相关知识为一体，并注意加强专业知识的广度，积极吸纳新知识，体现了应用性、实用性、综合性和先进性。

2. 将冲压成形原理、冲压工艺与模具设计、模具制造工艺学等三门关联课程的内容进行了有机的融合，采用通俗易懂的文字和丰富的图表，在分析冲压成形基本规律的基础上，系统介绍了冲模设计与制造的基本理论及方法，客观分析了冲压工艺、冲压模具、冲压设备、冲压材料及冲压件质量与经济性的关系，体系新颖，内容详实。

3. 各章均选编了较多的应用实例和习题，重点章节精选了综合应用实例和大型连续作业，实用性和可操作性强，便于教学和自学。

本书可作为高职高专各类院校模具设计与制造专业及机械、机电类各相关专业的教材，也可供从事模具设计与制造的工程技术人员参考。

本书由张家界航空工业职业技术学院徐政坤主编，浙江机电职业技术学院范建蓓副主编，福建工程学院翁其金主审。全书共九章，绪论、第二章、第三章的第六节至第十一节由徐政坤编写；第一章由深圳信息职业技术学院陈良辉编写；第三章的第一节至第五节由张家界航空工业职业技术学院龙丽编写；第四章由贵州电子信息职业技术学院高桥金编写；第五章的第一节至第八节由四川工商职业技术学院王丽娟编写，第九节至第十一节由四川工商职业技术学院周学坤编写；第六章、第七章由范建蓓编写；第八章、第九章由陕西工业职业技术学院李云编写。

由于编者水平有限，书中缺点错误在所难免，恳请广大读者批评指正。

编　者

2003 年 5 月

目 录

绪　论

一、冲压的概念、特点及应用

冲压是利用安装在冲压设备（主要是压力机）上的模具对材料施加压力，使其产生分离或塑性变形，从而获得所需零件（俗称冲压件或冲件）的一种压力加工方法。冲压通常是在常温下对材料进行冷变形加工，且主要采用板料来加工成所需零件，所以也叫冷冲压或板料冲压。冲压是材料压力加工或塑性加工的主要方法之一，隶属于材料成形工程技术。

冲压所使用的模具称为冲压模具，简称冲模。冲模是将材料（金属或非金属）批量加工成所需冲件的专用工具。冲模在冲压中至关重要，没有符合要求的冲模，批量冲压生产就难以进行；没有先进的冲模，先进的冲压工艺就无法实现。冲压工艺与模具、冲压设备和冲压材料构成冲压加工的三要素，它们之间的相互关系如图0-1所示。

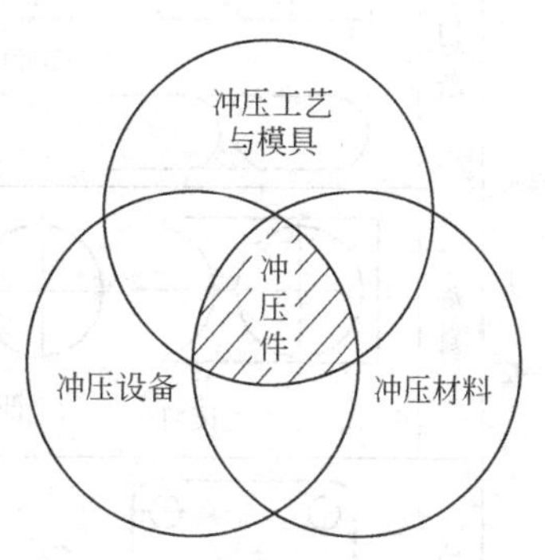

图 0-1　冲压加工的要素

与机械加工及塑性加工的其他方法相比，冲压加工无论在技术方面还是经济方面都具有许多独特的优点。主要表现如下。

① 冲压加工的生产效率高，且操作方便，易于实现机械化与自动化。这是因为冲压是依靠冲模和压力机来完成加工，普通压力机的行程次数为每分钟几十次，高速压力机每分钟可达数百次甚至千次以上，而且每次冲压行程就可能得到一个冲件。

② 冲压时由模具保证了冲压件的尺寸与形状精度，且一般不破坏冲压材料的表面质量，而模具的寿命一般较长，所以冲压件的质量稳定，互换性好，具有“一模一样”的特征。

③ 冲压可加工出尺寸范围较大、形状较复杂的零件，如小到钟表的秒针，大到汽车纵梁、覆盖件等，加上冲压时材料的冷变形硬化效应，冲压件的强度和刚度均较高。

④ 冲压一般没有切屑碎料生成，材料的消耗较少，且不需其他加热设备，因而是一种省料、节能的加工方法，冲压件的成本较低。

但是，冲压加工所使用的模具一般具有专用性，有时一个复杂零件需要数套模具才能加工成形，且模具制造的精度高，技术要求高，是技术密集型产品。所以，只有在冲压件生产批量较大的情况下，冲压加工的优点才能充分体现，从而获得较好的经济效益。

冲压在现代工业生产中，尤其是大批量生产中应用十分广泛。相当多的工业部门越来越多地采用冲压方法加工产品零部件，如汽车、农机、仪器、仪表、电子、航空、航天、家电及轻工等行业。在这些工业部门中，冲压件所占的比重都相当的大，少则60%以上，多则90%以上。不少过去用锻造、铸造和切削加工方法制造的零件，现在大多数也被重量轻、刚度好的冲压件所代替。因此可以说，如果生产中不广泛采用冲压工艺，许多工业部门要提高生产效率和产品质量、降低生产成本、快速进行产品更新换代等都是难以实现的。

二、冲压的基本工序及模具

由于冲压加工的零件种类繁多，各类零件的形状、尺寸和精度要求又各不相同，因而生产中采用的冲压工艺方法也是多种多样的。概括起来，可分为分离工序和成形工序两大类：分离工序是指使坯料沿一定的轮廓线分离而获得一定形状、尺寸和断面质量的冲压件（俗称冲裁件）的工序；成形工序是指使坯料在不破裂的条件下产生塑性变形而获得一定形状和尺寸的冲压件的工序。

上述两类工序，按基本变形方式不同又可分为冲裁、弯曲、拉深和成形四种基本工序，每种基本工序还包含有多种单一工序。冲压工序的具体分类及特点见表 0-1 和表 0-2。

表 0-1　分离工序

工序名称		简图	特点	工序名称		简图	特点
冲裁	切断	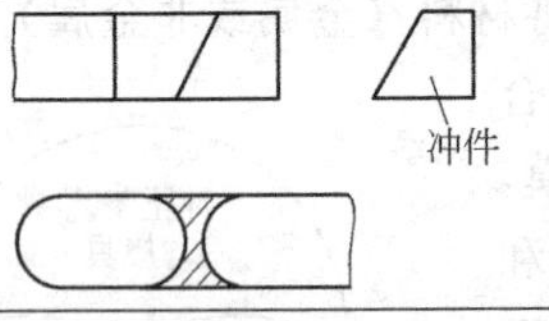 冲件	用剪刃或冲模切断板料，切断线不封闭	冲裁	切口	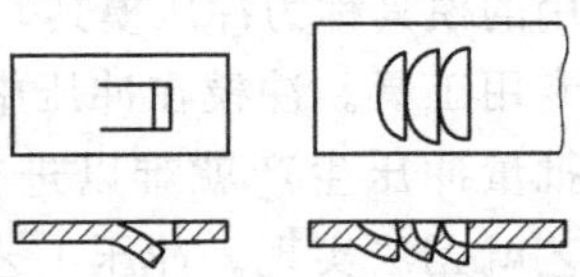	在坯料上沿不封闭线冲出缺口，切口部分发生弯曲
冲裁	落料	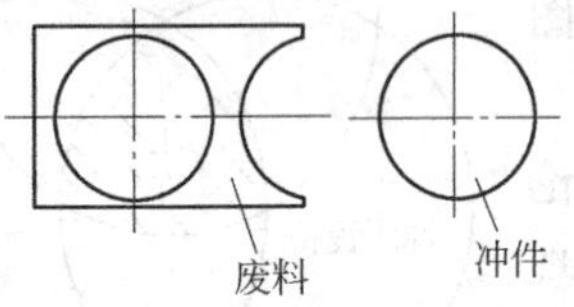 废料　冲件	用冲模沿封闭线冲切板料，冲下来的部分为冲件	冲裁	切边	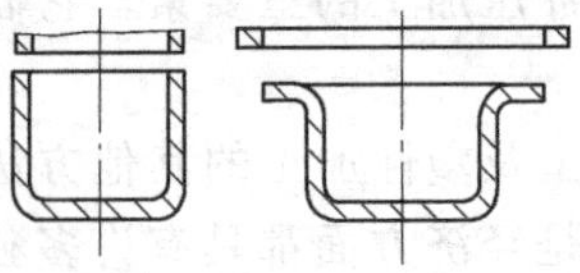	将工件的边缘部分切除
冲裁	冲孔	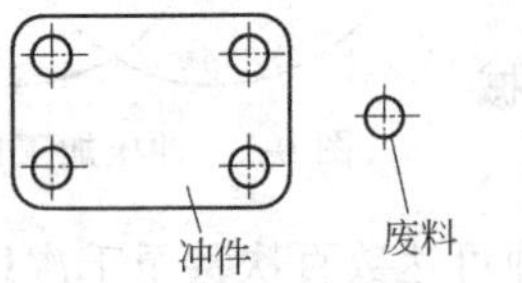 冲件　废料	用冲模沿封闭线冲切板料，冲下来的部分为废料	冲裁	剖切	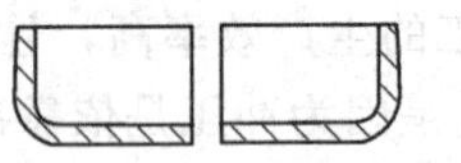	把工件切开成两个或多个零件

表 0-2　成形工序

工序名称		简图	特点	工序名称		简图	特点
弯曲	弯曲	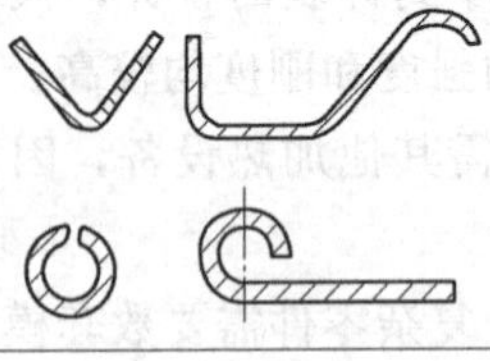	将板料沿直线弯成一定的角度和曲率	拉深	拉深	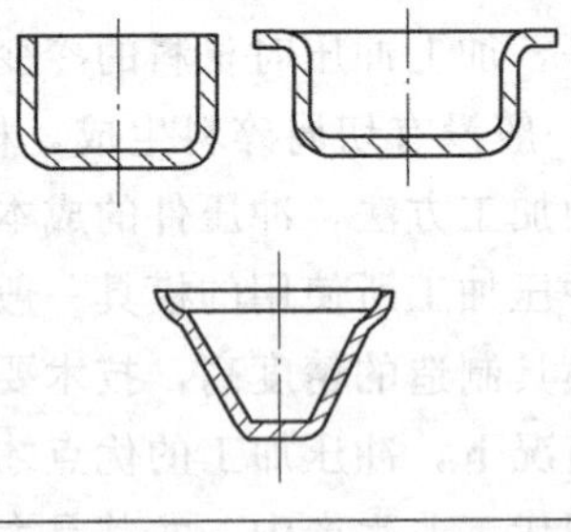	把平板坯料制成开口空心件，壁厚基本不变
弯曲	拉弯	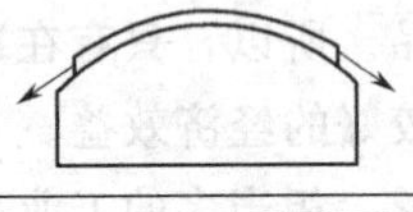	在拉力和弯矩共同作用下实现弯曲变形	拉深	拉深		把平板坯料制成开口空心件，壁厚基本不变
弯曲	扭弯	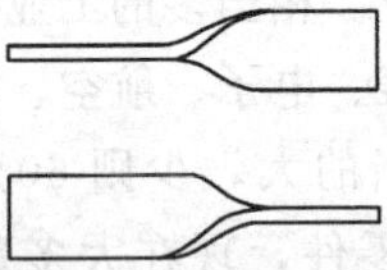	把工件的一部分相对另一部分扭转成一定角度	拉深	变薄拉深	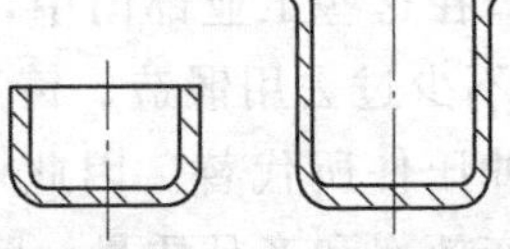	把空心件进一步拉深成侧壁比底部薄的零件
弯曲	滚弯	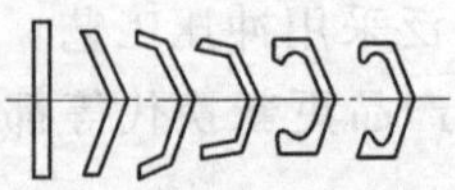	通过一系列轧辊把平板卷料辊弯成复杂形状	拉深	变薄拉深		把空心件进一步拉深成侧壁比底部薄的零件

续表

工序名称		简图	特点	工序名称		简图	特点
成形	翻孔		沿工件上孔的边缘翻出竖立边缘	成形	卷缘		把空心件的口部卷成接近封闭的圆形
	翻边		沿工件的外缘翻起弧形的竖立边缘		胀形		将空心件或管状件沿径向往外扩张，形成局部直径较大的零件
	扩口		把空心件的口部扩大		旋压		用滚轮使旋转状态下的坯料逐步成形为各种旋转体空心件
	缩口		把空心件的口部缩小		整形		依靠材料的局部变形，少量改变工件形状和尺寸，以提高其精度
	起伏		依靠材料的伸长变形使工件形成局部凹陷或凸起		校平		将有拱弯或翘曲的平板形件压平，以提高其平面度

在实际生产中，当冲压件的生产批量较大、尺寸较小而公差要求较小时，若用分散的单一工序来冲压是不经济甚至难于达到要求的。这时在工艺上多采用工序集中的方案，即把两种或两种以上的单一工序集中在一副模具内完成，称为组合工序。根据工序组合的方法不同，又可将其分为复合、级进和复合-级进三种组合方式。

复合冲压——在压力机的一次工作行程中，在模具的同一工位上同时完成两种或两种以上不同单一工序的一种组合方式。

级进冲压——在压力机的一次工作行程中，按照一定的顺序在同一模具的不同工位上完成两种或两种以上不同单一工序的一种组合方式。

复合-级进冲压——在一副冲模上包含复合和级进两种方式的组合工序。

冲模的结构类型也很多。通常按工序性质可分为冲裁模、弯曲模、拉深模和成形模等；按工序的组合方式可分为单工序模、复合模和级进模等。但不论何种类型的冲模，都可看成是由上模和下模两部分组成，上模被紧固在压力机滑块上，可随滑块作上、下往复运动，是冲模的活动部分；下模被固定在压力机工作台或垫板上，是冲模的固定部分。工作时，坯料在下模面上通过定位零件定位，压力机滑块带动上模下压，在模具工作零件（即凸模、凹模）的作用下坯料便产生分离或塑性变形，从而获得所需形状与尺寸的冲件。上模回升时，模具的卸料与出件装置将冲件或废料从凸、凹模上卸下或推、顶出来，以便进行下一次冲压循环。图 0-2 所示为几种常见冲模的结构简图，其中凸模 1 和凹模 5 是工作零件，定位板 3 和挡料销 4 是定位零件，卸料板 2、推件杆 6、压料板（顶件板）7 等构成模具卸料与出件装置，其余是模具的支承与固定零件。

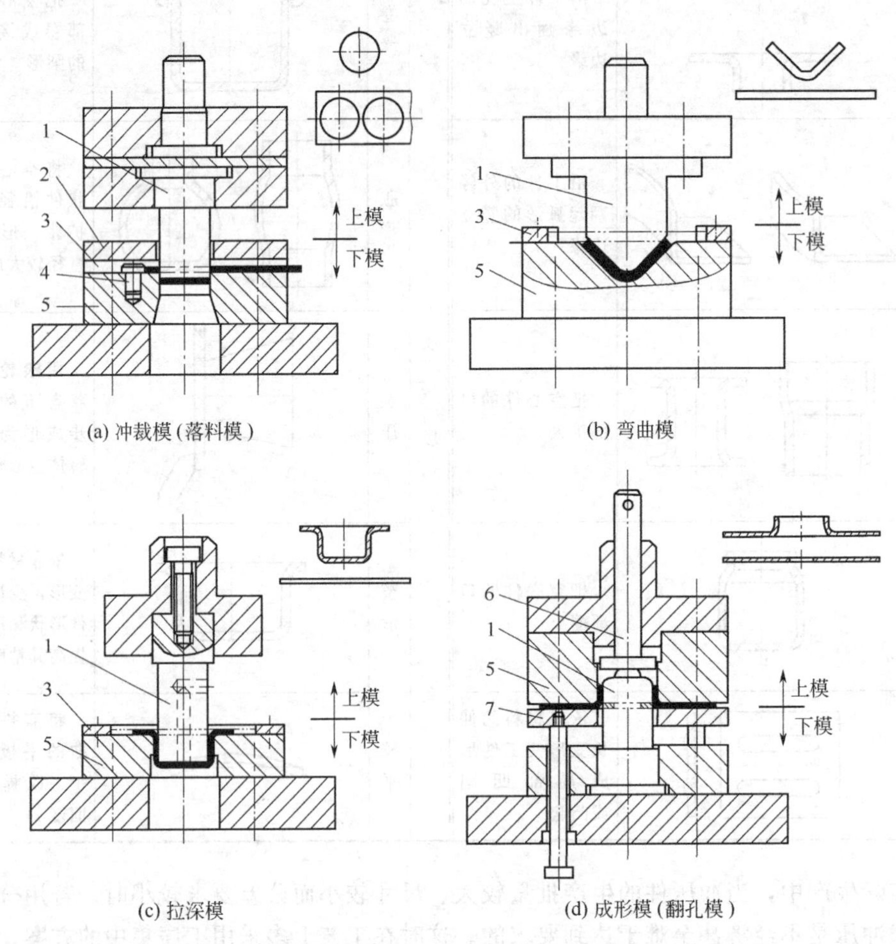

图 0-2　几种常见冲模的结构简图

1—凸模；2—卸料板；3—定位板；4—挡料销；5—凹模；6—推件杆；7—压料板

三、冲压技术的现状及发展方向

随着科学技术的不断进步和工业生产的迅速发展，许多新技术、新工艺、新设备、新材料不断涌现，因而促进了冲压技术的不断革新和发展。其主要表现和发展方向如下。

1. 冲压成形理论及冲压工艺方面

冲压成形理论的研究是提高冲压技术的基础。目前，国内外对冲压成形理论的研究非常重视，在材料冲压性能研究、冲压成形过程应力应变分析、板料变形规律研究及坯料与模具之间的相互作用研究等方面均取得了较大的进展。特别是随着计算机技术的飞跃发展和塑性变形理论的进一步完善，近年来国内外已开始应用塑性成形过程的计算机模拟技术，即利用有限元（FEM）等数值分析方法模拟金属的塑性成形过程，根据分析结果，设计人员可预测某一工艺方案成形的可行性及可能出现的质量问题，并通过在计算机上选择修改相关参数，可实现工艺及模具的优化设计。这样既节省了昂贵的试模费用，也缩短了制模周期。

研究推广能提高劳动生产率及产品质量、降低成本和扩大冲压工艺应用范围的各种冲压新工艺，也是冲压技术的发展方向之一。目前，国内外相继涌现出了精密冲压工艺、软模成形工艺、高能高速成形工艺、超塑性成形工艺及无模多点成形工艺等精密、高效、经济的冲压新工艺。其中，精密冲裁是提高冲裁件质量的有效方法，它扩大了冲压加工范围，目前精密冲裁加工零件的厚度可达25mm，精度可达IT6～IT7级；用液体、橡胶、聚氨酯等作柔性凸模或凹模来代替刚性凸模或凹模的软模成形工艺，能加工出用普通加工方法难以加工的材料和复杂形状的零件，在特定生产条件下具有明显的经济效果；采用爆炸等高能高效成形方法对于加工各种尺寸大、形状复杂、批量小、强度高和精度要求较高的板料零件，具有很重要的实用意义；利用金属材料的超塑性进行超塑性成形，可以用一次成形代替多道普通的冲压成形工序，这对于加工形状复杂和大型板料零件具有突出的优越性；无模多点成形工艺是用高度可调的凸模群体代替传统模具进行板料曲面成形的一种先进工艺技术，我国已自主设计制造了具有国际领先水平的无模多点成形设备，解决了多点压机成形法，从而可随意改变变形路径与受力状态，提高了材料的成形极限，同时利用反复成形技术可消除材料内残余应力，实现无回弹成形。无模多点成形系统以CAD/CAM/CAT技术为主要手段，能快速经济地实现三维曲面的自动化成形。

2. 冲模设计与制造方面

冲模是实现冲压生产的基本条件。在冲模的设计和制造上，目前正朝着以下两方面发展：一方面，为了适应高速、自动、精密、安全等大批量现代生产的需要，冲模正向高效率、高精度、高寿命及多工位、多功能方向发展，与此相适应的新型模具材料及其热处理技术，各种高效、精密、数控、自动化的模具加工机床和检测设备以及模具CAD/CAM技术也正在迅速发展；另一方面，为了适应产品更新换代和试制或小批量生产的需要，锌基合金冲模、聚氨酯橡胶冲模、薄板冲模、钢带冲模、组合冲模等各种简易冲模及其制造技术也得到了迅速发展。

精密、高效的多工位及多功能级进模和大型复杂的汽车覆盖件冲模代表了现代冲模的技术水平。目前，50个工位以上的级进模进距精度可达2μm，多功能级进模不仅可以完成冲压全过程，还可完成焊接、装配等工序。我国已能自行设计制造出达到国际水平的精密多工位级进冲模，如某机电一体化的铁芯精密自动化多功能级进模，其主要零件的制造精度达2～5μm，进距精度2～3μm，总寿命达1亿次。我国主要汽车模具企业，已能生产成套轿车覆盖件模具，在设计制造方法、手段方面已基本达到了国际水平，模具结构、功能方面也接近国际水平，但在制造质量、精度、制造周期和成本方面与国外相比还存在一定差距。

模具材料及热处理与表面处理工艺对模具加工质量和寿命的影响很大，世界各主要工业国在此方面的研究取得了较大进展，开发了许多的新钢种，其硬度可达58～70HRC，而变形只为普通工具钢的1/5～1/2。如火焰淬火钢可局部硬化，且无脱碳；我国研制的65Nb、LD和CD等新钢种，具有热加工性能好、热处理变形小、抗冲击性能佳等特点。与此同时，还发展了一些新的热处理和表面处理工艺，主要有气体软氮化、离子氮化、渗硼、表面涂镀、化学气相沉积（CVD）、物理气相沉积（PVD）、激光表面处理等。这些方法能提高模具工作表面的耐磨性、硬度和耐蚀性，使模具寿命大大延长。

模具制造技术现代化是模具工业发展的基础。计算机技术、信息技术、自动化技术等先进技术正在不断向传统制造技术渗透、交叉、融合形成了现代模具制造技术。其中高速铣削加工、电火花铣削加工、慢走丝线切割加工、精密磨削及抛光技术、数控测量等代表了现代冲模制造的技术水平。高速铣削加工不但具有加工速度高以及良好的加工精度和表面质量（主轴转速一般为15000～40000r/min，加工精度一般可达10μm，最好的表面粗糙度$Ra\leqslant 1\mu m$），而且与传统切削加工相比温升低（工件只升高3℃）、切削力小，因而可加工热敏材料和刚性差的零件，合理选择刀具和切削用量还可实现硬材料（60HRC）加工；电火花铣削加工（又称电火花创成加工）是以高速旋转的简单管状电极作三维或二维轮廓加工（像数控铣一样），因此不再需要制造昂贵的成形电极，如日本三菱公司生产的EDSCAN8E电火花铣削加工机床，配置有电极损耗自动补偿系统、CAD/CAM集成系统、在线自动测量系统和动态仿真系统，体现了当今电火花加工机床的技术水平；慢走丝线切割技术的发展水平已相当高，功能也相当完善，自动化程度已达到无人看管运行的程度，目前切割速度已达$300mm^2/min$，加工精度可达±1.5μm，表面粗糙度达$Ra=0.1\sim0.2\mu m$；精密磨削及抛光已开始使用数控成形磨床、数控光学曲线磨床、数控连续轨迹坐标磨床及自动抛光机等先进设备和技术；模具加工过程中的检测技术也取得了很大发展，现代三坐标测量机除了能高精度地测量复杂曲面的数据外，其良好的温度补偿装置、可靠的抗振保护能力、严密的除尘措施及简便的操作步骤，使得现场自动化检测成为可能。此外，激光快速成形技术（RPM）与树脂浇注技术在快速经济制模技术中得到了成功的应用。利用RPM技术快速成形三维原型后，通过陶瓷精铸、电弧涂喷、消失模、熔模等技术可快速制造各种成形模。如清华大学开发研制的"M-RPMS-Ⅱ型多功能快速原型制造系统"是我国自主知识产权的世界惟一拥有两种快速成形工艺（分层实体制造SSM和熔融挤压成形MEM）的系统，它基于"模块化技术集成"之概念而设计和制造，具有较好的价格性能比。一汽模具制造公司在以CAD/CAM加工的主模型为基础，采用瑞士汽巴精化的高强度树脂浇注成形的树脂冲模应用在国产轿车试制中，具有制造精度较高、周期短、费用低等特点，达到了20世纪90年代国际水平，为我国轿车试制和小批量生产开辟了新的途径。

模具CAD/CAE/CAM技术是改造传统模具生产方式的关键技术，它以计算机软件的形式为用户提供一种有效的辅助工具，使工程技术人员能借助计算机对产品、模具结构、成形工艺、数控加工及成本等进行设计和优化，从而显著缩短模具设计与制造周期，降低生产成本，提高产品质量。随着功能强大的专业软件和高效集成制造设备的出现，以三维造型为基础、基于并行工程（CE）的模具CAD/CAE/CAM技术正成为发展方向，它能实现制造和装配的设计、成形过程的模拟和数控加工过程的仿真，还可对模具可制造性进行评价，使模具设计与制造一体化、智能化。

3. 冲压设备和冲压生产自动化方面

性能良好的冲压设备是提高冲压生产技术水平的基本条件，高精度、高寿命、高效率的冲模需要高精度、高自动化的冲压设备相匹配。为了满足大批量高速生产的需要，目前冲压设备也由单工位、单功能、低速压力机朝着多工位、多功能、高速和数控方向发展，加之机械手乃至机器人的大量使用，使冲压生产效率得到大幅度提高，各式各样的冲压自动线和高速自动压力机纷纷投入使用。如在数控四边折弯机中送入板料毛坯后，在计算机程序控制下便可依次完成四边弯曲，从而大幅度提高精度和生产率；在高速自动压力机上冲压电机定转子冲片时，一分钟可冲几百片，并能自动叠成定、转子铁芯，生产效率比普通压力机提高几十倍，材料利用率高达97%；公称压力为250kN的高速压力机的滑块行程次数已达每分钟2000次以上。在多功能压力机方面，日本会田公司生产的2000kN“冲压中心”采用CNC控制，只需5min时间就可完成自动换模、换料和调整工艺参数等工作；美国惠特尼（Whitney）公司生产的CNC金属板材加工中心，在相同的时间内，加工冲压件的数量为普通压力机的4～10倍，并能进行冲孔、分段冲裁、弯曲和拉深等多种作业。

近年来，为了适应市场的激烈竞争，对产品质量的要求越来越高，且其更新换代的周期大为缩短。冲压生产为适应这一新的要求，开发了多种适合不同批量生产的工艺、设备和模具。其中，无需设计专用模具、性能先进的转塔数控多工位压力机、激光切割和成形机、CNC万能折弯机等新设备已投入使用。特别是近几年来在国外已经发展起来、国内也开始使用的冲压柔性制造单元（FMC）和冲压柔性制造系统（FMS）代表了冲压生产新的发展趋势。FMS系统以数控冲压设备为主体，包括板料、模具、冲压件分类存放系统、自动上料与下料系统，生产过程完全由计算机控制，车间实现24h无人控制生产。同时，根据不同使用要求，可以完成各种冲压工序，甚至焊接、装配等工序，更换新产品方便迅速，冲压件精度也高。

4. 冲模标准化及专业化生产方面

模具的标准化及专业化生产，已得到模具行业的广泛重视。因为冲模属单件小批量生产，冲模零件既具有一定的复杂性和精密性，又具有一定的结构典型性。因此，只有实现了冲模的标准化，才能使冲模和冲模零件的生产实现专业化、商品化，从而降低模具成本，提高模具质量和缩短制造周期。目前，国外先进工业国家模具标准化生产程度已达70%～80%，模具厂只需设计制造工作零件，大部分模具零件均从标准件厂购买，使生产效率大幅度提高。模具制造厂专业化程度越来越高，分工越来越细，如目前有模架厂、顶杆厂、热处理厂等，甚至某些模具厂仅专业化制造某类产品的冲裁模或弯曲模，这样更有利于制造水平的提高和制造周期的缩短。我国冲模标准化与专业化生产近年来也有较大进展，除反映在标准件专业化生产厂家有较多增加外，标准件品种也有扩展，精度也有提高。但总体情况还满足不了模具工业发展的要求，主要体现在标准化程度还不高（一般在40%以下），标准件的品种和规格较少，大多数标准件厂家未形成规模化生产，标准件质量也还存在较多问题。另外，标准件生产的销售、供货、服务等都还有待于进一步提高。

四、本课程的学习要求与学习方法

本课程融合了冲压成形原理、冲压工艺与冲模设计、冲模制造工艺等主要内容，是模具设计与制造专业的一门主干专业课。通过本课程的学习，应初步掌握冲压成形的基本原理，掌握冲压工艺过程编制、冲模设计和冲模制造工艺编制的基本方法，具有制定一般复杂程度冲压件的冲压工艺、设计中等复杂程度冲压模具和编制模具零件加工与装配工艺的能力，能够运用已学知识分析和解决冲压生产和冲模制造中常见的产品质量、工艺及模具方面的技术问题，并了解冲压新工艺、新模具、模具制造新技术及其发展方向。

冲模设计与制造是一门实践性和实用性很强的学科，它以金属学与热处理、塑性力学、金属塑性成形原理等学科为基础，与冲压设备和机械制造技术紧密相关，因此学习时不但要注意系统学好本学科的基础理论知识，而且要密切联系生产实际，认真参加实验、实训、课程设计等实践性教学环节，同时还要注意沟通与基础学科和相关学科知识间的联系，培养综合运用知识分析解决实际问题的能力。

思考与练习题

1. 什么是冲压？它与其他加工方法相比有什么特点？
2. 为何冲压加工的优越性只有在批量生产的情况下才能得到充分体现？
3. 冲压工序可分为哪两大类？它们的主要区别和特点是什么？
4. 简述冲压技术的发展趋势。

第一章 冲压模具设计基础

第一节 冲压成形理论基础

冲压成形是金属塑性成形加工中的一种，它主要是利用材料的塑性，在外力的作用下发生塑性变形而使材料成形的一种加工方法。因此，要掌握冲压成形的加工技术，就必须对材料变形性质及规律有充分的认识。

一、金属塑性变形概述

1. 塑性变形、塑性与变形抗力的概念

在金属物体中，原子之间作用着相当大的力，足以抵抗重力的作用，所以在没有其他外力作用的条件下，物体将保持自有的形状和尺寸。当物体受到外力作用之后，物体的形状和尺寸将发生变化，这种现象称为变形。变形的实质就是物体内部原子间的距离产生变化。

若作用于物体的外力去除以后，由外力引起的变形随之消失，物体能完全恢复自己的原有形状和尺寸，这样的变形称为弹性变形。

若作用于物体的外力去除以后，物体并不能完全恢复自己的原有形状和尺寸，这样的变形称为塑性变形。

所谓塑性，是指物体在外力的作用下产生永久变形而不破坏其完整性的能力。塑性不仅与物体材料的种类有关，还与变形方式和变形条件有关。例如，在通常情况下，铅具有很好的塑性，但在三向等拉应力的作用下，却会像脆性材料一样破裂，不产生任何塑性变形。又如，极脆的大理石，若给予三向压力作用，则可能产生较大的塑性变形。这两个例子充分说明：材料的塑性并非某种物质固定不变的性质，而是与材料种类、变形方式及变形条件有关。

金属塑性的高低通常用塑性指标来衡量。塑性指标以材料开始破坏时的变形量表示，它可借助于各种试验方法测定。

所谓变形抗力，是指在一定的变形条件（加载状况、变形温度及速度）下，引起物体塑性变形的单位变形力。变形抗力反映了物体在外力作用下抵抗塑性变形的能力。

塑性和变形抗力是两个不同的概念。通常说某种材料的塑性好坏是指受力后临近破坏时变形程度的大小，而变形抗力是从力的角度反映塑性变形的难易程度。如奥氏体不锈钢允许的塑性变形程度大，说明它的塑性好，但其变形抗力也大，说明它需要较大的外力才能产生塑性变形。

2. 塑性变形对金属组织和性能的影响

金属受外力作用产生塑性变形后，不仅形状和尺寸发生变化，而且其内部组织和性能也将发生变化，这些变化可以归纳为以下四个方面。

(1) 形成了纤维组织　多晶体经塑性变形后，各晶粒会沿变形方向伸长。当变形程度很大时，多晶体晶粒便显著地沿变形方向被拉长，于是便形成了金属的纤维组织。形成的纤维组织会使变形抗力增加，且会产生明显的各向异性（即板平面内不同方向的性能有所差异，

一般顺纤维方向的力学性能高于垂直纤维方向的力学性能)。

(2) 形成了亚组织　在金属塑性变形过程中，当变形很小时，晶粒内部位错分布相对比较均匀。随着变形程度的增加，由于位错的运动和相互作用，使位错呈不均匀分布，一些位错互相纠缠在一起，形成位错缠结。继续变形时，在纠缠处的位错愈来愈多，愈来愈密。密集的位错纠结在晶粒内围成细小的粒状组织称为胞状组织或亚组织。亚组织的形成使得位错运动更加困难，导致变形抗力的增加。

(3) 产生了内应力　由于变形过程中每个晶粒都有不同程度的变形，为了保持金属晶体的完整性，必然会在不同变形程度的晶粒之间和每个晶粒内部造成一些自相平衡的内应力，即所谓附加应力。变形终止后，附加应力遗留在金属中变成残余应力。内应力的存在，将导致金属的开裂和变形抗力的增加。

(4) 产生了加工硬化　随着变形程度的增加，金属的强度、硬度和变形抗力逐渐提高，而塑性和韧性逐渐降低，这种现象称为加工硬化现象。造成加工硬化的根本原因是变形时位错运动受阻和位错密度不断增大。

金属的加工硬化在生产中具有很大的实际意义。例如，它可作为强化金属的重要手段，特别是热处理无法强化的金属材料（如纯金属、多数铜合金和镍铬不锈钢等），只有用加工硬化的方法来强化；冶金厂生产的成品材料中有“硬”、“半硬”等状态，就是经过冷轧或冷拉等方法加工硬化的。但加工硬化也有不利的一面，例如，由于塑性降低，可能给金属材料进一步成形带来困难；某些物理、化学性能的变坏，也会影响一些零件的使用。要解决这些问题，可采用一定的热处理工序。

3. 影响金属塑性的因素

前述已知，金属的塑性不是固定不变的，影响因素很多，除了金属本身的内在因素（晶格类型、化学成分和金相组织等）以外，其外部因素——变形方式（应力与应变状态）、变形条件（变形温度与变形速度）的影响也很大。从冲压工艺的角度出发，加工材料给定之后，往往着重于外部条件的研究，以便创造条件，充分发挥材料的变形潜力，尽可能地减少冲压工序次数，提高经济效益。

(1) 金属的成分和组织结构　组成金属的晶格类型，杂质的性质、数量及分布情况，晶粒大小、形状及晶界强度等不同，金属的塑性就不同。一般来说，组成金属的元素愈少（如纯金属和固溶体）、晶粒愈细小、组织分布愈均匀，则金属的塑性愈好。

(2) 变形时的应力状态　因为金属的塑性变形主要依靠晶面的滑移作用，而金属变形时的破坏则是由于晶内滑移面上裂纹的扩展以及晶间变位时结合面的破坏造成的。压应力有利于封闭裂纹，阻止其继续扩展，有利于增加晶间结合力，抑制晶间变位，减小晶间破坏的倾向。所以，金属变形时，压应力的成分愈大，金属愈不易破坏，其可塑性也就愈好。与此相反，拉应力则易于扩展材料的裂纹与缺陷，所以拉应力的成分愈大，愈不利于金属可塑性的发挥。

(3) 变形温度　变形温度对金属的塑性有重大影响。就大多数金属而言，其总的趋势是：随着温度的升高，塑性增加，变形抗力降低（金属的软化）。温度增高能使金属软化的原因是：随着温度的增加，金属组织发生了回复与再结晶；滑移所需临界切应力降低，使滑移系增加；产生了新的变形方式——热塑性变形（扩散塑性）等。

值得指出的是加热软化趋势并不是绝对的。有些金属在温升过程中的某些区间，由于过剩相的析出或相变等原因，可能会使金属的塑性降低和变形抗力增加。如碳钢加热到200～400℃之间时，因为时效作用（夹杂物以沉淀的形式在晶界滑移面上析出）使塑性降低，变形抗力增加，脆性增大，这个温度范围称为蓝脆区。而在800～950℃范围内，又会出现热脆，使塑性降低，原因是铁与硫形成的化合物FeS几乎不熔于固体铁中，形成低熔点的共晶体（Fe＋FeS＋FeO），如果处在晶粒边界的共晶体熔化，就会破坏晶粒间的结合。因此，选择变形温度时，碳钢应避开蓝脆区和热脆区。

在冲压工艺中，有时也采用加热冲裁或加热成形的方法来提高材料塑性和降低变形抗力，以增加变形程度和减小冲压力。有些工序（如差温拉深）中还采用局部冷却的方法，以增强变形区的变形抗力，提高坯料危险断面的强度，从而达到延缓破坏、增大变形程度的目的。

(4) 变形速度　变形速度是指单位时间内应变的变化量，但在冲压生产中不便控制和计量，故以压力机滑块的移动速度来近似反映金属的变形速度。

目前，常规冲压使用的压力机工作速度较低，对金属塑性变形的影响不大。而考虑速度因素，主要基于冲压件的尺寸和形状：对于小型件的冲压，一般可以不考虑速度因素，只需考虑设备的类型、公称压力和功率等；对于大型复杂件，由于冲压成形时坯料各部位的变形极不均匀，易于局部拉裂或起皱，为了便于控制金属的流动情况，宜采用低速成形（如采用油压机或低速压力机冲压）。另外，对于加热成形工序，为了使坯料中的危险断面能及时冷却强化，宜用低速；对于变形速度比较敏感的材料（如不锈钢、耐热合金、钛合金等），也宜低速成形，其加载速度一般控制在0.25m/s以下。

(5) 尺寸因素　同一种材料，在其他条件相同的情况下，尺寸越大，塑性越差。这是因为材料尺寸越大，组织和化学成分越不一致，杂质分布越不均匀，应力分布也不均匀。例如厚板冲裁时，产生剪裂纹时凸模挤入板料的深度与板料厚度的比值（称为相对挤入深度）比薄板冲裁时小。

4. 超塑性概念

前面讨论的各种因素对金属塑性变形的影响，是单个因素的影响，没有研究几个因素的综合影响。试验研究表明，当金属的组织结构、变形温度和变形速度三者配合恰当时，可使金属的变形抗力大大降低（有时可比普通塑性变形降低至几十分之一），拉伸时无缩颈的均匀伸长率显著增加（可比普通塑性变形提高几倍到几十倍），这种现象称为超塑性。无论是纯金属还是以纯金属为基体的合金，都能呈现超塑性，目前已发现能够呈现超塑性效应的金属材料有150多种。

试验结果表明，在超塑性状态下进行拉伸时，尽管可达到异常大的断后伸长率（可超过1000%，有的甚至达到2000%），但是晶粒并未拉长，晶粒内部很少变形，晶界也无破坏痕迹。这说明超塑性的变形机理与普通塑性变形的机理有明显的差别。目前，人们对超塑性变形机理的研究还处于初级阶段，还有待于进一步探索。

金属材料的超塑性一般有两种类型。一种是微细晶超塑性（又称恒温超塑性），它是先对金属作晶粒细化处理，使其尺寸达1～2μm数量级（一般变形金属中的晶粒大小为10～100μm数量级），然后施以一定的恒温和变形速度条件，即可得到超塑性。通常这种超塑性的变形温度在$0.5T_{熔}$（绝对温度）左右，应变速率为10^{-4}～$10^{-1}\mathrm{min}^{-1}$。另一种是相变超塑性，它不在于作细晶处理，而在于金属必须具有相变或同素异构转变的性质。在低载荷作用下，使金属在相变点附近反复加热冷却，经过一定次数的循环后，获得很大的断后伸长率。目前研究最多、应用最广的是微细晶超塑性，而相变超塑性用于实际生产还较困难，现仅用于试验室研究。

超塑性的研究和发展产生了新的冲压工艺——超塑成形。目前应用超塑性可以进行吹塑成形、拉深、挤压等冲压工作。但由于超塑成形需要恒温条件、有抗氧化措施（对高温成形）、成形速度低、模具需耐高温等技术上和经济上的原因，超塑成形工艺目前还只局限于常规冲压工艺难于加工的零件和材料。但超塑成形在模具制造上的应用却已崭露头角，如超塑挤压模具型腔可大大简化模具的加工。

二、塑性变形时的应力与应变

在冲压过程中，材料的塑性变形都是模具对材料施加的外力所引起的内力或内力直接作用的结果。一定的力的作用方式和大小都对应着一定的变形，所以为了研究和分析金属材料的变形性质和变形规律，控制变形的发展，就必须了解材料内各点的应力与应变状态。

1. 点的应力状态

在外力的作用下，材料内各质点间就会产生相互作用的力，称为内力。单位面积上内力的大小称为应力。材料内某一点的应力大小与分布称为该点的应力状态。

为了分析点的应力状态，通常是通过该点周围截取一个微小的六面体（称为单元体），一般情况下，该单元体上存在大小和方向都不同的应力，设为 S_x、S_y、S_z ［见图 1-1(a)］，其中每一个应力又可分解为平行坐标轴的三个分量，即一个正应力和两个切应力［见图 1-1(b)］。由此可见，无论变形体的受力状态如何，为了确定物体内任意点的应力状态，只需知道 9 个应力分量（3 个正应力，6 个切应力）即可。又由于所取单元体处于平衡状态，绕单元体各轴的力矩必定相等，因此其中 3 对切应力应互等，即

$$\tau_{xy}=\tau_{yx}，\tau_{yz}=\tau_{zy}，\tau_{zx}=\tau_{xz}$$

于是，要充分确定变形体内任意点的应力状态，实际上只需知道 6 个应力分量，即 3 个正应力和 3 个切应力就够了。

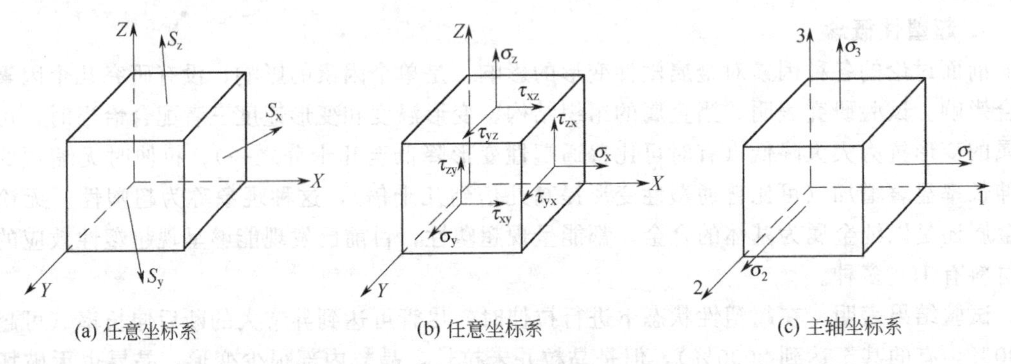

图 1-1 点的应力状态

必须指出，如果坐标系选取的方向不同，虽然该点的应力状态没有改变，但用来表示该点应力状态的各个应力分量就会与原来的数值不同。不过，这些属于不同坐标系的应力分量之间是可以换算的。

可以证明，对任何一种应力状态来说，总存在这样一组坐标系，使得单元体各表面上只有正应力，而没有切应力，如图 1-1(c) 所示。这时的 3 个坐标轴称为主轴，3 个坐标轴的方向称为主方向，3 个正应力称为主应力，3 个主应力的作用面称为主平面。主应力一般按其代数值大小依次用 σ_1、σ_2、σ_3 表示，即 $\sigma_1 \geqslant \sigma_2 \geqslant \sigma_3$，带正号时为拉应力，带负号时为压应力。一个应力状态只有一组主应力，而主方向可通过对变形过程的分析近似确定或通过试验确定。用主应力来表示点的应力状态，可以大大简化分析、运算工作。

以主应力表示点的应力状态称为主应力状态，表示主应力个数及其符号的简图称为主应

力图。可能出现的主应力图共有 9 种，其中 4 种三向主应力图（又称立体主应力图），3 种双向主应力图（又称平面主应力图），2 种单向主应力图（又称线性主应力图），如图 1-2 所示。

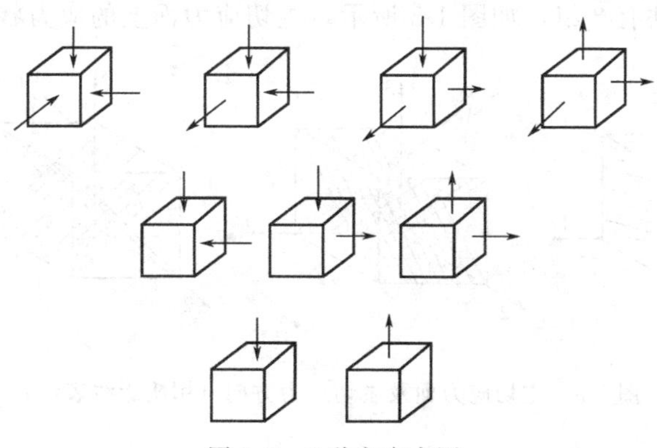

图 1-2　9 种主应力图

在一般情况下，点的应力状态为三向应力状态。但在大多数平板材料成形中，其厚度方向的应力往往较其他两个方向的应力小得多，因此可把厚度方向的应力忽略不计，近似看做平面应力状态。平面应力问题的分析计算比三向应力问题简单，这就为分析解决冲压成形问题提供了方便。

把单元体上 3 个主应力的平均值称为平均应力，用 σ_m 表示，则

$$\sigma_m=(\sigma_1+\sigma_2+\sigma_3)/3 \tag{1-1}$$

任何一种应力状态都可以分解成两种应力状态：一种是大小均等于平均应力 σ_m 的三向等应力状态（又称球应力状态）；另一种是以各向主应力与 σ_m 的差值为应力值构成的偏应力状态，如图 1-3 所示。球应力状态不产生切应力，故不能改变物体的形状，只能使其体积发生微小变化；偏应力状态能产生切应力，可使物体形状发生改变，但不会引起物体体积的变化。显然，三向等压应力（也称静水压力）状态不会产生塑性变形。

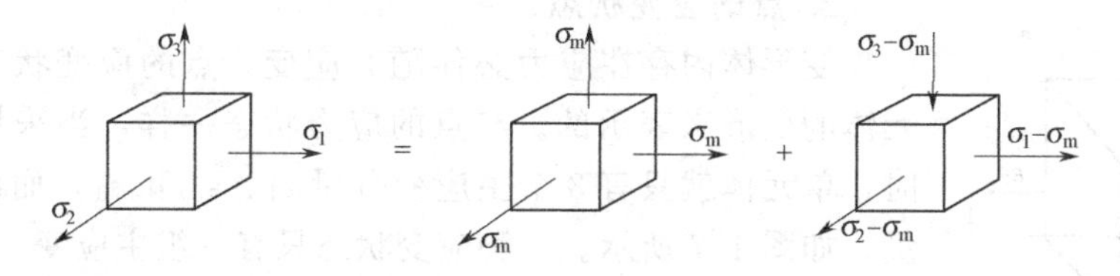

图 1-3　应力状态的分解

根据前述应力状态对金属塑性的影响情况，9 种主应力对金属塑性的影响程度可按图 1-4 所示的顺序排列，图中序号越小，金属的可塑性越好。

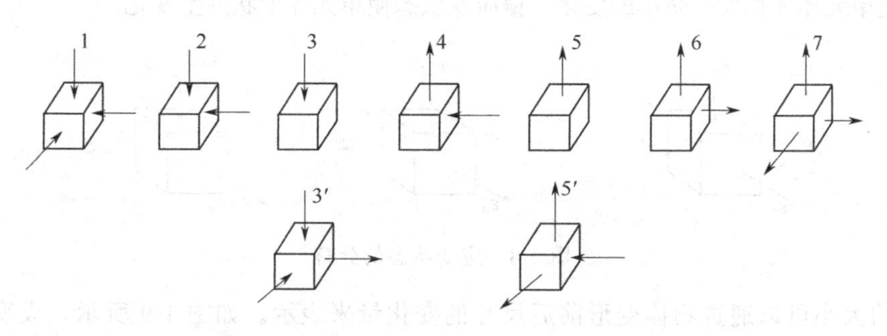

图 1-4　主应力状态对金属塑性影响的顺序

除了主平面上不存在切应力以外，单元体其他方向的截面上都有切应力，而且在与主平面成45°的截面上切应力达到最大值，称为主切应力。主切应力的作用面称为主切应力面。主切应力及其作用面共有3组，如图1-5所示，主切应力面上的应力状态如图1-6所示。

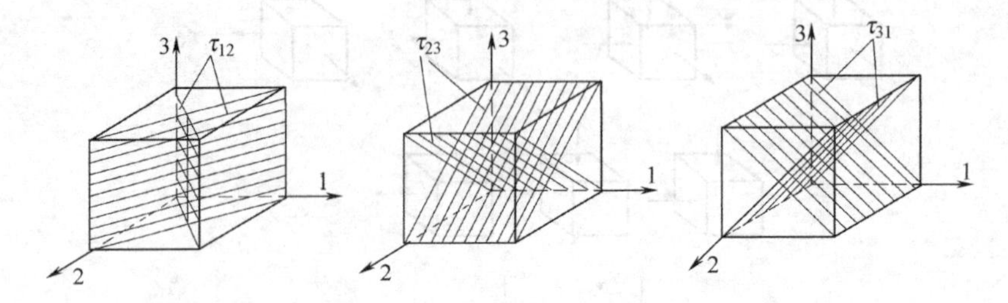

图1-5　主切应力面及主切应力方向（用阴影线表示）

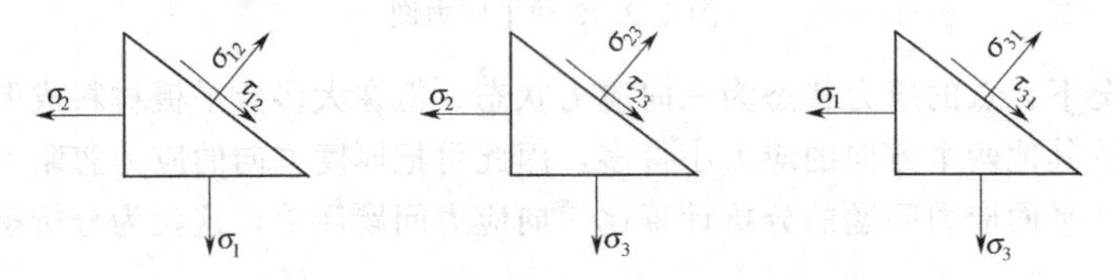

图1-6　主切应力面上的应力状态

经过分析推导，主切应力面上的主切应力及正应力值分别为

$$\tau_{12}=\pm(\sigma_1-\sigma_2)/2,\ \tau_{23}=\pm(\sigma_2-\sigma_3)/2,\ \tau_{31}=\pm(\sigma_3-\sigma_1)/2 \tag{1-2}$$

$$\sigma_{12}=(\sigma_1+\sigma_2)/2,\ \sigma_{23}=(\sigma_2+\sigma_3)/2,\ \sigma_{31}=(\sigma_3+\sigma_1)/2 \tag{1-3}$$

其中，绝对值最大的主切应力称为该点的最大切应力，用τ_{max}表示，若$\sigma_1\geqslant\sigma_2\geqslant\sigma_3$，则

$$\tau_{max}=\pm(\sigma_1-\sigma_3)/2 \tag{1-4}$$

最大切应力与金属的塑性变形有着十分密切的关系。

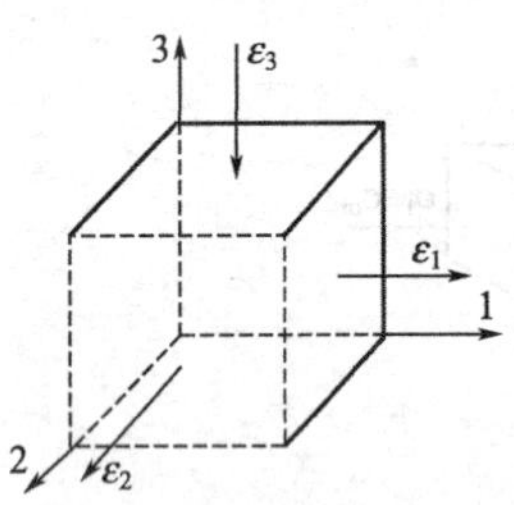

2. 点的应变状态

变形体内存在应力必伴随有应变，点的应变状态也是通过单元体的变形来表示的。与点的应力状态一样，当采用主轴坐标系时，单元体就只有3个主应变分量ε_1、ε_2和ε_3，而没有切应变分量，如图1-7所示。一种应变状态只有一组主应变。

图1-7　点的应变状态

与应力状态一样，任何一种主应变状态也可分解成以平均主应变$\varepsilon_m[\varepsilon_m=(\varepsilon_1+\varepsilon_2+\varepsilon_3)/3]$为应变值的三向等应变状态和以各向主应变与$\varepsilon_m$的差值为应变值构成的偏应变状态，如图1-8所示。其中三向等应变状态使单元体体积发生微小的变化，偏应变状态使单元体形状发生变化。

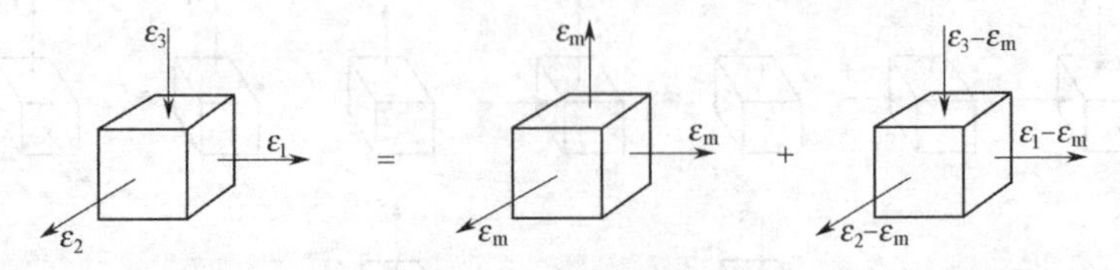

图1-8　应变状态的分解

应变的大小可以通过物体变形前后尺寸的变化量来表示。如图1-9所示，设变形前的尺寸为l_0、b_0和t_0，变形后的尺寸为l、b和t，则3个方向的主应变可分别用相对应变（亦称

条件应变）和实际应变（亦称对数应变）表示如下。

相对应变

$$\left.\begin{aligned}\delta_1&=\frac{l-l_0}{l_0}=\frac{\Delta l}{l_0}\\\delta_2&=\frac{b-b_0}{b_0}=\frac{\Delta b}{b_0}\\\delta_3&=\frac{t-t_0}{t_0}=\frac{\Delta t}{t_0}\end{aligned}\right\}\tag{1-5}$$

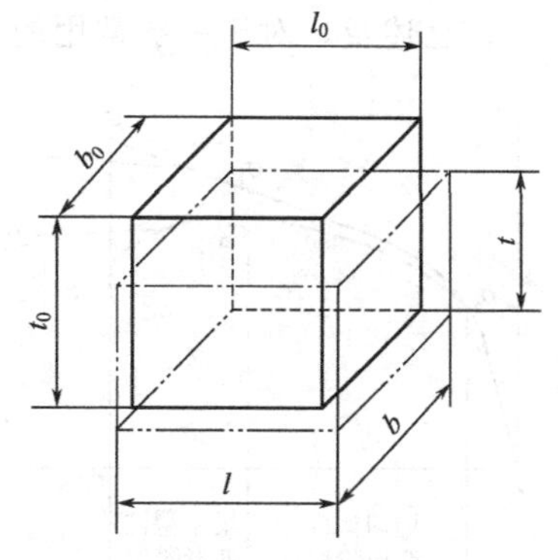

图 1-9　变形前后尺寸的变化

实际应变

$$\left.\begin{aligned}\varepsilon_1&=\int_{l_0}^{l}\frac{\mathrm{d}l}{l}=\ln\frac{l}{l_0}\\\varepsilon_2&=\int_{b_0}^{b}\frac{\mathrm{d}b}{b}=\ln\frac{b}{b_0}\\\varepsilon_3&=\int_{t_0}^{t}\frac{\mathrm{d}t}{t}=\ln\frac{t}{t_0}\end{aligned}\right\}\tag{1-6}$$

其中，相对应变只考虑了物体变形前后尺寸的变化量，而实际应变考虑了物体的变形是一个逐渐积累的过程，它反映了物体变形的实际情况。δ 或 ε 为正时表示伸长变形，为负时表示压缩变形。

实际应变与相对应变之间的关系为

$$\varepsilon=\ln(1+\delta)\tag{1-7}$$

可见，只有当变形程度很小时，δ 才近似等于 ε，变形程度越大，δ 和 ε 的差值也越大。一般把变形程度在 10%以下的变形情况称为小变形问题，10%以上为大变形问题。板料冲压成形一般属于大变形问题。

金属材料在塑形变形时，体积变化很小，可以忽略不计，则有 $l_0b_0t_0=lbt$，即

$$\frac{lbt}{l_0b_0t_0}=1$$

等式两边取对数，可得

$$\ln\frac{l}{l_0}+\ln\frac{b}{b_0}+\ln\frac{t}{t_0}=0$$

即

$$\varepsilon_1+\varepsilon_2+\varepsilon_3=0\tag{1-8}$$

这就是塑性变形时的体积不变定律，它反映了 3 个主应变之间的数值关系。

根据体积不变定律，可以得出如下结论：

① 塑性变形时，物体只有形状和尺寸发生变化，而体积保持不变；

② 不论应变状态如何，其中必有一个主应变的符号与其他两个主应变的符号相反，这个主应变的绝对值最大，称为最大主应变；

③ 当已知两个主应变数值时，便可算出第三个主应变；

④ 任何一种物体的塑性变形方式只有 3 种，与此相应的主应变状态图也只有 3 种，如图 1-10 所示。

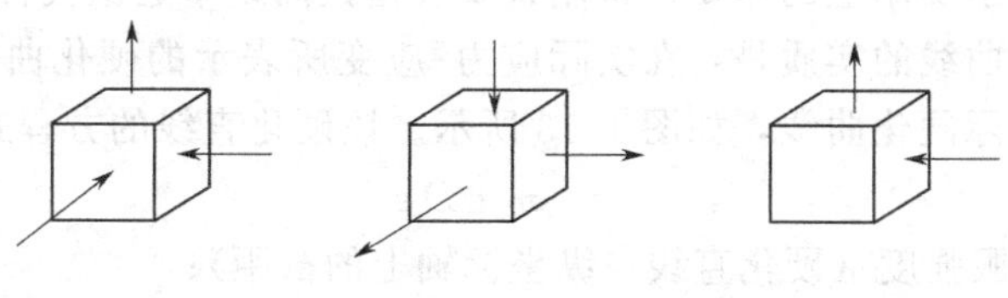

图 1-10　3 种主应变图

三、金属塑性变形的基本规律

1. 加工硬化与硬化曲线

前已述及，对于一般常用的金属材料，随着塑性变形程度的增加，其强度、硬度和变形抗力逐渐增加，而塑性和韧性逐渐降低，这种现象称为加工硬化。材料不同，变形条件不同，其加工硬化的程度也不同。材料的硬化规律可以用硬化曲线来表示。硬化曲线实际上就是材料变形时的应力随应变变化的曲线，可以通过拉伸、压缩或胀形试验等多种方法求得。图 1-11 所示为拉伸试验时获得的两条应力-应变曲线，其中曲线 1 的应力是以各加载瞬间的载荷 F 与该瞬间试件的截面面积 A 之比 F/A 来表示的，它考虑了变形过程中材料截面积的变化，真实反映了硬化规律，故称之为实际应力曲线（又称硬化曲线或变形抗力曲线）。曲线 2 的应力是按各加载瞬间的载荷 F 与变形前试样的原始截面积 A_0 之比 F/A_0 来表示的，它没有考虑变形过程中材料截面积的变化，因此应力 F/A_0 并不能反应材料在各变形瞬间的真实应力，所以称之为假象应力曲线（或称条件应力曲线），这种曲线多用于材料力学或结构力学中，以描述变形程度极小时的应力应变关系。

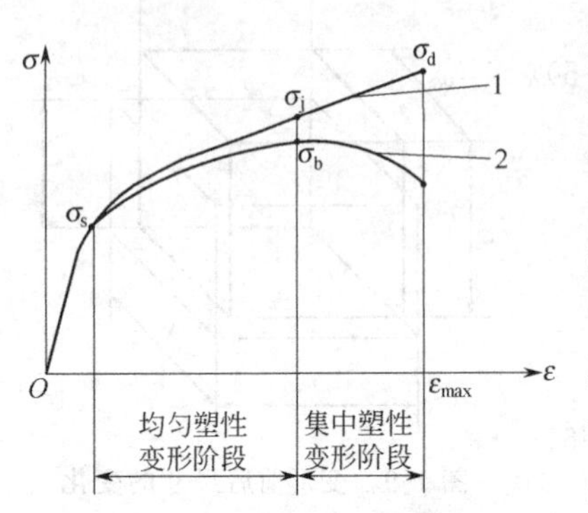

图 1-11　金属的应力-应变曲线

1—实际应力曲线；2—假象应力曲线；σ_s—屈服点应力；σ_j（σ_b）—缩颈点应力；σ_d—断裂点应力

图 1-12 所示是用试验求得的几种金属在室温下的硬化曲线。从曲线的变化规律来看，几乎所有的硬化曲线都具有一个共同的特点，即在塑性变形的开始阶段，随着变形程度的增大，实际应力剧烈增加，但当变形程度达到某些值以后，变形的增加不再引起实际应力的显著增加，也就是说，随着变形程度的增大，材料的硬化强度 $d\sigma/d\varepsilon$（或称硬化模数）逐渐降低。

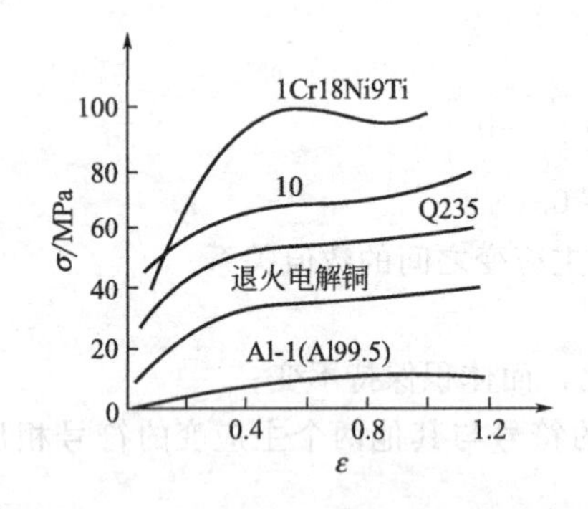

图 1-12　几种金属在室温下的硬化曲线

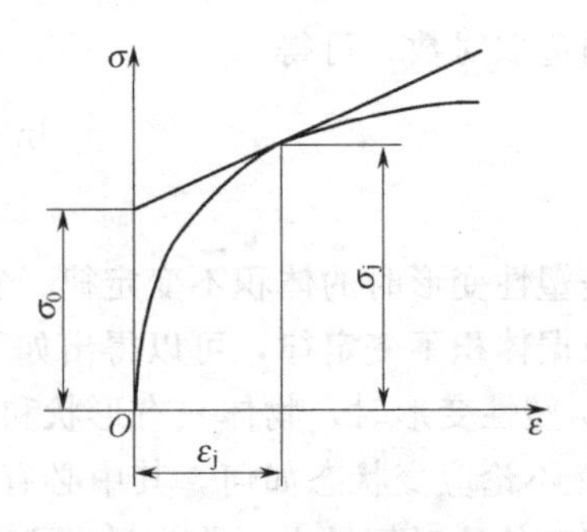

图 1-13　硬化直线

一般来说，硬化曲线所表达的应力-应变关系不是简单的函数关系，这给求解塑性力学问题带来了困难。为了实用上的需要，常用直线或指数曲线来近似代替实际硬化曲线。

用直线代替硬化曲线的实质是：在实际应力-应变所表示的硬化曲线上，在缩颈点处作一切线来近似代替实际硬化曲线，如图 1-13 所示。该硬化直线的方程式为

$$\sigma=\sigma_0+D\varepsilon \tag{1-9}$$

式中　σ_0——近似屈服强度（硬化直线在纵坐标轴上的截距）；

D——硬化模数（硬化直线的斜率）。

显然，用直线代替硬化曲线是非常近似的，仅在缩颈点附近精确度较高，当变形程度很小或很大时，硬化直线与实际硬化曲线之间存在很大的差别。所以在冲压生产中常用指数曲线表示硬化曲线，其方程式为

$$\sigma=A\,\varepsilon^{n} \tag{1-10}$$

式中　A——系数；

n——硬化指数。

A 和 n 与材料的种类和性能有关，可通过拉伸试验求得，其值列于表 1-1。指数曲线与材料的实际硬化曲线比较接近。

表 1-1　几种金属材料的 A 与 n 值

材　料	A/MPa	n	材　料	A/MPa	n
软铜	710～750	0.19～0.22	银	470	0.31
黄铜(ω_{Zn}40%)	990	0.46	铜	420～460	0.27～0.34
黄铜(ω_{Zn}35%)	760～820	0.39～0.44	硬铝	320～380	0.12～0.13
磷青铜	1100	0.22	铝	160～210	0.25～0.27
磷青铜(低温退火)	890	0.52			

硬化指数 n（又称 n 值）是表明材料塑性变形时硬化性能的重要参数。n 值大时，表示变形过程中材料的变形抗力随变形程度的增加而迅速增大，因而对板料的冲压成形性能及冲压件的质量都有较大的影响。

2. 卸载规律与反载软化现象

硬化曲线（实际应力-应变曲线）反映了单向拉伸加载时材料的应力与应变（或变形抗力与变形程度）之间的变化规律。如果加载一定程度时卸载，这时应力与应变之间如何变化呢？如图 1-14 所示，拉伸变形在弹性范围内的应力与应变是线性关系，若在该范围内卸载，则应力、应变仍按同一直线回到原点 O，没有残留变形。如果将试件拉伸使其应力超过屈服点 A，例如达到 B 点（σ_B、ε_B），再逐渐卸下载荷，这时应力与应变则沿 BC 直线逐渐降低，而不再沿加载经过的路线 BAO 返回。卸载直线 BC 正好与加载时弹性变形的直线段平行，于是加载时的总应变 ε_B 就会在卸载后一部分（ε_t）因弹性回复而消失，另一部分（ε_s）仍然保留下来成为永久变形，即 $\varepsilon_B=\varepsilon_t+\varepsilon_s$。弹性回复的应变量为

$$\varepsilon_t=\sigma_B/E \tag{1-11}$$

式中，E 为材料的弹性模量。

上述卸载规律反映了弹塑性变形共存规律，即在塑性变形过程中不可避免地会有弹性变形存在。在实际冲压时，分离或成形后的冲压件的形状和尺寸与模具工作部分形状和尺寸不尽相同，就是因卸载规律引起的弹性回复（简称回弹）造成的，因此式(1-11) 对我们考虑冲压成形时的回弹很有实际意义。

如果卸载后再重新加载，则随着载荷的加大，应力应变的关系将沿直线 CB 逐渐上升，到达 B 点应力 σ_B 时，材料又开始屈服，按照应力应变关系继续沿着加载曲线 BE 变化，如图 1-14 中虚线所示，所以 σ_B 又可理解为材料在变形程度为 ε_B 时的屈服点。推而广之，在塑性变形阶段，硬化曲线上每一点的应力值都可理解为材料在相应变形程度下的屈服点。

如果卸载后反向加载，即将试件先拉伸然后改为压缩，其应力应变关系将沿曲线 $OABCA'E'$ 规律变化，如图 1-15 所示。试验表明，反向加载时应力应变之间基本按拉伸时的曲线规律变化，但材料的屈服应力 σ_s' 较拉伸时的屈服应力 σ_s 有所降低，这就是所谓的反载软化现象。反载软化现象对分析某些冲压工艺（如拉弯）很有实际意义。

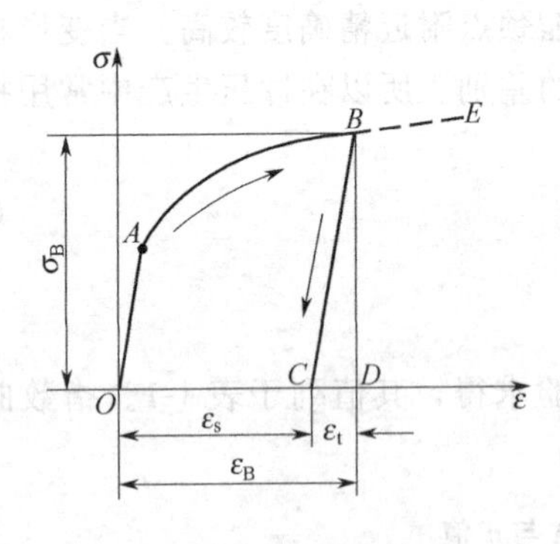

图 1-14 拉伸卸载曲线

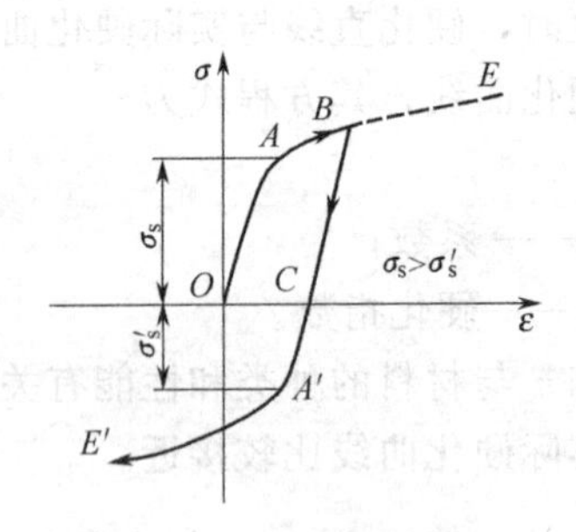

图 1-15 反载软化曲线

3. **塑性条件**（屈服条件）

决定受力物体内质点由弹性状态向塑性状态过渡的条件，称为塑性条件或屈服条件。金属由弹性变形过渡到塑性变形，主要取决于在一定变形条件（变形温度与变形速度）下金属的物理力学性质和所处的应力状态。一般来说，在材料性质和变形条件一定的情况下，塑性条件主要决定于物体的应力状态。

当物体内某点处于单向应力状态时，只要该向应力 σ_1 达到材料的屈服点 σ_s，该点就开始屈服，由弹性状态进入塑性状态，即此时的塑性条件是 $\sigma_1 \geqslant \sigma_s$。但是对于复杂应力状态，就不能仅仅根据一个应力分量来判断该点是否已经屈服，而要同时考虑其他应力分量的作用。只有当各个应力分量之间符合一定关系时，该点才开始屈服。

法国工程师屈雷斯加（H. Tresca）通过对金属挤压的研究，于 1864 年提出：在一定的变形条件下，当材料中的最大切应力达到某一定值时，材料就开始屈服。并通过单向拉压等简单的试验，该定值就是材料屈服点应力值 σ_s 的一半，即 $\sigma_s/2$。设 $\sigma_1 \geqslant \sigma_2 \geqslant \sigma_3$，则屈雷斯加屈服条件可表达为

$$\tau_{max}=\frac{\sigma_1-\sigma_3}{2}=\frac{\sigma_s}{2}$$

或

$$\sigma_1-\sigma_3=\sigma_s \tag{1-12}$$

屈雷斯加屈服条件又称最大切应力理论。该条件公式简单，在事先知道主应力大小的情况下使用很方便。但该条件显然忽略了中间主应力 σ_2 的影响，实际上在一般三向应力状态下，σ_2 对于材料的屈服也是有影响的。

德国力学家密席斯（Von Mises）于 1913 年在对屈雷斯加条件加以修正的基础上提出：在一定的变形条件下，无论变形物体所处的应力状态如何，只要其三个主应力的组合满足一定条件，材料便开始屈服。该条件为

$$(\sigma_1-\sigma_2)^2+(\sigma_2-\sigma_3)^2+(\sigma_3-\sigma_1)^2=2\sigma_s^2 \tag{1-13}$$

密席斯屈服条件又称常量形变能量理论。因密席斯条件考虑了中间主应力 σ_2 的影响，实践证明，对于大多数金属材料（特别是韧性材料）来说，应用密席斯屈服条件更符合实际情况。

密席斯屈服条件虽然在数学表达方法上比较完善，但在方程中同时包含了全部应力分量，实际运算比较繁琐。为了使用上的方便，可将密席斯屈服条件改写成如下简单形式

$$\sigma_1-\sigma_3=\beta\sigma_s \tag{1-14}$$

式中，β 为反映中间主应力 σ_2 影响的系数，其范围为 1～1.155，具体取值见表 1-2。

表 1-2　β值

中间应力	β	应力状态	应用举例
$\sigma_2=\sigma_1$ 或 $\sigma_2=\sigma_3$	1.0	单向应力叠加三向等应力	软凸模胀形、外缘翻边
$\sigma_2=(\sigma_1+\sigma_3)/2$	1.155	平面应变状态	宽板弯曲
σ_2 不属于上面两种情况	≈1.1	其他应力状态(如平面应力状态等)	缩口、拉深

由表 1-2 可知，在单向应力叠加三向等应力状态下，$\beta=1$，密席斯屈服条件与屈雷斯加屈服条件是一致的；在平面应变状态下，两个屈服条件相差最大，为 15.5%。

4. 塑性变形时应力与应变的关系

物体弹性变形时，其变形可以恢复，变形过程是可逆的，与物体的加载过程无关，应力和应变之间的关系可以通过广义虎克定律来表示。但物体进入塑性变形以后，其应力与应变的关系就不同了。在单向受拉或受压时，应力与应变关系可用硬化曲线来表示，然而在受到双向或三向应力作用时，变形区的应力与应变关系相当复杂。经研究，当采用简单加载（加载过程中只加载不卸载，且应力分量之间按一定比例递增）时，塑性变形的每一瞬间，主应力与主应变之间存在下列关系

$$\frac{\sigma_1-\sigma_2}{\varepsilon_1-\varepsilon_2}=\frac{\sigma_2-\sigma_3}{\varepsilon_2-\varepsilon_3}=\frac{\sigma_3-\sigma_1}{\varepsilon_3-\varepsilon_1}=C \tag{1-15}$$

式中，C 为非负数的比例常数。

在一定的条件下，C 只与材料性质及变形程度有关，而与物体所处的应力状态无关，故 C 值可用单向拉伸试验求出。

式(1-15) 也可表示为

$$\frac{\sigma_1-\sigma_m}{\varepsilon_1}=\frac{\sigma_2-\sigma_m}{\varepsilon_2}=\frac{\sigma_2-\sigma_m}{\varepsilon_3}=C \tag{1-16}$$

上述物理方程又称为塑性变形时的全量理论，它是在简单加载条件下获得的，通常用于研究小变形问题。但对于冲压成形中非简单加载的大变形问题，只要变形过程中是加载，主轴方向变化不大，主轴次序基本不变，实践表明，应用全量理论也不会引起太大的误差。

全量理论是冲压成形中各种工艺参数计算的基础，而且利用全量理论还可以对有些变形过程中坯料的变形和应力的性质作出定性的分析和判断，例如：

① 由式(1-16) 可知，判断某方向的主应变是伸长还是缩短，并不是看该方向是受拉应力还是受压应力，而是要看该方向应力值与平均应力 σ_m 的差值。差值为正时是拉应变，为负时是压应变。

② 若 $\sigma_1=\sigma_2=\sigma_3=\sigma_m$，由式(1-16) 可知，$\varepsilon_1=\varepsilon_2=\varepsilon_3=0$，这说明在三向等拉或等压的球应力状态下，坯料不产生任何塑性变形（但有微小的体积弹性变化）。

③ 由式(1-15) 可知，三个主应力分量和三个主应变分量代数值的大小、次序互相对应，即若 $\sigma_1\geqslant\sigma_2\geqslant\sigma_3$，则有 $\varepsilon_1\geqslant\varepsilon_2\geqslant\varepsilon_3$。

④ 当坯料单向受拉时，即 $\sigma_1>0$、$\sigma_2=\sigma_3=0$ 时，因为 $\sigma_1-\sigma_m=\sigma_1-\sigma_1/3>0$，由式(1-16)可知 $\varepsilon_1>0$，$\varepsilon_2=\varepsilon_3=-\varepsilon_1/2$。这说明在单向受拉时，拉应力作用方向为伸长变形，另外两个方向则为等量的压缩变形，且伸长变形为每一个压缩变形的 2 倍。如翻孔时，坯料孔边缘的变形就属于这种情况。同样，当坯料单向受压时，压应力作用方向上为压缩变形，另外两方向为等量的伸长变形，且压缩变形为每一个伸长变形的 2 倍。如缩口、拉深时，坯料边缘的变形即属于此种情况。

⑤ 坯料受双向等拉的平面应力作用，即 $\sigma_1=\sigma_2>0$、$\sigma_3=0$ 时，由式(1-16) 可知，$\varepsilon_1=$

$\varepsilon_2=-\varepsilon_3/2$。这说明当坯料受双向等拉的平面应力作用时，在两个拉应力作用的方向为等量的伸长变形，而在另一个没有主应力作用的方向为压缩变形，其值为每个伸长变形的2倍。平板坯料胀形时的中心部位就属于这种情况。

⑥ 由式(1-16) 可知，当$\sigma_2-\sigma_m=0$时，必有$\varepsilon_2=0$，根据体积不变定律，则有$\varepsilon_1=-\varepsilon_3$。这说明在主应力等于平均应力的方向上不产生塑性变形，而另外两个方向上的塑性变形数值相等、方向相反。这种变形称为平面变形，且平面变形时必有$\sigma_2=\sigma_m=(\sigma_1+\sigma_2+\sigma_3)/3$，即$\sigma_2=(\sigma_1+\sigma_3)/2$。如宽板弯曲时，板料宽度方向变形为0，该方向上的主应力即为其余两个方向主应力之和的一半。

⑦ 当坯料三向受拉，且$\sigma_1>\sigma_2>\sigma_3>0$时，在最大拉应力$\sigma_1$方向上的变形一定是伸长变形，在最小拉应力$\sigma_3$方向上的变形一定是压缩变形。同样，当坯料三向受压，且$0>\sigma_1>\sigma_2>\sigma_3$时，在最小压应力$\sigma_3$（绝对值最大）方向上的变形一定是压缩变形，而在最大压应力σ_1（绝对值最小）方向上的变形一定是伸长变形。

四、冲压成形中的变形趋向性及其控制

1. 冲压成形中的变形趋向性

在冲压成形过程中，坯料的各个部分在同一模具的作用下，却有可能发生不同形式的变形，即具有不同的变形趋向性。在这种情况下，判断坯料各部分是否变形和以什么方式变形，以及能否通过正确设计冲压工艺和模具等措施来保证在进行和完成预期变形的同时，排除其他一切不必要的和有害的变形等，则是获得合格的高质量冲压件的根本保证。因此，分析研究冲压成形中的变形趋向及控制方法，对制定冲压工艺过程、确定工艺参数、设计冲压模具以及分析冲压过程中出现的某些产品质量问题等，都有非常重要的实际意义。

一般情况下，总是可以把冲压过程中的坯料划分成为变形区和传力区。冲压设备施加的变形力通过模具，并进一步通过坯料传力区作用于变形区，使其发生塑性变形。如图1-16所示的拉深和缩口成形中，坯料的A区是变形区，B区是传力区，C区则是已变形区。

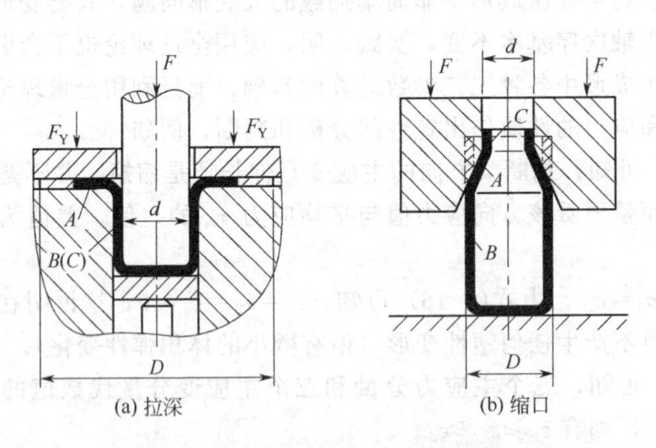

图 1-16 冲压成形时坯料的变形区与传力区

A—变形区；B—传力区；C—已变形区

由于变形区发生塑性变形所需的力是由模具通过传力区获得的，而同一坯料上的变形区和传力区都是相毗邻的，所以在变形区和传力区分界面上作用的内力性质和大小是完全相同的。在这样同一个内力的作用下，变形区和传力区都有可能产生塑性变形，但由于它们之间的尺寸关系及变形条件不同，其应力应变状态也不相同，因而它们可能产生的塑性变形方式及变形的先后是不相同的。通常，总有一个区需要的变形力比较小，并首先满足塑性条件进

入塑性状态，产生塑性变形，我们把这个区称之为相对弱区。如图 1-16(a) 所示的拉深变形，虽然变形区 A 和传力区 B 都受到径向拉应力 σ_r 作用，但 A 区比 B 区还多一个切向压应力 σ_θ 的作用，根据屈雷斯加塑性条件 $\sigma_1-\sigma_3\geqslant\sigma_s$，$A$ 区中 $\sigma_1-\sigma_3=\sigma_\theta+\sigma_r$，$B$ 区中 $\sigma_1-\sigma_3=\sigma_r$，因 $\sigma_\theta+\sigma_r>\sigma_r$，所以在外力 F 的作用下，变形区 A 最先满足塑性条件产生塑性变形，成为相对弱区。

为了保证冲压过程的顺利进行，必须保证冲压工序中应该变形的部分（变形区）成为弱区，以便在把塑性变形局限于变形区的同时，排除传力区产生任何不必要的塑性变形的可能。由此可以得出一个十分重要的结论：在冲压成形过程中，需要最小变形力的区是个相对的弱区，而且弱区必先变形，因此变形区应为弱区。

“弱区必先变形，变形区应为弱区”的结论，在冲压生产中具有很重要的实用意义。很多冲压工艺的极限变形参数的确定、复杂形状件的冲压工艺过程设计等，都是以这个道理作为分析和计算依据的。如图 1-16(a) 中的拉深变形，一般情况下 A 区是弱区而成为变形区，B 区是传力区。但当坯料外径 D 太大、凸模直径 d 太小而使得 A 区凸缘宽度太大时，由于要使 A 区产生切向压缩变形所需的径向拉力很大，这时可能出现 B 区会因拉应力过大率先发生塑性变形甚至拉裂而成弱区。因此，为了保证 A 区成为弱区，应合理确定凸模直径与坯料外径的比值 d/D（即拉深系数），使得 B 区拉应力还未达到塑性条件以前，A 区的应力先达到塑性条件而发生拉压塑性变形。

当变形区或传力区有两种以上的变形方式时，则首先实现的变形方式所需的变形力最小。因此，在工艺和模具设计时，除要保证变形区为弱区外，同时还要保证变形区必须实现的变形方式具有最小的变形力。例如，在图 1-16(b) 所示的缩口成形过程中，变形区 A 可能产生的塑性变形是切向收缩的缩口变形和在切向压应力作用下的失稳起皱，传力区 B 可能产生的塑性变形是筒壁部分镦粗和失稳弯曲。在这四种变形趋向中，只有满足缩口变形所需的变形力最小这个条件（如通过选用合适的缩口系数 d/D 和在模具结构上采取增加传力区的支承刚性等措施），才能使缩口变形正常进行。又如在冲裁时，在凸模压力的作用下，坯料具有产生剪切和弯曲两种变形趋向，如果采用较小的冲裁间隙，建立对弯曲变形不利（这时所需的弯曲力增大了）而对剪切有利的条件，便可在只发生很小的弯曲变形的情况下实现剪切，提高了冲件的尺寸精度。

2. 控制变形趋向性的措施

在实际生产当中，控制坯料变形趋向性的措施主要有以下几方面。

(1) 改变坯料各部分的相对尺寸　实践证明，变形坯料各部分的相对尺寸关系，是决定变形趋向性的最重要因素，因而改变坯料的尺寸关系，是控制坯料变形趋向性的有效方法。如图 1-17 所示，模具对环形坯料进行冲压时，当坯料的外径 D、内径 d_0 及凸模直径 d_p 具有不同的相对关系时，就可能具有三种不同的变形趋向（即拉深、翻孔和胀形），从而形成三种形状完全不同的冲件：当 D、d_0 都较小，并满足条件 $D/d_p<1.5\sim2$、$d_0/d_p<0.15$ 时，宽度为 $(D-d_p)$ 的环形部分产生塑性变形所需的力最小而成为弱区，因而产生外径收缩的拉深变形，得到拉深件 [见图 1-17(b)]；当 D、d_0 都较大，并满足条件 $D/d_p>2.5$、$d_0/d_p<0.2\sim0.3$ 时，宽度为 (d_p-d_0) 的内环形部分产生塑性变形所需的力最小而成为弱区，因而产生内孔扩大的翻孔变形，得到翻孔件 [见图 1-17(c)]；当 D 较大、d_0 较小甚至为 0，并满足条件 $D/d_p>2.5$、$d_0/d_p<0.15$ 时，这时坯料外环的拉深变形和内环的翻孔变形阻力都很大，结果使凸、凹模圆角及附近的金属成为弱区而产生厚度变薄的胀形变形，得到胀形件 [见图 1-17(d)]。胀形时，坯料的外径和内孔尺寸都不发生变化或变化很小，成

形仅靠坯料的局部变薄来实现。

(2) 改变模具工作部分的几何形状和尺寸　这种方法主要是通过改变模具的凸模和凹模圆角半径来控制坯料的变形趋向。如在图 1-17(a) 中，如果增大凸模圆角半径 r_p、减小凹模圆角半径 r_d，可使翻孔变形的阻力减小，拉深变形阻力增大，所以有利于翻孔变形的实现。反之，如果增大凹模圆角半径而减小凸模圆角半径，则有利于拉深变形的实现。

(3) 改变坯料与模具接触面之间的摩擦阻力　如在图 1-17 中，若加大坯料与压料圈及坯料与凹模端面之间的摩擦力（如加大压力 F_Y 或减少润滑），则由于坯料从凹模面上流动的阻力增大，结果不利于实现拉深变形而利于实现翻孔或胀形变形。如果增大坯料与凸模表面间的摩擦力，并通过润滑等方法减小坯料与凹模和压料圈之间的摩擦力，则有利于实现拉深变形。所以正确选择润滑及润滑部位，也是控制坯料变形趋向的重要方法。

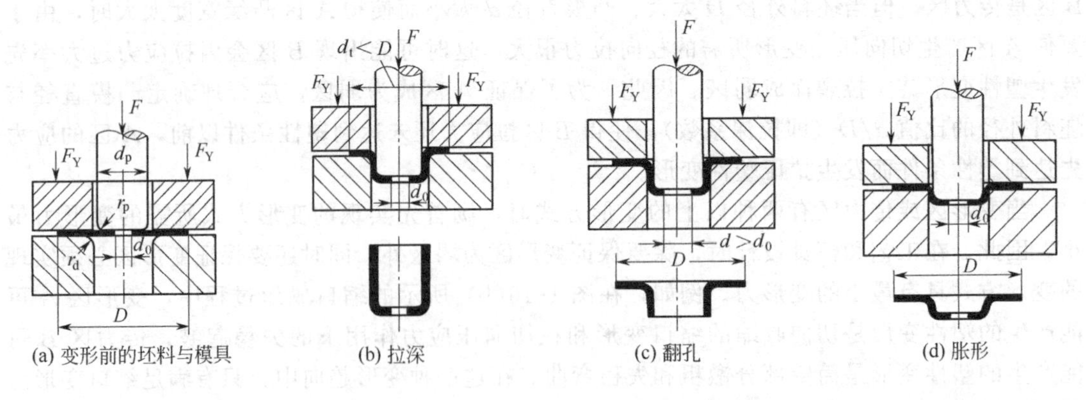

图 1-17　环形坯料的变形趋向

(4) 改变坯料局部区域的温度　这种方法主要是通过局部加热或局部冷却来降低变形区的变形抗力或提高传力区强度，从而实现对坯料变形趋向的控制。例如，在拉深和缩口时，可采用局部加热坯料变形区的方法，使变形区软化，从而利于拉深或缩口变形。又如在不锈钢零件拉深时，可采用局部深冷传力区的方法来增大其承载能力，从而达到增大变形程度的目的。

第二节　冲压用材料

冲压所用的材料是冲压生产的三要素之一。事实上，先进的冲压工艺与模具技术，只有采用冲压性能良好的材料，才能成形出高质量的冲压件。因此，在冲压工艺及模具设计中，懂得合理选用材料，并进一步了解材料的冲压成形性能，是非常必要的。

一、材料的冲压成形性能

材料对各种冲压成形方法的适应能力称为材料的冲压成形性能。材料的冲压成形性能好，就是指其便于冲压成形，单个冲压工序的极限变形程度和总的极限变形程度大，生产率高，容易得到高质量的冲压件，且模具损耗低，不易出废品等。由此可见，冲压成形性能是一个综合性的概念，它涉及的因素很多，但就其主要内容来看，有两个方面：一是成形极限；二是成形质量。

1. 成形极限

成形极限是指材料在冲压成形过程中能达到的最大变形程度。对于不同的冲压工序，成形极限是采用不同的极限变形系数来表示的，如弯曲时为最小相对弯曲半径，拉深时为极限拉深系数，翻孔时为极限翻孔系数等。由于冲压用材料主要是板料，冲压成形大多都是在板厚方向上的应力值近似为零的平面应力状态下进行的，因此不难分析：在变形坯料的内部，凡是受到过大拉应力作用的区域，就会使坯料局部严重变薄甚至拉裂；凡是受到过大压应力作用的区域，若压应力超过了临界应力就会使坯料丧失稳定而起皱。因此，为了提高成形极限，从材料方面看，必须提高材料的抗拉和抗压的能力；从冲压工艺参数的角度来看，必须严格限制坯料的极限变形系数。

当作用于坯料变形区的拉应力为绝对值最大的应力时，在这个方向上的变形一定是伸长变形，故称这种冲压变形为伸长类变形，如胀形、扩口、圆孔翻孔等；当作用于坯料变形区的压应力的绝对值最大时，在这个方向上的变形一定是压缩变形，故称这种冲压变形为压缩类变形，如拉深、缩口等。在伸长类变形中，变形区的拉应力占主导地位，坯料厚度变薄，表面积增大，有产生破裂的可能性；在压缩类变形中，变形区的压应力占主导地位，坯料厚度增厚，表面积减小，有产生失稳起皱的可能性。由于这两类变形的变形性质和出现的问题完全不同，因而影响成形极限的因素和提高极限变形参数的方法就不同。伸长类变形的极限变形参数主要决定于材料的塑性，压缩类变形的极限变形参数一般受传力区承载能力的限制，有时则受变形区或传力区失稳起皱的限制。所以提高伸长类变形的极限变形参数的方法有：提高材料塑性；减少变形的不均匀性；消除变形区的局部硬化或其他引起应力集中而可能导致破坏的各种因素，如去毛刺或坯料退火处理等。提高压缩类变形的极限变形系数的方法有：提高传力区的承载能力，降低变形区的变形抗力或摩擦阻力；采取压料等措施防止变形区失稳起皱等。

2. 成形质量

成形质量是指材料经冲压成形以后所得到的冲压件能够达到的质量指标，包括尺寸精度、厚度变化、表面质量及物理力学性能等。影响冲压件质量的因素很多，不同冲压工序的情况又各不相同，这里只对一些共性问题作简要说明。

材料在塑性变形的同时总伴随着弹性变形，当冲压结束载荷卸除以后，由于材料的弹性回复，造成冲件的形状与尺寸偏离模具工作部分的形状与尺寸，从而影响了冲件的尺寸和形状精度。因此，为了提高冲件的尺寸精度，必须掌握回弹规律，控制回弹量。

材料经过冲压成形以后，一般厚度都会发生变化，有的变厚，有的减薄。厚度变薄后直接影响冲件的强度和使用，因此对强度有要求时，往往要限制其最大变薄量。

材料经过塑性变形以后，除产生加工硬化现象外，还由于变形不均匀，材料内部将产生残余应力，从而引起冲件尺寸和形状的变化，严重时还会引起冲件的自行开裂。消除硬化及残余应力的方法是冲压后及时安排热处理退火工序。

原材料的表面状态、晶粒大小、冲压时材料的粘模情况及模具对材料表面的擦伤等，都将影响冲件表面质量。如原材料表面存在凹坑、裂纹、分层及锈斑或氧化皮等附着物时，将直接在冲件表面上形成相应缺陷；晶粒粗大的钢板拉深时会在拉深件表面产生所谓的“橘子皮”；易于粘模的材料会擦伤冲件并降低模具寿命。此外，模具间隙不均匀、模具表面粗糙等也会擦伤冲件表面。

二、板料的冲压成形性能试验

板料的冲压成形性能是通过试验来确定的。板料冲压成形性能的试验方法很多，但概括起来可分为直接试验和间接试验两类。在直接试验中，板料的应力状态和变形情况与实际冲压时基本相同，试验所得结果比较准确。而在间接试验中，板料的受力情况和变形特点都与实际冲压时有一定的差别，所得结果只能在分析的基础上间接地反映板料的冲压成形性能。

1. 间接试验

间接试验有拉伸试验、剪切试验、硬度试验和金相试验等。其中拉伸试验简单易行，不需专用板料试验设备，而且所得的结果能从不同角度反映板料的冲压性能，所以它是一种很重要的试验方法。板料拉伸试验的方法是：在待试验的板料的不同部位和方向上截取试料，制成如图 1-18 所示的标准拉伸试样，然后在万能材料试验机上进行拉伸。拉伸过程中，应注意加载速度不能过快，开始拉伸时可按 5mm/min 以下速度加载，开始屈服时应进行间断加载，并随时记录载荷大小和试样截面尺寸。当开始出现缩颈后宜改用手动加载，并争取记录载荷及试样截面尺寸 1～2 次。根据试验结果或利用自动记录装置可绘得板料拉伸时的实际应力-应变曲线（如图 1-19 的实线所示）及假象应力-应变曲线（即拉伸曲线，如图 1-19 的虚线所示）。

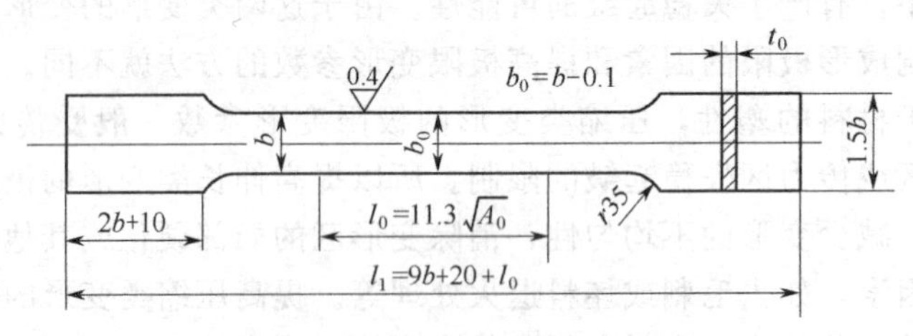

图 1-18　拉伸试验用标准试样

通过拉伸试验，可以测得板料的强度、刚度、塑性、各向异性等力学性能指标。根据这些性能指标，即可定性估计板料的冲压成形性能，现简述如下。

(1) 强度指标（屈服点 σ_s、抗拉强度 σ_b 或缩颈点应力 σ_j）　强度指标对冲压成形性能的影响通常用屈服点与抗拉强度的比值 σ_s/σ_b（称为屈强比）来表示。一般屈强比愈小，则 σ_s 与 σ_b 之间的差值愈大，表示材料允许的塑性变形区间愈大，成形过程的稳定性愈好，破裂的危险性就愈小，因而有利于提高极限变形程度，减小工序次数。因此，σ_s/σ_b 愈小，材料的冲压成形性能愈好。

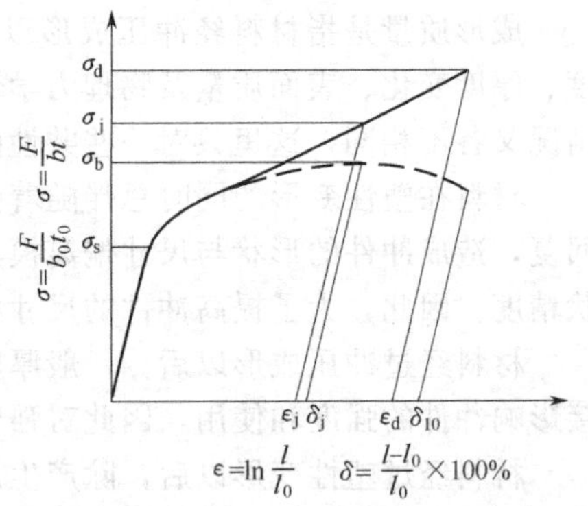

图 1-19　实际应力曲线与假象应力曲线

(2) 刚度指标（弹性模量 E、硬化指数 n）　弹性模量 E 愈大或屈服点与弹性模量的比值 σ_s/E（称为屈弹比）愈小，在成形过程中抗压失稳的能力愈强，卸载后的回弹量小，有利于提高冲件的质量。硬化指数 n 可根据拉伸试验结果由公式(1-10) 求得。n 值大的材料，硬化效应就大，这对于伸长类变形来说是有利的。因为 n 值愈大，在变形过程中材料局部变形程度的增加会使该处变形抗力增大，这样就可以补偿该处因截面积减小而引起的承载能力的减弱，制止了局部集中变形的进一步发展，具有扩展变形区、使变形均匀化和增大极限变形程度的作用。

(3) 塑性指标（均匀伸长率 δ_j 或细颈点应变 ε_j、断后伸长率 δ 或断裂收缩率 ψ）　均匀伸长率 δ_j 是在拉伸试验中开始产生局部集中变形（即刚出现缩颈时）的伸长率（即相对应变)，它表示板料产生均匀变形或稳定变形的能力。一般情况下，冲压成形都在板料的均匀变形范围内进行，故 δ_j 对冲压性能有较为直接的意义。断后伸长率 δ 是在拉伸试验中试样拉断时的伸长率。通常 δ_j 和 δ 愈大，材料允许的塑性变形程度也愈大。

(4) 各向异性指标(板厚方向性系数 r、板平面方向性系数 Δr) 板厚方向性系数 r 是指板料试样拉伸时，宽度方向与厚度方向的应变之比，即

$$r=\frac{\varepsilon_b}{\varepsilon_t}=\frac{\ln(b/b_0)}{\ln(t/t_0)} \tag{1-17}$$

式中，b_0、b、t_0、t 分别为变形前后试件的宽度与厚度，一般取伸长率为 20%时试样测量的结果。

r 值的大小反映了在相同受力条件下板料平面方向与厚度方向的变形性能差异，r 值越大，说明板平面方向上越容易变形，而厚度方向上越难变形，这对拉深成形是有利的。如在复杂形状的曲面零件拉深成形时，若 r 值大，板料的中间部分在拉应力作用下，厚度方向变形较困难，则变薄量小，而在板平面与拉应力相垂直的方向上的压缩变形比较容易，则板料中间部分起皱的趋向性降低，因而有利于拉深的顺利进行和冲压件质量的提高；同样，在用 r 值大的板料进行筒形件拉深时，凸缘切向压缩变形容易且不易起皱，筒壁变薄量小且不易拉裂，因而可增大拉深极限变形程度。

由于板料经轧制后晶粒沿轧制方向被拉长，杂质和偏析物也会定向分布，形成纤维组织，使得平行于纤维方向和垂直于纤维方向材料的力学性能不同，因此在板平面上存在各向异性，其程度一般用板厚方向性系数在几个特殊方向上的平均差值 Δr(称为板平面方向性系数)来表示，即

$$\Delta r=(r_0+r_{90}-2r_{45})/2 \tag{1-18}$$

式中，r_0、r_{90}、r_{45} 分别为板料的纵向(轧制方向)、横向及 45°方向上的板厚方向性系数。

Δr 值越大，则方向性越明显，对冲压成形性能的影响也越大。例如弯曲，当弯曲件的折弯线与板料纤维方向垂直时，允许的极限变形程度就大，而当折弯线平行于纤维方向时，允许的极限变形程度就小，且方向性越明显，减小量就越大。又如筒形件拉深时，由于板平面方向性使拉深件出现口部不齐的“凸耳”现象，方向性越明显，凸耳的高度越大。由此可见，生产中应尽量设法降低板料的 Δr 值。

由于存在板平面方向性，实际应用中板厚方向性系数一般也采用加权平均值 $\bar{r}$ 来表示，即

$$\bar{r}=(r_0+r_{90}+2r_{45})/4 \tag{1-19}$$

式中，r_0、r_{90}、r_{45} 的含义与式(1-18)相同。

2. 直接试验

直接试验(又称模拟试验)是直接模拟某一种冲压方式进行的，故试验所得的结果能较为可靠地鉴定板料的冲压成形性能。直接试验的方法很多，下面简要介绍几种较为重要的试验方法。

(1) 弯曲试验 弯曲试验的目的是鉴定板料的弯曲性能。常用的弯曲试验是往复弯曲试验，如图 1-20 所示，将试样夹持在专用试验设备的钳口内，反复折弯直至出现裂纹。弯曲半径 r 越小，往复弯曲的次数越多，材料的成形性能就越好。这种试验主要用于鉴定厚度在 2mm 以下的板料。

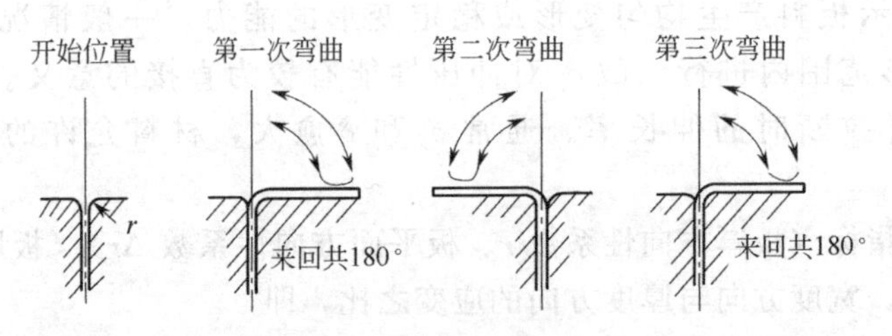

图 1-20　往复弯曲试验

（2）胀形试验　鉴定板料胀形成形性能的常用试验方法是杯突试验，试验原理如图1-21所示。试验时将符合试验尺寸的板料试样 2 放在压料圈 4 与凹模 1 之间压紧，使凹模孔口外受压部分的板料无法流动。然后用试验规定的球形凸模 3 将试样压入凹模，直至试样出现裂纹为止，测量此时试样上的凸包深度 IE 作为胀形性能指标。IE 值越大，表示板料的胀形性能越好。

（3）拉深试验　鉴定板料拉深成形性能的试验方法主要有筒形件拉深试验和球底锥形件拉深试验两种。图 1-22 所示为筒形件拉深试验（又称冲杯试验）的原理，依次用不同直径的圆形试样（直径级差为 1mm）放在带压边装置的试验用拉深模中进行拉深，在试样不破裂的条件下，取可能拉深成功的最大试样直径 D_{max} 与凸模直径 d_p 的比值 K_{max} 作为拉深性能指标，即

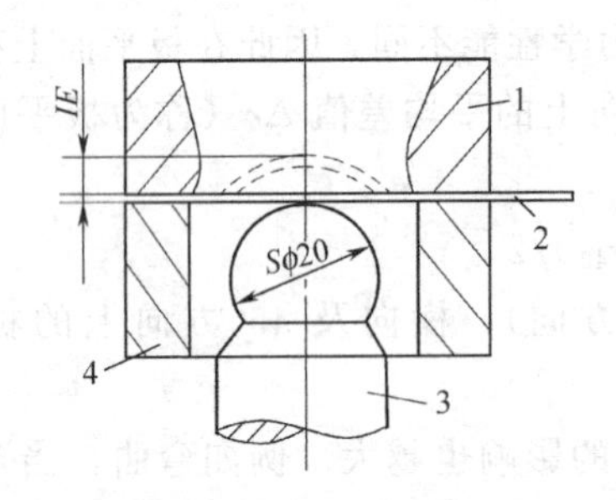

图 1-21　胀形试验（杯突试验）
1—凹模；2—试样；3—球形凸模；4—压料圈

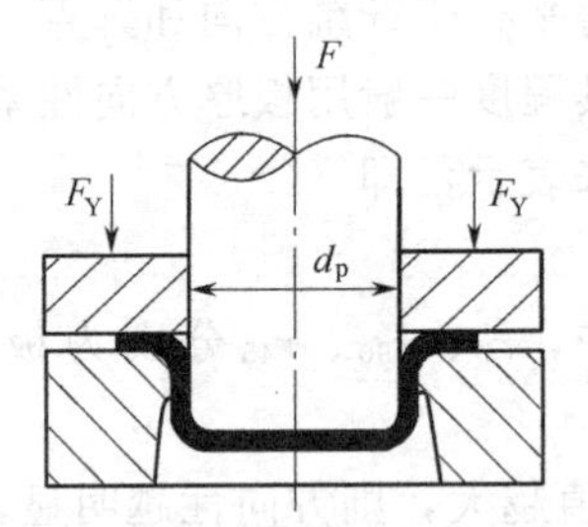

图 1-22　筒形件拉深试验
（冲杯试验）

$$K_{max}=D_{max}/d_p \tag{1-20}$$

K_{max} 称为最大拉深程度。K_{max} 越大，则板料的拉深成形性能越好。

图 1-23 所示为球底锥形件拉深试验（又称福井试验）的原理，用球形凸模和 60°角的锥形凹模，在不用压料的条件下对直径为 D 的圆形试样进行拉深，使之成为无凸缘的球底锥形件，然后测出试样底部刚刚开裂时的锥口直径 d，并按下式算出 CCV 值

$$CCV=(D-d)/D \tag{1-21}$$

CCV 的值越大，则板料的成形性能越好。

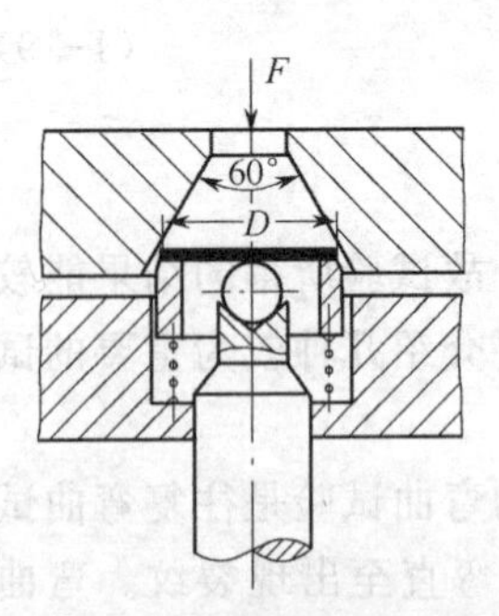

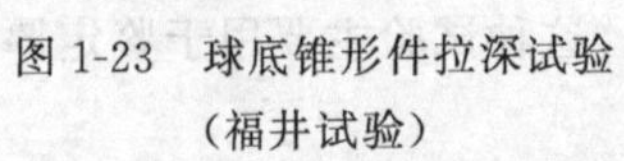

图 1-23　球底锥形件拉深试验
（福井试验）

球底锥形件拉深试验与筒形件拉深试验相比，试验时不用压料装置，可避免压料条件对试验结果的影响，而且只用一个试样就能简便地完成试验。同时，因锥形件拉深时，凸缘区材料向内流动的拉深变形和传力区材

料变薄的胀形变形是同时进行的，故试验还可以对板料的拉深性能和胀形性能同时进行综合鉴定。

三、对冲压材料的基本要求

冲压所用的材料，不仅要满足冲压件的使用要求，还应满足冲压工艺的要求和后续加工（如切削加工、电镀、焊接等）的要求。冲压工艺对材料的基本要求主要有如下几个方面。

1. 具有良好的冲压成形性能

对于成形工序，为了有利于冲压变形和冲压件质量的提高，材料应具有良好的冲压成形性能，即应具有良好的塑性（均匀伸长率 δ_j 高），屈强比 σ_s/σ_b 和屈弹比 σ_s/E 小，板厚方向性系数 r 大，板平面方向性系数 Δr 小。

对于分离工序，只要求材料有一定的塑性，而对材料的其他成形性能指标没有严格的要求。

2. 具有较高的表面质量

材料的表面应光洁平整，无氧化皮、裂纹、锈斑、划伤、分层等缺陷。因为表面质量好的材料，成形时不易破裂，也不易擦伤模具，冲件的表面质量也好。

3. 材料的厚度公差应符合国家标准

因为一定的模具间隙适用于一定厚度的材料，若材料的厚度公差太大，不仅直接影响冲件的质量，还可能导致模具或压力机的损坏。

四、冲压常用材料及选用

1. 冲压常用材料

冲压生产中最常用的材料是金属材料（包括黑色金属和有色金属），但有时也用非金属材料。其中黑色金属主要有普通碳素结构钢、优质碳素结构钢、合金结构钢、碳素工具钢、不锈钢、电工硅钢等；有色金属主要有纯铜、黄铜、青铜、铝等；非金属材料有纸板、层压板、橡胶板、塑料板、纤维板和云母等。

冲压用金属材料的供应状态一般是各种规格的板料和带料。板料的尺寸较大，可用于大型零件的冲压，也可将板料按排样尺寸剪裁成条料后用于中小型零件的冲压；带料（又称卷料）有各种规格的宽度，展开长度可达几十米，成卷状供应，适应于大批量生产的自动送料。材料厚度很小时都是做成带料供应。

对于厚度在4mm以下的轧制钢板，根据国家标准GB/T 708—1991规定，钢板厚度公差的精度分为A（高级精度）、B（较高级精度）、C（普通精度）三级。对优质碳素结构冷轧薄钢板，根据国家标准GB/T 710—1991规定，钢板的表面质量可分为Ⅰ（特别高级的精整表面）、Ⅱ（高级的精整表面）、Ⅲ（较高级的精整表面）、Ⅳ（普通的精整表面）四组，每组按拉深级别又分为Z（最深拉深）、S（深拉深）、P（普通拉深）三级。

在冲压工艺资料和图样上，对材料的表示方法有特殊的规定。如材料为08钢、厚度为1.0mm、平面尺寸为1000mm×1500mm、较高级精度、较高级的精整表面、深拉深级的优质碳素结构钢冷轧钢板表示为

$$钢板\frac{\text{B-1.0×1000×1500-GB/T 708—1991}}{\text{08-Ⅱ-S-GB/T 710—1991}}$$

关于材料的牌号、规格和性能，可查阅有关设计资料和标准，表1-3～表1-5分别列出了部分冲压常用金属材料的力学性能、轧制薄钢板的厚度允差及尺寸规格。

表 1-3 冲压常用金属材料的力学性能

材料名称	牌号	材料的状态	力学性能				
			抗剪强度 τ/MPa	抗拉强度 σ_b/MPa	屈服点 σ_s/MPa	伸长率 δ_{10}/%	弹性模量 $E/10^3$MPa
普通碳素钢	Q195	未经退火的	225～314	314～392		28～33	
	Q215		265～333	333～412	216	26～31	
	Q235		304～373	432～461	253	21～25	
	Q255		333～412	481～511	255	19～23	
碳素结构钢	08F	已退火的	216～304	275～383	177	32	
	08		255～353	324～441	196	32	186
	10F		216～333	275～412	186	30	
	10		255～333	294～432	206	29	194
	15		265～373	333～471	225	26	198
	20		275～392	353～500	245	25	206
	35		392～511	490～637	314	20	197
	45		432～549	539～686	353	16	200
	50		432～569	539～716	373	14	216
不锈钢	1Cr13	已退火的	314～373	392～416	412	21	206
	2Cr13		314～392	392～490	441	20	206
	1Cr18Ni9Ti	经热处理的	451～511	569～628	196	35	196
铝锰合金	LF21	已退火的	69～98	108～142	49	19	70
		半冷作硬化的	98～137	152～196	127	13	
硬铝(杜拉铝)	LY12	已退火的	103～147	147～211		12	
		淬硬并经自然时效	275～304	392～432	361	15	71
		淬硬后冷作硬化	275～314	392～451	333	10	
纯铜	T1,T2,T3	软的	157	196	69	30	106
		硬的	235	294		3	127
黄铜	H62	软的	255	294		35	98
		半硬的	294	373	196	20	
		硬的	412	412		10	
	H68	软的	235	294	98	40	
		半硬的	275	343		25	108
		硬的	392	392	245	15	113
铅黄铜	HPb59-1	软的	294	343	142	25	91
		硬的	392	441	412	5	103
锡磷青铜 锡锌青铜	QSn6. 5-0. 1 QSn4-3	软的	255	294	137	38	98
		硬的	471	539		3～5	
		特硬的	490	637	535	1～2	122
钛合金	TA2	退火的	353～471	441～588		25～30	
	TA3		432～588	539～736		20～25	
	TA5		628～667	785～834		15	102

表 1-4 轧制薄钢板的厚度允差（GB 708—1988） mm

钢板厚度	A	B	C	
	高级精度	较高精度	普通精度	
	冷轧优质钢板	普通和优质钢板		
		冷轧和热轧	热轧	
	全部宽度		宽度<1000	宽度≥1000
0.2～0.4	±0.03	±0.04	±0.06	±0.06
0.45～0.5	±0.04	±0.05	±0.07	±0.07
0.55～0.60	±0.05	±0.06	±0.08	±0.08
0.70～0.75	±0.06	±0.07	±0.09	±0.09
1.0～1.1	±0.07	±0.09	±0.12	±0.12
1.2～1.25	±0.09	±0.11	±0.13	±0.13
1.4	±0.10	±0.12	±0.15	±0.15
1.5	±0.11	±0.12	±0.15	±0.15
1.6～1.8	±0.12	±0.14	±0.16	±0.16
2.0	±0.13	±0.15	+0.15 −0.18	±0.18
2.2	±0.14	±0.16	+0.15 −0.19	±0.19
2.5	±0.15	±0.17	+0.16 −0.20	±0.20
2.8～3.0	±0.16	±0.18	+0.17 −0.22	±0.22
3.2～3.5	±0.18	±0.20	+0.18 −0.25	±0.25
3.8～4.0	±0.20	±0.22	+0.20 −0.30	±0.30

表 1-5 轧制薄钢板的尺寸规格（GB 708—1988） mm

钢板厚度	钢板宽度												
	500	600	710	750	800	850	900	950	1000	1100	1250	1400	1500
	冷轧钢板长度												
0.2,0.25 0.3,0.4	1200	1420	1500	1500	1500								
	1000	1800	1800	1800	1800	1800	1500	1500					
	1500	2000	2000	2000	2000	2000	1800	2000					
0.5,0.55 0.6		1200	1420	1500	1500	1500							
	1000	1800	1800	1800	1800	1800	1500	1500					
	1500	2000	2000	2000	2000	2000	1800	2000					
0.7,0.75		1200	1420	1500	1500	1500	1500						
	1000	1800	1800	1800	1800	1800	1500	1500					
	1500	2000	2000	2000	2000	2000	1800	2000					
0.8,0.9		1200	1420	1500	1500	1500	1500						
	1000	1800	1800	1800	1800	1800	1800	1500	2000	2000			
	1500	2000	2000	2000	2000	2000	2000	2000	2200	2500			
1.0,1.1 1.2,1.4 1.5,1.6 1.8,2.0	1000	1200	1420	1500	1500	1500					2800	2800	
	1500	1800	1800	1800	1800	1800	1800		2000	2000	3000	3000	
	2000	2000	2000	2000	2000	2000	2000	2000	2200	2500	3500	3500	
2.2,2.5 2.8,3.0 3.2,3.5 3.8,4.0	500	600											
	1000	1200	1420	1500	1500	1500							
	1500	1800	1800	1800	1800	1800	1800	2000					
	2000	2000	2000	2000	2000	2000							

续表

钢板厚度	钢板宽度												
	500	600	710	750	800	850	900	950	1000	1100	1250	1400	1500
	热轧钢板长度												
0.35,0.4		1200		1000									
0.45,0.5	1000	1500	1000	1500	1500		1500	1500					
0.55,0.6	1500	1800	1420	1800	1600	1700	1800	1900	1500				
0.7,0.75	2000	2000	2000	2000	2000	2000	2000	2000	2000				
				1500	1500	1500	1500	1500					
0.8,0.9	1000	1200	1420	1800	1600	1700	1800	1900	1500				
	1500	1420	2000	2000	2000	2000	2000	2000	2000				
1.0,1.1				1000			1000						
1.2,1.25	1000	1200	1000	1500	1500	1500	1500	1500					
1.4,1.5	1500	1420	1420	1800	1600	1700	1800	1900	1500				
1.6,1.8	2000	2000	2000	2000	2000	2000	2000	2000	2000				
							1000						
2.0,2.2	500	600	1000	1500	1500	1500	1500	1500	1500	2200	2500	2800	
2.5,2.8	1000	1200	1420	1800	1600	1700	1800	1900	2000	3000	3000	3000	3000
	1500	1500	2000	2000	2000	2000	2000	2000	3000	4000	4000	4000	4000
3.0,3.2				1000			1000					2800	
3.5,3.8				1500	1500	1500	1500	1500	2000	2200	2500	3000	3000
4.0	500	600	1420	1800	1600	1700	1800	1900	3000	3000	3000	3500	3500
	1000	1200	1200	2000	2000	2000	2000	2000	4000	4000	4000	4000	4000

2. 冲压材料的合理选用

冲压材料的选用要考虑冲压件的使用要求、冲压工艺要求及经济性等。

（1）按冲压件的使用要求合理选材　所选材料应能使冲压件在机器或部件中正常工作，并具有一定的使用寿命。为此，应根据冲压件的使用条件，使所选材料满足相应强度、刚度、韧性及耐蚀性和耐热性等方面的要求。

（2）按冲压工艺要求合理选材　对于任何一种冲压件，所选的材料应能按照其冲压工艺的要求，稳定地成形出不至于开裂或起皱的合格产品，这是最基本也是最重要的选材要求。为此可用以下方法合理选材。

① 试冲。根据以往的生产经验及可能条件，选择几种基本能满足冲压件使用要求的板料进行试冲，最后选择没有开裂或皱褶的、其废品率低的一种。这种方法结果比较直观，但带有较大的盲目性。

② 分析与对比。在分析冲压变形性质的基础上，把冲压成形时的最大变形程度与板料冲压成形性能所允许采用的极限变形程度进行对比，并以此作为依据，选取适合于该种零件冲压工艺要求的板材。

另外，同一种牌号或同一厚度的板材，还有冷轧和热轧之分，我国国产板材中，厚板（$t>4$mm）为热轧板，薄板（$t<4$mm）为冷轧板（也有热轧板）。与热轧相比，冷轧板尺寸精确，偏差小，表面缺陷少，光亮，内部组织致密，冲压性能更优。冷轧和热轧根据轧制方法不同又分为连轧与往复轧，一般来说，连轧钢板的纵向和横向性能差别较大，纤维的方向性比较明显，各向异性大；单张往复轧制时，钢板的各向均有相近程度的变形，故钢板的纵向和横向性能差别较小，冲压性能更好。此外，板料出厂或供货的性能状态也有不同，一般分为软（M）、半硬（Y2）、硬（Y）和特硬（T）四种状态，性能状态不同，其力学性能是有差别的。

③ 按经济性要求合理选材。所选材料应在满足使用性能及冲压工艺要求的前提下，尽量使材料的价格低廉，来源方便，经济性好，以降低冲压件的成本。

第三节 冲压设备的选择

冲压工作是将冲压模具安装在冲压设备（主要为压力机）上进行的，因而模具的设计要与冲压设备的类型和主要规格相匹配，否则是不能工作的。正确选择冲压设备，关系到设备的安全使用、冲压工艺的顺利实施及冲压件质量、生产效率、模具寿命等一系列重要问题。

冲压设备的选择，包括选择冲压设备的类型和规格两项内容。

一、冲压设备类型的选择

冲压设备类型主要根据所要完成的冲压工艺性质、生产批量、冲压件的尺寸大小和精度要求等来选择。

① 对于中小型冲裁件、弯曲件或拉深件等，主要选用开式机械压力机。开式压力机虽然刚度不高，在较大冲压力的作用下床身的变形会改变冲模间隙分布，降低模具寿命和冲压件表面质量，但是由于它提供了极为方便的操作条件和易于安装机械化附属装置的特点，所以目前仍是中小型冲压件生产的主要设备。另外，在中小型冲压件生产中，若采用导板模或工作时要求导柱导套不脱离的模具，应选用行程较小的偏心压力机。

② 对于大中型冲压件，多选用闭式机械压力机，包括一般用途的通用压力机和专用的精密压力机、双动或三动拉深压力机等。其中薄板冲裁或精密冲裁时，选用精度和刚度较高的精密压力机；大型复杂拉深件生产中，应尽量选用双动或三动拉深压力机，因其可使所用模具结构简单，调整方便。

③ 在小批量生产中，多采用液压机或摩擦压力机。液压机没有固定的行程，不会因为板料厚度变化而超载，而且在需要很大的施力行程加工时，与机械压力机相比具有明显的优点，因此特别适合大型厚板冲压件的生产。但液压机的速度低，生产效率不高，而且冲压件的尺寸精度有时受到操作因素的影响而不十分稳定。摩擦压力机具有结构简单，造价低廉，不易发生超载破坏等特点，因此在小批量生产中常用来弯曲大而厚的弯曲件，尤其适用校平、整形、压印等成形工序。但摩擦压力机的行程次数小，生产效率低，而且操作也不太方便。

④ 在大批量生产或形状复杂件的大量生产中，应尽量选用高速压力机或多工位自动压力机。

二、冲压设备规格的选择

在选定冲压设备的类型之后，应该进一步根据冲压件的大小、模具尺寸及冲压力来选定设备的规格。冲压设备的规格主要由以下主要参数确定。

(1) 公称压力　压力机滑块下滑过程中的冲击力就是压力机的压力，压力机压力的大小随滑块下滑的位置(或随曲柄旋转的角度)不同而不同。公称压力是指滑块距下死点前某一特定距离 S_p（称为公称压力行程）或曲柄旋转到距下死点前某一特定角度 α_p（称为公称压力角）时，滑块所产生的冲击力。公称压力一般用 P 表示，其大小也表示了压力机本身能够承受冲击的大小，图 1-24 中曲线 a、

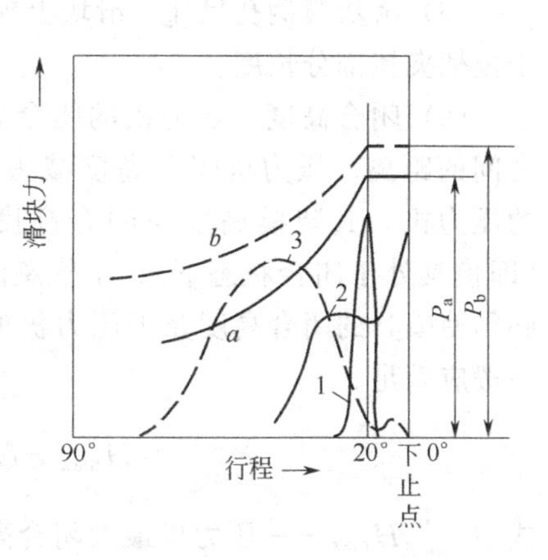

图 1-24　压力机许用压力曲线

a，b—压力机许用压力曲线；1—冲裁实际压力曲线；2—弯曲实际压力曲线；3—拉深实际压力曲线

b 分别表示公称压力为 P_a 和 P_b 的压力机的许用压力曲线。

冲压过程中，冲压力的大小也是随凸模（即压力机滑块）的行程变化而变化的，图1-24中曲线1、2、3分别表示冲裁、弯曲、拉深的实际冲压力曲线。从图中可以看出，三种冲压力曲线及压力机的许用压力曲线都不同步，在进行冲裁和弯曲时，公称压力为 P_a 的压力机能够保证在全部行程内压力机的许用压力都高于冲压力，因此选用许用压力曲线 a 的压力机是合适的。但在拉深时，虽然拉深变形所需的最大冲压力低于 P_a，但由于拉深变形最大冲压力出现在拉深行程的中前期，这个最大冲压力超过了相应位置上压力机的许用压力，因此不能选用公称压力为 P_a（具有曲线 a）的压力机，必须选择公称压力更大（如公称压力为 P_b、具有曲线 b）的压力机。由此可知，选择压力机时，必须使冲压力曲线不超过压力机的许用压力曲线。

实际生产中，为了简便起见，压力机的公称压力可按如下经验公式确定。

对于施力行程较小的冲压工序（如冲裁、浅弯曲、浅拉深等）

$$P \geqslant (1.1 \sim 1.3) F_{\Sigma} \tag{1-22}$$

对于施力行程较大的冲压工序（如深弯曲、深拉深等）

$$P \geqslant (1.6 \sim 2.0) F_{\Sigma} \tag{1-23}$$

式中 P——压力机的公称压力，kN；

F_{Σ}——冲压工艺总力，kN。

(2) 滑块行程 滑块行程是指滑块从上止点至下止点之间的距离，用“S”表示。对曲柄压力机，滑块行程等于曲柄半径的2倍。确定滑块行程时，应保证坯料能顺利地放入模具和冲压件能顺利地从模具中取出。例如，对于拉深工序，压力机滑块行程应大于拉深件高度的2倍，即 $S \geqslant 2h$（h 为拉深件高度）。

(3) 行程次数 行程次数是指压力机滑块每分钟往复运动的次数。它主要根据生产率要求、材料允许的变形速度和操作的可能性等来确定。

(4) 工作台面尺寸 压力机工作台面（或垫板平面）的长、宽尺寸一般应大于模具下模座尺寸，且每边留出60～100 mm，以便于安装固定模具。当冲压件或废料从下模漏料时，工作台孔尺寸必须大于漏料件尺寸。对于有弹顶装置的模具，工作台孔还应大于弹顶器的外形尺寸。

(5) 滑块模柄孔尺寸 滑块上模柄孔的直径应与模具模柄直径一致，模柄孔的深度应大于模柄夹持部分长度。

(6) 闭合高度 压力机的闭合高度是指滑块处于下止点位置时，滑块底面至工作台面之间的距离。压力机闭合高度减去垫板厚度的差值，称为压力机的装模高度。没有垫板的压力机，其装模高度与闭合高度相等。模具的闭合高度是指模具在工作行程终了时（即模具处于闭合状态下），上模座的上平面至下模座的下平面之间的距离。选择压力机时，必须使模具的闭合高度介于压力机的最大装模高度与最小装模高度之间，如图1-25所示。一般应满足

$$(H_{max} - H_1) - 5 \geqslant H \geqslant (H_{min} - H_1) + 10 \tag{1-24}$$

式中 H_{max}——压力机最大闭合高度，即连杆调至最短（偏心压力机行程调到最小）时压力机的闭合高度，mm；

H_{min}——压力机最小闭合高度，即连杆调至最长（偏心压力机行程调到最大）时压力机的闭合高度，mm；

H_1——压力机工作垫板厚度，mm；

$H_{max}-H_1$——压力机最大装模高度，mm；

$H_{min}-H_1$——压力机最小装模高度，mm；

H——模具的闭合高度，mm。

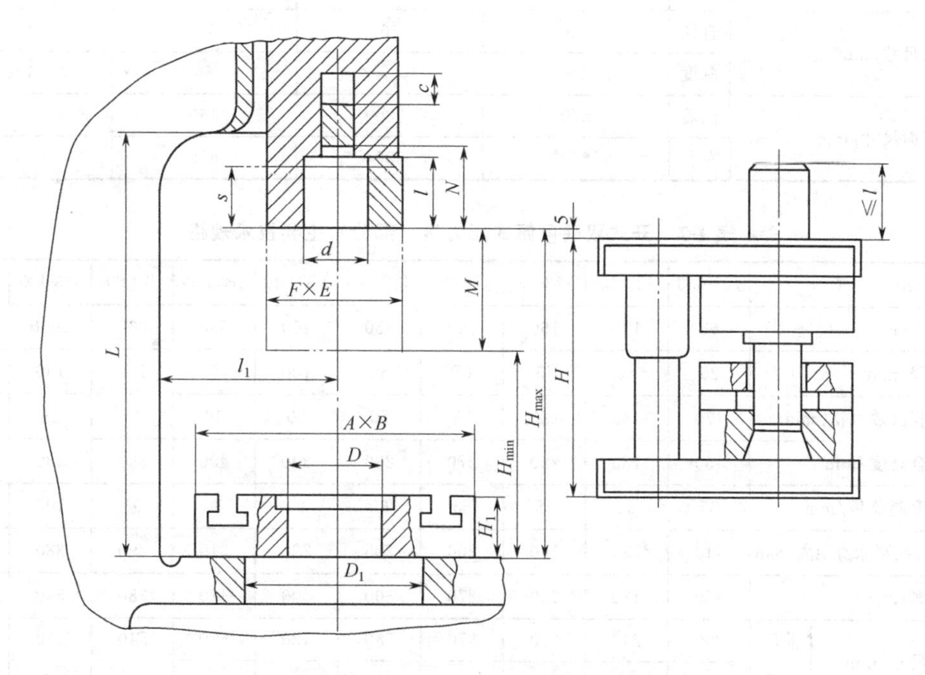

图 1-25　模具闭合高度与压力机装模高度的关系

(7) 电动机的功率　一般在保证了冲压工艺力的情况下，压力机的电机功率是足够的。但在某些施力行程较大的情况下，也会出现压力足够而功率不够的现象，此时必须对压力机的电机功率进行校核，保证电机功率大于冲压时所需的功率。

几种常用压力机的主要技术规格见表 1-6～表 1-8。

表 1-6　开式固定台压力机（部分）主要技术规格

型　号		JA21-35	JD21-100	JA21-160	J21-400A
公称压力/kN		350	1000	1600	4000
滑块行程/mm		130	可调 10～120	160	200
滑块行程次数/(次/min)		50	75	40	25
最大闭合高度/mm		280	400	450	550
闭合高度调节量/mm		60	85	130	150
滑块中心线至床身距离/mm		205	325	380	480
立柱距离/mm		428	480	530	896
工作台尺寸/mm	前后	380	600	710	900
	左右	610	1000	1120	1400
工作台孔尺寸/mm	前后	200	300		480
	左右	290	420		750
	直径	260		460	600

续表

型　　号		JA21-35	JD21-100	JA21-160	J21-400A
垫板尺寸/mm	厚度	60	100	130	170
	直径	22.5	200		300
模柄孔尺寸/mm	直径	50	60	70	100
	深度	70	80	80	120
滑块底面尺寸/mm	前后	210	380	460	
	左右	270	500	650	

表 1-7　开式双柱可倾式压力机（部分）主要技术规格

型　　号		J23-6.3	J23-10	J23-16	J23-25	JC23-35	JG23-40	JB23-63	J23-80	J23-100	J23-125
公称压力/kN		63	100	160	250	350	400	630	800	1000	1250
滑块行程/mm		35	45	55	65	80	100	100	130	130	145
滑块行程次数/(次/min)		170	145	120	55	50	80	40	45	38	38
最大闭合高度/mm		150	180	220	270	280	300	400	380	480	480
闭合高度调节量/mm		35	35	45	55	60	80	80	90	100	110
滑块中心线至床身距离/mm		110	130	160	200	205	220	310	290	380	380
立柱距离/mm		150	180	220	270	300	300	420	380	530	530
工作台尺寸/mm	前后	200	240	300	370	380	420	570	540	710	710
	左右	310	370	450	560	610	630	860	800	1080	1080
工作台孔尺寸/mm	前后	110	130	160	200	200	150	310	230	380	340
	左右	160	200	240	290	290	300	450	360	560	500
	直径	140	170	210	260	260	200	400	280	500	450
垫板尺寸/mm	厚度	30	35	40	50	60	80	80	100	100	100
	直径					150			200		250
模柄孔尺寸/mm	直径	30	30	40	40	50	50	50	60	60	60
	深度	55	55	60	60	70	70	70	80	75	80
滑块底面尺寸/mm	前后					190	230	360	350	360	
	左右					210	300	400	370	430	
床身最大可倾角		45°	35°	35°	30°	20°	30°	25°	30°	30°	25°

表 1-8　闭式单点压力机（部分）主要技术规格

型　　号	J31-100	J31-160A	J31-250	J31-315	J31-400A	J31-630
公称压力/kN	100	1600	2500	3150	4000	6300
滑块行程/mm	165	160	315	315	400	400
滑块行程次数/(次/min)	35	32	20	25	20	12
最大闭合高度/mm	280	480	630	630	710	850
最大装模高度/mm	155	375	490	490	550	650
连杆调节长度/mm	100	120	200	200	250	200

续表

型　　号		J31-100	J31-160A	J31-250	J31-315	J31-400A	J31-630
床身两立柱间距离/mm		660	750	1020	1130	1270	1230
工作台尺寸/mm	前后	635	790	950	1100	1200	1500
	左右	635	710	1000	1100	1250	1200
垫板尺寸/mm	厚度	125	105	140	140	160	200
	孔径	250	430	—	—	—	—
气垫工作压力/kN		—	—	400	250	630	1000
气垫行程/mm		—	—	150	160	200	200
主电动机功率/kW		7.5	10	30	30	40	55

思考与练习题

1. 影响金属塑性的因素有哪些？

2. 什么叫加工硬化和硬化指数？加工硬化对冲压成形有何有利和不利的影响？

3. 什么叫伸长类变形和压缩类变形？试从受力状态、材料厚度变化、破坏形式等方面比较这两类变形的特点。

4. 何谓材料的板平面方向性系数？其大小对材料的冲压成形有哪些方面的影响？

5. 何谓材料的冲压成形性能？冲压成形性能主要包括哪两方面的内容？材料冲压成形性能良好的标志是什么？

6. 金属塑性变形过程中的卸载规律与反载软化现象在冲压生产中有何实际意义？

7. 用“弱区必先变形，变形区应为弱区”的规律说明圆形坯料拉深成形的条件。

8. 冲压对材料有哪些基本要求？如何合理选用冲压材料？

9. 试分析比较 08 钢、20Cr13、HP59-1（软）三种材料的冲压成形性能。

10. 在图 1-26 所示带凸缘筒形件（材料为 10 钢）的底部冲一底孔 ϕ35mm，若已知模具闭合高度为 210mm，下模座边界尺寸为 320mm×280mm，所需冲压工艺总力为 150 kN。试选择压力机型号与规格。

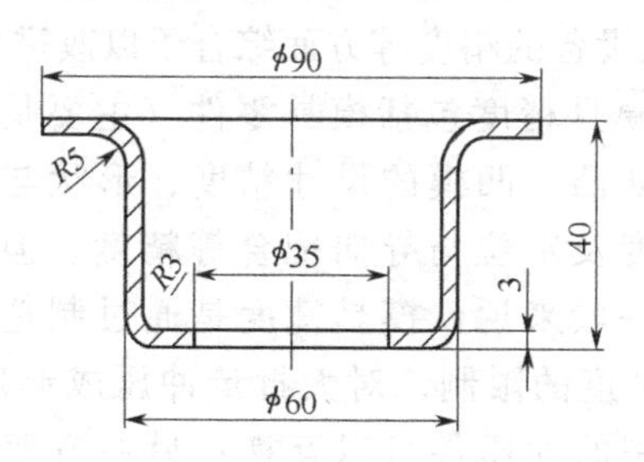

图 1-26　习题 10 附图

第二章　冲压模具制造基础

第一节　冲模制造的要求、过程与特点

一、冲模制造的基本要求

冲模制造的基本要求包括两个方面：一方面是对冲模制造工艺过程的基本要求；另一方面是对制造出来的冲模在质量和使用方面的基本要求。

1. 对冲模制造工艺过程的基本要求

冲模制造工艺过程中，应满足以下基本要求。

① 要保证模具的质量。保证模具的质量是指在正常生产条件下，按工艺过程所加工的模具零件应能达到模具设计图样所规定的全部精度和表面质量要求，并通过装配后能批量成形出合格的产品零件来。一般情况下，冲模的质量是由制造工艺规程的合理性、机床的加工精度及先进程度、操作者的技术水平等决定的。

② 要保证模具的制造周期。冲模的制造周期是指完成冲模制造全过程所需的时间。冲模制造周期的长短主要取决于制模技术和生产管理水平的高低。为了满足生产需要，提高产品竞争能力，必须在保证质量的前提下尽量缩短模具制造周期。为此，在制造冲模时，应力求缩短模具零件加工工艺路线，制定合理的加工工序，编制科学的工艺标准，经济合理地使用加工设备，并推行和采用“成组加工工艺”、模具标准件和模具CAD/CAM技术。

③ 要保证模具的使用寿命。模具的使用寿命是指模具在使用过程中的耐用程度，一般同一模具成形的冲压件越多，则标志模具的寿命越长。提高冲模寿命是一个综合性问题，除了正确选用模具材料以外，还应在模具结构设计、制造方法、测试设备、热处理工艺、模具使用时的润滑条件及所用冲压设备的精度等方面综合予以改进和提高。

④ 要保证模具的精度。模具精度包括模具零件（主要是工作零件）本身的精度和发挥模具效能所具有的精度，如凸、凹模的尺寸精度、形状与位置精度，模具零件装配后各零件之间的平行度、垂直度及定位与导向配合等精度。但通常所讲的模具精度，主要是指模具工作零件的精度。一般来说，模具精度是通过制造精度来获得的，而制造精度又受到加工方法及加工自身精度的限制。对大批量冲压成形用的模具，对其精度要求是：一方面要求同一模具成形出来的冲压件可以互换；另一方面模具本身的工作零件如有损坏，也要求可以互换。

⑤ 要保证模具的成本低廉。模具成本是指模具设计制造费用与模具维修保养费用之和与模具成形出的冲压件总数的比值。在模具生产厂家，主要是指模具的制造费用。由于模具是单件生产，加之模具本身的复杂程度和精度要求都较高，故模具的成本较高。为了降低模具的制造成本，应根据冲压件批量大小，合理选择模具材料，制定合理的加工工艺规程及设法提高劳动效率。

2. 对冲模的基本要求

冲模制造出来以后，应达到以下基本要求。

① 能冲出质量合格的冲压件。冲压件的质量包括其形状、尺寸、精度、断面质量和外观等方面。

② 具有一定的使用寿命。制造和修理冲模时均应考虑到冲模在使用过程中的受力情况和可能的磨损，使冲模的强度、刚性、耐磨性和冲击韧性都具有足够的耐用度。

③ 能正确而顺利地安装到规定的压力机上。即冲模的闭合高度、模柄或安装槽（孔）尺寸、顶杆和推杆尺寸等要与压力机有关技术规格相适应。

④ 冲模的技术状态良好。包括各零件的配合关系是否正确和稳定，对于冲模的安装、操作和维修是否方便等。

⑤ 保证交货期。根据订货单位生产的需要，在保证质量的前提下，尽量缩短制造周期，按期交出合格的冲模。

⑥ 冲模的成本应低廉。

二、冲模制造的过程

冲模制造的过程如图 2-1 所示，主要包括冲压件分析估算、模具图样设计、编制模具制造工艺规程、生产组织准备、模具零部件的加工和热处理、模具的装配、调试及检验与包装等内容。

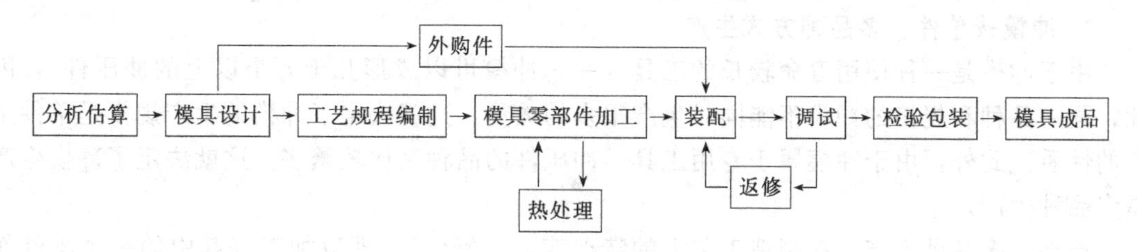

图 2-1 冲模制造的过程

1. 分析估算

在接受模具制造的委托时，首先根据冲压件图样或实物分析研究采用什么样的成形工艺方案，继而确定模具套数、模具结构及模具主要加工方法，然后估算模具费用及交货期等。

2. 模具图样设计

模具图样设计是模具制造过程中最关键的工作，通常由技术部门完成。模具设计图样一般包括模具结构总装图和模具零件图，图样中除应有的结构形状、尺寸、精度、表面粗糙度以外，还需提出必要的技术要求，如零件材料、热处理及加工、使用等方面的要求。模具图样一旦确定，就成为生产的法规性技术文件，无论是模具原材料的准备、加工工艺的制定，还是模具的装配与验收等，都以此为准来进行工作。

3. 制定加工工艺规程

工艺规程是指按模具设计图样，由工艺人员规定出整个模具或零部件加工工艺过程和操作方法，一般用表格形式制定出文件下发到各加工部门及车间。由于模具加工一般是单件生产，因此模具加工工艺规程常采用工艺过程卡片形式。工艺过程卡片是以工序为单位，简要说明模具零部件加工与装配过程的一种工艺文件，它是进行技术准备、组织和指导生产的依据。

4. 零部件加工

按照零部件加工工艺规程或工艺卡片，利用机械加工、电加工及其他方法，分别进行毛坯准备、粗加工、半精加工、热处理及精加工或修研抛光，制造出符合设计图样要求的冲模零部件。

5. 模具装配

按规定的技术要求，将加工合格的零件进行配合与连接，装配成符合模具结构总装图要求的模具。除导向用的导柱、导套和紧固定位用的螺钉、销钉外，一般零件在装配过程中仍需一定的人工修配或机械加工。

6. 模具调试

装配后的模具，需要安装到冲压设备上进行试冲，检查模具在运行过程中是否正常，成形所得到的冲压件是否符合要求。如有不符合要求的则必须拆下模具加以调整修正，然后再次试冲，直到能够完全正常运行并能成形出合格冲压件为止。

7. 检验与包装

调试合格后的模具还要进行外观检验，打好标记，并将试冲出来的冲压件随同模具进行包装，填好检验单及合格证，交付生产部门使用或按合同出厂。

三、冲模制造的特点

冲模制造属于机械制造范畴，但与一般机械制造相比，它具有如下一些特点。

1. 冲模按单件、多品种方式生产

由于冲模是一种使用寿命较长的工具（一套冲模可以成形几十万个以上的冲压件），因此，同一品种和规格的冲模不能同时生产很多的数量，这就决定了冲模的生产规模是单件生产的性质。此外，由于冲模属于专用工具，冲压件的品种又比较繁多，这就决定了冲模生产是多品种生产。

单件、多品种生产，在制造工艺上的特点就是“配作”，即以加工好其中的一个零件作为基准件，配作加工另一件来保证零件之间的相对位置或配合精度要求。同时，为了降低加工成本，加工过程中一般采用通用夹具和刀具，由划线和试切法来保证尺寸精度。模具零件的毛坯一般采用铸造或锻造或购买标准模板。另外，同一工序的加工往往集中的内容较多，工艺编制时也往往只编制简单的综合工艺过程卡片。

2. 冲模生产具有成套加工性

冲模生产的成套性包括两个方面：一方面是冲模零件的成套性，另一方面是冲压工序的成套性。冲模零件的成套性，就是根据冲模的标准化、系列化设计，使冲模坯料成套供应，冲模各零部件的备料、锻、车、铣、刨、磨等初次及二次加工成套地投入和交出，并由生产管理部门专人负责管理，最后由钳工修整并按装配图进行装配、试冲、调整，直至冲出合格的冲压件来。冲压工序的成套性是指一个冲压件需要多工序多套冲模来成形时，在加工和调整中必须保持工序的成套性，即各道工序的冲模应由一个调整工或调整组负责按工序顺序进行调整，直至冲出合格冲压件为止。

3. 装配后的冲模均需试冲和调整

冲模在装配后，虽按设计图样检验合格，但仍不能成为最后的产品，它必须经过试冲调整并冲出合格冲压件后才能成为合格的产品。这是因为在冲压件设计、冲压工艺制定、冲模设计与制造等方面都含有不确定因素，不能事先给以精确判断，故按设计意图制造出来的冲模（特别是成形类冲模）一般不能一次性冲出合格冲压件，必须将制造好的冲模先安装到压力机上进行试冲，并根据试冲时出现的缺陷进行修整。冲模制造的这个过程就是冲模的试模调整过程。

4. 有的冲模需要通过试验决定尺寸

在弯曲、拉深、翻边等塑性成形工序中，由于冲压中坯料的塑性变形规律不能准确控制，计算出来的坯料或工序件尺寸也不精确，因此这些成形工序的坯料或工序件尺寸往往需要在理论计算基础上通过试冲才能最终决定。在这种情况下，一般应先制造出成形模，待试验决定坯料尺寸后，再制造冲制坯料的冲裁模。有些复杂形状件的成形模，其工作部分的形状与尺寸也需通过多次试冲才能最后确定。

第二节　冲模的一般加工方法

由于冲模的主要零件是成套性的单件、小批量生产，因此加工方法视其加工条件而有较大的差异。在加工手段落后的条件下，模具的加工主要依靠普通机械加工并配合钳工修配完成。随着科学技术的发展，模具的加工制造技术也有了很大的进步，已由一般的机械加工方法，发展到以数控机床加工为主的现代模具加工方法，并逐步实现模具计算机辅助设计与制造（CAD/CAM）。本节只对冲模的各种主要加工方法进行一般性介绍。

一、常规机械加工方法

（一）普通切削机床加工

1. 车床加工

车床是工厂中最普通的机械加工设备。车床的种类很多，在冲模制造中，除特殊情况外，一般使用普通车床。

在冲模零件加工中，车床主要用来加工圆形凸模、凹模镶套、导柱、导套等圆截面形状的零件，也可车锥面、镗孔、平端面、车螺纹、滚花等。经车削后的表面如需用磨削来进一步提高精度和表面质量，一般应留出 0.3～0.5mm 的磨削余量。

2. 钻床加工

钻床是一种孔加工机床。在钻床上可进行钻孔、铰孔、攻螺纹、孔端倒角等加工。在冲模制造中，钻床常用来加工各种螺栓过孔、螺纹孔、销钉孔、圆形漏料孔，以及作镗或线切割加工前的预孔加工。

钻床的类型有台钻、立钻和摇臂钻，其中较小零件在台钻上加工，较大的零件在立钻上加工，具有多个平行孔系的零件在摇臂钻上加工。

在冲模中，一般同一螺钉或销钉要同时穿过几块不同模板，为了保证各模板上孔的位置一致，通常采用配钻的方式。即先加工好其中一件上的各孔，再以该件为基准，配作加工其他各件上的各孔。如加工冲模时，可先将凹模按图样要求加工出螺孔、销孔及其他有位置要求的圆形孔，并经淬硬后作为基准件，再通过基准件上这些已加工好的孔来引钻其他固定板、卸料板、模座上的各孔，使各模板上孔的位置保持一致。

3. 铣床加工

铣床和铣刀的种类很多，故加工范围极广，可铣各种平面、沟槽及一些不规则曲面。在冲模制造中，应用最广的是立式铣床和万能铣床，加工的主要对象是各种冲模零件的平面及型孔，如各种模板的六面、模板上非圆形孔的粗加工或半精加工等。

利用铣床铣削冲模零件的平面时，在立式铣床和卧式铣床上都可加工，但立铣的加工质量和生产率都比较高，故在冲模标准件大批量生产中常采用立铣。

利用铣床铣削模板上的型孔时，通常是先在模板上按图样要求划线，用钻头在划线内周钻孔去掉余料，然后再用立铣刀在立式铣床或万能铣床上按划线加工成形。如孔形是尖角时，则也只能先铣出圆角，再在铣削后经过钳工进行修整。

铣削后的零件如需用磨削来提高精度和表面粗糙度等级时，一般应留有 0.3～0.5mm 的磨削余量。

4. 刨床加工

冲模零件刨加工的主要设备是牛头刨床和龙门刨床。牛头刨床可以粗加工冲模零件的外形平面，也可刨斜面及垂直面，但加工时坯料上应进行划线，以作为加工的依据。这种机床操作简便，但生产效率和精度比铣床低，主要用于小型模板的平面加工和倒角，尤其适用于加工窄长形表面。龙门刨床主要用于大型模具零件的平面加工，龙门刨床上可同时安装几把刨刀，因而可同时对工件的不同部位进行刨削。

冲模零件的重要表面在刨削后应留 0.3～0.5mm 的磨削余量。

目前，原以刨床加工的平面多为铣床加工所代替，以提高生产效率。

5. 镗床加工

在普通镗床上除了能将已加工过的孔通过切削扩大到所需的尺寸和精度以外，也可进行钻削、铰孔和倒角等。在冲模制造中，镗床广泛应用于有精度要求的大型模具导向孔和四角导向面的加工，也可用来加工圆筒形件拉深模的凹模腔。另外，当孔距公差要求不高，只要求两个（或多个）零件的孔位一致（同轴）时，在成批或大量生产的情况下，可采用一般专用镗床加工。如标准冲模模架的上、下模座，其导柱和导套安装孔都是标准的，可采用专用的双轴镗床来加工。

（二）精密切削机床加工

在冲模零件加工中，所用到的精密切削机床主要是精密坐标镗床。精密坐标镗床能准确地加工出由直角坐标所确定的不同位置的各孔，孔距位置精度可达 0.005～0.015mm。在冲模制造中，坐标镗床主要用于加工多圆孔凹模、卸料板和凸模固定板等零件中孔距精度要求较高的孔，也可以作准确的划线、中心距测量和其他线性尺寸的检验等工作。

利用坐标镗床镗孔时，应根据被加工零件的形状来选择合理的定位基准。基准的定位方法主要有以划线、外圆或孔为定位基准，矩形件或不规则外形零件应以加工孔或以相互垂直的加工面为定位基准。

对于一些需热处理淬硬的冲模零件，由于热处理时易发生变形，致使热处理之前镗好的孔位精度受到破坏，这时为了保证各模板（如凸模固定板与凹模）上相应孔同心，可采用配镗法。即在镗削某一零件（如凸模固定板）时，其孔位不是按图样中的尺寸和公差进行加工，而是根据另一零件（如凹模或凸凹模）热处理淬硬后的实际孔位来配作加工。

（三）普通磨削加工

冲模零件经过切削机床加工以后，为了提高表面质量，一般都还需经过磨削加工。磨削加工的主要设备是磨床，它是冲模加工不可缺少的设备。常用的普通磨削加工机床有平面磨床、外圆磨床、内圆磨床和万能磨床等。平面磨床主要磨削冲模零件中表面质量要求较高的平面，如各种模板的接合面与基准面，凸模的端面与平面状工作型面等。平磨前零件应经过车、铣、刨等粗加工或半精加工，需热处理淬硬的零件一般在热处理以后进行平磨，但热处理前需要建立工艺基准时也应安排平磨。经平磨以后的平面其表面粗糙度值可达 $Ra=0.8\mu m$ 以下。

外圆磨床、内圆磨床及万能磨床主要用来磨削冲模零件中的内外圆柱面、内外圆锥面及台肩部位，如圆形或圆锥形凸模与凹模、定位销、导正销、导柱与导套等。内、外圆磨削的工序安排与平磨基本相同，磨削精度可达 IT6～IT9 级，表面粗糙度值可达 $Ra=0.8\mu m$ 以下。

（四）精密磨削加工

在冲模制造中采用的精密磨削机床主要是坐标磨床。坐标磨床是以消除材料的热处理变形为目的而发展起来的机床，它可以磨削孔距精度很高的孔以及各种轮廓形状。该种机床设有精密坐标机构，砂轮架和工作台各移动部分装有数显装置，可显示其移动量（以μm为单位）的大小。此外，当使用小砂轮磨削且磨量又极小时，可利用磨触指示计放大砂轮和工件接触时的声音，借助耳机做听觉检验。因此坐标磨床可以对工件实现精密磨削。

坐标磨床可以精确地对工件的内孔、外径、沉孔、锥孔及垂直、横向、底部等各面进行磨削，磨削精度可达0.01～0.015mm，表面粗糙度值可达$Ra=0.32\sim1.25\mu m$。在冲模制造中，坐标磨床主要用来磨削凹模或凸模上位置精密的圆孔（圆柱孔或圆锥孔）及精密拉深模或成形模的凹模型孔等。

（五）成形磨削加工

成形磨削是磨削复杂型面的一种精加工方法。在冲模制造中，成形磨削用来精加工经热处理淬硬后的凸模、凹模拼块等工作零件的型面，也可精加工电火花电极的工作型面，是目前比较有效的精加工方法。

冲模工作零件中的型面一般都由圆柱面与平面相切或相交所组成，属于直母线型面。成形磨削的基本原理，即是把这些形状复杂的型面分解成若干个平面、圆柱面等简单型面，然后分段磨削，并使其连接圆滑、光洁，符合图样要求。

成形磨削的方法主要有两种：一种是在平面磨床上采用成形砂轮或专用夹具进行磨削；另一种是选用光学曲线磨床等专用成形磨床进行磨削。

1. 在平面磨床上的成形磨削加工

在平面磨床上进行成形磨削加工的方法又有如下两种。

（1）利用成形砂轮磨削　这种方法是先把砂轮修整成与被加工工件型面完全吻合的反型面，然后再以此砂轮对工件进行磨削，使其获得所需的形状和精度。砂轮的修整方法有两种：一种是用金刚石通过专用的夹具修整；另一种是用挤轮通过挤砂轮工具修整。其中前者一般用于单件小批量零件磨削，后者用于批量零件的磨削。

（2）利用专用夹具磨削　这种方法是将被磨削的工件按照一定条件装夹在专用夹具上，在加工过程中通过夹具依次移动或转动来调整工件相对砂轮的位置进行磨削，从而获得所需的形状和精度。通常采用的磨削夹具有精密平口钳、正弦磁力台、正弦分度夹具、万能夹具、旋转磁力台和中心孔夹板等。

在平面磨床上进行成形磨削，特别是在平面磨床上利用专用夹具进行成形磨削时，因为每次磨削时工艺上所需要的尺寸往往与被磨削零件的设计尺寸是不一致的，所以在成形磨削前，应根据设计尺寸换算出所需要的工艺尺寸，并绘出成形磨削工艺尺寸图。此外，这种磨削操作复杂，并需要熟练的技术。但由于不需要专用的成形磨削设备，所以利用平面磨床进行成形磨削的方法目前在一般中、小型工厂中仍有使用。

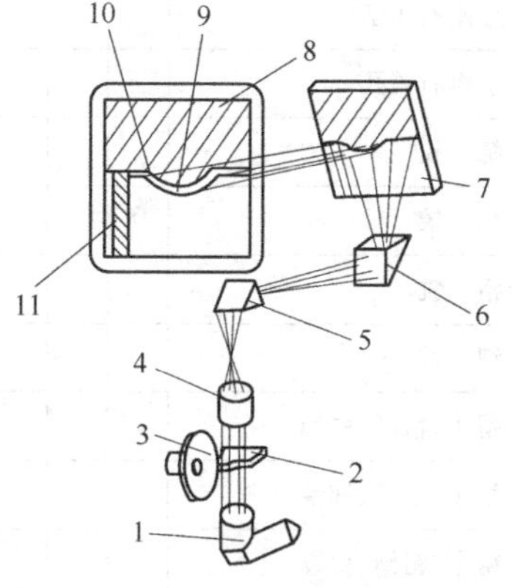

图 2-2　光学曲线磨床工作原理

1—光源；2—工件；3—砂轮；4—物镜；5,6—三棱镜；7—平面镜；8—光屏；9—放大后的工件影像；10—工件轮廓放大图；11—放大后的砂轮影像

2. 光学曲线磨床加工

光学曲线磨床是利用光学投影放大系统将工件被磨削部分的形状尺寸放大映像到屏幕上，与夹在屏幕上的工件放大图对照进行加工的。光学曲线磨床的工作原理如图2-2所

示，光线从光源 1 射出，把工件 2 和砂轮 3 的阴影射入物镜 4 上，并经过三棱镜 5、6 的折射和平面镜 7 的反射，可在光屏 8 上得到放大 50 倍的工件影像 9。将工件加工轮廓放大图 10（也放大 50 倍）挂在光屏上并使放大图与工件影像基准重合，控制砂轮 3 使其沿工件轮廓作磨削运动，将磨削前留下的加工余量磨去，使工件实际轮廓的影像与其放大图轮廓线完全重合为止即完成磨削。

光学曲线磨床使用的砂轮一般为薄片砂轮，厚度为 0.5～8mm，直径在 ϕ125mm 以内。为了保证加工精度，工件的放大图必须画得很准确，图上线条偏差应小于 0.5mm。

光学曲线磨床可以磨削平面、圆弧面和非圆弧形的复杂曲面，磨削精度可达±0.01mm，特别适合于单件小批量生产中各种冲模零件上复杂曲面的磨削。

表 2-1、表 2-2 分别列出了不同常规加工方法可能达到的加工精度与表面粗糙度，可供制定冲模零件加工工艺时参考。

表 2-1　不同加工方法可能达到的公差等级

加工方法	公差等级 IT																			
	01	0	1	2	3	4	5	6	7	8	9	10	11	12	13	14	15	16	17	18
精研磨	—	—	—																	
细研磨			—	—	—	—	—													
粗研磨					—	—	—	—												
终珩磨						—	—	—												
初珩磨								—	—											
精　磨				—	—	—	—													
细　磨						—	—	—												
粗　磨								—	—	—										
圆　磨							—	—	—											
平　磨							—	—	—	—										
金刚石车削							—	—	—											
金刚石镗孔							—	—	—											
精　铰								—	—	—										
细　铰										—	—	—	—							
精　铣										—	—	—								
细　铣											—	—	—							
精车、精刨、精镗									—	—	—									
细车、细刨、细镗										—	—	—								
粗车、粗刨、粗镗												—	—	—						
插　削												—	—	—						
钻　削													—	—	—	—				
锻　造																	—	—		
砂型铸造																—	—			

表 2-2　不同加工方法可能达到的表面粗糙度

加工方法		表面粗糙度 $Ra/\mu m$													
		0.012	0.025	0.05	0.10	0.20	0.40	0.80	1.60	3.20	6.30	12.5	25	50	100
锉							—	—	—	—	—	—	—		
刮削							—	—	—	—	—	—			
刨削	粗										—	—	—		
	半精								—	—	—	—	—		
	精						—	—	—	—	—				
插削									—	—	—	—	—		
钻孔								—	—	—	—	—	—		
扩孔	粗										—	—	—		
	精								—	—	—				
金刚镗孔				—	—	—	—								
镗孔	粗										—	—	—	—	
	半精							—	—	—	—				
	精						—	—	—						
铰孔	粗								—	—	—	—			
	半精						—	—	—	—					
	精				—	—	—	—	—						
滚铣	粗									—	—	—	—		
	半精							—	—	—	—				
	精						—	—	—						
端面铣	粗									—	—	—	—		
	半精						—	—	—	—	—				
	精					—	—	—	—						
车外圆	粗										—	—	—		
	半精								—	—	—	—			
	精					—	—	—	—						
金刚车			—	—	—	—									
车端面	粗										—	—	—		
	半精								—	—	—	—			
	精						—	—	—						
磨外圆	粗							—	—	—	—				
	半精					—	—	—	—						
	精		—	—	—	—	—								
磨平面	粗								—	—					
	半精						—	—	—						
	精		—	—	—	—	—								
珩磨	平面		—	—	—	—	—	—	—						
	圆柱	—	—	—	—	—	—								
研磨	粗					—	—	—	—						
	半精			—	—	—	—								
	精	—	—	—	—										

续表

加工方法		表面粗糙度 $Ra/\mu m$													
		0.012	0.025	0.05	0.10	0.20	0.40	0.80	1.60	3.20	6.30	12.5	25	50	100
电火花加工								—	—	—	—	—	—		
螺纹加工	丝锥板牙							—	—	—	—				
	车							—	—	—	—	—			
	搓丝							—	—	—	—				
	滚压						—	—	—	—					
	磨					—	—	—	—						

二、电火花加工方法

(一) 电火花加工的原理、特点及应用

1. 电火花加工原理

电火花加工是利用两电极间脉冲放电时产生的电腐蚀作用，对工件进行加工的一种工艺方法。电火花加工原理如图 2-3 所示，工件 1 和工具电极 4 分别接脉冲电源 2 的两个输出端，工件与工具电极间充满工作液 5（通常为煤油）。加工时，脉冲电源产生脉冲电压，工具电极趋近工件，当工具电极与工件间达到一定距离（放电间隙）时，极间的工作液在很强的脉冲电压作用下被电离击穿而发生火花放电，瞬间的高温便在工件上蚀除一个小坑穴，同时工具电极也会因放电而出现损耗。放电后的电蚀产物由流动的工作液排至放电间隙之外，经过短暂的间隔时间（即脉冲间隔），极间恢复绝缘，完成一次脉冲放电腐蚀。接着再进行下一次的脉冲放电，又使工件蚀除一个小坑。如此不断地进行放电腐蚀，工具电极不断地向工件移动（由自动进给调节装置 3 维持适当的放电间隙），最后，工具电极的形状复制在工件上，从而在工件上加工出与工具电极形状相似的型面或型孔来。

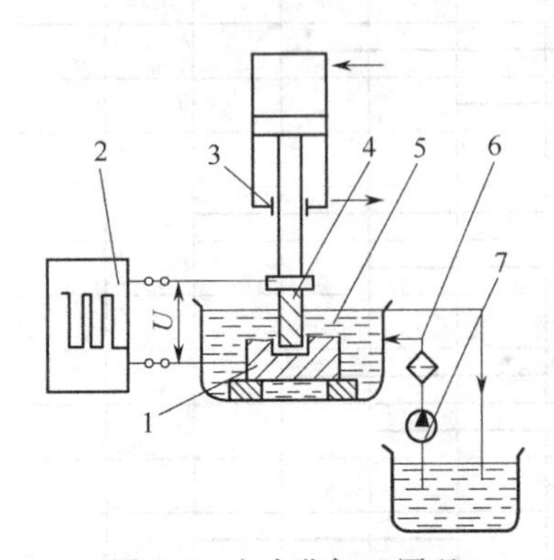

图 2-3 电火花加工原理

1—工件；2—脉冲电源；3—自动进给调节装置；4—工具电极；5—工作液；6—过滤器；7—泵

2. 电火花加工特点

① 采用电火花加工时，由于火花放电的电流密度很高，产生的高温足以熔化或气化任何导电材料，因此可以加工任何硬、脆、软、黏或高熔点金属材料，包括热处理后的钢质零件。这样，对需热处理淬硬的冲模零件，可以将电火花加工安排在热处理工序之后，从而可消除热处理后变形对零件精度的影响，提高了冲模零件的加工精度。

② 电火花加工时工具电极与工件不接触，两者之间的宏观作用力极小，所以便于加工小孔、窄缝等零件，而不受电极和工件刚度的限制。对于各种具有复杂形状型孔的凹模均可采用成形电极一次加工而不必担心加工面积过大而引起变形和开裂等问题，这样凹模可不用镶拼结构而采用整体结构，既能节约模具设计制造工时，又可提高凹模强度。

③ 采用电火花加工冲模，凸、凹模之间易于获得均匀的冲裁间隙和所需的漏料斜度，刃口平直耐磨，从而可以提高冲压件的质量和模具寿命。

④ 电火花加工是直接利用电能加工，操作方便，便于实现生产中的自动控制及加工自动化。加工后的零件精度高，表面粗糙度可达 $Ra=1.25\mu m$，只需钳工稍加修整后即可装配

使用。

电火花加工也存在一些缺点，如难以达到较小的表面粗糙度值，型孔尖角的加工难以达到要求，工具电极有损耗而影响加工精度等。

3. 电火花加工的应用

由于电火花加工的独特优点，加上数控电火花机床的普及，它已在模具制造等部门得到了广泛应用。在冲模制造中，电火花加工可用来加工各种凹模及凸凹模的型孔或型面、卸料板与凸模固定板的型孔等。但随着电火花线切割加工的广泛应用，一般冲模工作零件的电火花加工已逐渐为线切割加工所取代，因而冲模零件的电火花加工主要只用于成形模和小孔冲模及多型孔冲模中的凹模及相应凸模固定板的加工。

(二) 电火花加工的工艺规律

1. 加工斜度

在电火花加工过程中，由于电蚀作用，工件与电极之间存在着电蚀产物，这些电蚀产物在放电期间排出的过程中便在电极与工件侧面之间产生二次放电。二次放电的结果，使电极入口处的间隙增大，形成加工斜度，如图 2-4 所示。加工斜度的大小主要取决于单个脉冲能量的大小和电蚀产物的排出情况。加工通孔时，减小斜度的办法是使工具电极穿过工件被加工部分厚度的 1～2 倍，或改变冲油方式，采用电极振动的办法以及使工作液强迫循环。精加工的斜度一般可控制在 10′以内。

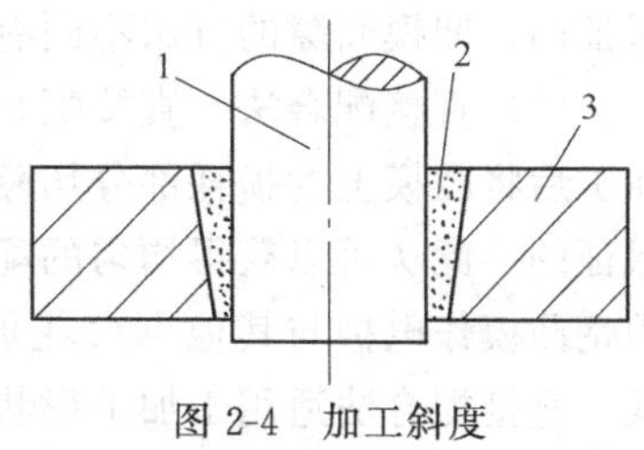

图 2-4　加工斜度

1—工具电极；2—电蚀产物；3—工件

2. 电极损耗

在电火花加工过程中，对工件进行电蚀加工的同时，工具本身也受到电蚀，因而产生电极损耗。电极损耗是影响加工精度的一个重要因素，因此，加工中应设法减少电极损耗。影响电极损耗的因素主要是电源的电参数（脉冲宽度、峰值电流、脉冲间隔）、极性的配合、电极材料、加工面积、冲抽油方式及电极形状等。在冲模加工时，通常以长度损耗率（即电极长度方向上的损耗尺寸与工件上已加工出的深度尺寸之比）来衡量工具电极的损耗。

3. 极性效应

在电火花加工过程中，即使阳极和阴极都用同一种材料，也总是其中一个电极的蚀除量比另一个多些，这种现象称为"极性效应"。一般，当阳极蚀除速度大于阴极时，称作"正极性"，反之称作"负极性"。

影响极性效应的主要因素是放电时的脉冲宽度。一般采用较窄的脉冲（放电时间小于 50μs）加工时，阳极蚀除速度大于阴极，此时工件应接阳极，工具电极接阴极，即采用正极性加工。反之，用较宽的脉冲（大于 300μs）加工时，阴极的蚀除速度大于阳极，应采用负极性加工。

从提高加工生产率和减小工具电极损耗的要求出发，极性效应愈显著愈好。若采用交变的脉冲电源加工，则单个脉冲的极性效应便互相抵消，从而增加了工具电极的损耗。因此，一般都采用单向直流脉冲电源进行电火花加工。

4. 表面变质层

由于电火花放电的瞬时高温作用和液体介质的急冷作用，工件加工表面会产生一层与原来材质不同的变质层。表面变质层的厚度与工件材料及电源脉冲参数有关，它随脉冲能量的增加而增厚。粗加工时变化层一般为 0.1～0.5mm，精加工时一般为 0.01～0.05mm。

加工钢质工件时，表面变质层的硬度一般比较高，所以经电火花加工后工件的耐磨性提高。但变质层的存在给后续研磨抛光增加困难，而且变质层中的金相组织变化和产生的残余应力会降低工件的疲劳强度。所以，对要求疲劳强度高的冲模零件，最好将表面变质层去掉（如采用机械抛光、电解抛光等）或采用喷砂等表面处理方法来改善表面层质量。

（三）冲模电火花加工工艺

在实际生产中，冲模电火花加工的工艺过程是：选择电火花加工工艺方法→设计制造电极→准备待加工零件→在机床上装夹校正电极及待加工零件→调整机床主轴上、下位置→选择电规准→开机加工→中间检验→转换电规准加工→卸下零件检查。

下面对各主要工艺内容进行简要介绍。

1. 电火花加工工艺方法

对于冲模，凸、凹模配合间隙（特别是冲裁凸、凹模间隙）是一个很重要的质量指标，其大小和均匀性直接影响冲压件质量和模具寿命。采用电火花加工冲模时，其加工方法根据保证凸、凹模间隙的方法不同有以下三种。

（1）直接配合法　直接配合法是直接利用适当加长的凸模作工具电极加工凹模的型孔，加工后将凸模上的损耗部分切除。凸、凹模配合间隙的大小是靠调节电参数来控制放电间隙保证的。此法可以获得均匀的配合间隙，模具质量高，不需另外制造电极，工艺简单。但是用钢凸模作电极与其他电火花加工性能好的电极材料相比，加工稳定性差，加工速度也较低。直接配合法适用于加工形状复杂的凹模或多型孔凹模。

（2）间接配合法　间接配合法是将电极毛坯与凸模毛坯连接（粘接或钎焊）在一起同时加工，然后以与凸模尺寸一致的电极部分对凹模进行电火花加工。加工后再将电极部分去除。间接配合法的电极可选与凸模不同的材料（如铸铁），所以电加工性能比直接法好，且电极与凸模连接在一起加工，电极的形状尺寸与凸模一致，加工后凸、凹模间隙均匀，是一种使用比较广泛的加工方法。但由于电极与凸模必须同时磨削，这就限制了其他电加工性能更好的材料（如紫铜，石墨等）的选用。

上述两种加工方法都是靠控制放电间隙来保证凸、凹模配合间隙的。当凸、凹模配合间隙很小时，放电间隙也要求很小，而过小的放电间隙使得加工困难，这时可将电极的工作部分用化学浸蚀法蚀除一层金属，使断面尺寸单边缩小$\delta-\dfrac{Z}{2}$（Z为凸、凹模双边配合间隙，δ为单边放电间隙），以满足加工时的间隙要求。反之，当凸、凹模配合间隙较大时，可用电镀法将电极工作部分的断面尺寸单边扩大$\dfrac{Z}{2}-\delta$。

（3）修配凸模法　修配凸模法是根据凹模尺寸与精度单独设计制造电极，而凸模不加工到最终尺寸，留有一定修配余量，用制好的电极电火花加工出凹模以后，再按凹模的实测尺寸来修配凸模，以达到所要求的配合间隙。这种方法可选用电加工性能好的电极材料，放电间隙也不受配合间隙的限制，但由于电极与凸模是分别制作的，所以配合间隙很难保证均匀一致，而且增加了制造电极和钳工的工作量，主要用于加工形状较简单的冲模。

由于电火花加工时会产生加工斜度，所以为了防止凹模型孔工作部分产生反向斜度而影响漏料，在电火花加工凹模型孔时应将凹模底面朝上，使型孔的加工斜度正好成为凹模的漏料斜度。

2. 工具电极设计与制造

电火花加工冲模时，工具电极的形状精确地复制在模具型孔上，因此模具型孔的加工精度与电极精度有密切的关系。为了保证电极的精度，在设计电极时必须适当地选择电极材料和确定合理的结构与尺寸，同时还应考虑使电极便于制造和安装。

（1）电极材料　根据电火花加工原理，电极材料应选择损耗小、加工过程稳定、生产率高、机械加工性能好、来源丰富、价格低廉的导电材料。常用电极材料的种类和性能见表 2-3，具体选用时应根据加工对象、工艺方法、电源类型等因素综合考虑。

表 2-3　常用电极材料的种类和性能

电极材料	电火花加工性能		机械加工性能	说　明
	加工稳定性	电极损耗		
钢	较差	中等	好	常用电极材料，但在选择电参数时应注意加工的稳定性
铸铁	一般	中等	好	常用电极材料
石墨	尚好	较小	尚好	常用电极材料，但机械强度较差，易崩角
黄铜	好	大	尚好	电极损耗太大
紫铜	好	较小	较差	常用电极材料，但磨削较困难
铜钨合金	好	小	尚好	价格高，多用于深孔、直壁孔、硬质合金穿孔
银钨合金	好	小	尚好	价格昂贵，用于精密冲模或有特殊要求的加工

（2）电极结构　电极结构形式应根据电极外形尺寸的大小与复杂程度、电极的加工工艺性等因素综合考虑。常用的电极结构形式主要有整体式、组合式及镶拼式三种。

① 整体式电极。整体式电极用整块材料制成，一般作成上下截面尺寸一致的直通式，如图 2-5 所示。当电极的体积较大时，为了减轻重量，可在其端面开孔或挖空。对于体积小易变形的电极，可在其有效长度以上的部分将截面尺寸增大。整体式电极是一种常用结构形式。

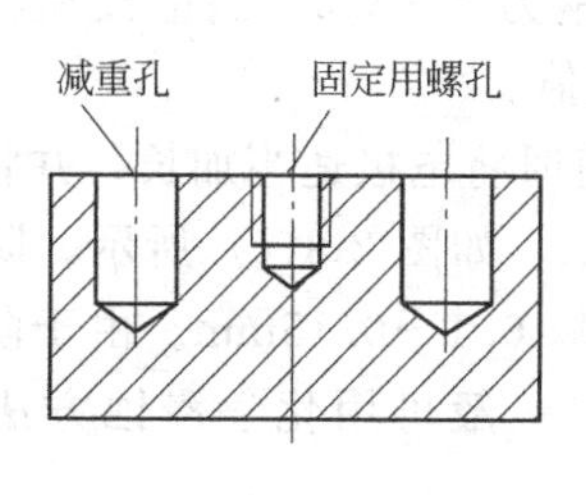

图 2-5　整体式电极

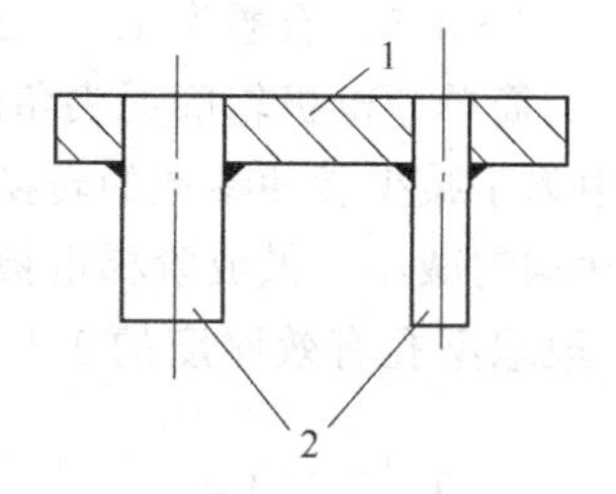

图 2-6　组合式电极
1—电极固定板；2—电极

② 组合式电极。在同一模板上有多个型孔时，可以将多个电极组合在一起，一次完成各型孔的加工，这种电极称为组合式电极，如图 2-6 所示。用组合式电极加工生产率高，各型孔间的加工精度取决于电极的加工与装配精度。

③ 镶拼式电极。对于形状复杂的电极，采用整体结构又不便加工时，通常将其分成几块，分别加工后再镶拼成整体，这种电极称为镶拼式电极，如图 2-7 所示。镶拼式电极既便于加工，又节省材料，常用于复杂型孔的加工。

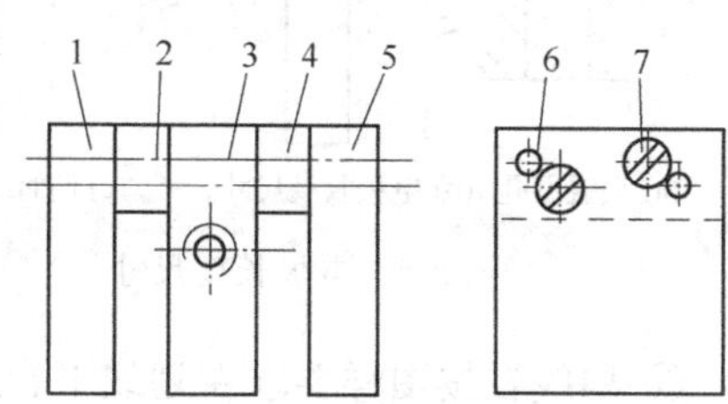

图 2-7　镶拼式电极
1～5—电极拼块；6—定位销；7—固定螺钉

（3）电极尺寸　电极尺寸包括电极截面尺寸和电极长度尺寸。

① 电极截面尺寸。根据凸、凹模图样上尺寸及公差的标注方式不同，电极截面尺寸按下述两种情况确定。

a. 当凹模型孔标注尺寸及公差时，电极的截面尺寸按型孔尺寸均匀地缩小一个放电间隙 δ。

b. 当凸模标注尺寸及公差，而凹模按凸模配作保证双面配合间隙 Z 时，电极的截面尺寸根据配合间隙 Z 的大小不同分三种情况确定：

配合间隙等于放电间隙（$Z=2\delta$）时，电极截面尺寸与凸模截面尺寸完全相同；

配合间隙小于放电间隙（$Z<2\delta$）时，电极截面尺寸应比凸模截面尺寸均匀地缩小 $(2\delta-Z)/2$；

配合间隙大于放电间隙（$Z>2\delta$）时，电极截面尺寸应比凸模截面尺寸均匀地放大 $(2\delta-Z)/2$。

电极截面尺寸的公差一般取型孔制造公差的1/3～1/2，以考虑加工过程中机床、装夹校正等误差的影响。电极工作表面的粗糙度 Ra 值应不大于型孔要求的粗糙度值，一般可取为相等。

② 电极长度尺寸。电极长度尺寸取决于所加工零件的厚度、电极材料、使用次数、装夹形式、型孔的结构形状与尺寸、电加工余量等因素，一般情况可按下式计算［见图2-8(a)、(b)］

$$L=kt+h+l+(0.4\sim0.8)(n-1)kt \tag{2-1}$$

式中 L——电极长度，mm；

t——型孔有效厚度（电火花加工深度），mm；

h——当型孔底部挖空时电极需增加的长度，mm；

l——需夹持电极时而增加的长度，一般取10～20mm；

n——电极使用次数；

k——与电极材料、型孔复杂程度等因素有关的系数。一般紫铜为2～2.5，黄铜为3～3.5，石墨为1.7～2，铸铁为2.5～3，钢为3～3.5。当电极损耗小、型孔简单、电极轮廓无尖角时取小值，反之取大值。

生产中为了减少脉冲参数的转换次数，简化操作，有时将电极适当加长，并将加长部分的截面尺寸均匀减小，做成阶梯电极分别完成粗、精加工，如图2-8(c)所示。阶梯部分的长度 L_1 一般取型孔有效厚度的1.5倍左右，缩小量 h_1 取0.1～0.15mm。由于阶梯部分缩小量较小，一般可用化学浸蚀方法均匀腐蚀而成。

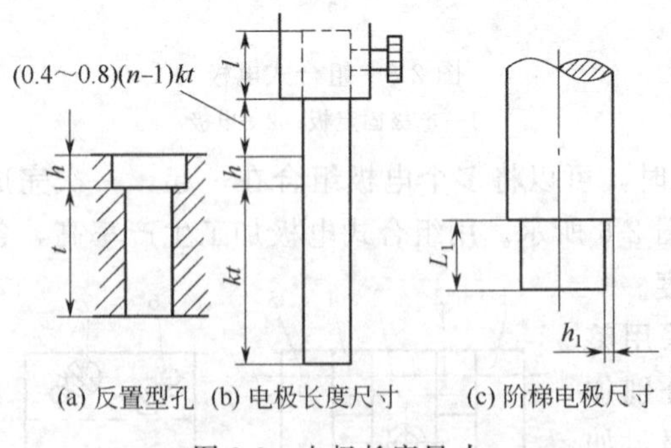

图2-8 电极长度尺寸

(4) 电极的制造　若电极是单独制造，则一般可按下述工艺路线进行。

① 刨或铣：按图样要求，将电极毛坯刨或铣成所要求的形状，并留有1mm左右的加工余量。

② 平磨：在平面磨床上磨六面（铜及石墨电极应在小台钳上用刮研的方法刮平或磨平）。

③ 划线：按图样要求在划线平台上划出电极截面轮廓线。

④ 刨或铣：按划线在刨床或铣床上加工成形，并留有0.2mm左右的精加工余量。

⑤ 成形磨削或仿刨：对于铸铁或钢制电极，可用成形磨削加工成形；而对于铜电极，

不能用成形磨削，可采用仿形刨削加工成形。

⑥ 退磁处理及钳工修整：将电极进行退磁处理后再按图样要求精修成形，并进行钻孔和装配等工作。

电极的加工除采用上述方法外，还可采用电火花线切割加工成形。电极加工后都应经钳工修整后才使用，其表面粗糙度 Ra 值应小于1.6μm。

3. 凹模的准备

凹模的准备是指用电火花加工前凹模应达到的加工要求。为了提高电火花加工效率，保证加工精度和便于工作液强迫循环，凹模应先将型孔的大部分余量去除，只留出0.3～1.5mm的单边余量，并经过热处理后平磨上、下面及基准，最后进行退磁处理后方可进行电火花加工。

4. 电极和工件的装夹与定位

(1) 装夹　整体式电极大多数是用通用夹具直接装夹在电火花机床主轴下端。如直径不大的电极可用标准套筒夹装夹［见图2-9(a)］或钻夹头装夹［见图2-9(b)］；尺寸较大的电极可用标准螺纹夹头装夹［见图2-9(c)］；多电极可用通用夹具加定位块装夹，或用专用夹具装夹；镶拼式电极一般用连接板连接成所需的整体后再装到机床上校正。

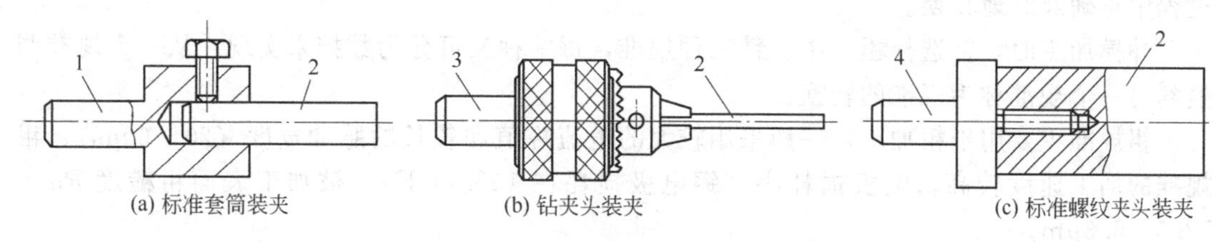

图2-9　电极的装夹

1—标准套筒；2—电极；3—钻夹头；4—标准螺纹夹头

工件的装夹一般是将工件先安放在机床工作台上，与电极相互定位后再用压板和螺钉压紧。

(2) 校正　电极装夹完毕后必须进行校正，使其轴心线（或轮廓素线）垂直于机床的工作台面（或凹模平面）。常用的校正方法有精密角尺校正和百分表校正两种。其中精密角尺校正是利用精密角尺对缝隙来校正电极与工作台的垂直度，直至上下缝隙均匀为止［见图2-10(a)］；百分表校正是将百分表靠在电极上，通过上下移动电极时百分表的跳动量来校正

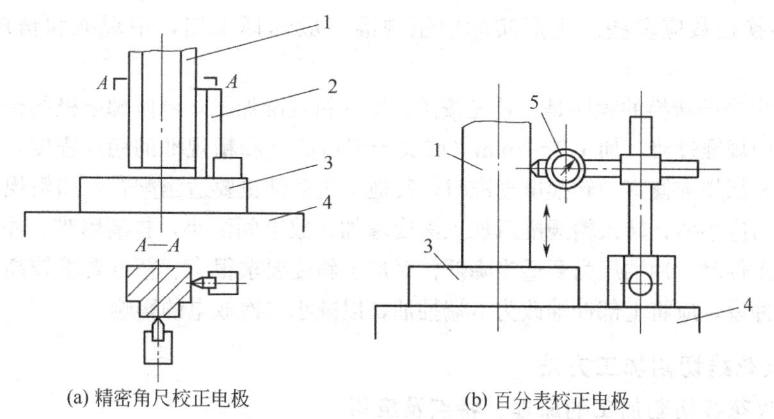

图2-10　电极的校正

1—电极；2—角尺；3—凹模；4—工作台；5—百分表

电极与工作台的垂直度，直至百分表指针基本不动为止［见图2-10(b)］。

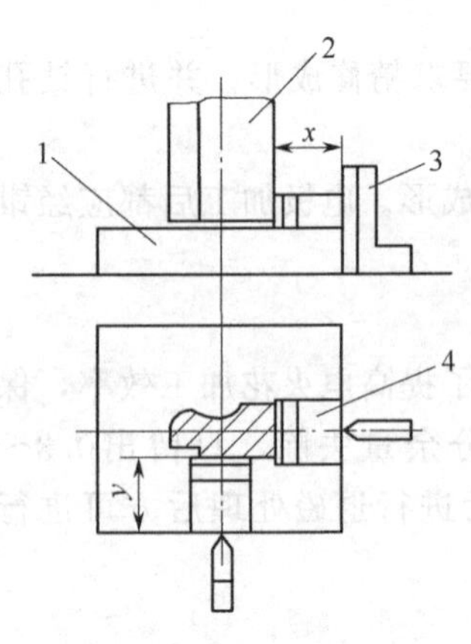

图 2-11 块规角尺定位法
1—凹模；2—电极；3—精密角尺；4—块规

(3) 定位 定位是指确定电极与工件之间的相互位置，以达到一定的精度要求。常用的定位方法有划线法和块规角尺法。其中划线法是先按图样在凹模的两面划出型孔线，再沿线打样冲眼，电火花加工时根据凹模背面的样冲眼确定电极的位置，此法适用于定位要求不高、且凹模背面不加工台阶的情况；块规角尺法是先在凹模上磨出一角尺面作为定位基准，然后将一精密角尺与凹模的角尺面吻合，再在角尺与电极之间填块规便可确定型孔的位置，如图 2-11 所示。

5. 电规准的选择与转换

电规准是指在电火花加工过程中使用的一组电脉冲参数，如电流峰值、脉冲宽度、脉冲间隔等。电规准选择是否恰当，不仅影响模具加工精度，还直接影响加工生产率和经济效益，应根据工件的加工要求、电极和工件材料、加工工艺指标和经济效益等进行选择，并在加工过程中正确及时地转换。

冲模加工时，常选择粗、中、精三种规准，每一种又可分为数挡来实现。从一个规准调整到另一个规准称为规准的转换。

粗规准主要用于粗加工，一般采用较大的电流峰值和较长的脉冲宽度（20～60μs）。粗规准的加工速度较高，电极损耗小（钢电极损耗在 10%以下），被加工表面粗糙度 Ra＝12.5～6.3μm。

中规准是粗、精加工间过渡性加工所采用的规准，用以减小精加工余量，促进加工稳定性和提高加工速度。中规准采用的脉冲宽度一般为 6～20μs，被加工表面粗糙度 Ra＝1.6～3.2μs。

精规准用来进行精加工，是达到冲模零件各项技术要求（如配合间隙、刃口斜度、表面粗糙度等）的主要规准。精规准一般采用小的电流峰值、高频率和短的脉冲宽度（2～6μs），被加工表面粗糙度可达 Ra＝0.8～1.6μm。

电规准的转换通常由转换挡数来表示，而挡数又是根据加工对象来确定的。一般加工尺寸小、形状简单的型腔，电规准转换的挡数可少些；加工尺寸大、深度大、形状复杂的型腔，电规准转换挡数应多些。生产实际中粗规准一般选择 1 挡，中规准和精规准一般选择 2～4 挡。

冲模加工电规准转换的程序是：首先按照选定的粗规准加工，当阶梯电极的台阶处进给到刃口时，转换成中规准过渡，加工 1～2mm（取决于刃口高度和精规准的稳定程度）后，再转为精规准加工，用末挡规准修穿。转换电规准时，其他工艺条件也要适当配合，如粗规准加工时排屑容易，冲油压力应小些；转入精规准后加工深度增加，放电间隙小，排屑困难，冲油压力应逐渐增大；当穿透工件时，冲油压力要适当降低；对加工斜度要求很小、精度要求较高和表面粗糙度值要求较小的冲模，应将上部冲油改为下端抽油，以减小二次放电的影响。

三、电火花线切割加工方法

（一）电火花线切割加工的原理、特点及应用

1. 电火花线切割加工的基本原理

电火花线切割加工的基本原理与前述电火花加工一样，也是通过工具电极和工件之间脉

冲放电时的电腐蚀作用对工件进行加工的。但线切割加工无需制作成形工具电极，而是采用移动着的细金属丝作为电极进行切割加工的。图 2-12 所示为电火花线切割加工原理，工件 3 接脉冲电源的正极，电极丝 6 接负极，电极丝在贮丝筒 8 的带动下以一定速度运动，而安装工件的工作台 1 相对电极丝按预定的要求在水平两坐标方向运动，从而使电极沿着工作台所合成出的轨迹曲线对工件进行电腐蚀，实现切割加工。加工过程中电极丝与工件之间浇以循环流动的工作液，以便及时带走电蚀产物。电极丝以一定速度运动（称为走丝运动）可减小电极损耗，且不被放电火花烧断，同时也有利于电蚀产物的排除。

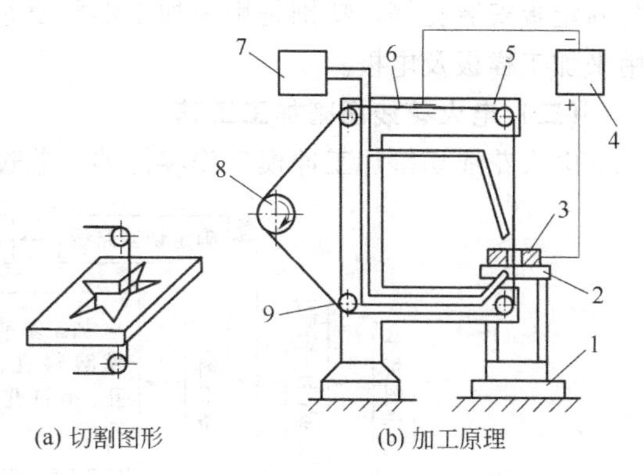

图 2-12　电火花线切割加工原理
1—工作台；2—夹具；3—工件；4—脉冲电源；5—线架；6—电极丝；7—工作液箱；8—贮丝筒；9—导轮

我国广泛使用的电火花线切割机床主要是数控电火花线切割机床，按其走丝速度分为快走丝和慢走丝两种。

快走丝线切割机床采用直径为 0.08～0.2mm的钼丝或直径为 0.03～0.1mm 的钨丝作电极，走丝速度约为 8～10m/s，且为双向往复循环运行，反复通过加工间隙。工作液通常采用 5%左右的乳化液和去离子水等。常用脉冲电源的脉宽为 0.1～100μs，频率为 10～100kHz。目前，该类机床的加工精度可达±0.01mm，表面粗糙度 Ra=0.63～2.5μm，一般生产效率可达 30～40mm^2/min，切割厚度最大可达 500mm。

慢走丝线切割机床采用直径为 0.03～0.35mm 的铜丝作电极，走丝速度为 3～12m/min，电极丝只是单向通过加工间隙，不重复使用，避免了电极损耗对加工精度的影响。工作液主要是去离子水和煤油。加工精度可达±0.001mm，表面粗糙度可达 Ra=0.32μm。这类机床还能进行自动穿电极丝和自动卸除加工废料等，自动化程度较高，但其售价比快走丝要高得多。

目前国内主要生产和使用的是快走丝数控电火花线切割机床。

2. 电火花线切割加工的特点与应用

电火花线切割加工与电火花加工相比具有如下特点。

① 不需要另行设计制作电极，因而缩短了生产周期。

② 由于电极丝比较细小，因此可以方便地加工出形状复杂、细小的内外成形表面，克服了成形磨削不宜加工内成形表面和电火花不宜加工外成形表面的缺点。采用四轴联动，还可加工锥面和上下异形体等零件。

③ 制造冲模时，在凸、凹模间隙适当（等于放电间隙）的情况下，凸、凹模可以同时加工出来，且间隙均匀。

④ 因电极丝在加工过程中作快速移动，且采用了正极性加工，所以电极丝的损耗很小，有利于提高加工精度。

⑤ 只要编制不同的程序就可加工不同的工件，灵活性强，自动化程度高，操作方便，加工周期短，成本低。

由于电火花线切割加工具有许多突出的优点，因而在国内外发展都较快，已获得了广泛的应用。在冲模制造中，电火花线切割可用来加工各种材料和硬度的凸模、凹模、卸料型孔与固定板安装孔等，特别是用来加工形状复杂、带有尖角窄缝的小型凹模型孔或凸模，也可用来加工样板及电极。

(二) 电火花线切割加工工艺

电火花线切割加工冲模工作零件的工艺过程如图 2-13 所示。

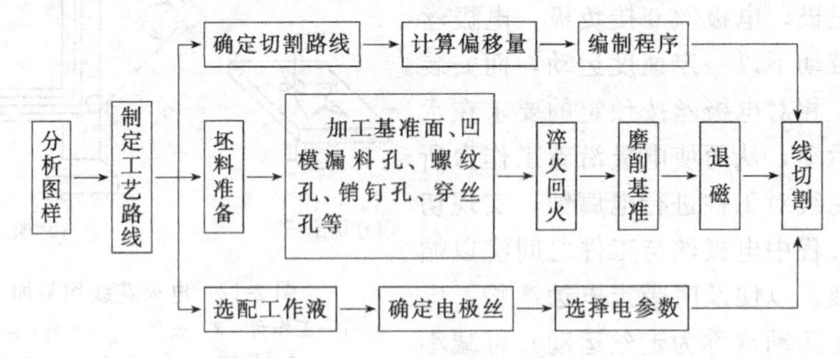

图 2-13　线切割加工工艺过程

1. 线切割前的工件准备

模具工作零件一般经机械加工、热处理等工序后再进行线切割加工。对于凹模，当型孔尺寸较大时，为减小线切割加工量，线切割前需将型孔下部漏料部分铣（或车）出，并在型孔部位（一般距加工点 1～2mm）钻出穿丝孔（孔径 ϕ2～5mm）。凹模材料的淬透性较差时，还应对型孔预加工去除部分材料，单边只留 3～5mm 的切割余量，以消除因材料内部残余应力变化而影响加工精度。对于凸模，毛坯经机械加工后还应保留适当余量（一般不小于 5mm），并注意留出装夹部位。

2. 线切割工艺参数的选择

(1) 脉冲参数　脉冲参数主要根据被加工零件的尺寸、精度和表面粗糙度要求确定。快走丝线切割加工的脉冲参数可参考表 2-4 选取。

表 2-4　快走丝线切割脉冲参数的选择

应　　用	脉冲宽度 t_i/μs	电流峰值 I_e/A	脉冲间隙 t_0/μs
快速切割或加工大厚度工件　$Ra>2.5\mu m$	20～40	>12	一般 $t_0=(3\sim4)t_i$
半精加工　$Ra=1.25\sim2.5\mu m$	6～20	6～12	
精加工　$Ra<1.25\mu m$	2～6	<4.8	

(2) 电极丝选择　对电极丝的要求是具有良好的导电性和抗电蚀性，抗拉强度高，材质均匀。常用的电极丝有钼丝、钨丝、黄铜丝等。钨丝抗拉强度高，一般用于各种窄缝的精加工，但价格昂贵；黄铜丝抗拉强度较低，适应于慢走丝加工；钼丝抗拉强度也较高，适用于快走丝加工。

电极丝直径应根据切缝宽度、工件厚度和转角尺寸来确定，一般加工带尖角、窄缝的小型模具宜选用较细的电极丝，加工大厚度或大电流切割时应选用较粗的电极丝。

(3) 工作液的选配　工作液对切割速度、表面粗糙度等有较大影响。慢走丝切割时普遍使用去离子水，快走丝切割时常用乳化液。乳化液由乳化油和工作介质（自来水或蒸馏水、高纯水等）配制而成，浓度为 5%～10%。

3. 工件的装夹与校正

工件装夹时必须保证工件的切割部位位于机床工作台纵、横进给的允许范围内，同时要不妨碍电极丝的切割运动。常见的装夹方式有悬臂装夹式、桥式装夹式和板式装夹式，如图

2-14 所示。其中悬臂装夹式用于工件的加工要求不高或悬臂较短的场合；桥式装夹式通用性强，大中小工件都适用；板式装夹式精度较高，适用于常规与批量生产。

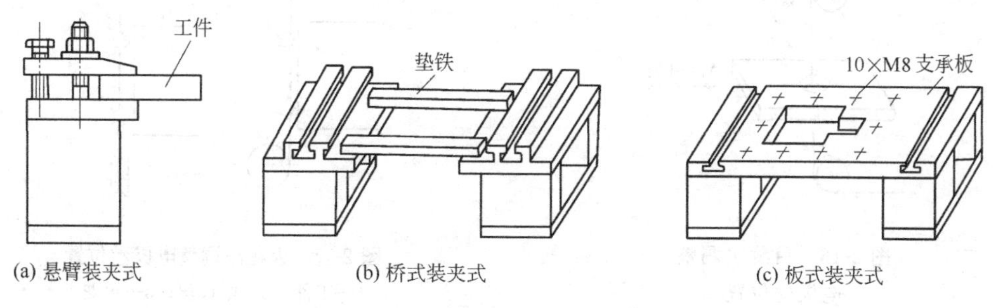

(a) 悬臂装夹式　(b) 桥式装夹式　(c) 板式装夹式

图 2-14　线切割加工时工件的装夹方式

工件装夹后还要进行校正，使工件的基准面与机床的工作台面和工作台的进给方向保持平行，以保证所切割的表面与基准面之间的相对位置精度。工件的校正方法常用的有百分表校正法和划线校正法，如图 2-15 所示。其中百分表校正法是利用磁力表架将百分表固定在机床丝架或其他固定位置上，使百分表与工件基准面相接触，依次在相互垂直的三个坐标方向往复移动工作台，直至百分表指针的偏摆范围达到精度所要求的数值；划线校正法是利用固定在丝架上的划针与工件图形的基准线或基准面，往复移动工作台，根据目测划针与基准间的偏离情况将工件调整到正确位置。划线校正法用于工件切割面与基准间的位置精度要求不高的场合。

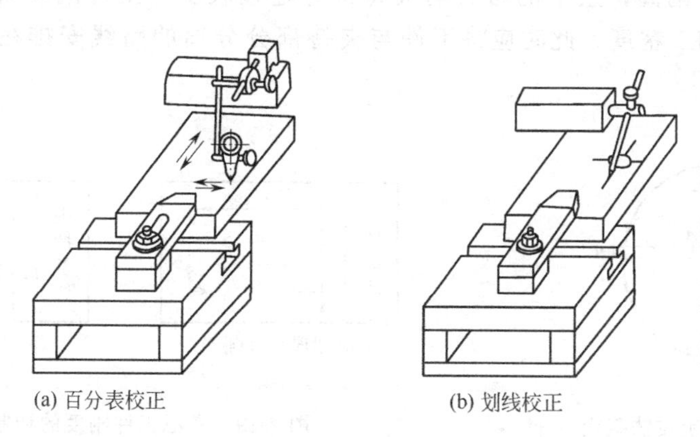

(a) 百分表校正　(b) 划线校正

图 2-15　线切割加工时工件的校正方法

4. 电极丝位置的调整

线切割加工之前，应将电极丝调整到切割的起始位置上。常用的调整方法有以下几种。

（1）目测法　对加工精度要求不高的工件，可以直接用目测或借助放大镜进行观测。图 2-16 所示为利用穿丝孔处划出的十字基准线，分别从基准线的两个方向（与工作台纵、横两个进给方向平行）观察电极丝与基准线的相对位置，根据偏离情况移动工作台，直到电极丝与基准线中心重合，此时工作台纵、横方向上的读数就是电极丝中心的坐标位置。

（2）火花法　如图 2-17 所示，移动工作台使工件基准面逐渐靠近电极丝，在出现放电火花的瞬时，记下工作台的相应坐标值，再根据放电间隙与电极丝直径推算电极丝中心的坐标。

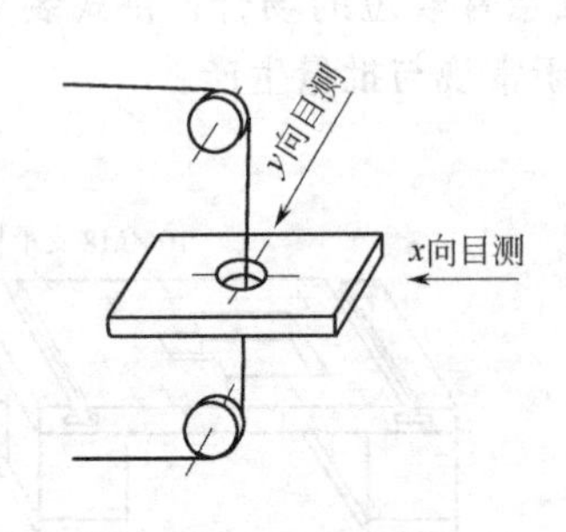

图 2-16 目测法调整电极丝位置

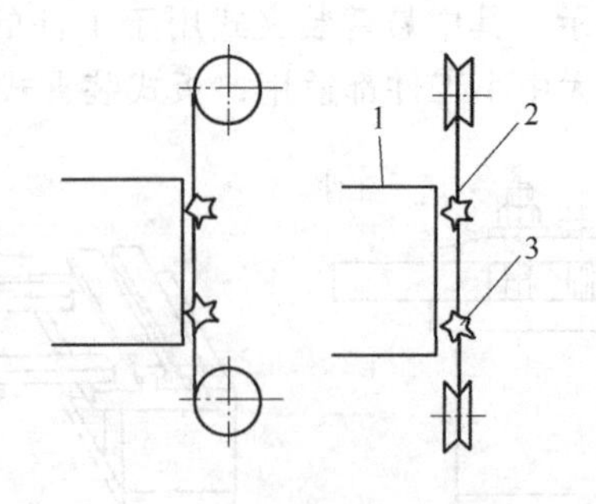

图 2-17 火花法调整电极丝位置

1—工件；2—电极丝；3—火花

（3）自动定位法　自动定位法就是让电极丝在工件圆形基准孔的中心自动定位，数控功能较强的线切割机床常用这种方法。如图 2-18 所示，首先让电极丝在 X 轴或 Y 轴方向与孔壁接触，接着在另一坐标轴方向进行上述过程，经过几次重复，数控线切割机床的数控装置自动计算后就可找到孔的中心位置。

5. 切割路线的确定

工件的切割路线主要考虑切割时工件的刚度及工件热处理后内部残余应力的变化等对加工精度的影响情况。如图 2-19 所示，用悬臂装夹法加工外形零件时，图 2-19(a) 所示的切割路线是错误的，因为按此加工时，第一条边切割完成后继续加工时，由于坯料主要连接的部位被割离，余下的材料与夹持部分连接较少，工件刚度大为降低，易产生变形，因此影响加工精度。此时应将工件与夹持部分分离的路线安排在总切割路线的最后［见图 2-19(b)］。

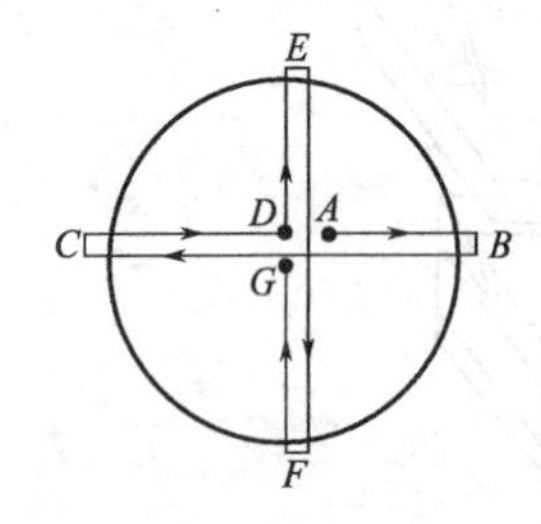

图 2-18 自动定位法确定电极丝位置

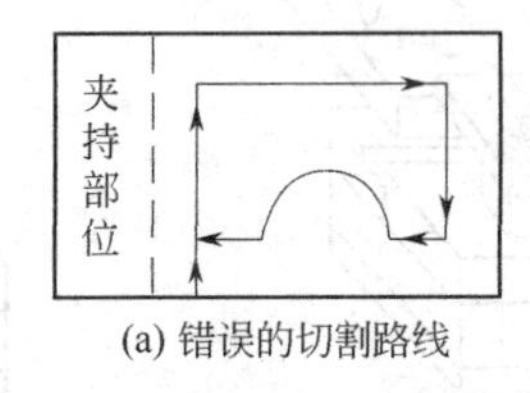

(a) 错误的切割路线

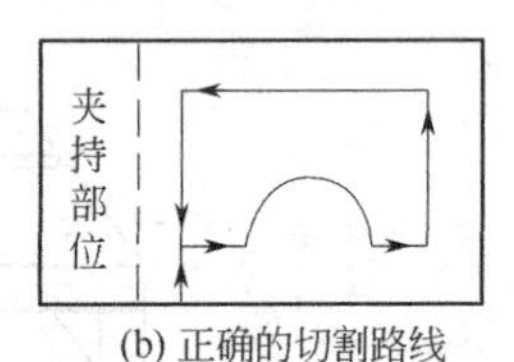

(b) 正确的切割路线

图 2-19 考虑工件刚度的切割路线

如图 2-20 所示，线切割经淬硬的钢制工件时，由于坯料内部残存着拉应力，若从坯料外向内切割工件，会大大破坏内应力的平衡，使工件变形，所以图 2-20(a) 是不正确的方案；图 2-20(b) 较合理，但仍存在着变形；图 2-20(c) 中电极丝不是从坯料外部切入，而是采用在坯料上作穿丝孔来切割，是最好的切割方案，精度要求较高时常采用此切割方案。

切割型孔类淬硬工件时，为减小因残余应力引起的变形，可采用两次切割方法，如图 2-21 所示。第一次粗加工型孔，每边留 0.1～0.5mm 精加工余量，以补偿材料应力平衡状态受到破坏而产生的变形；达到新的平衡后，再进行第二次精加工，这样就可以达到满意的加工效果。一般数控装置具有间隙补偿功能，所以第二次切割时只需在第一次切割的程序基础上外偏一个值，而不必另编程序。

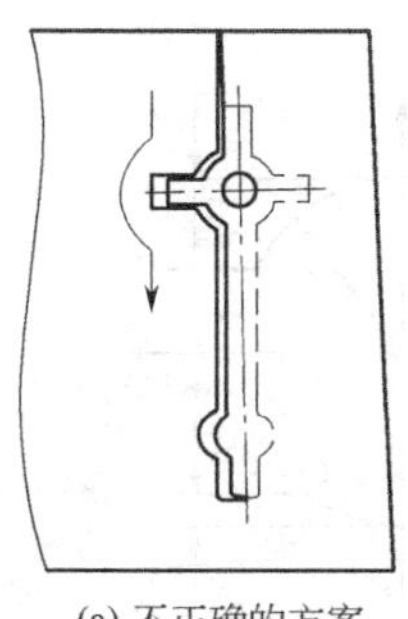
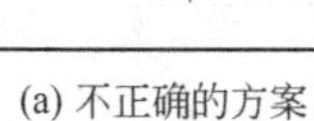
(a) 不正确的方案

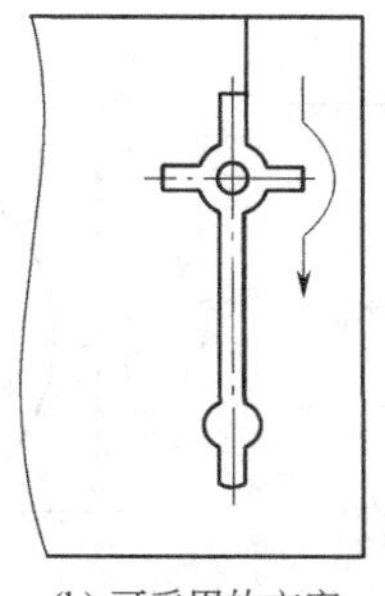
(b) 可采用的方案

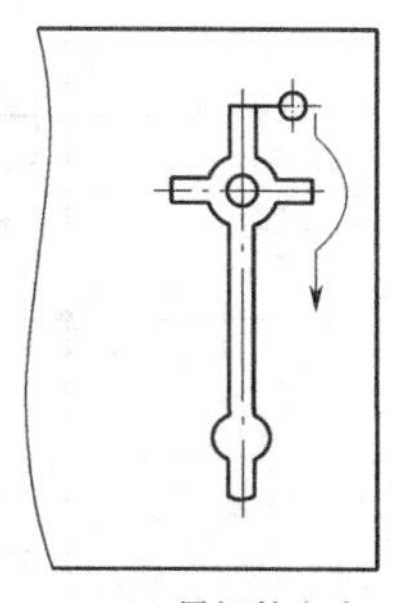
(c) 最好的方案

图 2-20　考虑残余应力时的切割路线

6. 数控线切割程序编制

要使数控线切割机床按预定的要求自动完成切割加工，首先要把被加工零件的切割顺序、切割方向及有关参数等信息按一定格式记录在机床所需要的输入介质（如磁盘或纸带）上，再输入机床数控装置，经数控装置运算变换以后控制机床的运动，从而实现零件的自动加工。从被加工的零件图样到获得机床所需控制介质的全过程称为程序编制。

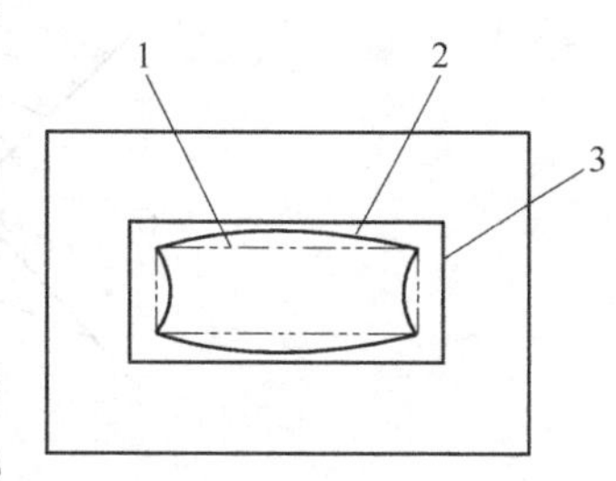

图 2-21　二次切割法

1—第一次切割路线；2—第一次切割后的实际图形；3—第二次切割的图形

数控线切割的程序编制方法有手工编程和计算机自动编程两种，程序的格式有 3B、4B 和 ISO 代码三种。这里以 3B 格式的手工编程为例介绍数控线切割加工程序编制的基本方法，其余程序格式及编程方法可参考有关资料。

（1）程序格式及指令　数控线切割 3B 程序格式为

$$\mathrm{B}\ x\ \mathrm{B}\ y\ \mathrm{B}\ J\ G\ Z$$

其中　B——分隔符号，用来区分和隔离 x、y、J 等数码，B 后面的数码为 0 时，0 可以不写；

x，y——直线的终点坐标或圆弧的起点坐标，编程时均取绝对值，单位为 μm。切割坐标系的原点，加工直线时取在直线的起点，加工圆弧时取在圆心。坐标轴的方向始终与机床的 X 拖板和 Y 拖板运动方向一致，当直线与 X 轴和 Y 轴重合时，x、y 坐标均取 0；

J——计数长度，指从起点加工到终点时机床某个方向（计数方向）拖板进给的总长度，即为切割曲线（直线）在 X 轴或 Y 轴上的投影长度，单位为 μm。当圆弧跨过几个象限时，应在相应的计数方向上累加，如图 2-22 所示。编程时，J 必须填满 6 位数，不足 6 位时在高位处补 0；

G——计数方向，用 G_x 或 G_y 表示，当计数长度按 X 拖板运动方向（X 轴）计数时用 G_x 表示，否则用 G_y 表示。为保证加工精度，计数方向由切割段终点所在位置按图 2-23 选取，图中终点在非阴影区时取 G_x，在阴影区时取 G_y；

Z——加工指令，用来区分被切割图线的不同状态和所在象限，加工指令共有 12 种，以 L 表示直线，R 表示圆弧，S 表示顺圆，N 表示逆圆，字母下标 1、2、3、4 表示象限，如图 2-24 所示。

（2）程序编制时应注意的问题

① 程序单是按加工顺序依次逐段编制的，每加工一线段就得填写一段程序。

② 程序单中除安排切割工件图形线段的程序外，尚应安排切入、停机、拆丝或穿丝、

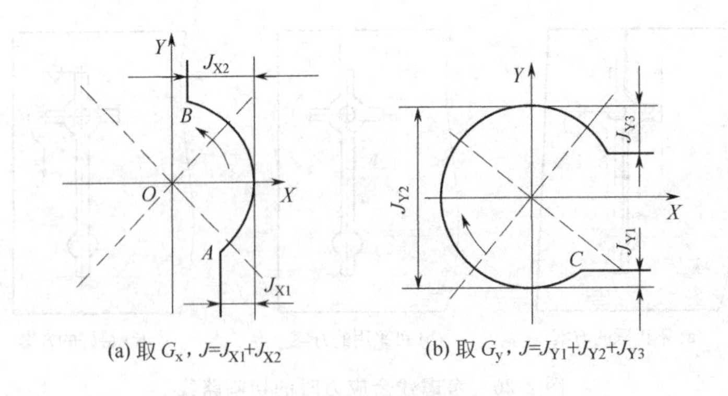

图 2-22　圆弧计数长度确定

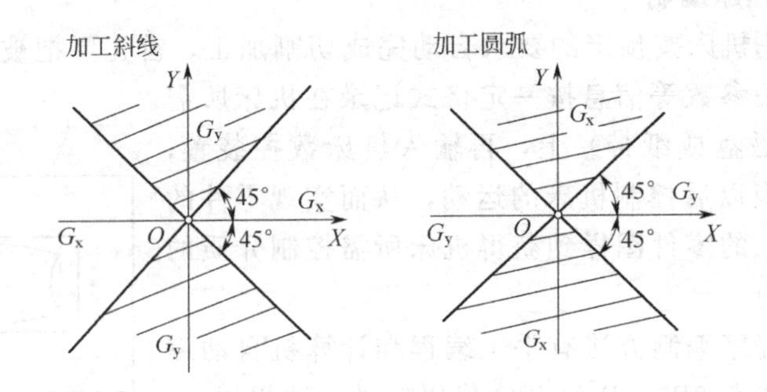

图 2-23　计数方向选取

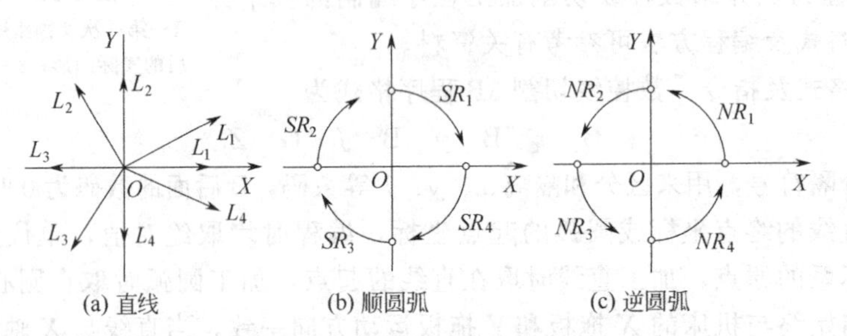

图 2-24　加工指令的确定

空走等程序。

③ 编程计算是按计算坐标系求得各交点坐标值，而程序中的数码和指令则是按切割坐标系确定的，因此应根据交点的计算坐标位移求得其切割坐标值。

④ 由于电极丝半径 r 和单面放电间隙 δ 的存在，当切割型孔零件时，应将电极丝中心轨迹沿加工轮廓向内偏移 $r+\delta$ 的距离；当切割外形零件时，则应向外偏移 $r+\delta$ 的距离。

⑤ 程序编制完成后，必须对每一段程序进行检查和校对，以防止因程序出错而造成工件报废。检查的方法可用笔代替电极丝，用坐标纸代替工件进行空运行绘图。有条件时也可用计算机模拟运行程序，检查所显示的电极丝中心轨迹是否正确。

下面通过实例说明数控线切割程序编制的具体步骤及方法。

例 2-1　编写加工图 2-25(a) 所示凸凹模零件的数控线切割程序。电极丝为 ϕ0.1mm 钼丝，单面放电间隙为 0.01mm。

编程的步骤与方法如下。

① 确定计算坐标系。由于图形上、下对称，故选对称轴为计算坐标系的 X 轴，圆心为

坐标原点［见图 2-25(b)］。

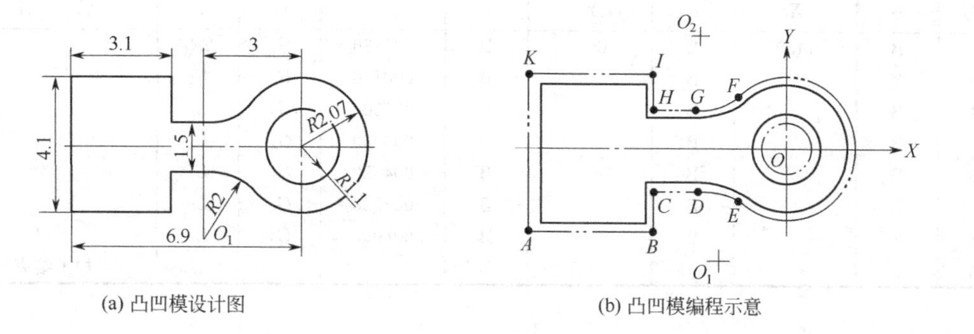

(a) 凸凹模设计图　　(b) 凸凹模编程示意

图 2-25　凸凹模线切割编程

② 确定补偿（偏移）距离。补偿（偏移）距离为电极丝中心至切割轮廓面之间的距离，按下式计算

$$\Delta R = r + \delta = 0.1/2 + 0.01 = 0.06\text{mm}$$

③ 计算交点坐标。将电极丝中心轨迹分解成单一直线或圆弧段，并计算出各交点在计算坐标系中的坐标值。根据图示尺寸，求得各交点及圆心的坐标如表 2-5（可通过 AutoCAD 求交点坐标）。

表 2-5　凸凹模切割轨迹交点及圆心坐标　　mm

交　点	X	Y	交　点	X	Y	圆　心	X	Y
A	−6.96	−2.11	F	−1.57	−1.439	O	0	0
B	−3.74	−2.11	G	−3	0.81	O_1	−3	−2.75
C	−3.74	−0.81	H	−3.74	0.81	O_2	−3	2.75
D	−3	0.81	I	−3.74	2.11			
E	−1.57	1.439	K	−6.96	2.11			

切割圆孔时，电极丝中心至圆心 O 的距离（半径）为

$$R = 1.1 - \Delta R = 1.04\text{mm}$$

④ 编写程序清单。根据凸凹模结构特征，本例确定的切割路线是：先切割圆孔（预先做出穿丝孔），然后拆丝空走，再装丝按 $B \to C \to D \to E \to F \to G \to H \to I \to K \to A \to B$ 的顺序切割外形。据此编制的切割程序见表 2-6。

表 2-6　凸凹模切割程序单

序号	B	X	B	Y	B	J	G	Z	备　注
1	B		B		B	001040	G_x	L_3	穿丝切割
2	B	1040	B		B	004160	G_y	SR_2	
3	B		B		B	001040	G_x	L_1	
4								D	拆卸钼丝
5	B		B		B	013000	G_y	L_4	空走
6	B		B		B	003740	G_x	L_3	空走
7								D	重新装上钼丝
8	B		B		B	012190	G_y	L_2	切入并加工 BC 段
9	B		B		B	000740	G_x	L_1	
10	B		B	1940	B	000629	G_y	SR_1	
11	B	1570	B	1439	B	005641	G_y	NR_3	

续表

序号	B	X	B	Y	B	J	G	Z	备　注
12	B	1430	B	1311	B	001430	G_x	SR_4	
13	B		B		B	000740	G_x	L_3	
14	B		B		B	001300	G_y	L_2	
15	B		B		B	003220	G_x	L_3	
16	B		B		B	004220	G_y	L_4	
17	B		B		B	003220	G_x	L_1	
18	B		B		B	008000	G_y	L_4	退出
19					B			D	加工结束

四、数控机床加工方法

数控机床通常是指按加工要求预先编制的程序，由控制系统发出数字信息指令进行工作的切削加工机床。数控机床具有加工精度高、自动化程度高、操作者劳动强度低和利于生产管理等一系列优点，因而在机械制造特别是模具制造中得到了越来越广泛的应用。在冲模制造中，对一些形状复杂、加工精度高、必须用数学方法决定的复杂曲线或曲面轮廓的零件，以及需钻、镗、铰、铣等工序联合进行加工的零件和大型零件，用电火花或电火花线切割加工不太适应，用普通机械加工又难以达到甚至达不到要求，这时采用数控机床加工就比较方便了。

目前，在冲模加工中，常用的数控机床主要有数控铣床、数控磨床和数控加工中心机床等。

1. 数控铣床加工

数控铣床的控制系统是一台小型电子计算机，它不但能使刀具和工件自动移动到按程序指令指定的位置上进行加工，而且还能自动修正刀具的尺寸和变换主轴的速度，实现复杂形状零件的精密加工。

数控铣床主要用来加工各种平面、沟槽及复杂曲面。根据被加工零件的复杂程度和精度要求不同，可采用两坐标联动、三坐标联动或五坐标联动的数控铣床。其中五坐标联动的数控铣床的铣刀轴可一直保持与加工面成垂直状态，除可大幅度提高精度外，还可以对侧凹部分进行加工，大大提高了加工效率。

数控铣床在加工零件时，还具有刀具偏置和对称加工两个功能，从而给加工冲模零件带来了极大的方便性。刀具偏置功能是指能够根据程序编制所确定的切削轨迹向内侧或外侧自由偏置一个距离，这样在加工冲模的凸、凹模及卸料板过孔时，只需编制一个程序，加工时通过刀具偏置功能即可保证相互之间的间隙要求。对称加工功能是指能够通过简单的对称加工程序使机床加工出与某坐标轴完全对称的型面，即机床的进给可按数控指令的方向或相反的方向运动，刀具轴也能自由反转，而数控指令方向以外的其他指令仍然不变。

为提高加工精度和生产效率，目前又出现了一种具有数控和仿形相结合的多功能数控铣床。这种铣床一是能进行自动仿形加工；二是能将仿形控制与数控相结合，收集仿形动作及仿形条件的资料并进行储存，可模拟控制数值化加工；三是由于仿形加工与数控加工相结合，即主要形状用仿形加工，其他附加加工及孔加工用数控加工，这样可大大提高加工效率，且精度也可大大改善，为冲模零件的精密加工提供了极方便的条件。

2. 数控磨床加工

目前利用数控技术进行磨削加工的主要方法有数控成形磨床加工和连续轨迹坐标磨

床加工。

(1) 数控成形磨床加工 利用数控成形磨床进行成形磨削的方式主要有三种：第一种方式是利用数控装置控制安装在工作台上的砂轮修整装置，自动修整出所需的成形砂轮，然后利用成形砂轮磨削工件；第二种方式是利用数控装置将砂轮修整成圆弧或双斜边圆弧形，然后由数控装置控制机床的垂直和横向进给运动，完成成形磨削加工；第三种方式是前两种方式的组合，即磨削前用数控装置将砂轮修整成工件形状的一部分，再控制砂轮依次磨削工件的不同部位，这种方法适用于磨削具有多处相同型面的工件。

数控成形磨削较普通成形磨削的自动化程度和磨削精度都高，现已进入实用阶段，为复杂精密模具零件的加工自动化提供了便利的条件。

(2) 连续轨迹坐标磨床加工 连续轨迹坐标磨床的特点是可以连续进行高精度的轮廓形状磨削，并且可以磨削具有曲线组合的型槽，可用于级进冲模、精密冲模中高精度零件的精加工，是目前比较先进的磨削加工设备之一。

利用连续轨迹坐标磨床进行磨削加工的特点是：可连续不断地对零件进行加工，从而大大缩短了加工时间；加工可不受操作者技术水平的限制，完全可进行无人化运行；可进行高精度的轮廓形状加工，并能确保冲模的凸、凹模间隙均匀。

3. 数控加工中心加工

数控加工中心是一种多工序自动加工机床。它配有能容纳数十种甚至上百种刀具的刀库和相应的机械手，具有按程序自动换刀、工件换位和多坐标自动控制，可以在工件的一次安装中连续完成多个表面、多个工位的车、铣、镗、钻、攻螺纹等多种切削加工。利用数控加工中心可对冲模零件进行如下几方面的加工。

(1) 多孔加工 有些冲模，特别是大中型冲模，往往在零件上设有很多圆孔，并且孔的大小不一，这种情况下采用数控加工中心自动加工最为方便。

(2) 成形加工 只要在数控加工中心上输入正确的加工程序（可通过自动编程装置或CAD/CAM 自动编程系统编制），即可对任何形状的工件进行自动加工，并且能从粗加工到精加工都可预定刀具和选择切削条件，因此可用来加工精度要求高、形状复杂的冲模工作零件或各种模板。

五、其他加工方法

1. 冷挤压加工

冷挤压加工是利用淬硬的挤压冲头或挤压圈，在油压机的高压作用下缓慢挤入具有一定塑性的坯料，获得与冲头外形或挤压圈内形相同、凸凹相反的模具零件的一种无切屑的压力加工方法。冷挤压加工的加工精度较高，表面质量好，有的淬火后可不再进行磨削，且生产效率高，一个冲头或挤压圈可重复加工多个工件，因此多用于加工冲模中形状比较复杂、数量较多的同类凸模或凹模的工作型面。如电动机定子片及转子片中的凸、凹模，由于每一副冲模中需要十余个同样规格大小的凸模及凹模型孔，采用冷挤压加工非常适宜。

(1) 冷挤压加工凸模 图 2-26 所示为冷挤压加工凸模的工作示意图，图中压套 6 用 45 钢制成，而第一与第二挤压圈 3、4 则是由 Cr12 钢或硬质合金制成，并经热处理淬硬至60～62HRC。压套与挤压圈用销钉 5 紧固，第二挤压圈内型腔形状及尺寸与凸模要求的形状及尺寸相同，而第一挤压圈应比第二挤压圈内孔周边大 0.05～0.08mm。挤压时，为了让凸模能顺利地进入挤压圈内，在压套 6 的上端安装有导向板 2，以供挤压时导向用。

凸模毛坯在挤压前，应经刨、磨加工成形，各面只留 0.1mm 左右的挤压余量。经挤压

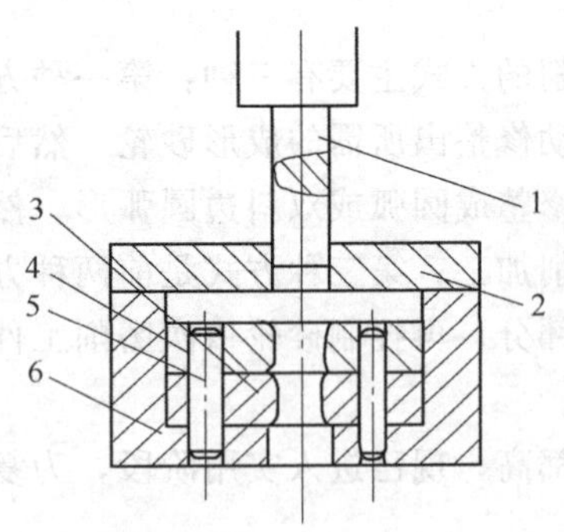

图 2-26 冷挤压加工凸模

1—凸模；2—导向板；3—第二挤压圈；4—第一挤压圈；5—销钉；6—压套

后的凸模再经钳工适当修整并淬硬后即可使用。

(2) 冷挤压加工凹模型孔　用冷挤压方法加工凹模型孔时，应先将所要加工的凹模型孔用机械加工方法加工成形，周边留 0.2～0.3mm 的挤压余量。然后用挤压冲头对凹模型孔进行挤压，根据凹模精度及余量可用 2～3 个冲头依次挤，每次挤去 0.07～0.1mm 的余量。冷挤压后的凹模，再经磨削后，钳工稍加修整并经热处理淬硬即可使用。

2. 电解加工

电解加工是利用金属在外电场的作用下，在电解液中所产生的阳极溶解作用，使零件加工成形的一种方法。利用电解加工可以对零件进行成形磨削、抛光、修磨等加工，在冲模制造中广泛应用于凸、凹模（特别是硬质合金等难加工材料的凸、凹模）的成形加工及精加工。这里只简要介绍电解成形和电解磨削的加工原理及特点。

(1) 电解成形加工　图 2-27 所示为电解成形加工原理，在工具电极 1 和工件 2 之间接上直流电源 5，工件接电源正极（阳极），工具电极接电源负极（阴极），并使工件与电极之间保持较小的间隙（一般为 0.1～1mm），在间隙中通过高速流动（50～60m/s）的电解液。当接通电源，给阳极和阴极之间加上直流电压（5～25V、1000～10000A）时，阳极（工件）表面便不断产生溶解。由于阳极与阴极之间各点距离不等，则电流密度也不一样，因而阳极表面的溶解速度也不相同，距离近的地方溶解速度快。随着阴极不断进给，阳极表面不断被溶解，电解产物也不断被电解液冲走，最终阳极（工件）表面与阴极（电极）表面达到基本吻合，从而在工件上加工出相似于电极表面相反形状的工作型面。

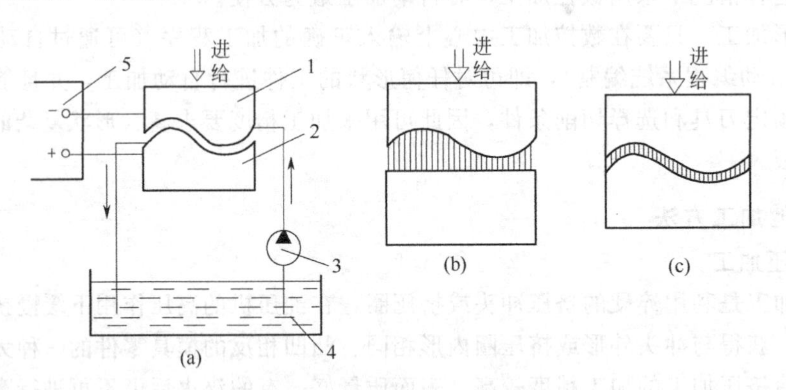

图 2-27 电解成形加工原理

1—工具电极；2—工件；3—电解液泵；4—电解液；5—直流电源

采用电解成形加工冲模零件的特点是：加工效率高（一般比电火花加工效率高 4 倍，比一般机械加工高十几倍）；加工过程中工具电极基本不损耗，故可重复使用；不受工件材料和硬度的限制；加工精度可达 0.05～0.2mm，表面粗糙度可达 $Ra=0.2\sim0.6\mu m$。但电解加工设备投资大，电解液对设备和工艺装备有腐蚀作用。

电解成形加工的电极材料可采用 20、20Cr、45、45Cr、1Cr18Ni9Ti、黄铜等，经铣削后由钳工按样板修整成形。电解液根据工件材质不同可采用不同的配方，如加工碳钢及合金钢时，可采用 $NaNO_3$(20%)+NaCl(3%～10%) 或 NaCl（7%～18%）；加工 YG 类硬质合金时，可采用 NaOH（8%～10%）＋酒石酸（8%～16%）＋ NaCl（2%）＋ CrO_3（0.2%～0.5%）。经电解加工后的零件可采用 $NaNO_2$（2%）＋ $NaCO_3$（0.6%）＋甘油（0.5%）防腐剂处理，以防锈蚀。

（2）电解磨削加工　图 2-28 所示为电解磨削加工原理，工件 5 接电源正极（阳极），导电砂轮 3 接电源负极（阴极），两极间保持一定的电解间隙，并在电解间隙中注入电解液。接通电源后，阳极（工件）的金属表面发生化学溶解，表面金属原子失去电子变成离子而溶解于电解液中，同时电解液中氧与金属离子化合在阳极表面生成一层极薄的氧化膜。这层氧化膜具有较高的电阻使阳极溶解过程减缓，这时通过高速旋转的砂轮将这层氧化膜不断刮除，并被电解液带走。这样阳极溶解和机械磨削共同交替作用的结果，使工件表面不断被蚀除而形成光滑的和具有一定尺寸精度的工作型面。

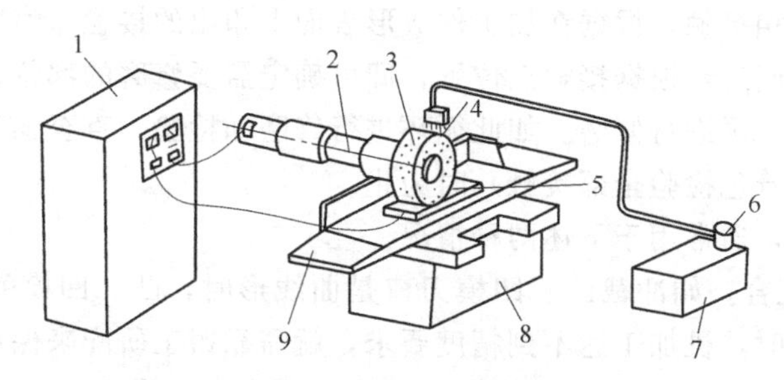

图 2-28　电解磨削加工原理

1—直流电源；2—绝缘主轴；3—导电砂轮；4—电解液喷嘴；5—工件；
6—电解液泵；7—电解液箱；8—机床本体；9—工作台

电解磨削的加工效率高，表面质量好（基本不产生磨削热烧伤和变形，表面粗糙度可达 $Ra=0.025\sim0.12\mu m$），而且具有较高的加工精度，所以目前在模具制造中应用较广，特别适用于硬质合金冲模零件的精加工。

电解磨削砂轮目前常用的有金刚石电解磨轮、树脂结合剂电解磨轮、氧化铝（碳化硅）导电磨轮、石墨磨轮等。电解液的配方也较多，其中适用于硬质合金和钢制零件溶解速度相近的配方为 $NaNO_3$（5%）＋ Na_2HPO_3（1.5%）＋ KNO_3（0.3%，pH8～9）＋ $Na_2B_2O_7$（0.3%）＋ H_2O（92.9%）。

3. 钳工修整加工

冲模零件的加工主要是机、电加工或机电一体化加工，但无论采用何种方式，也离不开钳工手工技巧的操作。特别是受设备条件限制的模具厂，钳工还是模具加工的主要方法之一。钳工加工方法很多，这里主要介绍钳工压印加工和研配加工。

（1）压印加工　压印加工是一种钳工加工方法。图 2-29 所示为凹模型孔的压印加工，用已加工好并经淬硬的成品凸模（或用特制的压印工艺冲头）作为压印基准件，垂直放置在相应的凹模型孔上，通过手动压力机施以压力，经凸模的挤压和切削作用，在凹模上压出印痕，钳工按印痕均匀锉修型孔下部的加工余量后再压印，再锉修，如此反复进行，直至做出相应的型孔。压印前，凹模应预先加工好型孔轮廓，并留单面余量 0.1～0.2mm。压印过程中应使用角尺反复校正基准件与工件之间的垂直度。

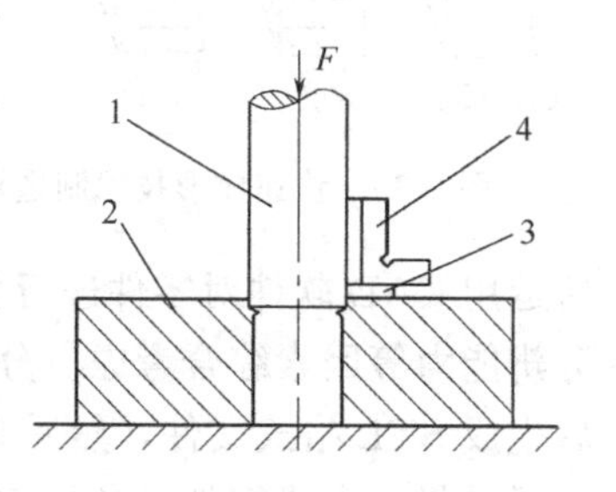

图 2-29　压印加工

1—成品凸模；2—凹模；
3—垫块；4—角尺

压印加工也可以用加工好的凹模作为压印基准件加工

凸模。采用压印加工的凸模应经过预先加工，沿刃口轮廓留 0.1mm 左右的单面加工余量。凸模经压印后，也可按印痕由仿刨加工完成，此时余量每边可放大到 0.5～1mm 左右。

压印多型孔工件时，需采用精密方箱夹具或精镗出工艺孔来定位，以便控制型孔间位置。也可利用已制出的一个多型孔件（如凹模或卸料板）作为导向件对工件进行压印。

压印加工是在冲模制造中缺少专用的电加工及成形磨削设备，或用成形磨削等方法难以达到凸、凹模间隙配合要求的情况下采用的一种加工方法。

(2) 研配加工　研配是一种手工制模精加工方法，主要用于两个互相配合的曲面要求形状和尺寸一致的情况。研配加工的基本过程是：先将一个零件按图样加工好（通常是按样板或样架加工）作为基准件，然后加工另一件时，将基准件的成形表面涂上红丹粉并使基准件与加工件的成形表面相接触，根据在加工件成形表面上印出的接触印痕多少，即可知道两个成形表面吻合程度。同时，根据接触点位置，即可确定需要修磨的部位，以便进行修磨。经修磨后，再着色检验，再进行修磨。如此循环进行修磨和检验，直至加工件的形状和尺寸与基准件完全一致（即着色检验全部接触）时为止。

冲模钳工的研配，通常用于下述两种情况。

① 二维曲面的配合。如冲裁凸、凹模刃口是曲线形时，凸、凹模的配合面就是二维曲面。当冲裁间隙较小时，机加工达不到精度要求，就需靠钳工研配来保证。

② 三维曲面的配合。如复杂形状件拉深或成形凸模和凹模的工作型面一般都是三维曲面，它们的形状和尺寸不易测量，一般都用模型、样架进行研合，着色检验后，再进行修磨成形。

钳工的研配工作，一般采用风动砂轮机或在专用的修磨机上进行。研合时，导向要正确，并保证每次研合的方向和位置不变。

4. 快速成形技术

快速成形制造技术（Rapid Prototyping & Manufacturing，简称 RPM），是国外 20 世纪 80 年代末发展起来的一类先进制造技术。它集数控技术、计算机技术和新型材料技术（有些还涉及到激光技术）于一体，改变了传统切削加工方法材料递减的加工原理，而采用材料累加原理来制造模型或零件，因此可成形任意复杂形状的零件，也无需刀具、夹具和模具，从而大大缩短产品的制造周期，提高产品的竞争力，特别适合于新产品开发或多品种、小批量零件的制造。目前，RPM 技术已成为加速新产品开发及实现并行工程的有效手段，一些工业发达国家（如美、日等）已经全面应用这一技术来提高制造业的竞争能力。

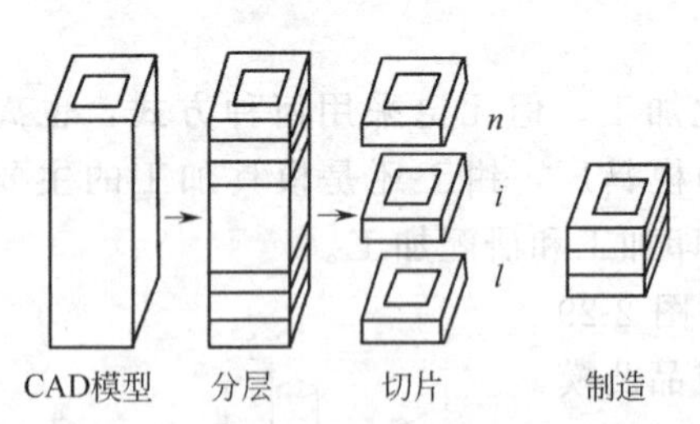

图 2-30　快速成形技术制造流程

快速成形技术制造零件的工艺流程如图 2-30 所示。首先在计算机上设计零件的三维 CAD 模型，然后运用 CAD 软件对零件进行分层切片离散化，分层厚度应根据零件的技术要求和加工设备分辨能力等因素综合考虑。分层后对切片进行网格化处理，所得数据经过计算机进一步处理后生成 STL 格式文件，然后利用 STL 格式文件通过计算机控制造型工具（如激光等）扫描各层材料，生成零件的各层切片形状，并实现各层切片之间的连接，以得到所要求的原型或零件。

RPM 技术开创了不需任何机械加工而快速精确制造模具的方法。用 RPM 技术制造模具的方法一般是：先用 RPM 技术制造原型零件（其材料通常为树脂、胶纸、石蜡等），再通过喷涂法、石膏模铸造、实型铸造、熔模铸造等方法制造模具零件。也可用 RPM 技术直接制造模具零件，如用 RPM 技术中的选择性激光烧结法（SLS）可直接烧结合金粉末制造金属零件。

RPM 技术应用在冲模制造中，可制造中等精度、型面复杂的拉深模、成形模及简易冲模（如锌基合金冲模）等，其生产周期与机械加工相比可缩短 40%～60%，生产成本可降低 50%～70%。一般地说，生产的零件件数越少，形状越复杂，RPM 技术就越显示其加工优越性。目前，RPM 和铸造的结合，已在企业中产生了巨大的经济效益。随着 RPM 原型精度的提高，它在模具制造领域的应用也将前景光明。

第三节　冲模的装配与调试

一、冲模的装配

冲模的装配就是根据模具结构特点和技术条件，以一定的装配顺序和方法，将符合图样技术要求的模具零件，经适当协调加工后组装成满足使用要求的模具整体。在装配过程中，既要保证配合零件的配合精度，又要保证零件之间的位置精度，对于需作相对运动的零部件，还必须保证它们之间的运动精度。因此，冲模装配是最后实现冲模设计和冲压工艺意图的过程，是冲模制造过程中的关键工序。

1. 冲模装配的技术要求

冲模装配后，应达到下述主要技术要求。

① 模具上、下模座的上平面与下底面要保持相互平行，其平行度公差一般在 400mm 测量范围内为 IT5～IT6 级，在 400mm 以上测量范围内为 IT6～IT7 级。

② 模柄的轴心线应与上模座的上平面垂直，其垂直度公差在全长范围不大于 0.05mm。

③ 用导柱、导套导向的模具，导柱、导套的轴心线应分别垂直于下模座的下底面与上模座的上平面，其垂直度公差在 160mm 测量范围内为 IT4～IT5 级，在 160mm 以上测量范围内为 IT5～IT6 级。同时应保证导柱、导套的配合间隙均匀，上模座沿导柱上、下移动时应平稳无阻滞现象。

④ 凸模与凹模的间隙沿工作型面应均匀一致，并符合设计要求。

⑤ 保证冲压时坯料在冲模内的定位准确可靠，卸料与推件动作协调灵活，出件与退料畅通无阻，使模具各部分能协调地动作并冲出合格的冲压件。

⑥ 模具的紧固件（如螺钉、销钉等）应固定得牢固可靠，且其头部均不得高出安装基面。

⑦ 模具的闭合高度及安装于压力机上各配合部位的尺寸，均应符合所选压力机的规格要求。

⑧ 模具装配时应考虑易损零件便于更换。

2. 冲模的装配方法

由于冲模生产属于单件小批量生产，装配时冲模零件的加工误差积累会影响装配精度，因此传统的冲模装配工艺基本上都是采用修配和调整的配作装配法。近年来，随着模具加工技术的飞速发展，采用了先进的数控技术及计算机加工系统，因而对模具零件可以进行高精度的加工，而且模具的检测手段日益完善，使模具装配工作变得越来越简捷。装配时，只要将加工好的零件直接连接起来，不必或少量修配就能满足装配要求。因此冲模的装配方法大致有以下两种。

(1) 配作装配法　配作装配法是在零件加工时，只需对有关工作型面或型孔部位进行高精度加工，其余部位则按经济加工精度确定制造公差，装配时，由钳工采取配作或调整等方法使各零件装配后的相对位置保持正确关系，满足预定的装配精度要求。这种方法即使没有坐标镗床等高精度设备，也能装配出高质量的模具，从而实现能用精度不高的组成零件达到较高的装配精度，降低了零件的加工要求。但装配时耗费的工时较多，且需要钳工有很高的实践经验和技术水平。

(2) 直接装配法　直接装配法是装配前将模具所有零件的型面、型孔及安装孔等全部按图样加工完毕，装配时只要把各零件按一定顺序和方法连接在一起即可。当装配后的位置精度达不到要求时，只需适当修配某些零件来进行调整。这种装配方法简便迅速，且便于零件的互换，但模具的装配精度主要取决于零件的加工精度，为此要有先进的高精度加工设备及测量装置才能保证模具的质量。

在装配过程中究竟选择上述哪种装配方法合适，必须充分分析该冲模的结构特点及冲模零件加工工艺和加工精度等因素，以选择最方便又最可靠的装配方法来保证冲模的质量。如在零件加工中，若主要采用了电加工机床、数控机床等精密设备加工，由于加工出来的零件质量及精度都很高，且模架又采用了标准模架结构，则可采用直接装配法。反之，如果不具备高精度加工设备，又没有采用标准模架，则只能采用配作装配法。

3. 冲模装配的工艺过程

冲模装配的工艺过程就是将冲模零件装配成模具整体的过程。一般按如下顺序和方法进行。

(1) 做好装配前的准备　在冲模装配之前，应做好以下准备工作。

① 认真研究模具设计图样和冲模装配技术验收条件，并根据模具结构特点和技术要求制定合理的装配工艺方案。

② 根据总装图上的零件明细表清点和清洗零件，并仔细检查主要零件工作部位的尺寸、精度和表面质量。

③ 清理布置好工作场地，准备好必要的装配工具、夹具、量具和所需辅助材料。

(2) 组件装配　组件装配是指在冲模总装配前，将两个或两个以上的零件按照规定的技术要求连接成一个组件的局部装配工作，如凸模或凹模与其固定板的组装、卸料零件的组装等。零件的组装一定要按技术要求进行，这对整副模具的装配精度起到一定的保证作用。

下面介绍冲模中主要零部件的组装方法。

① 模柄的装配。压入式模柄的装配方法如图 2-31 所示，先将上模座 2 翻转并用等高垫铁支承后将模柄压入［见图 2-31(a)］，然后用角尺检查模柄轴线与上模座上平面的垂直度，符合要求后再加工防转销孔（或螺孔），并装入防转销（或螺钉），最后在平面磨床上将模柄端面与上模座的下平面一起磨平［见图 2-31(b)］。旋入式模柄和凸缘式模柄的装配方法也大致相同，只是都是从上模座的上平面装入，其中旋入式模柄旋入后也要从上模座的下平面加工防转螺孔并旋入防转螺钉，防止模柄工作时松动。

② 导柱、导套的装配。因为导柱、导套与模座的配合均为过盈配合，所以一般都是在压力机上将导柱、导套压入模座的。压入时应通过百分表或角尺校正导柱和导套对模座底面的垂直度要求，压入后导柱、导套其固定端端面应比相应模座的底面低 2～3mm。

导柱、导套的装配方法如图 2-32 所示。压入导套时，先将上模座反置套在导柱上，以

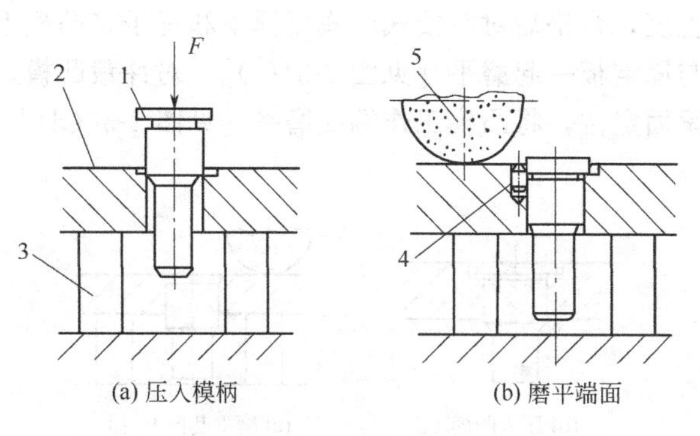

图 2-31　模柄的装配

1—模柄；2—上模座；3—等高垫铁；4—防转销；5—砂轮

导柱为引导件将导套适量压入上模座［见图 2-32(b)］，再取走下模座，继续将导套的配合部分全部压入［见图 2-32(c)］。

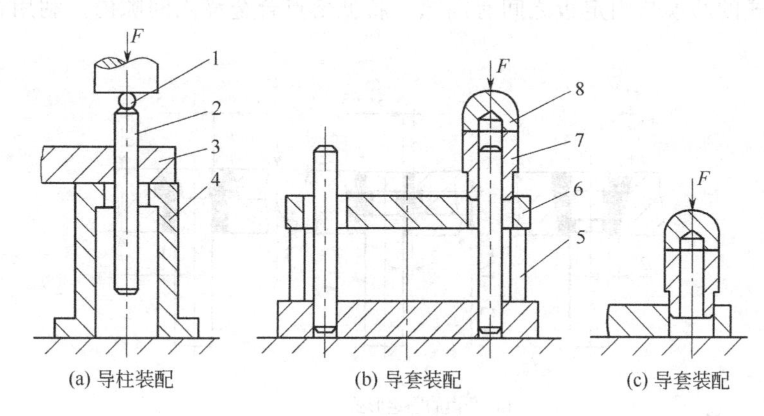

图 2-32　导柱、导套的装配

1—钢球；2—导柱；3—下模座；4—底座；5—等高垫铁；
6—上模座；7—导套；8—帽形垫块

③ 凹模与凸模的装配。整体式凹模一般直接用螺钉和销钉与模座连接。组合式凹模的装配如图 2-33 所示，凹模与固定板的配合常采用 H7/n6，装配时先将凹模压入固定板，再在平面磨床上分别将上、下两端面一起磨平即可。

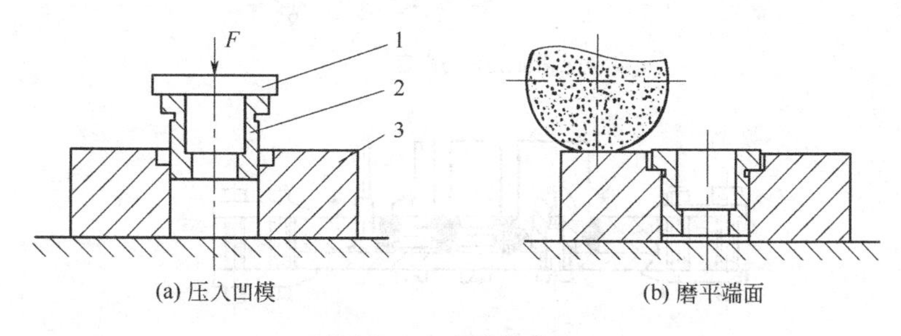

图 2-33　凹模的装配

1—垫块；2—凹模；3—凹模固定板

图 2-34 所示为凸模与固定板以铆接固定和台肩固定时的装配方法。装配时，在压力机上调好凸模与固定板的垂直度，然后将凸模压入固定板［见图 2-34(a)、(b)］，再检查凸模

对固定板支承面的垂直度，合格后对铆接式凸模用锤子和凿子将凸模上端铆合，最后在平面磨床上将凸模上端面与固定板一起磨平［见图 2-34(c)］。对冲裁凸模，为了保持凸模刃口锋利，还应以固定板支承面定位，将凸模工作端面磨平［见图 2-34(d)］。

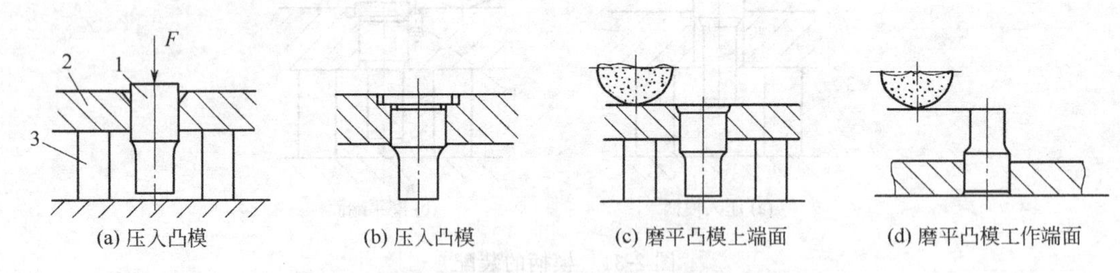

图 2-34　铆接式与台肩式凸模的装配

1—凸模；2—凸模固定板；3—等高垫铁

图 2-35 所示为用低熔点合金浇注固定凸模的装配方法。其中，图 2-35(a) 为凸模固定形式，该种形式的凸模与固定板之间有间隙，将低熔点合金浇入间隙内，利用合金冷凝时的

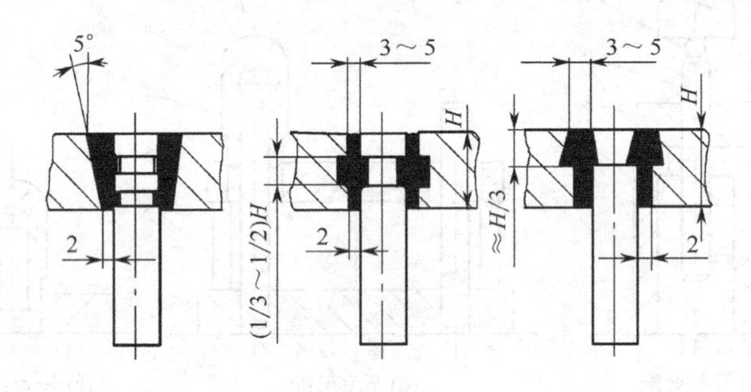

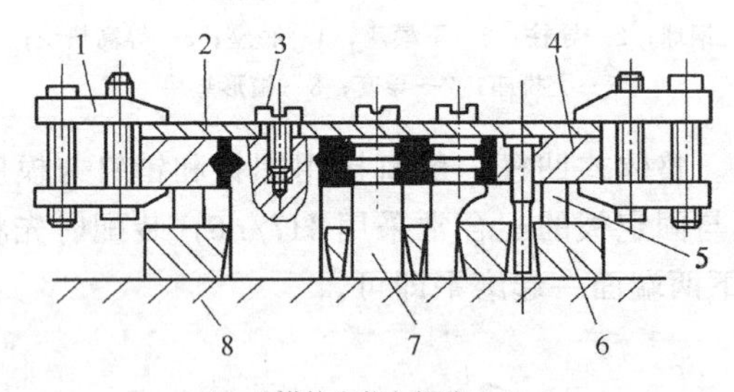

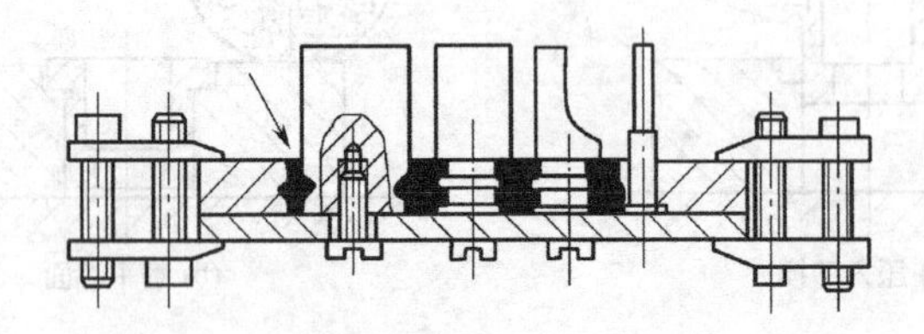

图 2-35　低熔点合金固定凸模的装配方法

1—平行夹头；2—托板；3—螺钉；4—凸模固定板；
5—等高垫铁；6—凹模；7—凸模；8—平板

体积膨胀将凸模固定在凸模固定板上，因此对凸模固定板固定孔的精度要求不高，加工容易，特别适合多凸模固定。图 2-35(b) 和图 2-35(c) 为浇注固定方法。浇注前先将凸模和固定板的结合部位进行清洗，去除油污，然后以凹模的型孔作定位基准，用垫入垫片的方法将凸、凹模间隙调整均匀，并使凸模垂直于固定板，再通过螺钉 3 将凸模 7 固定在托板 2 上，并用平行夹头 1 将托板 2 与凸模固定板 4 固定［见图 2-35(b)］。浇注时，先将凸模和固定板一起倒置，并预热凸模及固定板的浇注部位（预热温度以 100～150℃为宜），然后将熔化的低熔点合金（熔化温度以 200℃左右为宜）浇入凸模与固定板的间隙［见图 2-35(c)］，待充分冷却后（一般约 24h），再卸下平行夹头、螺钉和托板，并在平面磨床上磨平即可。

(3) 总装配　总装配是将模具零件和组件结合成一副完整模具的过程。冲模总装时最主要的是要保证凸、凹模的间隙均匀，为此总装前要根据模具的结构特点、装配要求等合理地选择装配的基准件和安排好上、下模的装配顺序，然后进行装配，并保证装配精度达到确定的各项技术要求。

选择装配基准件的原则是按照模具主要零件加工时的依赖关系来确定。可以作为装配基准件的主要有凸模、凹模、凸凹模、导板（或卸料板）及固定板等。

冲模的装配顺序与模具结构有关。对于上、下模之间无导向装置的开式冲模，因凸、凹模的配合间隙是在模具安装到压力机上时才进行调整的，因此上、下模的装配顺序没有严格的要求，可以分别进行装配；对于上、下模之间有导向装置的冲模，一般先装配模架（由上、下模座及导向零件构成），再进行凸、凹模零件和其他结构零件的装配。上、下模座的具体装配顺序应根据上、下模上所安装的模具零件在装配和调整过程中所受限制的情况来决定。如果上模部分的模具零件在装配和调整时所受限制最大，应选择上模中的主要零件作为基准件，先装配好上模，再以上模为基准装配和调整下模，保证凸、凹模间隙均匀。反之应先装下模，再以下模为基准装配调整上模。

二、冲模的调试

冲模按图样技术要求加工与装配后，必须在生产条件下进行试冲，通过试冲可以发现模具的设计与制造缺陷，找出产生缺陷的原因，对模具进行适当的调整与修理后再进行试冲，直到模具能正常工作，冲出合格的零件，才能将模具交付生产使用。冲模的试冲与调整简称为调试。

1. 冲模调试的目的

① 鉴定冲压件和模具的质量。试冲的主要目的之一就是检查冲出的冲压件是否符合冲压件图样规定的质量和尺寸要求，模具本身的动作是否合理可靠，从而确定该模具能否交付使用。

② 确定冲压件的成形条件。在对模具进行调试直至冲出合格冲压件的过程中，可以掌握模具的使用性能、冲压件的成形条件、方法及规律，从而可对冲压件成形工艺规程的制定提供可靠的依据。

③ 确定冲压件的毛坯形状、尺寸及用料标准。有些形状复杂或精度要求较高的冲压件，很难在设计时精确地确定出变形前坯料的形状和尺寸，为了能得到较准确的坯料形状、尺寸和用料标准，只有通过反复调试模具才能确定。

④ 确定工艺和模具设计中的某些尺寸。对于一些在工艺和模具设计中难以用计算方法确定的工艺尺寸，如拉深模的凸、凹模圆角半径、某些部位的几何形状与尺寸等，必须经过

试冲、修正直至冲出了合格的冲压件后方能最后确定。

⑤ 通过调试过程中发现问题、分析问题和解决问题，可不断积累经验，从而有助于提高模具设计与制造水平。

2. 冲模调试的内容与要求

（1）冲模调试的主要内容　冲模调试时包括以下主要内容。

① 装配后的冲模能否顺利地安装在指定的压力机上。

② 用指定的坯料能否在模具上顺利地冲出合格零件来。

③ 检查冲压件的质量是否符合冲压件图样要求。若发现冲压件有缺陷，要分析产生缺陷的原因，并设法对冲模进行修正，直至能冲出一批完全符合图样要求的冲压件为止。

④ 根据设计要求，进一步确定出某些模具需经试冲后才能决定的形状和尺寸，并修正这些尺寸，直到符合要求。

⑤ 根据调试的情况和结果，为工艺部门提供编制冲压件成形工艺规程的依据。

⑥ 排除影响生产、安全、质量和操作等的各种不利因素，使模具能稳定地进行批量生产。

（2）冲模调试的要求　冲模在调试时，应按下述要求进行。

① 冲模的外观要求。冲模在试冲前，要经外观检验合格后才能在压力机上试冲。检验时，应按冲模技术条件对外观的技术要求进行全面检查。

② 试冲材料的要求。试冲前，被冲材料必须经过质检部门检验，并符合技术协议（供货合同）的规定要求，尽可能不采用代用材料。

③ 试冲设备的要求。试冲时采用的压力机，其公称压力、精度等级及有关技术规格均应符合工艺规程的要求。

④ 试冲零件的数量。试冲的冲压件数量要根据使用部门的要求确定。一般情况下，小型冲模应大于 50 件；硅钢片冲模大于 200 件；自动冲模连续试冲时间应大于 3min；贵重金属冲压件的冲模其试件数量由使用部门自定。

⑤ 模具交付要求。经调试后交付使用的冲模应能达到的要求是：能顺利地安装在指定的压力机上；能稳定地冲出合格的冲压件来；能安全地进行操作使用。冲模达到上述要求后，即可交付使用或入库保管。但入库保管的新冲模要附带有检验合格证及试冲后的冲压件，在无规定的情况下试冲件至少应有 3～10 件。

三、冲模的安装

冲模的调试及批量生产冲压件，都必须正确安装在指定的压力机上进行。冲模的安装是否正确合理，不仅影响冲压件的质量，而且还影响模具的寿命及工作安全。

冲模的安装方法与模具结构尺寸大小有关。这里以有导向装置的中小型冲模为例介绍其安装步骤及方法。

① 检查冲模及压力机的技术状态。安装冲模以前，应先检查冲模的安装及使用要求与压力机的有关技术规格是否协调一致，部件是否灵活可靠，压力机的离合、制动及操纵机构等是否能正常工作。

② 清除压力机滑块底面、工作台面（或垫板平面）及冲模上模座的上平面与下模座的下底面异物，不得有任何污物及金属渣屑存在。

③ 准备好安装冲模用的紧固螺栓、螺母、压板及垫块等。

④ 用手扳动压力机飞轮（中、大型压力机用微动按钮），将压力机的滑块调至上止点位置，并转动压力机调节螺杆，将连杆长度调到最短。

⑤ 将冲模置于压力机工作台或垫板上，移至近似工作位置。对于无导柱的冲模，可用木块将上模托起，有导柱的冲模可直接放在压力机台面上。

⑥ 用手扳动压力机飞轮，使滑块慢慢靠近上模，并将模柄对准滑块孔，然后再使滑块缓慢下移，直至滑块下平面贴紧上模座的上平面后，拧紧紧固螺钉，将上模固紧在滑块上。

⑦ 通过调整连杆长度，将压力机闭合高度或装模高度调至与模具闭合高度相符。

⑧ 启动压力机，使滑块停在上止点。擦净导柱、导套及滑块各部位，加以润滑油，再开动压力机空行程2～3次，依靠导柱和导套的自动调节把上、下模导正。然后将滑块停于下止点，用压板、垫块和螺栓将下模固紧。

⑨ 送入条料进行试冲。根据试冲情况，调整压力机闭合高度（或装模高度）以及卸料、推件与顶件装置的位置和压力，直到能冲出合格冲压件。

思考与练习题

1. 试述冲模制造的工艺过程及特点。

2. 铣床加工与刨床加工相比有何相同和不同之处？各适应加工什么类型和要求的零件？

3. 比较光学曲线磨床与坐标磨床的加工特点与适应范围。

4. 对具有圆形型孔的多型孔凹模，加工时如何保证各型孔之间的位置精度？

5. 非圆形凸模和凹模的粗（半精）加工、精加工各分别采用哪些方法？试比较这些加工方法的优缺点。

6. 在冲模零件加工中，保证非淬硬零件（如凸模固定板与卸料板）与淬硬零件（如凹模、凸凹模）之间型孔（包括圆形孔与非圆形孔）位置一致的工艺方法有哪些？

7. 用于冲模数控加工的机床有哪些？一般什么情况下采用数控机床加工？

8. 什么是电火花加工中的极性效应？加工时如何选择加工极性？

9. 在用电火花加工方法进行凹模型孔加工时，怎样保证凸模与凹模的配合间隙？

10. 电火花加工与电火花线切割加工各有何优点？在冲模加工中，什么情况下采用电火花加工？什么情况下采用电火花线切割加工？加工前工件应达到什么要求？

11. 冲孔凸模刃口形状与尺寸如图2-36所示，凹模按凸模配作，保证间隙（双面）$Z=0.04$mm。现凹模采用电火花加工，已知加工时的放电间隙（单边）$\delta=0.03$mm，试确定加工电极的横断面尺寸，并作图标注。

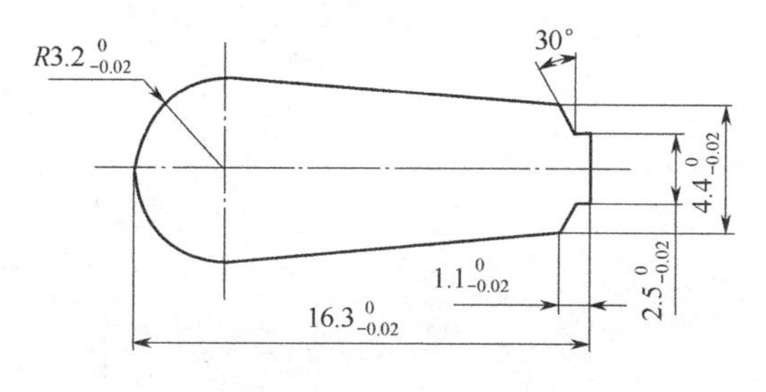

图2-36　习题11附图

12. 图2-37所示为某落料凹模型孔，凸模按凹模配作，保证双面间隙0.06mm，试编写凹模和凸模的线切割加工程序。已知电极丝为ϕ0.12mm的钼丝，单边放电间隙为0.01mm。

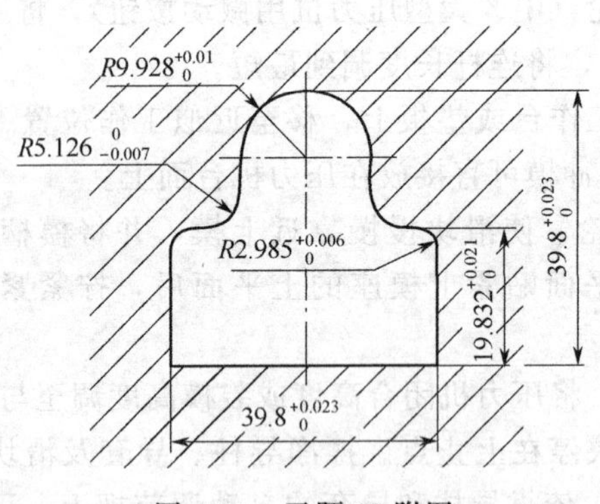

图 2-37 习题 12 附图

13. 冲模装配应达到哪些技术要求？常用的装配方法有哪几种？各适应何种场合？
14. 试述冲模调试的目的及内容。

第三章　冲裁模设计与制造

冲裁是利用模具使板料产生相互分离的冲压工序。冲裁工序的种类很多，常用的有切断、落料、冲孔、切边、切口、剖切等。但一般来说，冲裁主要是指落料和冲孔。从板料上沿封闭轮廓冲下所需形状的冲件或工序件叫落料；从工序件上冲出所需形状的孔（冲去部分为废料）叫冲孔。例如冲制一平面垫圈，冲其外形的工序是落料，冲其内孔的工序是冲孔。

冲裁是冲压工艺中最基本的工序之一，它既可直接冲出成品零件，又可为弯曲、拉深和成形等其他工序制备坯料，因此在冲压加工中应用非常广泛。根据变形机理不同，冲裁可以分为普通冲裁和精密冲裁两大类。普通冲裁是以凸、凹模之间产生剪切裂纹的形式实现板料的分离；精密冲裁是以塑性变形的形式实现板料的分离。精密冲裁冲出的零件不但断面垂直、光洁，而且精度也比较高，但一般需要专门的精冲设备及精冲模具。

本章主要介绍普通冲裁的工艺、模具设计与制造等内容。

第一节　冲裁变形过程分析

一、冲裁变形过程

图 3-1 所示为冲裁工作示意，凸模 1 与凹模 2 具有与冲件轮廓相同的锋利刃口，且相互之间保持均匀合适的间隙。冲裁时，板料 3 置于凹模上方，当凸模随压力机滑块向下运动时，便迅速冲穿板料进入凹模，使冲件与板料分离而完成冲裁工作。

从凸模接触板料到板料相互分离的过程是在瞬间完成的。当凸、凹模间隙正常时，冲裁变形过程大致可分为以下三个阶段。

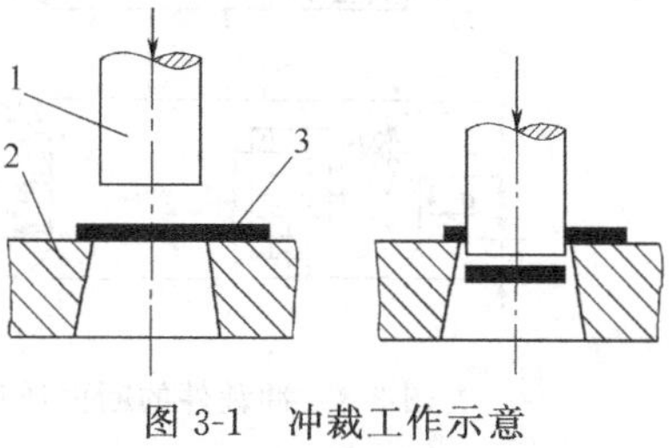

图 3-1　冲裁工作示意

1—凸模；2—凹模；3—板料

1. 弹性变形阶段

如图 3-2(a) 所示，当凸模接触板料并下压时，在凸、凹模压力作用下，板料开始产生弹性压缩、弯曲、拉伸（$AB'>AB$）等复杂变形。这时，凸模略为挤入板料，板料下部也略为挤入凹模洞口，并在与凸、凹模刃口接触处形成很小的圆角。同时，板料稍有穹弯，材料越硬，凸、凹模间隙越大，穹弯越严重。随着凸模的下压，刃口附近板料所受的应力逐渐增大，直至达到弹性极限，弹性变形阶段结束。

2. 塑性变形阶段

当凸模继续下压，使板料变形区的应力达到塑性条件时，便进入塑性变形阶段，如图 3-2(b) 所示。这时，凸模挤入板料和板料挤入凹模的深度逐渐加大，产生塑性剪切变形，形成光亮的剪切断面。随着凸模的下降，塑性变形程度增加，变形区材料硬化加剧，变形抗力不断上升，冲裁力也相应增大，直到刃口附近的应力达到抗拉强度时，塑性变形阶段便告终。由于凸、凹模之间间隙的存在，此阶段中冲裁变形区还伴随有弯曲和拉伸变形，且间隙越大，弯曲和拉伸变形也大。

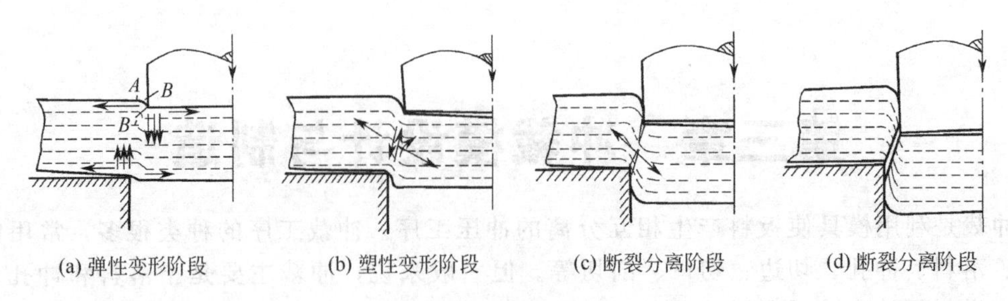

图 3-2 冲裁变形过程

3．断裂分离阶段

当板料内的应力达到抗拉强度后，凸模再向下压入时，则在板料上与凸、凹模刃口接触的部位先后产生微裂纹，如图 3-2(c) 所示。裂纹的起点一般在距刃口很近的侧面，且一般首先在凹模刃口附近的侧面产生，继而才在凸模刃口附近的侧面产生。随着凸模的继续下压，已产生的上、下微裂纹将沿最大剪应力方向不断地向板料内部扩展，当上、下裂纹重合时，板料便被剪断分离，如图 3-2(d) 所示。随后，凸模将分离的材料推入凹模洞口，冲裁变形过程便告结束。

二、冲裁件的质量及其影响因素

冲裁件的质量是指冲裁件的断面状况、尺寸精度和形状误差。冲裁件的断面应尽可能垂直、光滑、毛刺小；尺寸精度应保证在图样规定的公差范围以内；冲件外形应符合图样要求，表面尽可能平直。

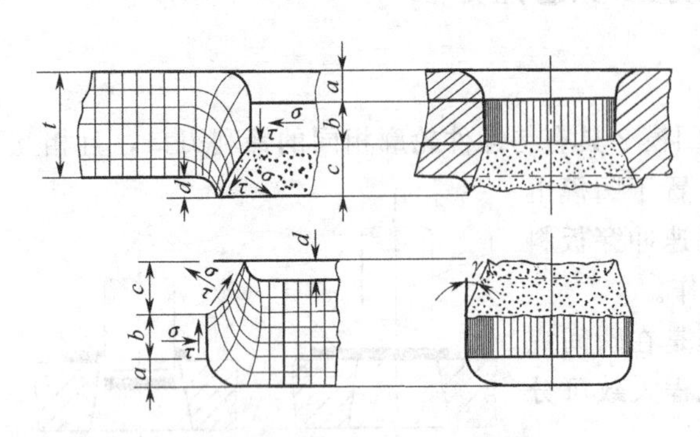

图 3-3 冲裁件的断面质量

影响冲裁件质量的因素很多，主要有材料性能、间隙大小及均匀性、刃口锋利程度、模具结构及排样（冲裁件在板料或条料上的布置方法）、模具精度等。

1．冲裁件的断面质量及其影响因素

由于冲裁变形的特点，冲裁件的断面明显地呈现出四个特征区，即塌角、光面、毛面和毛刺，如图 3-3 所示。

塌角 a：它是由于冲裁过程中刃口附近的材料被牵连拉入变形（弯曲和拉伸）的结果。

光面 b：它是紧挨塌角并与板平面垂直的光亮部分，是在塑性变形阶段凸模（或凹模）挤压切入材料后，材料受刃口侧面的剪切和挤压作用而形成的。光面越宽，说明断面质量越好。正常情况下，普通冲裁的光面宽度约占全断面的 1/3～1/2。

毛面 c：它是表面粗糙且带有锥度的部分，是由于刃口附近的微裂纹在拉应力作用下不断扩展断裂而形成的。因毛面都是向材料体内倾斜，所以对一般应用的冲裁件并不影响其使用性能。

毛刺 d：毛刺是由于裂纹的起点不在刃口，而是在刃口附近的侧面而自然形成的。普通冲裁的毛刺是不可避免的，但间隙合适时，毛刺的高度很小，易于去除。毛刺影响冲裁件的外观、手感和使用性能，因此冲裁件总是希望毛刺越小越好。

冲裁件的四个特征区域在整个断面上各占的比例不是一成不变的，其影响因素主要有以下几个方面。

(1) 材料力学性能的影响　塑性好的材料，冲裁时裂纹出现得较迟，材料被剪切挤压的深度较大，因而光面所占的比例大，毛面较小，但塌角、毛刺也较大；而塑性差的材料，断裂倾向严重，裂纹出现得较早，使得光面所占的比例小，毛面较大，但塌角和毛刺都较小。

(2) 冲裁间隙的影响　冲裁间隙是影响冲裁件断面质量的主要因素。间隙合适时，上、下刃口处产生的剪切裂纹基本重合，这时光面约占板厚的1/3～1/2左右，塌角、毛刺和毛面斜角均较小，断面质量较好，如图3-4(a)所示。

当间隙过小时，凸模刃口处的裂纹相对凹模刃口处的裂纹向外错开，上、下裂纹不重合，材料在上、下裂纹相距最近的地方将发生第二次剪裂，上裂纹表面压入凹模时受到凹模壁的压挤产生第二光面或断续的小光亮块，同时部分材料被挤出，在表面形成薄而高的毛刺，如图3-4(b)所示。这种断面两端呈光面，中部有带夹层（潜伏裂纹）的毛面，塌角小，冲裁件的翘曲小，毛刺虽比合理间隙时高一些，但易去除，如果中间夹层裂纹不是很深，仍可使用。

当间隙过大时，材料的弯曲与拉伸增大，拉应力增大，易产生剪裂纹，塑性变形阶段较早结束，致使断面光面减小，毛面增大，且塌角、毛刺也较大，冲裁件穹弯增大。同时，上、下裂纹也不重合，凸模刃口处的裂纹相对凹模刃口处的裂纹向内错开了一段距离，致使毛面斜角增大，断面质量不理想，如图3-4(c)所示。

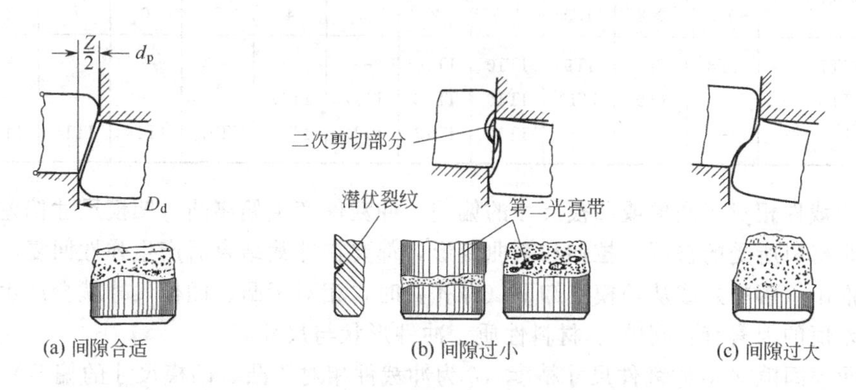

图3-4　间隙大小对冲裁件断面质量的影响

另外，当模具因安装调整等原因使得间隙不均匀时，可能在凸、凹模之间存在着间隙合适、间隙过小和间隙过大几种情况，因而将在冲裁件断面上分布着上述各种情况的断面。

(3) 模具刃口状态的影响　模具刃口状态对冲裁件的断面质量也有较大的影响。当凸、凹模刃口磨钝后，因挤压作用增大，所以冲裁件的圆角和光面增大。同时，因产生的裂纹偏离刃口较远，故即使间隙合理也将在冲裁件上产生明显的毛刺，如图3-5所示。实践表明，当凸模刃口磨钝时，会在落料件上端产生明显毛刺［见图3-5(b)］；当凹模刃口磨钝时，会在冲孔件的孔口下端产生明显毛刺［见图3-5(a)］；当凸、凹模刃口均磨钝时，则会在落料件上端和孔口下端都会产生毛刺［见图3-5(c)］。因此，凸、凹模磨钝后，应及时修磨凸、凹模工作端面，使刃口保持锋利状态。

2．冲裁件尺寸精度及其影响因素

冲裁件的尺寸精度是指冲裁件实际尺寸与基本尺寸的差值，差值越小，则精度越高。冲

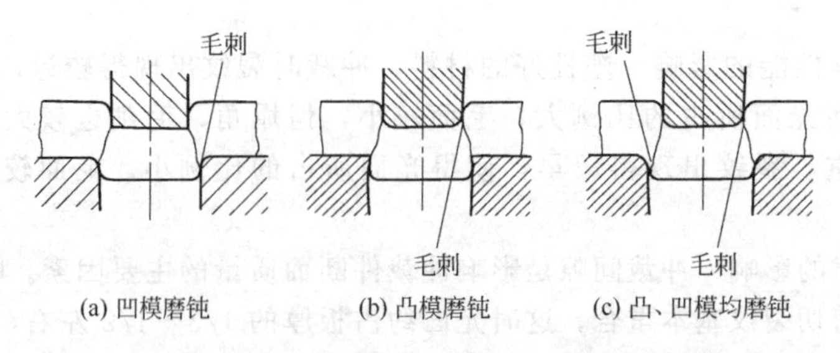

图 3-5 凸、凹模刃口磨钝后毛刺的形成

裁件尺寸的测量和使用，都是以光面的尺寸为基准。从整个冲裁过程来看，影响冲裁件尺寸精度的因素有两大方面：一是冲模的结构与制造精度；二是冲裁结束后冲裁件相对于凸模或凹模尺寸的偏差。

（1）冲模的结构与制造精度 冲模的制造精度（主要是凸、凹模制造精度）对冲裁件尺寸精度有直接的影响，冲模的制造精度越高，冲裁件的精度越高。冲裁件的精度与冲模制造精度的关系见表 3-1。冲模结构对冲裁件精度的影响参看本章第七节。

此外，凸、凹模的磨损和在压力作用下所产生的弹性变形也影响冲裁件精度。

表 3-1 冲裁件精度与冲模制造精度的关系

冲模制造精度	材料厚度 t/mm											
	0.5	0.8	1.0	1.5	2	3	4	5	6	8	10	12
IT6～IT7	IT8	IT8	IT9	IT10	IT10	—	—	—	—	—	—	—
IT7～IT8	—	IT9	IT10	IT10	IT12	IT12	IT12	—	—	—	—	—
IT9	—	—	—	IT12	IT12	IT12	IT12	IT12	IT14	IT14	IT14	IT14

（2）冲裁件相对于凸模或凹模尺寸的偏差 冲裁件产生偏离凸、凹模尺寸偏差的原因是由于冲裁时材料所受的挤压、拉伸和翘曲变形，都要在冲裁结束后产生弹性回复，当冲裁件从凹模内推出（落料）或从凸模上卸下（冲孔）时，相对于凸、凹模尺寸就会产生偏差。影响这个偏差值的因素有：间隙 、材料性质、冲件形状与尺寸等。

凸、凹模间隙 Z 对冲裁件尺寸精度（δ 为冲裁件相对于凸、凹模尺寸的偏差）影响的一般规律如图 3-6 所示。从图中可以看出，当间隙较大时，材料所受拉伸作用增大，冲裁后因材料的弹性回复使落料件尺寸小于凹模刃口尺寸，冲孔件孔径大于凸模刃口尺寸；当间隙较小时，则由于材料受凸、凹模侧面挤压力增大，故冲裁后材料的弹性回复使落料尺寸增大，冲孔件孔径尺寸减小；当间隙为某一恰当值（即曲线与横轴 Z 的交点）时，冲裁件尺寸与凸、凹模尺寸完全一样，这时 $\delta=0$。

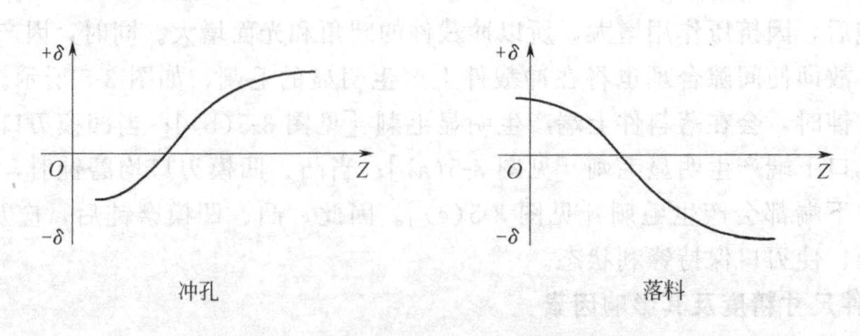

图 3-6 间隙对冲裁件尺寸精度的影响

材料性质直接决定了该材料在冲裁过程中的弹性变形量。对于比较软的材料，弹性变形量较小，冲裁后的弹性回复量亦较小，因而冲裁件的精度较高。硬的材料则情况正好相反。

材料的相对厚度 t/D(t 为冲裁件材料厚度，D 为冲裁件外径）越大，弹性变形量越小，因而冲裁件的精度越高。

冲裁件形状越简单，尺寸越小，则精度越高。这是因为模具精度易于保证，间隙均匀，冲裁件翘曲小，以及冲裁件的弹性变形绝对量小的缘故。

3．冲裁件形状误差及其影响因素

冲裁件的形状误差是指翘曲、扭曲、变形等缺陷，其影响因素很复杂。翘曲是由于间隙过大、弯矩增大、变形区拉伸和弯曲成分增多造成的，另外材料的各向异性和卷料未校正也会产生翘曲。扭曲是由于材料不平、间隙不均匀、凹模后角对材料摩擦不均匀等造成的。变形是由于冲裁件上孔间距或孔到边缘的距离太小等原因造成的。

综上所述，用普通冲裁方法所得冲裁件的断面质量和尺寸精度都不太高。一般金属冲裁件所能达到的经济精度为IT11～IT14，高的也只能达到IT8～IT10。厚料比薄料更差。若要进一步提高冲裁件的质量，则要在普通冲裁的基础上增加整修工序或采用精密冲裁方法。

第二节 冲裁件的工艺性

冲裁件的工艺性是指冲裁件对冲裁工艺的适用性，即冲裁加工的难易程度。良好的冲裁工艺性，是指在满足冲裁件使用要求的前提下，能以最简单、最经济的冲裁方式加工出来。因此，在编制冲压工艺规程和设计模具之前，应从工艺角度分析冲件设计得是否合理，是否符合冲裁的工艺要求。

冲裁件的工艺性主要包括冲裁件的结构与尺寸、精度与断面粗糙度、材料等三个方面。

一、冲裁件的结构与尺寸

① 冲裁件的形状应力求简单、规则，有利于材料的合理利用，以便节约材料，减少工序数目，提高模具寿命，降低冲件成本。

② 冲裁件的内、外形转角处要尽量避免尖角，应以圆弧过渡，以便于模具加工，减少热处理开裂，减少冲裁时尖角处的崩刃和过快磨损。冲裁件的最小圆角半径可参照表3-2选取。

表3-2 冲裁件最小圆角半径 mm

冲件种类		最小圆角半径			
		黄铜、铝	合金钢	软钢	备注
落料	交角≥90°	0.18t	0.35t	0.25t	≥0.25
	交角<90°	0.35t	0.70t	0.50t	≥0.50
冲孔	交角≥90°	0.20t	0.45t	0.30t	≥0.30
	交角<90°	0.40t	0.90t	0.60t	≥0.60

注：t 为料厚。

③ 尽量避免冲裁件上过于窄长的凸出悬臂和凹槽，否则会降低模具寿命和冲裁件质量。

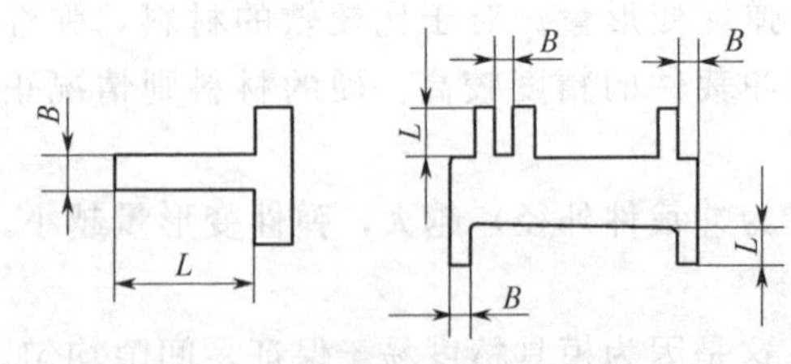

图 3-7 冲裁件的悬臂与凹槽

如图 3-7 所示，一般情况下，悬臂和凹槽的宽度 $B\geqslant1.5t$（t 为料厚，当料厚 $t<1\text{mm}$ 时，按 $t=1\text{mm}$ 时计算）；当冲件材料为黄铜、铝、软钢时，$B\geqslant1.2t$；当冲件材料为高碳钢时，$B\geqslant2t$。悬臂和凹槽的深度 $L\leqslant5B$。

④ 冲孔时，因受凸模强度的限制，孔的尺寸不应太小。冲孔的最小尺寸取决于材料性能、凸模强度和模具结构等。用无导向凸模和带护套凸模所能冲制的孔的最小尺寸可分别参考表 3-3、表 3-4。

表 3-3 无导向凸模冲孔的最小尺寸

冲件材料	圆形孔（直径 d）	方形孔（孔宽 b）	矩形孔（孔宽 b）	长圆形孔（孔宽 b）
钢 $\tau_b>700\text{MPa}$	$1.5t$	$1.35t$	$1.2t$	$1.1t$
钢 $\tau_b=400\sim700\text{MPa}$	$1.3t$	$1.2t$	$1.0t$	$0.9t$
钢 $\tau_b=700\text{MPa}$	$1.0t$	$0.9t$	$0.8t$	$0.7t$
黄铜、铜	$0.9t$	$0.8t$	$0.7t$	$0.6t$
铝、锌	$0.8t$	$0.7t$	$0.6t$	$0.5t$

注：τ_b 为抗剪强度；t 为料厚。

表 3-4 带护套凸模冲孔的最小尺寸

冲件材料	圆形孔（直径 d）	矩形孔（孔宽 b）
硬钢	$0.5t$	$0.4t$
软钢及黄铜	$0.35t$	$0.3t$
铝、锌	$0.3t$	$0.28t$

注：t 为料厚。

⑤ 冲裁件的孔与孔之间、孔与边缘之间的距离，受模具强度和冲裁件质量的制约，其值不应过小，一般要求 $c\geqslant(1\sim1.5)t$，$c'\geqslant(1.5\sim2)t$，如图 3-8(a) 所示。在弯曲件或拉深件上冲孔时，为避免冲孔时凸模受水平推力而折断，孔边与直壁之间应保持一定的距离，一般要求 $L\geqslant R+0.5t$，如图 3-8(b) 所示。

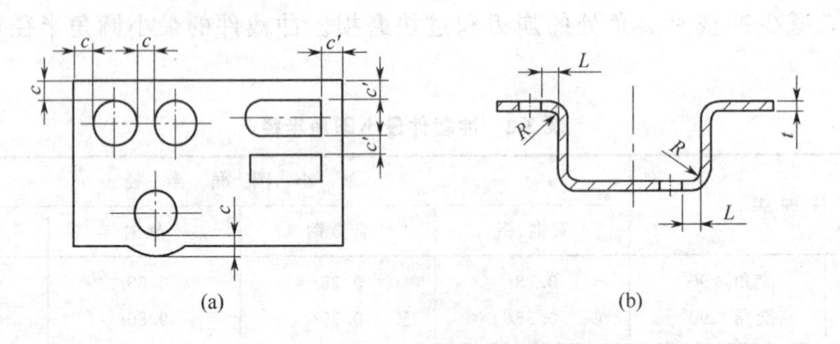

图 3-8 冲件上的孔距及孔边距

二、冲裁件的精度与断面粗糙度

① 冲裁件的经济公差等级不高于 IT11 级，一般落料件公差等级最好低于 IT10 级，冲孔件公差等级最好低于 IT9 级。冲裁可达到的冲裁件公差列于表 3-5、表 3-6。如果冲裁件

要求的公差值小于表中数值时，则应在冲裁后进行整修或采用精密冲裁。此外，冲裁件的尺寸标注及基准的选择往往与模具设计密切相关，应尽可能使设计基准与工艺基准一致，以减小误差。

表 3-5　冲裁件外形与内孔尺寸公差　　mm

料厚 t	冲裁件尺寸							
	一般精度的冲裁件				较高精度的冲裁件			
	<10	10～50	50～150	150～300	<10	10～50	50～150	150～300
0.2～0.5	$\frac{0.08}{0.05}$	$\frac{0.10}{0.08}$	$\frac{0.14}{0.12}$	0.20	$\frac{0.025}{0.02}$	$\frac{0.03}{0.04}$	$\frac{0.05}{0.08}$	0.08
0.5～1	$\frac{0.12}{0.05}$	$\frac{0.16}{0.08}$	$\frac{0.22}{0.12}$	0.30	$\frac{0.03}{0.02}$	$\frac{0.04}{0.04}$	$\frac{0.06}{0.08}$	0.10
1～2	$\frac{0.18}{0.06}$	$\frac{0.22}{0.10}$	$\frac{0.30}{0.16}$	0.50	$\frac{0.04}{0.03}$	$\frac{0.06}{0.06}$	$\frac{0.08}{0.10}$	0.12
2～4	$\frac{0.24}{0.08}$	$\frac{0.28}{0.12}$	$\frac{0.40}{0.20}$	0.70	$\frac{0.06}{0.04}$	$\frac{0.08}{0.08}$	$\frac{0.10}{0.12}$	0.15
4～6	$\frac{0.30}{0.10}$	$\frac{0.35}{0.15}$	$\frac{0.50}{0.25}$	1.0	$\frac{0.10}{0.06}$	$\frac{0.12}{0.10}$	$\frac{0.15}{0.15}$	0.20

注：1. 分子为外形尺寸公差，分母为内孔尺寸公差。
2. 一般精度的冲裁件采用 IT7～IT8 级精度的普通冲裁模；较高精度的冲裁件采用 IT6～IT7 精度的高级冲裁模。

表 3-6　冲裁件孔中心距公差　　mm

料厚 t	普通冲裁模			高级冲裁模		
	孔距基本尺寸			孔距基本尺寸		
	<50	50～150	150～300	<50	50～150	150～300
<1	±0.10	±0.15	±0.20	±0.03	±0.05	±0.08
1～2	±0.12	±0.20	±0.30	±0.04	±0.06	±0.10
2～4	±0.15	±0.25	±0.35	±0.06	±0.08	±0.12
4～6	±0.20	±0.30	±0.40	±0.08	±0.10	±0.15

注：表中所列孔距公差适用于两孔同时冲出的情况。

② 冲裁件的断面粗糙度及毛刺高度与材料塑性、材料厚度、冲裁间隙、刃口锋利程度、冲模结构及凸、凹模工作部分表面粗糙度等因素有关。用普通冲裁方式冲裁厚度为2 mm以下的金属板料时，其断面粗糙度 Ra 一般可达 3.2～12.5μm，毛刺的允许高度见表 3-7。

表 3-7　普通冲裁毛刺的允许高度　　mm

料厚 t	≤0.3	>0.3～0.5	>0.5～1.0	>1.0～1.5	>1.5～2.0
试模时	≤0.015	≤0.02	≤0.03	≤0.04	≤0.05
生产时	≤0.05	≤0.08	≤0.10	≤0.13	≤0.15

三、冲裁件的材料

冲裁件所用的材料，不仅要满足其产品使用性能的技术要求，还应满足冲裁工艺对材料的基本要求。冲裁工艺对材料的基本要求已在第一章第二节中介绍。此外，材料的品种与厚度还应尽量采用国家标准，同时尽可能采取“廉价代贵重，薄料代厚料，黑色代有色”等措施，以降低冲裁件的成本。

最后必须指出，当冲裁件的结构、尺寸、精度、断面粗糙度等要求与冲裁工艺性发生矛盾时，应与产品设计人员协商研究，并作必要、合理的修改，力求做到既满足使用要求，又便于冲裁加工，以达到良好的技术经济效果。

第三节 冲裁间隙

冲裁间隙是指冲裁模中凸、凹模刃口之间的空隙。凸模与凹模间每侧的间隙称为单面间隙，用 $Z/2$ 表示；两侧间隙之和称为双面间隙，用 Z 表示。如无特殊说明，冲裁间隙都是指双面间隙。

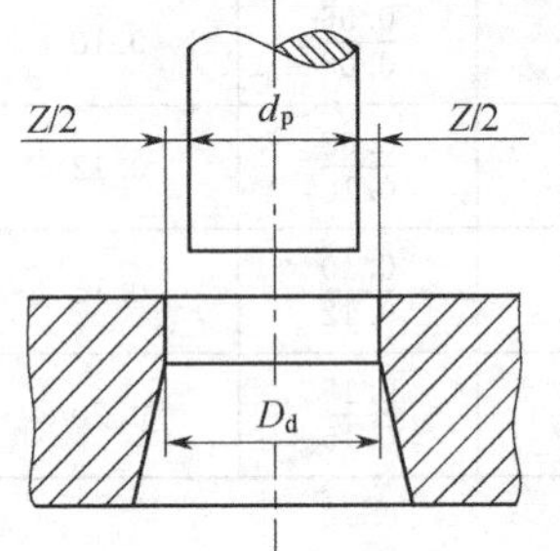

图 3-9 冲裁间隙

冲裁间隙的数值等于凸、凹模刃口尺寸的差值，如图 3-9 所示，即

$$Z=D_d-d_p \tag{3-1}$$

式中 D_d——凹模刃口尺寸；

d_p——凸模刃口尺寸。

冲裁间隙对冲裁过程有着很大的影响。在第一节中已经分析了间隙对冲裁件质量起着决定性作用。除此以外，间隙对冲压力和模具寿命也有着较大的影响。

一、间隙对冲压力的影响

间隙很小时，因材料的挤压和摩擦作用增强，冲裁力必然较大。随着间隙的增大，材料所受的拉应力增大，容易断裂分离，因此冲裁力减小。但试验表明，当单面间隙介于材料厚度的 5%～20%范围内时，冲裁力降低不多，不超过 5%～10%。因此，在正常情况下，间隙对冲裁力的影响不很大。

间隙对卸料力、顶件力、推件力的影响比较显著。由于间隙的增大，使冲裁件的光面变窄，材料弹性回复使落料件尺寸小于凹模尺寸，冲孔件尺寸大于凸模尺寸，因而使卸料力、推件力或顶件力随之减小。一般当单面间隙增大到材料厚度的 15%～25%左右时，卸料力几乎降为零。

二、间隙对模具寿命的影响

模具寿命通常用模具失效前所冲得的合格冲裁件数量来表示。冲裁模的失效形式一般有磨损、变形、崩刃和凹模胀裂。间隙大小主要对模具的磨损及凹模的胀裂产生较大影响。

在冲裁过程中，由于材料的弯曲变形，材料对模具的反作用力主要集中在凸、凹模刃口部分。如果间隙小，垂直冲裁力和侧向挤压力将增大，摩擦力也增大，且间隙小时，光面变宽，摩擦距离增长，摩擦发热严重，所以小间隙将使凸、凹模刃口磨损加剧，甚至使模具与材料之间产生黏结现象，严重的还会产生崩刃。另外，小间隙因落料件堵塞在凹模洞口的胀力也大，容易产生凹模胀裂。小间隙还易产生小凸模折断，凸、凹模相互啃刃等异常现象。

凸、凹模磨损后，其刃口处形成圆角，冲裁件上就会出现不正常的毛刺，且因刃口尺寸发生变化，冲裁件的尺寸精度也降低，模具寿命减小。因此，为了减少模具的磨损，延长模具使用寿命，在保证冲裁件质量的前提下，应适当选用较大的间隙值。若采用小间隙，就必须提高模具硬度和精度，减小模具表面粗糙度值，提供良好润滑，以减小磨损。

三、冲裁间隙值的确定

由上述分析可以看出，冲裁间隙对冲裁件质量、冲压力、模具寿命等都有很大的影响，但影响的规律各有不同。因此，并不存在一个绝对合理的间隙值，能同时满足冲裁件断面质量最佳、尺寸精度最高、冲模寿命最长、冲压力最小等各方面的要求。在冲压实际生产中，为了获得合格的冲裁件、较小的冲压力和保证模具有一定的寿命，给间隙值规定一个范围，这个间隙值范围就称为合理间隙，这个范围的最小值称为最小合理间隙（$Z_{\min}$），最大值称为最大合理间隙（$Z_{\max}$）。考虑到冲模在使用过程中会逐渐磨损，间隙会增大，故在设计和制造新模具时，应采用最小合理间隙。

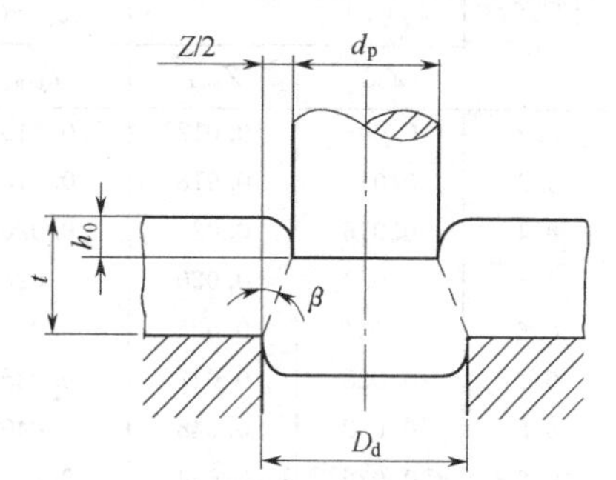

图 3-10 合理间隙的确定

确定合理间隙的方法有理论确定法和经验确定法两种。

1．理论确定法

理论确定法的主要依据是保证凸、凹模刃口处产生的上、下裂纹相互重合，以便获得良好的断面质量。图 3-10 所示为冲裁过程中开始产生裂纹的瞬时状态，根据图中的几何关系，可得合理间隙 Z 的计算公式为

$$Z=2t(1-h_0/t)\tan\beta \tag{3-2}$$

式中 t——材料厚度；

h_0——产生裂纹时凸模挤入材料的深度；

h_0/t——产生裂纹时凸模挤入材料的相对深度；

β——剪裂纹与垂线间的夹角。

由式(3-2) 可以看出，合理间隙与材料厚度 t、相对挤入深度 h_0/t 及裂纹角 β 有关，而 h_0/t 与 β 又与材料性质有关，见表 3-8。因此，影响间隙值的主要因素是材料性质和厚度。厚度愈大、塑性愈差的材料，其合理间隙值就愈大；反之，厚度愈薄、塑性愈好的材料，其合理间隙值就愈小。

表 3-8 h_0/t 与 β 值

材　料	h_0/t		β	
	退　火	硬　化	退　火	硬　化
软钢、紫铜、软黄铜	0.5	0.35	6°	5°
中硬钢、硬黄铜	0.3	0.2	5°	4°
硬钢、硬青铜	0.2	0.1	4°	4°

理论计算法在生产中使用不方便，主要用来分析间隙与上述几个因素之间的关系。因此，实际生产中广泛采用经验数据来确定间隙值。

2．经验确定法

经验确定法是根据经验数据来确定间隙值。有关间隙值的经验数值，可在一般冲压手册中查到，选用时结合冲裁件的质量要求和实际生产条件考虑。

这里推荐两种实用间隙表，供设计时参考：一种是按材料的性能和厚度来选择的间隙

表，如表3-9和表3-10；另一种是以实用方便为前提，综合考虑冲裁件质量诸因素的间隙分类表，即我国原机械部1986年制定的“冲裁间隙”指导性技术文件（JB/Z 271—86）、后经修改于1997年作为国家标准公布的冲裁间隙表（GB/T 16743—1997），见表3-11、表3-12。

表3-9　冲裁模初始双面间隙 Z（一）　　mm

材料厚度 t	软铝		纯铜、黄铜、软钢 $w_C=(0.08\sim0.2)\%$		杜拉铝、中等硬钢 $w_C=(0.3\sim0.4)\%$		硬钢 $w_C=(0.5\sim0.6)\%$	
	Z_{min}	Z_{max}	Z_{min}	Z_{max}	Z_{min}	Z_{max}	Z_{min}	Z_{max}
0.2	0.008	0.012	0.010	0.014	0.012	0.016	0.014	0.018
0.3	0.012	0.018	0.015	0.021	0.018	0.024	0.021	0.027
0.4	0.016	0.024	0.020	0.028	0.024	0.032	0.028	0.036
0.5	0.020	0.030	0.025	0.035	0.030	0.040	0.035	0.045
0.6	0.024	0.036	0.030	0.042	0.036	0.048	0.042	0.054
0.7	0.028	0.042	0.035	0.049	0.042	0.056	0.049	0.063
0.8	0.032	0.048	0.040	0.056	0.048	0.064	0.056	0.072
0.9	0.036	0.054	0.045	0.063	0.054	0.072	0.063	0.081
1.0	0.040	0.060	0.050	0.070	0.060	0.080	0.070	0.090
1.2	0.050	0.084	0.072	0.096	0.084	0.108	0.096	0.120
1.5	0.075	0.105	0.090	0.120	0.105	0.135	0.120	0.150
1.8	0.090	0.126	0.108	0.144	0.126	0.162	0.144	0.180
2.0	0.100	0.140	0.120	0.160	0.140	0.180	0.160	0.200
2.2	0.132	0.176	0.154	0.198	0.176	0.220	0.198	0.242
2.5	0.150	0.200	0.175	0.225	0.200	0.250	0.225	0.275
2.8	0.168	0.224	0.196	0.252	0.224	0.280	0.252	0.308
3.0	0.180	0.240	0.210	0.270	0.240	0.300	0.270	0.330
3.5	0.245	0.315	0.280	0.350	0.315	0.385	0.350	0.420
4.0	0.280	0.360	0.320	0.400	0.360	0.440	0.400	0.480
4.5	0.315	0.405	0.360	0.450	0.405	0.490	0.450	0.540
5.0	0.350	0.450	0.400	0.500	0.450	0.550	0.500	0.600
6.0	0.480	0.600	0.540	0.660	0.600	0.720	0.660	0.780
7.0	0.560	0.700	0.630	0.770	0.700	0.840	0.770	0.910
8.0	0.720	0.880	0.800	0.960	0.880	1.040	0.960	1.120
9.0	0.870	0.990	0.900	1.080	0.990	1.170	1.080	1.260
10.0	0.900	1.100	1.000	1.200	1.100	1.300	1.200	1.400

注：1. 初始间隙值的最小值相当于间隙的公称数值。
2. 初始间隙的最大值是考虑到凸模和凹模的制造公差所增加的数值。
3. 在使用过程中，由于模具工作部分的磨损，间隙将有所增加，因而间隙的使用最大数值要超过表列数值。
4. 本表适用于尺寸精度和断面质量要求较高的冲裁件。

表3-10　冲裁模初始双面间隙 Z（二）　　mm

材料厚度 t	08、10、35 09Mn2、Q235		16Mn		40、50		65Mn	
	Z_{min}	Z_{max}	Z_{min}	Z_{max}	Z_{min}	Z_{max}	Z_{min}	Z_{max}
小于0.5	极小间隙							
0.5	0.040	0.060	0.040	0.060	0.040	0.060	0.040	0.060
0.6	0.048	0.072	0.048	0.072	0.048	0.072	0.048	0.072

续表

材料厚度 t	08、10、35 09Mn2、Q235		16Mn		40、50		65Mn	
	Z_{min}	Z_{max}	Z_{min}	Z_{max}	Z_{min}	Z_{max}	Z_{min}	Z_{max}
0.7	0.064	0.092	0.064	0.092	0.064	0.092	0.064	0.092
0.8	0.072	0.104	0.072	0.104	0.072	0.104	0.064	0.092
0.9	0.090	0.126	0.090	0.126	0.090	0.126	0.090	0.126
1.0	0.100	0.140	0.100	0.140	0.100	0.140	0.090	0.126
1.2	0.126	0.180	0.132	0.180	0.132	0.180		
1.5	0.132	0.240	0.170	0.240	0.170	0.240		
1.75	0.220	0.320	0.220	0.320	0.220	0.320		
2.0	0.246	0.360	0.260	0.380	0.260	0.380		
2.1	0.260	0.380	0.280	0.400	0.280	0.400		
2.5	0.360	0.500	0.380	0.540	0.380	0.540		
2.75	0.400	0.560	0.420	0.600	0.420	0.600		
3.0	0.460	0.640	0.480	0.660	0.480	0.660		
3.5	0.540	0.740	0.580	0.780	0.580	0.780		
4.0	0.640	0.880	0.680	0.920	0.680	0.920		
4.5	0.720	1.000	0.680	0.960	0.780	1.040		
5.5	0.940	1.280	0.780	1.100	0.980	1.320		
6.0	1.080	1.440	0.840	1.200	1.140	1.500		
6.5			0.940	1.300				
8.0			1.200	1.680				

注：1. 冲裁皮革、石棉和纸板时，间隙取08钢的25%。

2. 本表适用于尺寸精度和断面质量要求不高的冲裁件。

表 3-11 冲裁间隙分类

分类依据			类别 Ⅰ	类别 Ⅱ	类别 Ⅲ
冲件断面质量	塌角宽度		(4～7)%t	(6～8)%t	(8～10)%t
	光面宽度		(35～55)%t	(25～40)%t	(15～25)%t
	毛面宽度		小	中	大
	毛刺高度		一般	小	一般
	毛面斜角 β		4°～7°	7°～8°	8°～11°
冲件精度	尺寸精度	落料件	接近凹模尺寸	稍小于凹模尺寸	小于凹模尺寸
		冲孔件	接近凸模尺寸	稍大于凸模尺寸	大于凸模尺寸
	翘曲度		稍小	小	较大
模具寿命			较低	较高	最高
力能消耗	冲裁力		较小	小	最小
	卸、推件力		较大	最小	小
	冲裁功		较大	小	稍小
适用场合			冲裁件切断面质量、尺寸精度要求高时，采用小间隙。冲模寿命较低	冲裁件切断面质量、尺寸精度要求一般时，采用中等间隙。因残余应力小，能减小破裂现象，适用于需继续塑性变形的冲件	冲裁件切断面质量、尺寸精度要求不高时，应优先采用大间隙，以利于提高冲模寿命

注：选用冲裁间隙时，应针对冲件技术要求、使用特点和生产条件等因素，首先按表3-11确定拟采用的间隙类别，然后按表3-12相应选取该类间隙的比值，经简单计算便可得到合理间隙的具体数值。

表 3-12 冲裁间隙比值 %

分类依据	类别		
	Ⅰ	Ⅱ	Ⅲ
低碳钢 08F、10F、10、20、Q215、Q235	3.0～7.0	7.0～10.0	10.0～12.5
中碳钢 45 不锈钢 1Cr18Ni9Ti、4Cr13 膨胀合金(可伐合金) 4J29	3.5～8.0	8.0～11.0	11.0～15.0
高碳钢 T8A、T10A、65Mn	8.0～12.0	12.0～15.0	15.0～18.0
纯铝 L2、L3、L4、L5 铝合金(软态) LF21 黄铜(软态) H62 紫铜(软态) T1、T2、T3	2.0～4.0	4.5～6.0	6.5～9.5
黄铜(硬态)、铅黄铜 紫铜(硬态)	3.0～5.0	5.5～8.0	8.5～11.0
铝合金(硬态) LY12 锡磷青铜、铝青铜、铍青铜	3.5～6.0	7.0～10.0	11.0～13.0
镁合金	1.5～2.5		
硅钢	2.5～5.0	5.0～9.0	

注：1. 表中适用于厚度为 10 mm 以下的金属材料。考虑到料厚对间隙比值的影响，将料厚分成≤1.0mm、>1.0～2.5mm、>2.5～4.5mm、>4.5～7.0mm、>7.0～10.0mm 五挡，当料厚≤1.0mm 时，各类间隙比值取下限值，并以此为基数，随着料厚的增加，再逐挡递增 (0.5～1.0)%t (有色金属、低碳钢和高碳钢取大值)。

2. 凸、凹模的制造偏差和磨损均使间隙变大，故新模具应取范围内的最小值。

3. 其他金属材料的间隙比值可参照表中剪切强度相近的材料选取。

4. 对于非金属材料，可依据材料的种类、软硬、厚薄不同，在 $Z=(0.5\sim4.0)\%t$ 的范围内选取。

应当指出，实用间隙表中的间隙值都是基于普通薄板材料而制定的，对于极薄板或厚板的冲裁不一定很适用。如冲裁 0.2 mm 厚度以下的极薄板时，间隙值取为 (5～10)%t 则未必允许，因为在如此小的近乎为零的实际间隙下，模具在加工、装配、安装及工作时可能会出现“卡模”、“啃模”现象；而在冲裁厚板（例如 $t=8$ mm 以上）时，在 (5～10)%t 这种间隙值里，冲件切断面的缺陷会十分明显，这时可取更小些的比值。所以，设计者在设计时要注意这一点，灵活处理问题。

第四节 凸、凹模刃口尺寸的确定

冲裁件的尺寸精度主要决定于凸、凹模刃口尺寸及公差，模具的合理间隙值也是靠凸、凹模刃口尺寸及其公差来保证的。因此，正确确定凸、凹模刃口尺寸及其公差，是冲裁模设计中的一项重要工作。

一、凸、凹模刃口尺寸计算的原则

在冲裁件尺寸的测量和使用中，都是以光面的尺寸为基准。由前述冲裁过程可知，落料件的光面是因凹模刃口挤切材料产生的，而孔的光面是凸模刃口挤切材料产生的。所以，在计算刃口尺寸时，应按落料和冲孔两种情况分别考虑，其原则如下。

① 落料时，因落料件光面尺寸与凹模刃口尺寸相等或基本一致，应先确定凹模刃口尺

寸，即以凹模刃口尺寸为基准。又因落料件尺寸会随凹模刃口的磨损而增大，为保证凹模磨损到一定程度仍能冲出合格零件，故凹模基本尺寸应取落料件尺寸公差范围内的较小尺寸。落料凸模的基本尺寸则是在凹模基本尺寸上减去最小合理间隙。

② 冲孔时，因孔的光面尺寸与凸模刃口尺寸相等或基本一致，应先确定凸模刃口尺寸，即以凸模刃口尺寸为基准。又因冲孔的尺寸会随凸模刃口的磨损而减小，故凸模基本尺寸应取冲件孔尺寸公差范围内的较大尺寸。冲孔凹模的基本尺寸则是在凸模基本尺寸上加上最小合理间隙。

③ 凸、凹模刃口的制造公差应根据冲裁件的尺寸公差和凸、凹模加工方法确定，既要保证冲裁间隙要求和冲出合格零件，又要便于模具加工。

二、凸、凹模刃口尺寸的计算方法

凸、凹模刃口尺寸的计算与加工方法有关，基本上可分为两类。

1. 凸、凹模分别加工时的计算法

凸、凹模分别加工是指凸模与凹模分别按各自图样上标注的尺寸及公差进行加工，冲裁间隙由凸、凹模刃口尺寸及公差保证。这种方法要求分别计算出凸模和凹模的刃口尺寸及公差，并标注在凸、凹模设计图样上。其优点是凸、凹模具有互换性，便于成批制造。但受冲裁间隙的限制，要求凸、凹模的制造公差较小，主要适用于简单规则形状（圆形、方形或矩形）的冲件。

设落料件外形尺寸为 $D_{-\Delta}^{\ 0}$，冲孔件内孔尺寸为 $d_{\ 0}^{+\Delta}$，根据刃口尺寸计算原则，可得

落料时

$$D_d=(D_{max}-x\Delta)_{\ 0}^{+\delta_d} \tag{3-3}$$

$$D_p=(D_d-Z_{min})_{-\delta_p}^{\ 0}=(D_{max}-x\Delta-Z_{min})_{-\delta_p}^{\ 0} \tag{3-4}$$

冲孔时

$$d_p=(d_{min}+x\Delta)_{-\delta_p}^{\ 0} \tag{3-5}$$

$$d_d=(d_p+Z_{min})_{\ 0}^{+\delta_d}=(d_{min}+x\Delta+Z_{min})_{\ 0}^{+\delta_d} \tag{3-6}$$

式中　D_d，D_p——落料凹、凸模刃口尺寸，mm；

d_p，d_d——冲孔凸、凹模刃口尺寸，mm；

D_{max}——落料件的最大极限尺寸，mm；

d_{min}——冲孔件孔的最小极限尺寸，mm；

Δ——冲件的制造公差，mm，(若冲件为自由尺寸，可按 IT14 级精度处理)；

Z_{min}——最小合理间隙，mm；

δ_p，δ_d——凸、凹模制造公差，mm，按“入体”原则标注，即凸模按单向负偏差标注，凹模按单向正偏差标注。δ_p、δ_d 可分别按 IT6 和 IT7 确定，也可查表 3-13，或取（1/6～1/4）Δ；

x——磨损系数，x 值在 0.5～1 之间，它与冲件精度有关，可查表 3-14 或按下列关系选取：

冲件精度为 IT10 以上时，$x=1$；

冲件精度为 IT11～IT13 时，$x=0.75$；

冲件精度为 IT14 以下时，$x=0.5$。

表 3-13 规则形状（圆形、方形）件冲裁时凸、凹模的制造公差　mm

基本尺寸	凸模偏差 δ_p	凹模偏差 δ_d	基本尺寸	凸模偏差 δ_p	凹模偏差 δ_d
≤18	0.020	0.020	>180～260	0.030	0.045
>18～30	0.020	0.025	>260～360	0.035	0.050
>30～80	0.020	0.030	>360～500	0.040	0.060
>80～120	0.025	0.035	>500	0.050	0.070
>120～180	0.030	0.040			

表 3-14 磨损系数 x

料厚 t/mm	非圆形冲件			圆形冲件	
	1	0.75	0.5	0.75	0.5
	冲件公差 Δ/mm				
1	<0.16	0.17～0.35	≥0.36	<0.16	≥0.16
1～2	<0.20	0.21～0.41	≥0.42	<0.20	≥0.20
2～4	<0.24	0.25～0.49	≥0.50	<0.24	≥0.24
>4	<0.30	0.31～0.59	≥0.60	<0.30	≥0.30

根据上述计算公式，可以将冲件与凸、凹模刃口尺寸及公差的分布状态用图 3-11 表示。从图中还可以看出，无论是冲孔还是落料，为了保证间隙值，凸、凹模的制造公差必须满足下列条件

$$\delta_p+\delta_d \leqslant Z_{max}-Z_{min} \tag{3-7}$$

如果 $\delta_p+\delta_d>Z_{max}-Z_{min}$ 时，可以取 $\delta_p=0.4(Z_{max}-Z_{min})$，$\delta_d=0.6(Z_{max}-Z_{min})$。如果 $\delta_p+\delta_d \gg Z_{max}-Z_{min}$，则应采用后面将要介绍的凸、凹模配作方法。

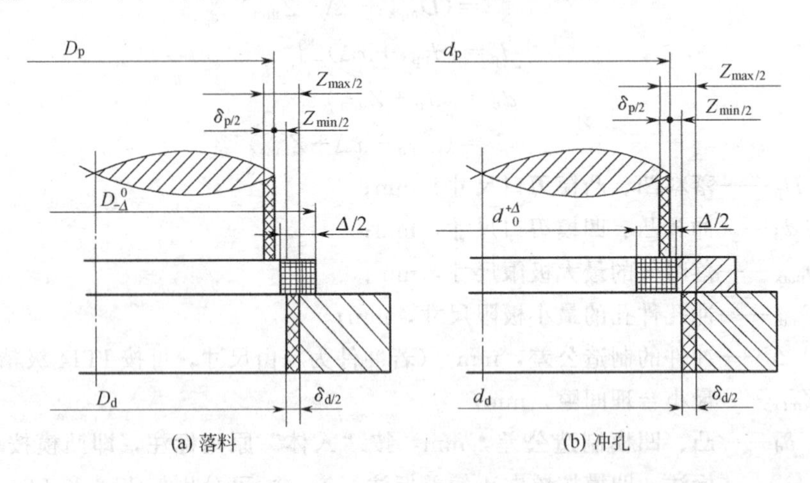

图 3-11 落料、冲孔时各部分尺寸及公差的分布状态

当在同一工步冲出冲件上两个以上孔时，因凹模磨损后孔距尺寸不变，故凹模型孔的中心距可按下式确定

$$L_d=(L_{min}+0.5\Delta)\pm\Delta/8 \tag{3-8}$$

式中 L_d——凹模型孔中心距，mm；

L_{min}——冲件孔心距的最小极限尺寸，mm；

Δ——冲件孔心距公差，mm。

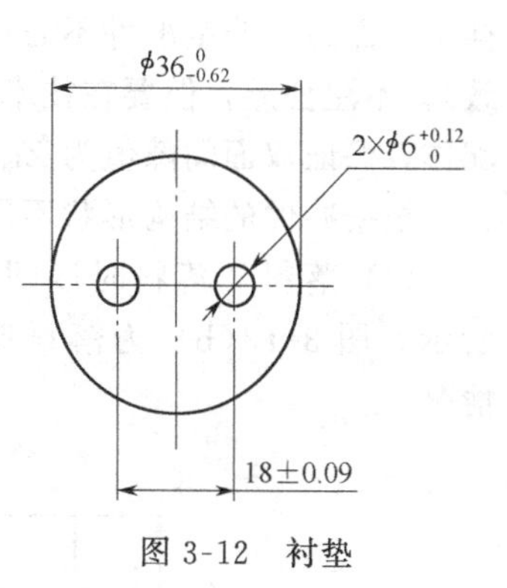

图 3-12　衬垫

当冲件上有位置公差要求的孔时，凹模上型孔的位置公差一般可取冲件位置公差的 1/5～1/3。

例 3-1　冲裁图 3-12 所示衬垫零件，材料为 Q235 钢，料厚 t=1mm，试计算凸、凹模刃口尺寸及公差。

解　由图可知，该零件属无特殊要求的一般冲孔、落料件，$\phi36_{-0.62}^{\ 0}$ 由落料获得，$2\times\phi6_{\ 0}^{+0.12}$ 与 18 ± 0.09 由冲孔同时获得。查表 3-10 得，$Z_{min}=0.10$，$Z_{max}=0.14$，则 $Z_{max}-Z_{min}=0.14-0.10=0.04$(mm)。

(1) 落料（$\phi36_{-0.62}^{\ 0}$）

$$D_d=(D_{max}-x\Delta)_{\ 0}^{+\delta_d}$$

$$D_p=(D_d-Z_{min})_{-\delta_p}^{\ 0}$$

查表 3-13、表 3-14 得，$\delta_d=0.03$mm，$\delta_p=0.02$mm，$x=0.5$。

校核间隙，因为 $\delta_p+\delta_d=0.02+0.03=0.05(mm)>Z_{max}-Z_{min}=0.04(mm)$，说明所取凸、凹模公差不能满足 $\delta_p+\delta_d\leqslant Z_{max}-Z_{min}$ 条件，但相差不大，此时可调整如下

$$\delta_p=0.4(Z_{max}-Z_{min})=0.4\times0.04=0.016(mm)$$

$$\delta_d=0.6(Z_{max}-Z_{min})=0.6\times0.04=0.024(mm)$$

将已知和查表的数据代入公式，即得

$$D_d=(36-0.5\times0.62)_{\ 0}^{+0.024}=35.69_{\ 0}^{+0.024}(mm)$$

$$D_p=(35.69-0.10)_{-0.016}^{\ 0}=35.59_{-0.016}^{\ 0}(mm)$$

(2) 冲孔（$\phi6_{\ 0}^{+0.12}$）

$$d_p=(d_{min}+x\Delta)_{-\delta_p}^{\ 0}$$

$$d_d=(d_p+Z_{min})_{\ 0}^{+\delta_d}$$

查表 3-13、表 3-14 得，$\delta_d=0.02$mm，$\delta_p=0.02$mm，$x=1$。

校核间隙，因为 $\delta_p+\delta_d=0.02+0.02=0.04$ (mm) $=Z_{max}-Z_{min}$，所以符合 $\delta_p+\delta_d\leqslant Z_{max}-Z_{min}$。

将已知和查表的数据代入公式，即得

$$d_p=(6+1\times0.12)_{-0.02}^{\ 0}=6.12_{-0.02}^{\ 0}(mm)$$

$$d_d=(6.12+0.10)_{\ 0}^{+0.02}=6.22_{\ 0}^{+0.02}(mm)$$

(3) 孔心距（18 ± 0.09）

$$L_d=(L_{min}+0.5\Delta)\pm\Delta/8$$

$$=(17.91+0.5\times0.18)\pm0.18/8=18\pm0.023(mm)$$

2．凸、凹模配作加工时的计算法

凸、凹模配作加工是指先按图样设计尺寸加工好凸模或凹模中的一件作为基准件（一般落料时以凹模为基准件，冲孔时以凸模为基准件），然后根据基准件的实际尺寸按间隙要求配作另一件。这种加工方法的特点是模具的间隙由配作保证，工艺比较简单，不必校核 $\delta_d+\delta_p\leqslant Z_{max}-Z_{min}$ 条件，并且还可以放大基准件的制造公差（一般可取冲件公差的 1/4），使制造容易，因此是目前一般工厂常常采用的方法，特别适用于冲裁薄板件（因其 $Z_{max}-Z_{min}$ 很小）和复杂形状件的冲模加工。

采用凸、凹模配作法加工时，只需计算基准件的刃口尺寸及公差，并详细标注在设计图

样上。而另一非基准件不需计算，且设计图样上只标注基本尺寸（与基准件基本尺寸对应一致），不注公差，但要在技术要求中注明：“凸（凹）模刃口尺寸按凹（凸）模实际刃口尺寸配作，保证双面间隙值为 $Z_{min}\sim Z_{max}$”。

根据冲件的结构形状不同，刃口尺寸的计算方法如下。

（1）落料　落料时以凹模为基准，配作凸模。设落料件的形状与尺寸如图 3-13(a) 所示，图 3-13(b) 为落料凹模刃口的轮廓图，图中虚线表示凹模磨损后尺寸的变化情况。

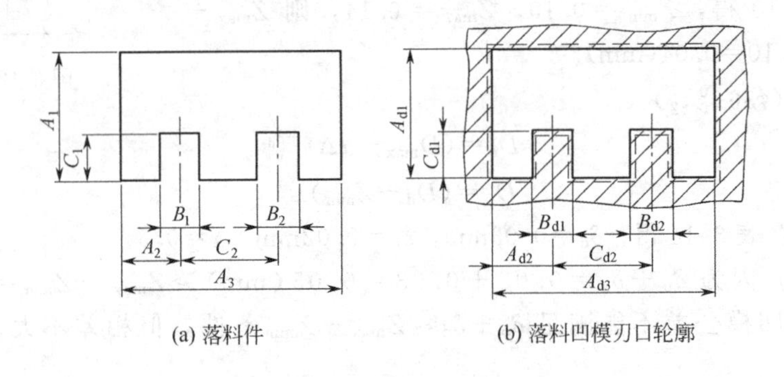

(a) 落料件　(b) 落料凹模刃口轮廓

图 3-13　落料件与落料凹模

从图 3-13(b) 可看出，凹模磨损后刃口尺寸的变化有增大、减小和不变三种情况，故凹模刃口尺寸也应分三种情况进行计算：凹模磨损后变大的尺寸（如图中 A 类尺寸），按一般落料凹模尺寸公式计算；凹模磨损后变小的尺寸（如图中 B 类尺寸），因它在凹模上相当于冲孔凸模尺寸，故按一般冲孔凸模尺寸公式计算；凹模磨损后不变的尺寸（如图中 C 类尺寸），可按凹模型孔中心距尺寸公式计算。具体计算公式见表 3-15。

表 3-15　以落料凹模为基准的刃口尺寸计算

工序性质	落料件尺寸[图 3-13(a)]	落料凹模尺寸[图 3-13(b)]	落料凸模尺寸
落 料	A 类尺寸：$A_{-\Delta}^{\ 0}$	$A_d=(A_{max}-x\Delta)_{\ 0}^{+\Delta/4}$	按凹模实际刃口尺寸配作，保证间隙 $Z_{min}\sim Z_{max}$
	B 类尺寸：$B_{\ 0}^{+\Delta}$	$B_d=(B_{min}+x\Delta)_{-\Delta/4}^{\ 0}$	
	C 类尺寸：$C\pm\Delta/2$	$C_d=(C_{min}+0.5\Delta)\pm\Delta/8$	

注：A_d、B_d、C_d 为落料凹模刃口尺寸；A、B、C 为落料件的基本尺寸；A_{max}、B_{min}、C_{min} 为落料件的极限尺寸；Δ 为落料件的公差；x 为磨损系数。

（2）冲孔　冲孔时以凸模为基准，配作凹模。设冲件孔的形状与尺寸如图 3-14(a) 所示，图 3-14(b) 为冲孔凸模刃口的轮廓图，图中虚线表示凸模磨损后尺寸的变化情况。

从图 3-14(b) 中看出，冲孔凸模刃口尺寸的计算同样要考虑三种不同的磨损情况：凸模磨损后变大的尺寸（如图中 a 类尺寸），因它在凸模上相当于落料凹模尺寸，故按一般落料凹模尺寸公式计算；凸模磨损后变小的尺寸（如图中 b 类尺寸），按一般冲孔凸模尺寸公式计算；凸模磨损后不变的尺寸（如图中 c 类尺寸）仍按凹模型孔中心距尺寸公式计算。具体计算公式见表 3-16。

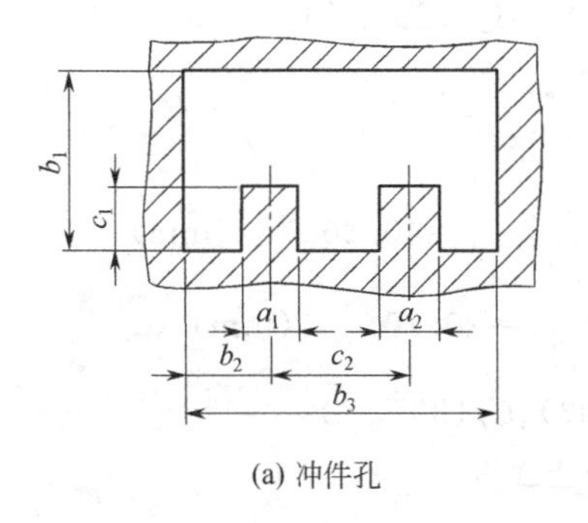

(a) 冲件孔

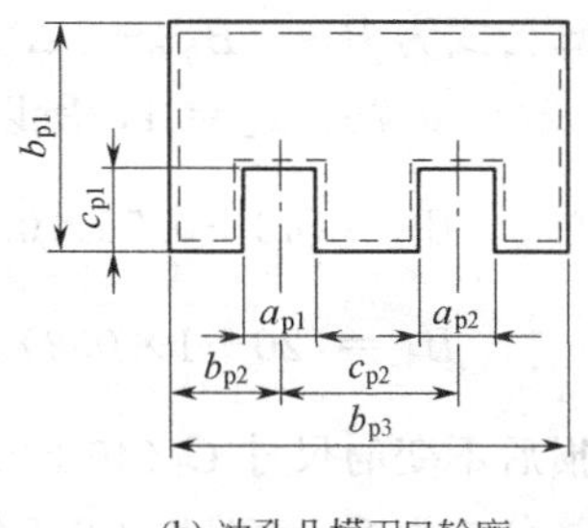

(b) 冲孔凸模刃口轮廓

图 3-14　冲件孔与冲孔凸模

表 3-16　以冲孔凸模为基准的刃口尺寸计算

工序性质	冲件孔尺寸[图 3-14(a)]	冲孔凸模尺寸[图 3-14(b)]	冲孔凹模尺寸
冲 孔	a 类尺寸：$a_{-\Delta}^{0}$	$a_p=(a_{max}-x\Delta)_{0}^{+\Delta/4}$	按凸模实际刃口尺寸配作，保证间隙 $Z_{min}\sim Z_{max}$
	b 类尺寸：$b_{0}^{+\Delta}$	$b_p=(b_{min}+x\Delta)_{-\Delta/4}^{0}$	
	c 类尺寸：$c\pm\Delta$	$c_p=(c_{min}+0.5\Delta)\pm\Delta/8$	

注：a_p、b_p、c_p 为冲孔凸模刃口尺寸；a、b、c 为冲件孔的基本尺寸；a_{max}、b_{min}、c_{min} 为冲件孔的极限尺寸；Δ 为冲件孔的公差；x 为磨损系数。

当采用电火花加工冲模时，一般是先采用成形磨削的方法加工凸模与电极，然后用尺寸与凸模相同或相近的电极（有的甚至直接用凸模作电极）在电火花机床上加工凹模。因此机械加工的制造公差只适用凸模，而凹模的尺寸精度主要决定于电极精度和电火花加工间隙的误差。所以，电火花加工实质上也是配作加工，且不论是冲孔还是落料，都是以凸模作为基准件。这时，凸模的尺寸可以由前面的公式转换而得。对于简单形状件（圆形、方形或矩形）：

冲孔时　$$d_p=(d_{min}+x\Delta)_{-\Delta/4}^{0}$$

落料时　$$D_p=(D_{max}-x\Delta-Z_{min})_{-\Delta/4}^{0}$$

对于复杂形状件：冲孔时凸模刃口尺寸仍按表 3-16 计算；落料时凸模刃口尺寸的计算按同样的原理，考虑凸模磨损后变大、变小和不变三种情况，但应注意间隙的取向。

例 3-2　如图 3-15(a) 所示零件，材料为 10 钢，料厚 $t=2$mm，按配作加工法计算落料凸、凹模的刃口尺寸及公差。

解　由于冲件为落料件，故以凹模为基准，配作凸模。凹模磨损后其尺寸变化有变大、变小和不变三种情况，如图 3-15(b) 所示。

(1) 凹模磨损后变大的尺寸 $A_1(120_{-0.72}^{0})$、$A_2(70_{-0.6}^{0})$、$A_3(160_{-0.8}^{0})$、$A_4(R60)$

刃口尺寸计算公式为 $A_d=(A_{max}-x\Delta)_{0}^{+\Delta/4}$

因圆弧 $R60$ 与尺寸 $120_{-0.72}^{0}$ 相切，故 A_{d4} 不需采用刃口尺寸公式计算，而直接取 $A_{d4}=A_{d1}/2$。查表 3-14 得 $x_1=x_2=x_3=0.5$，所以

$$A_{d1}=(120-0.5\times0.72)_{0}^{+0.72/4}=119.64_{0}^{+0.18}\text{(mm)}$$

$$A_{d2}=(70-0.5\times0.6)_{0}^{+0.6/4}=69.70_{0}^{+0.15}\text{(mm)}$$

$$A_{d3}=(160-0.5\times0.8)_{0}^{+0.8/4}=159.60_{0}^{+0.20}\text{(mm)}$$

$$A_{d4}=A_{d1}/2=119.64_{0}^{+0.18}/2=59.82_{0}^{+0.09}\text{(mm)}$$

（2）凹模磨损后变小的尺寸 B_1（$40^{+0.4}_{0}$）、B_2（$20^{+0.2}_{0}$）

刃口尺寸计算公式为 $B_d=(B_{min}+x\Delta)^{0}_{-\Delta/4}$

查表 3-14 得 $x_1=0.75$，$x_2=1$，所以

$$B_{d1}=(40+0.75\times0.4)^{0}_{-0.4/4}=40.30^{0}_{-0.10}(\text{mm})$$

$$B_{d2}=(20+1\times0.2)^{0}_{-0.2/4}=20.20^{0}_{-0.05}(\text{mm})$$

（3）凹模磨损后不变的尺寸 $C_1(40\pm0.37)$、$C_2(30^{+0.3}_{0})$

刃口尺寸计算公式为 $C_d=(C_{min}+0.5\Delta)\pm\Delta/8$

$$C_{d1}=(39.63+0.5\times0.74)\pm0.74/8=40\pm0.09(\text{mm})$$

$$C_{d2}=(30+0.5\times0.3)\pm0.3/8=30.15\pm0.04(\text{mm})$$

查表 3-10 得 $Z_{min}=0.246\text{mm}$，$Z_{max}=0.360\text{mm}$，故落料凸模刃口尺寸按凹模实际刃口尺寸配作，保证双面间隙值 0.246～0.360mm。落料凹、凸模刃口尺寸的标注如图 3-15(c)、图 3-15(d) 所示。

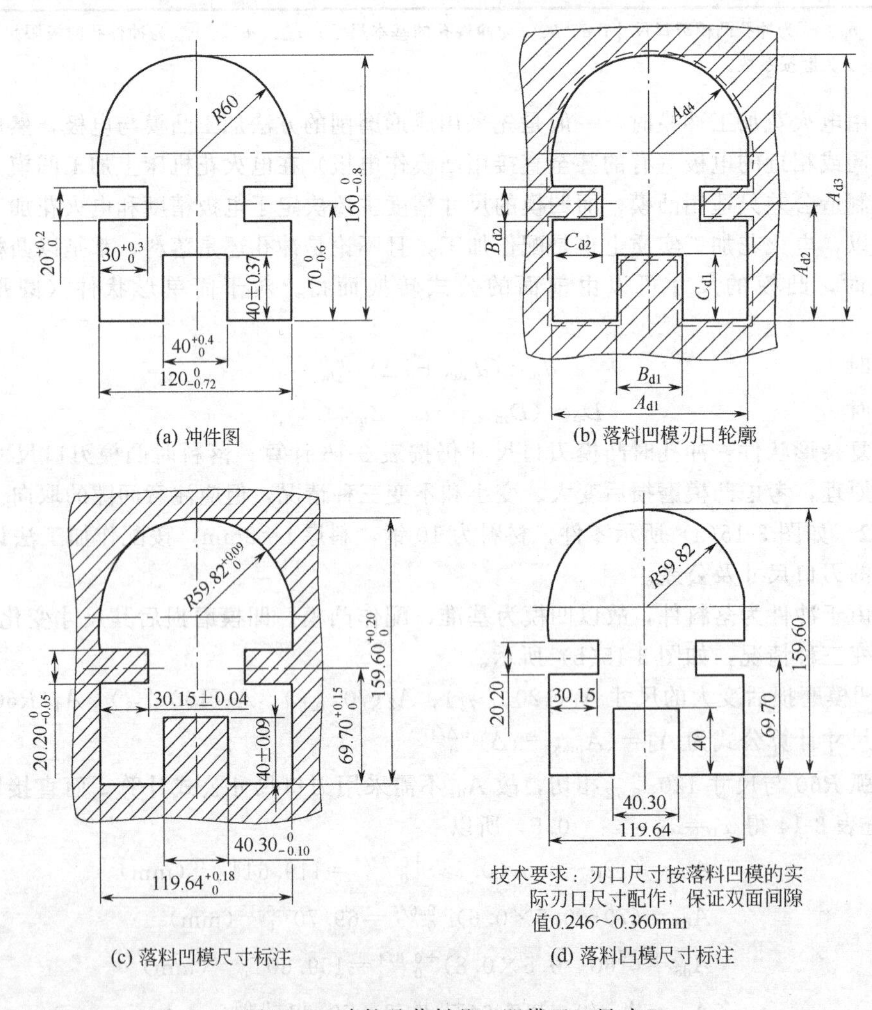

图 3-15　冲件及落料凸、凹模刃口尺寸

第五节　排　　样

排样是指冲裁件在条料、带料或板料上的布置方法。排样是否合理，将直接影响到材料利用率、冲件质量、生产效率、冲模结构与寿命等。因此，排样是冲压工艺中一项重要的、技术性很强的工作。

一、材料的合理利用

在批量生产中，材料费用约占冲裁件成本的60%以上。因此，合理利用材料，提高材料的利用率，是排样设计主要考虑的因素之一。

1．材料利用率

冲裁件的实际面积与所用板料面积的百分比称为材料利用率，它是衡量材料合理利用的一项重要经济指标。

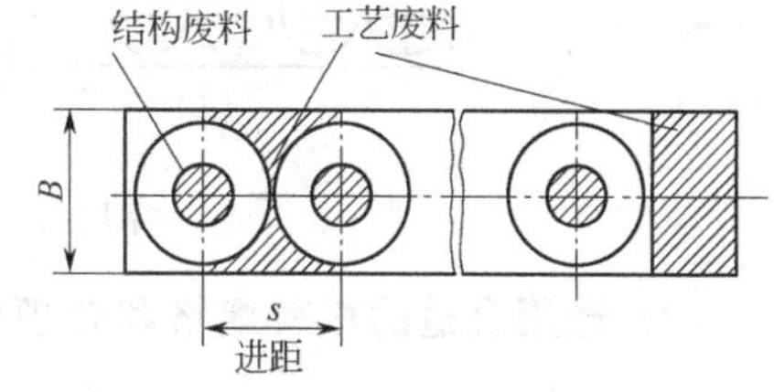

图 3-16　材料利用率计算

一个进距内的材料利用率 η 为（见图 3-16）

$$\eta=\frac{A}{Bs}\times100\% \tag{3-9}$$

式中　A——一个进距内冲裁件的实际面积，mm^2；

B——条料宽度，mm；

s——进距（冲裁时条料在模具上每次送进的距离，其值为两个对应冲件间对应点的间距），mm。

一张板料（或条料、带料）上总的材料利用率 η_0 为

$$\eta_0=\frac{nA_1}{BL}\times100\% \tag{3-10}$$

式中　n——一张板料（或条料、带料）上冲裁件的总数目；

A_1——一个冲裁件的实际面积，mm^2；

L——板料（或条料、带料）的长度，mm；

B——板料（或条料、带料）的宽度，mm。

η 或 η_0 值越大，材料利用率就越高。一般 η_0 要比 η 小，原因是条料和带料可能有料头、料尾消耗，整张板料在剪裁成条料时还会有边料消耗。

2. 提高材料利用率的措施

要提高材料利用率，主要从减少废料着手。冲裁所产生的废料分为两类（见图 3-16）：一类是工艺废料，是由于冲件之间和冲件与条料边缘之间存在余料（即搭边），以及料头、料尾和边余料而产生的废料；另一类是结构废料，是由冲件结构形状特点所产生的废料，如图中冲件因内孔存在产生的废料。显然，要减少废料，主要是减少工艺废料。但特殊情况下，也可利用结构废料。

提高材料利用率的措施主要有以下几种。

(1) 采用合理的排样方法　同一形状和尺寸的冲裁件，排样方法不同，材料的利用率也会不同。如图 3-17 所示，在同一圆形冲件的四种排样方法中，图 3-17(a) 采用单排方法，材料利用率为 71%；图 3-17(b) 采用平行双排方法，材料利用率为 72%；图 3-17(c) 采用交叉三排方法，材料利用率为 80%；图 3-17(d) 采用交叉双排方法，材料利用率为 77%。

因而，从提高材料利用率角度出发，图 3-17(c) 的方法最好。

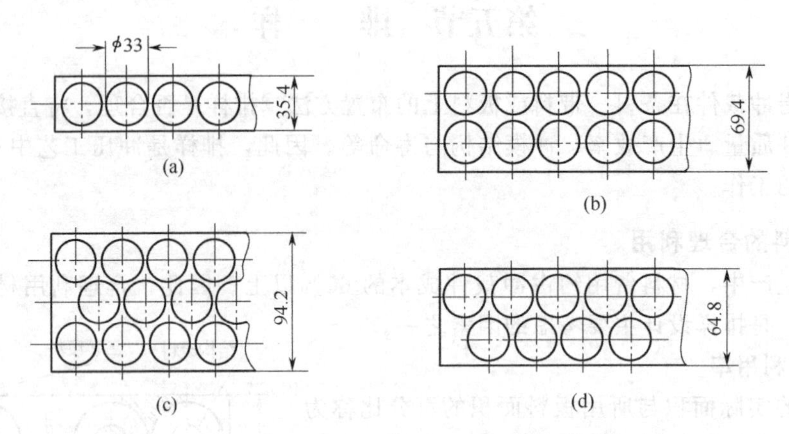

图 3-17　圆形冲件的四种排样方法

(2) 选用合适的板料规格和合理的裁板方法　在排样方法确定以后，可确定条料的宽度，再根据条料宽度和进距大小选用合适的板料规格和合理的裁板方法，以尽量减少料头、料尾和裁板后剩余的边料，从而提高材料的利用率。

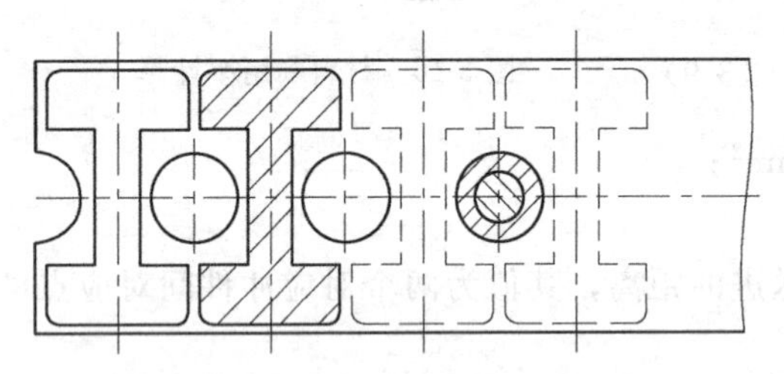

图 3-18　利用结构废料冲小零件

(3) 利用结构废料冲小零件　对一定形状的冲裁件，结构废料是不可避免的，但充分利用结构废料是可能的，如图 3-18 是材料和厚度相同的两个冲裁件，尺寸较小的垫圈可以在尺寸较大的“工”字形件的结构废料中冲制出来。

此外，在使用条件许可的情况下，当取得产品零件设计单位同意后，也可通过适当改变零件的结构形状来提高材料的利用率。如图 3-19 所示，零件 A 的三种排样方法中，图 3-19(c) 的利用率最高，但也只能达 70%左右。若将零件 A 修改成 B 的形状，采用直排［图 3-19(d)］的利用率便可提高到 80%，而且也不需调头冲裁，使操作过程简单化。

二、排样方法

根据材料的合理利用情况，排样方法可分为有废料排样、少废料排样和无废料排样三种。

1．有废料排样

如图 3-20(a) 所示，沿冲件的全部外形冲裁，冲件与冲件之间、冲件与条料边缘之间都留有搭边（a、a_1）。有废料排样时，冲件尺寸完全由冲模保证，因此冲件质量好，模具寿命高，但材料利用率低，常用于冲裁形状较复杂、尺寸精度要求较高的冲件。

2．少废料排样

如图 3-20(b) 所示，沿冲件的部分外形切

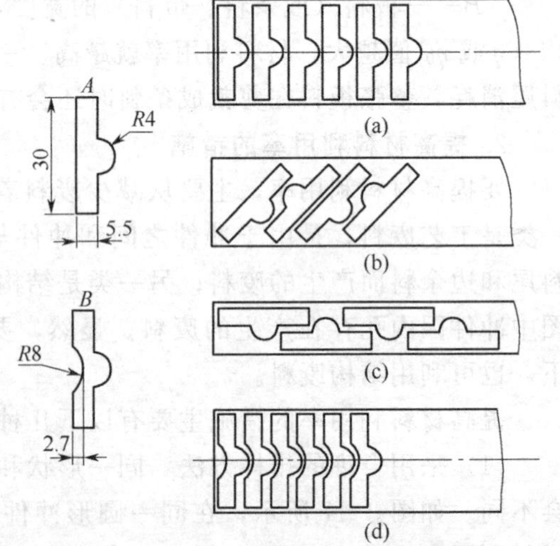

图 3-19　修改零件形状提高材料利用率

断或冲裁，只在冲件之间或冲件与条料边缘之间留有搭边。这种排样方法因受剪裁条料质量和定位误差的影响，其冲件质量稍差，同时边缘毛刺易被凸模带入间隙也影响冲模寿命，但材料利用率较高，冲模结构简单，一般用于形状较规则、某些尺寸精度要求不高的冲件。

3．无废料排样

如图 3-20(c)、(d) 所示，沿直线或曲线切断条料而获得冲件，无任何搭边废料。无废料排样的冲件质量和模具寿命更差一些，但材料利用率最高，且当进距为两倍冲件宽度时，如图 3-20(c) 所示，一次切断能获得两个冲件，有利于提高生产效率，可用于形状规则对称、尺寸精度不高或贵重金属材料的冲件。

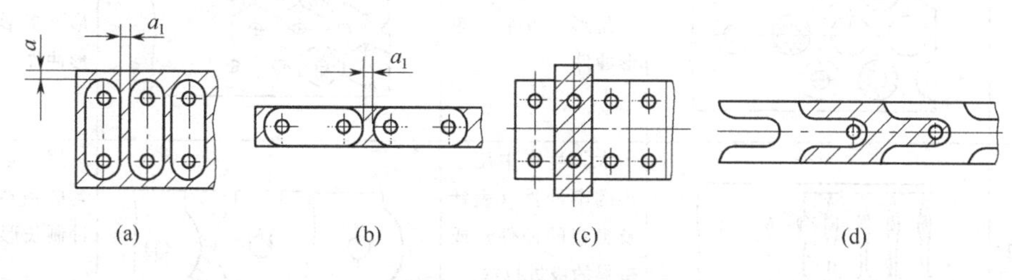

图 3-20　排样方法

上述三种排样方法，根据冲件在条料上的不同排列形式，又可分为直排、斜排、直对排、斜对排、混合排、多排及冲裁搭边等七种，见表 3-17。

表 3-17　排样形式分类

排样形式	有废料排样		少、无废料排样	
	简图	应用	简图	应用
直排		用于简单几何形状（方形、矩形、圆形）的冲件		用于矩形或方形冲件
斜排		用于 T 形、L 形、S形、十字形、椭圆形冲件	第 1 方案 第 2 方案	用于L形或其他形状的冲件，在外形上允许有不大的缺陷
直对排		用于 T 形、冂形、山形、梯形、三角形、半圆形的冲件		用于 T 形，冂形、山形、梯形、三角形零件、在外形上允许有不大的缺陷
斜对排		用于材料利用率比直对排时高的情况		多用于 T 形冲件

续表

排样形式	有废料排样		少、无废料排样	
	简图	应用	简图	应用
混合排	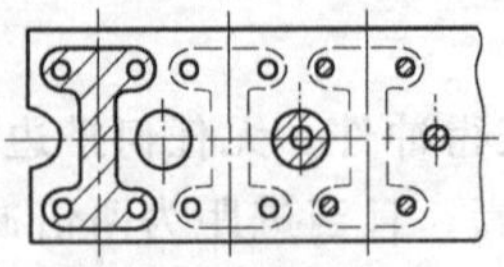	用于材料及厚度都相同的两种以上的冲件	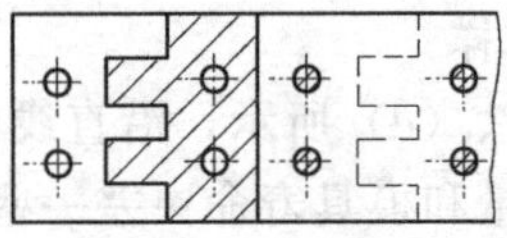	用于两个外形互相嵌入的不同冲件（铰链等）
多排	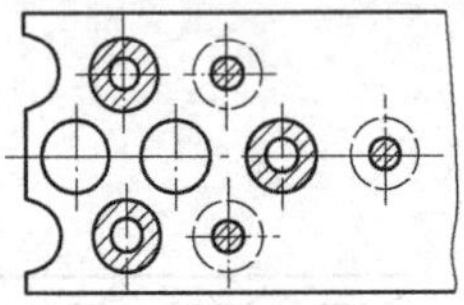	用于大批生产中尺寸不大的圆形、六角形、方形、矩形冲件	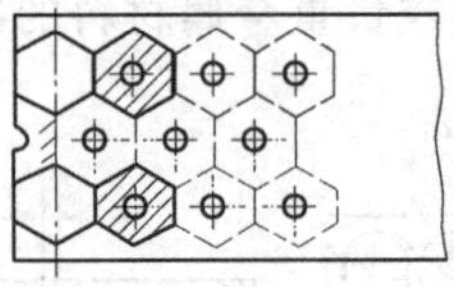	用于大批生产中尺寸不大的方形、矩形及六角形冲件
冲裁搭边	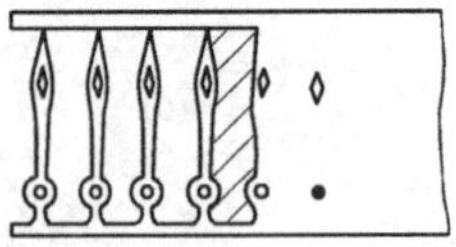	大批生产中用于小的窄冲件（表针及类似的冲件）或带料的级进拉深	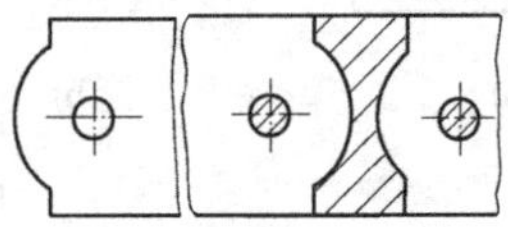	用于以宽度均匀的条料或带料冲制长形件

在实际确定排样时，通常可先根据冲件的形状和尺寸列出几种可能的排样方案（形状复杂的冲件可以用纸片剪成3～5个样件，再用样件摆出各种不同的排样方案），然后再综合考虑冲件的精度、批量、经济性、模具结构与寿命、生产率、操作与安全、原材料供应等各方面因素，最后决定出最合理的排样方法。决定排样方案时应遵循的原则是：保证在最低的材料消耗和最高劳动生产率条件下得到符合技术要求的零件，同时要考虑方便生产操作，使冲模结构简单、寿命长，并适应车间生产条件和原材料供应等情况。

三、搭边与条料宽度的确定

1. 搭边

搭边是指排样时冲件之间以及冲件与条料边缘之间留下的工艺废料。搭边虽然是废料，但在冲裁工艺中却有很大的作用：补偿定位误差和送料误差，保证冲裁出合格的零件；增加条料刚度，方便条料送进，提高生产效率；避免冲裁时条料边缘的毛刺被拉入模具间隙，提高模具寿命。

搭边值的大小要合理。搭边值过大时，材料利用率低；搭边值过小时，达不到在冲裁工艺中的作用。在实际确定搭边值时，主要考虑以下因素。

(1) 材料的力学性能　软材料、脆材料的搭边值取大一些，硬材料的搭边值可取小一些。

(2) 冲件的形状与尺寸　冲件的形状复杂或尺寸较大时，搭边值取大些。

(3) 材料的厚度　厚材料的搭边值要取大一些。

(4) 送料及挡料方式　用手工送料，且有侧压装置的搭边值可以小一些，用侧刃定距可比用挡料销定距的搭边值小一些。

(5) 卸料方式　弹性卸料比刚性卸料的搭边值要小一些。

搭边值一般由经验确定，表3-18为搭边值的经验数据表之一，供设计时参考。

表 3-18 最小搭边值

mm

料厚 t	圆形或圆角 $r>2t$ 的工作		矩形件边长 $l\leqslant 50mm$		矩形件边长 $l>50mm$ 或圆角 $r\leqslant 2t$	
	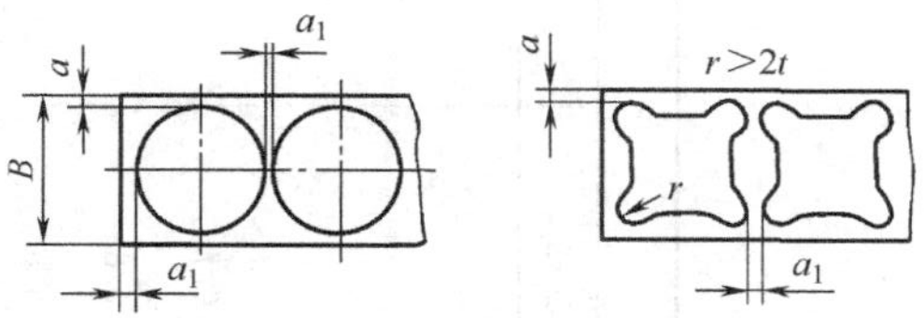		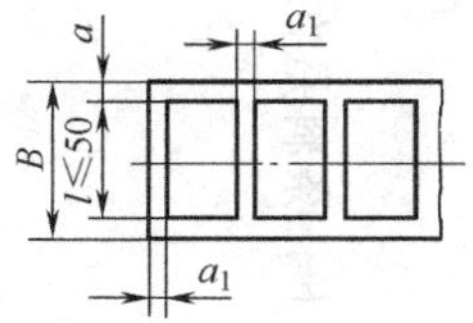		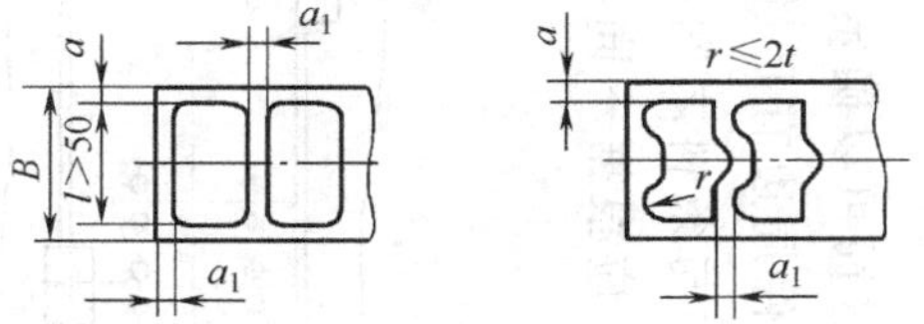	
	工件间 a_1	侧边 a	工件间 a_1	侧边 a	工件间 a_1	侧边 a
0.25 以下	1.8	2.0	2.2	2.5	2.8	3.0
0.25～0.5	1.2	1.5	1.8	2.0	2.2	2.5
0.5～0.8	1.0	1.2	1.5	1.8	1.8	2.0
0.8～1.2	0.8	1.0	1.2	1.5	1.5	1.8
1.2～1.6	1.0	1.2	1.5	1.8	1.8	2.0
1.6～2.0	1.2	1.5	1.8	2.5	2.0	2.2
2.0～2.5	1.5	1.8	2.0	2.2	2.2	2.5
2.5～3.0	1.8	2.2	2.2	2.5	2.5	2.8
3.0～3.5	2.2	2.5	2.5	2.8	2.8	3.2
3.5～4.0	2.5	2.8	2.5	3.2	3.2	3.5
4.0～5.0	3.0	3.5	3.5	4.0	4.0	4.5
5.0～12	$0.6t$	$0.7t$	$0.7t$	$0.8t$	$0.8t$	$0.9t$

注：表列搭边值适用于低碳钢，对于其他材料，应将表中数值乘以下列系数

中等硬度钢	0.9	软黄铜、纯铜	1.2
硬　钢	0.8	铝	1.3～1.4
硬黄铜	1～1.1	非金属	1.5～2
硬　铝	1～1.2		

2. 条料宽度与导料板间距

在排样方式与搭边值确定之后，就可以确定条料的宽度，进而可以确定导料板间距(采用导料板导向的模具结构时)。条料的宽度要保证冲裁时冲件周边有足够的搭边值，导料板间距应使条料能在冲裁时顺利地在导料板之间送进，并与条料之间有一定的间隙。因此条料宽度与导料板间距与冲模的送料定位方式有关，应根据不同结构分别进行计算。

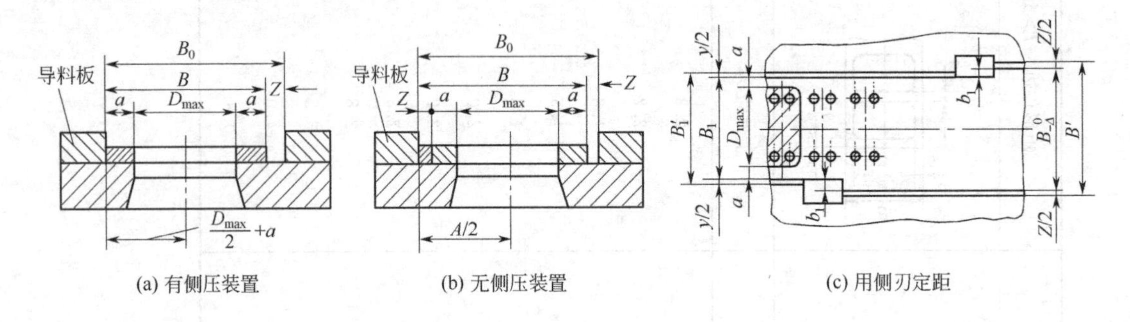

(a) 有侧压装置　(b) 无侧压装置　(c) 用侧刃定距

图 3-21　条料宽度的确定

(1) 用导料板导向且有侧压装置时［见图 3-21(a)］这种情况下，条料是在侧压装置作用下紧靠导料板的一侧送进的，故按下列公式计算

条料宽度　$B_{-\Delta}^{\ 0}=(D_{max}+2a)_{-\Delta}^{\ 0}$　(3-11)

导料板间距离　$B_0=B+Z=D_{max}+2a+Z$　(3-12)

式中　D_{max}——条料宽度方向冲件的最大尺寸；

a——侧搭边值，可参考表 3-18；

Δ——条料宽度的单向（负向）偏差，见表 3-19；

Z——导料板与最宽条料之间的间隙，其值见表 3-20。

表 3-19　条料宽度偏差 Δ　mm

条料宽度 B	材料厚度 t				
	～0.5	0.5～1	1～2	2～3	3～5
～20	0.05	0.08	0.10		
20～30	0.08	0.10	0.15		
30～50	0.10	0.15	0.20		
～50		0.4	0.5	0.7	0.9
50～100		0.5	0.6	0.8	1.0
100～150		0.6	0.7	0.9	1.1
150～220		0.7	0.8	1.0	1.2
220～300		0.8	0.9	1.1	1.3

此种情况也适应于用导料销导向的冲模，这时条料是由人工紧靠导料销一侧送进的。

（2）用导料板导向且无侧压装置时［见图3-21(b)］　无侧压装置时，应考虑在送料过程中因条料在导料板之间摆动而使侧面搭边值减小的情况，为了补偿侧面搭边的减小，条料宽度应增加一个条料可能的摆动量（其值为条料与导料板之间的间隙Z），故按下列公式计算

条料宽度　$$B_{-\Delta}^{\ 0}=(D_{max}+2a+Z)_{-\Delta}^{\ 0} \tag{3-13}$$

导料板间距离　$$B_0=B+Z=D_{max}+2a+2Z \tag{3-14}$$

（3）用侧刃定距时［见图3-21(c)］　当条料用侧刃定距时，条料宽度必须增加侧刃切去的部分，故按下列公式计算

条料宽度　$$B_{-\Delta}^{\ 0}=(D_{max}+2a+nb_1)_{-\Delta}^{\ 0} \tag{3-15}$$

导料板间距离　$$B'=B+Z=D_{max}+2a+nb_1+Z \tag{3-16}$$

$$B_1'=D_{max}+2a+y \tag{3-17}$$

式中　D_{max}——条料宽度方向冲件的最大尺寸；
a——侧搭边值；
b_1——侧刃冲切的料边宽度，见表3-21；
n——侧刃数；
Z——冲切前的条料与导料板间的间隙，见表3-20；
y——冲切后的条料与导料板间的间隙，见表3-21。

表3-20　导料板与条料之间的最小间隙Z_{min}　mm

材料厚度t	无侧压装置			有侧压装置	
	条料宽度B			条料宽度B	
	100以下	100～200	200～300	100以下	100以上
约1	0.5	0.5	1	5	8
1～5	0.5	1	1	5	8

表3-21　b_1、y值　mm

材料厚度t	b_1		y
	金属材料	非金属材料	
约1.5	1～1.5	1.5～2	0.10
＞1.5～2.5	2.0	3	0.15
＞2.5～3	2.5	4	0.20

条料宽度确定之后，就可以选择板料规格，并确定裁板方式。板料一般为长方形，故裁板方式有纵裁（沿长边裁，也即沿板料轧制的纤维方向裁）和横裁（沿短边裁）两种。因为纵裁裁板次数少，冲压时条料调换次数少，工人操作方便，故在通常情况下应尽可能纵裁。在以下情况下可考虑用横裁。

① 横裁的板料利用率显著高于纵裁时。

② 纵裁后条料太长，受车间压力机排列的限制操作不便时。

③ 条料太重，工人劳动强度太高时。

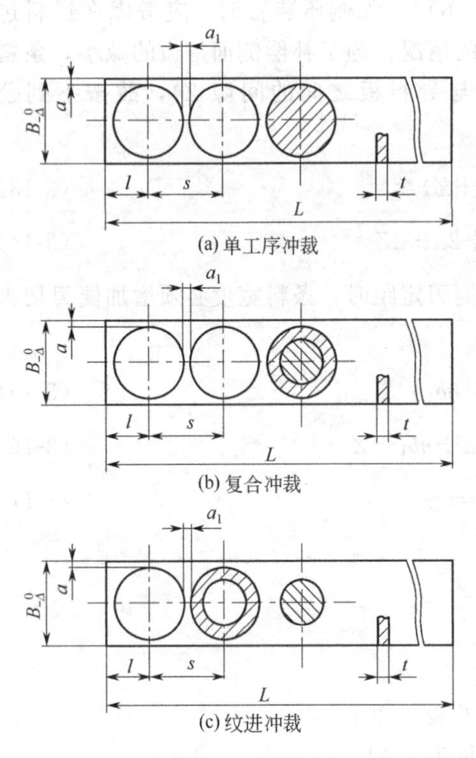

(a) 单工序冲裁

(b) 复合冲裁

(c) 级进冲裁

图 3-22　排样图画法

④ 纵裁不能满足冲裁后的成形工序（如弯曲）对材料纤维方向的要求时。

四、排样图

排样图是排样设计最终的表达形式，通常应绘制在冲压工艺规程的相应卡片上和冲裁模总装图的右上角。排样图的内容应反映出排样方法、冲件的冲裁方式、用侧刃定距时侧刃的形状与位置、材料利用率等。

绘制排样图时应注意以下几点。

① 排样图上应标注条料宽度 $B_{-\Delta}^{0}$、条料长度 L、板料厚度 t、端距 l、进距 s、冲件间搭边 a_1 和侧搭边 a 值、侧刃定距时侧刃的位置及截面尺寸等，如图 3-22 所示。

② 用剖切线表示出冲裁工位上的工序件形状（也即凸模或凹模的截面形状），以便能从排样图上看出是单工序冲裁［见图 3-22(a)］还是复合冲裁［见图 3-22(b)］或级进冲裁［见图 3-22(c)］。

③ 采用斜排时，应注明倾斜角度的大小。必要时，还可用双点画线画出送料时定位元件的位置。对有纤维方向要求的排样图，应用箭头表示条料的纹向。

第六节　冲压力与压力中心的计算

一、冲压力的计算

在冲裁过程中，冲压力是指冲裁力、卸料力、推件力和顶件力的总称。冲压力是选择压力机、设计冲裁模和校核模具强度的重要依据。

1．冲裁力

冲裁力是冲裁时凸模冲穿板料所需的压力。影响冲裁力的主要因素是材料的力学性能、厚度、冲件轮廓周长及冲裁间隙、刃口锋利程度与表面粗糙度等。综合考虑上述影响因素，平刃口模具的冲裁力可按下式计算

$$F = KLt\tau_b \tag{3-18}$$

式中　F——冲裁力，N；

L——冲件周边长度，mm；

t——材料厚度，mm；

τ_b——材料抗剪强度，MPa；

K——考虑模具间隙的不均匀、刃口的磨损、材料力学性能与厚度的波动等因素引入的修正系数，一般取 $K=1.3$。

对于同一种材料，其抗拉强度与抗剪强度的关系为 $\sigma_b \approx 1.3\tau_b$，故冲裁力也可按下式计算

$$F=Lt\sigma_b \tag{3-19}$$

2．卸料力、推件力与顶件力的计算

当冲裁结束时，由于材料的弹性回复及摩擦的存在，从板料上冲裁下的部分会梗塞在凹模孔口内，而冲裁剩下的材料则会紧箍在凸模上。为使冲裁工作继续进行，必须将箍在凸模上和卡在凹模内的材料（冲件或废料）卸下或推出。从凸模上卸下箍着的料所需要的力称为卸料力，用 F_X 表示；将卡在凹模内的料顺冲裁方向推出所需要的力称为推件力，用 F_T 表示；逆冲裁方向将料从凹模内顶出所需要的力称为顶件力，用 F_D 表示，如图 3-23 所示。

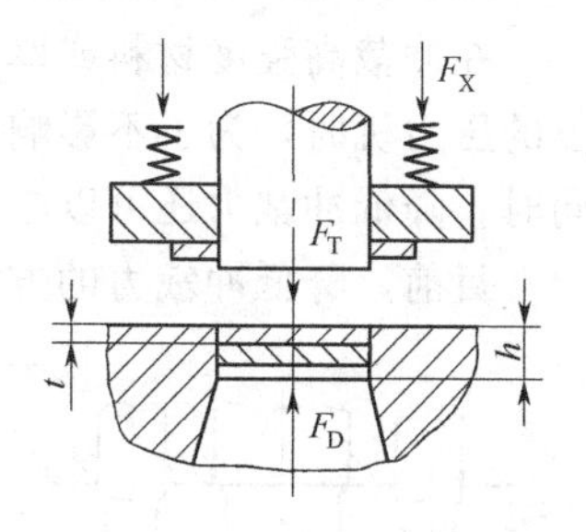

图 3-23 卸料力、推件力与顶件力

卸料力、推件力与顶件力是从压力机和模具的卸料、推件和顶件装置中获得的，所以在选择压力机的公称压力和设计冲模以上装置时，应分别予以计算。影响这些力的因素较多，主要有材料的力学性能与厚度、冲件形状与尺寸、冲模间隙与凹模孔口结构、排样的搭边大小及润滑情况等。在实际计算时，常用下列经验公式

$$F_X=K_XF \tag{3-20}$$

$$F_T=nK_TF \tag{3-21}$$

$$F_D=K_DF \tag{3-22}$$

式中 K_X，K_T，K_D——分别为卸料力系数、推件力系数和顶件力系数，其值见表 3-22；

F——冲裁力，N；

n——同时卡在凹模孔内的冲件（或废料）数，$n=h/t$（h 为凹模孔口的直刃壁高度，t 为材料厚度）。

表 3-22 卸料力、推件力及顶件力的系数

冲件材料		K_X	K_T	K_D
纯铜、黄铜		0.02～0.06	0.03～0.09	0.03～0.09
铝、铝合金		0.025～0.08	0.03～0.07	0.03～0.07
钢（料厚 t/mm）	约 0.1	0.065～0.075	0.1	0.14
	>0.1～0.5	0.045～0.055	0.063	0.08
	>0.5～2.5	0.04～0.05	0.055	0.06
	>2.5～6.5	0.03～0.04	0.045	0.05
	>6.5	0.02～0.03	0.025	0.03

二、压力机公称压力的确定

对于冲裁工序，压力机的公称压力应大于或等于冲裁时总冲压力的 1.1～1.3 倍，即

$$P\geqslant(1.1\sim1.3)F_\Sigma \tag{3-23}$$

式中 P——压力机的公称压力；

F_Σ——冲裁时的总冲压力。

冲裁时，总冲压力为冲裁力和与冲裁力同时发生的卸料力、推件力或顶件力之和。模具结构不同，总冲压力所包含的力的成分有所不同，具体可分以下情况计算。

采用弹性卸料装置和下出料方式的冲模时

$$F_\Sigma=F+F_X+F_T \tag{3-24}$$

采用弹性卸料装置和上出料方式的冲模时

$$F_\Sigma=F+F_X+F_D \tag{3-25}$$

采用刚性卸料装置和下出料方式的冲模时

$$F_{\Sigma}=F+F_{T} \tag{3-26}$$

三、降低冲裁力的方法

在冲裁高强度材料或厚料和大尺寸冲件时，需要的冲裁力很大。当生产现场没有足够吨位的压力机时，为了不影响生产，可采取一些有效措施降低冲裁力，以充分利用现有设备。同时，降低冲裁力还可以减小冲击、振动和噪声，对改善冲压环境也有积极意义。

目前，降低冲裁力的方法主要有以下几种。

1. 采用阶梯凸模冲裁

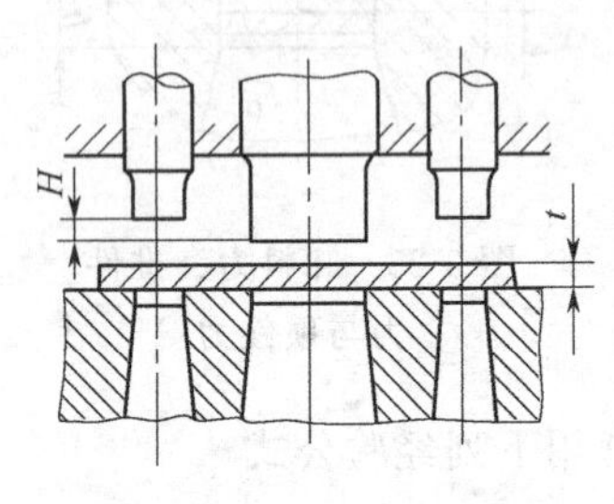

图 3-24　阶梯凸模冲裁

在多凸模的冲模中，将凸模设计成不同长度，使工作端面呈阶梯形布置（见图 3-24）。这样，各凸模冲裁力的最大值不同时出现，从而达到降低总冲裁力的目的。

阶梯凸模不仅能降低冲裁力，在直径相差悬殊、彼此距离又较小的多孔冲裁中，还可以避免小直径凸模因受材料流动挤压的作用而产生倾斜或折断现象。这时，一般将小直径凸模做短一些。此外，各层凸模的布置要尽量对称，使模具受力平衡。

阶梯凸模间的高度差 H 与板料厚度有关，可按如下关系确定。

料厚 $t<3$mm 时　　　　$H=t$

料厚 $t>3$mm 时　　　　$H=0.5t$

阶梯凸模冲裁的冲裁力，一般只按产生最大冲裁力的那一层阶梯进行计算。

2. 采用斜刃口冲裁

一般在使用平刃口模具冲裁时，因整个刃口面都同时切入材料，切断是沿冲件周边同时发生的，故所需的冲裁力较大。采用斜刃口模具冲裁，就是将冲模的凸模或凹模制成与轴线倾斜一定角度的斜刃口，这样，冲裁时整个刃口不是全部同时切入，而是逐步将材料切断，因而能显著降低冲裁力。

斜刃口的配置形式如图 3-25 所示。因采用斜刃口冲裁时，会使板料产生弯曲，因此斜刃口配置的原则是：必须保证冲件平整，只允许废料产生弯曲变形。为此，落料时凸模应为平刃口，将凹模做成斜刃口［见图 3-25(a)、(b)］；冲孔时则凹模应为平刃口，而将凸模做成斜刃口［见图 3-25(c)、(d)、(e)］。斜刃口还应对称布置，以免冲裁时模具承受单向侧压力而发生偏移，啃伤刃口。向一边倾斜的单边斜刃口冲模，只能用于切口［见图 3-25(f)］或切断。

斜刃口的主要参数是斜刃角 φ 和斜刃高度 H。斜刃角 φ 越大越省力，但过大的斜刃角会降低刃口强度，并使刃口易于磨损，从而降低使用寿命。斜刃角也不能过小，过小的斜刃角起不到减力作用。斜刃高度 H 也不宜过大或过小，过大的斜刃高度会使凸模进入凹模太深，加快刃口的磨损，而过小的斜刃高度也起不到减力作用。一般情况下，斜刃角 φ 和斜刃高度 H 可参考下列数值选取。

料厚 $t<3$mm 时　　　　$H=2t$，$\varphi<5^{\circ}$

料厚 $t=3\sim10$mm 时　　　　$H=t$，$\varphi<8^{\circ}$

斜刃口冲裁时的冲裁力可按下面简化公式计算

$$F'=K'Lt \tag{3-27}$$

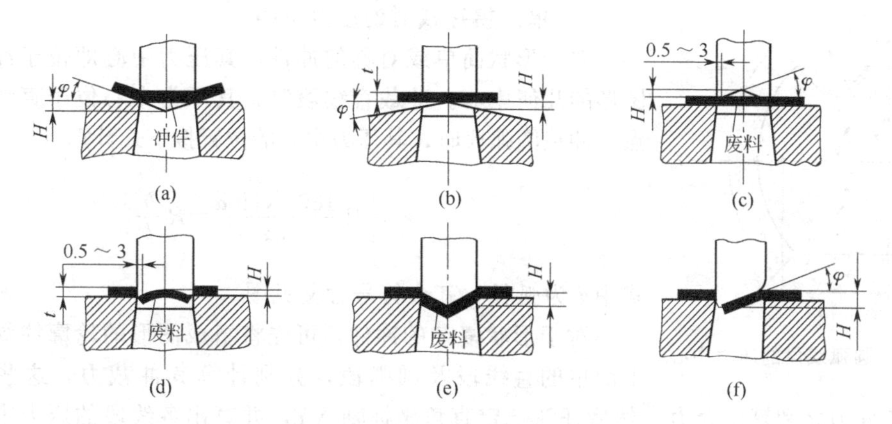

图 3-25　斜刃口的配置形式

式中　F'——斜刃口冲裁时的冲裁力，N；

K'——减力系数，$H=t$ 时 $K'=0.4\sim0.6$，$H=2t$ 时 $K'=0.2\sim0.4$。

斜刃口冲裁的主要缺点是刃口制造与刃磨比较复杂，刃口容易磨损，冲件也不够平整，且省力不省功，因此一般情况下尽量不用，只用于大型、厚板冲件（如汽车覆盖件等）的冲裁。

3．采用加热冲裁

金属材料在加热状态下的抗剪强度会显著降低，因此采用加热冲裁能降低冲裁力。表 3-23 为部分钢在加热状态时的抗剪强度，从表中可以看出，当钢加热至 900℃时，其抗剪强度最低，冲裁最为有利，所以一般加热冲裁是把钢加热到 800～900℃时进行。

表 3-23　钢在加热状态的抗剪强度 τ_b　MPa

材　料	加热温度/℃					
	200	500	600	700	800	900
Q195、Q215、10、15	360	320	200	110	60	30
Q235、Q255、20、25	450	450	240	130	90	60
Q275、30、35	530	520	330	160	90	70
40、45、50	600	580	380	190	90	70

采用加热冲裁时，条料不能过长，搭边应适当放大，同时模具间隙应适当减小，凸、凹模应选用耐热材料，刃口尺寸计算时要考虑冲件的冷却收缩，模具受热部分不能设置橡胶等。由于加热冲裁工艺复杂，冲件精度也不高，所以只用于厚板或表面质量与精度要求都不高的冲件。

加热冲裁的冲裁力按平刃口冲裁力公式计算，但材料的抗剪强度 τ_b 应根据冲裁温度（一般比加热温度低 150～200℃）按表 3-23 查取。

四、压力中心的计算

冲压力合力的作用点称为压力中心。为了保证压力机和冲模正常平稳地工作，必须使冲模的压力中心与压力机滑块中心重合，对于带模柄的中小型冲模就是要使其压力中心与模柄轴心线重合。否则，冲裁过程中压力机滑块和冲模将会承受偏心载荷，使滑块导轨和冲模导向部分产生不正常磨损，合理间隙得不到保证，刃口迅速变钝，从而降低冲件质量和模具寿命甚至损坏模具。

压力中心的确定有利用计算机软件求解法和传统的解析法、图解法及实验法，这里只介绍解析法。

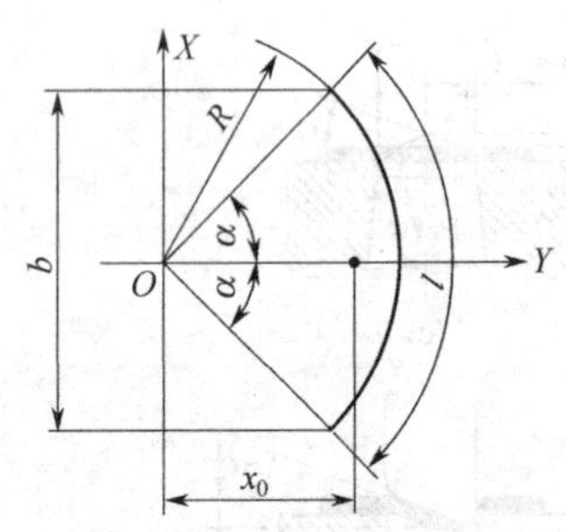

图 3-26 圆弧线段的压力中心

1. 单凸模冲裁时的压力中心

对于形状简单或对称的冲件，其压力中心即位于冲件轮廓图形的几何中心。冲裁直线段时，其压力中心位于直线段的中点。冲裁圆弧段时，其压力中心的位置按下式计算（见图 3-26）

$$x_0=R\frac{180°\times\sin\alpha}{\pi\alpha}=R\frac{b}{l} \tag{3-28}$$

式中 l 为弧长，其余符号含义见图。

对于形状复杂的冲件，可先将组成图形的轮廓线划分为若干简单的直线段及圆弧段，分别计算其冲裁力，这些即为分力，由各分力之和算出合力。然后任意选定直角坐标轴 XY，并算出各线段的压力中心至 X 轴和 Y 轴的距离。最后根据“合力对某轴之矩等于各分力对同轴力矩之和”的力学原理，即可求出压力中心坐标。

如图 3-27 所示，设图形轮廓各线段（包括直线段和圆弧段）的冲裁力为 F_1、F_2、F_3、…、F_n，各线段压力中心至坐标轴的距离分别为 x_1、x_2、x_3、…、x_n 和 y_1、y_2、y_3、…、y_n，则压力中心坐标计算公式为

$$x_0=\frac{F_1x_1+F_2x_2+F_3x_3+\cdots+F_nx_n}{F_1+F_2+F_3+\cdots+F_n}=\frac{\sum_{i=1}^{n}F_ix_i}{\sum_{i=1}^{n}F_i} \tag{3-29}$$

$$y_0=\frac{F_1y_1+F_2y_2+F_3y_3+\cdots+F_ny_n}{F_1+F_2+F_3+\cdots+F_n}=\frac{\sum_{i=1}^{n}F_iy_i}{\sum_{i=1}^{n}F_i} \tag{3-30}$$

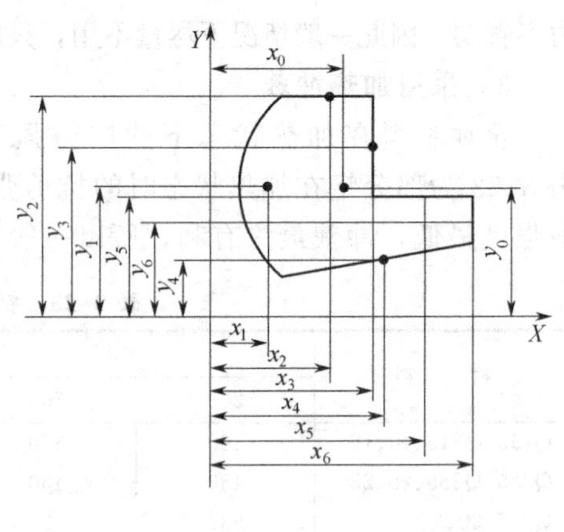

图 3-27 复杂形状件的压力中心计算

由于线段的冲裁力与线段的长度成正比，所以可以用各线段的长度 L_1、L_2、L_3、…、L_n 代替公式中各线段的冲裁力 F_1、F_2、F_3、…、F_n，故压力中心坐标的计算公式又可表示为

$$x_0=\frac{L_1x_1+L_2x_2+L_3x_3+\cdots+L_nx_n}{L_1+L_2+L_3+\cdots+L_n}=\frac{\sum_{i=1}^{n}L_ix_i}{\sum_{i=1}^{n}L_i} \tag{3-31}$$

$$y_0=\frac{L_1y_1+L_2y_2+L_3y_3+\cdots+L_ny_n}{L_1+L_2+L_3+\cdots+L_n}=\frac{\sum_{i=1}^{n}L_iy_i}{\sum_{i=1}^{n}L_i} \tag{3-32}$$

2. 多凸模冲裁时的压力中心

多凸模冲裁时压力中心的计算原理与单凸模冲裁时的计算原理基本相同，其具体计算步骤如下（见图 3-28）。

① 选定坐标轴 XY。

② 按前述单凸模冲裁时压力中心计算方法计算出各单一图形的压力中心到坐标轴的距离 x_1、x_2、x_3、…、x_n 和 y_1、y_2、y_3、…、y_n。

③ 计算各单一图形轮廓的周长 L_1、L_2、L_3、…、L_n。

④ 将计算数据分别代入式(3-31) 和式(3-32)，即可求得压力中心坐标（x_0、y_0）。

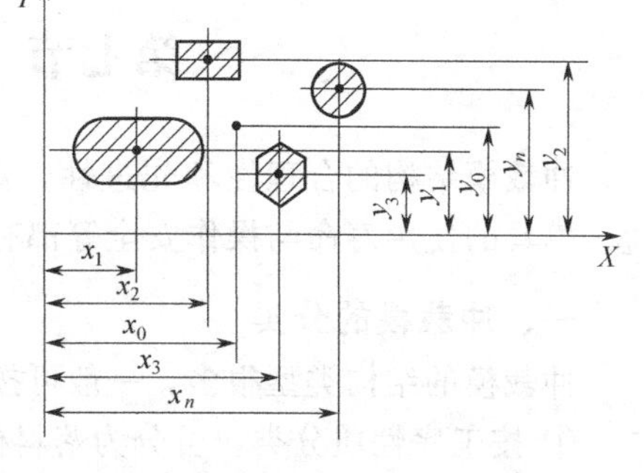

图 3-28　多凸模冲裁时的压力中心计算

例 3-3　图 3-29(a) 所示冲件采用级进冲裁，排样图如图 3-29(b) 所示，试计算冲裁时的压力中心。

解　(1) 根据排样图画出全部冲裁轮廓图，并建立坐标系，标出各冲裁图形压力中心对坐标轴 XY 的坐标，如图 3-29(c) 所示。

(2) 计算各图形的冲裁长度及压力中心坐标。由于落料与冲上、下缺口的图形轮廓虽然被分割开，但其整体仍是对称图形，故可分别合并成“单凸模”进行计算。计算结果列于表 3-24。

表 3-24　各图形的冲裁长度和压力中心坐标

序号	L_i	x_i	y_i	序号	L_i	x_i	y_i
1	97	0	0	4	30	59	20.5
2	32	30	0	5	31.4	60	0
3	26	45	0	6	2	74	21.5

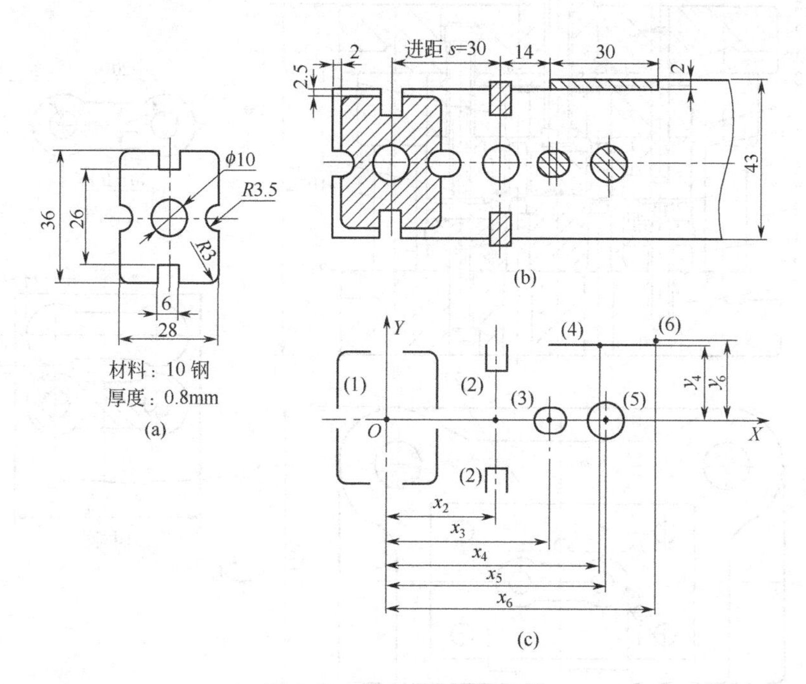

图 3-29　压力中心计算实例

(3) 计算冲模压力中心。将表 3-24 的数据代入式(3-31) 和式(3-32)，得

$$x_0=\frac{97\times0+32\times30+26\times45+30\times59+31.4\times60+2\times74}{97+32+26+30+31.4+2}=27.2(\text{mm})$$

$$y_0=\frac{97\times0+32\times0+26\times0+30\times20.5+31.4\times0+2\times21.5}{97+32+26+30+31.4+2}=3.0(\text{mm})$$

第七节　冲裁模的典型结构

冲裁模结构的合理性和先进性，对冲裁件的质量与精度、冲裁加工的生产率与经济效益、模具的使用寿命与操作安全等都有着密切的关系。

一、冲裁模的分类

冲裁模的结构类型很多，一般可按下列不同特征分类。

① 按工序性质分类，可分为落料模、冲孔模、切断模、切口模、切边模等。

② 按工序组合程度分类，可分为单工序模、级进模、复合模等。

③ 按模具导向方式分类，可分为开式模、导板模、导柱模等。

④ 按模具专业化程度分类，可分为通用模、专用模、自动模、组合模、简易模等。

⑤ 按模具工作零件所用材料分类，可分为钢质冲模、硬质合金冲模、锌基合金冲模、橡胶冲模、钢带冲模等。

⑥ 按模具结构尺寸分类，可分为大型冲模和中小型冲模等。

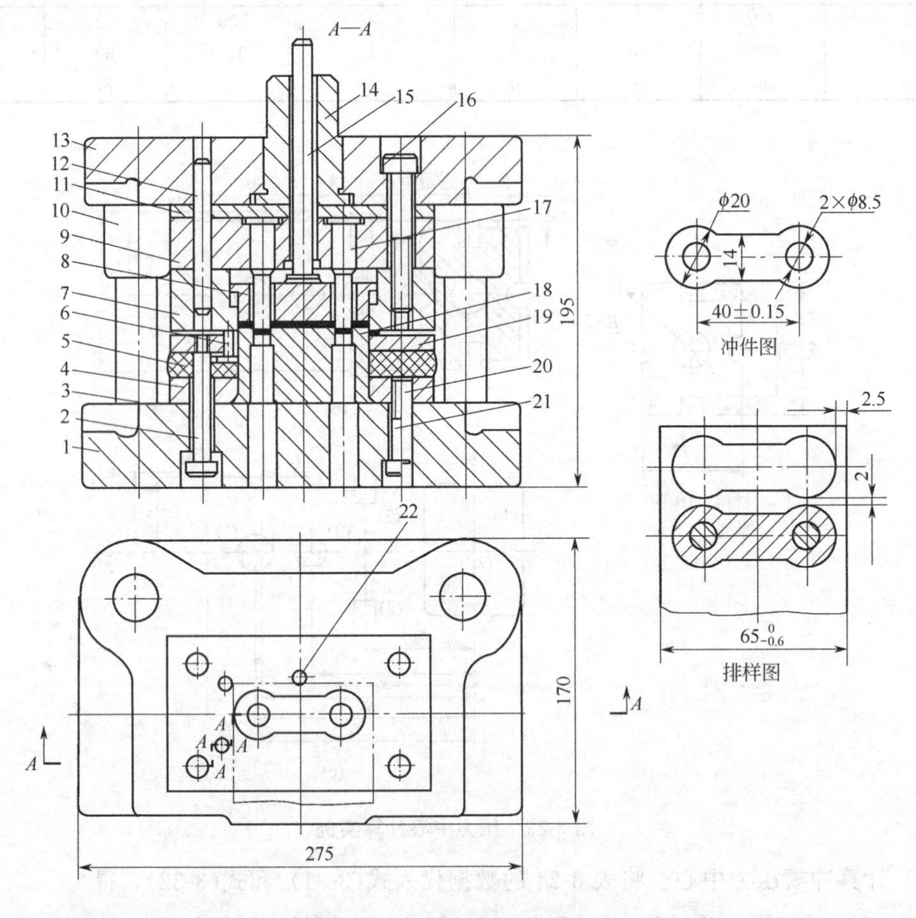

图 3-30　冲裁模的结构组成

1—下模座；2—卸料螺钉；3—导柱；4—凸凹模固定板；5—橡胶；6—导料销；7—落料凹模；8—推件块；9—凸模固定板；10—导套；11—垫板；12、20—销钉；13—上模座；14—模柄；15—打杆；16、21—螺钉；17—冲孔凸模；18—凸凹模；19—卸料板；22—挡料销

二、冲裁模的结构组成

冲裁模的类型虽然很多，但任何一副冲裁模都是由上模和下模两个部分组成。上模通过模柄或上模座固定在压力机的滑块上，可随滑块作上、下往复运动，是冲模的活动部分；下模通过下模座固定在压力机工作台或垫板上，是冲模的固定部分。

图 3-30 所示是一副零部件比较齐全的连接板复合冲裁模。该模具的上模由模柄 14、上模座 13、垫板 11、凸模固定板 9、冲孔凸模 17、落料凹模 7、推件装置（由打杆 15、推件块 8 构成）、导套 10 及紧固用螺钉 16 和销钉 12 等零部件组成；下模由凸凹模 18、卸料装置（由卸料板 19、卸料螺钉 2、橡胶 5 构成）、导料销 6、挡料销 22、凸凹模固定板 4、下模座 1、导柱 3 及紧固用螺钉 21 和销钉 20 等零部件组成。工作时，条料沿导料销 6 送至挡料销 22 处定位，开动压力机，上模随滑块向下运动，具有锋利刃口的冲孔凸模 17、落料凹模 7 与凸凹模 18 一起穿过条料使冲件和冲孔废料与条料分离而完成冲裁工作。滑块带动上模回升时，卸料装置将箍在凸凹模上的条料卸下，推件装置将卡在落料凹模与冲孔凸模之间的冲件推落在下模上面，而卡在凸凹模内的冲孔废料是在一次次冲裁过程中由冲孔凸模逐次向下推出的。将推落在下模上面的冲件取走后又可进行下一次冲压循环。

从上述模具结构可知，组成冲裁模的零部件各有其独特的作用，并在冲压时相互配合，以保证冲压过程正常进行，从而冲出合格冲压件。根据各零部件在模具中所起的作用不同，一般又可将冲裁模分成以下几个部分。

工作零件：直接使坯料产生分离或塑性变形的零件，如图 3-30 中的凸模 17、凹模 7、凸凹模 18 等。工作零件是冲裁模中最重要的零件。

定位零件：确定坯料或工序件在冲模中正确位置的零件，如图 3-30 中的挡料销 22、导料销 6 等。

卸料与出件零件：这类零件是将箍在凸模上或卡在凹模内的废料或冲件卸下、推出或顶出，以保证冲压工作能继续进行，如图 3-30 中的卸料板 19、卸料螺钉 2、橡胶 5、打杆 15、推件块 8 等。

导向零件：确定上、下模的相对位置并保证运动导向精度的零件，如图 3-30 中的导柱 3、导套 10 等。

支承与固定零件：将上述各类零件固定在上、下模上以及将上、下模连接在压力机上的零件，如图 3-30 中的固定板 4 与 9、垫板 11、上模座 13、下模座 1、模柄 14 等。这些零件是冲裁模的基础零件。

其他零件：除上述零件以外的零件，如紧固件（主要为螺钉、销钉）和侧孔冲裁模中的滑块、斜楔等。

当然，不是所有的冲模都具备上述各类零件，但工作零件和必要的支承固定零件是不可缺少的。

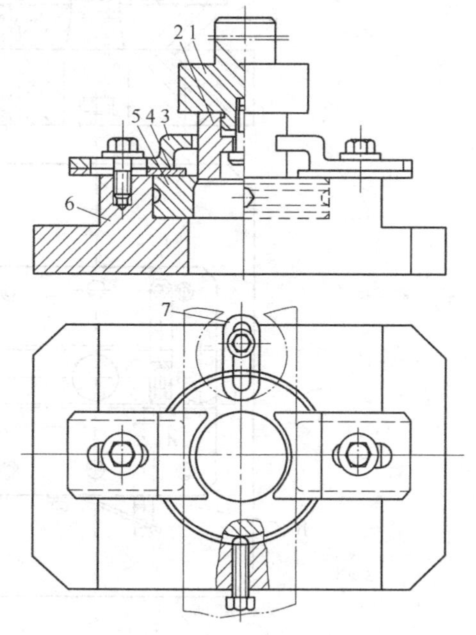

图 3-31　无导向落料模

1—模柄；2—凸模；3—卸料板；4—导料板；5—凹模；6—下模座；7—定位板

三、冲裁模的典型结构

1．单工序模

单工序冲裁模又称简单冲裁模，是指在压力机的一次行程内只完成一种冲裁工序的模具，如落料模、冲孔模、切断模、切口模等。

(1) 落料模　落料模是指沿封闭轮廓将冲件从板料上分离的冲模。根据上、下模的导向形式，有三种常见的落料模结构。

① 无导向落料模（又称开式落料模）。图 3-31 所示为冲裁圆形零件的无导向落料模，工作零件为凸模 2 和凹模 5，定位零件为导料板 4 和定位板 7，卸料零件为卸料板 3，其余为支承固定零件。上、下模之间无直接导向关系。工作时，条料沿导料板 4 送至定位板 7 定位后进行冲裁，从条料上分离下来的冲件靠凸模直接从凹模洞口依次推下，箍在凸模上的废料由固定卸料板 3 刮下来。照此循环，完成落料工作。该模具的卸料与定位零件可调，凸、凹模可快速更换，更换凸、凹模并调整卸料与定位零件，便可冲裁不同尺寸的零件。

无导向落料模的特点是结构简单，制造容易，可用边角料冲裁，有利于降低冲件成本。但凸模的运动是靠压力机滑块导向的，不易保证凸、凹模的间隙均匀，冲件精度不高，同时模具安装调整麻烦，容易发生凸、凹模刃口啃切，因而模具寿命和生产率较低，操作也不够安全。这种落料模只适用于冲裁精度要求不高、形状简单和生产批量小的冲件。

② 导板式落料模。图 3-32 所示为冲制圆形零件的导板式落料模，工作零件为凸模 5 和凹模 8，定位零件是活动挡料销 6、始用挡料销 10、导料板 12 和承料板 11，导板 7 既是导向零件又是卸料零件。工作时，条料沿承料板 11、导料板 12 自右向左送进，首次送进时先

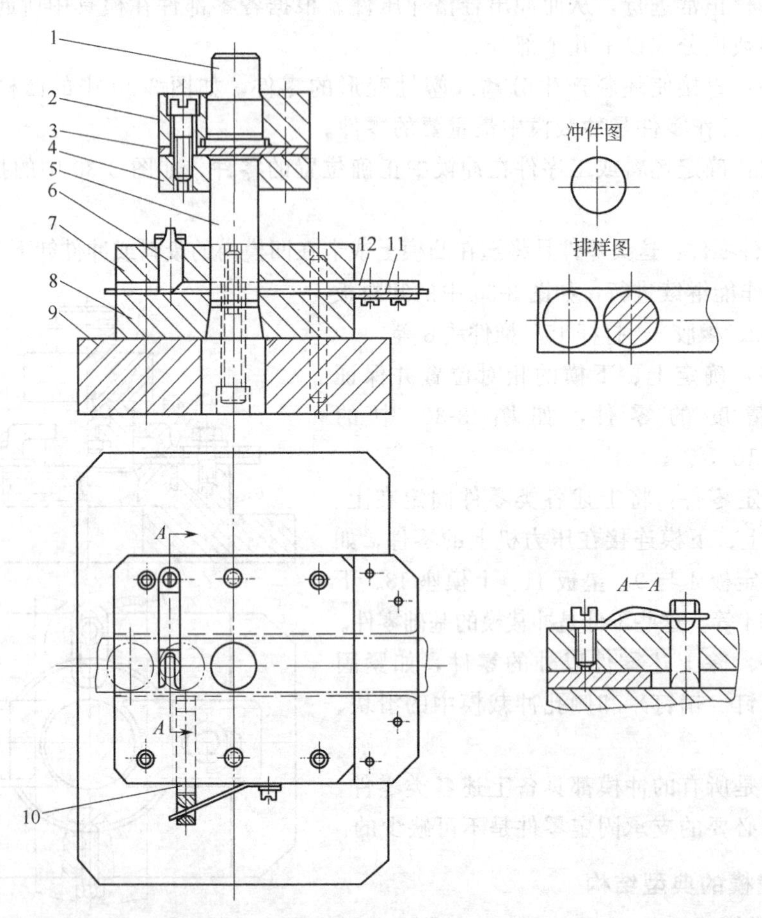

图 3-32　导板式落料模

1—模柄；2—上模座；3—垫板；4—凸模固定板；5—凸模；6—活动挡料销；7—导板；8—凹模；9—下模座；10—始用挡料销；11—承料板；12—导料板

用手将始用挡料销 10 推进，使条料端部被始用挡料销阻挡定位，凸模 5 下行与凹模 8 一起完成落料，冲件由凸模从凹模孔中推下。凸模回程时，箍在凸模上的条料被导板卸下。继续送进条料时，先松手使始用挡料销复位，将落料后的条料端部搭边越过活动挡料销 6 后再反向拉紧条料，活动挡料销抵住搭边定位，落料工作继续进行。因活动挡料销对首次落料起不到作用，故设置始用挡料销。

这种冲模的主要特征是凸模的运动依靠导板导向，易于保证凸、凹模间隙的均匀性，同时凸模回程时导板又可起卸料作用（为了保证导向精度和导板的使用寿命，工作过程中不允许凸模脱离导板，故需采用行程较小的压力机）。导板模与无导向模相比，冲件精度高，模具寿命长，安装容易，卸料可靠，操作安全，但制造比较麻烦。导板模一般用于形状较简单、尺寸不大、料厚大于 0.3 mm 的小件冲裁。

③ 导柱式落料模。图 3-33 所示为导柱式固定卸料落料模，凸模 3 和凹模 9 是工作零件，固定挡料销 8 与导料板（与固定卸料板 1 做成了一整体）是定位零件，导柱 5、导套 7 为导向零件，固定卸料板 1 只起卸料作用。这种冲模的上、下模正确位置是利用导柱和导套的导向来保证的，且凸模在进行冲裁之前，导柱已经进入导套，从而保证了在冲裁过程中凸、凹模之间间隙的均匀性。该模具用固定挡料销和导料板对条料定位，冲件由凸模逐次从凹模孔中推下并经压力机工作台孔漏入料箱。

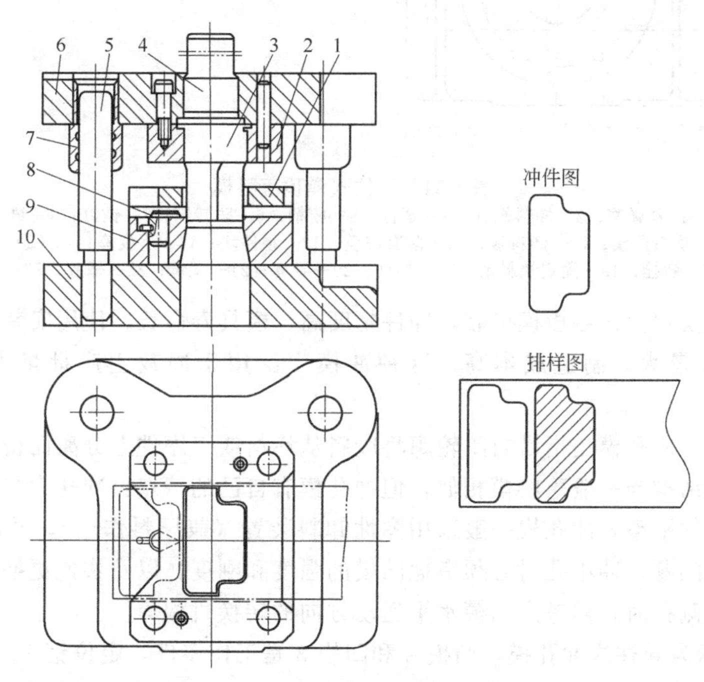

图 3-33　导柱式固定卸料落料模

1—固定卸料板；2—凸模固定板；3—凸模；4—模柄；5—导柱；6—上模座；7—导套；8—钩形固定挡料销；9—凹模；10—下模座

图 3-34 所示为导柱式弹顶落料模，该落料模除上、下模采用了导柱 19 和导套 20 进行导向以外，还采用了由卸料板 11、卸料弹簧 2 及卸料螺钉 3 构成的弹性卸料装置和由顶件块 13、顶杆 15、弹顶器（由托板 16、橡胶 22、螺栓 17、螺母 21 构成）构成的弹性顶件装置来卸下废料和顶出冲件，冲件的变形小，且尺寸精度和平面度较高。这种结构广泛用于冲裁材料厚度较小，且有平面度要求的金属件和易于分层的非金属件。

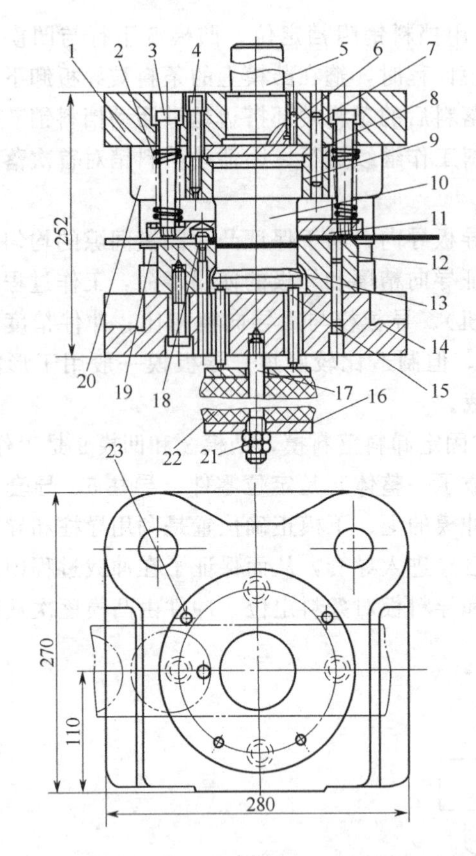

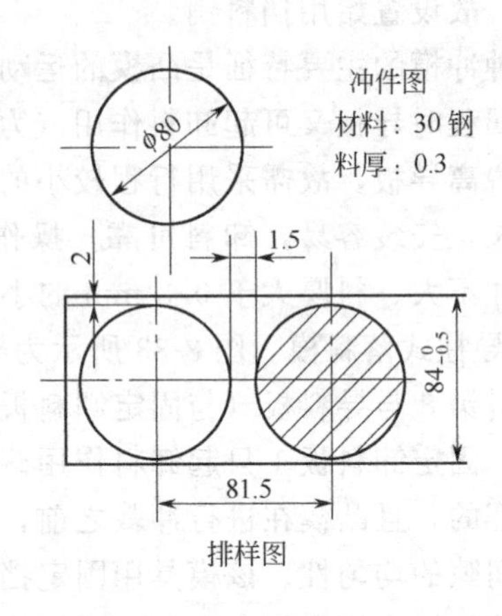

图 3-34 导柱式弹顶落料模

1—上模座；2—卸料弹簧；3—卸料螺钉；4—螺钉；5—模柄；6—防转销；7—销钉；8—垫板；9—凸模固定板；10—落料凸模；11—卸料板；12—落料凹模；13—顶件块；14—下模座；15—顶杆；16—托板；17—螺栓；18—固定档料销；19—导柱；20—导套；21—螺母；22—橡胶；23—导料销

导柱式冲裁模导向比导板模可靠，冲件精度高，模具寿命长，使用安装方便。但模具轮廓尺寸较大，质量大，制造成本高。这种冲模广泛用于冲裁生产批量大，精度要求高的冲件。

(2) 冲孔模　冲孔模是指沿封闭轮廓将废料从坯料或工序件上分离而得到带孔冲件的冲裁模。冲孔模的结构与一般落料模相似，但冲孔模有自己的特点：冲孔大多是在工序件上进行，为了保证冲件平整，冲孔模一般采用弹性卸料装置（兼压料作用），并注意解决好工序件的定位和取出问题；冲小孔时必须考虑凸模的强度和刚度，以及快速更换凸模的结构；冲裁成形零件上的侧孔时，需考虑凸模水平运动方向的转换机构等。

图 3-35 所示为导柱式冲孔模，凸模 2 和凹模 3 是工作零件，定位销 1、17 是定位零件，卸料板 5、卸料螺钉 10 和橡胶 9 构成弹性卸料装置。工件以内孔 $\phi 50$ 和圆弧槽 $R7$ 分别在定位销 1 和 17 上定位，弹性卸料装置在凸模 2 下行冲孔时可将工件压紧，以保证冲件平整，在凸模回程时又能起卸料的作用。冲孔废料直接由凸模依次从凹模孔内推出。定位销 1 的右边缘与凹模板外侧平齐，可使工件定位时右凸缘悬于凹模板以外，以便于取出冲件。

图 3-36 所示为斜楔式侧面冲孔模，该模具是依靠固定在上模的斜楔 1 把压力机滑块的垂直运动变为推动滑块 4 的水平运动，从而带动凸模 5 在水平方向进行冲孔。凸模 5 与凹模 6 的对准是依靠滑块在导滑槽内滑动来保证的，上模回升时滑块的复位靠橡胶的弹性回复来完成。斜楔的工作角度 α 取 40°～50°为宜，需要较大冲裁力时，α 也可取 30°，以增大水平推

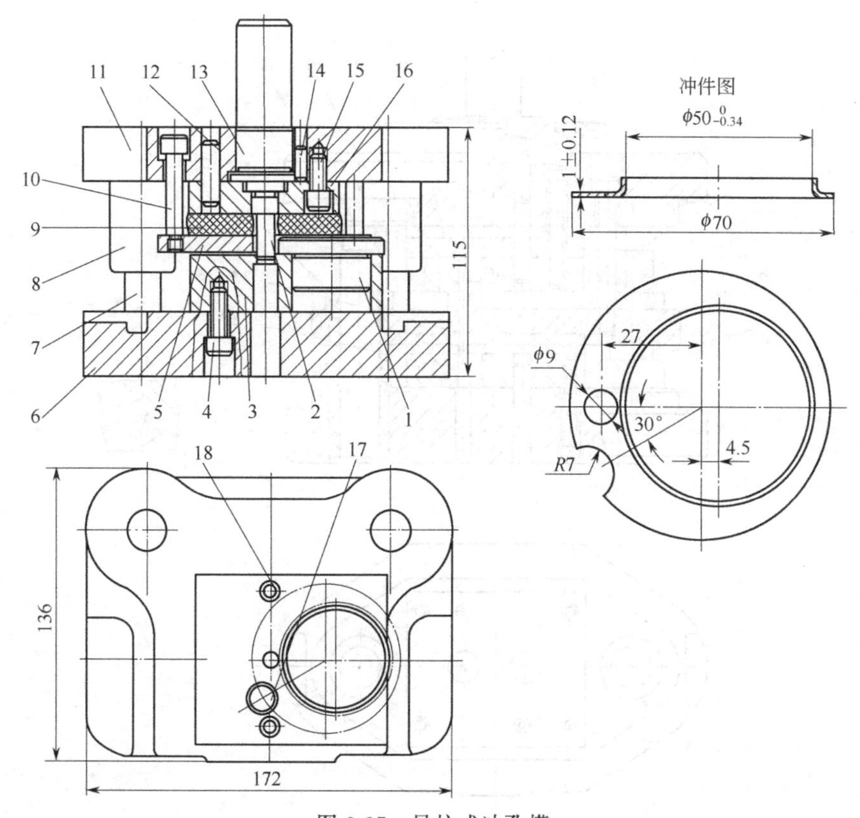

图 3-35　导柱式冲孔模

1,17—定位销；2—凸模；3—凹模；4,15—螺钉；5—卸料板；6—下模座；7—导柱；8—导套；9—橡胶；10—卸料螺钉；11—上模座；12,18—销钉；13—模柄；14—防转销；16—固定板

力。要获得较大的凸模工作行程，α 可增加到 60°。工件以内形在凹模 6 上定位，为了保证冲孔位置的准确，弹压板 3 在冲孔之前就把工件压紧。为了排除冲孔废料，应注意开设漏料孔。这种结构的凸模常对称布置，最适宜壁部对称孔的冲裁，主要用于冲裁空心件或弯曲件等成形件上的侧孔、侧槽、侧切口等。

图 3-37 所示为凸模全长导向的小孔冲孔模，该模具的结构特点是如下。

① 采用了凸模全长导向结构。由于设置了扇形块 8 和凸模活动护套 13，凸模 7 在工作行程中除了进入被冲材料以内的工作部分以外，其余部分都得到了凸模活动护套 13 不间断的导向作用，因而大大提高了凸模的稳定性。

② 模具导向精度高。模具的导柱 11 不但在上、下模之间导向，而且对卸料板 2 也导向。冲压过程中，由于导柱的导向作用，严格地保持了卸料板中凸模护套与凸模之间的精确滑配，避免了卸料板在冲裁过程中的偏摆。此外，为了提高导向精度，消除压力机滑块导向误差的影响，该模具还采用了浮动模柄结构。

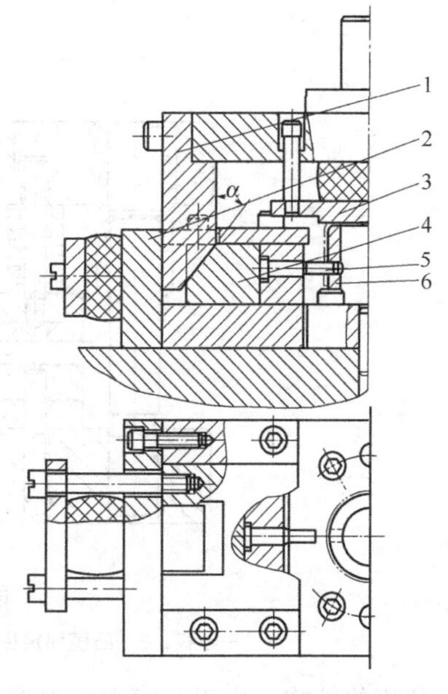

图 3-36　斜楔式侧面冲孔模

1—斜楔；2—座板；3—弹压板；4—滑块；5—凸模；6—凹模

图 3-38 所示为短凸模多孔冲孔模，用于冲裁孔多而尺寸小的的冲裁件。该模具的主要特点是采用了厚垫板

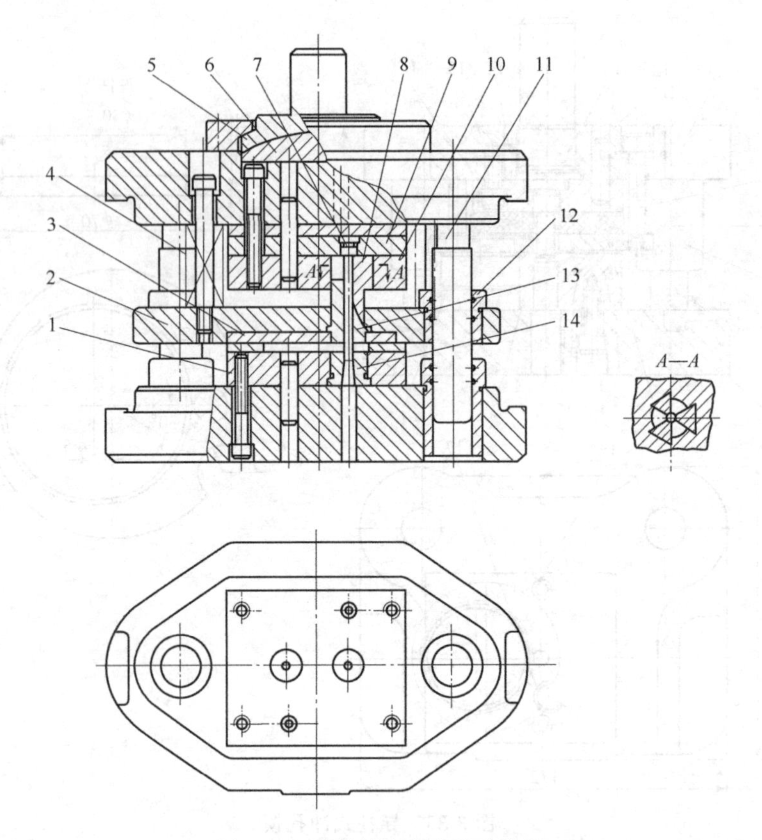

图 3-37　全长导向的小孔冲孔模

1—凹模固定板；2—弹压卸料板；3—托板；4—弹簧；5、6—浮动模柄；7—凸模；8—扇形块；9—凸模固定板；10—扇形块固定板；11—导柱；12—导套；13—凸模活动护套；14—凹模

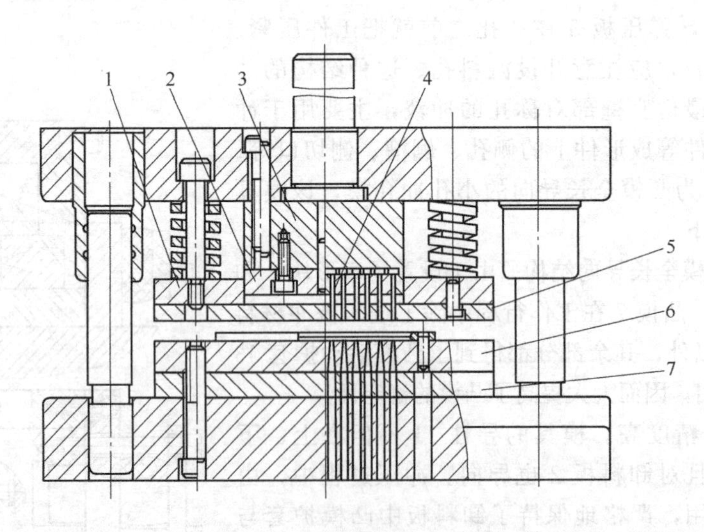

图 3-38　短凸模多孔冲孔模

1—导板；2—凸模固定板；3—垫板；4—凸模；5—卸料板；6—凹模；7—垫板

短凸模的结构。由于凸模大为缩短，同时凸模以卸料板 5 为导向，其配合为 H7/h6，而与固定板 2 以 H8/h6 间隙配合，得到良好导向，因此大大提高了凸模的刚度。卸料板 5 与导板 1 用螺钉、销钉紧固定位，导板以固定板为导向（两者以 H7/h6 配合）作上、下运动，保证了卸料

板不产生水平偏摆，避免了凸模承受侧压力而折断。该模具配备了较强压力的弹性元件，这是小孔冲裁模的共同特点，其卸料力一般取冲裁力的10%，以利于提高冲孔的质量。

2．复合模

复合模是指在压力机的一次行程中，在模具的同一个工位上同时完成两道或两道以上不同冲裁工序的冲模。复合模是一种多工序冲裁模，它在结构上的主要特征是有一个或几个具有双重作用的工作零件——凸凹模，如在落料冲孔复合模中有一个既能作落料凸模又能作冲孔凹模的凸凹模。

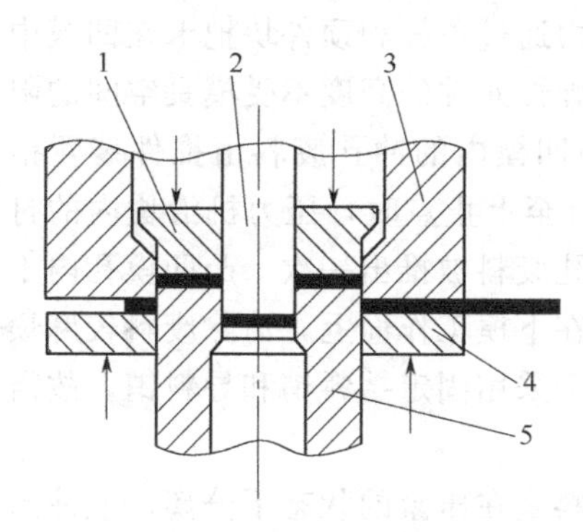

图3-39 复合模结构原理

1—推件块；2—冲孔凸模；3—落料凹模；4—卸料板；5—凸凹模

图3-39所示为落料冲孔复合模工作部分的结构原理，凸凹模5兼起落料凸模和冲孔凹模的作用，它与落料凹模3配合完成落料工序，与冲孔凸模2配合完成冲孔工序。在压力机的一次行程内，在冲模的同一工位上，凸凹模既完成了落料又完成了冲孔的双重任务。冲裁结束后，冲件卡在落料凹模内腔由推件块1推出，条料箍在凸凹模上由卸料板4卸下，冲孔废料卡在凸凹模内由冲孔凸模逐次推下。

根据凸凹模在模具中的装配位置不同，分为正装式复合模和倒装式复合模两种。凸凹模装在上模的称为正装式复合模，凸凹模装在下模的称为倒装式复合模。

(1) 正装式复合模 图3-40所示即为正装式落料冲孔复合模，凸凹模6装在上模，落

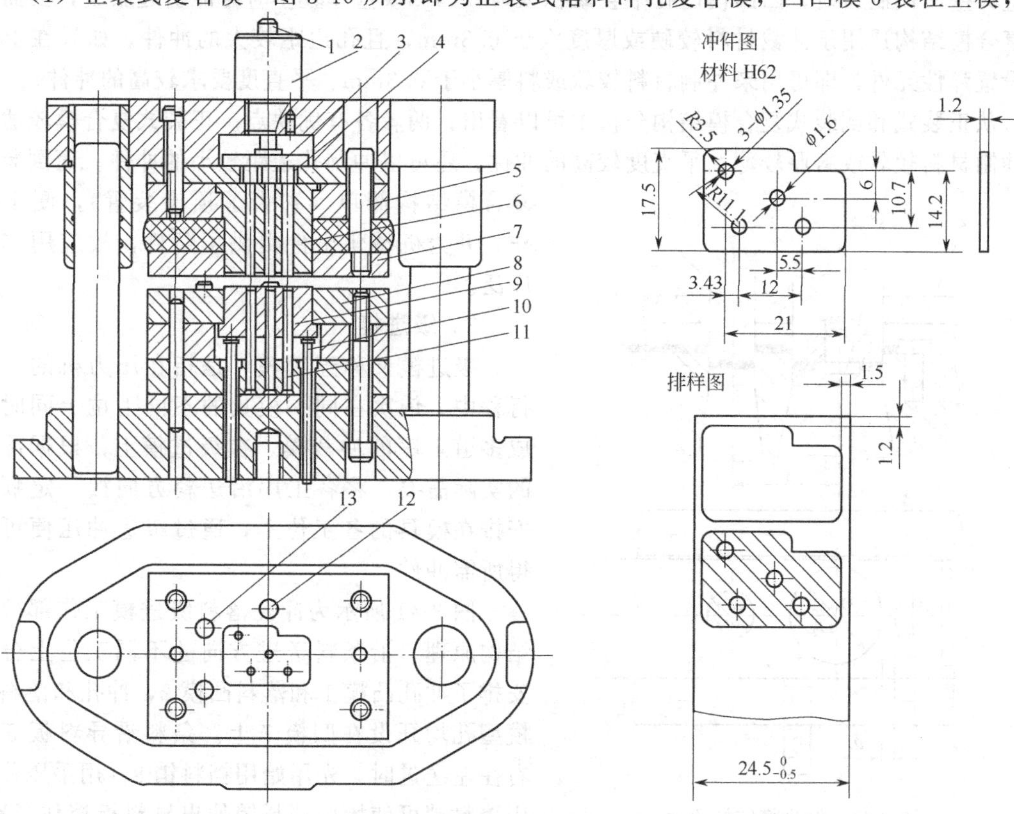

图3-40 正装式复合模

1—打杆；2—模柄；3—推板；4—推杆；5—卸料螺钉；6—凸凹模；7—卸料板；8—落料凹模；9—顶件块；10—带肩顶杆；11—冲孔凸模；12—挡料销；13—导料销

料凹模 8 和冲孔凸模 11 装在下模。工作时，条料由导料销 13 和挡料销 12 定位，上模下压，凸凹模外形与落料凹模进行落料，落下的冲件卡在凹模内，同时冲孔凸模与凸凹模内孔进行冲孔，冲孔废料卡在凸凹模孔内。卡在凹模内的冲件由顶件装置顶出。顶件装置由带肩顶杆 10、顶件块 9 及装在下模座底下的弹顶器（与下模座的螺纹孔连接，图中未画出）组成，当上模上行时，原来在冲裁时被压缩的弹性元件回复，弹性力通过顶杆和顶件块把卡在凹模中的冲件顶出凹模面。该顶件装置因弹顶器装在模具底下，弹性元件的高度不受模具空间的限制，顶件力大小容易调节，可获得较大的顶件力。卡在凸凹模内的冲孔废料由推件装置推出。推件装置由打杆 1、推板 3 和推杆 4 组成，当上模上行至上止点时，压力机滑块内的打料杆通过打杆、推板和推杆把废料推出。每冲裁一次，冲孔废料被推出一次，凸凹模孔内不积存废料，因而胀力小，凸凹模不易破裂。但冲孔废料落在下模工作面上，清除废料较麻烦（尤其是孔较多时）。条料的边料由弹性卸料装置卸下。由于采用固定挡料销和导料销，故需在卸料板上钻出让位孔。

从上述工作过程可以看出，正装式复合模工作时，板料是在压紧的状态下分离，故冲出的冲件平直度较高，但由于弹性顶件和弹性卸料装置的作用，分离后的冲件容易被嵌入边料中影响操作，从而影响了生产率。

（2）倒装式复合模　图 3-30 所示即为倒装式复合模，该模具的凸凹模 18 装在下模，落料凹模 7 和冲孔凸模 17 装在上模。倒装式复合模一般采用刚性推件装置，冲件不是处于被压紧状态下分离，因而冲件的平直度不高。同时由于冲孔废料直接从凸凹模内孔推下，当采用直刃壁凹模洞口时，凸凹模内孔中会聚积废料，凸凹模壁厚较小时可能引起胀裂，因而这种复合模结构适用于冲裁材料较硬或厚度大于 0.3mm，且孔边距较大的冲件。如果在上模内设置弹性元件，即可用来冲制材料较软或料厚小于 0.3mm、平直度要求较高的冲件。

从正装式和倒装式复合模结构分析中可以看出，两者各有优缺点。正装式复合模较适用于冲制材料较软或料厚较薄、平直度较高的冲件，还可以冲制孔边距较小的冲件。而倒装式复合模结构简单（省去了顶出装置），便于操作，并为机械化出件提供了条件，故应用非常广泛。

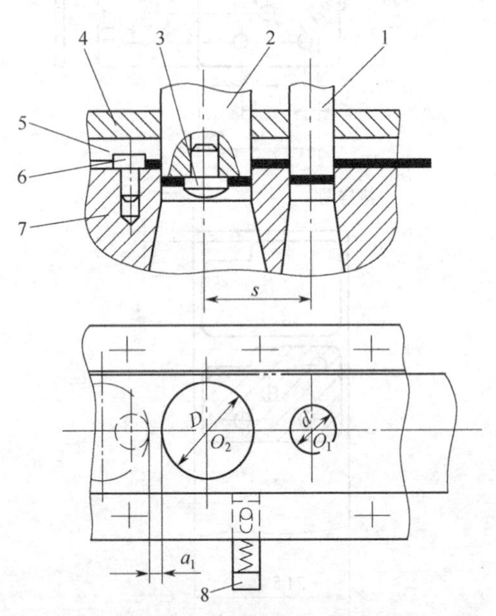

图 3-41　级进模结构原理

1—冲孔凸模；2—落料凸模；3—导正销；4—卸料板；5—导料板；6—固定挡料销；7—凹模；8—始用挡料销

3. 级进模

级进模又称连续模，是指在压力机的一次行程中，依次在同一模具的不同工位上同时完成多道工序的冲裁模。在级进模上，根据冲件的实际需要，将各工序沿送料方向按一定顺序安排在模具的各工位上，通过级进冲压便可获得所需冲件。

图 3-41 所示为冲孔落料级进模工作部分的结构原理。沿条料送进方向的不同工位上分别安排了冲孔凸模 1 和落料凸模 2，冲孔和落料凹模型孔均开设在凹模 7 上。条料沿导料板 5 从右往左送进时，先用始用挡料销 8（用手压住始用挡料销可使始用挡料销伸出导料板挡住条料，松开手后在弹簧作用下始用挡料销便缩进导料板以内不起挡料作用）定位，在 O_1 的位置上由

冲孔凸模 1 冲出内孔 d，此时落料凸模 2 因无料可冲是空行程。当条料继续往左送进时，松开始用挡料销，利用固定挡料销 6 粗定位，送进距离 $s=D+a_1$，这时条料上已冲出的孔处在 O_2 的位置上，当上模再下行时，落料凸模端部的导正销 3 首先导入条料孔中进行精确定位，接着落料凸模对条料进行落料，得到外径为 D、内径为 d 的环形垫圈。与此同时，在 O_1 的位置上又由冲孔凸模冲出了内孔 d，待下次冲压时在 O_2 的位置上又可冲出一个完整的冲件。这样连续冲压，在压力机的一次行程中可在冲模两个工位上分别进行冲孔和落料两种不同的冲压工序，且每次冲压均可得到一个冲件。

级进模不但可以完成冲裁工序，还可完成成形工序（如弯曲、拉深等），甚至装配工序。许多需要多工序冲压的复杂冲件可以在一副模具上完全成形，因而它是一种多工序高效率冲模。

级进模可分为普通级进模和多工位精密级进模，多工位精密级进模将在第七章介绍，这里只介绍普通冲裁级进模的典型结构及排样设计应注意的问题。

(1) 级进模的典型结构　由于用级进模冲压时，冲件是依次在几个不同工位上逐步成形的，因此要保证冲件的尺寸及内外形相对位置精度，模具结构上必须解决条料或带料的准确送进与定距问题。根据级进模定位零件的特征，级进模有以下两种典型结构。

① 用挡料销和导正销定位的级进模。图 3-42 所示为用挡料销和导正销定位的冲孔落料级进模，上、下模通过导板（兼卸料板）导向，冲孔凸模 3 与落料凸模 4 之间的中心距等于送料距离 s（称为进距或步距），条料由固定挡料销 8 粗定位，由装在落料凸模上的两个导正销 5 精确定位。为了保证首件冲裁时的正确定距，采用了始用挡料销 9。工作时，先用手按住始用挡料销对条料进行初始定位，冲孔凸模在条料上冲出两孔，然后松开始用挡料销，

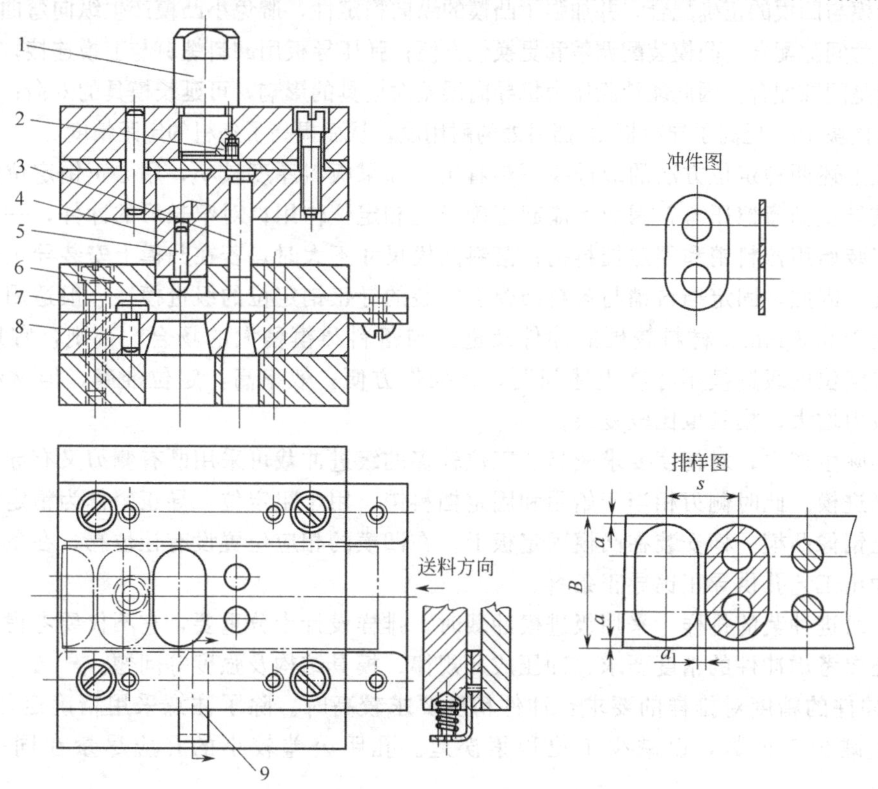

图 3-42　用挡料销和导正销定位的级进模
1—模柄；2—止转螺钉；3—冲孔凸模；4—落料凸模；5—导正销；
6—导板；7—导料板；8—固定挡料销；9—始用挡料销

将条料送至固定挡料销进行粗定位，上模下行时导正销5先行导入条料上已冲出的孔进行精确定位，继而同时进行落料和冲孔。以后各次冲裁时都由固定挡料销8控制进距作粗定位，每次行程即可冲下一个冲件并冲出两个内孔。

图3-43所示为具有自动挡料装置的级进模。自动挡料装置由挡料杆3、冲搭边的凸模1和凹模2组成。开始工作时，冲孔和落料的两次送进分别由两个始用挡料销定位，第三次及其以后的送料均由自动挡料装置定位。由于挡料杆始终不离开凹模的上平面，所以送料时都能用挡料杆挡住条料搭边，在冲孔、落料的同时，凸模1和凹模2也把搭边冲出一个缺口，使条料可以继续送进一个进距，从而起自动挡料的作用。另外，该模具还设有由侧压块4和侧压簧片5组成的侧压装置，可将条料始终压向对面的导料板上，使条料送进方向更加准确。

② 侧刃定距的级进模。图3-44所示为双侧刃定距的冲孔落料级进模。它用一对侧刃12代替了始用挡料销、固定挡料销和导正销来控制条料的送进距离。侧刃实际上是一个具有特殊功用的凸模，其作用是在压力机每次冲压行程中，沿条料边缘切下一块长度等于进距的边料。由于沿送料方向上，侧刃前后两导料板的间距不同，前宽后窄形成一个凸肩，所以条料上只有被切去料边的部分方能通过，通过的距离即等于进距。采用双侧刃前后对角排列，在料头和料尾冲压时都能起定距作用，从而减少条料的损耗，对于工位较多的级进模都应采用这种结构方式。此外，由于该模具冲裁的板料较薄（0.3mm），又是侧刃定距，所以采用弹性卸料代替固定卸料。

图3-45所示为侧刃定距的弹压导板级进模。该模具除了具有上述侧刃定距级进模的特点外，还具有如下特点：凸模以装在弹压导板2中的导板镶块4导向，弹压导板又以导柱1、10导向，保证了凸模与凹模的正确配合，并加强了凸模的纵向稳定性，避免小凸模产生纵向弯曲；凸模与固定板6为间隙配合，凸模装配调整和更换较方便；弹压导板用卸料螺钉与上模连接，加上凸模与固定板是间隙配合，因此能消除压力机导向误差对模具的影响，可延长模具的寿命；设置了淬硬的侧刃挡块15，提高了导料板12挡料处的耐用度，从而提高了条料的定距精度。

比较上述两种定位方法的级进模不难看出，如果板料厚度较小，用导正销定位时孔的边缘可能被导正销摩擦压弯，因而不能起正确导正和定位作用；对窄长形的冲件，一般进距较小不宜安装始用挡料销和固定挡料销；落料凸模尺寸不大时，若在凸模上安装导正销将影响凸模强度。因此，固定挡料销与落料凸模上安装的导正销定位的级进模，一般适用于冲制板料厚度大于0.3 mm、材料较硬的冲件及进距与落料凸模稍大的场合。否则，宜用侧刃定位。侧刃定位的级进模不存在上述问题，且操作方便，效率高，定位准确，但材料消耗较多，冲裁力增大，模具也比较复杂。

在实际生产中，对精度要求较高、工位较多的级进冲裁可采用既有侧刃又有导正销联合定位的级进模。此时侧刃相当于始用和固定挡料销，用于粗定位，导正销作为精定位。不同的是导正销像凸模一样安装在凸模固定板上，在凹模的相应位置设有让位孔，在条料的适当位置预冲出工艺孔供导正销导正条料。

（2）级进冲裁的排样　采用级进模冲裁时，排样设计十分重要，它不仅要考虑材料的利用率，还要考虑冲件的精度要求、冲压成形规律、模具结构及强度等问题。

① 冲件的精度对排样的要求：冲件精度要求较高时，除了注意采用精确定位方法外，还应尽量减少工位数，以减少工位积累误差。孔距公差较小的孔应尽量在同一工位上冲出。

② 模具结构对排样的要求：冲件较大或冲件虽小但工步较多时，为减小模具轮廓尺寸，可采用级进-复合排样方法［见图3-46(a)］，以减小工位数。

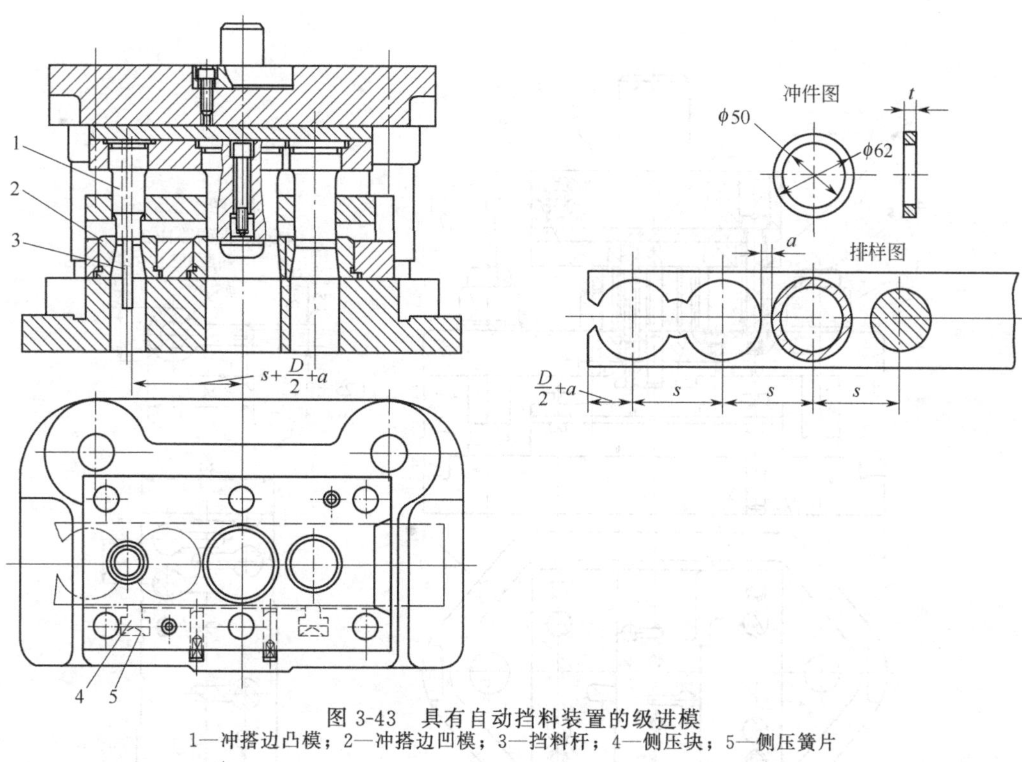

图 3-43 具有自动挡料装置的级进模
1—冲搭边凸模；2—冲搭边凹模；3—挡料杆；4—侧压块；5—侧压簧片

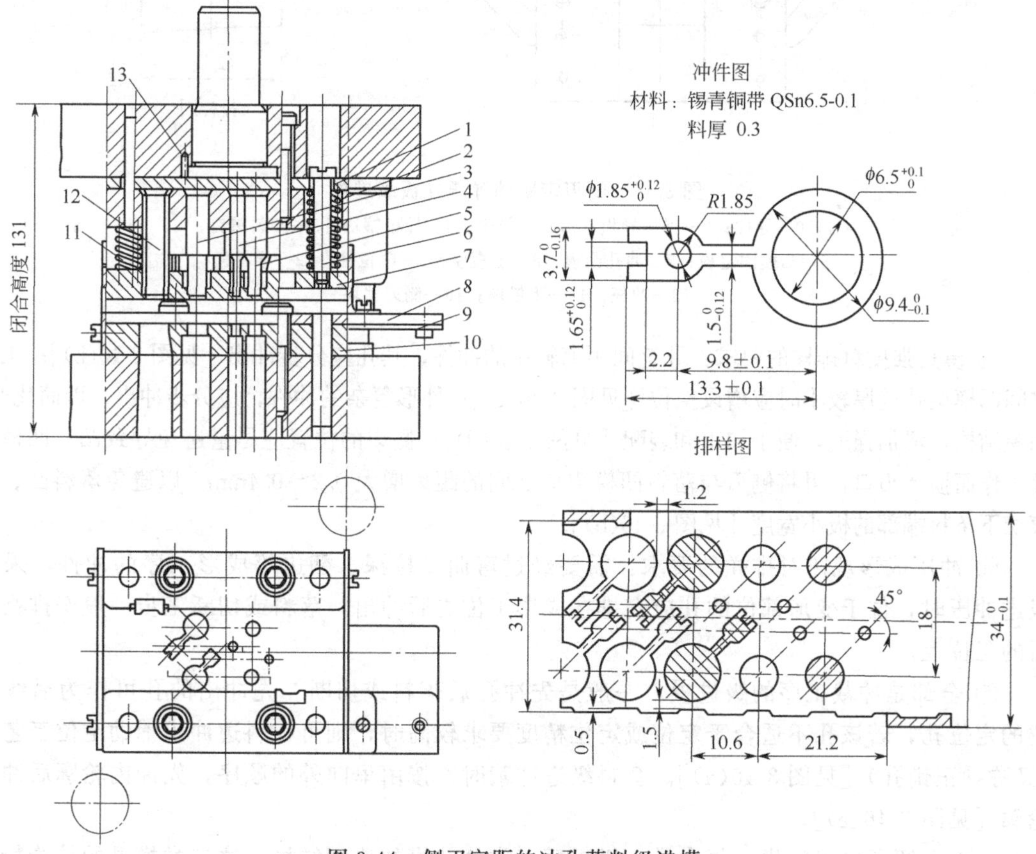

图 3-44 侧刃定距的冲孔落料级进模
1—垫板；2—固定板；3—落料凸模；4，5—冲孔凸模；6—卸料螺钉；7—卸料板；8—导料板；9—承料板；10—凹模；11—弹簧；12—侧刃；13—防转销

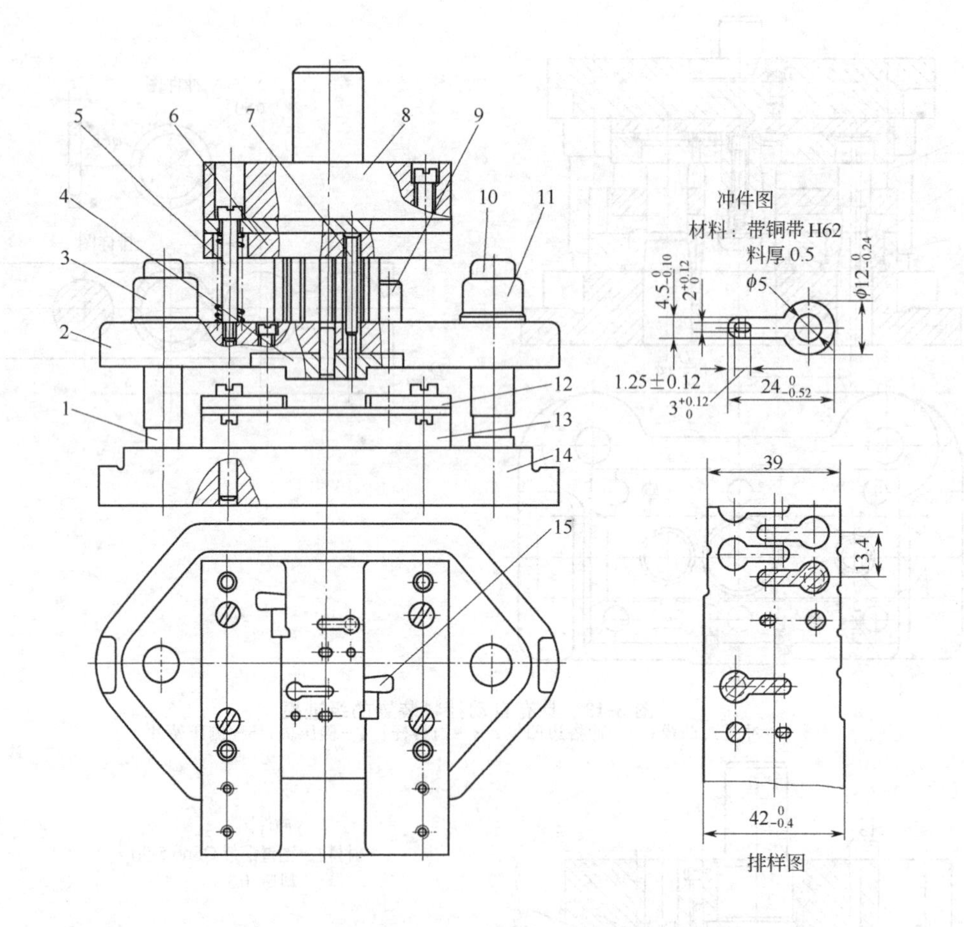

图 3-45　侧刃定距的弹压导板级进模

1,10—导柱；2—弹压导板；3,11—导套；4—导板镶块；5—卸料螺钉；6—凸模固定板；7—冲孔凸模；8—上模座；9—限位柱；12—导料板；13—凹模；14—下模座；15—侧刃挡块

③ 模具强度对排样的要求：孔壁间距离较小的冲件，其孔应分步冲出［见图 3-46(b)］；工位之间凹模型孔壁厚较小时应增设空位［见图 3-46(c)］；外形复杂的冲件，应分步冲出，以简化凸、凹模结构，增加强度，便于加工和装配［见图 3-46(d)］；侧刃的位置应尽量避免导致凸、凹模局部工作而损坏刃口，可将侧刃与落料凹模刃口之间的距离增大 0.2～0.4mm，以避免落料凸、凹模切下条料端部的极小宽度［见图 3-46(b)］。

④ 冲压成形规律对排样的要求：需要经过弯曲、拉深、翻边等成形工序的冲件，采用级进冲压时，位于变形部位的孔应安排在成形工位之后冲出，落料或切断工步一般安排在最后的工位上。

⑤ 全部是冲裁工序的级进模，一般是先冲孔后落料或切断。先冲出的孔可作为后续工位的定位孔，若该孔不适合于定位或定位精度要求较高时，则可在料边冲出辅助定位工艺孔（又称导正销孔）［见图 3-46(a)］。套料级进冲裁时，按由里向外的顺序，先冲内轮廓后冲外轮廓［见图 3-46(e)］。

前面介绍了单工序模、复合模、级进模三类冲裁模的典型结构，这三类模具的结构特点与适用场合各有不同，表 3-25 列出了它们之间的对比关系，供类型选择时参考。

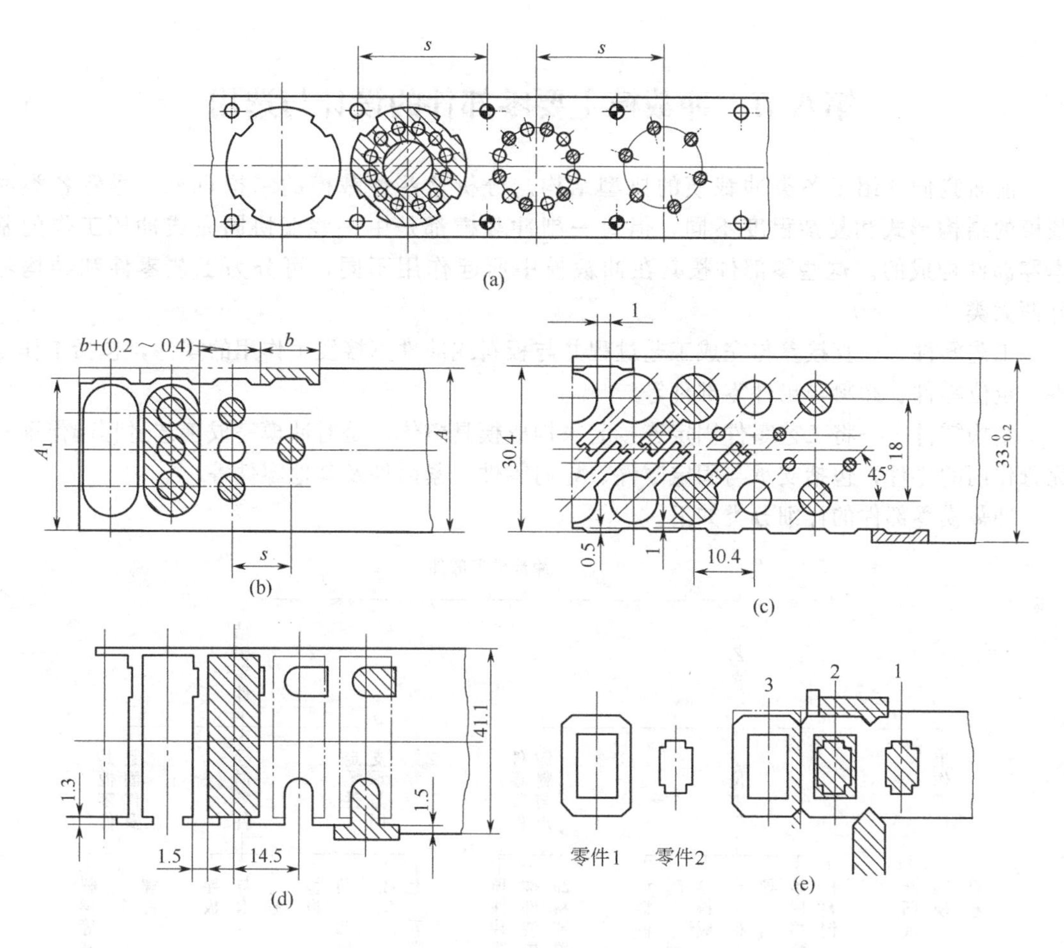

图 3-46 级进冲裁时的排样设计

表 3-25 三类冲裁模的对比关系

比较项目＼模具种类	单工序模		复合模	级进模
	无导向的	有导向的		
冲件精度	低	一般	可达 IT8～IT10 级	IT10～IT13 级
冲件平整度	差	一般	因压料较好，冲件平整	不平整，要求质量较高时需校平
冲件最大尺寸和材料厚度	尺寸和厚度不受限制	中小型尺寸、厚度较大	尺寸在 300mm 以下，厚度在 0.05～3mm 之间	尺寸在 250mm 以下，厚度在 0.1～6mm 之间
生产率	低	较低	冲件或废料落到或被顶到模具工作面上，必须用手工或机械清理，生产率稍低	工序间可自动送料，冲件和废料一般从下模漏下，生产效率高
使用高速压力机的可能性	不能使用	可以使用	操作时出件较困难，速度不宜太高	可以使用
多排冲压法的应用	不采用	很少采用	很少采用	冲件尺寸小时应用较多
模具制造的工作量和成本	低	比无导向的稍高	冲裁复杂形状件时比级进模低	冲裁简单形状件时比复合模低
适应冲件批量	小批量	中小批量	大批量	大批量
安全性	不安全，需采取安全措施		不安全，需采取安全措施	比较安全

第八节　冲裁模主要零部件的设计与选用

前面我们介绍了各类冲裁模的典型结构。分析这些冲裁模的结构可见，尽管各类冲裁模的结构形式和复杂程度不同，但每一副冲裁模都是由一些能协同完成冲压工作的基本零部件构成的。这些零部件按其在冲裁模中所起作用不同，可分为工艺零件和结构零件两大类。

工艺零件——直接参与完成工艺过程并与板料或冲件直接发生作用的零件，包括工作零件、定位零件、卸料与出件零部件等。

结构零件——将工艺零件固定连接起来构成模具整体，是对冲模完成工艺过程起保证和完善作用的零件，包括支承与固定零件、导向零件、紧固件及其他零件等。

冲裁模零部件的详细分类如下。

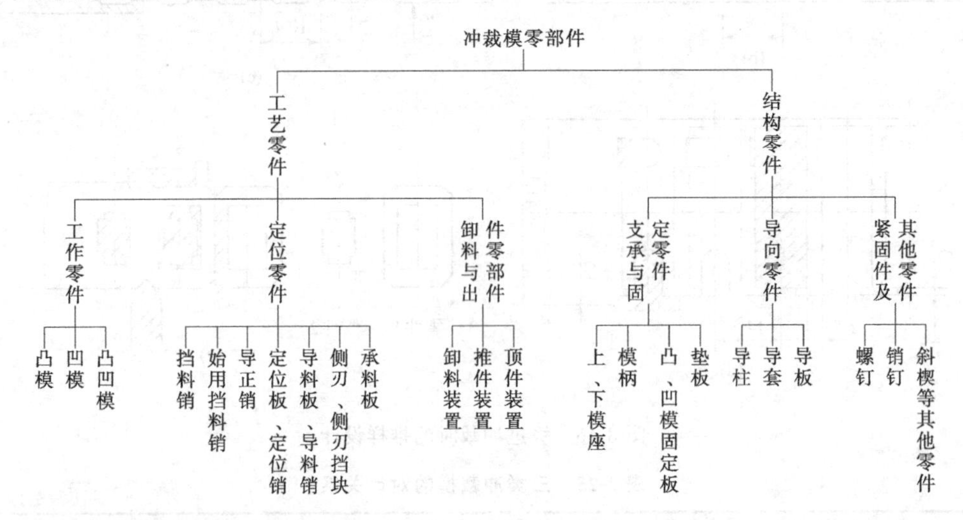

国家对中小型冷冲模先后制定了GB/T 2851.1～2861.16—1990、GB/T 2861.17—1981等标准。这些标准根据模具类型、导向方式、凹模形状等不同，规定了14种典型组合形式。每一种典型组合中，又规定了多种模架类型及相应的凹模周界尺寸（长×宽或直径）、凹模厚度、凸模长度和固定板、卸料板、垫板、导料板等模板的具体尺寸，还规定了选用标准件的种类、规格、数量、布置方式、有关的尺寸及技术条件等。这样，在模具设计时，重点就只需放在工作零件的设计上，其他零件可尽量选用标准件或选用标准件后再进行二次加工，简化了模具设计，缩短了设计周期，同时为模具计算机辅助设计奠定了基础。为此，本节着重介绍冲裁模各主要零部件的结构、设计要点及标准选用等基本知识。关于冲裁模零件的材料、热处理要求与选用将在第八章第二节中介绍。

一、工作零件

1．凸模

（1）凸模的结构形式与固定方法　由于冲件的形状和尺寸不同，生产中使用的凸模结构形式很多：按整体结构分，有整体式（包括阶梯式和直通式）、护套式和镶拼式；按截面形状分，有圆形和非圆形；按刃口形状分，有平刃和斜刃等。但不管凸模的结构形状如何，其基本结构均由两部分组成：一是工作部分，用以成形冲件；二是安装部分，用来使凸模正确地固定在模座上。对刃口尺寸不大的小凸模，从增加刚度等因素考虑，可在这两部分之间增加过渡段，如图 3-47 所示。

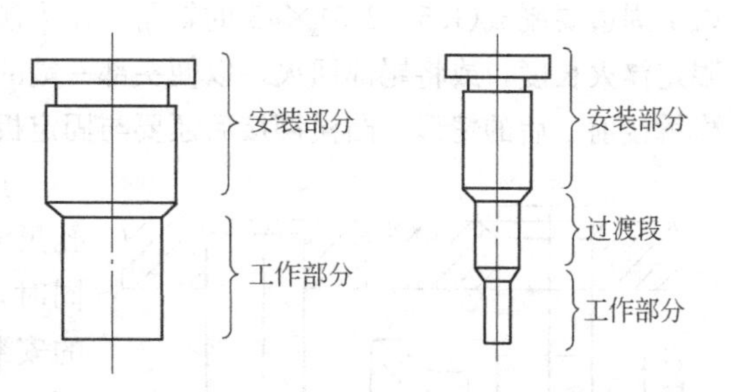

图 3-47 凸模的结构组成

凸模的固定方法有台肩固定、铆接固定、黏结剂浇注固定、螺钉与销钉固定等。

下面分别介绍整体式圆形与非圆形凸模及护套式小孔凸模的结构形式与固定方式。

① 圆形凸模。为了保证强度、刚度及便于加工与装配，圆形凸模常做成圆滑过渡的阶梯形，前端直径为 d 的部分是具有锋利刃口的工作部分，中间直径为 D 的部分是安装部分，它与固定板按 H7/m6 或 H7/n6 配合，尾部台肩是为了保证卸料时凸模不致被拉出。

圆形凸模已经标准化，图 3-48 所示为标准圆形凸模的三种结构形式及固定方法。其中，图 3-48(a) 用于较大直径的凸模，图 3-48(b) 用于较小直径的凸模，它们都采用台肩式固定；图 3-48(c) 是快换式小凸模，维修更换方便。标准凸模一般根据计算所得的刃口直径 d 和长度要求选用。

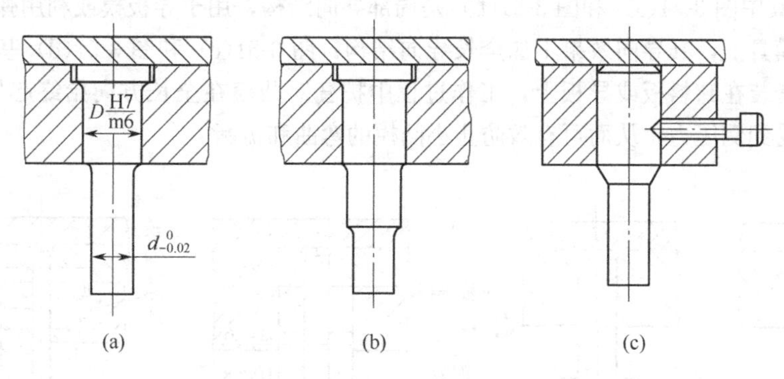

图 3-48 标准圆形凸模的结构及固定

② 非圆形凸模。非圆形凸模一般有阶梯式［见图 3-49(a)、(b)］和直通式［见图 3-49(c)～(e)］。为了便于加工，阶梯式非圆形凸模的安装部分通常做成简单的圆形或方形，用台肩或铆接法固定在固定板上，安装部分为圆形时还应在固定端接缝处打入防转销。直通式非圆形凸模便于用线切割或成形铣、成形磨削加工，通常用铆接法或黏结剂浇注法固定在固定板上，尺寸较大的凸模也可直接通过螺钉和销钉固定。

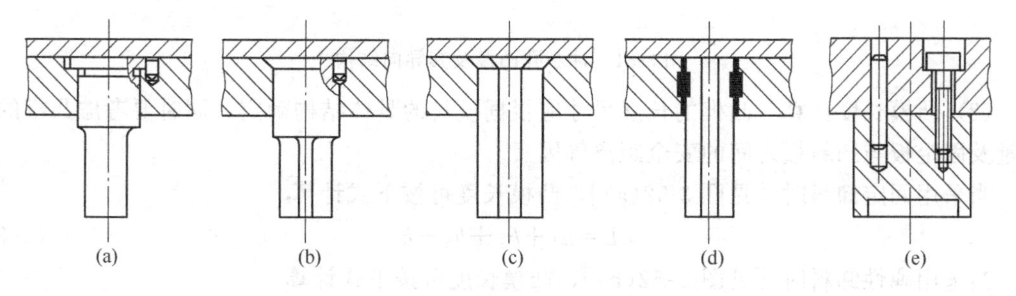

图 3-49 非圆形凸模的结构及固定

采用铆接法固定凸模时，凸模与固定板安装孔仍按 H7/m6 或 H7/n6 配合，同时安装孔的上端沿周边要制成(1.5～2.5)×45°的斜角，作为铆窝。铆接时一般用手锤击打头部，因此凸模必须限定淬火长度，或将尾部回火，以便头部一端的材料保持较低硬度，图 3-50(a)、(b) 分别表示凸模铆接前、后的情形。凸模铆接后还要与固定板一起将铆端磨平（见图 2-34)。

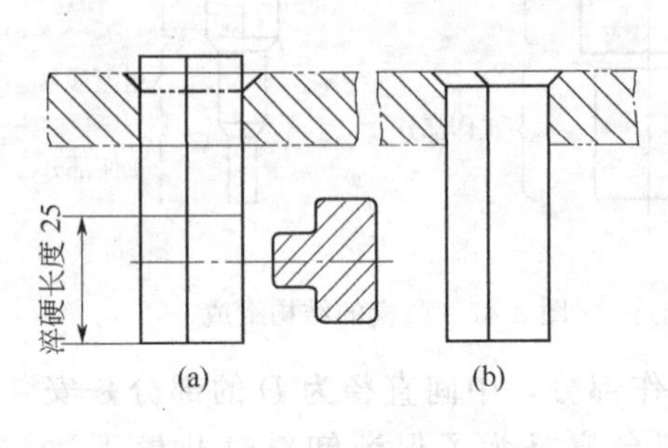

图 3-50 凸模的铆接固定

用黏结剂浇注法固定凸模时，固定板上的安装孔尺寸比凸模大，留有一定间隙以便填充黏结剂。同时，为了黏结牢靠，在凸模固定端或固定板相应的安装孔上应开设一定的槽形（见图 2-35)。用黏结剂浇注固定法的优点是安装部位的加工要求低，特别对多凸模冲裁时可以简化凸模固定板的加工工艺，便于在装配时保证凸模与凹模的正确配合。常用的黏结剂有低熔点合金、环氧树脂、无机黏结剂等，各种黏结剂均有一定的配方，也有一定的配制方法，有的在市场上可以直接买到。

③ 冲小孔凸模。所谓小孔通常是指孔径 d 小于被冲板料的厚度或直径 $d<1\text{mm}$ 的圆孔和面积 $A<1\text{mm}^2$ 的异形孔。冲小孔的凸模强度和刚度差，容易弯曲和折断，所以必须采取措施提高它的强度和刚度。生产实际中，最有效的措施之一就是对小凸模增加起保护作用的导向结构，如图 3-51 所示。其中图 3-51(a) 和图 3-51(b) 是局部导向结构，用于导板模或利用弹压卸料板对凸模进行导向的模具上，其导向效果不如全长导向结构；图 3-51(c) 和图 3-51(d) 基本上是全长导向保护，其护套装在卸料板或导板上，工作过程中护套对凸模在全长方向始终起导向保护作用，避免了小凸模受到侧压力，从而可有效防止小凸模的弯曲和折断。

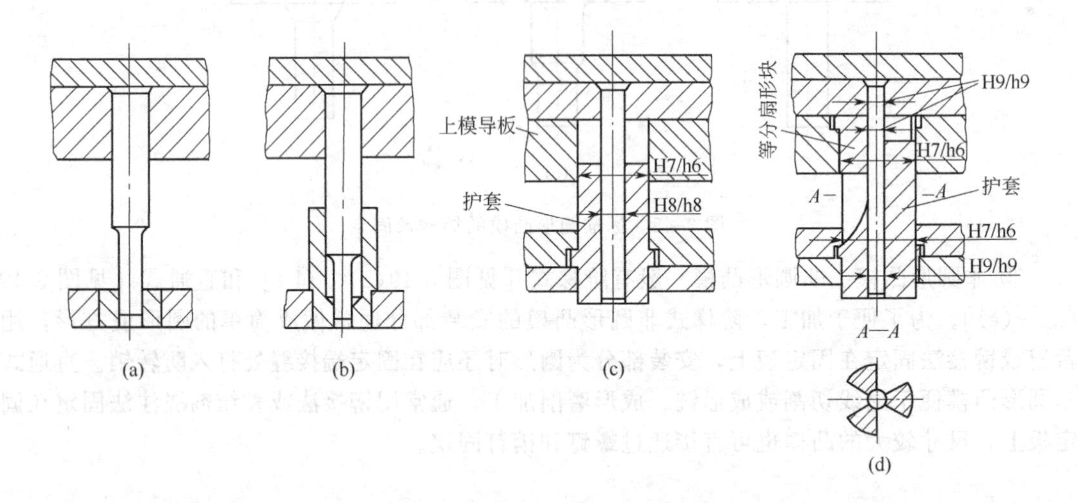

图 3-51 冲小孔凸模及其导向结构

(2) 凸模长度计算 凸模的长度尺寸应根据模具的具体结构确定，同时要考虑凸模的修磨量及固定板与卸料板之间的安全距离等因素。

当采用固定卸料时［见图 3-52(a)］，凸模长度可按下式计算

$$L=h_1+h_2+h_3+h \tag{3-33}$$

当采用弹性卸料时［见图 3-52(b)］，凸模长度可按下式计算

$$L=h_1+h_2+h_4 \tag{3-34}$$

式中 L——凸模长度，mm；

h_1——凸模固定板厚度，mm；

h_2——卸料板厚度，mm；

h_3——导料板厚度，mm；

h_4——卸料弹性元件被预压后的厚度，mm；

h——附加长度，mm；它包括凸模的修磨量、凸模进入凹模的深度、凸模固定板与卸料板之间的安全距离等，一般取 $h=15\sim20$ mm。

若选用标准凸模，按照上述方法算得凸模长度后，还应根据冲模标准中的凸模长度系列选取最接近的标准长度作为实际凸模的长度。

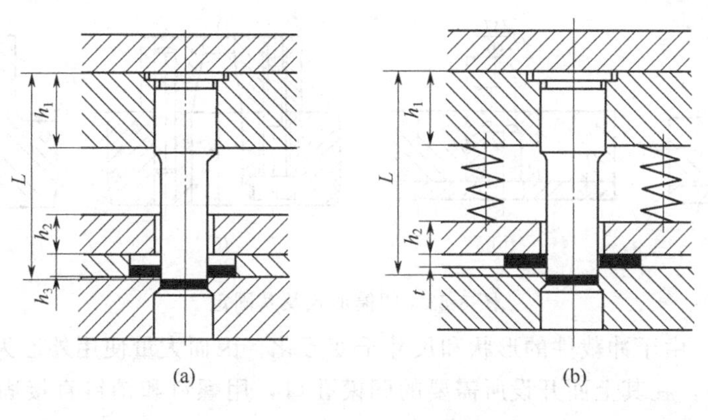

图 3-52　凸模长度的计算

(3) 凸模的强度与刚度校核　一般情况下，凸模的强度和刚度是足够的，没有必要进行校核。但是当凸模的截面尺寸很小而冲裁的板料厚度较大，或根据结构需要确定的凸模特别细长时，则应进行承压能力和抗纵向弯曲能力的校核。

冲裁凸模的强度与刚度校核计算公式见表 3-26。

表 3-26　冲裁凸模强度与刚度校核计算公式

校核内容	计算公式			式中符号意义
弯曲应力	简图	无导向（d、L）	有导向（d、L）	L——凸模允许的最大自由长度，mm d——凸模最小直径，mm A——凸模最小断面积，mm^2 J——凸模最小断面的惯性矩，mm^4 F——冲裁力，N t——冲压材料厚度，mm τ——冲压材料抗剪强度，MPa $[\sigma_{压}]$——凸模材料的许用压应力，MPa，碳素工具钢淬火后的许用压应力一般为淬火前的 1.5～3 倍
	圆形	$L\leqslant 90\dfrac{d^2}{\sqrt{F}}$	$L\leqslant 270\dfrac{d^2}{\sqrt{F}}$	
	非圆形	$L\leqslant 416\sqrt{\dfrac{J}{F}}$	$L\leqslant 1180\sqrt{\dfrac{J}{F}}$	
压应力	圆形	$d\geqslant\dfrac{5.2t\tau}{[\sigma_{压}]}$		
	非圆形	$A\geqslant\dfrac{F}{[\sigma_{压}]}$		

2. **凹模**

(1) 凹模的外形结构与固定方法　凹模的结构形式也较多，按外形可分为标准圆凹模和板状凹模；按结构分为整体式和镶拼式；按刃口形式也有平刃和斜刃。这里只介绍整体式平刃口凹模。

图 3-53(a)、(b) 所示为国家标准中的两种冲裁圆凹模及其固定方法，这两种圆凹模尺寸都不大，一般以 H7/m6 或 H7/r6 的配合关系压入凹模固定板，然后再通过螺钉、销钉将凹模固定板固定在模座上。这两种圆凹模主要用于冲孔（孔径 $d=1\sim28$ mm，料厚 $t<2$ mm），可根据使用要求及凹模的刃口尺寸从相应的标准中选取。

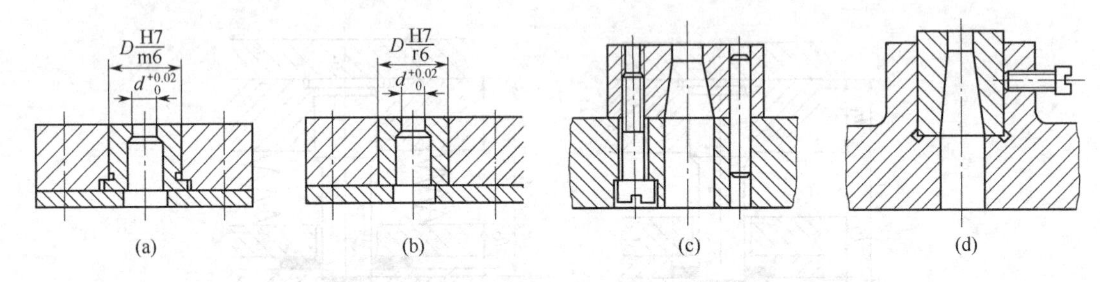

图 3-53　凹模形式及其固定

实际生产中，由于冲裁件的形状和尺寸千变万化，因而大量使用外形为矩形或圆形的凹模板（板状凹模），在其上面开设所需要的凹模孔口，用螺钉和销钉直接固定在模座上，如图 3-53(c) 所示。凹模板轮廓尺寸已经标准化，它与标准固定板、垫板和模座等配套使用，设计时可根据算得的凹模轮廓尺寸选用。

图 3-53(d) 所示为快换式冲孔凹模及其固定方法。

凹模采用螺钉和销钉定位固定时，要保证螺孔间、螺孔与销孔间及螺孔或销孔与凹模刃口间的距离不能太近，否则会影响模具寿命。一般螺孔与销孔间、螺孔或销孔与凹模刃口间的距离取大于两倍孔径值，其最小许用值可参考表 3-27。

表 3-27　螺孔、销孔之间及至刃壁的最小距离　　mm

简图		销　螺孔　C　A　A　C		B　C　刃口			销孔　D　D	
螺钉孔		M6	M8	M10	M12	M16	M20	M24
A	淬火	10	12	14	16	20	25	30
	不淬火	8	10	11	13	16	20	25
B	淬火	12	14	17	19	24	28	35
C	淬火	5						
	不淬火	3						
销钉孔		$\phi4$	$\phi6$	$\phi8$	$\phi10$	$\phi12$	$\phi16$	$\phi20$
D	淬火	7	9	11	12	15	16	20
	不淬火	4	6	7	8	10	13	16

（2）凹模刃口的结构形式　冲裁凹模刃口形式有直筒形和锥形两种，选用时主要根据冲件的形状、厚度、尺寸精度以及模具的具体结构来决定。表 3-28 列出了冲裁凹模刃口的形式、主要参数、特点及应用，可供设计选用时参考。

表 3-28　冲裁凹模的刃口形式

刃口形式	序号	简图	特点及适用范围
直筒形刃口	1	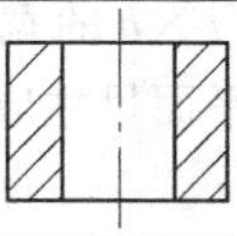	①刃口为直通式，强度高，修磨后刃口尺寸不变 ②用于冲裁大型或精度要求较高的零件，模具装有反向顶出装置，不适用于下漏料（或零件）的模具
	2	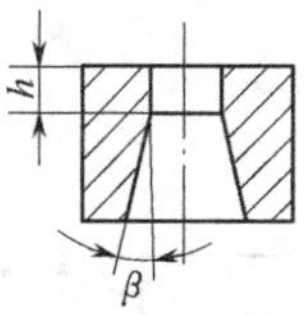 h　β	①刃口强度较高，修磨后刃口尺寸不变 ②凹模内易积存废料或冲裁件，尤其间隙小时刃口直壁部分磨损较快 ③用于冲裁形状复杂或精度要求较高的零件
	3	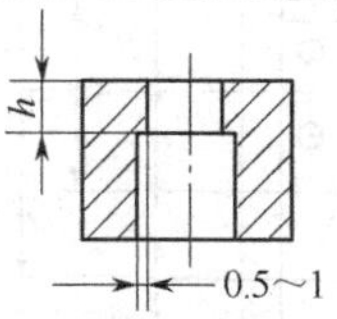 h　0.5～1	①特点同序号 2，且刃口直壁下面的扩大部分可使凹模加工简单，但采用下漏料方式时刃口强度不如序号 2 的刃口强度高 ②用于冲裁形状复杂、精度要求较高的中小型件，也可用于装有反向顶出装置的模具
	4	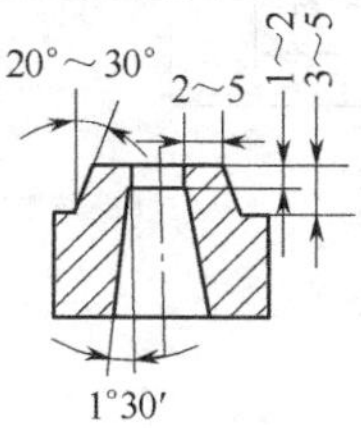 20°～30°　2～5　1～2　3～5　1°30′	①凹模硬度较低（有时可不淬火），一般为 40HRC 左右，可用手锤敲击刃口外侧斜面以调整冲裁间隙 ②用于冲裁薄而软的金属或非金属零件
锥形刃口	5	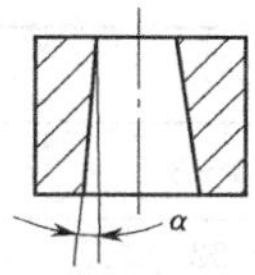 α	①刃口强度较差，修磨后刃口尺寸略有增大 ②凹模内不易积存废料或冲裁件，刃口内壁磨损较慢 ③用于冲裁形状简单、精度要求不高的零件
	6	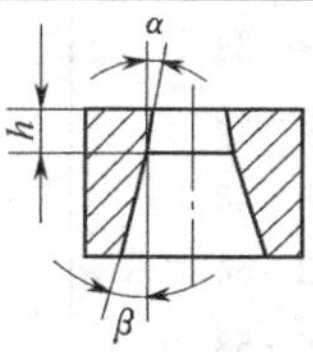 α　h　β	①特点同序号 5 ②可用于冲裁形状较复杂的零件

主要参数	材料厚度 t/mm	α/(′)	β/(°)	刃口高度 h/mm	备注
	<0.5 0.5～1 1～2.5	15	2	≥4 ≥5 ≥6	α 值适用于钳工加工。采用线切割加工时，可取 $\alpha=5'\sim20'$
	2.5～6 >6	30	3	≥8 ≥10	

（3）凹模轮廓尺寸的确定　凹模轮廓尺寸包括凹模板的平面尺寸 $L\times B$（长×宽）及厚度尺寸 H。从凹模刃口至凹模外边缘的最短距离称为凹模的壁厚 c。对于简单对称形状刃口的凹模，由于压力中心即为刃口对称中心，所以凹模的平面尺寸即可沿刃口型孔向四周扩大一个凹模壁厚来确定，如图 3-54(a) 所示，即

$$L=l+2c \qquad B=b+2c \tag{3-35}$$

式中 l——沿凹模长度方向刃口型孔的最大距离，mm；

b——沿凹模宽度方向刃口型孔的最大距离，mm；

c——凹模壁厚，mm，主要考虑布置螺孔与销孔的需要，同时也要保证凹模的强度和刚度，计算时可参考表 3-29 选取。

对于多型孔凹模，如图 3-54(b) 所示，设压力中心 O 沿矩形 $l\times b$ 的宽度方向对称，而沿长度方向不对称，则为了使压力中心与凹模板中心重合，凹模平面尺寸应按下式计算

$$L=l'+2c \qquad B=b+2c \tag{3-36}$$

式中，l'为沿凹模长度方向压力中心至最远刃口间距的 2 倍（mm）。

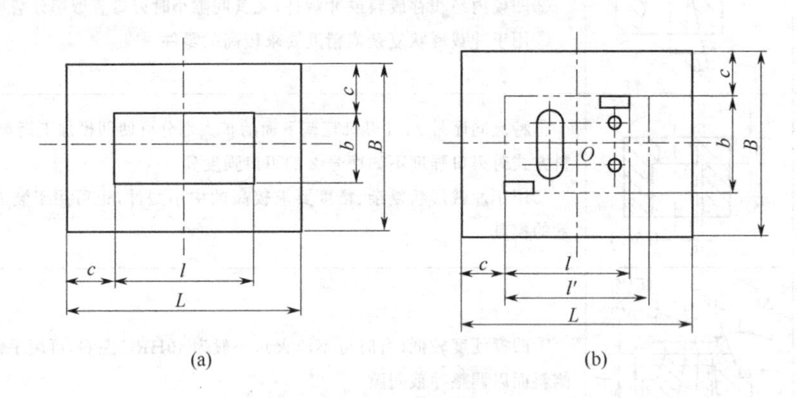

图 3-54 凹模轮廓尺寸的计算

表 3-29 凹模壁厚 c mm

条料宽度	冲件材料厚度 t			
	≤0.8	>0.8～1.5	>1.5～3	>3～5
≤40	20～25	22～28	24～32	28～36
>40～50	22～28	24～32	28～36	30～40
>50～70	28～36	30～40	32～42	35～45
>70～90	32～42	35～45	38～48	40～52
>90～120	35～45	40～52	42～54	45～58
>120～150	40～50	42～54	45～58	48～62

注：1. 冲件料薄时取表中较小值，反之取较大值。

2. 型孔为圆弧时取小值，为直边时取中值，为尖角时取大值。

凹模板的厚度主要是从螺钉旋入深度和凹模刚度的需要考虑的，一般应不小于 8 mm。随着凹模板平面尺寸的增大，其厚度也应相应增大。

整体式凹模板的厚度可按如下经验公式估算

$$H=K_1K_2\sqrt[3]{0.1F} \tag{3-37}$$

式中 F——冲裁力，N；

K_1——凹模材料修正系数，合金工具钢取 $K_1=1$，碳素工具钢取 $K_1=1.3$；

K_2——凹模刃口周边长度修正系数，可参考表 3-30 选取。

表 3-30 凹模刃口周边长度修正系数 K_2

刃口长度/mm	修正系数 K_2	刃口长度/mm	修正系数 K_2
＜50	1	150～300	1.37
50～75	1.12	300～500	1.5
75～150	1.25	＞500	1.6

以上算得的凹模轮廓尺寸 $L\times B\times H$，当设计标准模具时，或虽然设计非标准模具，但凹模板毛坯需要外购时，应将计算尺寸 $L\times B\times H$ 按冲模国家标准中凹模板的系列尺寸进行修正，取接近的较大规格的尺寸。

3．凸凹模

凸凹模是复合模中的主要工作零件，工作端的内外缘都是刃口，一般内缘与凹模刃口结构形式相同，外缘与凸模刃口结构形式相同，图 3-55 为凸凹模的常见结构及固定形式。

由于凸凹模内外缘之间的壁厚是由冲件孔边距决定的，所以当冲件孔边距离较小时必须考虑凸凹模强度，凸凹模强度不够时就不能采用复合模冲裁。凸凹模的最小壁厚与冲模的结构有关：正装式复合模因凸凹模内孔不积存废料，胀力小，最小壁厚可小些；倒装式复合模的凸凹模内孔一般积存废料，胀力大，最小壁厚应大些。

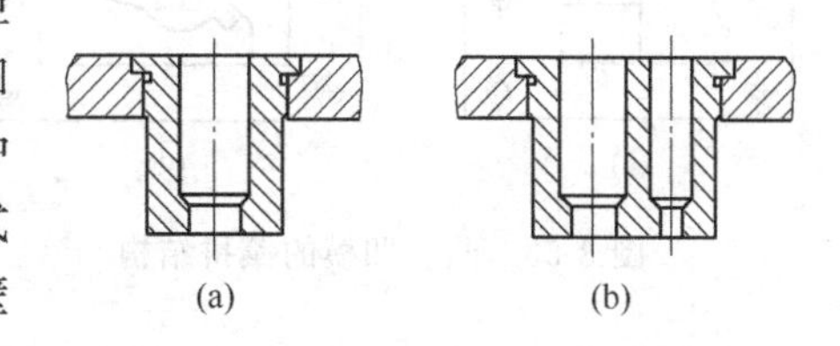

图 3-55 凸凹模的结构及固定

凸凹模的最小壁厚目前一般按经验数据确定：倒装式复合模可查表 3-31；对于正装式复合模，冲件材料为黑色金属时取其料厚的 1.5 倍，但不应小于 0.7mm，冲件材料为有色金属等软材料时取等于料厚的值，但不应小于 0.5mm。

表 3-31 倒装式复合模的凸凹模最小壁厚 mm

简 图											
材料厚度	0.4	0.6	0.8	1.0	1.2	1.4	1.6	1.8	2.0	2.2	2.5
最小壁厚 a	1.4	1.8	2.3	2.7	3.2	3.6	4.0	4.4	4.9	5.2	5.8
材料厚度	2.8	3.0	3.2	3.5	3.8	4.0	4.2	4.4	4.6	4.8	5.0
最小壁厚 a	6.4	6.7	7.1	7.6	8.1	8.5	8.8	9.1	9.4	9.7	10

4．凸模与凹模的镶拼结构

对于大、中型和形状复杂、局部薄弱的凸模或凹模，如果采用整体式结构，往往给锻造、机械加工及热处理带来困难，而且当发生局部损坏时，会造成整个凸、凹模的报废。为此，常采用镶拼结构的凸、凹模。

镶拼结构有镶接和拼接两种。镶接是将局部易磨损的部分另做一块，然后镶入凸、凹模

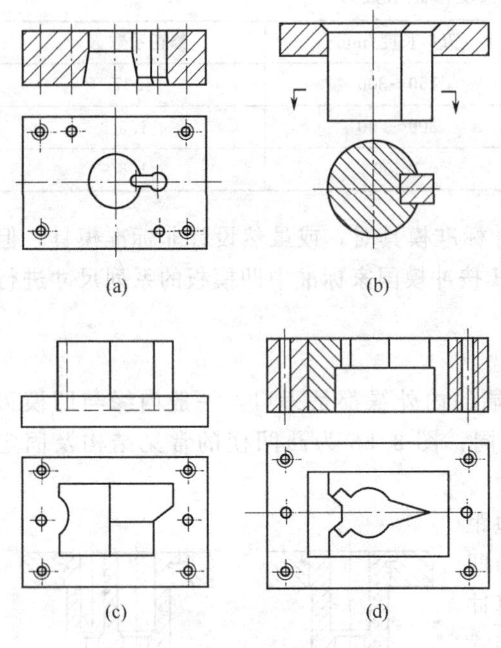

图 3-56 凸、凹模的镶拼结构

本体或固定板内，如图 3-56(a)、(b) 所示；拼接是将整个凸、凹模根据形状分段成若干块，再分别将各块加工后拼接起来，如图 3-56(c)、(d) 所示。

(1) 镶拼结构设计的一般原则

① 便于加工制造，减少钳工工作量，提高模具加工精度。为此应尽量将复杂的内形加工变成外形加工，以便于切削加工和磨削，如图 3-57(a)、(b)、(c) 所示；尽量使分割后拼块的形状与尺寸相同，以便对拼块进行同时加工和磨削，如图 3-57(c)、(d)、(e) 所示；应沿转角和尖角处分割，并尽量使拼块角度大于 90°，如图 3-57(f) 所示；圆弧尽量单独分块，拼接线应离切点 4～7mm 的直线处，大圆弧和长直线可分为几块，如图 3-57(i) 所示；拼接线应与刃口垂直，长度一般取 12～15mm，如图 3-57(i) 所示。

② 便于装配、调整和维修。为此对比较薄弱或容易磨损的局部凸出或凹进部分，应单独分为一块，如图 3-57(a)、(b)、(i) 所示；有中心距公差要求时，拼块之间应能通过磨削或增减垫片的方法来调整，如图 3-57(g)、(h) 所示；拼块之间尽量以凸、凹模槽形相嵌，便于拼块定位，防止冲裁过程中发生相对移动，

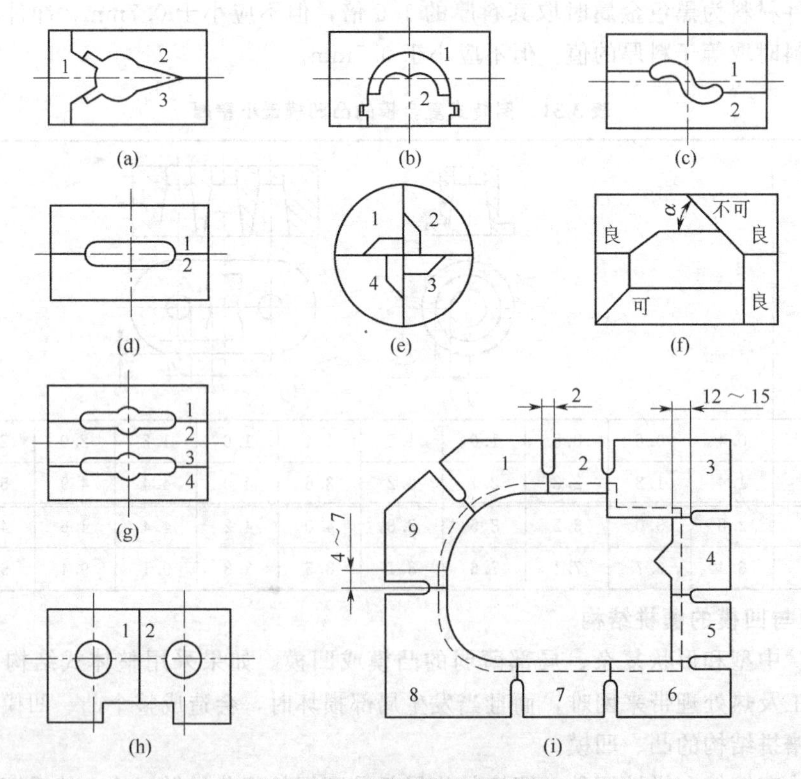

图 3-57 镶拼结构设计原则

如图 3-57(b) 所示。

③ 满足冲裁工艺要求，提高冲件质量。为此，凸模与凹模的拼接线应至少错开 3～5mm，以免冲件产生毛刺。

(2) 镶块结构的固定方法

① 平面式固定。即把拼块直接用螺钉、销钉紧固定位于固定板或模座平面上，如图 3-58(a) 所示。这种固定方法主要用于大型的镶拼凸、凹模。

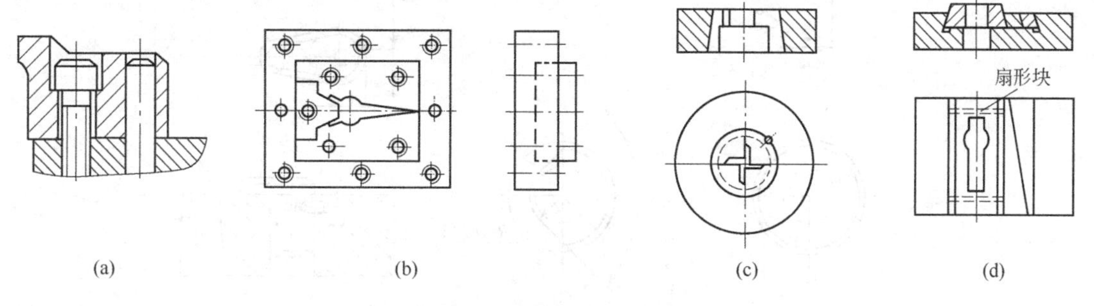

图 3-58　镶拼结构的固定

② 嵌入式固定。即把各拼块拼合后，采用过渡配合（K7/h6）嵌入固定板凹槽内，再用螺钉紧固，如图 3-58(b) 所示。这种方法多用于中小型凸、凹模镶块的固定。

③ 压入式固定。即把各拼块拼合后，采用过盈配合（U8/h7）压入固定板内，如图 3-58(c)所示。这种方法常用于形状简单的小型镶块的固定。

④ 斜楔式固定。即利用斜楔和螺钉把各拼块固定在固定板上，如图 3-58(d) 所示。拼块镶入固定板的深度应不小于拼块厚度的 1/3。这种方法也是中小型凹模镶块（特别是多镶块）常用的固定方法。

此外，还有用黏结剂浇注固定方法。

二、定位零件

定位零件的作用是使坯料或工序件在模具上相对凸、凹模有正确的位置。定位零件的结构形式很多，用于对条料进行定位的定位零件有挡料销、导料销、导料板、侧压装置、导正销、侧刃等；用于对工序件进行定位的定位零件有定位销、定位板等。

定位零件基本上都已标准化，可根据坯料或工序件形状、尺寸、精度及模具的结构形式与生产率要求等选用相应的标准。

(1) 挡料销　挡料销的作用是挡住条料搭边或冲件轮廓以限定条料送进的距离。根据挡料销的工作特点及作用分为固定挡料销、活动挡料销和始用挡料销。

① 固定挡料销。固定挡料销一般固定在位于下模的凹模上。国家标准中的固定挡料销结构如图 3-59(a) 所示，该类挡料销广泛用于冲压中、小型冲件时的挡料定距，其缺点是销孔距凹模孔口较近，削弱了凹模的强度。图 3-59(b) 所示是一种部颁标准中的钩形挡料销，这种挡料销的销孔距凹模孔口较远，不会削弱凹模的强度，但为了防止钩头在使用过程中发生转动，需增加防转销，从而增加了制造工作量。

② 活动挡料销。当凹模安装在上模时，挡料销只能设置在位于下模的卸料板上。此时若在卸料板上安装固定挡料销，因凹模上要开设让开挡料销的让位孔会削弱凹模的强度，这时应采用活动挡料销。

国家标准中的活动挡料销结构如图 3-60 所示，其中图 3-60(a) 为压缩弹簧弹顶挡料

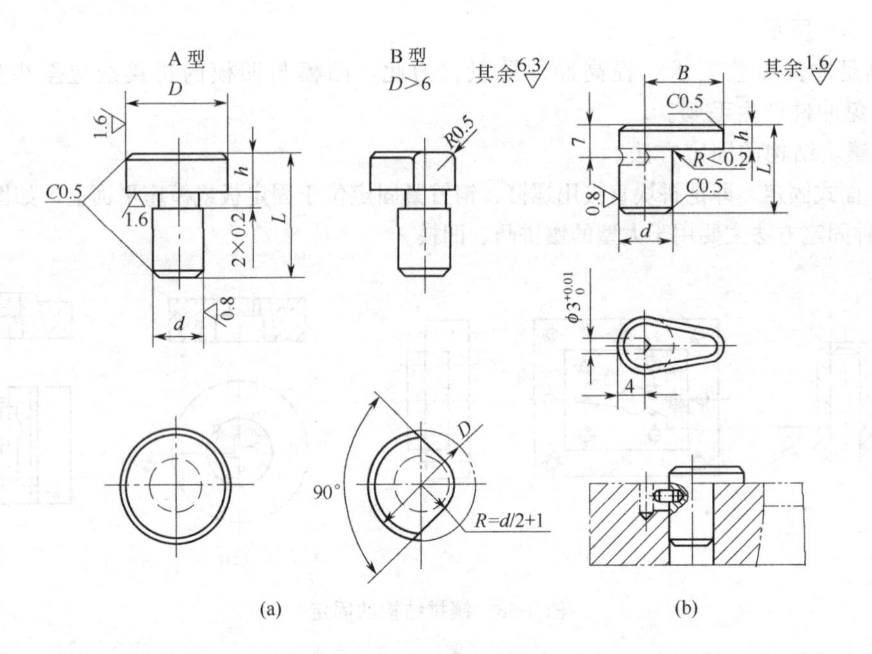

图 3-59 固定挡料销

销；图 3-60(b) 为扭簧弹顶挡料销；图 3-60(c) 为橡胶（直接依靠卸料装置中的弹性橡胶）弹顶挡料销；图 3-60(d) 为回带式挡料装置，这种挡料销对着送料方向带有斜面，送料时搭边碰撞斜面使挡料销跳起并越过搭边，然后将条料后拉，挡料销便挡住搭边而定位，即每次送料都要先推后拉，作方向相反的两个动作，操作比较麻烦。采用哪一种结构形式的挡料销需根据卸料方式、卸料装置具体结构及操作等因素决定。回带式挡料销常用于有固定卸料板或导板的模具上（见图 3-32），其他形式的挡料销常用于具有弹性

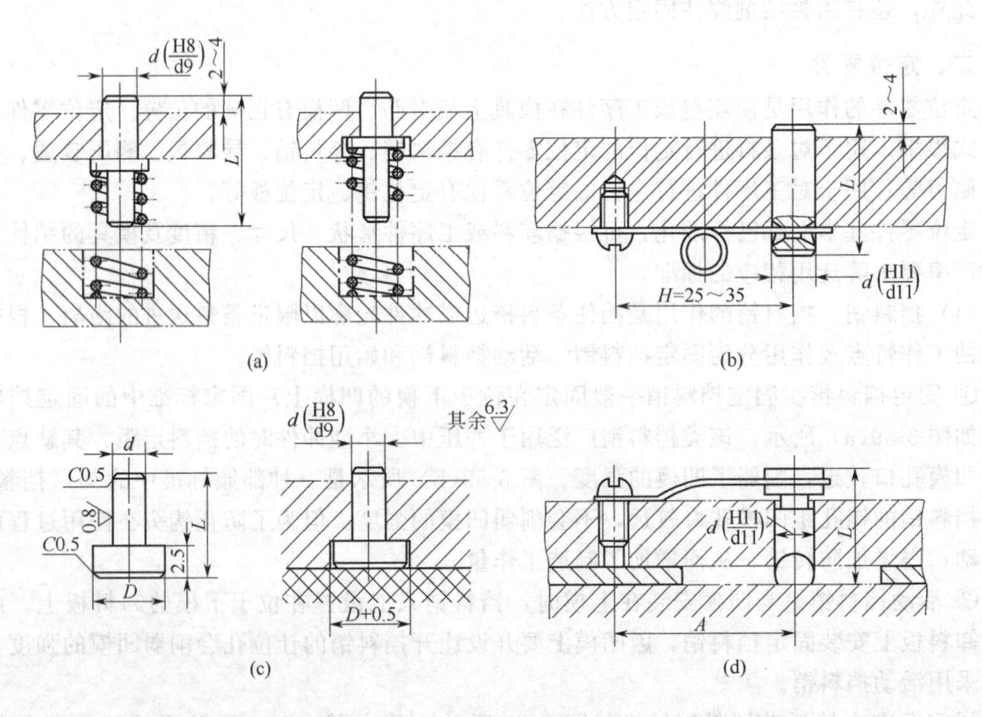

图 3-60 活动挡料销

卸料板的模具上（见图 3-30）。

③ 始用挡料销。在条料开始送进时起定位作用，以后送进时不再起定位作用。采用始用挡料销的目的是为了提高材料的利用率。图 3-61 所示为国家标准的始用挡料销。

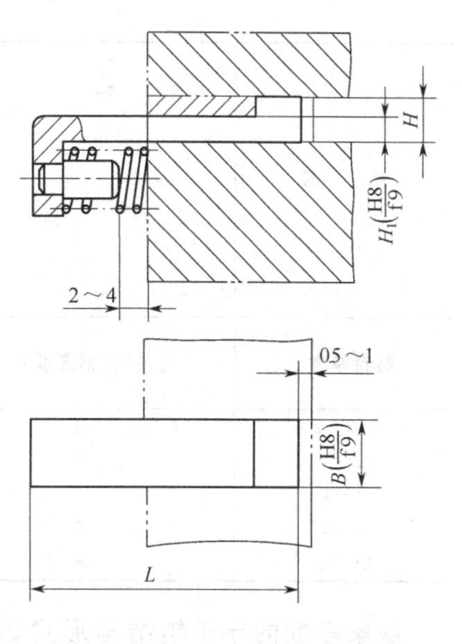

图 3-61　始用挡料销

始用挡料销一般用于条料以导料板导向的级进模（见图 3-42）或单工序模（见图 3-32）中。一副模具中用几个始用挡料销，决定于冲件的排样方法和凹模上的工位安排。

（2）导料销　导料销的作用是保证条料沿正确的方向送进。导料销一般设两个，并位于条料的同一侧，条料从右向左送进时位于后侧，从前向后送进时位于左侧。导料销可设在凹模面上（一般为固定式的），也可设在弹压卸料板上（一般为活动式的），还可设在固定板或下模座上，用挡料螺栓代替。

固定式和活动式导料销的结构与固定式和活动式挡料销基本一样，可从标准中选用。导料销多用于单工序模或复合模中。

（3）导料板　导料板的作用与导料销相同，但采用导料板定位时操作更方便，在采用导板导向或固定卸料的冲模中必须用导料板导向。导料板一般设在条料两侧，其结构有两种：一种是国家标准结构，如图 3-62(a) 所示，它与导板或固定卸料板分开制造；另一种是与导板或固定卸料板制成整体的结构，如图 3-62(b) 所示。为使条料沿导料板顺利通过，两导料板间距离应略大于条料最大宽度，导料板厚度 H 取决于挡料方式和板料厚度，以便于送料为原则。采用固定挡料销时，导料板厚度见表 3-32。

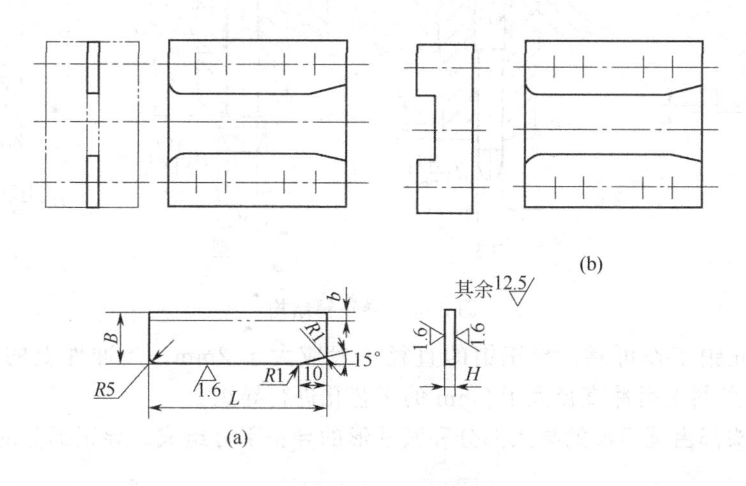

图 3-62　导料板结构

（4）导正销　使用导正销的目的是消除送料时用挡料销、导料板（或导料销）等定位零件作粗定位时的误差，保证冲件在不同工位上冲出的内形与外形之间的相对位置公差要求。导正销主要用于级进模（见图 3-42），也可用于单工序模。导正销通常设置在落料凸模上，与挡料销配合使用，也可与侧刃配合使用。

表 3-32　导料板厚度　　mm

简　图	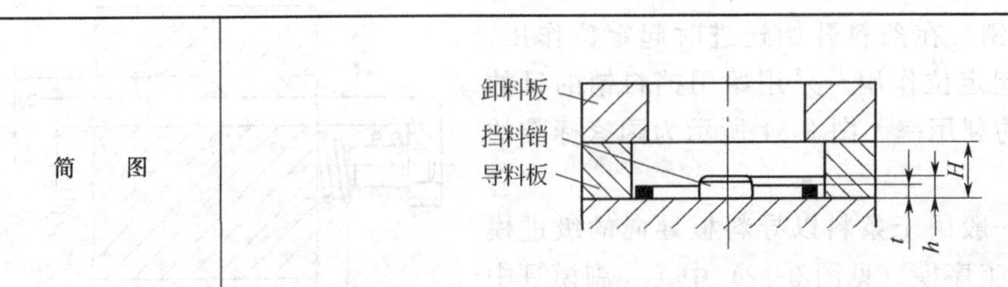		
材料厚度 t	挡料销高度 h	导料板厚度 H	
		固定挡料销	自动挡料销或侧刃
0.3～2	3	6～8	4～8
2～3	4	8～10	6～8
3～4	4	10～12	8～10
4～6	5	12～15	8～10
6～10	8	15～25	10～15

国家标准的导正销结构形式如图 3-63 所示，其中 A 型用于导正 $d=2\sim12$mm 的孔；B 型用于导正 $d\leqslant10$mm 的孔，也可用于级进模上对条料工艺孔的导正，导正销背部的压缩弹簧在送料不准确时可避免导正销的损坏；C 型用于导正 $d=4\sim12$mm 的孔，导正销拆卸方便，且凸模刃磨后导正销长度可以调节；D 型可用于导正 $d=12\sim50$mm 的孔。

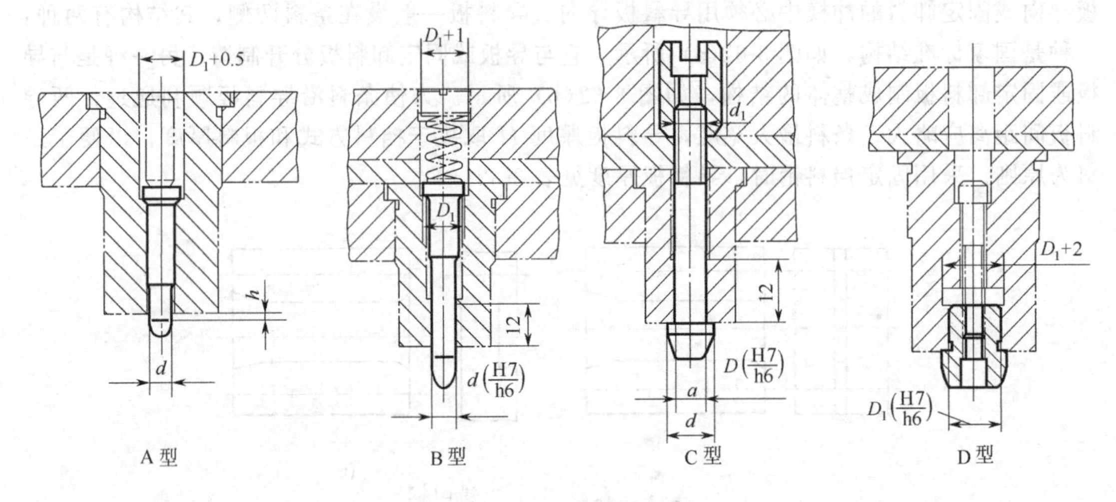

图 3-63　导正销结构

为了使导正销工作可靠，导正销的直径一般应大于 2mm。当冲件上的导正孔径小于 2mm 时，可在条料上另冲直径大于 2mm 的工艺孔进行导正。

导正销的头部由圆锥形的导入部分和圆柱形的导正部分组成。导正部分的直径可按下式计算

$$d=d_p-a \tag{3-38}$$

式中　d——导正销导正部分直径，mm；

d_p——导正孔的冲孔凸模直径，mm；

a——导正销直径与冲孔凸模直径的差值，mm，可参考表 3-33 选取。

表 3-33　导正销与冲孔凸模间的差值 a　mm

冲件料厚 t	冲孔凸模直径 d_p						
	1.5～6	>6～10	>10～16	>16～24	>24～32	>32～42	>42～60
<1.5	0.04	0.06	0.06	0.08	0.09	0.10	0.12
1.5～3	0.05	0.07	0.08	0.10	0.12	0.14	0.16
3～5	0.06	0.08	0.10	0.12	0.16	0.18	0.20

导正部分的直径公差可按 h6～h9 选取。导正部分的高度一般取 $h=(0.5\sim1)t$，或按表 3-34 选取。

表 3-34　导正销导正部分高度 h　mm

冲件料厚 t	导正孔直径 d		
	1.5～10	>10～25	>25～50
<1.5	1	1.2	1.5
1.5～3	0.6t	0.8t	t
3～5	0.5t	0.6t	0.8t

由于导正销常与挡料销配合使用，挡料销只起粗定位作用，所以挡料销的位置应能保证导正销在导正过程中条料有被前推或后拉少许的可能。挡料销与导正销的位置关系如图 3-64所示。

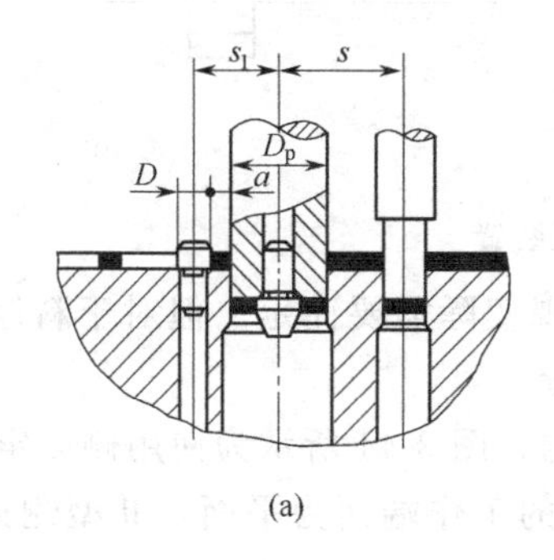

(a)

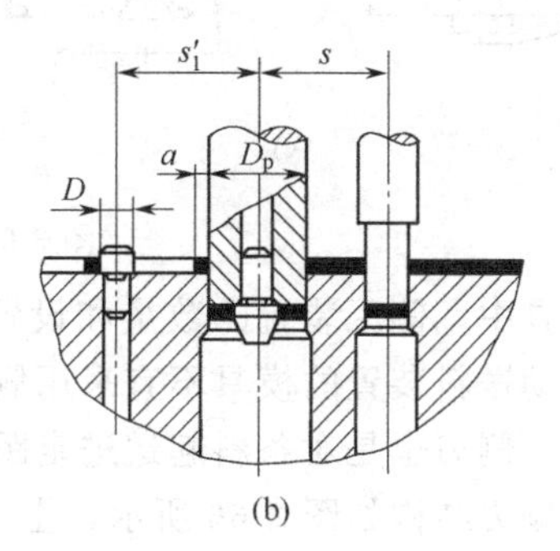

(b)

图 3-64　挡料销与导正销的位置关系

按图 3-64(a) 方式定位时，挡料销与导正销的中心距为

$$s_1=s-\frac{D_p}{2}+\frac{D}{2}+0.1 \tag{3-39}$$

按图 3-64(b) 方式定位时，挡料销与导正销的中心距为

$$s_1'=s+\frac{D_p}{2}-\frac{D}{2}-0.1 \tag{3-40}$$

式中　s_1，s_1'——挡料销与导正销的中心距，mm；

s——送料进距，mm；

D_p——落料凸模直径，mm；

D——挡料销头部直径，mm。

(5) 侧压装置　如果条料的公差较大，为避免条料在导料板中偏摆，使最小搭边得到保证，应在送料方向的一侧设置侧压装置，使条料始终紧靠导料板的另一侧送料。

侧压装置的结构形式如图 3-65 所示。其中图 3-65(a) 是弹簧式侧压装置，其侧压力较大，常用于被冲材料较厚的冲裁模；图 3-65(b) 是簧片侧压装置，侧压力较小，常用于被冲材料厚度为 0.3～1mm 的冲裁模；图 3-65(c) 是簧片压块式侧压装置，其应用场合同图

3-65(b)；图 3-65(d) 是板式侧压装置，侧压力大且均匀，一般装在模具进料一端，适用于侧刃定距的级进模。上述四种结构形式中，图 3-65(a) 和图 3-65(b) 两种形式已经标准化。

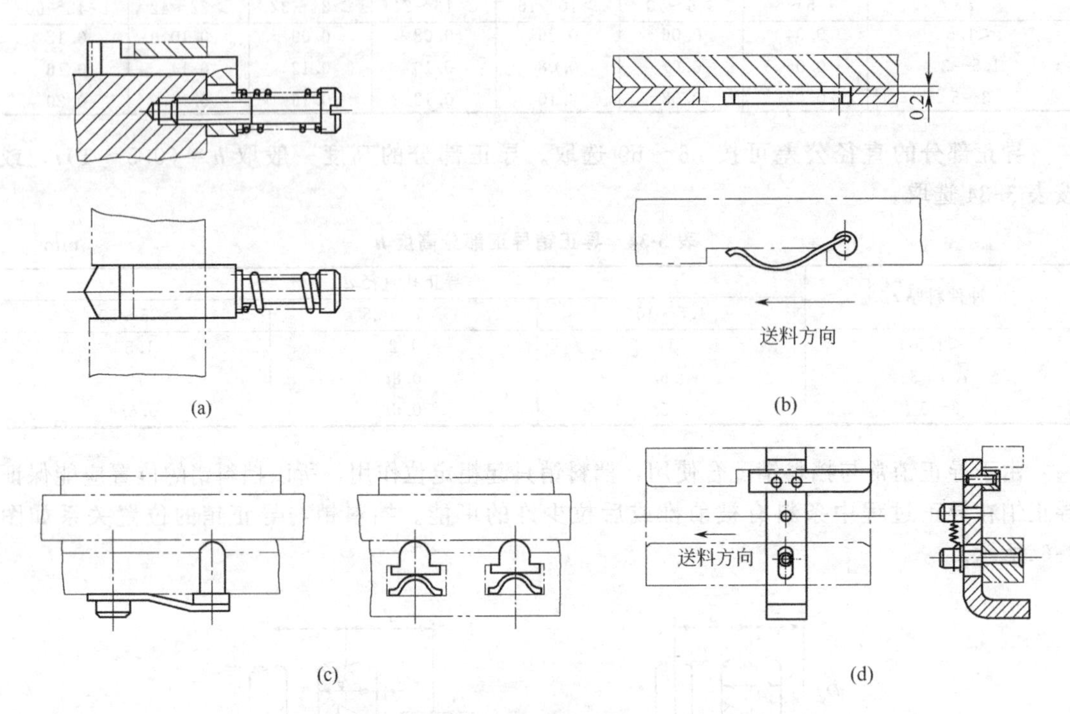

图 3-65　侧压装置

在一副模具中，侧压装置的数量和设置位置视实际需要而定。但对于料厚小于 0.3mm 及采用辊轴自动送料装置的模具不宜采用侧压装置。

(6) 侧刃　侧刃也是对条料起送进定距作用的，图 3-44 所示为使用侧刃定距的级进模。国家标准中的侧刃结构如图 3-66 所示，Ⅰ型侧刃的工作端面为平面，Ⅱ型侧刃的工作端面

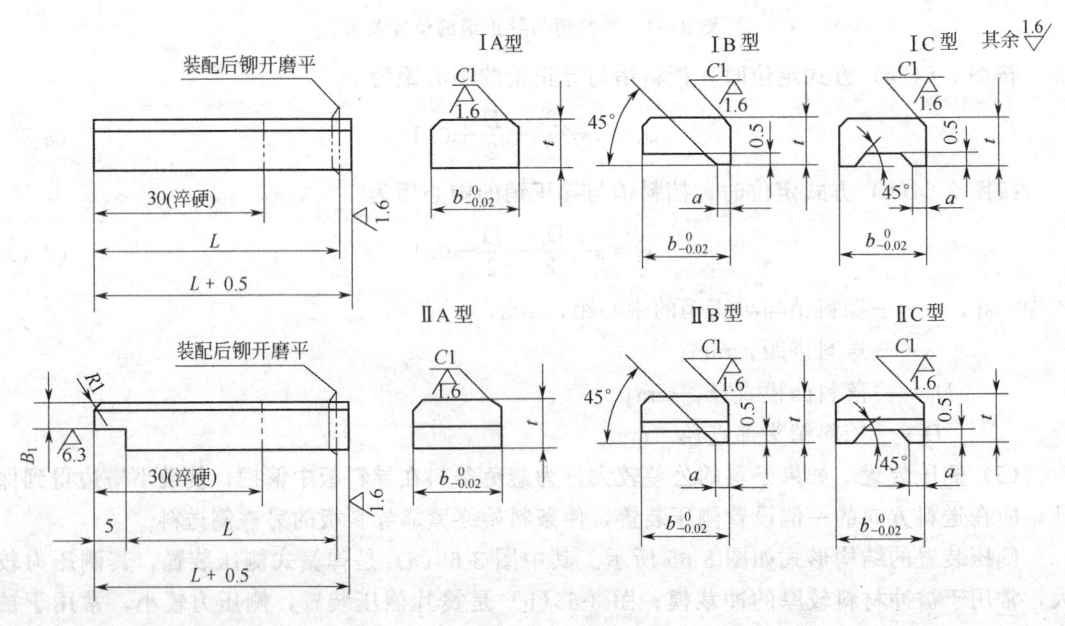

图 3-66　侧刃结构

为台阶面。台阶面侧刃在冲切前凸出部分先进入凹模起导向作用，可避免因侧刃单边冲切时产生的侧压力导致侧刃损坏。Ⅰ型和Ⅱ型侧刃按断面形状都分为长方形侧刃和成形侧刃，长方形侧刃（ⅠA型、ⅡA型）结构简单，易于制造，但当侧刃刃口尖角磨损后，在条料侧边形成的毛刺会影响送进和定位的准确性，如图 3-67(a) 所示。成形侧刃（ⅠB型、ⅡB型、ⅠC型、ⅡC型）如果磨损后在条料侧边形成的毛刺离开了导料板和侧刃挡块的定位面，因而不影响送进和定位的准确性，如图 3-67(b) 所示，但这种侧刃消耗材料增多，结构较复杂，制造较麻烦。长方形侧刃一般用于板料厚度小于 1.5mm、冲件精度要求不高的送料定距；成形侧刃用于板料厚度小于 0.5mm、冲件精度要求较高的送料定距。

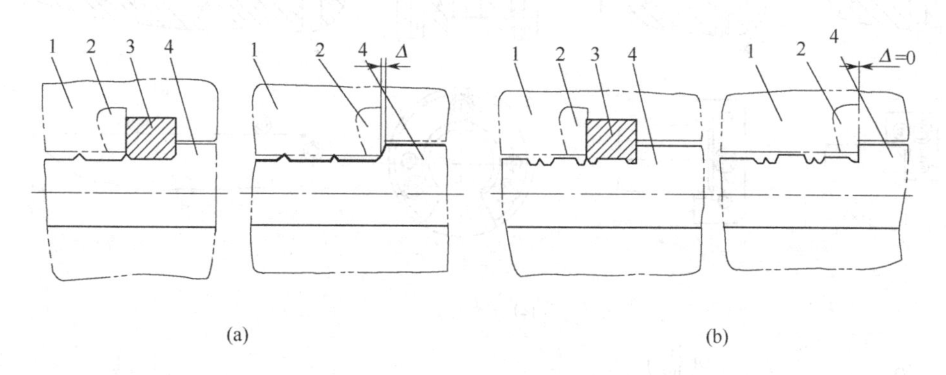

图 3-67　侧刃定位误差比较

1—导料板；2—侧刃挡块；3—侧刃；4—条料

生产实际中，还可采用既可起定距作用，又可成形冲件部分轮廓的特殊侧刃，如图3-68所示中的侧刃 1 和 2。

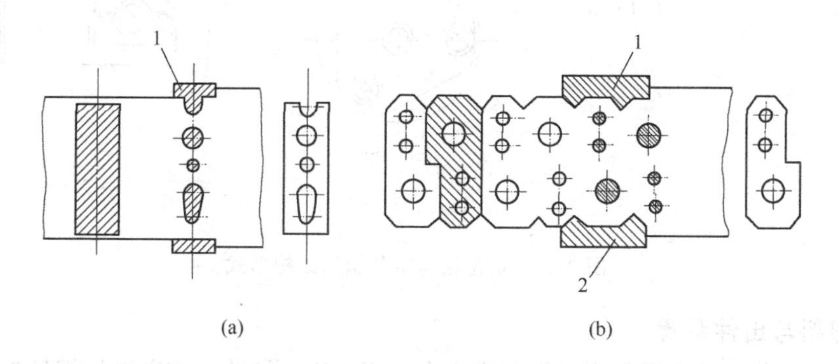

图 3-68　特殊侧刃

1，2—特殊侧刃

侧刃相当于一种特殊的凸模，按与凸模相同的固定方式固定在凸模固定板上，长度与凸模长度基本相同。侧刃断面的主要尺寸是宽度 b，其值原则上等于送料进距，但对长方形侧刃和侧刃与导正销兼用时，宽度 b 按下式确定

$$b=[s+(0.05\sim0.1)]_{-\delta_c}^{0} \tag{3-41}$$

式中　b——侧刃宽度，mm；

s——送料进距，mm；

δ_c——侧刃宽度制造公差，可取 h6。

侧刃的其他尺寸可参考标准确定。侧刃凹模按侧刃实际尺寸配制，留单边间隙与冲裁间隙相同。

（7）定位板与定位销　定位板和定位销是作为单个坯料或工序件的定位用。常见的定位板和定位销的结构形式如图 3-69 所示，其中图 3-69(a) 是以坯料或工序件的外缘作定位基准；图 3-69(b) 是以坯料或工序件的内缘作定位基准。具体选择哪种定位方式，应根据坯料或工序件的形状、尺寸大小和冲压工序性质等决定。定位板的厚度或定位销的定位高度应比坯料或工序件厚度大1～2mm。

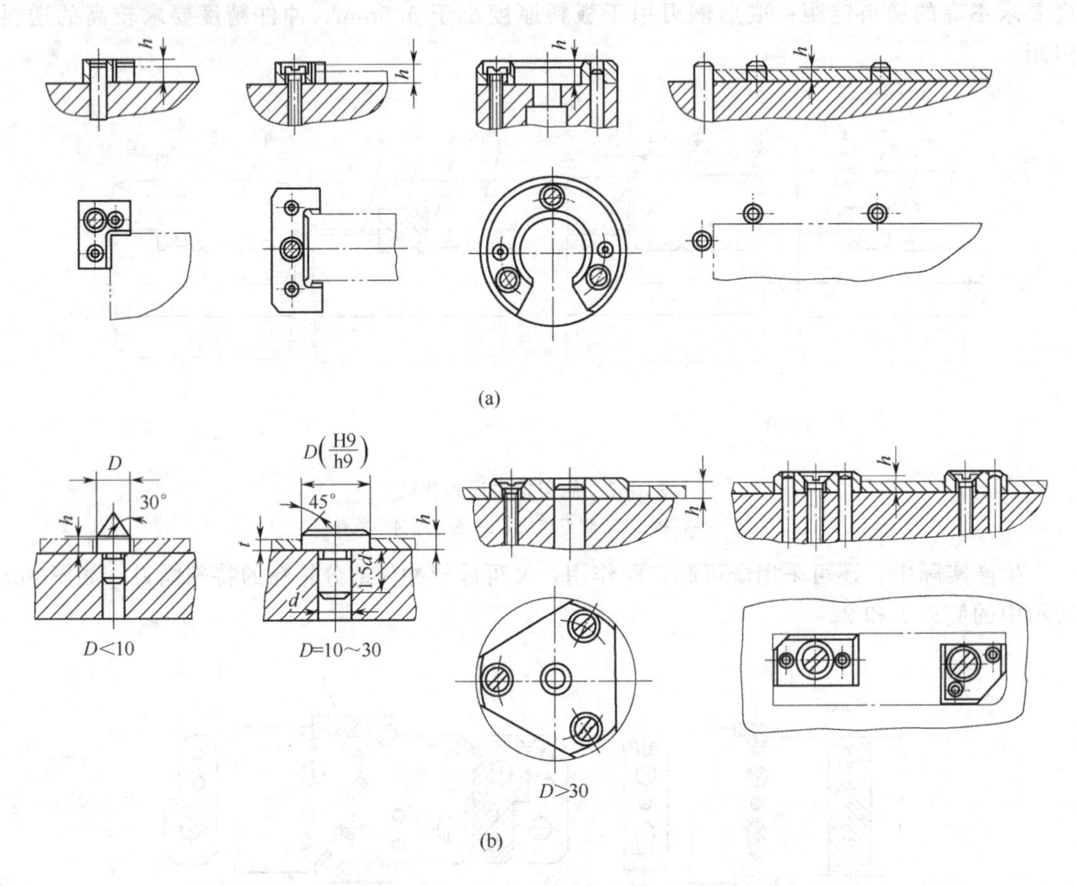

图 3-69　定位板与定位销的结构形式

三、卸料与出件装置

卸料与出件装置的作用是当冲模完成一次冲压之后，把冲件或废料从模具工作零件上卸下来，以便冲压工作继续进行。通常，把冲件或废料从凸模上卸下称为卸料，把冲件或废料从凹模中卸下称为出件。

1. 卸料装置

卸料装置按卸料方式分为固定卸料装置、弹性卸料装置和废料切刀三种。

（1）固定卸料装置　固定卸料装置仅由固定卸料板构成，一般安装在下模的凹模上。生产中常用的固定卸料装置的结构如图 3-70 所示，其中图 3-70(a) 和图 3-70(b) 用于平板件的冲裁卸料，图 3-70(c) 和图 3-70(d) 用于经弯曲或拉深等成形后的工序件的冲裁卸料。

固定卸料板的平面外形尺寸一般与凹模板相同，其厚度可取凹模厚度的 0.8～1 倍。当

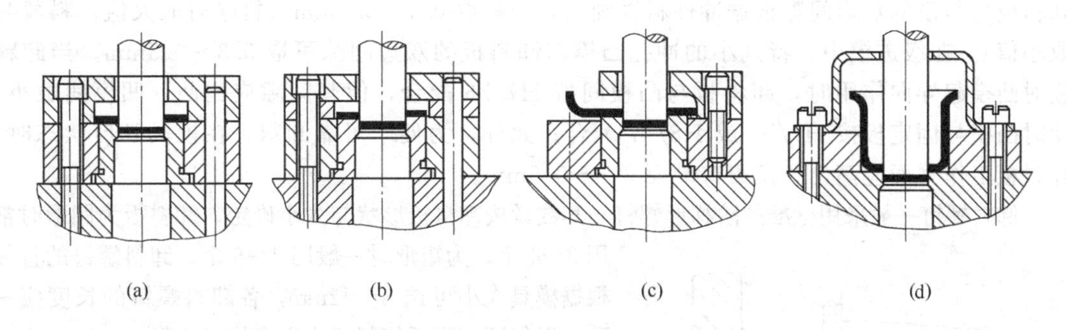

图 3-70　固定卸料装置

卸料板仅起卸料作用时，凸模与卸料板的双边间隙一般取 0.2～0.5mm（板料薄时取小值，板料厚时取大值）。当固定卸料板兼起导板作用时，凸模与导板之间一般按 H7/h6 配合，但应保证导板与凸模之间的间隙小于凸、凹模之间的冲裁间隙，以保证凸、凹模的正确配合。

固定卸料装置卸料力大，卸料可靠，但冲压时坯料得不到压紧，因此常用于冲裁坯料较厚（大于 0.5mm）、卸料力大、平直度要求不太高的冲件。

（2）弹性卸料装置　弹性卸料装置由卸料板、卸料螺钉和弹性元件（弹簧或橡胶）组成。常用的弹性卸料装置的结构形式如图 3-71 所示，其中图 3-71(a) 是直接用弹性橡胶卸料，用于简单冲裁模；图 3-71(b) 是用导料板导向的冲模使用的弹性卸料装置，卸料板凸台部分的高度 h 应比导料板厚度 H 小 $(0.1\sim0.3)t$（t 为坯料厚度），即 $h=H-(0.1\sim0.3)t$；图 3-71(c)和图 3-71(d) 是倒装式冲模上用的弹性卸料装置，其中图 3-71(c) 是利用安装在下模下方的弹顶器作弹性元件，卸料力大小容易调节；图 3-71(e) 为带小导柱的弹性卸料装置，卸料板由小导柱导向，可防止卸料板产生水平摆动，从而保护小凸模不被折断，多用于小孔冲裁模。

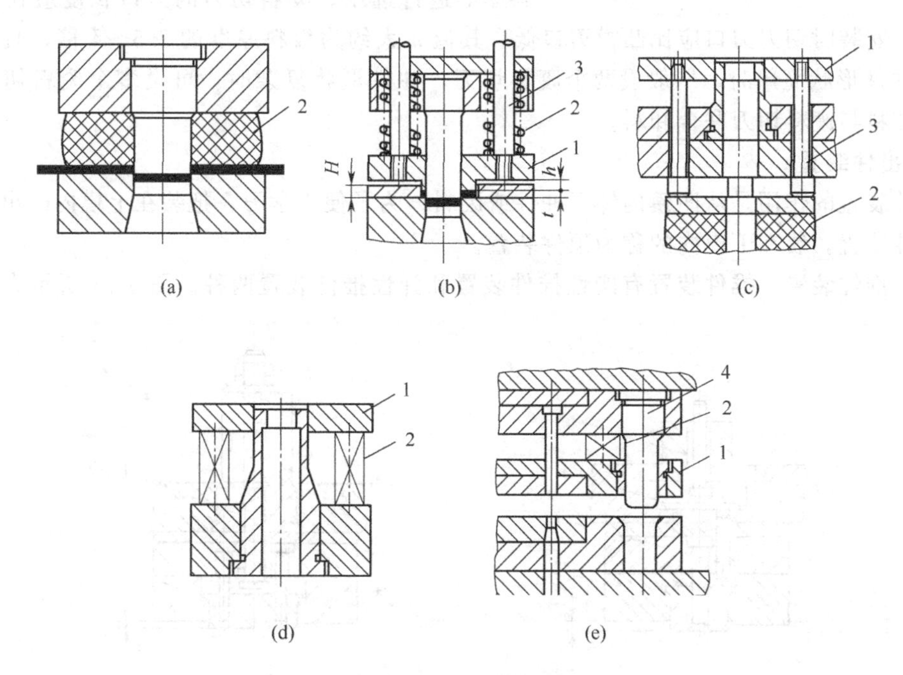

图 3-71　弹性卸料装置

1—卸料板；2—弹性元件；3—卸料螺钉；4—小导柱

弹性卸料板的平面外形尺寸等于或稍大于凹模板尺寸，厚度取凹模厚度的 0.6～0.8 倍。

卸料板与凸模的双边间隙根据冲件料厚确定，一般取 0.1～0.3mm（料厚时取大值，料薄时取小值）。在级进模中，特别小的冲孔凸模与卸料板的双边间隙可取 0.3～0.5mm。当卸料板对凸模起导向作用时，卸料板与凸模间按 H7/h6 配合，但其间隙应比凸、凹模间隙小，此时凸模与固定板按 H7/h6 或 H8/h7 配合。此外，为便于可靠卸料，在模具开启状态时，卸料板工作平面应高出凸模刃口端面 0.3～0.5mm。

卸料螺钉一般采用标准的阶梯形螺钉，其数量按卸料板形状与大小确定，卸料板为圆形时常用 3～4 个，为矩形时一般用 4～6 个。卸料螺钉的直径根据模具大小可选 8～12mm，各卸料螺钉的长度应一致，以保证装配后卸料板水平和均匀卸料。

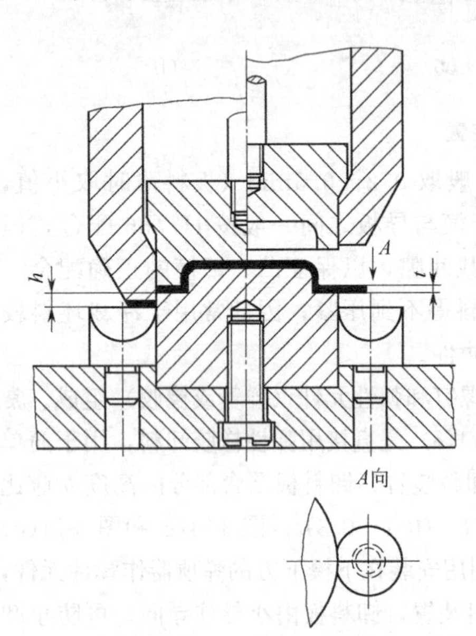

图 3-72　废料切刀工作原理

弹性卸料装置可装于上模或下模，依靠弹簧或橡胶的弹力来卸料，卸料力不太大，但冲压时可兼起压料作用，故多用于冲裁料薄及平面度要求较高的冲件。

(3) 废料切刀　废料切刀是在冲裁过程中将冲裁废料切断成数块，从而实现卸料的一种卸料零件。废料切刀卸料的原理如图 3-72 所示，废料切刀安装在下模的凸模固定板上，当上模带动凹模下压进行切边时，同时把已切下的废料压向废料切刀上，从而将其切开卸料。这种卸料方式不受卸料力大小限制，卸料可靠，多用于大型冲件的落料或切边冲模上。

废料切刀已经标准化，可根据冲件及废料尺寸、料厚等进行选用。废料切刀的刃口长度应比废料宽度大些，安装时切刀刃口应比凸模刃口低，其值 h 大约为板料厚度的 2.5～4 倍，且不小于 2mm。冲件形状简单时，一般设两个废料切刀，冲件形状复杂时，可设多个废料切刀或采用弹性卸料与废料切刀联合卸料。

2．出件装置

出件装置的作用是从凹模内卸下冲件或废料。为了便于学习，把装在上模内的出件装置称为推件装置，装在下模内的称为顶件装置。

(1) 推件装置　推件装置有刚性推件装置和弹性推件装置两种。图 3-73 所示为刚性推

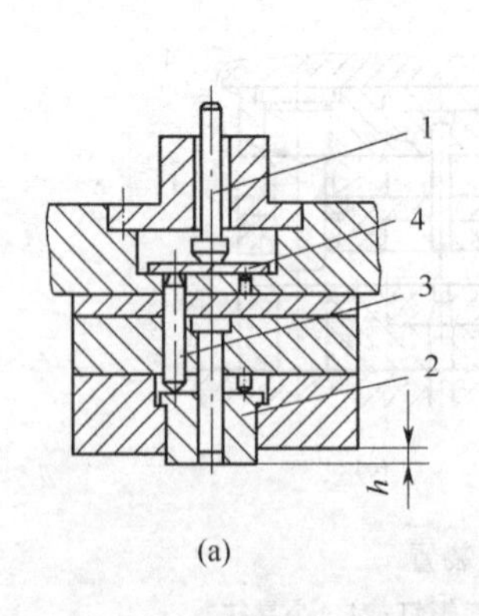

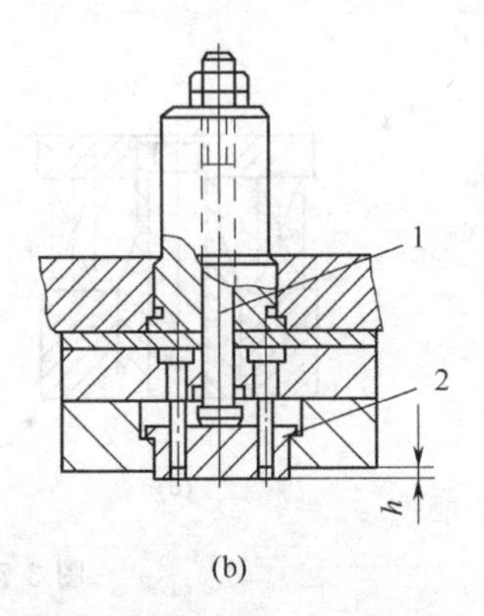

图 3-73　刚性推件装置

1—打杆；2—推件块；3—连接推杆；4—推板

件装置，它是在冲压结束后上模回程时，利用压力机滑块上的打料杆撞击模柄内的打杆，再将推力传至推件块而将凹模内的冲件或废料推出的。刚性推件装置的基本零件有推件块、推杆、推板、连接推杆和打杆［见图 3-73(a)］。当打杆下方投影区域内无凸模时，也可省去由连接推杆和推板组成的中间传递结构，而由打杆直接推动推件块，甚至直接由打杆推件［见图 3-73(b)］。

刚性推件装置推件力大，工作可靠，所以应用十分广泛。打杆、推板、连接推杆等都已标准化，设计时可根据冲件结构形状、尺寸及推件装置的结构要求从标准中选取。

图 3-74 所示为弹性推件装置。与刚性推件装置不同的是，它是以安装在上模内的弹性元件的弹力来代替打杆给予推件块的推件力。视模具结构的可能性，可把弹性元件装在推板之上［见图 3-74(a)］，也可装在推件块之上［见图 3-74(b)］。采用弹性推件装置时，可使板料处于压紧状态下分离，因而冲件的平直度较高。但开模时冲件易嵌入边料中，取件较麻烦，且受模具结构空间限制，弹性元件产生的弹力有限，所以主要适用于板料较薄且平直度要求较高的冲件。

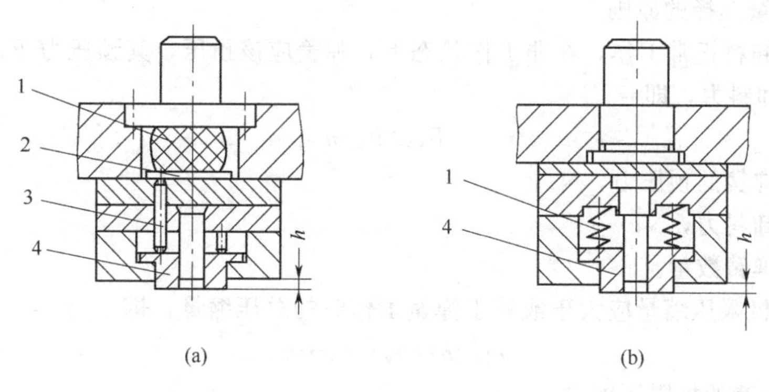

图 3-74 弹性推件装置

1—弹性元件；2—推板；3—连接推杆；4—推件块

(2) 顶件装置 顶件装置一般是弹性的，其基本零件是顶件块、顶杆和弹顶器，如图 3-75(a) 所示。弹顶器可做成通用的，其弹性元件可以是弹簧或橡胶。图 3-75(b) 所示为直接在顶件块下方安放弹簧，可用于顶件力不大的场合。

弹性顶件装置的顶件力容易调节，工作可靠，冲件平直度较高，但冲件也易嵌入边料，产生与弹性推件同样的问题。大型压力机本身具有气垫作弹顶器。

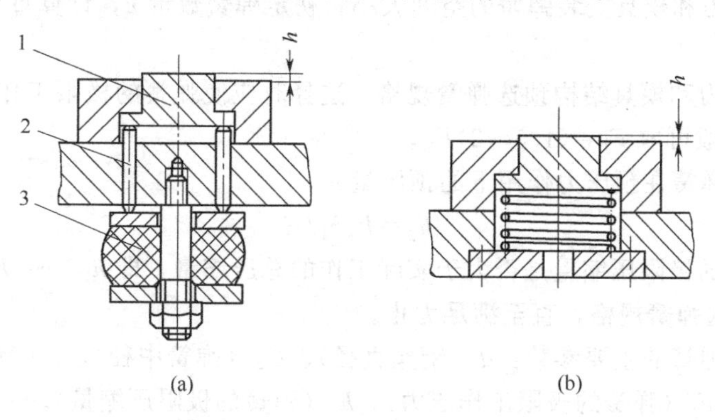

图 3-75 弹性顶件装置

1—顶件块；2—顶杆；3—弹顶器

在推件和顶件装置中，推件块和顶件块工作时与凹模孔口配合并作相对运动，对它们的要求是：模具处于闭合状态时，其背后应有一定空间，以备修模和调整的需要；模具处于开启状态时，必须顺利复位，且工作面应高出凹模平面0.2～0.5mm，以保证可靠推件或顶件；与凹模和凸模的配合应保证顺利滑动，一般与凹模的配合为间隙配合，推件块或顶件块的外形配合面可按h8制造，与凸模的配合可呈较松的间隙配合，或根据料厚取适当间隙。

3．弹性元件的选用与计算

在冲裁模卸料与出件装置中，常用的弹性元件是弹簧和橡胶。考虑模具设计时出件装置中的弹性元件很少需专门选用与计算，故这里只介绍卸料弹性元件的选用与计算。

(1) 弹簧的选用与计算　在卸料装置中，常用的弹簧是圆柱螺旋压缩弹簧。这种弹簧已标准化（GB 2089—1980），设计时根据所要求弹簧的压缩量和产生的压力按标准选用即可。

① 卸料弹簧选择的原则

a. 为保证卸料正常工作，在非工作状态下，弹簧应该预压，其预压力 F_y 应大于等于单个弹簧承受的卸料力，即

$$F_y \geqslant F_x / n \tag{3-42}$$

式中 F_y——弹簧的预压力，N；

F_x——卸料力，N；

n——弹簧数量。

b. 弹簧的极限压缩量应大于或等于弹簧工作时的总压缩量，即

$$h_j \geqslant h = h_y + h_x + h_m \tag{3-43}$$

式中 h_j——弹簧的极限压缩量，mm；

h——弹簧工作时的总压缩量，mm；

h_y——弹簧在预压力作用下产生的预压量，mm；

h_x——卸料板的工作行程，mm；

h_m——凸模或凸凹模的刃磨量，mm，通常取 $h_m = 4 \sim 10$mm。

c. 选用的弹簧能够合理地布置在模具的相应空间。

② 卸料弹簧选用与计算步骤

a. 根据卸料力和模具安装弹簧的空间大小，初定弹簧数量 n，计算每个弹簧应产生的预压力 F_y。

b. 根据预压力和模具结构预选弹簧规格，选择时应使弹簧的极限工作压力 F_j 大于预压力 F_y，初选时一般可取 $F_j = (1.5 \sim 2) F_y$。

c. 计算预选弹簧在预压力作用下的预压量 h_y

$$h_y = F_y h_j / F_j \tag{3-44}$$

d. 校核弹簧的极限压缩量是否大于实际工作的总压缩量，即 $h_j \geqslant h = h_y + h_x + h_m$。如不满足，则必须重选弹簧规格，直至满足为止。

e. 列出所选弹簧的主要参数：d（钢丝直径）、D_2（弹簧中径）、t（节距）、h_0（自由长度）、n（圈数）、F_j（弹簧的极限工作压力）、h_j（弹簧的极限压缩量）。

例 3-4　某冲模冲裁的板料厚度 $t = 0.6$mm，经计算卸料力 $F_x = 1350$ N，若采用弹性卸料装置，试选用和计算卸料弹簧。

解　(1) 假设考虑了模具结构，初定弹簧的个数 $n=4$，则每个弹簧的预压力为

$$F_y=F_x/n=1350/4\approx338\ (\text{N})$$

(2) 初选弹簧规格。按 $2F_y$ 估算弹簧的极限工作压力 F_j

$$F_j=2F_y=2\times338=676\ (\text{N})$$

查标准 GB 2089—1980，初选弹簧规格为 $d\times D_2\times h_0=4\times22\times60$，$F_j=670$ N，$h_j=20.9$mm。

(3) 计算所选弹簧的预压量 h_y

$$h_y=F_yh_j/F_j=338\times20.9/670\approx10.5\ (\text{mm})$$

(4) 校核所选弹簧是否合适。卸料板工作行程 $h_x=0.6+1=1.6$(mm)，取凸模刃磨量 $h_m=6$mm，则弹簧工作时的总压缩量为

$$h=h_y+h_x+h_m=10.5+1.6+6=18.1\ (\text{mm})$$

因为 $h<h_j=20.9$mm，故所选弹簧合适。

(5) 所选弹簧的主要参数为：$d=4$mm，$D_2=22$mm，$t=7.12$mm，$n=7.5$ 圈，$h_0=60$mm，$F_j=670$ N，$h_j=20.9$mm。弹簧的标记为：弹簧 4×22×60 GB 2089—1980。弹簧的安装高度为 $h_a=h_0-h_y=60-10.5=49.5$ (mm)。

(2) 橡胶的选用与计算　由于橡胶允许承受的载荷较大，安装调整灵活方便，因而是冲裁模中常用的弹性元件。冲裁模中用于卸料的橡胶有合成橡胶和聚氨酯橡胶，其中聚氨酯的性能比合成橡胶优异，是常用的卸料弹性元件。冲模标准中还专门规定了聚氨酯橡胶的规格与尺寸（GB 8267.9—1981），选用很方便。

① 卸料橡胶选择的原则

a. 为保证卸料正常工作，应使橡胶的预压力 F_y 大于或等于卸料力 F_x，即

$$F_y\geqslant F_x \tag{3-45}$$

橡胶的压力与压缩量之间不是线性关系，其特性曲线如图 3-76 所示。橡胶压缩时产生的压力按下式计算

$$F=Ap \tag{3-46}$$

式中　A——橡胶的横截面积（与卸料板贴合的面积），mm；

p——橡胶的单位压力（MPa），其值与橡胶的压缩量、形状及尺寸大小有关，可由图 3-76 所示的橡胶特性曲线中查取，或从表 3-35 中选取。

表 3-35　橡胶压缩量与单位压力

压缩量/%		10	15	20	25	30	35
单位压力 p/MPa	聚氨酯橡胶	1.1		2.5		4.2	5.6
	合成橡胶	0.26	0.50	0.74	1.06	1.52	2.10

b. 橡胶极限压缩量应大于或等于橡胶工作时的总压缩量，即

$$h_j\geqslant h=h_y+h_x+h_m \tag{3-47}$$

式中　h_j——橡胶的极限压缩量（mm），为了保证橡胶不过早失效，一般合成橡胶取 $h_j=(0.35\sim0.45)h_0$，聚氨酯橡胶取 $h_j=0.35h_0$，h_0 为橡胶的自由高度；

h——橡胶工作时的总压缩量，mm；

h_y——橡胶的预压量（mm），一般合成橡胶取 $h_y=(0.1\sim0.15)h_0$，聚氨酯橡胶取 $h_y=0.1h_0$；

h_x——卸料板的工作行程（mm），一般取 $h_x=t+1$，t 为板料厚度；

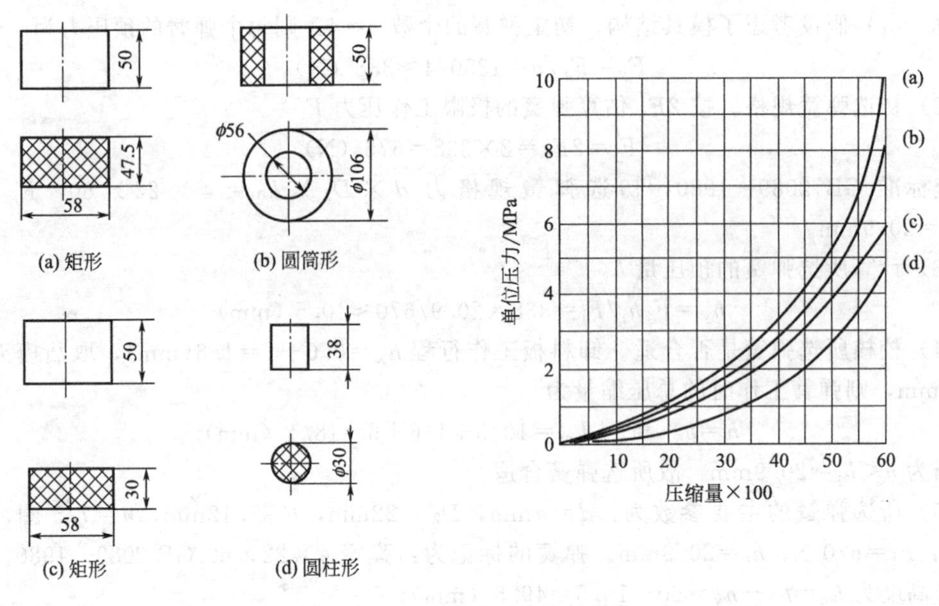

图 3-76 合成橡胶压缩特性曲线

h_m——凸模或凸凹模的刃磨量，一般取 $h_m=4\sim10$mm。

c. 橡胶的高度 h_0 与外径 D 之比应满足条件：

$$0.5\leqslant h_0/D\leqslant 1.5 \tag{3-48}$$

② 橡胶选用与计算步骤

a. 根据模具结构确定橡胶的形状与数量 n。

b. 确定每块橡胶所承受的预压力 $F_y=F_x/n$。

c. 确定橡胶的横截面积及截面尺寸。

d. 计算并校核橡胶的自由高度 h_0。橡胶的自由高度可按下式计算

$$h_0=\frac{h_x+h_m}{0.25\sim0.3} \tag{3-49}$$

橡胶自由高度的校核式为 $0.5\leqslant h_0/D\leqslant1.5$。若 $h_0/D>1.5$，可将橡胶分成若干层，并在层间垫以钢垫片；若 $h_0/D<1.5$，则应重新确定其尺寸。

例 3-5 例 3-4 中如果将卸料弹簧改用聚氨酯橡胶，试确定橡胶的尺寸。

解 (1) 假设考虑了模具结构，选用 4 个圆筒形的聚氨酯橡胶，则每个橡胶所承受的预压力为

$$F_y=F_x/n=1350/4\approx338(\text{N})$$

(2) 确定橡胶的横截面积 A。取 $h_y=10\%h_0=0.1h_0$，查表 3-35，得 $p=1.1$MPa，则

$$A=F_y/p=338/1.1\approx307(\text{mm}^2)$$

(3) 确定橡胶的截面尺寸。假设选用直径为 8mm 的卸料螺钉，取橡胶上螺钉过孔的直径 $d=10$mm，则橡胶外径 D 根据

$$\pi(D^2-d^2)/4=A$$

求得

$$D=\sqrt{d^2+4A/\pi}=\sqrt{10^2+4\times307/3.14}\approx22(\text{mm})$$

为了保证足够卸料力，可取 $D=25$mm。

(4) 计算并校核橡胶的自由高度 h_0

$$h_0=\frac{h_x+h_m}{0.35-0.10}=\frac{0.6+1+6}{0.25}=30(\text{mm})$$

因为 $h_0/D=30/20=1.2$，故所选橡胶符合要求。橡胶的安装高度 $h_a=h_0-h_y=30-0.1\times30=27(\text{mm})$。

四、模架及其零件

模架是上、下模座与导向零件的组合体。为了便于学习和选用标准，这里将冲裁模零件分类中的导向零件与属于支承固定零件中的上、下模座作为模架及其零件进行介绍。

1. 模架

冲模模架已经标准化。标准冲模模架主要有两大类：一类是由上、下模座和导柱、导套组成的导柱模模架；另一类是由弹压导板、下模座和导柱、导套组成的导板模模架。

(1) 导柱模模架　导柱模模架按其导向结构形式分为滑动导向模架和滚动导向模架两种。滑动导向模架中导柱与导套通过小间隙或无间隙滑动配合，因导柱、导套结构简单，加工与装配方便，故应用最广泛；滚动导向模架中导柱通过滚珠与导套实现有微量过盈的无间隙配合（一般过盈量为 0.01～0.02mm），导向精度高，使用寿命长，

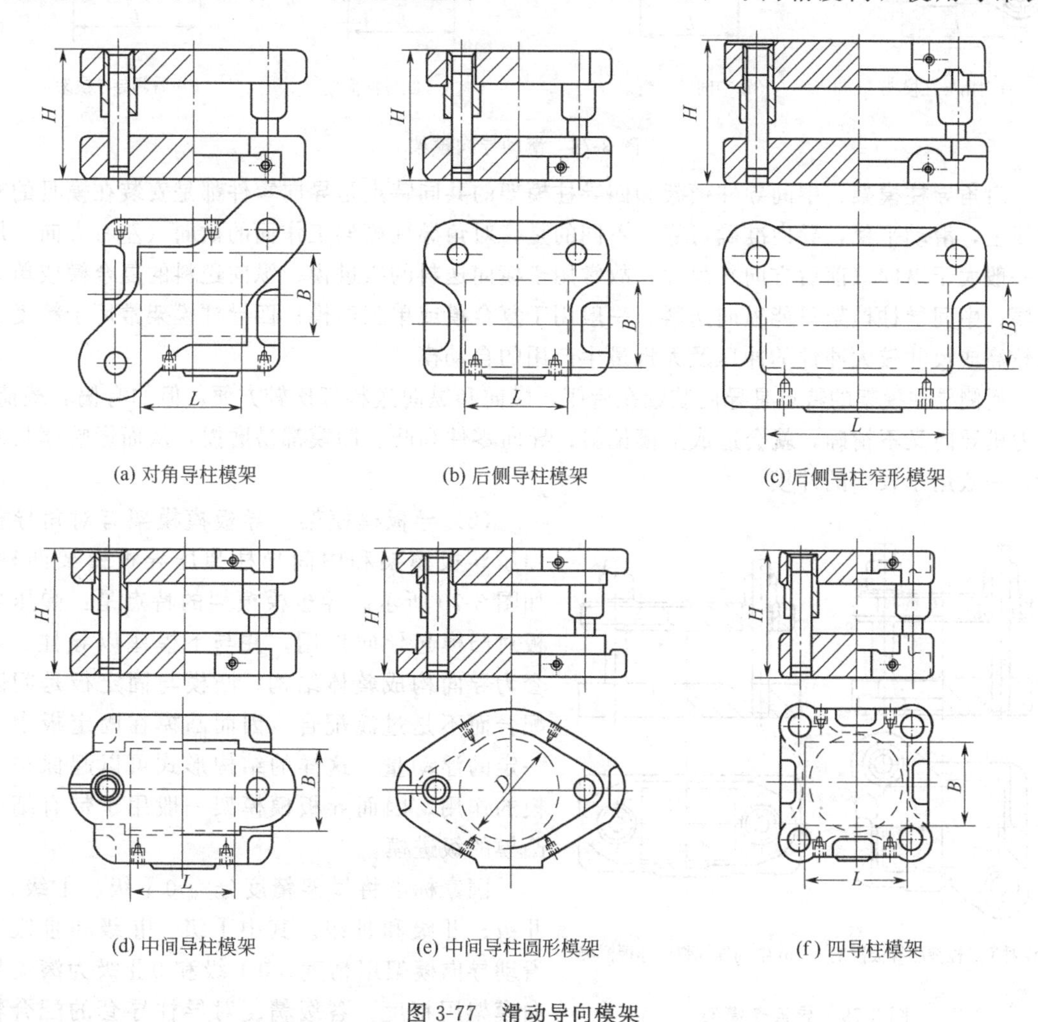

(a) 对角导柱模架　(b) 后侧导柱模架　(c) 后侧导柱窄形模架

(d) 中间导柱模架　(e) 中间导柱圆形模架　(f) 四导柱模架

图 3-77　滑动导向模架

但结构较复杂，制造成本高，主要用于精密冲裁模、硬质合金冲裁模，高速冲模及其他精密冲模上。

根据导柱、导套在模架中的安装位置不同，滑动导向模架有对角导柱模架、后侧导柱模架、后侧导柱窄形模架、中间导柱模架、中间导柱圆形模架和四导柱模架等六种结构形式，如图 3-77 所示。滚动导向模架有对角导柱模架、中间导柱模架、四导柱模架和后侧导柱模架等四种结构形式，如图 3-78 所示。

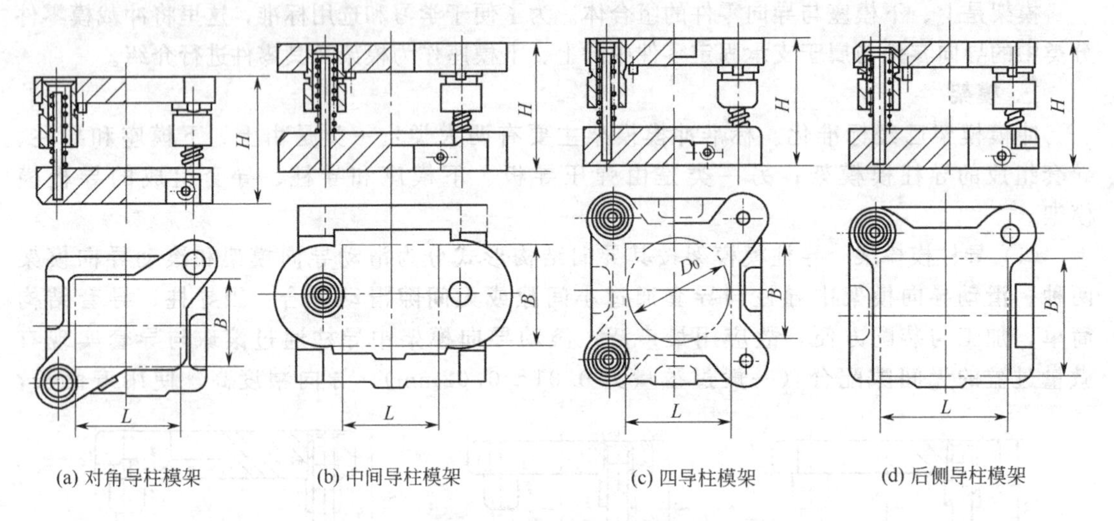

(a) 对角导柱模架　(b) 中间导柱模架　(c) 四导柱模架　(d) 后侧导柱模架

图 3-78　滚动导向模架

对角导柱模架、中间导柱模架和四导柱模架的共同特点是导向零件都是安装在模具的对称线上，滑动平稳，导向准确可靠。不同的是，对角导柱模架工作面的横向（左右方向）尺寸一般大于纵向（前后方向）尺寸，故常用于横向送料的级进模、纵向送料的复合模或单工序模；中间导柱模架只能纵向送料，一般用于复合模或单工序模；四导柱模架常用于精度要求较高或尺寸较大冲件的冲压及大批量生产用的自动模。

后侧导柱模架的特点是导向装置在后侧，横向和纵向送料都比较方便，但如有偏心载荷，压力机导向又不精确，就会造成上模偏斜，导向零件和凸、凹模都易磨损，从而影响模具寿命，一般用于较小的冲模。

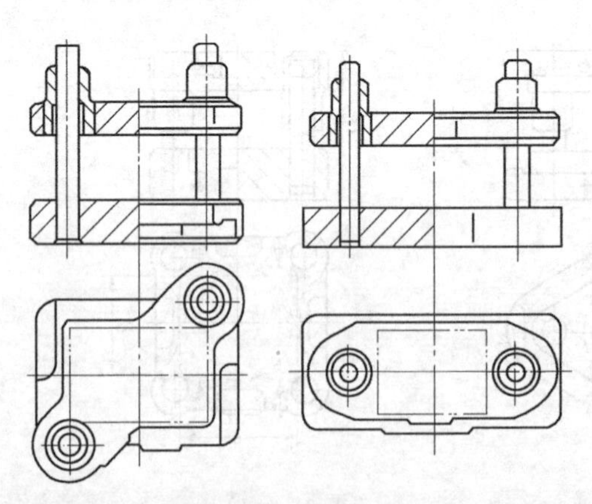
(a) 对角导柱弹压导板模架　(b) 中间导柱弹压导板模架

图 3-79　导板模模架

（2）导板模模架　导板模模架有对角导柱弹压导板模架和中间导柱弹压导板模架两种，如图 3-79 所示。导板模模架的特点是：弹压导板对凸模起导向作用，并与下模座以导柱、导套为导向构成整体结构；凸模与固定板是间隙配合而不是过渡配合，因而凸模在固定板中有一定的浮动量，这样的结构形式可以起保护凸模的作用。因而导板模模架一般用于带有细小凸模的级进模。

国家标准将模架精度分为 0Ⅰ级、Ⅰ级、0Ⅱ级、Ⅱ级和Ⅲ级。其中Ⅰ级、Ⅱ级和Ⅲ级为滑动导向模架用精度，0Ⅰ级和 0Ⅱ级为滚动导向模架用精度。各级精度对导柱导套的配合精度、上模座上平面对下模座下底面的平行度、导柱导套的轴心线对上模座上平面与下模座下底面的垂直度等都规定了公差值及检验方法。这些规定保证了整个模架具有一定的精度，加上工作零件的制造精度和装配精度达到一定的要求后，整个模具达到一定的精度就有了基本的保证。

标准模架的选用包括三个方面：根据冲件形状、尺寸、精度、模具种类及条料送进方向等选择模架的类型；根据凹模周界尺寸和闭合高度要求确定模架的大小规格；根据冲件精度、模具工作零件配合精度等确定模架的精度。

2．导向零件

对批量较大、公差要求较高的冲件，为保证模具有较高的精度和寿命，一般都采用导向零件对上、下模进行导向，以保证上模相对于下模的正确运动。导向零件有导柱、导套、导板，并且都已经标准化，但生产中最常用的是导柱和导套。

图 3-80 所示为常用的标准导柱结构形式，其中 A 型和 B 型导柱结构较简单，但与模座为过盈配合（H7/r6），装拆麻烦；A 型和 B 型可卸导柱通过锥面与衬套配合并用螺钉和垫圈紧固，衬套再与模座以过渡配合（H7/m6）并用压板和螺钉紧固，其结构较复杂，制造麻烦，但导柱磨损后可及时更换，便于模具维修和刃磨。为了使导柱顺利地进入导套，导柱的顶部一般均以圆弧过渡或以 30°锥面过渡。

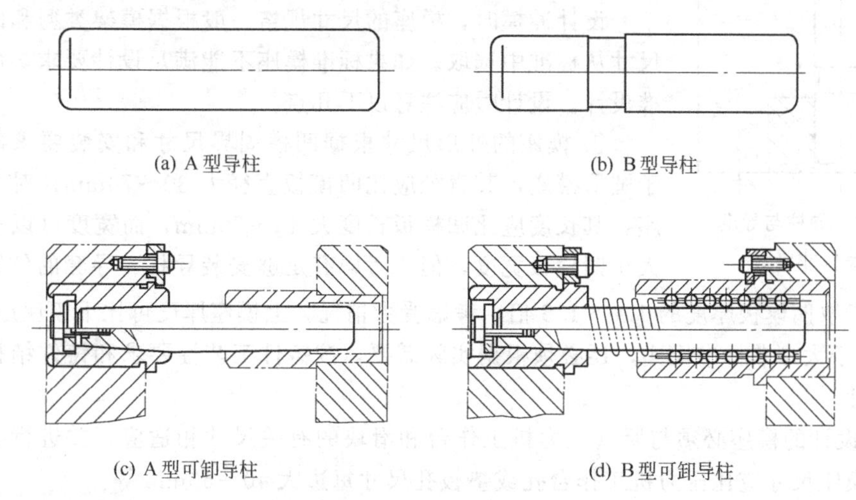
(a) A 型导柱　(b) B 型导柱

(c) A 型可卸导柱　(d) B 型可卸导柱

图 3-80　导柱结构形式

图 3-81 所示为常用的标准导套结构形式。其中 A 型和 B 型导套与模座为过盈配合（H7/r6），与导柱配合的内孔开有贮油环槽，以便贮油润滑，扩大的内孔是为了避免导套与模座过盈配合时孔径缩小而影响导柱与导套的配合；C 型导套与模座也用过渡配合（H7/m6）并用压板与螺钉紧固，磨损后便于更换或维修。

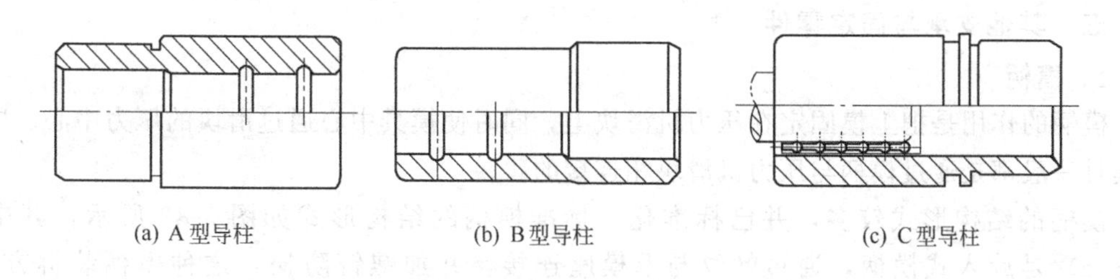
(a) A 型导柱　(b) B 型导柱　(c) C 型导柱

图 3-81　导套结构形式

A型导柱、B型导柱、A型可卸导柱一般与A型或B型导套配套用于滑动导向，导柱与导套按H7/h6或H7/h5配合，但应注意使其配合间隙小于冲裁间隙。B型可卸导柱的公差和表面粗糙度 Ra 值较小，一般与C型导套配套用于滚动导向，导柱与导套之间通过滚珠实现有微量过盈的无间隙配合，且滑动摩擦磨损较小，因而是一种精度高、寿命长的精密导向装置。滚动导向装置中，滚珠用保持器隔离而均匀排列，并用弹簧托起使之保持在导柱导套相配合的部位，工作时导柱与导套之间不允许脱离。

导柱、导套的尺寸规格根据所选标准模架和模具实际闭合高度确定，但还应符合图3-82要求，并保证有足够的导向长度。

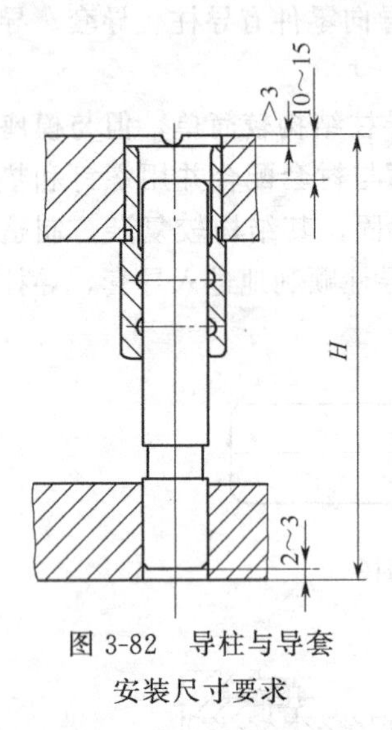

图 3-82 导柱与导套安装尺寸要求

3. 上、下模座

上、下模座的作用是直接或间接地安装冲模的所有零件，并分别与压力机的滑块和工作台连接，以传递压力。因此，上、下模座的强度和刚度是主要考虑的问题。一般情况下，模座因强度不够而产生破坏的可能性不大，但若刚度不够，工作时会产生较大的弹性变形，导致模具的工作零件和导向零件迅速磨损。

设计冲模时，模座的尺寸规格一般根据模架类型和凹模周界尺寸从标准中选取。如果标准模座不能满足设计要求，可参考标准设计。设计时应注意以下几点。

① 模座的外形尺寸根据凹模周界尺寸和安装要求确定。对于圆形模座，其直径应比凹模板直径大30～70mm；对于矩形模座，其长度应比凹模板长度大40～70mm，而宽度可以等于或略大于凹模板宽度，但应考虑有足够安装导柱、导套的位置。模座的厚度一般取凹模板厚度的1.0～1.5倍，考虑受力情况，上模座厚度可比下模座厚度小5～10mm。对于大型非标准模座，还必须根据实际需要，按铸件工艺性要求和铸件结构设计规范进行设计。

② 所设计的模座必须与所选压力机工作台和滑块的有关尺寸相适应，并进行必要的校核。如下模座尺寸应比压力机工作台孔或垫板孔尺寸每边大40～50mm等。

③ 上、下模座的导柱与导套安装孔的位置尺寸必须一致，其孔距公差要求在±0.01mm以下。模座上、下面的平行度、导柱导套安装孔与模座上、下面的垂直度等要求应符合标准中的《冲模模架零件技术条件》的有关规定。

④ 模座材料视工艺力大小和模座的重要性选用，一般的模座选用HT200或HT250，也可选用Q235或Q255，大型重要模座可选用ZG35或ZG45。

五、其他支承与固定零件

1. 模柄

模柄的作用是把上模固定在压力机滑块上，同时使模具中心通过滑块的压力中心。中小型模具一般都是通过模柄与压力机滑块相连接的。

模柄的结构形式较多，并已标准化。标准模柄的结构形式如图3-83所示，其中图3-83(a)是旋入式模柄，通过螺纹与上模座连接，并加螺钉防松，这种模柄装拆方便，但模柄轴线与上模座的垂直度较差，多用于有导柱的小型冲模；图3-83(b)为压入式

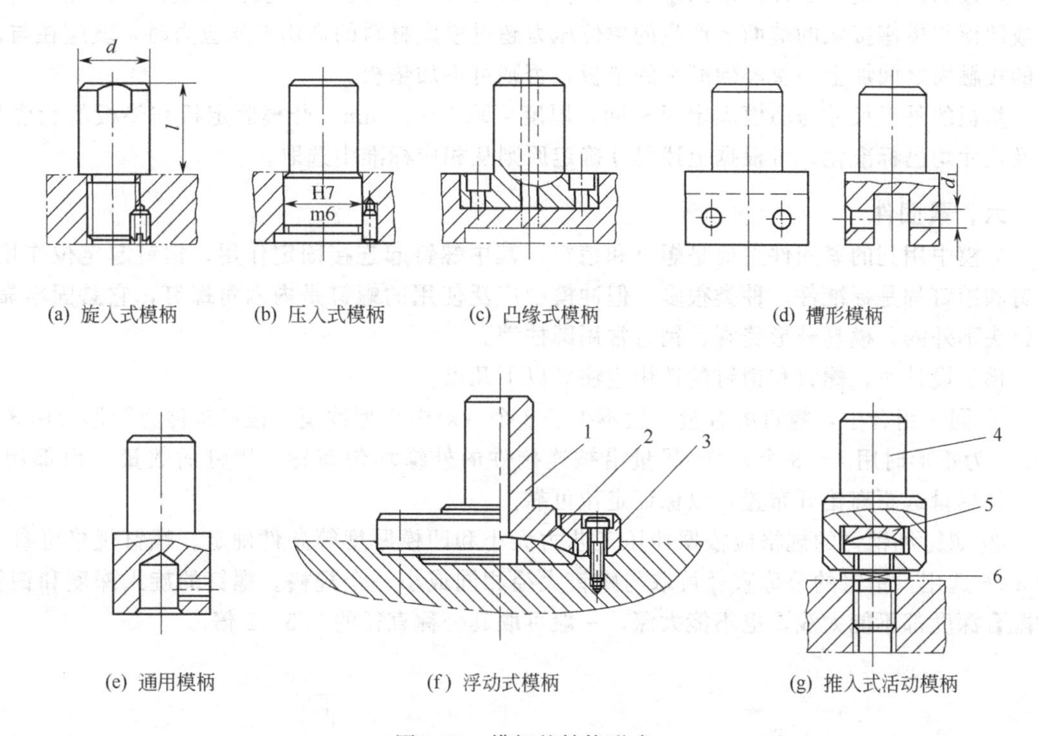

图 3-83 模柄的结构形式

1—凹球面模柄；2—凸球面垫块；3—压板；4—模柄接头；5—凹球面垫块；6—活动模柄

模柄，它与上模座孔以 H7/m6 配合并加销钉防转，模柄轴线与上模座的垂直度较好，适用于上模座较厚的各种中小型冲模，生产中最常用；图 3-83(c) 为凸缘式模柄，用 3～4 个螺钉固定在上模座的窝孔内，模柄的凸缘与上模座窝孔以 H7/js6 配合，主要用于大型冲模或上模座中开设了推板孔的中小型模；图 3-83(d) 是槽形模柄，图 3-83(e) 是通用模柄，这两种模柄都是用来直接固定凸模，故也可称为带模座的模柄，主要用于简单冲模，更换凸模方便；图 3-83(f) 是浮动式模柄，其主要特点是压力机的压力通过凹球面模柄 1 和凸球面垫块 2 传递到上模，可以消除压力机导向误差对模具导向精度的影响，主要用于硬质合金冲模等精密导柱模；图 3-83(g) 为推入式活动模柄，压力机压力通过模柄接头 4、凹球面垫块 5 和活动模柄 6 传递到上模，也是一种浮动模柄，主要用于精密冲模，这种模柄因模柄的槽孔单面开通（呈 U 形），所以使用时导柱、导套不宜脱离。

选择模柄时，先根据模具大小、上模结构、模架类型及精度等确定模柄的结构类型，再根据压力机滑块上模柄孔尺寸确定模柄的尺寸规格。一般模柄直径应与模柄孔直径相等，模柄长度应比模柄孔深度小 5～10mm。

2. 凸模固定板与垫板

凸模固定板的作用是将凸模或凸凹模固定在上模座或下模座的正确位置上。凸模固定板为矩形或圆形板件，外形尺寸通常与凹模一致，厚度可取凹模厚度的 60％～80％。固定板与凸模或凸凹模为 H7/n6 或 H7/m6 配合，压装后应将凸模端面与固定板一起磨平。对于多凸模固定板，其凸模安装孔之间的位置尺寸应与凹模型孔相应的位置尺寸保持一致。

垫板的作用是承受并扩散凸模或凹模传递的压力，以防止模座被挤压损伤。因此，当凸模或凹模与模座接触的端面上产生的单位压力超过模座材料的许用挤压应力时，就应在与模座的接触面之间加上一块淬硬磨平的垫板，否则可不加垫板。

垫板的外形尺寸与凸模固定板相同，厚度可取 3～10mm。凸模固定板和垫板的轮廓形状及尺寸均已标准化，可根据上述尺寸确定原则从相应标准中选取。

六、紧固件

冲模中用到的紧固件主要是螺钉和销钉，其中螺钉起连接固定作用，销钉起定位作用。螺钉和销钉都是标准件，种类很多，但冲模中广泛使用的螺钉是内六角螺钉，它紧固牢靠，螺钉头不外露，模具外形美观。销钉常用圆柱销。

模具设计时，螺钉和销钉的选用应注意以下几点。

① 同一组合中，螺钉的数量一般不少于 3 个（对中小型冲模，被连接件为圆形时用 3～6 个，为矩形时用 4～8 个），并尽量沿被连接件的外缘均匀布置。销钉的数量一般都用 2 个，且尽量远距离错开布置，以保证定位可靠。

② 螺钉和销钉的规格应根据冲压工艺力大小和凹模厚度等条件确定。螺钉规格可参考表 3-36 选用，销钉的公称直径可取与螺钉大径相同或小一个规格。螺钉的旋入深度和销钉的配合深度都不能太浅，也不能太深，一般可取其公称直径的 1.5～2 倍。

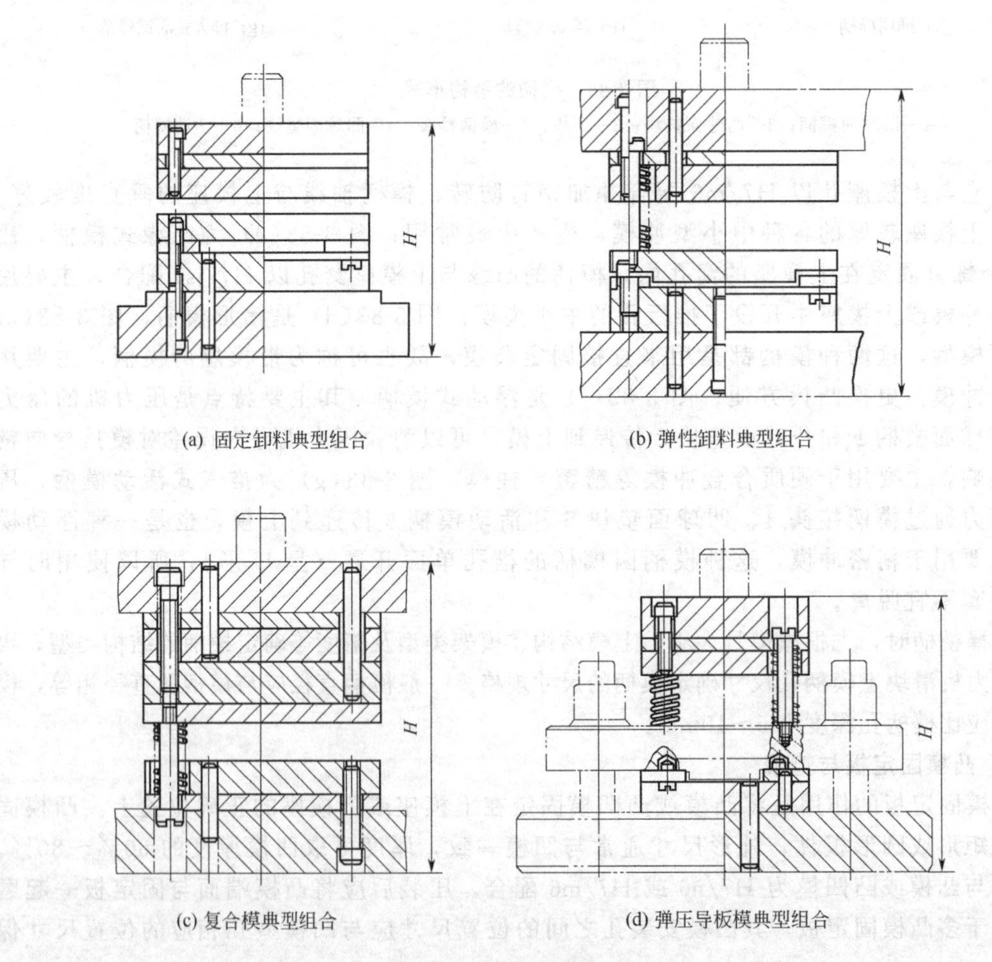

(a) 固定卸料典型组合　(b) 弹性卸料典型组合

(c) 复合模典型组合　(d) 弹压导板模典型组合

图 3-84　冲模标准组合结构

表 3-36　螺钉规格的选用

凹模厚度 H/mm	螺钉规格	凹模厚度 H/mm	螺钉规格	凹模厚度 H/mm	螺钉规格
≤13	M4、M5	>19～25	M6、M8	>32	M10、M12
>13～19	M5、M6	>25～32	M8、M10		

③ 螺钉之间、螺钉与销钉之间的距离，螺钉、销钉距凹模刃口及外边缘的距离，均不应过小，以防降低模板强度，其最小距离可参考表 3-27。

④ 各被连接件的销孔应配合加工，以保证位置精度。销钉与销孔之间采用 H7/m6 或 H7/n6 配合。

七、冲模的标准组合

为了便于模具的专业化生产，减少模具设计与制造的工作量，国家标准规定了冲模的组合结构。图 3-84 是冲模典型标准组合结构。各种典型组合结构还细分有不同的形式，以适应冲压加工的实际需要。

每一种组合结构中，零件的数量、规格及其固定方法等都已标准化，设计时根据凹模周界大小选用，并作必要的校核（如闭合高度等）。

选用标准组合结构后，设计和制造冲模时只需根据冲件尺寸和排样方法设计和加工凸模、凹模孔口、固定板安装孔、卸料板的凸模过孔及模座的漏料孔等。

第九节　冲裁模零件的制造

因冲裁模零件大部分已标准化，所以冲裁模零件的制造主要是工作零件的制造。对只部分标准化的零件（如卸料板，固定板，上、下模座等），只需根据需要作一些后加工。考虑目前标准化普及程度不够的现状，本节除介绍工作零件的制造以外，还对模架组成零件、卸料板和固定板的制造进行简单介绍。

一、工作零件的加工

冲裁模工作零件的结构形状较复杂，精度和表面质量要求较高，其加工质量直接影响模具的使用寿命和冲件的质量。

1. 凸、凹模加工的技术要求

① 加工后凸、凹模的尺寸和精度必须达到设计要求（刃口部分一般为 IT6～IT9），其间隙要均匀、合理。

② 刃口部分要保持尖锐锋利，刃口侧壁应平直或稍有利于卸料的斜度。

③ 凸模的工作部分与安装部分之间应圆滑过渡，过渡圆角半径一般为 3～5mm。

④ 凸、凹模刃口侧壁转角处为尖角时（刃口部位除外），若图样上没有注明，加工时允许按 $R0.3$mm 制造。

⑤ 镶拼式凸、凹模的镶块结合面缝隙不得超过 0.03mm。

⑥ 加工级进模或多凸模单工序模时，凹模型孔与凸模固定板安装孔和卸料板型孔的孔位应保持一致；加工复合模时，凸凹模的外轮廓与内孔的相互位置应符合图样中所规定的要求。

⑦ 凸、凹模的表面粗糙度应符合图样的要求，一般刃口部位为 $Ra=0.4\sim1.6\mu m$，安装部位和销孔为 $Ra=0.8\sim1.6\mu m$，其余部位为 $Ra=6.3\sim12.5\mu m$。

⑧ 加工后的凸、凹模应有足够的硬度和韧性，对碳素工具钢和合金钢材料，热处理硬度为 58～62HRC。

2．凸、凹模的加工方法

根据凸、凹模的结构形状、尺寸精度、间隙大小、加工条件及冲裁性质不同，凸、凹模的加工一般有分别加工和配作加工两种方案，其中配作加工方案根据加工基准不同又分为以凹模为基准的配作加工和以凸模为基准的配作加工两种。各种加工方案的特点和适应范围见表 3-37。

表 3-37　凸模与凹模的加工方案

加工方案		加　工　特　点	适　用　范　围
分别加工	方案一	凸、凹模分别按图样加工至尺寸和精度要求，冲裁间隙是由凸、凹模的实际刃口尺寸之差来保证	①凸、凹模刃口形状较简单，刃口直径大于 5mm 的圆形凸、凹模 ②要求凸模或凹模具有互换性 ③成批生产 ④加工手段较先进，分别加工能保证加工精度
配作加工	方案二	以凸模为基准，先加工好凸模，然后按凸模的实际刃口尺寸配作凹模，并保证凸、凹模之间规定的间隙值	①凸、凹模刃口形状较复杂，冲裁间隙比较小 ②冲孔时采用方案二，落料时采用方案三 ③复合模冲裁时，可先分别加工好冲孔凸模和落料凹模，再配作加工凸凹模，并保证规定的冲裁间隙
	方案三	以凹模为基准，先加工好凹模，然后按凹模的实际刃口尺寸配作凸模，并保证凸、凹模之间规定的间隙值	

上述每一种加工方案在进行具体加工时，由于加工设备和凸、凹模结构形状的不同又有多种加工方法。常用的凸模加工方法见表 3-38，凹模加工方法见表 3-39。

表 3-38　冲裁凸模常用加工方法

凸模形式		常　用　加　工　方　法	适　应　场　合
圆形凸模		车削加工毛坯，淬火后精磨，最后对工作表面抛光及刃磨	各种圆凸模
非圆形凸模	阶梯式	方法一：凹模压印锉修法。车、铣或刨削加工毛坯，磨削安装面和基准面，划线铣轮廓，留 0.2～0.3mm 单边余量，用凹模(已加工好)压印后锉修轮廓，淬硬后抛光、磨刃口	无间隙冲模，设备条件较差、无成形加工设备
		方法二：数控铣削加工。粗铣或刨加工轮廓，数控铣床精铣型面，最后淬火、抛光、磨刃口	一般要求的凸模
	直通式	方法一：线切割。粗加工毛坯，磨削安装面和基准面，划线加工安装孔、穿丝孔，淬硬后磨安装面和基准面，线切割成形，抛光、磨刃口	形状较复杂或尺寸较小、精度较高的凸模
		方法二：成形磨削。粗加工毛坯，磨削安装面和基准面，划线加工安装孔，数控加工轮廓，留 0.2～0.3mm 单边余量，淬硬后磨安装面，再成形磨削轮廓	形状不太复杂、精度较高的凸模或镶块

表 3-39　冲裁凹模常用加工方法

型孔形式	常用加工方法	适应场合
圆形孔	方法一：钻铰法。车削加工毛坯上、下面及外形，钻、铰工作型孔，淬硬后磨削上、下面，研磨、抛光工作型孔	孔径小于5mm的圆孔凹模
	方法二：磨削法。车削加工毛坯上、下面及外形，钻、镗工作型孔，划线加工安装孔，淬硬后磨上、下面和工作型孔，抛光	较大孔径的圆孔凹模
圆形孔系	方法一：坐标镗法。粗加工毛坯上、下面和凹模外形，磨上、下面和定位基面，钻、坐标镗削各型孔，加工安装孔，淬火后磨上、下面，研磨、抛光型孔	位置精度要求较高的多圆孔凹模
	方法二：立铣加工法。毛坯粗、精加工与坐标镗方法相同，不同之处为孔系加工用坐标法在立铣机床上加工，后续加工与坐标镗方法也一样	位置精度要求一般的多圆孔凹模
非圆形孔	方法一：锉削法。毛坯粗加工后按样板划轮廓线，切除中心余料后按样板修锉，淬火后磨上、下面，再研磨抛光型孔	工厂设备条件较差，形状较简单的凹模
	方法二：数控铣法。凹模型孔精加工在数控铣床上加工（要求铣刀半径小于型孔圆角半径），钳工锉斜度，淬火后磨上、下面，再研磨抛光型孔	形状不太复杂、精度不太高、过渡圆角较大的凹模
	方法三：压印加工法。毛坯粗加工后，用加工好的凸模或样冲压印后修锉，淬火后再研磨抛光型孔	尺寸不太大、形状不太复杂的凹模
	方法四：线切割法。毛坯外形加工好后，划线加工安装孔和穿丝孔，淬火，磨上、下面和基面，切割型孔，研磨抛光	精度要求较高的各种形状的凹模
	方法五：成形磨削法。毛坯外形加工好后，划线粗加工型孔轮廓，淬火，磨上、下面和基面，成形磨削型孔轮廓，研磨抛光	凹模镶拼件
	方法六：电火花加工法。毛坯外形加工好后，划线加工安装孔和去型孔余量，淬火，磨上、下面和基面，作电极或用凸模电火花加工凹模型孔，研磨抛光	形状复杂、精度高的整体式凹模

注：表中加工方法应根据工厂设备情况和模具要求具体选用。

3．凸、凹模加工工艺过程

根据前述凸、凹模加工方法，可制定出的凸、凹模加工工艺过程可以有多种，但典型的主要有以下三种。

① 备料（下料、锻造）⟶退火⟶毛坯外形加工（包括外形粗加工和基准精加工）⟶划线（刃口轮廓线、螺孔与销孔中心线）⟶刃口轮廓粗加工（铣或刨、钻等）⟶刃口轮廓精加工（数控铣等）⟶螺孔、销孔加工⟶淬火与回火⟶研磨或抛光。

此工艺过程适用于形状简单、热处理变形小的凸、凹模。

② 备料（下料、锻造）⟶退火⟶毛坯外形加工（包括外形粗加工和基面精加工）⟶划线（刃口轮廓线、螺孔与销孔中心线）⟶刃口轮廓粗加工（铣或刨、钻等）⟶螺孔、销孔加工⟶淬火与回火⟶磨削上、下面与基面⟶刃口轮廓精加工（成形磨削或坐标磨削）⟶研磨或抛光。

此工艺过程能消除热处理变形对凸、凹模精度的影响，加工精度较高，适用于热处理变形较大而精度要求较高的凸、凹模。

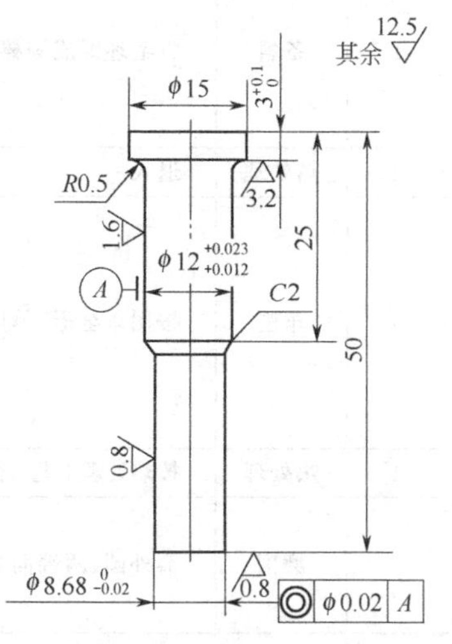

图 3-85　冲孔凸模
材料：T10A　热处理：58～62HRC

③ 备料（下料、锻造）⟶退火⟶毛坯外形加工

（包括外形粗加工和基准精加工）⟶划线（刃口轮廓线、螺孔和销孔中心线）⟶螺孔、销孔、穿丝孔加工⟶淬火与回火⟶磨削上、下面与基面⟶线切割刃口轮廓⟶研磨或抛光。

此工艺过程以线切割加工为主要精加工工艺，特别适合形状复杂、热处理变形较大的直通式凸、凹模，是目前生产中主要采用的加工工艺。

加工实例：图 3-85～图 3-87 所示分别为某冲孔凸模、冲槽凸模和落料凹模零件图，其加工工艺过程分别见表 3-40～表 3-42。

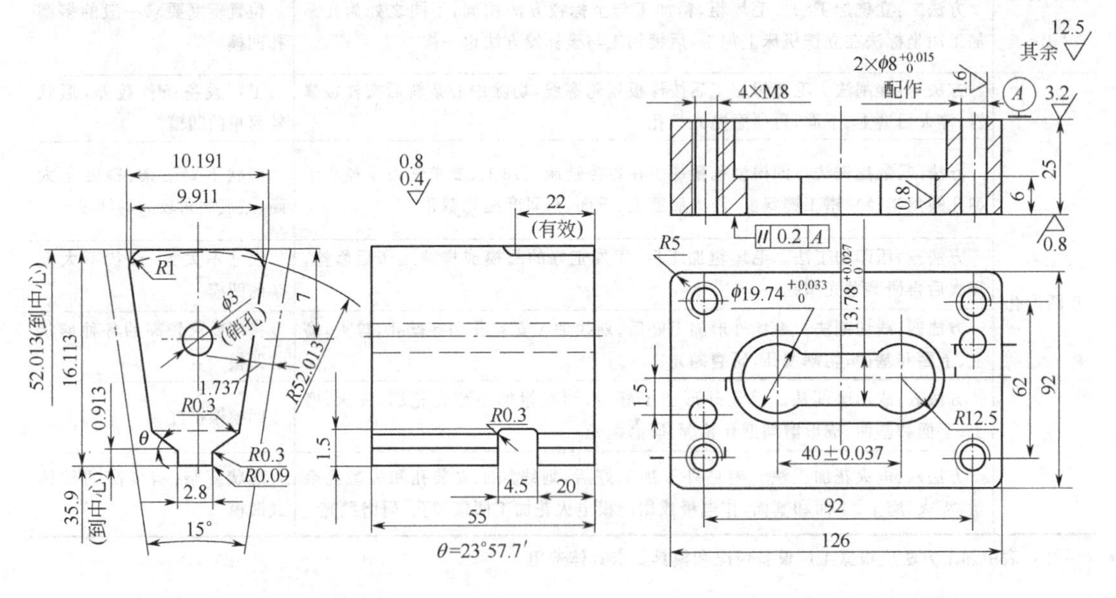

图 3-86　冲槽凸模

材料：CrWMn　热处理：58～62HRC

图 3-87　落料凹模

材料：T10A　热处理：60～64HRC

表 3-40　冲孔凸模加工工艺过程

工序号	工序名称	工序内容	设备	工序简图(示意图)
1	备料	将毛坯锻成圆棒 φ18mm×55mm		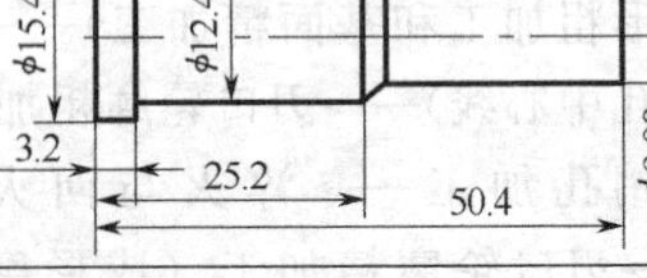 φ18 55
2	热处理	退火		
3	车削	按图车全形，单边留 0.2mm 精加工余量	车床	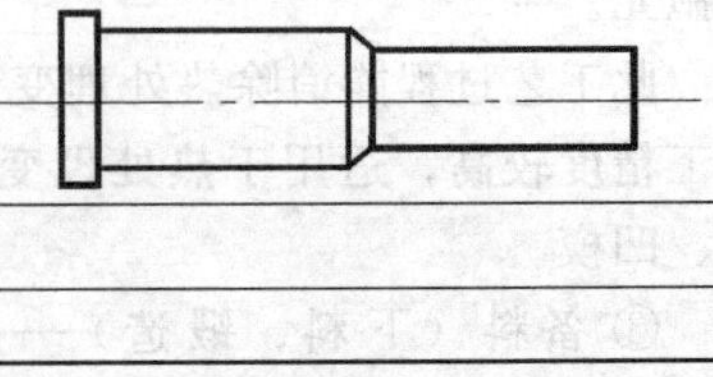 R0.5　C2 φ15.4　φ12.4　φ9.08 3.2　25.2　50.4
4	热处理	按热处理工艺，淬火回火达到 58～62HRC		
5	磨削	磨外圆、两端面达设计要求	磨床	
6	钳工精修	全面达到设计要求		
7	检验			

表 3-41　冲槽凸模加工工艺过程

工序号	工序名称	工　序　内　容	设备	工　序　简　图(示意图)
1	坯料准备	按加工图要求放适当余量,并热处理		
2	坯料检验	尺寸,形状和加工余量的检验		
3	平面磨削	粗磨两侧面(将电磁吸盘倾斜 15°,工件周围用辅助块加以固定) 磨削上、下平面达到要求(用角度块定位)并保证各镶块高度一致 精磨两侧面(方法如前) 磨削两端面使总长(55.5mm)达到一致 磨槽(4.5mm)	平面磨床	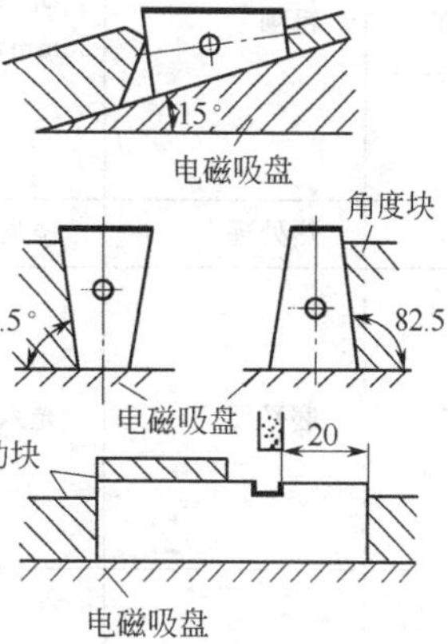 15° 电磁吸盘 角度块 82.5° 82.5° 电磁吸盘 20 辅助块 电磁吸盘
4	磨削外径	磨 $R52.013$mm 的圆弧达精度要求	外圆磨床	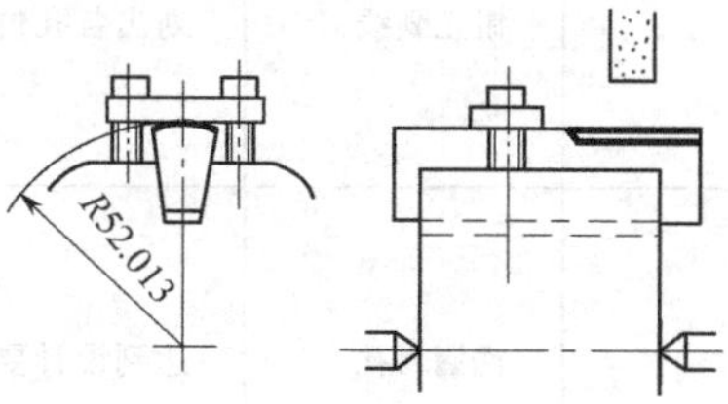 R52.013
5	磨槽部及圆弧	按放大图对拼块进行精磨 按同样方法对反面圆弧进行精磨	光学曲线磨床	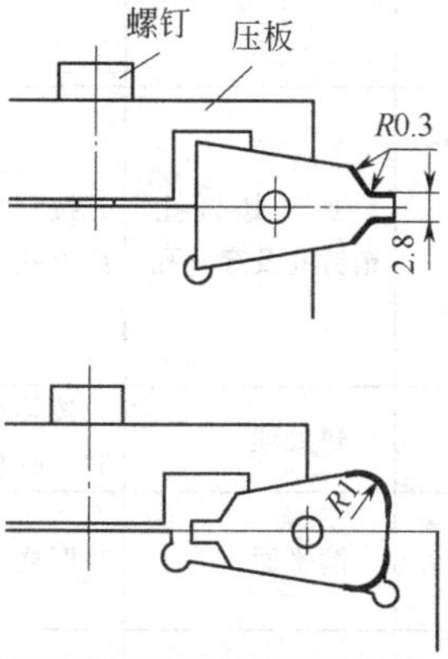 螺钉 压板 R0.3 2.8 R1
6	检验	测量各部分尺寸 形式检验 硬度检验		

表 3-42　落料凹模加工工艺过程

工序号	工序名称	工　序　内　容	设备	工　序　简　图(示意图)
1	备料	将毛坯锻成长方体 135mm×100mm×30mm		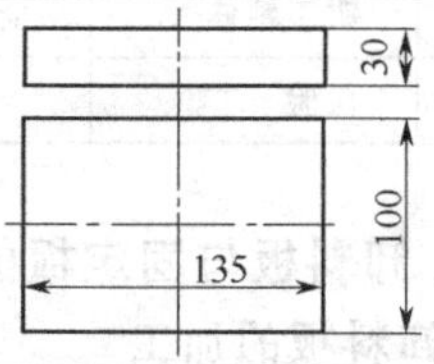 30 100 135
2	热处理	退火		

续表

工序号	工序名称	工　序　内　容	设备	工　序　简　图(示意图)
3	粗刨	刨六面达到 126mm×92mm×26mm,互为直角	刨床	26　92　126
4	热处理	调质		
5	磨平面	光六面、互为直角	磨床	
6	钳工划线	划出各孔位置线,型孔轮廓线		
7	铣漏料孔	达到设计要求	铣床	
8	加工螺钉孔、销钉孔及穿丝孔	按位置加工螺钉孔、销钉孔及穿丝孔	钻床	
9	热处理	按热处理工艺,淬火回火达到60～64HRC		
10	磨平面	磨光上、下平面	磨床	
11	线切割	按图切割型孔达到尺寸要求		
12	钳工精修	全面达到设计要求		
13	检验			

二、卸料板与固定板的加工

1．卸料板的加工

卸料板加工的技术要求如下。

① 卸料孔与凸模之间的间隙应符合图样设计要求，孔的位置与凹模孔对应一致。

② 卸料板上、下面应保持平行，卸料孔的轴心线也必须与卸料板支承面保持垂直，其平行度和垂直度公差一般在 300mm 范围内不超过 0.02mm。

③ 卸料板上、下面及卸料孔的表面粗糙度一般为 $Ra=0.8\sim1.6\mu m$，其余部位可为 $Ra=6.3\sim12.5\mu m$。

④ 卸料板一般用 Q275 钢或 45 钢制造，一般不需要淬硬处理。

卸料板的加工方法与凹模有些类似，加工工艺过程如下。

备料（下料、锻造）⟶退火⟶铣或刨粗加工六面⟶平磨上、下面及侧基面⟶划线⟶螺孔加工（固定卸料板的销孔在装配时与凹模配作）⟶型孔粗加工（铣或钻，单边留余量 0.3～0.5mm，精加工为线切割时只钻穿丝孔）⟶型孔精加工。

上述工艺过程中，型孔的精加工方法有按凸模的配作法（压印锉修等）和电火花线切割加工法，目前广泛应用的是线切割加工法。

2. 固定板的加工

固定板加工的技术要求如下。

① 加工后固定板的形状、尺寸和精度均应符合图样设计要求，非工作部分外缘锐边应倒角成(1～2)×45°。

② 固定板上、下表面应相互平行，其平行度允差在 300mm 内不大于 0.02mm；固定板的安装孔轴心线应与支承面垂直，其垂直度允差在 100mm 内不大于 0.01mm。

③ 固定板安装孔位置与凹模孔位置对应一致；安装孔有台肩时，各孔台肩深度应相同。

④ 固定板一般选用 Q255 钢或 45 钢，不需淬硬处理；上、下面及安装孔的表面粗糙度一般为 $Ra=0.8\sim1.6\mu m$，其余部分为 $Ra=6.3\sim12.5\mu m$。

固定板的加工方法大致与卸料板相同，主要保证安装孔位置尺寸与凹模孔一致，否则不能保证凸、凹间隙均匀一致。当固定板安装孔为圆孔时，可采用钻孔后精镗（坐标镗）或与凹模孔配钻后铰孔等方法；当固定板安装孔为非圆形孔时，其加工方法分如下两种情况。

① 当凸模为直通式结构时，可利用已加工好的凹模或卸料板作导向，采用锉修或压印锉修方法加工，也可采用线切割加工。

② 当凸模为阶梯形结构时，固定板安装孔大于凹模孔，这种情况下主要采用线切割加工。

三、模座及导向零件的加工

1. 上、下模座的加工

上、下模座属于板类零件，一般都是由平面和孔系组成。模座经机械加工后应满足如下技术要求。

① 模座上、下面平行度允差在 300mm 范围内应小于 0.03mm；模座上的导柱、导套安装孔的轴线必须与模座上、下面垂直，垂直度允差在 500mm 范围内应小于 0.01mm。

② 上、下模座的导柱、导套安装孔的位置尺寸（中心距）应保持一致。非工作面的外缘锐边倒角成(1～4)×45°。

③ 模座上、下工作面及导柱、导套安装孔的表面粗糙度 $Ra=0.8\sim1.6\ \mu m$，其余部位为 $Ra=6.3\sim12.5\mu m$。

④ 模座的材料一般为铸铁 HT200 或 HT250，也可用 Q230 或 Q255。

模座的加工主要是平面加工和孔系加工。加工过程中为了保证技术要求和加工方便，一般遵循先面后孔的原则，即先加工平面，再以平面定位进行孔系加工。平面的加工一般先在铣床或刨床上进行粗加工，再在平面磨床上进行精加工，以保证模座上、下面的平面度、平行度及表面粗糙度要求，同时作为孔加工的定位基准以保证孔的垂直度要求。导柱、导套安装孔的加工根据加工要求和生产条件，可以在专用镗床（批量较大时）、坐标镗床、双轴镗床上进行加工，也可在铣床或摇臂钻床上采用坐标法或引导元件进行加工。加工时将上、下模座重叠在一起，一次装夹同时加工出导柱和导套安装孔，以保证上、下模座上导柱和导套安装孔间距离一致。

加工实例：图 3-88 为后侧式冲模的上、下模座，其加工工艺过程分别见表 3-43 和表 3-44。

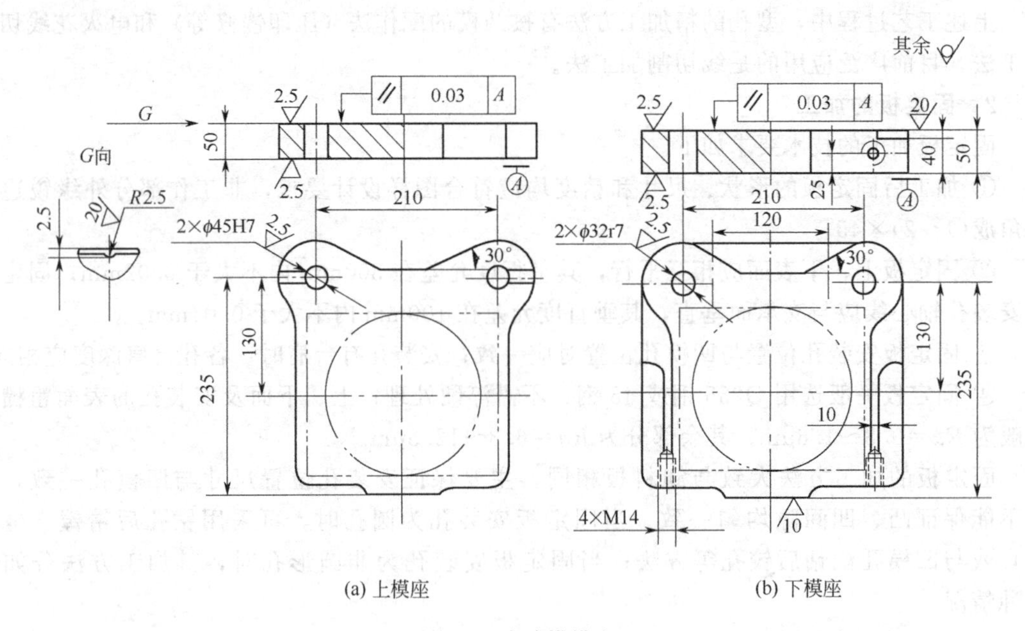

(a) 上模座　(b) 下模座

图 3-88　冷冲模模座

材料：HT 200

表 3-43　上模座加工工艺过程

工序号	工序名称	工 序 内 容	设备	工 序 简 图(示意图)
1	备料	铸造毛坯		
2	刨平面	刨上、下平面，保证尺寸 50.8mm	牛头刨床	
3	磨平面	磨上、下平面，保证尺寸 50mm	平面磨床	
4	钳工划线	划前部和导套孔线		

续表

工序号	工序名称	工 序 内 容	设备	工 序 简 图(示意图)
5	铣前部	按线铣前部	立铣床	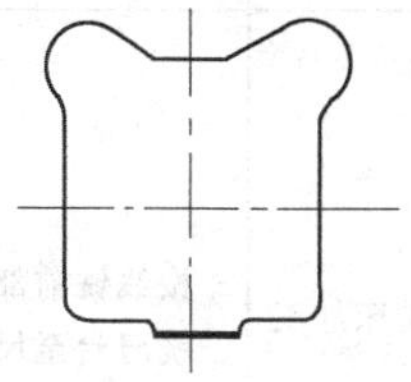
6	钻孔	按线钻导套孔至 $\phi 43$mm	立式钻床	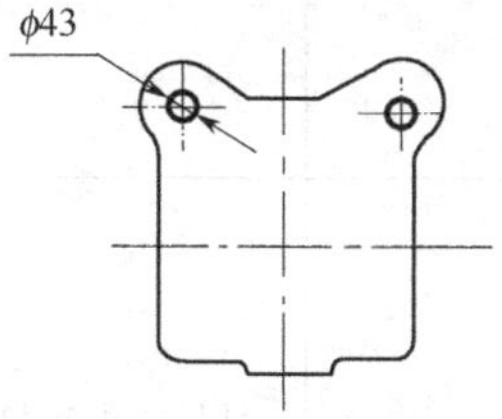 $\phi 43$
7	镗孔	和下模座重叠，一起镗孔至 $\phi 45H7$mm	镗床或铣床	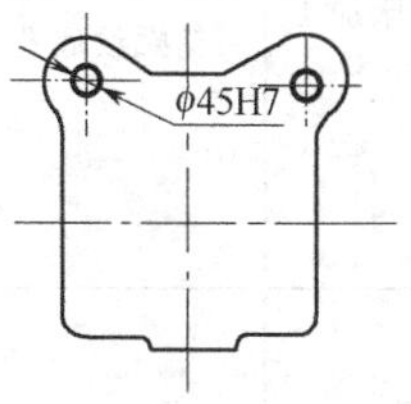 $\phi 45H7$
8	铣槽	按线铣 $R2.5$mm 的圆弧槽	卧式铣床	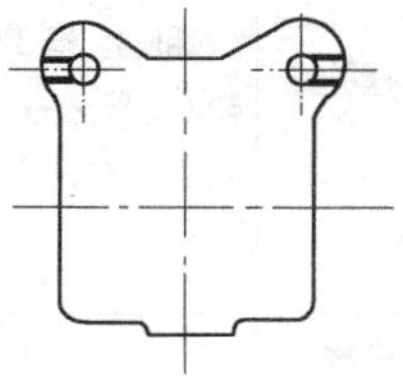
9	检验			

表 3-44 下模座加工工艺过程

工序号	工序名称	工 序 内 容	设备	工 序 简 图(示意图)
1	备料	铸造毛坯		
2	刨平面	刨上、下平面，保证尺寸 50.8mm	牛头刨床	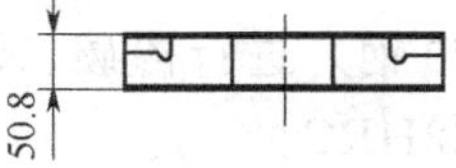 50.8
3	磨平面	磨上、下平面，保证尺寸 50mm	平面磨床	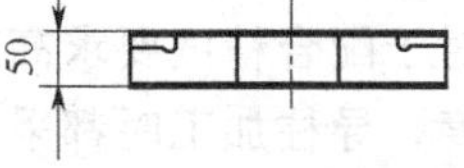 50
4	钳工划线	划前部线 划导柱孔和螺纹孔线		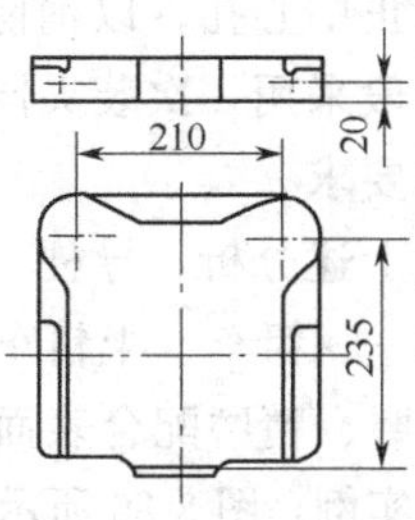 20 210 235

续表

工序号	工序名称	工 序 内 容	设备	工 序 简 图(示意图)
5	铣床加工	按线铣前部 铣肩台至尺寸	立铣床	40
6	钻床加工	钻导柱孔至 $\phi30$mm 钻螺纹底孔并攻螺纹	立式钻床	$\phi30$
7	镗孔	和上模座重叠，一起镗孔至 $\phi32_{-0.050}^{-0.025}$mm	镗床或铣床	$\phi32_{-0.050}^{-0.025}$
8	检验			

2．导柱、导套的加工

导柱、导套在模具中起定位和导向作用，保证凸、凹模工作时具有正确的相对位置。为了保证良好的导向，导柱、导套在装配后应保证模架的活动部分移动平稳。所以，在加工过程中除了保证导柱、导套配合表面的尺寸和形状精度外，还应保证导柱、导套各自配合面之间的同轴度要求。为了提高导柱、导套的耐磨性并保持较好的韧性，导柱、导套一般选用低碳钢（20 钢）进行渗碳、淬火处理，也可选用碳素工具钢（T10A）淬火处理，淬火硬度58～62HRC。

构成导柱、导套的基本表面是旋转体圆柱面，因此导柱、导套的主要加工方法是车削和磨削，对于配合精度要求高的部位，配合表面还要进行研磨。为了保证导柱、导套的形状和位置精度，导柱加工时都采用两端中心孔定位，使各主要工序的定位基准统一（热处理后还应注意修正中心孔，以消除中心孔在热处理时可能产生的变形和其他缺陷）；导套加工时，粗加工一般采用一次装夹同时加工外圆和内孔，精加工采用互为基准的方法来保证内孔和外圆的同轴要求。

根据上述分析，导柱、导套的加工工艺过程如下。

下料──→粗车、半精车内外圆柱表面──→热处理（渗碳、淬火）──→研磨修正导柱中心孔──→粗磨、精磨配合表面──→研磨导柱、导套配合表面。

加工实例：图 3-89 所示为导柱、导套零件图，其加工工艺过程分别见表 3-45 和表 3-46。

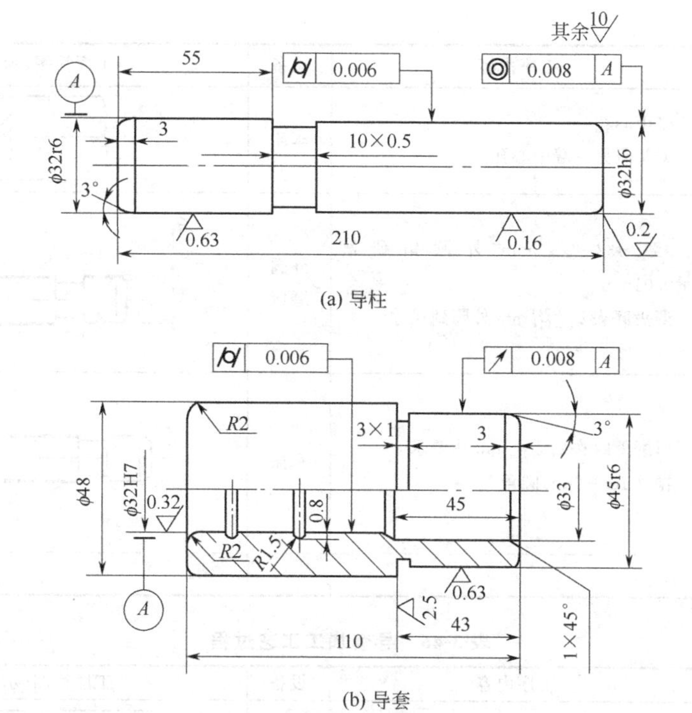

图 3-89　导柱与导套图

材料：20 钢　热处理：渗碳层深度 0.8～1.2mm，58～62 HRC

表 3-45　导柱加工工艺过程

工序号	工序名称	工序内容	设备	工序简图(示意图)
1	下料	按尺寸 ϕ35mm×215mm 切断	锯床	ϕ35 215
2	车端面 打中心孔	车端面保持长度 212.5mm 打中心孔 调头车端面保持长度 210mm 打中心孔	车床	210
3	车外圆	车外圆至 ϕ32.4mm 切 10mm×0.5mm 槽到尺寸 车端部锥面 调头车外圆至 ϕ32.4mm 端部倒圆	车床	ϕ32.4
4	检验			
5	热处理	按热处理工艺进行，保证渗碳层深度0.8～1.2mm，淬火后表面硬度 58～62HRC		

续表

工序号	工序名称	工序内容	设备	工序简图(示意图)
6	研中心孔	研中心孔 调头研另一端中心孔	车床	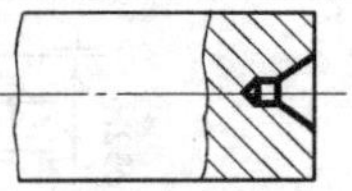
7	磨外圆	磨 $\phi32_{-0.016}^{0}$ mm 外圆留研磨量0.01mm 调头磨 $\phi32_{+0.028}^{+0.041}$mm 外圆到尺寸	外圆磨床	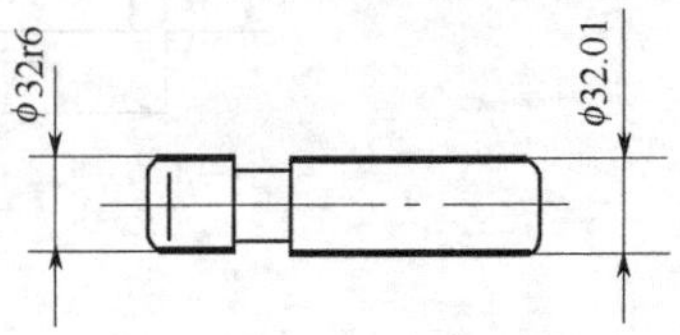 ϕ32r6　ϕ32.01
8	研磨	研磨外圆 $\phi32_{-0.016}^{0}$mm 达要求 抛光 $Ra0.2\mu m$ 圆角	车床	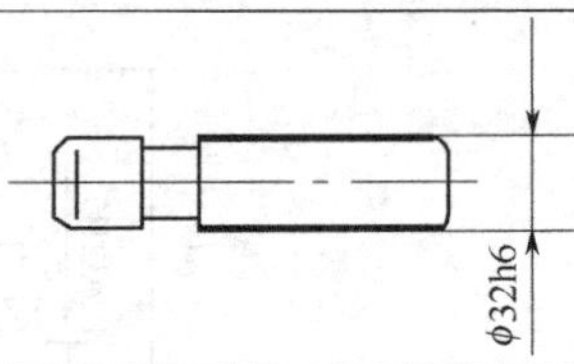 ϕ32h6
9	检验			

表 3-46　导套加工工艺过程

工序号	工序名称	工序内容	设备	工序简图(示意图)
1	下料	按尺寸 ϕ52mm×115mm 切断	锯床	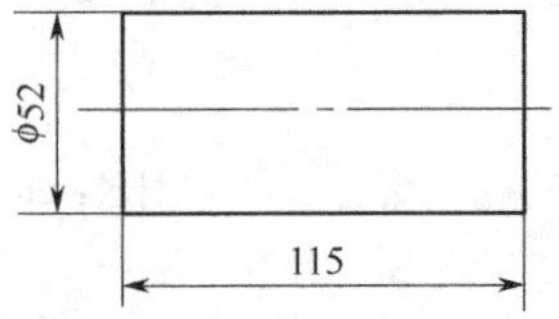 ϕ52　115
2	车外圆及内孔	车端面保持长度 113mm 钻 ϕ32mm 的孔至 ϕ30mm 车 ϕ45mm 的外圆至 ϕ45.4mm 倒角 切 3mm×1mm 的槽至尺寸 镗 ϕ32mm 的孔至 ϕ31.6mm 镗油槽 镗 ϕ33mm 的孔至尺寸 倒角	车床	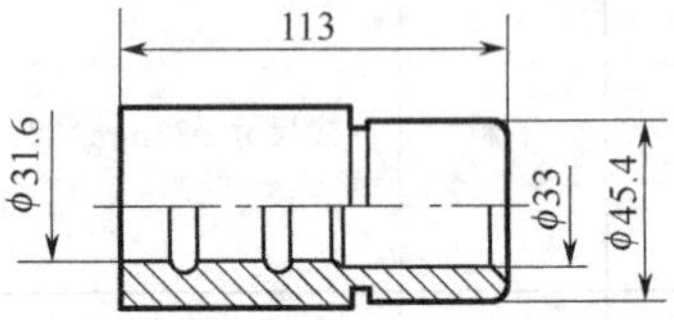 113　ϕ31.6　ϕ33　ϕ45.4
3	车外圆倒角	车 ϕ48mm 的外圆至尺寸 车端面保持长度 110mm 倒内外圆角	车床	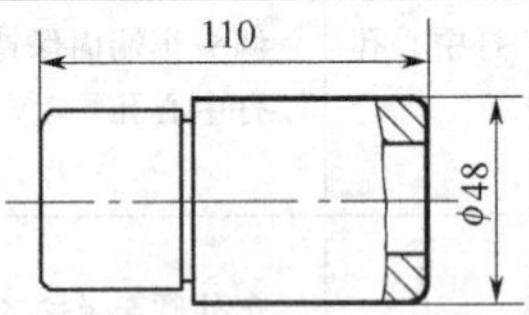 110　ϕ48
4	检验			
5	热处理	按热处理工艺进行,保证渗碳层深度 0.8～1.2mm,硬度 58～62HRC		
6	磨内外圆	磨 ϕ45mm 外圆达图样要求 磨 ϕ32mm 内孔,留研磨量 0.01mm	万能外圆磨床	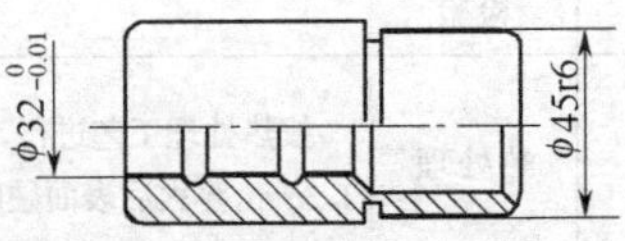 $\phi32_{-0.01}^{0}$　ϕ45r6

续表

工序号	工序名称	工序内容	设备	工序简图(示意图)
7	研磨内孔	研磨 $\phi32$mm 的孔达图样要求 研磨 $R2$mm 的内圆角	车床	$\phi32H7$
8	检验			

第十节　冲裁模的装配与调试

一、冲裁模的装配

1．单工序冲裁模的装配

单工序冲裁模有无导向冲裁模和有导向冲裁模两种类型。对于无导向冲裁模，可按图样要求将上、下模分别进行装配，其凸、凹模间隙是在冲模被安装到压力机上时进行调整的。而对于有导向冲裁模，装配时要选择好基准件（一般多以凹模为基准件），然后以基准件为准装配其他零件并调整好间隙。

图 3-90 所示为电镀表固定板冲孔模，冲件材料为 H62 黄铜，厚度为 2mm。其装配步骤及方法如下。

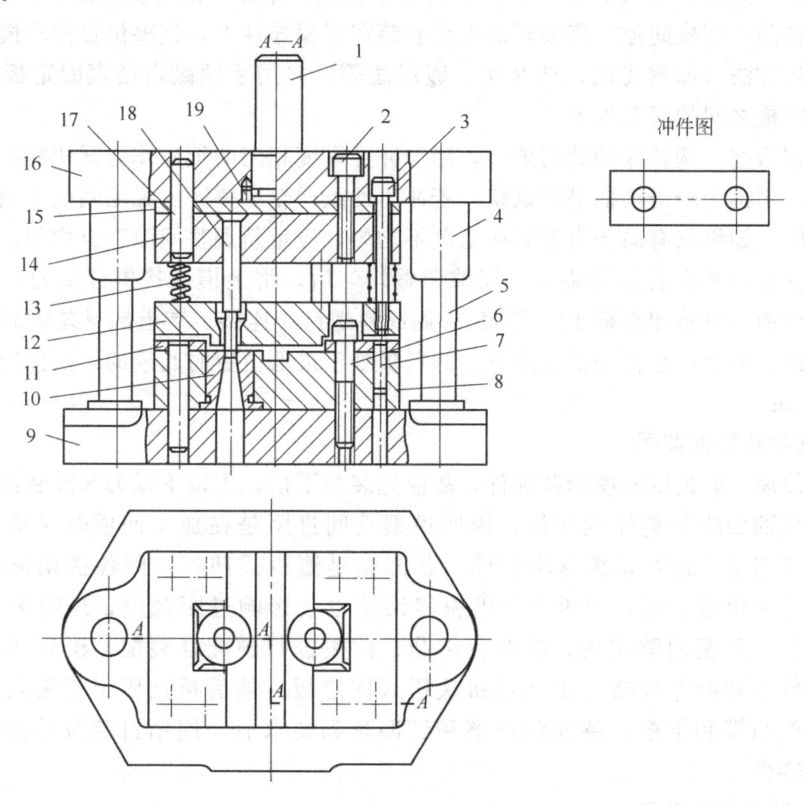

图 3-90　电镀表固定板冲孔模

1—模柄；2,6—螺钉；3—卸料螺钉；4—导套；5—导柱；7,17—销钉；8,14—固定板；9—下模座；10—凹模；11—定位板；12—卸料板；13—弹簧；15—垫板；16—上模座；18—凸模；19—防转销

(1) 装配模架　按第二章第三节介绍的方法，将导套、模柄、导柱分别装入上、下模座，并注意安装后使导柱、导套配合间隙均匀，上、下模座相对滑动时无发涩及卡住现象，模柄与上模座上平面保持垂直。

(2) 装配凹模　把凹模 10 装入凹模固定板 8 中，装入后应将固定板与凹模上平面在平面磨床上一起磨平，使刃口锋利。同时，其底面也应磨平。

(3) 装配下模　先在装配好凹模的固定板 8 上安装定位板 11，然后将装配好凹模和定位板的固定板安放在下模座上，按中心线找正固定板的位置，用平行夹头夹紧，通过固定板上的螺钉孔在下模座上钻出锥窝。拆开固定板，在下模座上按锥窝钻螺纹底孔并攻螺纹，再将凹模固定板组件置于下模座上，找正位置后用螺钉紧固。最后钻铰销钉孔，打入定位销。

(4) 装配凸模　将凸模 18 压入固定板 14，铆合后将凸模尾部与固定板一起磨平。同时为了保持刃口锋利，还应将凸模的工作端面在平面磨床上刃磨。

(5) 配钻卸料螺钉过孔　将卸料板 12 套装在已装入固定板的凸模 18 上，在卸料板与固定板之间垫入适当高度的等高垫铁，用平行夹头夹紧。然后以卸料板上的螺孔定位，在固定板上划线或钻出锥窝，拆去卸料板，以锥窝或划线定位在固定板上钻螺钉过孔。

(6) 装配上模　将装入固定板上的凸模插入凹模孔中，在凹模与凸模固定板之间垫入等高垫铁，装上上模座 16，找正中心位置后用平行夹头夹紧上模座与固定板。以固定板上的螺纹孔和卸料螺钉过孔定位，在上模座上钻锥窝或划线，拆开固定板，以锥窝或划线定位在上模座上钻孔。然后，放入垫板 15，用螺钉将上模座、垫板、固定板连接并稍加固紧。

(7) 调整凸、凹模间隙　将装好的上模套装在下模导柱上，调整位置使凸模插入凹模型孔，采用适当方法（如透光法、垫片法、镀层法等）并用手锤敲击凸模固定板侧面进行调整，使凸、凹模之间的间隙均匀。

(8) 试切检查　调整好冲裁间隙后，用与冲件厚度相当的纸片作为试切材料，将其置于凹模上定位，用锤子敲击模柄进行试切。若冲出的纸样轮廓整齐、无毛刺或毛刺均匀，说明间隙是均匀的。如果只有局部有毛刺或毛刺不均匀，应重新调整间隙直至均匀。

(9) 固紧上模并安装卸料装置　间隙调整均匀后，将上模连接螺钉紧固，并钻铰销钉孔，打入定位销。再将卸料板 12、弹簧 13 用卸料螺钉 3 连接。装上卸料装置后，应能使卸料板上、下运动灵活，且在弹簧作用下，卸料板处于最低位置时凸模的下端面应缩入卸料板孔内约 0.5mm。

2. 级进冲裁模的装配

级进冲裁模一般是以凹模为基准件，故应先装配下模，再以下模为基准装配上模。

若级进模的凹模是整体式凹模，因凹模型孔间进距是在加工凹模时保证的，故装配的方法和步骤与单工序冲裁模基本相同。若凹模是镶拼式凹模，因各拼块虽然在精加工时保证了尺寸和位置精度，但拼合后因积累误差也会影响进距精度，这时为了调整准确进距和保证凸、凹模间隙均匀，应对各组凸、凹模进行预配合装配，检查间隙的均匀程度，由钳工修正和调整合格后把凹模拼块压入固定板。然后再把固定板装入下模座，以凹模定位装配凸模和上模，待间隙调整和试冲达到要求后，用销钉定位并固定，最后装入其他辅助零件。

3. 复合冲裁模的装配

复合模一般以凸凹模作为装配基准件。其装配顺序是：①装配模架；②装配凸凹模组件（凸凹模及其固定板）和凸模组件（凸模及其固定板）；③将凸凹模组件用螺钉和销钉安装固定在指定模座（正装式复合模为上模座，倒装式复合模为下模座）的相应位置上；④以凸凹模为基准，将凸模组件及凹模初步固定在另一模座上，调整凸模组件及凹模的位置，使凸模刃口和凹模刃口分别与凸凹模的内、外刃口配合，并保证配合间隙均匀后固紧凸模组件与凹模；⑤试冲检查合格后，将凸模组件、凹模和相应模座一起钻铰销孔；⑥卸开上、下模，安装相应的定位、卸料、推件或顶出零件，再重新组装上、下模，并用螺钉和定位销紧固。

4．凸、凹模间隙的调整方法

冲模中凸、凹模之间的间隙大小及其均匀程度是直接影响冲件质量和模具使用寿命的主要因素之一，因此，在制造冲模时，必须要保证凸、凹模间隙的大小及均匀一致性。通常，凸、凹模间隙的大小是根据设计要求在凸、凹模加工时保证的，而凸、凹模之间间隙的均匀性则是在模具装配时保证的。

冲模装配时调整凸、凹模间隙的方法很多，需根据冲模的结构特点、间隙值的大小和装配条件来确定。目前，最常用的方法主要有以下几种。

(1) 垫片法　这种方法是利用厚度与凸、凹模单面间隙相等的垫片来调整间隙，是简便而常用的一种方法。其方法如下。

① 按图样要求组装上模与下模，其中一般上模只用螺钉稍为拧紧，下模用螺钉和销钉紧固。

② 在凹模刃口四周垫入厚薄均匀、厚度等于凸、凹模单面间隙的垫片（金属片或纸片），再将上、下模合模，使凸模进入相应的凹模孔内，并用等高垫铁垫起，如图 3-91 所示。

③ 观察凸模能否顺利进入凹模，并与垫片能否有良好的接触。若在某方向上与垫片接触的松紧程度相差较大，表明间隙不均匀，这时可用手锤轻轻敲打凸模固定板，使之调整到凸模在各方向与凹模孔内垫片的松紧程度一致为止。

④ 调整合适后，再将上模用螺钉紧固，并配钻销钉孔，打入定位销。

垫片法主要用于间隙较大的冲裁模，也可用于拉深模、弯曲模及其他成形模的间隙调整。

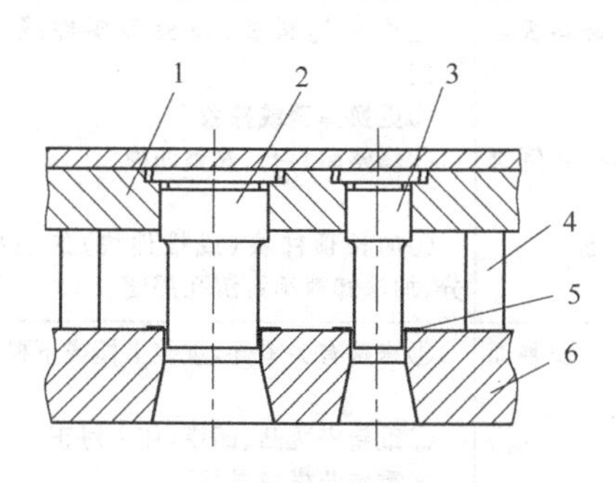

图 3-91　垫片法调整凸、凹模间隙

1—固定板；2、3—凸模；
4—等高垫铁；5—垫片；6—凹模

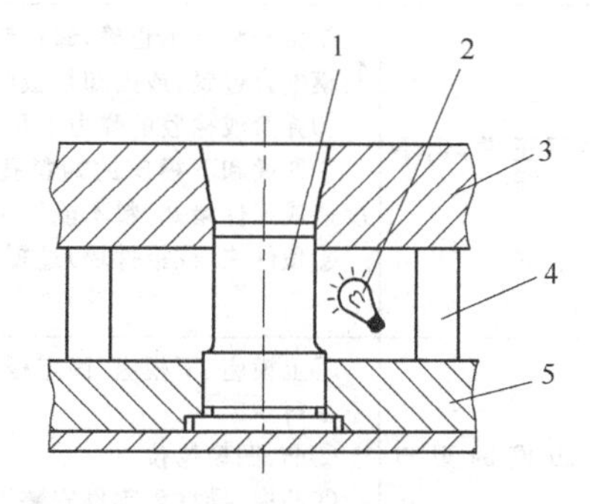

图 3-92　透光法调整凸、凹模间隙

1—凸模；2—光源；3—凹模；
4—等高垫铁；5—固定板

(2) 透光法　透光法（又称光隙法）是根据透光情况调整凸、凹模间隙的一种方法，其调整的方法如下。

① 同“垫片法”步骤①。

② 将上、下模合模，在凹模与凸模固定板之间放入等高垫铁并用平行夹头夹紧。

③ 翻转上、下模，并将模柄夹紧在平口钳上，如图 3-92 所示。用手灯或手电筒照射凸、凹模，从下模座的漏料孔观察凸、凹模间隙中所透光线是否均匀一致。若所透光线不均匀一致，适当松开平行夹头，用手锤敲击固定板的侧面，使上模向透光间隙偏大的方向移

动，再反复观察、调整，直至认为合适时为止。

④ 调整合适后，再将上模用螺钉及销钉固紧。

(3) 测量法 测量法是将凸模插入凹模孔之后，用塞尺检查凸、凹模不同部位的配合间隙，再根据检查结果调整凸、凹模之间的相对位置，使两者之间的配合间隙均匀一致。这种方法调整的间隙基本上是均匀合适的，也是生产中比较常用的一种方法，多用于间隙较大(单边间隙大于0.02mm)的冲裁模，也可用于弯曲模和拉深模等。

(4) 镀铜法 镀铜法是采用电镀的方法，在凸模上电镀一层厚度等于凸、凹模单面间隙的铜层后，再将凸模插入凹模孔中进行调整的一种方法。镀层厚度用电流及电镀时间来控制，厚度均匀，模具装配后镀层也不必专门去除，在模具使用过程中会自行脱落。这种方法得到的凸、凹模间隙比较均匀，但工艺上增加了电镀工序，主要用于冲裁模的间隙调整。

二、冲裁模的调试

冲裁模在加工装配以后，还必须安装在压力机上进行试冲压生产。在试冲过程中，可能会出现这样或那样的问题，这时必须要根据所产生问题或缺陷的原因，确定合适的调整或修正方法，以使其正常工作。

冲裁模在试冲时的常见问题、产生原因及调整方法见表3-47。

表3-47 冲裁模试冲时的常见问题、产生原因及调整方法

试冲时的问题	产生原因	调整方法
送料不通畅或料被卡死	①两导料板之间的尺寸过小或有斜度 ②凸模与卸料板之间的间隙过大，使搭边翻扭 ③用侧刃定距的冲裁模导料板的工作面和侧刃不平行形成毛刺，使条料卡死 ④侧刃与侧刃挡块不密合形成方毛刺，使条料卡死	①根据情况修整或重装导料板 ②根据情况采取措施减小凸模与卸料板的间隙 ③重装导料板或修整侧刃 ④修整侧刃挡块消除间隙
卸料不正常，退不下料	①由于装配不正确，卸料装置不能动作，如卸料板与凸模配合过紧，或因卸料板倾斜而卡紧 ②弹簧或橡胶的弹力不足 ③凹模和下模座的漏料孔没有对正，凹模孔有倒锥度造成工件堵塞，料不能排出 ④顶件块(或推件块)过短，或卸料板行程不够	①修整卸料板、顶板等零件或重新装配 ②更换弹簧或橡胶 ③修整漏料孔，修整凹模 ④加长顶件块(或推件块)的顶出部分，加深卸料螺钉沉孔深度
凸、凹模的刃口相碰	①上模座、下模座、固定板、凹模、垫板等零件安装面不平行 ②凸、凹模错位 ③凸模、导柱等零件安装不垂直 ④导柱与导套配合间隙过大使导向不准 ⑤卸料板的孔位不正确或歪斜，使冲孔凸模位移	①修整有关零件，重装上模或下模 ②重新安装凸、凹模，使之对正 ③重装凸模或导柱 ④更换导柱或导套 ⑤修理或更换卸料板
凸模折断	①冲裁时产生的侧向力未抵消 ②卸料板倾斜	①在模具上设置挡块抵消侧向力 ②修整卸料板或增加凸模导向装置
凹模被胀裂	凹模孔有倒锥现象(上口大下口小)	修磨凹模孔，消除倒锥现象
冲裁件的形状和尺寸不正确	凸模与凹模的刃口形状尺寸不正确	先将凸模和凹模的形状及尺寸修准，然后调整冲模的间隙
落料外形和冲孔位置不正，出现偏位现象	①挡料销或定位销位置不正 ②落料凸模上导正销尺寸过小 ③导料板和凹模送料中心线不平行，使孔位偏移 ④侧刃定距不准	①修正挡料销或定位销 ②更换导正销 ③修正导料板 ④修磨或更换侧刃

续表

试冲时的问题	产生原因	调整方法
冲件不平整	①落料凹模型孔呈上大下小的倒锥形，冲件从孔中通过时被压弯 ②冲模结构不合理，落料时没有弹性顶件或推件装置压住工件 ③在级进模中，导正销与预冲孔配合过紧，将工件压出凹陷，或导正销与挡料销的间距过小，导正销使条料前移，被挡料销挡住	①修磨凹模孔，去除倒锥现象 ②增加弹性顶件或推件装置 ③修小挡料销
冲件毛刺较大	①刃口不锋利或淬火硬度低 ②凸、凹模配合间隙过大或间隙不均匀	①修磨工作部分刃口 ②重新调整凸、凹模间隙，使其均匀

第十一节　冲裁模设计与制造步骤及实例

一、冲裁模设计与制造步骤

冲裁模设计与制造工作一般分为冲裁工艺设计、冲裁模具设计与冲裁模具制造三个阶段。现分步骤简要概述如下。

1. 分析冲裁件的工艺性

根据冲裁件图样及技术要求，分析其结构形状、尺寸大小、精度高低及所用材料等是否符合冲裁工艺要求（对照第二节内容分析）。良好的工艺性能应体现在材料消耗少、工序数目少、模具结构简单、制造成本低、使用寿命长、操作安全方便、产品质量稳定等，即能以简单、经济的方法将零件冲制而成。如果发现冲裁件的工艺性较差，应会同产品设计人员，在保证使用要求的前提下，对冲裁件的形状、尺寸、精度要求及材料选用等作必要的、合理的修改。

通过冲裁件的工艺性分析，确定零件能否进行冲裁，并明确在冲裁工艺及模具设计中主要解决的问题或难点所在。

2. 确定冲裁工艺方案

在工艺性分析的基础上，根据冲裁件的特点和要求确定合理的冲裁工艺方案。冲裁工艺方案是指冲裁零件所采用的工序性质、工序数量、工序顺序及工序的组合方式，是设计制造模具和指导冲压生产的依据。

(1) 工序性质与数量的确定　对于一般的冲裁件，通常外形采用落料，内形采用冲孔。当冲件上孔的数量较多且相距较近时，为了保证模具强度和不使孔变形，一般采用两次或多次冲孔工序［见图 3-46(a)、(b)］。当冲件的形状较复杂或局部尺寸较薄弱时，为了便于模具加工和保证强度，通常可将冲件的外形（或内形）分步冲出，这时外形或内形的冲裁工序中可以包含一次或多次冲孔（或冲槽）和一次落料工序［见图 3-46(d)］。当冲件外形规则、尺寸较大而精度要求不高时，可采用切断工序。

(2) 工序顺序的确定　当多工序冲件采用单工序冲裁时，一般先落料使工件与条料分离，再冲孔或冲缺口，并尽量使后续工序的定位一致，以减少定位误差和避免尺寸换算。冲裁大小不同且相距较近的孔时，为了减小孔的变形，应先冲大孔后冲小孔。当多工序冲件采用级进冲裁时，一般先冲孔或冲缺口，最后落料或切断，同时要做到工艺稳定，使先冲部分能为后冲部分提供可靠定位（也可在条料边缘冲出工艺孔定位），后冲部分不影响先冲部分的质量。采用侧刃定距时，侧刃切边工序应与首次冲孔同时进行。采用双侧刃时应前后错开排列。

(3) 工序组合方式的确定　工序是否组合及组合的方式与冲件的生产批量、尺寸大小、精度要求及模具的结构、强度、加工和操作等因素有关。一般小批量生产采用单工序冲裁，中批量和大批量生产采用复合冲裁或级进冲裁；冲件精度等级高且要求平整时，宜采用复合冲裁；冲件尺寸较小时，考虑单工序冲裁操作不方便，常采用复合冲裁或级进冲裁；冲件尺寸较大时，料薄时可用复合冲裁或单工序冲裁，料厚时受压力机压力限制只宜采用单工序冲裁；冲件上孔与孔之间或孔与边缘之间的距离过小时，受凸凹模强度限制，不宜采用复合冲裁而宜用级进冲裁，但级进模轮廓尺寸受压力机台面尺寸限制，所以级进冲裁宜适应尺寸不大、宽度较小的异形冲件；形状复杂的冲件，考虑模具的加工、装配与调整方便，采用复合冲裁比级进冲裁较为适宜，但复合冲裁时其出件和废料清除较麻烦，工作安全性和生产率不如级进冲裁。

实际确定冲裁工艺方案时，通常可以先拟定出几种不同的工艺方案，然后根据冲件的生产批量、尺寸大小、精度高低、复杂程度、材料厚度、模具制造、冲压设备及安全操作等方面进行全面分析和研究，从中确定技术可行、经济合理、满足产量和质量要求的最佳冲裁工艺方案。

3．确定模具总体结构方案

在冲裁工艺方案确定以后，根据冲件的形状特点、精度要求、生产批量、模具制造条件、操作与安全要求，以及利用现有设备的可能，确定每道冲裁工序所用冲模的总体结构方案。确定模具总体结构方案，就是对模具作出通盘的考虑和总体结构上的安排，它既是模具零部件设计与选用的基础，又是绘制模具总装图的必要准备，因而也是模具设计的关键，必须十分重视。

模具总体结构方案的确定包括以下内容。

(1) 模具类型　模具类型主要是指单工序模、复合模、级进模三种，在有些单件试制或小批量生产的情况下，也采用简易模或组合模。模具类型应根据生产批量、冲件形状与尺寸、冲件质量要求、材料性质与厚度、冲压设备与制模条件、操作与安全等因素确定。考虑冲裁工艺方案中已根据上述因素确定了冲裁工序性质、数量及组合方式，这些已基本决定了所用模具的类型，所以此处模具类型的确定只需与冲裁工艺方案相适应便可。

(2) 操作与定位方式　根据生产批量确定采用手工操作、半自动化操作或自动化操作；根据坯料或工序件的形状、冲件精度要求、材料厚度、模具类型、操作方式等确定采用坯料的送进导向与送料定距方式或工序件的定位方式。

(3) 卸料与出件方式　根据材料厚度、冲件尺寸与质量要求、冲裁工序性质及模具类型等，确定采用弹性卸料、固定卸料或废料切刀卸料等卸料方式和弹性顶件、刚性推件（或弹性推件）或凸模直接推件等出件方式。

(4) 模架类型及精度　模架分为滑动导向模架、滚动导向模架和导板模架，根据导向零件的布置又分为后侧式、中间式、对角式和四角式模架。模架类型及精度等级主要根据冲件尺寸与精度、材料厚度、模具类型、送料与操作等因素确定。对于生产批量较小、冲件精度要求较低、材料较厚的单工序冲裁模，也可采用无导向模架。

4．进行有关工艺与设计计算

在冲裁工艺与模具结构方案确定以后，为了进一步设计模具零件的具体结构，应进行以下有关工艺与设计方面的计算。

① 排样设计与计算。根据冲件形状特征、质量要求、模具类型与结构方案、材料利用率等方面因素进行冲件的排样设计。设计排样时，在保证冲件质量和模具寿命的前提下，主要考虑材料的充分利用。所以，对形状复杂的冲件，应多列几种不同排样方案（特殊形状件可用纸板按冲件比例作出样板进行实物排样），估算材料利用率，比较各种方案的优缺点，选择出最佳排样方案。

排样方案确定以后，查出搭边值，根据模具类型和定位方式画出排样图，计算条料宽度、进距及材料利用率，并选择板料规格，确定裁板方式（纵裁或横裁），进而确定条料长度，计算一块条料或整块板料的材料利用率。

② 计算冲压力与压力中心，初选压力机。根据冲件尺寸、排样图和模具结构方案，计算冲裁力、卸料力、推件力、顶件力及冲压总力，并计算模具的压力中心。根据冲压总力、冲件尺寸、模架类型与精度等初步选定压力机的类型与规格。

③ 计算凸、凹模刃口尺寸及公差。根据冲件形状与尺寸精度要求，确定刃口尺寸计算方法，并计算刃口尺寸及其公差。

5．设计、选用模具零部件，绘制模具总装草图

① 确定凸、凹模结构形式，计算凹模轮廓尺寸及凸模结构尺寸。根据凸、凹模的刃口形状、尺寸大小及加工条件等确定凸、凹结构形式，进而计算凹模轮廓尺寸及凸模结构尺寸。凹模轮廓尺寸应保证使模板中心与压力中心重合的要求，并尽量选用标准系列尺寸。对于细长凸模，应进行强度与刚度校核。

② 选择定位零件。定位零件一般都已标准化，根据定位方式及坯料的形状与尺寸，选用相应的标准规格。选择不到合适的标准件时，可参考标准自行设计。

③ 设计、选用卸料与出件零件。根据卸料与出件方式及凸、凹模轮廓与刃口尺寸，设计卸料板、推件块、顶件块结构及尺寸，并从标准中选用合适的卸料螺钉、推杆、顶板及顶杆等。当采用了弹性卸料与出件方式时，还应进行弹簧或橡胶的选用与计算。

④ 选择模架，并确定其他模具零件的结构尺寸或标准规格。根据凹模轮廓尺寸、模架类型和大致的模具闭合高度，从标准中选取模架规格，并相应确定固定板与垫板的轮廓尺寸及其他结构尺寸，选择模柄及紧固件的类型与规格。

⑤ 绘制模具总装草图，校核压力机。根据模具总体结构方案及设计选用的模具零部件，绘制模具总装草图，检查核对各模具零件的位置关系、相关尺寸、配合关系及结构工艺性等是否合适或合理，并校核压力机的有关参数，如闭合高度、工作台面尺寸、滑块尺寸等。

需要说明的是，模具总装草图的绘制与零部件的设计选用往往是交错进行的，一般要经过设计、计算、绘图、修改的多次反复。只有这样，才能设计出合理可行的模具，并提高设计效率。

6．绘制模具总装图和零件图

在对模具总装草图检查核对基本无误后，便可绘制模具总装图和拆画模具零件图。总装图和零件图均应严格按照机械制图国家标准绘制，同时，在实际生产中，结合冲模的工作特点和安装、调整的需要，总装图在图面布置、视图表达、技术要求等方面已形成一定的习惯，但这些习惯不应违反制图标准。

(1) 模具总装图的绘制　总装图的图面布置一般如图 3-93 所示，总装图中的各项内容简要说明如下。

① 主视图。主视图是模具总装图的主体部分，一般应画上、下模剖视图。上、下模可

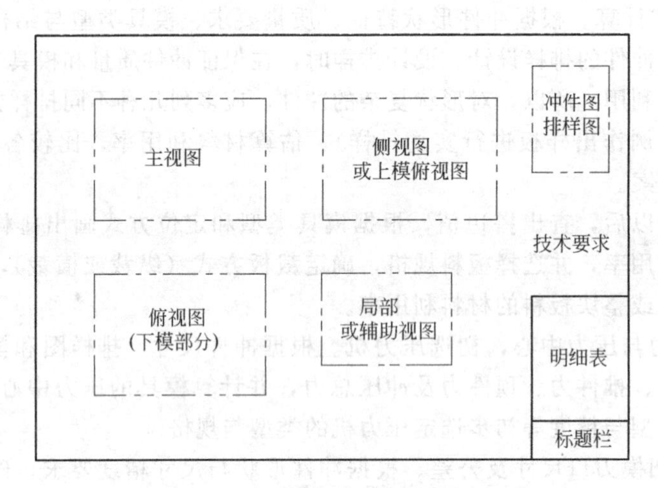

图 3-93 模具总装图的图面布置

以画成闭合状态，也可画成开启状态，对称模具还可画成半开半闭状态。其中闭合状态和半开半闭状态能直观地反映出模具的工作原理，便于装配调整和确定模具零件的相关尺寸。主视图中条料、冲件及废料的剖切面最好涂黑或涂红，并在主视图左侧或右侧标注模具的闭合高度。

② 俯视图。俯视图一般表示下模的上平面。在不影响表达下模的情况下，也可一半表示下模上平面，一半表示上模上平面，还可以局部表示上模上平面。俯视图一般只俯视可见部分，但有时为了表达重要零件之间的位置关系，有些未见部分也用虚线表示。俯视图上应标注下模轮廓尺寸，并将条料和排样状态用双点画线表示。

③ 侧视图或上模俯视图、局部或辅助视图。这些视图一般情况下不要求画出，只有当模具结构过于复杂，仅用上述主视图和俯视图难以表达清楚时才按需要画出，但也宜少勿多，尽量使图面简洁明了。

④ 冲件图及排样图。冲件图是表达该模具冲压后所得冲件的形状及尺寸。冲件图应严格按比例画出，其方向也应尽量与冲压方向一致，如果不能一致，必须用箭头注明冲压方向。冲件图下方还应注明冲件名称、材料、板料厚度及绘图比例。对于落料模、复合模和级进模，还要给出排样图，排样图的方向也要尽量与冲压方向一致。

⑤ 技术要求。技术要求中一般只简要注明本模具所使用压力机型号、模具闭合高度(当主视图中不便标注时)、模具总体形位公差以及装配、安装、调试、使用等方面的要求。

总装图绘制的一般步骤是：先在主视图和俯视图中的适当位置画出冲件视图（级进模应按排样图画出不同工位上的冲件状态图），然后画出工作零件，再依次画出其他各部分零部件。主、俯视图的绘制应同时对应进行，这样有利于零件尺寸的协调。主、俯视图（必要的还有其他视图）绘制完成后，再绘制冲件图、排样图，最后列出标题栏、明细表，写出有关技术要求。

(2) 模具零件图绘制　模具总装图中的非标准零件，均需分别画出零件图。有些标准零件需要补充加工（如上、下标准模座上的螺钉孔、销钉孔、模柄安装孔、漏料孔等）时，也需要画出零件图，但在此情况下，通常只画出需加工的部位，而其余非加工部位可以只用双点画线表示轮廓，并在图中注明标准件规格代号即可。零件图的绘制顺序一般是先画出工作零件，再依次按依赖关系画出其他零件。绘制零件图时应注意以下几点。

① 应尽量按该零件在总装图中的装配方位画出，不要任意旋转或颠倒。视图要完整，且宜少勿多，以能将零件结构表达清楚为限。

② 图中尺寸、公差、表面粗糙度标注要齐全、合理，符合国家标准。不同零件上有关联要求的尺寸（如孔距尺寸、配合尺寸、刃口尺寸等）应尽量一起标注，并给出适当公差或提出配作（或保持一致）的要求。

③ 图中各项尺寸公差及表面粗糙度选用要适当，既要满足模具加工质量要求，又要考虑尽量降低制模成本。

模具总装图和零件图绘制完后，还要从总体功能结构、零部件结构与装配关系、尺寸与精度、选材与热处理、加工工艺性与操作安全性等方面进行一次全面检查与校核，尽量减少差错，避免造成不必要的损失。

7．确定模具零件加工工艺过程

模具设计完成以后，便可实施加工，制造出模具实体。在实施加工以前，先应根据模具设计图样和现有加工条件确定模具零件的加工工艺过程。模具零件加工工艺过程确定的步骤及方法参见本章第九节。

8．确定模具装配工艺过程

在模具零件制造出来以后，便可确定模具装配工艺过程，将模具零件装配成模具整体。确定装配工艺过程时，首先要认真分析研究模具总装图样及应满足的技术要求，明确各零部件之间的装配关系，然后合理地选择装配方法、装配基准及装配顺序，并确定装配工具、设备及检验方法和工具。具体方法和步骤可参见第二章第三节和第三章第十节。模具装配以后，还要进行试冲调整。

9．编写有关技术文件

上述全部过程进行完以后，有些内容要以技术文件的形式确定下来，作为实际指导生产的依据或查阅、修改的原始设计资料。技术文件包括冲件冲压工艺规程、模具零件加工工艺规程、模具装配工艺规程及设计说明书。

冲压工艺规程、零件加工工艺规程及模具装配工艺规程是将相应的冲压工艺方案、加工工艺过程、装配工艺过程用表格或卡片的形式表示出来，用以指导生产。设计说明书是将设计过程用文字、简图或表格形式记录下来，作为设计依据存档，便于修改设计或类比设计时查阅。说明书的主要内容有：冲件的工艺性分析、冲裁工艺方案的制定、模具总体结构方案确定、有关工艺与设计计算、模具主要零件设计与选用说明、模具结构的技术与经济分析、模具零件加工工艺分析说明、模具装配工艺分析说明、其他需要说明的内容等。

二、冲裁模设计与制造实例

冲裁如图 3-94 所示接触环零件，材料为锡青铜带 QSn6.5-0.1(M)，厚度 $t=0.3$mm。已知每年产量 15 万件，试确定冲裁工艺方案，设计冲裁模，并编制主要模具零件的加工工艺。

1. 零件的工艺性分析

① 结构与尺寸：该零件结构较简单，形状对称，尺寸较小。悬臂宽度（1.5、1.025）大于 $1.5t$，臂长（3.25、1.3）小于 5 倍臂宽；凹槽宽度 $1.65^{+0.12}_{0}>1.5t$，深度也较小；最小孔径 $\phi1.85^{+0.12}_{0}>0.9t$；孔至边缘间最小距离（0.925）$>1.5t$。均适宜

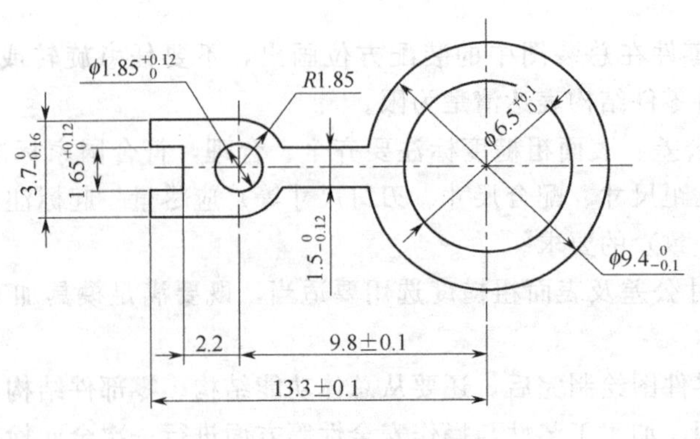

图 3-94 接触环

于冲裁加工。

② 精度：零件尺寸公差除 $\phi9.4^{0}_{-0.1}$ 接近于 IT11 级以外，其余尺寸均低于 IT12 级，亦无其他特殊要求。从表 3-5 可知，利用普通冲裁方式可以达到零件图样要求。

③ 材料：锡青铜带 QSn6.5-0.1（M），软态，带料，抗剪强度 $\tau_b=255$MPa（见表1-3），断后伸长率 $\delta_{10}=38\%$。此材料具有较高的弹性和良好的塑性，其冲裁加工性较好。

根据以上分析，该零件的工艺性较好，可以冲裁加工。

2．确定冲裁工艺方案

该零件包括落料和冲孔两个基本工序，可采用的冲裁工艺方案有单工序冲裁、复合冲裁和级进冲裁三种。由于零件属于大批量生产，尺寸又较小，因此采用单工序冲裁效率太低，且不便于操作。若采用复合冲裁，虽然冲出的零件精度和平直度较好，生产效率也较高，但因零件的孔边距太小，模具强度不能保证。采用级进冲裁时，生产效率高，操作方便，通过设计合理的模具结构和排样方案可以达到较好的零件质量和避免模具强度不够的问题。

根据以上分析，该零件采用级进冲裁工艺方案。

3．确定模具总体结构方案

(1) 模具类型　根据零件的冲裁工艺方案，采用级进冲裁模。

(2) 操作与定位方式　虽然零件的生产批量较大，但合理安排生产可用手工送料方式能够达到批量要求，且能降低模具成本，因此采用手工送料方式。考虑零件尺寸较小，材料厚度较薄，为了便于操作和保证零件的精度，宜采用导料板导向、侧刃定距的定位方式。为减小料头和料尾的材料消耗和提高定距的可靠性，采用双侧刃前后对角布置。

(3) 卸料与出件方式　考虑零件厚度较薄，采用弹性卸料方式。为了便于操作、提高生产率，冲件和废料采用由凸模直接从凹模洞口推下的下出件方式。

(4) 模架类型及精度　由于零件厚度薄，冲裁间隙很小，又是级进模，因此采用导向平稳的对角导柱模架。考虑零件精度要求不是很高，但冲裁间隙较小，因此采用Ⅰ级模架精度。

4．工艺与设计计算

(1) 排样设计与计算　该零件材料厚度较薄，尺寸小，近似 T 形，因此可采用 45°的斜对排样，如图 3-95 所示。考虑模具强度的影响，在冲孔和落料工位之间增设了一个空位。

根据排样图的几何关系，可以近似算出两排中心距为 18 mm。

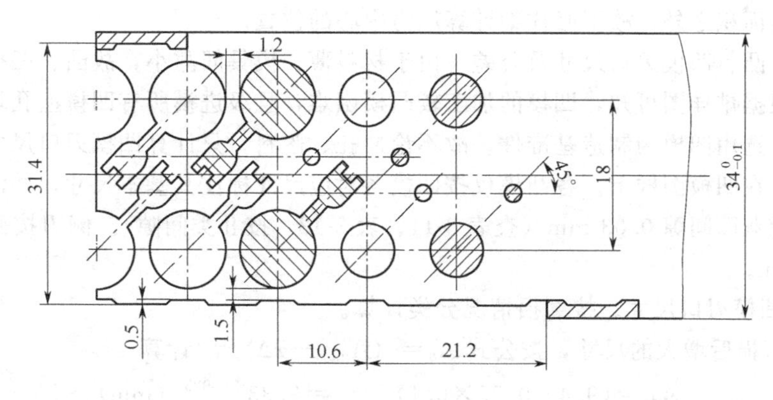

图 3-95 排样图

查表 3-18～表 3-21，取 $a=1.5$mm，$a_1=1.2$ mm，$\Delta=0.10$mm，$z=0.5$mm，$b_1=1.3$mm，$y=0.1$mm。另因采用的ⅠC 型侧刃，故料宽每边需增加燕尾形切入深度 $a'=0.5$mm。因此，条料宽度为

$$B_{-\Delta}^{\ 0}=(D_{\max}+2a+2a'+nb_1)_{-\Delta}^{\ 0}$$
$$=(18+9.4+2\times1.5+2\times0.5+2\times1.3)_{-0.10}^{\ 0}=34_{-0.10}^{\ 0}\ (\text{mm})$$

冲裁后废料宽度为

$$B_1=D_{\max}+2a+2a'=18+9.4+2\times1.5+2\times0.5=31.4\ (\text{mm})$$

进距为

$$s=9.4+1.2=10.6\ (\text{mm})$$

导料板间距为

$$B'=B+Z=34+0.5=34.5\ (\text{mm})$$
$$B_1'=B_1+Y=31.4+0.1=31.5\ (\text{mm})$$

由零件图近似算得一个零件的面积为 54mm^2，一个进距内冲两件，故 $A=54\times2=108\ \text{mm}^2$。一个进距内的坯料面积 $B\times s=34\times10.6=360.4\text{mm}^2$。因此材料利用率为

$$\eta=\frac{A}{Bs}\times100\%=\frac{108}{360.4}\times100\%\approx30\%$$

(2) 计算冲压力与压力中心，初选压力机

冲裁力：根据零件图可算得一个零件内外周边之和 $L_1=77$mm，侧刃冲切长度 $L_2=13.8$mm，根据排样图一模冲两件和双侧刃布置，故总冲裁长度 $L=(77+13.8)\times2=181.6$ mm。又 $\tau_b=255$MPa，$t=0.3$mm，取 $K=1.3$，则

$$F=KLt\tau_b=1.3\times181.6\times0.3\times255=18060\ (\text{N})$$

卸料力：查表3-22，取 $K_X=0.06$，则

$$F_X=K_XF=0.06\times18060=1084\ (\text{N})$$

推件力：根据材料厚度取凹模刃口直壁高度 $h=5$ mm，故 $n=h/t=5/0.3=16$。查表 3-22，取 $K_T=0.07$，则

$$F_T=nK_TF=16\times0.07\times18060=20227\ (\text{N})$$

总冲压力 $F_\Sigma=F+F_X+F_T=18060+1084+20227=39371\ \text{N}\approx40\ (\text{kN})$

应选取的压力机公称压力 $P_0\geqslant(1.1\sim1.3)F_\Sigma=(1.1\sim1.3)\times40=44\sim52$ kN，因此可选压力机型号为 J23-6.3。

因冲裁件尺寸较小，冲裁力不大，且选用了对角导柱模架，受力平稳，估计压力中心不

会超出模柄端面积之外，故不必详细计算压力中心的位置。

(3) 计算凸、凹模刃口尺寸及公差　由于材料薄，模具间隙小，故凸、凹模采用配作加工为宜。又根据排样图可知，凹模的加工较凸模困难，且级进模所有凹模型孔均在同一凹模板上，因此，选用凹模为制造基准件。故不论冲孔、落料，只计算凹模刃口尺寸及公差，并将计算值标注在凹模图样上。各凸模仅按凹模各对应尺寸标注其基本尺寸，并注明按凹模实际刃口尺寸配双面间隙 0.03 mm（查表 3-11、表 3-12，按Ⅱ类间隙）。侧刃按侧刃孔配单面间隙 0.015mm。

① 落料凹模刃口尺寸。按磨损情况分类计算。

a. 凹模磨损后增大的尺寸，按公式 $A_d=(A_{max}-x\Delta)^{+\Delta/4}_{0}$ 计算

$9.4^{0}_{-0.1}$　　$A_{d1}=(9.4-0.75\times0.1)^{+0.1/4}_{0}=9.33^{+0.025}_{0}$ (mm)

$1.5^{0}_{-0.12}$　　$A_{d2}=(1.5-0.75\times0.12)^{+0.12/4}_{0}=1.41^{+0.03}_{0}$ (mm)

$3.7^{0}_{-0.16}$　　$A_{d3}=(3.7-0.75\times0.16)^{+0.16/4}_{0}=3.58^{+0.04}_{0}$ (mm)

13.3 ± 0.1　　$A_{d4}=(13.3+0.1-0.75\times0.2)^{+0.2/4}_{0}=13.25^{+0.05}_{0}$ (mm)

2.2 ± 0.12　　$A_{d5}=(2.2+0.12-0.5\times0.24)^{+0.24/4}_{0}=2.2^{+0.06}_{0}$ (mm)

b. 凹模磨损后减小的尺寸，按公式 $B_d=(B_{min}+x\Delta)^{0}_{-\Delta/4}$ 计算

$1.65^{+0.12}_{0}$　　$B_d=(1.65+0.75\times0.12)^{0}_{-0.12/4}=1.74^{0}_{-0.03}$ (mm)

c. 凹模磨损后不变的尺寸，按公式 $C_d=(C_{min}+0.5\Delta)\pm\Delta/8$ 计算

9.8 ± 0.1　　$C_d=(9.7+0.5\times0.2)\pm0.2/8=9.8\pm0.025$ (mm)

② 冲孔凹模刃口尺寸。冲孔凹模均为圆形，故可按公式 $d_d=(d_{min}+x\Delta+Z_{min})^{+\Delta/4}_{0}$ 计算

$6.5^{+0.1}_{0}$　　$d_{d1}=(6.5+0.75\times0.1+0.03)^{+0.1/4}_{0}=6.61^{+0.025}_{0}$ (mm)

$1.85^{+0.12}_{0}$　　$d_{d2}=(1.85+0.75\times0.12+0.03)^{+0.12/4}_{0}=1.97^{+0.03}_{0}$ (mm)

③ 侧刃孔尺寸可按公式 $A_d=(A+0.5Z_{min})^{+\delta_d}_{0}$ 计算，取 $\delta_d=0.02$，则

$$A_d=(A+0.5Z_{min})^{+\delta_d}_{0}=(10.6+0.5\times0.03)^{+0.02}_{0}=10.61^{+0.02}_{0}\ (mm)$$

当采用线切割机床加工凹模时，各型孔尺寸和孔距尺寸的制造公差均可标注为±0.01（为机床一般可达到的加工误差），本例即采用此种加工的标注法。

5. 设计选用模具零、部件，绘制模具总装草图

限于篇幅，这里只介绍凸、凹模零件的设计过程，其他零件的设计或选用过程从略。

(1) 凹模设计　凹模采用矩形板状结构和直接通过螺钉、销钉与下模座固定的固定方式。因冲件的批量较大，考虑凹模的磨损和保证冲件的质量，凹模刃口采用直刃壁结构，刃壁高度取 5mm，漏料部分沿刃口轮廓适当扩大（为便于加工，落料凹模漏料孔可设计成近似于刃口轮廓的简化形状，如图 3-96 所示）。凹模轮廓尺寸计算如下。

沿送料方向的凹模型孔壁间最大距离为

$$l=31.81+21.2+10.61\approx63.6\ (mm)$$

垂直于送料方向的凹模型孔壁间最大距离为

$$b=31.4-2\times0.5+2\times6=42.4\ (mm)$$（取侧刃厚度为 6mm）

沿送料方向的凹模长度为

$$L=l+2c=63.6+2\times20=103.6\ (mm)$$（查表 3-20，取 $c=20$mm）

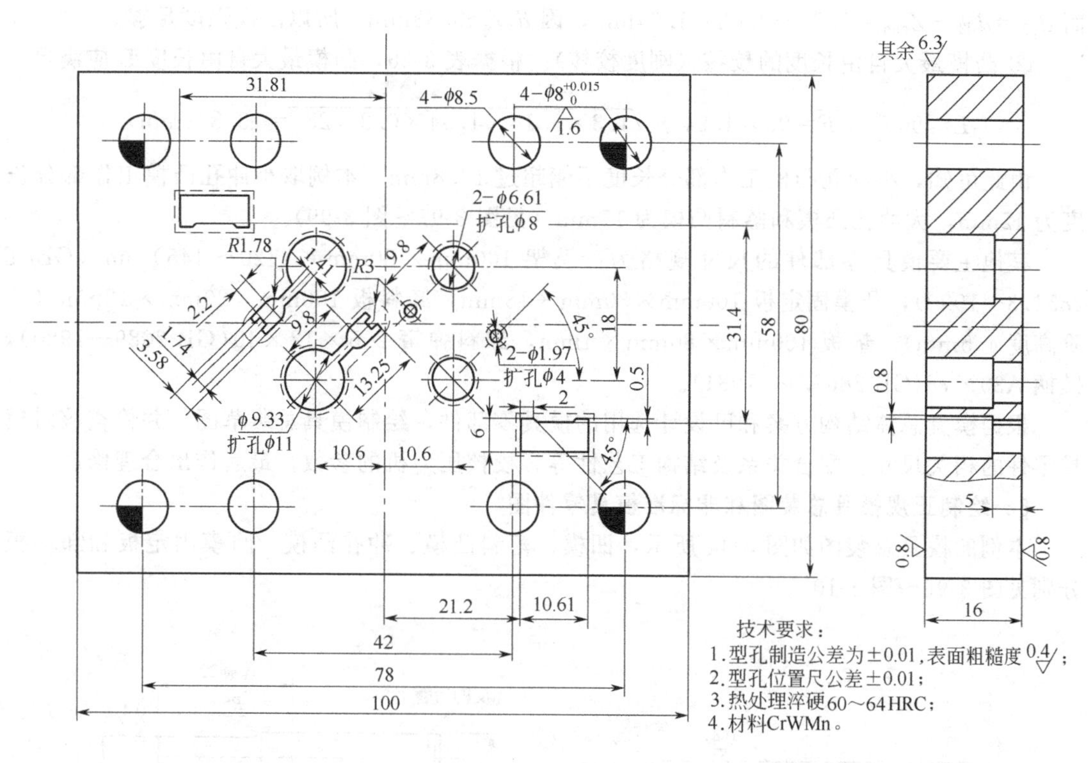

图 3-96 凹模

垂直于送料方向的凹模宽度为

$$B=b+2c=42.4+2\times 20=82.4\ (\text{mm})$$

凹模厚度为

$$H=K_1K_2\sqrt[3]{0.1F}=1\times 1.25\sqrt[3]{0.1\times 18060}=15.2\ (\text{mm})\ (\text{查表 3-21})\ (\text{取 } K_2=1.25,\ K_1=1)$$

根据算得的凹模轮廓尺寸，选取与计算值相接近的标准凹模板轮廓尺寸为 $L\times B\times H=$ 100mm×80mm×16mm。

凹模的材料选用 CrWMn，工作部分热处理淬硬 60～64HRC（材料及热处理选用参考表 8-3）。

(2) 凸模设计　落料凸模刃口部分为非圆形，为便于凸模和固定板的加工，可设计成阶梯形结构，并将安装部分设计成便于加工的长圆形，通过铆接方式与固定板固定。凸模的尺寸根据刃口尺寸、卸料装置和安装固定要求确定。凸模的材料也选用 CrWMn，工作部分热处理淬硬 58～62HRC。

冲孔凸模的设计与落料凸模基本相同，因刃口部分为圆形，其结构更简单。考虑冲孔凸模直径很小，故需对最小凸模（$\phi 1.85^{+0.12}_{0}$ 冲孔凸模）进行强度和刚度校核。

① 凸模最小直径的校核（强度校核）。因孔径虽小，但远大于材料厚度，估计凸模的强度和刚度是够的。为使弹压卸料板加工方便，取凸模与卸料板的双面间隙为 0.2mm（不起导向作用）。

根据表 3-26，凸模的最小直径 d 应满足

$$d\geqslant 5.2t\tau_b/[\sigma_{压}]=5.2\times 0.3\times 255/1200=0.33\ \text{mm}\ (\text{取}\ [\sigma_{压}]=1200\text{MPa})$$

而 $d_{p2}=d_{d2}-Z_{min}=1.97-0.03=1.94$mm，因 $d_{p2}>0.33$mm，所以凸模强度足够。

② 凸模最大自由长度的校核（刚度校核）。根据表 3-26，凸模最大自由长度 L 应满足

$$L\leqslant 90d^2/\sqrt{F}=90\times1.94^2/\sqrt{1.3\times3.14\times1.94\times0.3\times255}=13.8\ (\text{mm})$$

由此可知，小冲孔凸模工作部分长度不能超过 13.8mm。本例取小冲孔凸模工作部分长度为 12mm，大冲孔凸模和落料凸模为 15mm（见图 3-97～图 3-99）。

其他主要模具零部件的尺寸规格为：模架 100mm×80mm×(120～145)mm（GB/T 2851.3—1990），凸模固定板 100mm×80mm×18mm，卸料板 100mm×80mm×12mm（台阶高度 4.5mm），垫板 100mm×80mm×4mm，卸料弹簧 2.5×12×40(GB 2089—1980)，模柄 A30×78(GB 2862.1—1981)。

根据模具总体结构方案和已设计选用的模具零部件，绘制模具总装草图，并检查核对模具零件的相关尺寸、配合关系及结构工艺性等，校核压力机的参数，最后作出合理修改。

6．绘制正规模具总装图和非标准模具零件图

本例的模具总装图如图 3-44 所示，凹模、落料凸模、冲孔凸模、凸模固定板和卸料板分别见图 3-96～图 3-101。

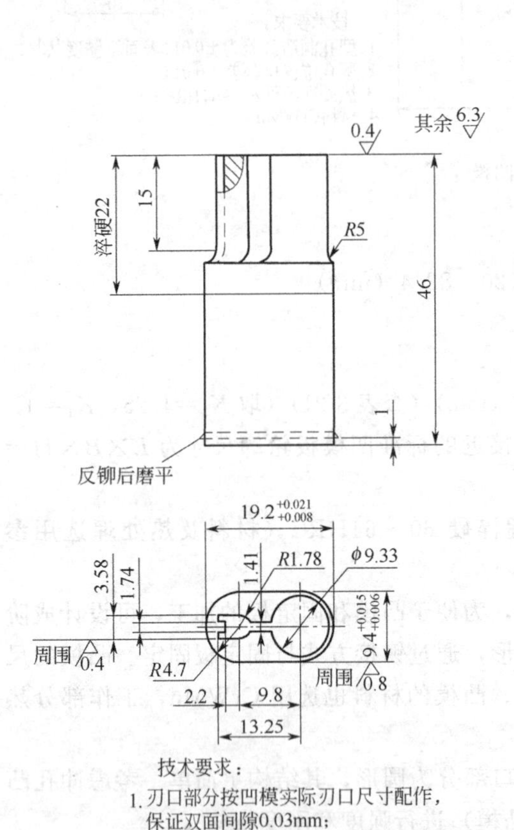

图 3-97 落料凸模

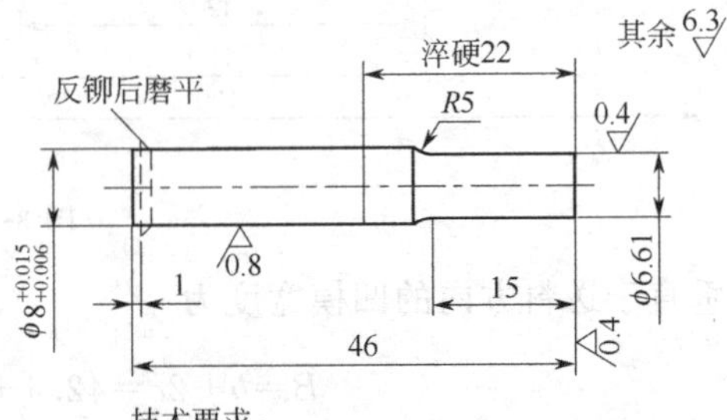

技术要求：
1. 刃口部分按凹模实际刃口尺寸配作，保证双面间隙0.03mm；
2. 保持刃口锋利；
3. 淬硬部分58～62HRC；
4. 材料CrWMn。

图 3-98 大冲孔凸模

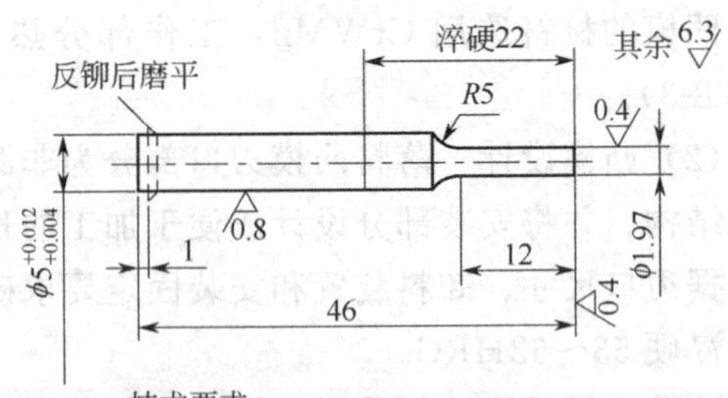

技术要求：
1. 刃口部分按凹模实际刃口尺寸配作，保证双面间隙0.03mm；
2. 保持刃口锋利；
3. 淬硬部分58～62HRC；
4. 材料CrWMn。

图 3-99 小冲孔凸模

7．制定模具零件加工工艺过程

这里以凹模、落料凸模和凸模固定板为例，制定的加工工艺过程分别见表 3-48～表 3-50。

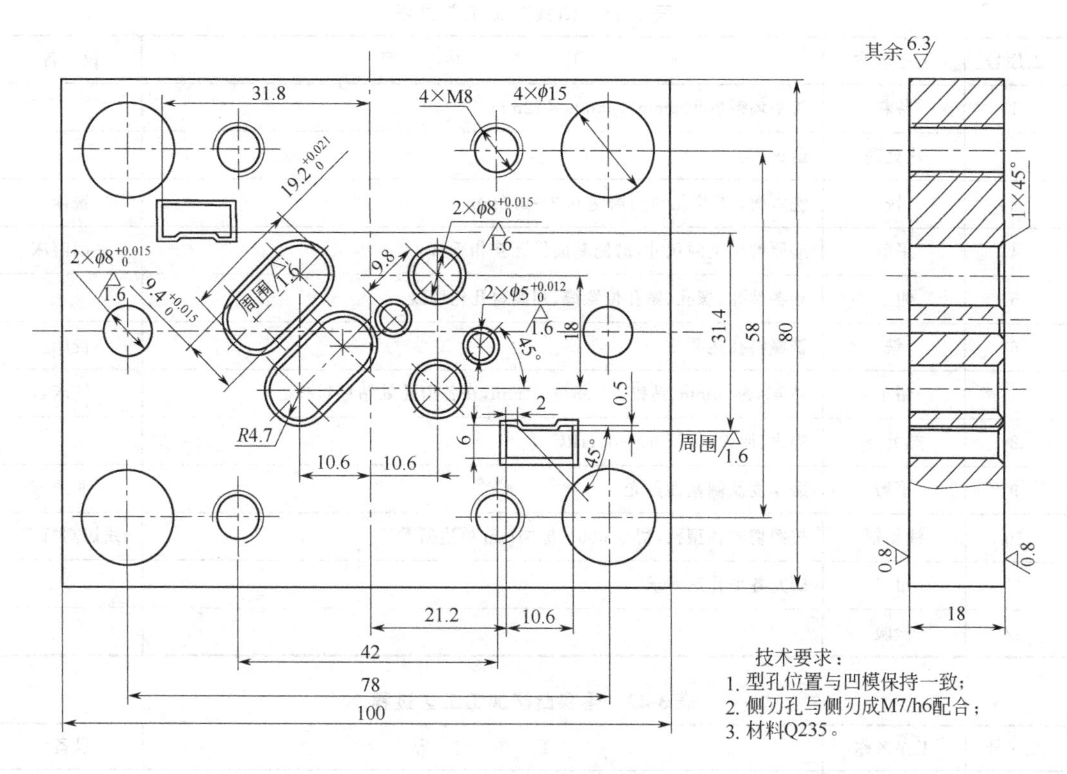

图 3-100 凸模固定板

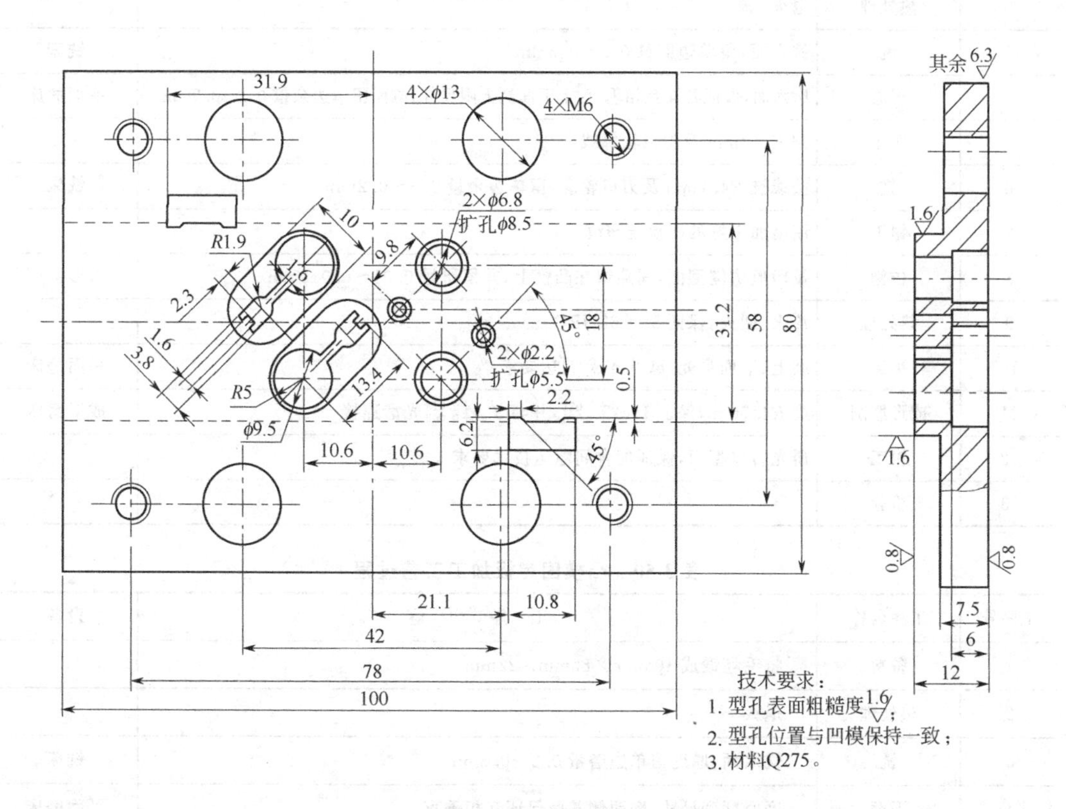

图 3-101 卸料板

表 3-48　凹模加工工艺过程

工序号	工序名称	工　序　内　容	设　备
1	备料	将毛坯锻成 105mm×85mm×22mm	
2	热处理	退火	
3	铣	铣六面，厚度留单边磨量 0.2～0.3mm	铣床
4	平磨	磨厚度到上限尺寸，磨侧基面保证互相垂直	平面磨床
5	钳工	划各型孔、螺孔、销孔位置线，划漏料孔轮廓线	
6	铣	铣漏料孔达要求	铣床
7	钳工	钻 4×ϕ8.5mm、钻铰 4×$\phi 8^{+0.015}_{0}$mm，在各型孔处钻穿丝孔	钻床
8	热处理	淬火、回火，保证 60～64HRC	
9	平磨	磨厚度及侧基面见光	平面磨床
10	线切割	按图切割各型孔，留 0.005～0.01mm 单边研量	线切割机床
11	钳工	研光各型孔达要求	
12	检验		

表 3-49　落料凸模加工工艺过程

工序号	工序名称	工　序　内　容	设备
1	备料	将毛坯锻成 52mm×25mm×15mm	
2	热处理	退火	
3	铣	铣六面，留单边磨量 0.2～0.3mm	铣床
4	平磨	磨六面，保证各面互相垂直，上下面到上限尺寸，侧面留单边余量 0.1～0.2mm	平面磨床
5	钳工	划 R4.7mm 及刃口轮廓线	
6	铣	按线铣 R4.7mm 及刃口轮廓，留单边余量 0.1～0.2mm	铣床
7	钳工	用已加工好的凹模压印痕	
8	仿刨	按印痕仿刨型面，间隙留在凸模上，并留研量 0.01～0.015mm	仿形刨床
9	热处理	淬火、回火，保证 58～62HRC	
10	平磨	磨上、下面见光，磨 $9.4^{+0.015}_{+0.006}$ 达要求	平面磨床
11	成形磨削	磨 R4.7mm，保证 $19.2^{+0.021}_{+0.008}$，并与 $9.4^{+0.015}_{+0.006}$ 光滑连接	成形磨床
12	钳工	研光刃口型面，保证配合间隙达技术要求	
13	检验		

表 3-50　凸模固定板加工工艺过程

工序号	工序名称	工　序　内　容	设备
1	备料	将毛坯锻成 105mm×85mm×22mm	
2	热处理	退火	
3	铣	铣六面，厚度留单边磨量 0.2～0.3mm	铣床
4	平磨	磨厚度到尺寸，磨两侧基面保证互相垂直	平面磨床

续表

工序号	工序名称	工　序　内　容	设备
5	钳工	划出各型孔、螺孔、销孔位置线	
6	钳工	钻 4×ϕ15mm，钻攻 4×M8mm，在各安装型孔处钻穿丝孔（2×$\phi 8^{+0.015}_{0}$mm 在装配时钻铰）	钻床
7	线切割	按图切割各安装孔达要求	线切割机床
8	钳工	在各安装孔处倒角 1×45°	
9	检验		

8. 确定模具装配工艺过程（略）

思考与练习题

1. 板料冲裁时，其切断面具有什么特征？这些特征是如何形成的？
2. 影响冲裁件尺寸精度的因素有哪些？如何提高冲裁件的尺寸精度？
3. 什么是冲裁间隙？实际生产中如何选择合理的冲裁间隙？
4. 冲裁凸、凹模刃口尺寸计算方法有哪几种？各有何特点？分别适应于什么场合？
5. 什么是材料的利用率？在冲裁工作中如何提高材料的利用率？
6. 什么是压力中心？压力中心在冲模设计中起什么作用？
7. 什么是冲裁力、卸料力、推件力和顶件力？如何根据冲模结构确定冲压工艺总力？
8. 冲裁模一般由哪几类零部件组成？它们在冲裁模中分别起什么作用？
9. 试比较单工序模、级进模和复合模的结构特点及应用。
10. 常用冲裁凸、凹模结构形式与固定方式有哪几种？什么情况下凸、凹模要设计成镶拼式结构？
11. 冲裁模的卸料方式有哪几种？分别适应于何种场合？
12. 模架的作用是什么？一般由哪些零件组成？如何选择模架？
13. 计算冲裁图 3-102 所示零件的凸、凹模刃口尺寸及其公差［图 3-102(a) 按分别加工法，图 3-102(b) 按配作加工法］。

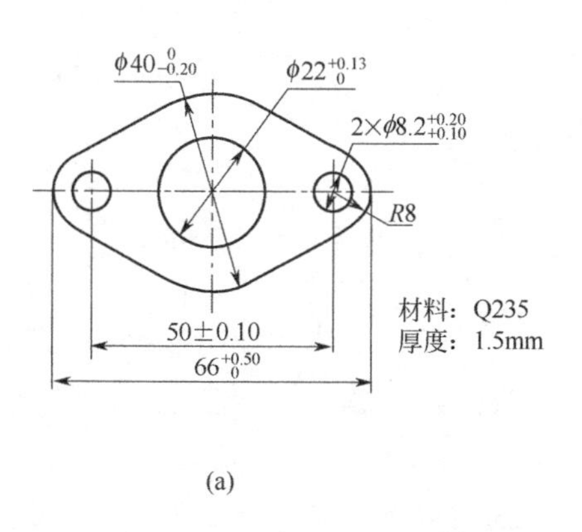

(a)

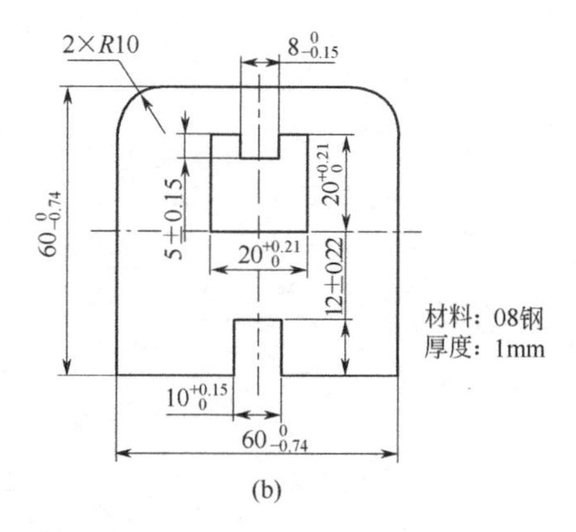

(b)

图 3-102　习题 13 附图

14. 用复合冲裁方式冲裁图 3-102(a) 所示零件，设模具采用弹性卸料、刚性推件的倒装式复合模，试完成以下有关冲裁工艺、模具设计与制造工作：

① 确定合理的排样方法，画出排样图，并计算材料利用率和条料宽度（条料采用导料销和挡料销定位）；

② 计算冲压力及冲压总力，并确定压力机的公称压力；

③ 绘制模具结构草图；

④ 绘制凸模、凹模及凸凹模零件图；

⑤ 编制凸模、凹模及凸凹模零件的加工工艺规程；

⑥ 确定模具装配工艺过程。

15. 用级进冲裁方式冲裁图 3-102(a) 所示零件，设模具采用弹性卸料、固定挡料销和导正销定位的级进模，试完成以下有关冲裁工艺、模具设计与制造工作：

① 确定合理的排样方法，画出排样图，并计算材料利用率和条料宽度；

② 计算冲压力及压力中心，并确定压力机的公称压力；

③ 选用与计算卸料弹性元件；

④ 绘制模具结构草图；

⑤ 绘制凸、凹模零件图；

⑥ 编制凸、凹模零件的加工工艺规程。

16. 试分析图 3-103 所示零件的冲裁工艺性，并确定其冲裁工艺方案（零件按中批量生产）。

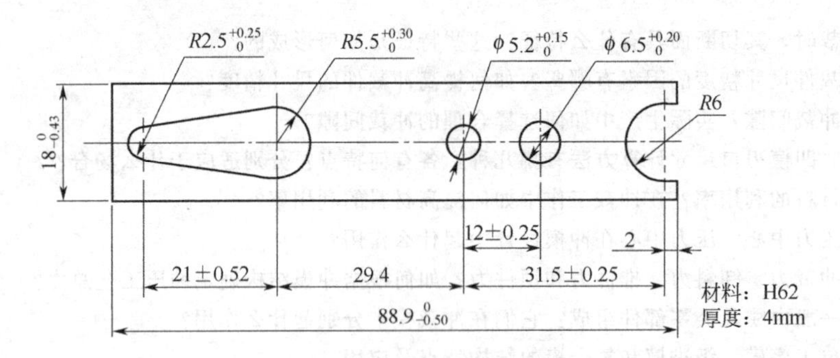

图 3-103 习题 16 附图

第四章　弯曲模设计与制造

将金属板料、型材或管材等弯成一定的曲率和角度，从而得到一定形状和尺寸零件的冲压工序称为弯曲。用弯曲方法加工的零件种类很多，如自行车车把、汽车的纵梁、桥、电器零件的支架、门窗铰链、配电箱外壳等。弯曲的方法也很多，可以在压力机上利用模具弯曲，也可在专用弯曲机上进行折弯、滚弯或拉弯等，如图 4-1 所示。各种弯曲方法尽管所用设备与工具不同，但其变形过程及特点却存在着一些共同的规律。本章主要介绍在压力机上进行弯曲的弯曲模设计与制造。

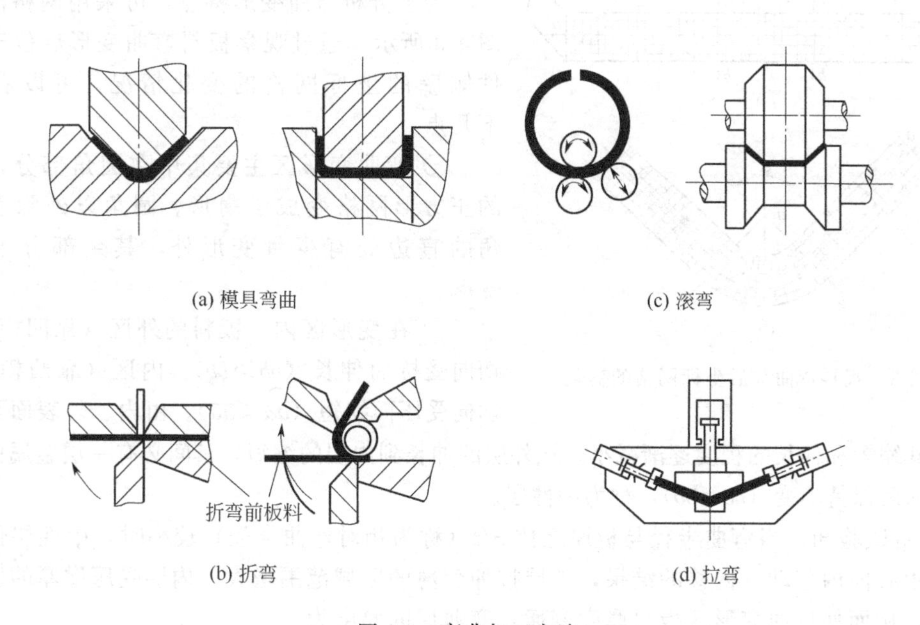

(a) 模具弯曲　(b) 折弯　(c) 滚弯　(d) 拉弯

图 4-1　弯曲加工方法

第一节　弯曲变形过程分析

一、弯曲变形过程及特点

1. 弯曲变形过程

为了说明弯曲变形过程，我们来观察 V 形件在弯曲模中的校正弯曲过程。

如图 4-2 所示，弯曲开始后，首先经过弹性弯曲，然后进入塑性弯曲。随着凸模的下压，塑性弯曲由坯料的表面向内部逐渐增多，坯料的直边与凹模工作表面逐渐靠紧，弯曲半径从 r_0 变为 r_1，弯曲力臂也由 l_0 变为 l_1。凸模继续下压，坯料弯曲区（圆角部分）逐渐减小，在弯曲区的横截面上，塑性弯曲的区域增多，到板料与凸模三点接触时，弯曲半径由 r_1 变为 r_2。此后，坯料的直边部分向外弯曲，到行程终了时，凸、凹模对板料进行校正，板料的弯曲半径及弯曲力臂达到最小值（r 及 l），坯料与凸模紧靠，得到所需要的弯曲件。

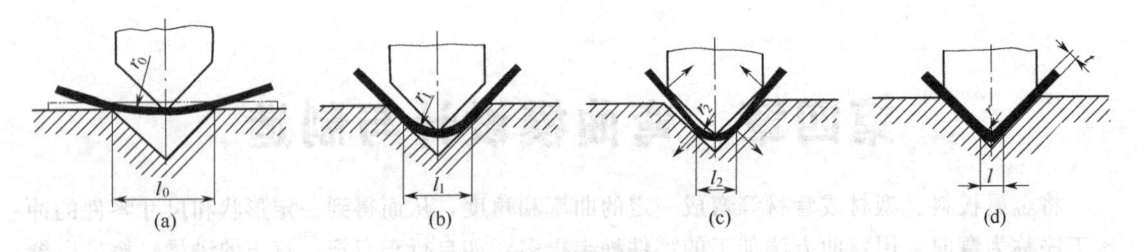

图 4-2 V形件弯曲过程

由V形件的弯曲过程可以看出，弯曲成形的过程是从弹性弯曲到塑性弯曲的过程，弯曲成形的效果表现为弯曲变形区弯曲半径和角度的变化。

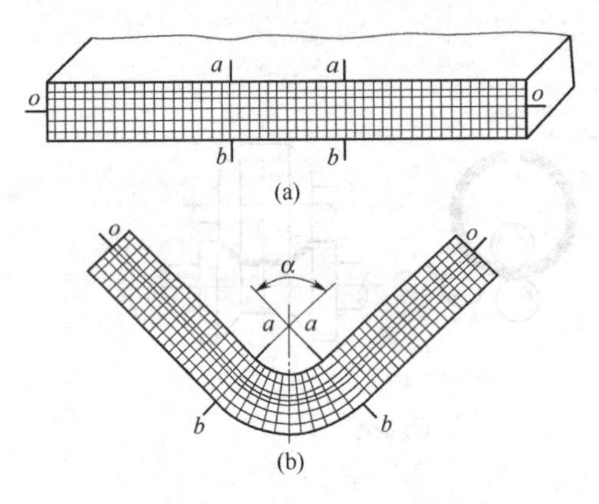

图 4-3 板料弯曲前后坐标网格的变化

2. 弯曲变形特点

为了分析弯曲变形特点，可采用网格法，如图 4-3 所示。通过观察板料弯曲变形后位于弯曲件侧壁的坐标网格的变化情况，可以看出以下几点。

① 弯曲变形区主要集中在圆角部分，此处的正方形网格变成了扇形。圆角以外除靠近圆角的直边处有少量变形外，其余部分不发生变形。

② 在变形区内，板料的外区（靠凹模一侧）切向受拉而伸长（$\overset{\frown}{bb}>\overline{bb}$），内区（靠凸模一侧）切向受压而缩短（$\overset{\frown}{aa}<\overline{aa}$）。由内、外表面至板料中心，其缩短和伸长的程度逐渐减小。从外层的伸长到内层的缩短，其间必有一层金属的长度在变形前后保持不变（$\overset{\frown}{oo}=\overline{oo}$），称为中性层。

③ 由试验知，当弯曲半径与板厚之比 r/t（称为相对弯曲半径）较小时，中性层位置将从板料中心向内移动。内移的结果，外层拉伸变薄的区域范围增大，内层受压增厚的区域范围减小，从而使弯曲变形区板料厚度变薄，变薄后的厚度为

$$t_1=\eta t \tag{4-1}$$

式中 t_1——变形后的料厚，mm；

t——变形前的料厚，mm；

η——变薄系数，可查表 4-1。

根据塑性变形体积不变定律，变形区减薄的结果使板料长度有所增加。

表 4-1 90°弯曲时的变薄系数 η

r/t	η	r/t	η	r/t	η
0.1	0.82	1.0	0.96	4.0	0.995
0.25	0.87	2.0	0.99	>4	1
0.5	0.92	3.0	0.992		

④ 弯曲变形区板料横截面的变化分两种情况：窄板（板宽 B 与料厚 t 之比 $B/t<3$）弯曲时，内区因厚度受压而使宽度增加，外区因厚度受拉而使宽度减小，因而原矩形截

面变成了扇形［见图 4-4(a)］；宽板（$B/t>3$）弯曲时，因板料在宽度方向的变形受到相邻材料彼此间的制约作用，不能自由变形，所以横截面几乎不变，仍为矩形［见图 4-4(b)］。

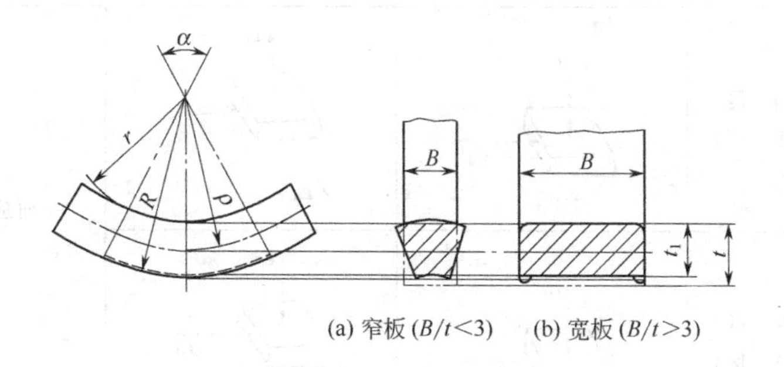

图 4-4　弯曲变形区的横截面变化

二、塑性弯曲时变形区的应力与应变状态

由于板料的相对宽度（B/t）直接影响弯曲时板料沿宽度方向的应变，进而影响应力，因此板料在塑性弯曲时，随着 B/t 的不同，变形区具有不同的应力、应变状态。

1. 应变状态

长度方向（切向）ε_θ：弯曲内区为压缩应变，外区为拉伸应变。切向应变是绝对值最大的主应变。

厚度方向（径向）ε_t：因为 ε_θ 是绝对值最大的主应变，根据塑性变形体积不变定律可知，沿板料厚度和宽度两个方向必然产生与 ε_θ 符号相反的应变。所以在弯曲的内区 ε_t 为拉应变，在弯曲的外区 ε_t 为压应变。

宽度方向 ε_ϕ：窄板弯曲时，因材料在宽度方向上可以自由变形，故在内区宽度方向应变 ε_ϕ 与切向应变 ε_θ 符号相反而为拉应变，在外区 ε_ϕ 则为压应变；宽板弯曲时，由于沿宽度方向受到材料彼此之间的制约作用，不能自由变形，故可以近似认为，无论外区还是内区，其宽度方向的应变 $\varepsilon_\phi=0$。

由此可见，窄板弯曲时的应变状态是立体的，而宽板弯曲的应变状态则是平面的。

2. 应力状态

长度方向（切向）σ_θ：内区受压，σ_θ 为压应力；外区受拉，σ_θ 为拉应力。切向应力是绝对值最大的主应力。

厚度方向（径向）σ_t：塑性弯曲时，由于变形区曲度增大，以及金属各层之间的相互挤压的作用，从而在变形区引起径向压应力 σ_t。通常在板料表面 $\sigma_t=0$，由表及里 σ_t 逐渐递增，至应力中性层处达到最大值。

宽度方向 σ_ϕ：对于窄板，由于宽度方向可以自由变形，因而无论是内区还是外区，$\sigma_\phi=0$；对于宽板，因为宽度方向受到材料的制约作用，$\sigma_\phi\neq0$。内区由于宽度方向的伸长受阻，所以 σ_ϕ 为压应力；外区由于宽度方向的收缩受阻，所以 σ_ϕ 为拉应力。

因此，从应力状态来看，窄板弯曲时的应力状态是平面的，宽板弯曲时的应力状态则是立体的。

根据以上分析，可将板料弯曲时的应力应变状态归纳如表 4-2。

表 4-2 板料弯曲时的应力应变状态

相对宽度	变形区域	应力应变状态分析		
		应力状态	应变状态	特　点
窄　板 $\left(\frac{B}{t}<3\right)$	内　区（压　区）	σ_t σ_θ	ε_t ε_θ ε_ϕ	平面应力状态，立体应变状态
	外　区（拉　区）	σ_t σ_θ	ε_t ε_θ ε_ϕ	
宽　板 $\left(\frac{B}{t}>3\right)$	内　区（压　区）	σ_t σ_θ σ_ϕ	ε_t ε_θ	立体应力状态，平面应变状态
	外　区（拉　区）	σ_t σ_θ σ_ϕ	ε_t ε_θ	

第二节　弯曲件的质量问题及控制

弯曲是一种变形工艺，由于弯曲变形过程中变形区应力应变分布的性质、大小和表现形态不尽相同，加上板料在弯曲过程中要受到凹模摩擦阻力的作用，所以在实际生产中弯曲件容易产生许多质量问题，其中常见的是弯裂、回弹、偏移、翘曲与剖面畸变。

一、弯裂及其控制

弯曲时板料的外侧受拉伸，当外侧的拉伸应力超过材料的抗拉强度以后，在板料的外侧将产生裂纹，此种现象称为弯裂。实践证明，板料是否会产生弯裂，在材料性质一定的情况下，主要与弯曲半径 r 与板料厚度 t 的比值 r/t（称为相对弯曲半径）有关，r/t 越小，其变形程度就越大，越容易产生裂纹。

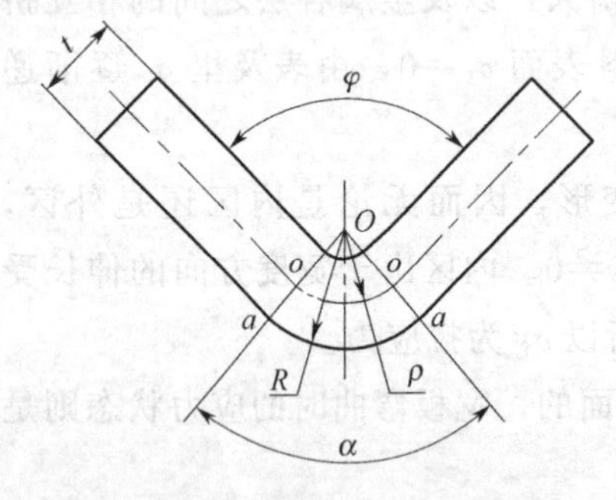

图 4-5　弯曲时的变形情况

1. 最小相对弯曲半径

如图 4-5 所示，设中性层半径为 ρ，弯曲中心角为 α，则最外层金属（半径为 R）的伸长率 $\delta_{外}$ 为

$$\delta_{外}=\frac{\overset{\frown}{aa}-\overset{\frown}{oo}}{\overset{\frown}{oo}}=\frac{(R-\rho)\alpha}{\rho\alpha}=\frac{R-\rho}{\rho}$$

设中性层位置在半径为 $\rho=r+t/2$ 处，且弯曲后厚度

保持不变，则 $R=r+t$，故有

$$\delta_{外}=\frac{(r+t)-(r+t/2)}{r+t/2}=\frac{t/2}{r+t/2}=\frac{1}{2r/t+1} \tag{4-2}$$

如将 $\delta_{外}$ 以材料断后伸长率 δ 代入，则 r/t 转化为 $r_{\min}/t$，且有

$$r_{\min}/t=\frac{1-\delta}{2\delta} \tag{4-3}$$

从式(4-2) 及式(4-3) 可以看出，相对弯曲半径 r/t 越小，外层材料的伸长率就越大，即板料切向变形程度越大，因此，生产中常用 r/t 来表示板料的弯曲变形程度。当外层材料的伸长率达到材料断后伸长率后，就会导致弯裂，故称 $r_{\min}/t$ 为板料不产生弯裂时的最小相对弯曲半径。

影响最小相对弯曲半径的因素很多，主要有以下几种。

(1) 材料的塑性及热处理状态　材料的塑性越好，其断后伸长率 δ 越大，由式(4-3) 可以看出，$r_{\min}/t$ 就越小。

经退火处理后的坯料塑性较好，$r_{\min}/t$ 小些。经冷作硬化的坯料塑性降低，$r_{\min}/t$ 就大些。

(2) 板料的表面和侧面质量　板料的表面及侧面（剪切断面）的质量差时，容易造成应力集中并降低塑性变形的稳定性，使材料过早地破坏。对于冲裁或剪裁的坯料，若未经退火，由于切断面存在冷变形硬化层，也会使材料塑性降低。在这些情况下，均应选用较大的相对弯曲半径。

(3) 弯曲方向　板料经轧制以后产生纤维组织，使板料性能呈现明显的方向性。一般顺着纤维方向的力学性能较好，不易拉裂。因此，当弯曲线与纤维方向垂直时［见图 4-6(a)］，$r_{\min}/t$ 可取较小值；当弯曲线与纤维方向平行时［见图 4-6(b)］，$r_{\min}/t$ 则应取较大值。当弯曲件有两个互相垂直的弯曲线时，排样时应使两个弯曲线与板料的纤维方向成 45°夹角［见图 4-6(c)］。

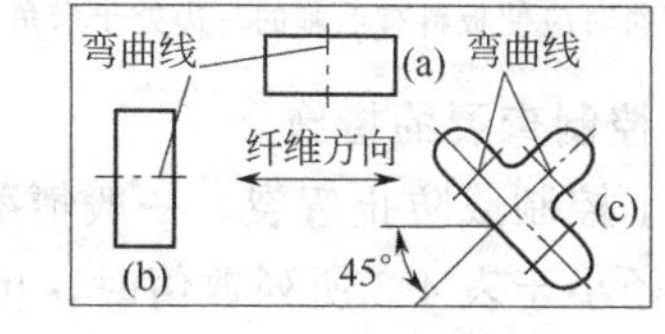

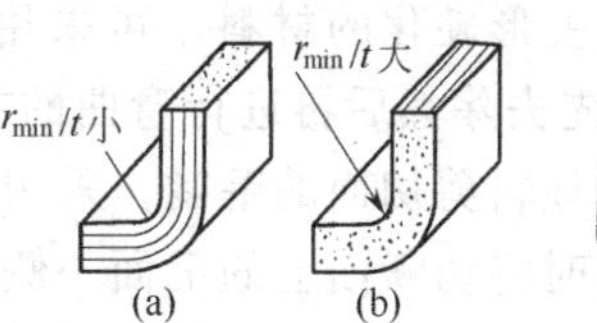

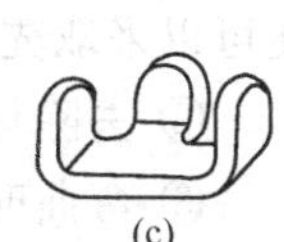

图 4-6　板料纤维方向对 $r_{\min}/t$ 的影响

(4) 弯曲中心角 α　理论上弯曲变形区外表面的变形程度只与 r/t 有关，而与弯曲中心角 α 无关，但实际上由于接近圆角的直边部分也产生一定的变形，这就相当于扩大了弯曲变形区的范围，分散了集中在圆角部分的弯曲应变，从而可以减缓弯曲时弯裂的危险。弯曲中心角 α 愈小，减缓作用愈明显，因而 $r_{\min}/t$ 可以越小。

由于上述各种因素对 $r_{\min}/t$ 的综合影响十分复杂，所以 $r_{\min}/t$ 的数值一般用试验方法确定。各种金属材料在不同状态下的最小相对弯曲半径的数值参见表 4-3。

表 4-3　最小相对弯曲半径 $r_{\min}/t$

材　料	退火状态		冷作硬化状态	
	弯曲线的位置			
	垂直纤维方向	平行纤维方向	垂直纤维方向	平行纤维方向
08、10、Q195、Q215	0.1	0.4	0.4	0.8
15、20、Q235	0.1	0.5	0.5	1.0
25、30、Q255	0.2	0.6	0.6	1.2

续表

材　　料	退火状态		冷作硬化状态	
	弯曲线的位置			
	垂直纤维方向	平行纤维方向	垂直纤维方向	平行纤维方向
35、40、Q275	0.3	0.8	0.8	1.5
45、50	0.5	1.0	1.0	1.7
55、60	0.7	1.3	1.3	2.0
铝	0.1	0.35	0.5	1.0
纯铜	0.1	0.35	1.0	2.0
软黄铜	0.1	0.35	0.35	0.8
半硬黄铜	0.1	0.35	0.5	1.2
紫铜	0.1	0.35	1.0	2.0
磷铜	—	—	1.0	3.0
Cr18Ni9	1.0	2.0	3.0	4.0

注：1. 当弯曲线与纤维方向不垂直也不平行时，可取垂直和平行方向两者的中间值。
2. 冲裁或剪裁后的板料若未作退火处理，则应作为硬化的金属选用。
3. 弯曲时应使板料有毛刺的一边处于弯角的内侧。

2. 控制弯裂的措施

为了控制或防止弯裂，一般情况下应采用大于最小相对弯曲半径的数值。当零件的相对弯曲半径小于表 4-3 所列数值时，可采取以下措施。

① 经冷变形硬化的材料，可采用热处理的方法恢复其塑性。对于剪切断面的硬化层，还可以采取先去除然后再进行弯曲的方法。

② 去除坯料剪切面的毛刺，采用整修、挤光、滚光等方法降低剪切面的表面粗糙度值。

③ 弯曲时将切断面上的毛面一侧处于弯曲受压的内缘（即朝向弯曲凸模）。

④ 对于低塑性材料或厚料，可采用加热弯曲。

⑤ 采取两次弯曲的工艺方法，即第一次弯曲采用较大的相对弯曲半径，中间退火后再按零件要求的相对弯曲半径进行弯曲。这样就使变形区域扩大，每次弯曲的变形程度减小，从而减小了外层材料的伸长率。

⑥ 对于较厚板料的弯曲，如果结构允许，可采取先在弯角内侧开出工艺槽后再进行弯曲的工艺，如图 4-7(a)、(b) 所示。对于薄料，可以在弯角处压出工艺凸肩，如图 4-7(c) 所示。

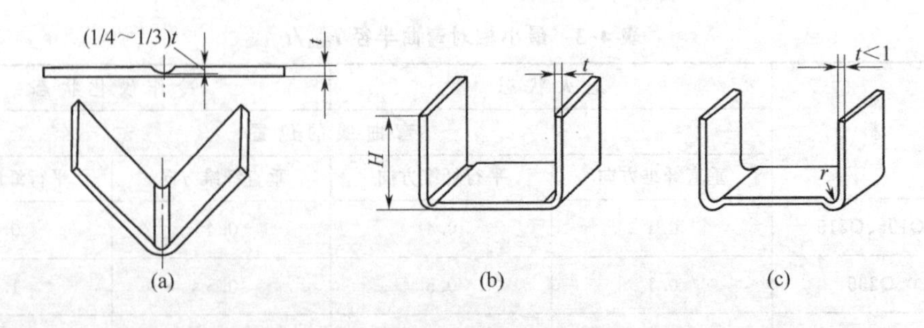

图 4-7　在弯角处开工艺槽或压出工艺凸肩

二、回弹及其控制

弯曲是一种塑性变形工序，塑性变形时总包含着弹性变形，当弯曲载荷卸除以后，塑性变形保留下来，而弹性变形将完全消失，使得弯曲件在模具中所形成的弯曲半径和弯曲角度在出模后发生改变，这种现象称为回弹。由于弯曲时内、外区切向应力方向不一致，因而弹性回复方向也相反，即外区弹性缩短而内区弹性伸长，这种反向的回弹就大大加剧了弯曲件圆角半径和角度的改变。所以，与其他变形工序相比，弯曲过程的回弹现象是一个不能忽视的重要问题，它直接影响弯曲件的精度。

回弹的大小通常用弯曲件的弯曲半径或弯曲角与凸模相应半径或角度的差值来表示，如图 4-8 所示，即

$$\Delta r = r - r_p \tag{4-4}$$

$$\Delta\varphi = \varphi - \varphi_p \tag{4-5}$$

式中　Δr，$\Delta\varphi$——弯曲半径与弯曲角的回弹值；

r，φ——弯曲件的弯曲半径与弯曲角；

r_p，φ_p——凸模的半径和角度。

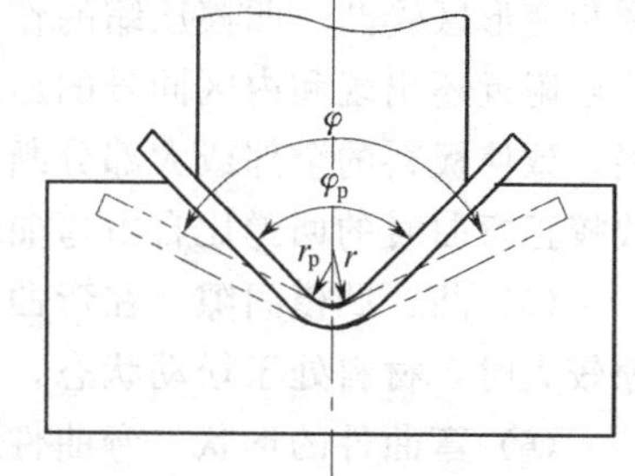

图 4-8　弯曲时的回弹

一般情况下，Δr、$\Delta\varphi$ 为正值，称为正回弹，但在有些校正弯曲时，也出现负回弹。

1. 影响回弹的因素

（1）材料的力学性能　由式(1-11) 可知，卸载时弹性回复的应变量与材料的屈服点 σ_s 成正比，与弹性模量 E 成反比。即 σ_s/E 的比值愈大，回弹也就愈大。例如图 4-9 所示为退火状态的软钢拉伸时的应力应变曲线，当拉伸到 P 点后卸除载荷时，产生 $\Delta\varepsilon_1$ 的回弹，其值 $\Delta\varepsilon_1 = \sigma_P/\tan\alpha = \sigma_P/E$，即材料的弹性模量 E 愈大，回弹值愈小。图中的虚线为同一材料经冷作硬化后的拉伸曲线，屈服点提高了，当应变均为 ε_P 时，材料的回弹 $\Delta\varepsilon_2$ 比退火状态的回弹 $\Delta\varepsilon_1$ 大。

（2）相对弯曲半径 r/t　r/t 越大，弯曲变形程度越小，中性层附近的弹性变形区域增加，同时在总的变形量中，弹性变形量所占比例也相应增大（由图 4-10 中的几何关系可以看出 $\Delta\varepsilon_1/\varepsilon_P > \Delta\varepsilon_2/\varepsilon_Q$）。因此，相对弯曲半径 r/t 越大，回弹也越大。这也是 r/t 很大的零件不易弯曲成形的道理。

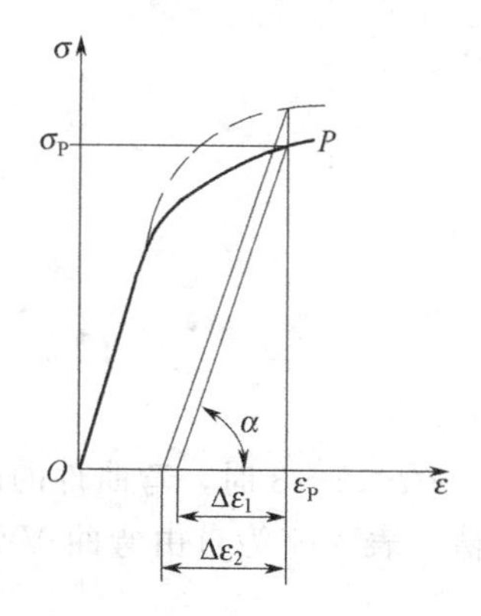

图 4-9　材料力学性能对回弹的影响

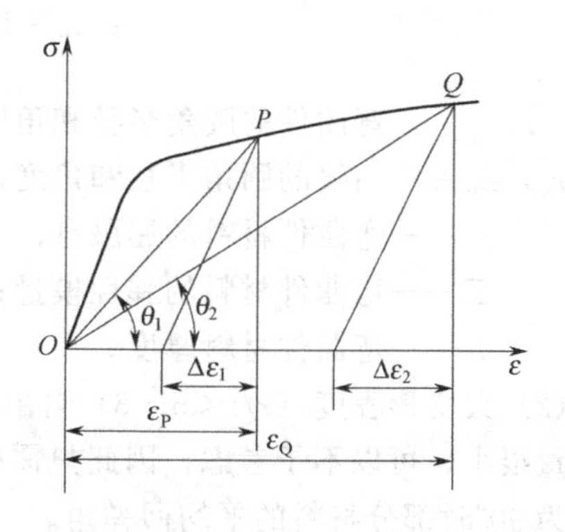

图 4-10　相对弯曲半径对回弹的影响

（3）弯曲角度 φ（或弯曲中心角 α）　φ 越小（或 α 越大），弯曲变形区域就越大，因而

回弹积累越大，回弹也就越大。

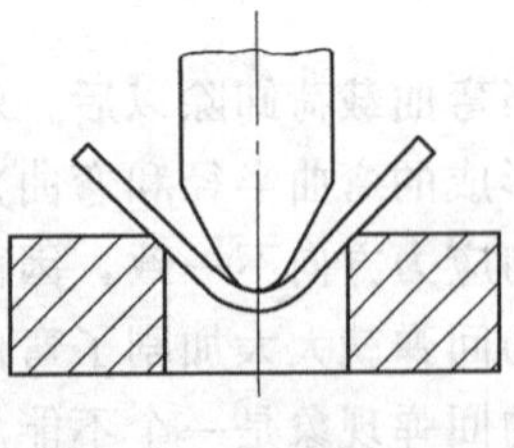

图 4-11　无底凹模内的自由弯曲

(4) 弯曲方式　在无底凹模内作自由弯曲时（见图 4-11）的回弹比在有底凹模内作校正弯曲时（见图 4-2）的回弹大。校正弯曲时回弹较小的原因之一是：由于凹模 V 形面对坯料的限制作用，当坯料与凸模三点接触后，随着凸模的继续下压，坯料的直边部分则向与以前相反的方向变形，弯曲终了时可以使产生了一定曲度的直边重新压平并与凸模完全贴合。卸载后直边部分的回弹是朝 V 形闭合方向，而圆角部分的回弹是朝 V 形张开方向，两者回弹方向相相反，可以相互抵消一部分。原因之二是：由于板料圆角变形区受凸、凹模压缩的作用，不仅使弯曲变形外区的拉应力有所减小，而且在外区中性层附近还出现和内区同号的压缩应力，随着校正力的增加，压应力区向板料外表面逐步扩展，致使板料的全部或大部分断面均出现压应力，于是圆角部分的内、外区回弹方向一致，故校正弯曲时的回弹比自由弯曲时大为减小。

(5) 凸、凹模间隙　在弯曲 U 形件时，凸、凹模之间的间隙对回弹有较大的影响。间隙较大时，材料处于松动状态，回弹就大；间隙小时材料被挤紧，回弹就小。

(6) 弯曲件的形状　弯曲件形状复杂时，一次弯曲成形角的数量较多，则弯曲时各部分互相牵制的作用越大，弯曲中拉伸变形的成分越大，故回弹值就小。如弯⊓形件比弯 U 形件的回弹小，弯 U 形件比弯 V 形件的回弹小。

2. 回弹值的确定

为了得到形状与尺寸精确的弯曲件，需要事先确定回弹值。由于影响回弹的因素很多，用理论方法计算回弹值很复杂，而且也不准确，因此，在设计与制造模具时，往往先根据经验数值和简单的计算来初步确定模具工作部分尺寸，然后在试模时修正。

(1) 小变形程度（$r/t\geqslant10$）自由弯曲时的回弹值　当 $r/t\geqslant10$ 时，弯曲件的角度和圆角半径的回弹都较大。这时在考虑回弹后，凸模工作部分的圆角半径和角度可按以下公式进行计算

$$r_p=\frac{r}{1+\dfrac{3\sigma_s r}{Et}} \tag{4-6}$$

$$\varphi_p=180°-\frac{r}{r_p}(180°-\varphi) \tag{4-7}$$

式中　r，φ——弯曲件的圆角半径和角度；

r_p，φ_p——凸模的圆角半径和角度；

σ_s——弯曲件材料的屈服点；

E——弯曲件材料的弹性模量；

t——弯曲件材料厚度。

(2) 大变形程度（$r/t<5\sim8$）自由弯曲时的回弹值　$r/t<5\sim8$ 时，弯曲件的圆角半径回弹量很小，可以不予考虑，因此只需确定角度的回弹值。表 4-4 为自由弯曲 V 形件、弯曲角为 90°时部分材料的平均回弹角。

当弯曲件的弯曲角不为 90°时，其回弹角可按下式计算

$$\Delta\varphi=\frac{\varphi}{90}\Delta\varphi_{90} \tag{4-8}$$

式中　φ——弯曲件的弯曲角，(°)；

$\Delta\varphi$——弯曲件的弯曲角为 φ 时的回弹角，(°)；

$\Delta\varphi_{90}$——弯曲件的弯曲角为 90°时的回弹角，(°)，详见表 4-4。

表 4-4　单角自由弯曲 90°时的平均回弹角 $\Delta\varphi_{90}$

材　　料	r/t	材料厚度 t/mm		
		<0.8	0.8～2	>2
软　钢　$\sigma_b=350$MPa	<1	4°	2°	0°
黄　铜　$\sigma_b=350$MPa	1～5	5°	3°	1°
铝和锌	>5	6°	4°	2°
中硬钢　$\sigma_b=400\sim500$MPa	<1	5°	2°	0°
硬黄铜　$\sigma_b=350\sim400$MPa	1～5	6°	3°	1°
硬青铜	>5	8°	5°	3°
	<1	7°	4°	2°
硬　钢　$\sigma_b>550$MPa	1～5	9°	5°	3°
	>5	12°	7°	6°
	<2	2°	3°	4°30′
硬铝 LY12	2～5	4°	6°	8°30′
	>5	6°30′	10°	14°

(3) 校正弯曲时的回弹值　校正弯曲时也不需考虑弯曲半径的回弹，只考虑弯曲角的回弹值。弯曲角的回弹值可按表 4-5 中的经验公式计算。

表 4-5　V 形件校正弯曲时的回弹角 $\Delta\varphi$

材　　料	弯　曲　角　φ			
	30°	60°	90°	120°
08、10、Q195	$\Delta\varphi=0.75r/t-0.39$	$\Delta\varphi=0.58r/t-0.80$	$\Delta\varphi=0.43r/t-0.61$	$\Delta\varphi=0.36r/t-1.26$
15、20、Q215、Q235	$\Delta\varphi=0.69r/t-0.23$	$\Delta\varphi=0.64r/t-0.65$	$\Delta\varphi=0.434r/t-0.36$	$\Delta\varphi=0.37r/t-0.58$
25、30、Q255	$\Delta\varphi=1.59r/t-1.03$	$\Delta\varphi=0.95r/t-0.94$	$\Delta\varphi=0.78r/t-0.79$	$\Delta\varphi=0.46r/t-1.36$
35、Q275	$\Delta\varphi=1.51r/t-1.48$	$\Delta\varphi=0.84r/t-0.76$	$\Delta\varphi=0.79r/t-1.62$	$\Delta\varphi=0.51r/t-1.71$

例 4-1　如图4-12(a) 所示零件，材料为 LY12，$\sigma_s=361$MPa，$E=71\times10^3$MPa，求凸模圆角半径 r_p 及角度 φ_p。

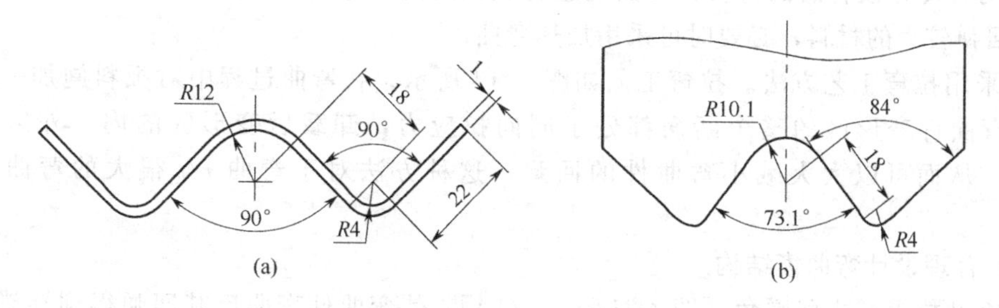

图 4-12　回弹值计算实例

解　(1) 零件中间弯曲部分 ($r=12$mm，$\varphi=90°$，$t=1$mm)

因为 $r/t=12/1=12>10$，故零件的圆角半径回弹和角度回弹都要考虑。由式(4-6) 和式(4-7) 得

$$r_p=\frac{r}{1+\frac{3\sigma_s r}{Et}}=\frac{12}{1+\frac{3\times361\times12}{71\times10^3\times1}}=10.1(\text{mm})$$

$$\varphi_p=180°-\frac{r}{r_p}(180°-\varphi)=180°-\frac{12}{10.1}\times(180°-90°)=73.1°$$

(2) 零件两侧弯曲部分（$r=4\text{mm}$，$\varphi=90°$，$t=1\text{mm}$）

因为 $r/t=4/1=4<5$，故只需考虑弯曲角度的回弹。由查表 4-4，得 $\Delta\varphi=6°$，故

$$\varphi_p=\varphi-\Delta\varphi=90°-6°=84°$$

$$r_p=r=4\text{mm}$$

计算后的凸模尺寸如图 4-12(b) 所示。

3. 控制回弹的措施

在实际生产中，由于材料的力学性能和厚度的变动等，要完全消除弯曲件的回弹是不可能的，但可以采取一些措施来控制或减小回弹所引起的误差，以提高弯曲件的精度。控制弯曲件回弹的措施有如下几种。

(1) 改进弯曲件的设计

① 尽量避免选用过大的相对弯曲半径 r/t。如有可能，在弯曲变形区压出加强筋或成形边翼，以提高弯曲件的刚度，抑制回弹，如图 4-13 所示。

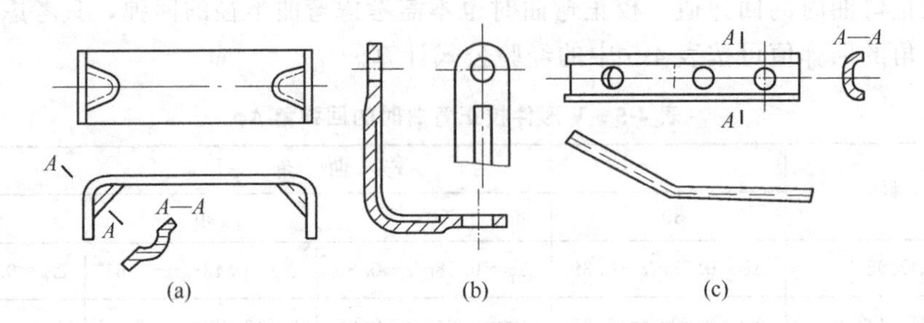

图 4-13 在弯曲件结构上考虑减小回弹

② 采用 σ_s/E 小、力学性能稳定和板料厚度波动小的材料。如用软钢来代替硬铝、铜合金等，不仅回弹小，而且成本低，易于弯曲。

(2) 采取合适的弯曲工艺

① 用校正弯曲代替自由弯曲。

② 对经冷作硬化后的材料在弯曲前进行退火处理，弯曲后再用热处理方法恢复材料性能。对回弹较大的材料，必要时可采用加热弯曲。

③ 采用拉弯工艺方法。拉弯工艺如图 4-14 所示，在弯曲过程中对板料施加一定的拉力，使弯曲件变形区的整个断面都处于同向拉应力，卸载后变形区的内、外区回弹方向一致，从而可以大大减小弯曲件的回弹。这种方法对于弯曲 r/t 很大的弯曲件特别有利。

(3) 合理设计弯曲模结构

① 在凸模上减去回弹角［图 4-15(a)、(b)］，使弯曲件弯曲后其回弹得到补偿。对 U 形件，还可将凸、凹模底部设计成弧形［图 4-15(c)］，弯曲后利用底部向上的回弹来补偿两直边向外的回弹。

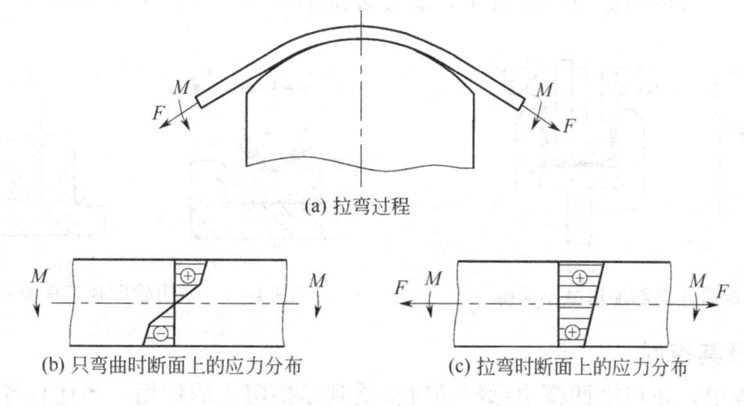

图 4-14　拉弯工艺

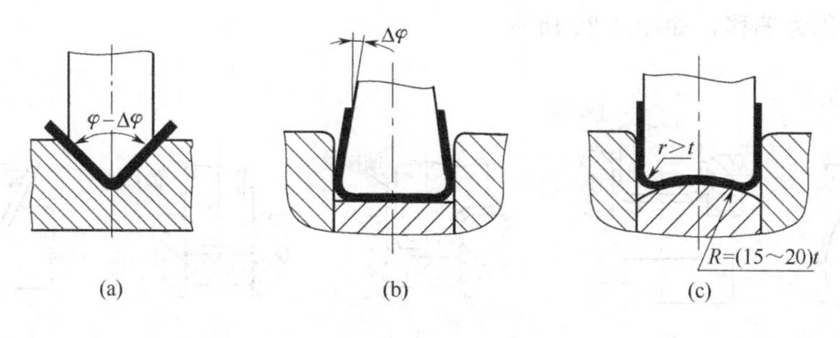

图 4-15　补偿回弹

② 当弯曲件材料厚度大于 0.8mm，且塑性较好时，可将凸模设计成图 4-16 所示的局部突起形状，使凸模作用力集中在弯曲变形区，以加大变形区的变形程度，从而减小回弹。

③ 对于一般较软的材料［如 Q215、Q235、10、20、H62(M) 等］，可增加压料力［见图 4-17(a)］或减小凸、凹模之间的间隙［见图 4-17(b)］，以增加拉应变，减小回弹。

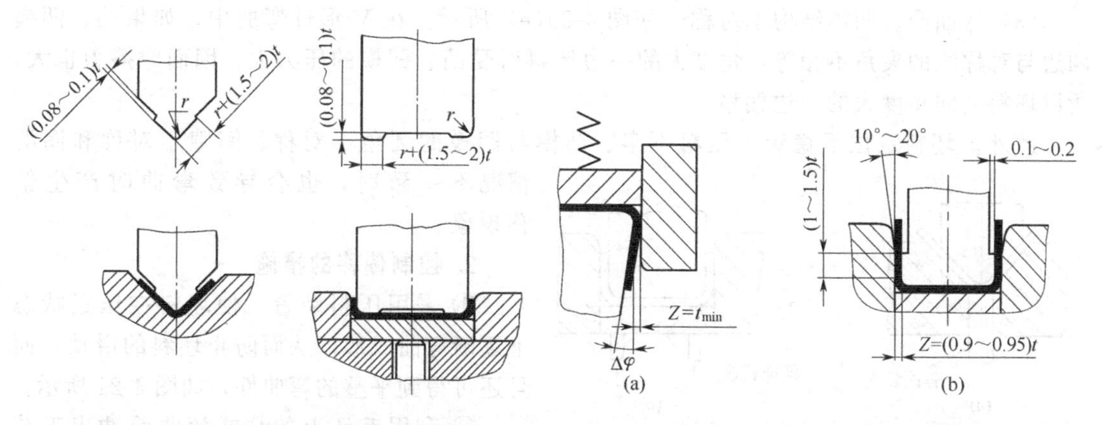

图 4-16　增大局部变形程度减小回弹　　　　图 4-17　增大拉应变减小回弹

④ 在弯曲件直边的端部加压，使弯曲变形区的内、外区都处于压应力状态而减小回弹，并能得到较精确的弯边高度，如图 4-18 所示。

⑤ 采用橡胶或聚氨酯代替刚性凹模进行软凹模弯曲，可以使坯料紧贴凸模，同时使坯

料产生拉伸变形，获得类似拉弯的效果，能显著减小回弹，如图 4-19 所示。

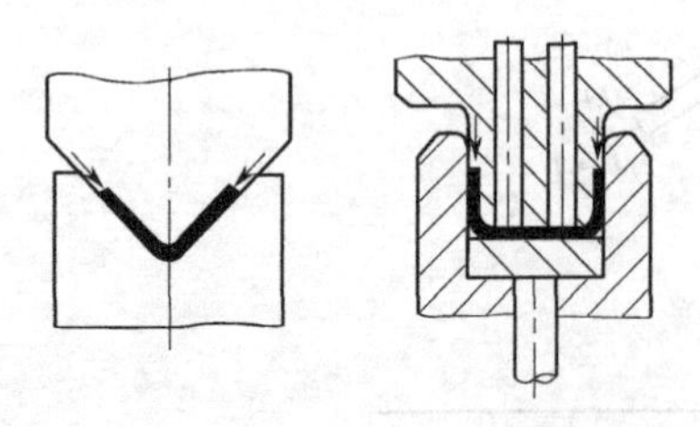

图 4-18　在弯曲件端部加压减小回弹

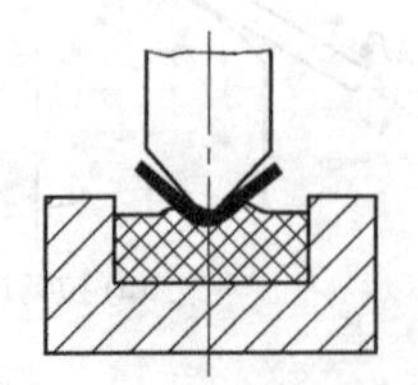

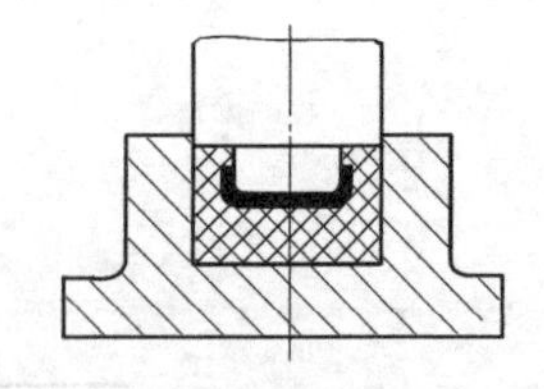

图 4-19　采用软凹模弯曲减小回弹

三、偏移及其控制

在弯曲过程中，坯料沿凹模边缘滑动时要受到摩擦阻力的作用，当坯料各边所受到的摩擦力不等时，坯料会沿其长度方向产生滑移，从而使弯曲后的零件两直边长度不符合图样要求，这种现象称为偏移，如图 4-20 所示。

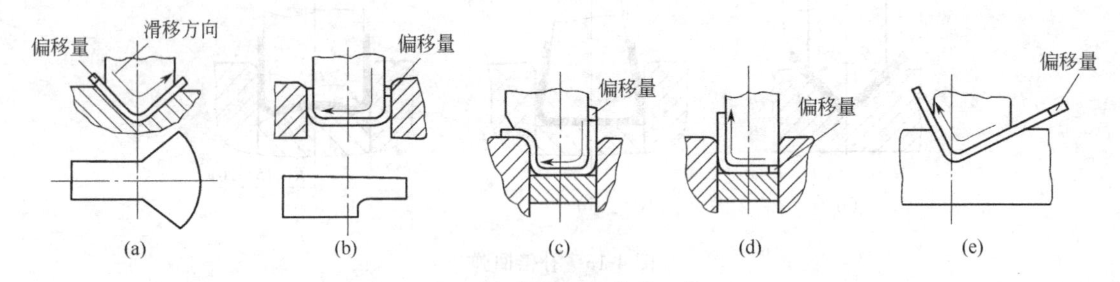

图 4-20　弯曲时的偏移现象

1. 产生偏移的原因

(1) 弯曲件坯料形状不对称　如图 4-20(a)、(b) 所示，由于弯曲件坯料形状不对称，弯曲时坯料的两边与凹模接触的宽度不相等，使坯料沿宽度大的一边偏移。

(2) 弯曲件两边折弯的个数不相等　如图 4-20(c)、(d) 所示，由于两边折弯的个数不相等，折弯个数多的一边摩擦力大，因此坯料会向折弯个数多的一边偏移。

(3) 弯曲凸、凹模结构不对称　如图 4-20(e) 所示，在 V 形件弯曲中，如果凸、凹模两边与对称线的夹角不相等，角度大的一边坯料所受凸、凹模的压力大，因而摩擦力也大，所以坯料会向角度大的一边偏移。

此外，坯料定位不稳定、压料不牢、凸模与凹模的圆角不对称、间隙不对称和润滑情况不一致时，也会导致弯曲时产生偏移现象。

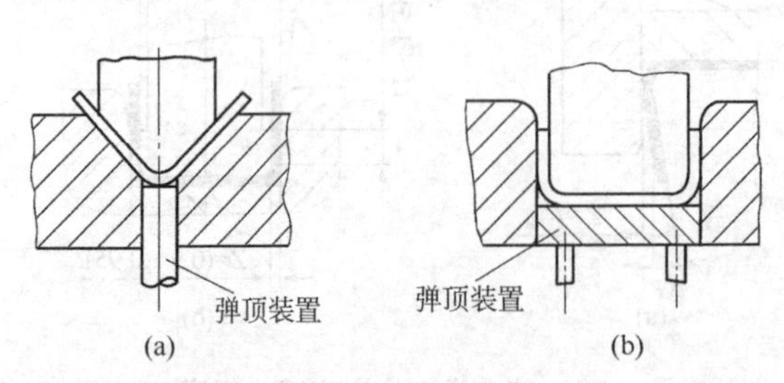

图 4-21　控制偏移的措施（一）

2. 控制偏移的措施

① 采用压料装置，使坯料在压紧状态下逐渐弯曲成形，从而防止坯料的滑动，而且还可得到平整的弯曲件，如图 4-21 所示。

② 利用毛坯上的孔或弯曲前冲出工艺孔，用定位销插入孔中定位，使坯料无法移动，如图 4-22(a)、(b) 所示。

③ 根据偏移量大小，调节定位元件的位置来补偿偏移，如图 4-22(c) 所示。

④ 对于不对称的零件，先成对地弯曲，弯曲后再切断，如图 4-22(d) 所示。

⑤ 尽量采用对称的凸、凹结构，使凹模两边的圆角半径相等，凸、凹模间隙调整对称。

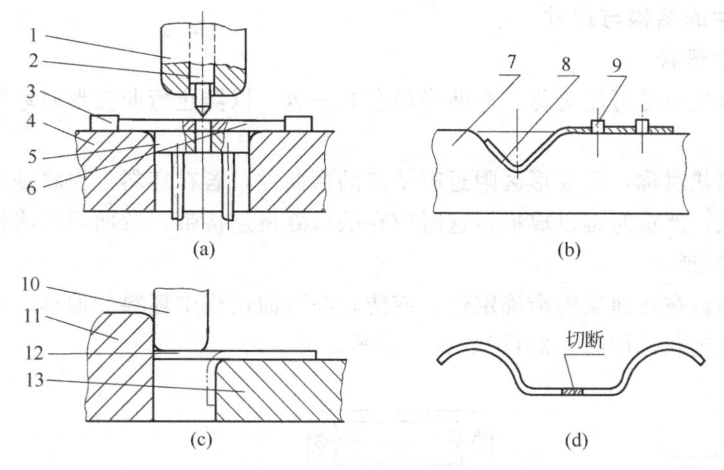

图 4-22　控制偏移的措施（二）

1,10—凸模；2—导正销；3—定位板；4,7,13—凹模；5—顶板；
6,12—坯料；8—弯曲件；9—定位销；11—定位块

四、翘曲与剖面畸变

对于细而长的板料弯曲件，弯曲后一般会沿纵向产生翘曲变形，如图 4-23 所示。这是因为沿板料宽度方向（折弯线方向）零件的刚度小，塑性弯曲后，外区（a 区）宽度方向的压应变$-\varepsilon_{\phi}$ 和内区（b 区）宽度方向的拉应变$+\varepsilon_{\phi}$ 得以实现，结果使折弯线凹曲，造成零件的纵向翘曲。当板弯件短而粗时，因为零件纵向的刚度大，宽度方向的应变被抑制，弯曲后翘曲则不明显。翘曲现象一般可通过采用校正弯曲的方法进行控制。

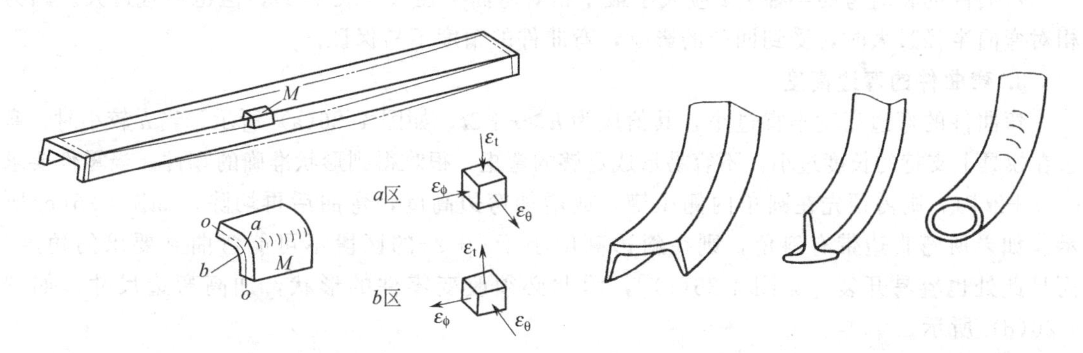

图 4-23　弯曲后的翘曲现象　　　　图 4-24　型材、管材弯曲后的剖面畸变

剖面畸变是指弯曲后坯料断面发生变形的现象。窄板弯曲时的剖面畸变如图 4-4(a) 所示。弯曲管材和型材时，由于径向压应力 σ_t 的作用，也会产生如图 4-24 所示的剖面畸变现象。另外，在薄壁管的弯曲中，还会出现内侧面因受宽向压应力 σ_θ 的作用而失稳起皱的现象，因此弯曲时管中应加填料或芯棒。

第三节　弯曲件的工艺性

弯曲件的工艺性是指弯曲件的结构形状、尺寸、精度、材料及技术要求等是否符合弯曲加工的工艺要求。具有良好工艺性的弯曲件，能简化弯曲工艺过程及模具结构，提高弯曲件

的质量。

一、弯曲件的结构与尺寸

1. 弯曲件的形状

弯曲件的形状应尽可能对称，弯曲半径左右一致，以防止弯曲变形时坯料受力不均匀而产生偏移。

有些虽然形状对称，但变形区附近有缺口的弯曲件，若在坯料上先将缺口冲出，弯曲时会出现叉口现象，严重时难以成形，这时应在缺口处留连接带，弯曲后再将连接带切除，如图 4-25(a)、(b) 所示。

为了保证坯料在弯曲模内准确定位，或防止在弯曲过程中坯料的偏移，最好能在坯料上预先增添定位工艺孔，如图 4-25(b)、(c) 所示。

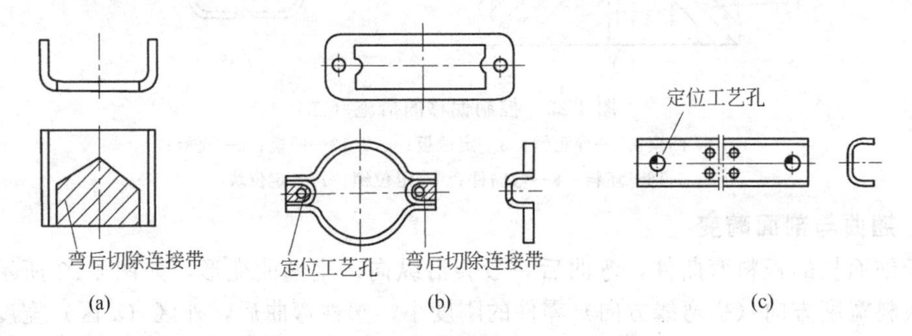

图 4-25　增添连接带和定位工艺孔的弯曲件

2. 弯曲件的相对弯曲半径

弯曲件的相对弯曲半径 r/t 应大于最小相对弯曲半径（见表 4-3），但也不宜过大。因为相对弯曲半径过大时，受到回弹的影响，弯曲件的精度不易保证。

3. 弯曲件的弯边高度

弯曲件的弯边高度不宜过小，其值应为 $h>r+2t$，如图 4-26(a) 所示。当 h 较小时，弯边在模具上支持的长度过小，不容易形成足够的弯矩，很难得到形状准确的零件。当零件要求 $h<r+2t$ 时，则需预先在圆角内侧压槽，或增加弯边高度，弯曲后再切除，如图4-26(b)所示。如果所弯直边带有斜角，则在斜边高度小于 $r+2t$ 的区段不可能弯曲到要求的角度，而且此处也容易开裂［见图 4-26(c)］，因此必须改变零件的形状，加高弯边尺寸，如图 4-26(d) 所示。

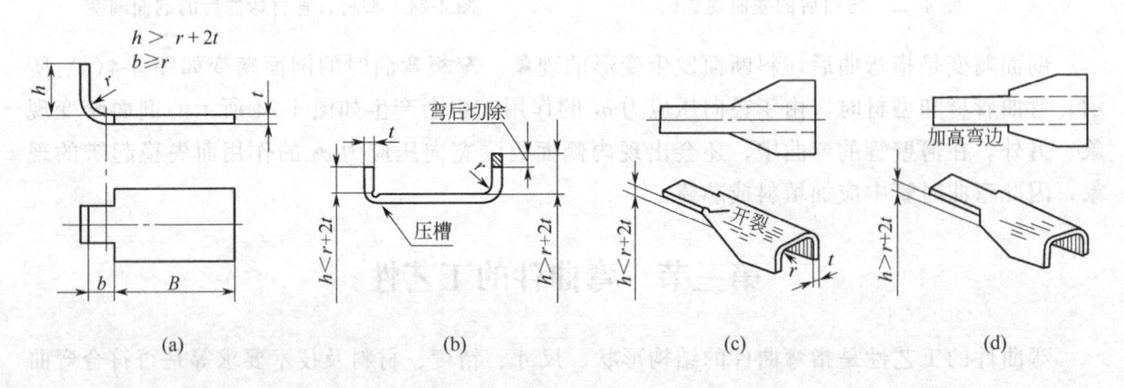

图 4-26　弯曲件的弯边高度

4. 弯曲件的孔边距离

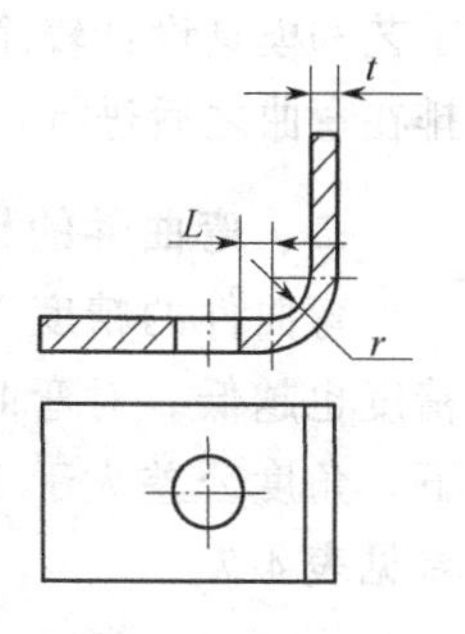

图 4-27　弯曲件的孔边距离

带孔的板料弯曲时，如果孔位于弯曲变形区内，则弯曲时孔的形状会发生变形，因此必须使孔位于变形区之外，如图 4-27 所示。一般孔边到弯曲半径 r 中心的距离要满足以下关系。

当 $t<2\text{mm}$ 时，$L\geqslant t$

当 $t\geqslant 2\text{mm}$ 时，$L\geqslant 2t$

如果上述关系不能满足，在结构许可的情况下，可在靠变形区一侧预先冲出凸缘形缺口或月牙形槽［见图 4-28(a)、(b)］，也可在弯曲线上冲出工艺孔［见图 4-28(c)］，以改变变形范围，利用工艺变形来保证所需孔不产生变形。

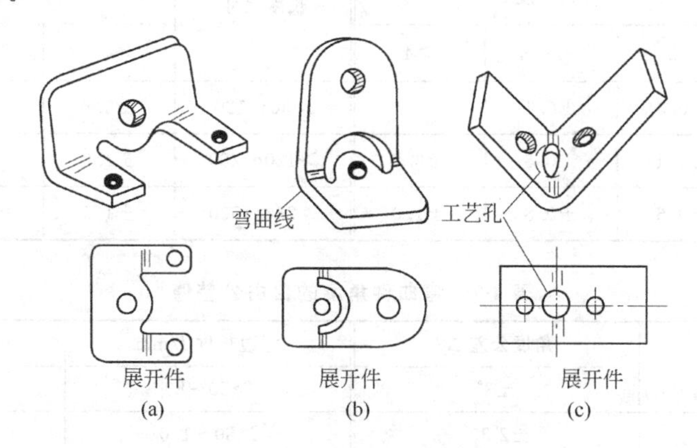

图 4-28　防止弯曲时孔变形的措施

5. 避免弯边根部开裂

在局部弯曲坯料上的某一部分时，为避免弯边根部撕裂，应使不弯部分退出弯曲线之外，即保证 $b\geqslant r$［见图 4-26(a)］。如果条件 $b\geqslant r$ 不能满足，可在弯曲部分和不弯部分之间切槽［见图 4-29(a)，槽深 l 应大于弯曲半径 R］，或在弯曲前冲出工艺孔［见图 4-29(b)］。

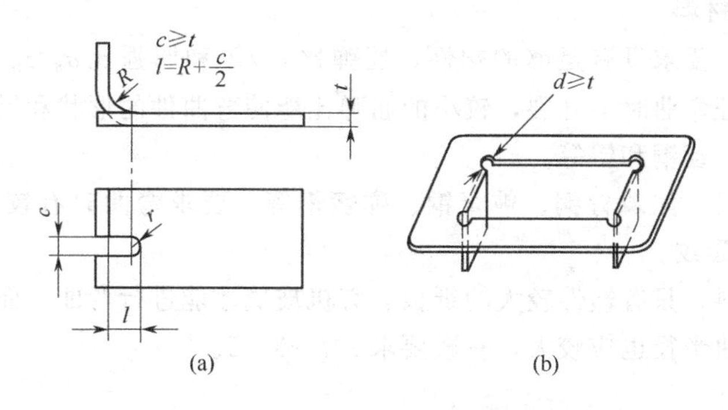

图 4-29　避免弯边根部开裂的措施

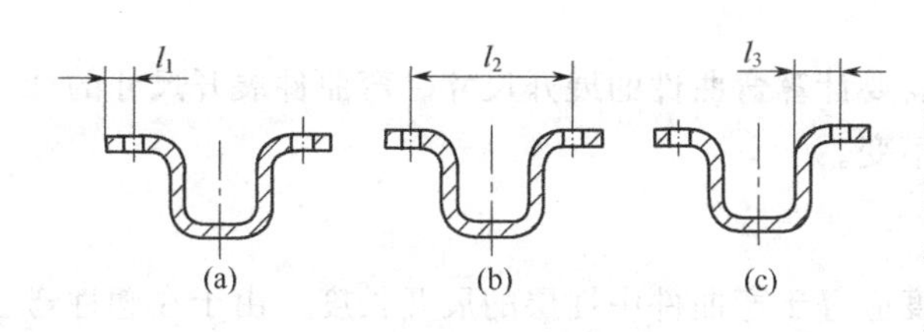

图 4-30　弯曲件的尺寸标注

6. 弯曲件的尺寸标注

弯曲件尺寸标注不同，会影响冲压工序的安排。例如，图 4-30 所示是弯曲件孔的位置尺寸的三种标注方法，其中采用图 4-30(a) 所示的标注方法时，孔的位置精度不受坯料展开长度和回弹的影响，可先冲孔落料（复合工序），然后再弯曲成形，工艺和模具设计较简单；图 4-30(b)、(c) 所示的标注法，受弯曲回弹的影响，冲孔只能安排在弯曲之后进行，增加了工序，还会造成许多不便。

二、弯曲件的精度

弯曲件的精度受坯料定位、偏移、回弹、翘曲等因素的影响，弯曲的工序数目越多，精度也越低。对弯曲件的精度要求应合理，一般弯曲件长度的尺寸公差等级在 IT13 级以下，角度公差大于 15′。弯曲件长度未注公差的极限偏差见表 4-6；弯曲件角度的自由公差见表 4-7。

表 4-6　弯曲件未注公差的长度尺寸的极限偏差　mm

长度尺寸 l	材料厚度 t			长度尺寸 l	材料厚度 t		
	≤2	＞2～4	＞4		≤2	＞2～4	＞4
3～6	±0.3	±0.4	—	＞50～120	±0.8	±1.2	±1.5
＞6～18	±0.4	±0.6	±0.8	＞120～260	±1.0	±1.5	±2.0
＞18～50	±0.6	±0.8	±1.0	＞260～500	±1.5	±2.0	±2.5

表 4-7　弯曲件角度的自由公差值

弯边长度 l/mm	角度公差 $\Delta\beta$	弯边长度 l/mm	角度公差 $\Delta\beta$
～6	±3°	＞50～80	±1°
＞6～10	±2°30′	＞80～120	±50′
＞10～18	±2°	＞120～180	±40′
＞18～30	±1°30′	＞180～260	±30′
＞30～50	±1°15′	＞260～360	±25′

三、弯曲件的材料

弯曲件的材料，要求具有足够的塑性，屈弹比 σ_s/E 和屈强比 σ_s/σ_b 小。足够的塑性和较小的屈强比能保证弯曲时不开裂，较小的屈弹比能使弯曲件的形状和尺寸准确。最适宜于弯曲的材料有软钢、黄铜和铝等。

脆性较大的材料，如磷青铜、铍青铜、弹簧钢等，要求弯曲时有较大的相对弯曲半径 r/t，否则容易发生裂纹。

对于非金属材料，只有塑性较大的纸板、有机玻璃才能进行弯曲，而且在弯曲前坯料要进行预热，相对弯曲半径也应较大，一般要求 $r/t>3\sim5$。

第四节　弯曲件的展开尺寸计算

为了确定弯曲前坯料的形状与大小，需要计算弯曲件的展开尺寸。弯曲件展开尺寸的计算基础是应变中性层在弯曲前后长度保持不变。

一、弯曲中性层位置的确定

根据中性层的定义，弯曲件的坯料长度应等于弯曲件中性层的展开长度。由于在塑性弯曲时，中性层的位置要发生位移，所以，计算中性层展开长度，首先应确定中性层位置。中

性层位置以曲率半径 ρ 表示（见图 4-31），常用下面经验公式确定

$$\rho=r+xt \tag{4-9}$$

式中　r——弯曲件的内弯曲半径；

t——材料厚度；

x——中性层位移系数，见表 4-8。

表 4-8　中性层位移系数 x 值

r/t	x	r/t	x	r/t	x
0.1	0.21	0.8	0.30	3	0.40
0.2	0.22	1.0	0.32	4	0.42
0.3	0.23	1.2	0.33	5	0.44
0.4	0.24	1.3	0.34	6	0.46
0.5	0.25	1.5	0.36	7	0.48
0.6	0.26	2	0.38	≥8	0.50
0.7	0.28	2.5	0.39		

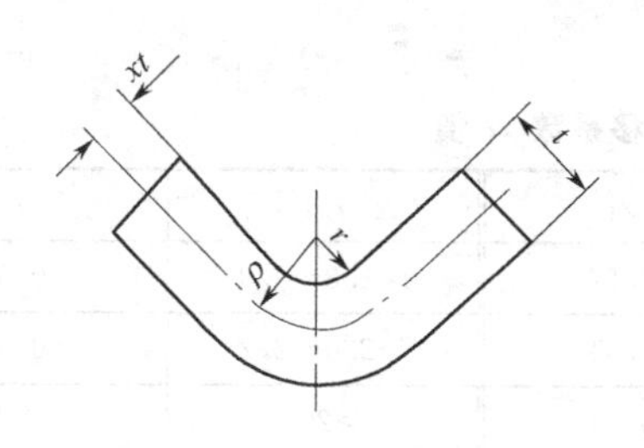

图 4-31　中性层位置

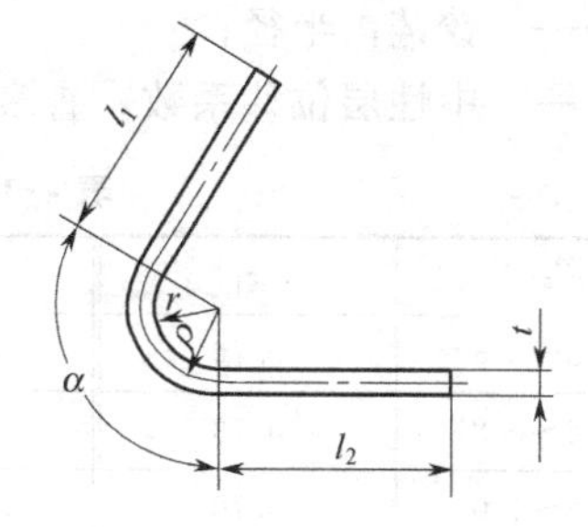

图 4-32　$r/t>0.5$ 的弯曲

二、弯曲件展开尺寸计算

弯曲件的展开长度等于各直边部分长度与各圆弧部分长度之和。直边部分的长度是不变的，而圆弧部分的长度则需考虑材料的变形和中性层的位移。

1. $r/t>0.5$ 的弯曲件

$r/t>0.5$ 的弯曲件由于变薄不严重，按中性层展开的原理，坯料总长度应等于弯曲件直线部分和圆弧部分长度之和（见图 4-32），即

$$L_z=l_1+l_2+\frac{\pi\alpha}{180}\rho=l_1+l_2+\frac{\pi\alpha}{180}(r+xt) \tag{4-10}$$

式中　L_z——坯料展开总长度，mm；

α——弯曲中心角，(°)。

2. $r/t<0.5$ 的弯曲件

对于 $r/t<0.5$ 的弯曲件，由于弯曲变形时不仅零件的圆角变形区产生严重变薄，而且与其相邻的直边部分也产生变薄，故应按变形前后体积不变条件来确定坯料长度。通常可采用表 4-9 所列经验公式计算。

表 4-9 $r/t<0.5$ 的弯曲件坯料长度计算公式

简　图	计算公式	简　图	计算公式
	$L_z=l_1+l_2+0.4t$		$L_z=l_1+l_2+l_3+0.6t$ （一次同时弯曲两个角）
	$L_z=l_1+l_2-0.43t$		$L_z=l_1+2l_2+2l_3+t$ （一次同时弯曲四个角） $L_z=l_1+2l_2+2l_3+1.2t$ （分为两次弯曲四个角）

3. 铰链式弯曲件

对于 $r/t=0.6\sim3.5$ 的铰链件（见图 4-33），通常采用卷圆的方法（见图 4-54）成形，在卷圆过程中板料有所增厚，中性层发生外移，故其坯料长度 L_z 可按下式近似计算

$$L_z=l+1.5\pi(r+x_1t)+r\approx l+5.7r+4.7x_1t \tag{4-11}$$

式中 l——直线段长度；

r——铰链内半径；

x_1——中性层位移系数，查表 4-10。

表 4-10 卷圆时中性层位移系数 x_1 值

r/t	x_1	r/t	x_1	r/t	x_1
>0.5～0.6	0.76	>1.0～1.2	0.67	>1.8～2.0	0.58
>0.6～0.8	0.73	>1.2～1.5	0.64	>2.0～2.2	0.54
>0.8～1.0	0.70	>1.5～1.8	0.61	>2.2	0.5

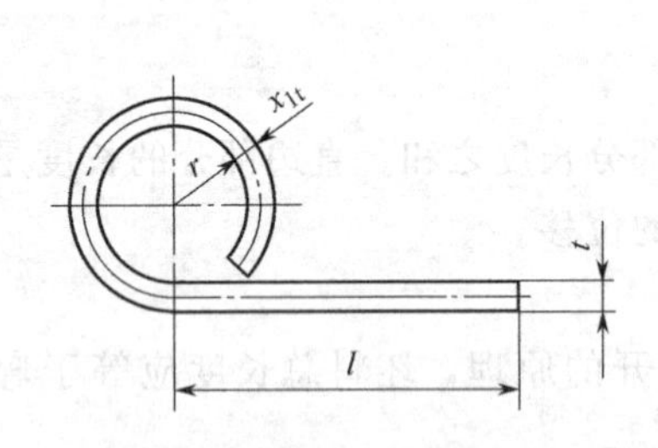

图 4-33 铰链式弯曲件

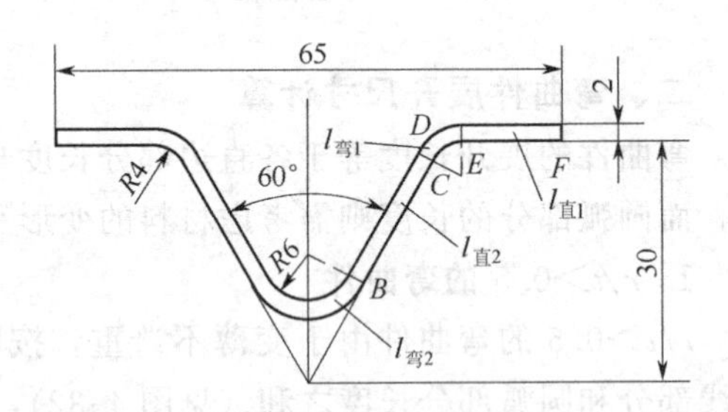

图 4-34 V形支架

需要指出，上述坯料长度计算公式只能用于形状比较简单、尺寸精度要求不高的弯曲件。对于形状比较复杂或精度要求高的弯曲件，在利用上述公式初步计算坯料长度后，还需反复试弯，不断修正，才能最后确定坯料的形状及尺寸。这是因为很多因素没有考虑，可能产生较大的误差，故在生产中宜先制造弯曲模，后制造坯料的落料模。

例 4-2 计算图4-34 所示弯曲件的坯料展开长度。

解 零件的相对弯曲半径 $r/t>0.5$，故坯料展开长度公式为

$$L_z=2(l_{直1}+l_{直2}+l_{弯1}+l_{弯2})$$

$R4$ 圆角处，$r/t=2$，查表 4-8，$x=0.38$；$R6$ 圆角处，$r/t=3$，查表 4-8，$x=0.40$。故

$$l_{直1}=EF=[32.5-(30\times\tan30°+4\times\tan30°)]=12.87(\text{mm})$$

$$l_{直2}=BC=\left[\frac{30}{\cos30°}-(8\times\tan60°+4\times\tan30°)\right]=18.47(\text{mm})$$

$$l_{弯1}=\frac{\pi\alpha}{180}(r+xt)=\frac{\pi\times60}{180}(4+0.38\times2)=4.98(\text{mm})$$

$$l_{弯2}=\frac{\pi\alpha}{180}(r+xt)=\frac{\pi\times60}{180}(6+0.40\times2)=7.12(\text{mm})$$

所以 $L_z=2\times(12.87+18.47+4.98+7.12)=86.88(\text{mm})$

第五节 弯曲力的计算

弯曲力是设计弯曲模和选择压力机的重要依据之一，特别是在弯曲坯料较厚、弯曲线较长、相对弯曲半径较小、材料强度较大的弯曲件时，必须对弯曲力进行计算。

弯曲力不仅与弯曲变形过程有关，还与坯料尺寸、材料性能、零件形状、弯曲方式、模具结构等多种因素有关，因此用理论公式来计算弯曲力不但计算复杂，而且精确度不高。实际生产中常用经验公式来进行概略计算。

一、自由弯曲时的弯曲力

V 形件的弯曲力

$$F_{自}=\frac{0.6KBt^2\sigma_b}{r+t} \tag{4-12}$$

U 形件弯曲力

$$F_{自}=\frac{0.7KBt^2\sigma_b}{r+t} \tag{4-13}$$

⅂⌈形件弯曲力

$$F_{自}=2.4Bt\sigma_b ac \tag{4-14}$$

式中 $F_{自}$——自由弯曲在冲压行程结束时的弯曲力，N；

B——弯曲件的宽度，mm；

r——弯曲件的内弯曲半径，mm；

t——弯曲件材料厚度，mm；

σ_b——材料的抗拉强度，MPa；

K——安全系数，一般取 $K=1.3$；

a——系数，其值见表 4-11；

c——系数，其值见表 4-12。

表 4-11 系数 *a* 值

r/t	断后伸长率 δ/%						
	20	25	30	35	40	45	50
10	0.416	0.379	0.337	0.302	0.265	0.233	0.204
8	0.434	0.398	0.361	0.326	0.288	0.257	0.227
6	0.459	0.426	0.392	0.358	0.321	0.290	0.259

续表

r/t	断后伸长率δ/%						
	20	25	30	35	40	45	50
4	0.502	0.467	0.437	0.407	0.371	0.341	0.312
2	0.555	0.552	0.520	0.507	0.470	0.445	0.417
1	0.619	0.615	0.607	0.680	0.576	0.560	0.540
0.5	0.690	0.688	0.684	0.680	0.678	0.673	0.662
0.25	0.704	0.732	0.746	0.760	0.769	0.764	0.764

表 4-12 系数 c 值

Z/t	r/t						
	10	8	6	4	2	1	0.5
1.20	0.130	0.151	0.181	0.245	0.388	0.570	0.765
1.15	0.145	0.161	0.185	0.262	0.420	0.605	0.822
1.10	0.162	0.184	0.214	0.290	0.460	0.675	0.830
1.08	0.170	0.200	0.230	0.300	0.490	0.710	0.960
1.06	0.180	0.204	0.250	0.322	0.520	0.755	1.120
1.05	0.190	0.222	0.277	0.360	0.560	0.835	1.130
1.04	0.208	0.250	0.355	0.410	0.760	0.990	1.380

注：Z 为凸、凹模间隙，一般有色金属 Z/t 介于 1.0 至 1.1 之间，黑色金属 Z/t 介于 1.05 至 1.15 之间。

二、校正弯曲时的弯曲力

校正弯曲时的弯曲力比自由弯曲力大得多，一般按下式计算

$$F_{校}=Aq \tag{4-15}$$

式中 $F_{校}$——校正弯曲力，N；

A——校正部分在垂直于凸模运动方向上的投影面积，mm^2；

q——单位面积校正力，MPa，其值见表 4-13。

表 4-13 单位面积校正力 q MPa

材料	材料厚度 t/mm			
	≤1	1～3	3～6	6～10
铝	10～20	20～30	30～40	40～50
黄铜	20～30	30～40	40～60	60～80
10、15、20 钢	30～40	40～60	60～80	80～100
30、35 钢	40～50	50～70	70～100	100～120

三、顶件力或压料力

若弯曲模有顶件装置或压料装置，其顶件力 F_D（或压料力 F_Y）可以近似取自由弯曲力的 30%～80%，即

$$F_D(F_Y)=(0.3\sim0.8)F_{自} \tag{4-16}$$

四、压力机公称压力的确定

对于有压料的自由弯曲，压力机公称压力应为

$$P=(1.6\sim1.8)(F_{自}+F_Y)$$

对于校正弯曲，由于校正弯曲力是发生在接近压力机下止点的位置，且校正弯曲力比压料力或推件力大得多，故 F_Y 值可忽略不计，压力机公称压力可取

$$P=(1.1\sim1.3)F_{校}$$

第六节　弯曲件的工序安排

弯曲件的工序安排是在工艺分析和计算后进行的一项工艺设计工作。安排弯曲件的工序时应根据零件的形状、尺寸、精度等级、生产批量以及材料的性能等因素进行考虑。弯曲工序安排合理，则可以简化模具结构，提高零件质量和劳动生产率。

一、弯曲件工序安排的原则

① 对于形状简单的弯曲件，如 V 形件、U 形件、Z 形件等，可以一次弯曲成形。而对于形状复杂的弯曲件，一般要多次弯曲才能成形。

② 对于批量大而尺寸小的弯曲件，为使操作方便、定位准确和提高生产率，应尽可能采用级进模或复合模弯曲成形。

③ 需要多次弯曲时，一般应先弯两端，后弯中间部分，前次弯曲应考虑后次弯曲有可靠的定位，后次弯曲不能影响前次已弯成的形状。

④ 对于非对称弯曲件，为避免弯曲时坯料偏移，应尽可能采用成对弯曲后再切成两件的工艺［见图 4-22(d)］。

二、典型弯曲件的工序安排

图4-35～图4-38所示分别为一次弯曲、二次弯曲、三次弯曲以及多次弯曲成形的实

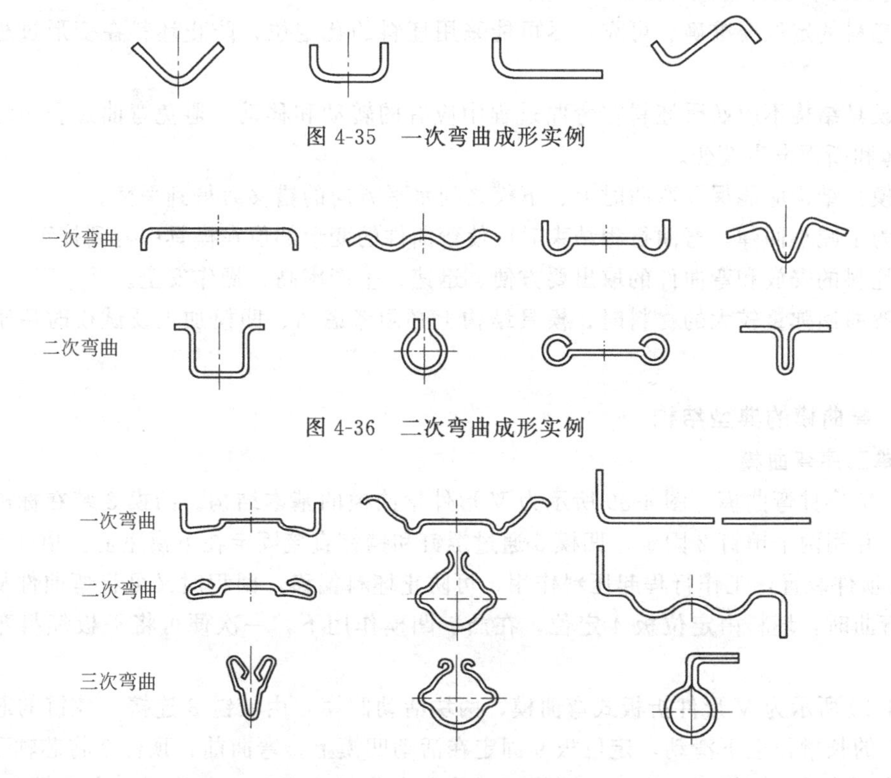

图 4-35　一次弯曲成形实例

图 4-36　二次弯曲成形实例

图 4-37　三次弯曲成形实例

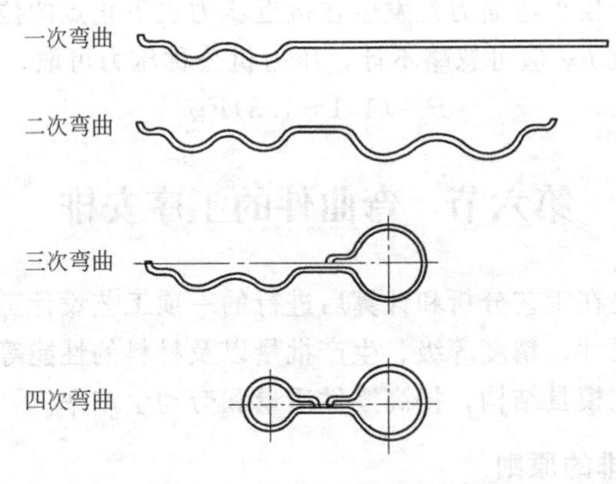

图 4-38 四次弯曲成形实例

例，可供制定零件弯曲工艺过程时参考。

第七节 弯曲模的典型结构

一、弯曲模的分类与设计要点

由于弯曲件的种类很多，形状繁简不一，因此弯曲模的结构类型也是多种多样的。常见的弯曲模结构类型有：单工序弯曲模、级进弯曲模、复合弯曲模和通用弯曲模等。简单的弯曲模工作时只有一个垂直运动，复杂的弯曲模除垂直运动外，还有一个或多个水平动作。因此，弯曲模设计难以做到标准化，通常参照冲裁模的一般设计要求和方法，并针对弯曲变形特点进行设计。设计时应考虑以下要点。

① 坯料的定位要准确、可靠，尽可能采用坯料的孔定位，防止坯料在变形过程中发生偏移。

② 模具结构不应妨碍坯料在弯曲过程中应有的转动和移动，避免弯曲过程中坯料产生过度变薄和断面发生畸变。

③ 模具结构应能保证弯曲时上、下模之间水平方向的错移力得到平衡。

④ 为了减小回弹，弯曲行程结束时应使弯曲件的变形部位在模具中得到校正。

⑤ 坯料的安放和弯曲件的取出要方便、迅速、生产率高、操作安全。

⑥ 弯曲回弹量较大的材料时，模具结构上必须考虑凸、凹模加工及试模时便于修正的可能性。

二、弯曲模的典型结构

1. 单工序弯曲模

（1）V 形件弯曲模　图 4-39 所示为 V 形件弯曲模的基本结构。凸模 3 装在标准槽形模柄 1 上，并用两个销钉 2 固定。凹模 5 通过螺钉和销钉直接固定在下模座上。顶杆 6 和弹簧 7 组成的顶件装置，工作行程起压料作用，可防止坯料偏移，回程时又可将弯曲件从凹模内顶出。弯曲时，坯料由定位板 4 定位，在凸、凹模作用下，一次便可将平板坯料弯曲成 V 形件。

图 4-40 所示为 V 形件折板式弯曲模，两块活动凹模 4 由铰链 8 连接，铰链的芯轴 2 可沿支架 7 的长槽作上下滑动，定位板 9 固定在活动凹模上。弯曲前，顶杆 3 将芯轴顶到最高位置，使两块活动凹模成一平面，平板坯料放在定位板上定位。工作时，在凸模 1 作用下，

两块凹模将绕铰链芯轴转动，而铰链芯轴沿支架槽下滑，从而使坯料随活动凹模一起折弯成形。当凸模回程时，活动凹模借助顶杆 3 的作用复位并顶出弯曲件。在弯曲过程中，由于坯料始终与活动凹模和定位板接触，即使坯料形状不对称也不会产生相对滑动和偏移，因此弯曲件的精度和表面质量都较高。图中铰链芯轴中心至凹模面的距离 s 影响凹模成 V 形时底部开口宽度 b 的大小，b 过大时弯边接触凹模的面积减小，将失去折板凹模的优越性。为了使全部直边都能与凹模接触，一般 s 值不能大于弯曲件的外弯曲半径，即 $s \leqslant r_p + t$。这种弯曲模特别适用于有精确孔位的小零件、坯料不易放平稳的带窄条的零件以及没有足够压料面的零件。

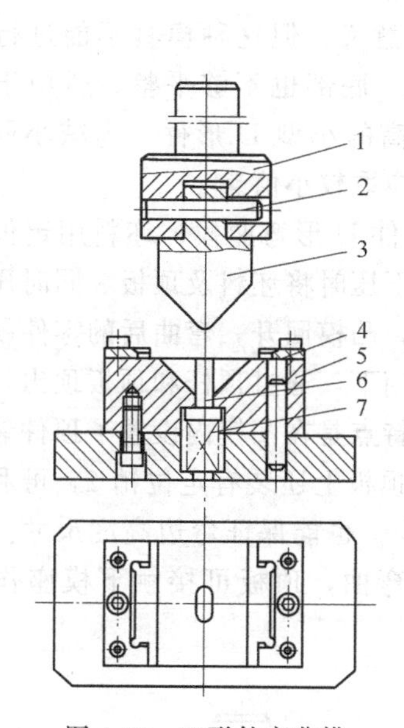

图 4-39　V 形件弯曲模

1—槽形模柄；2—销钉；3—凸模；4—定位板；5—凹模；6—顶杆；7—弹簧

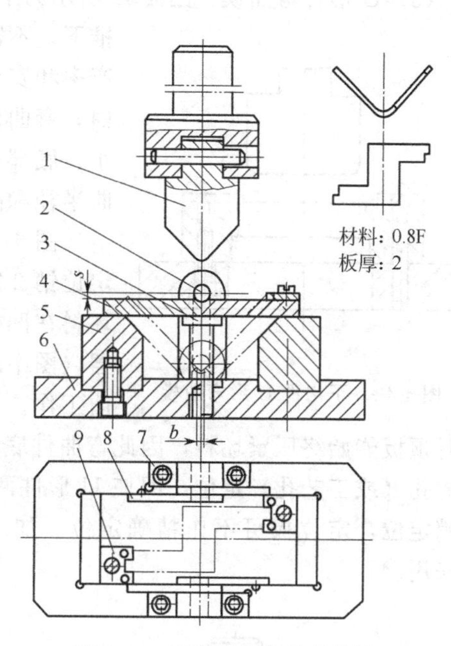

图 4-40　V 形件折板式弯曲模

1—凸模；2—芯轴；3—顶杆；4—活动凹模；5—支承板；6—下模座；7—支架；8—铰链；9—定位板

(2) L 形件弯曲模　对于两直边不相等的 L 形弯曲件，如果采用一般的 V 形件弯曲模弯曲，两直边的长度不容易保证，这时可采用图 4-41 所示的 L 形弯曲模。其中图 4-41(a) 适用于两直边长度相差不大的 L 形件，图 4-41(b) 适用于两直边长度相差较大的 L 形件。由于是单边弯曲，弯曲时坯料容易偏移，因此必须在坯料上冲出工艺孔，利用定位销 4 定

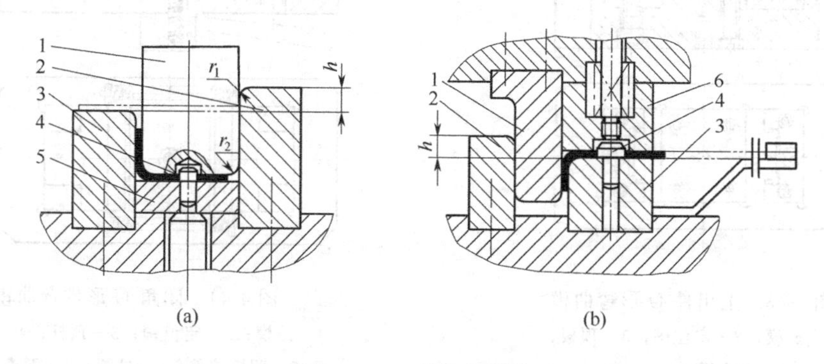

图 4-41　L 形件弯曲模

1—凸模；2—反侧压块；3—凹模；4—定位销；5—顶板；6—压料板

位。对于图 4-41(b)，还必须采用压料板 6 将坯料压住，以防止弯曲时坯料上翘。另外，由于单边弯曲时凸模 1 将承受较大水平侧压力，因此需设置反侧压块 2，以平衡侧压力。反侧压块的高度要保证在凸模接触坯料以前先挡住凸模，为此，反侧压块应高出凹模 3 的上平面，其高度差 h 可按下式确定

$$h \geqslant 2t + r_1 + r_2$$

式中，t 为料厚；r_1 为反侧压块导向面入口圆角半径；r_2 为凸模导向面端部圆角半径，可取 $r_1 = r_2 = (2 \sim 5)t$。

(3) U 形件弯曲模　图 4-42 所示为下出件 U 形弯曲模，弯曲后零件由凸模直接从凹模推下，不需手工取出弯曲件，模具结构很简单，且对提高生产率和安全生产有一定意义。但这种模具不能进行校正弯曲，弯曲件的回弹较大，底部也不够平整，适用于高度较小、底部平整度要求不高的小型 U 形件。为减小回弹，弯曲半径和凸、凹模间隙应取较小值。

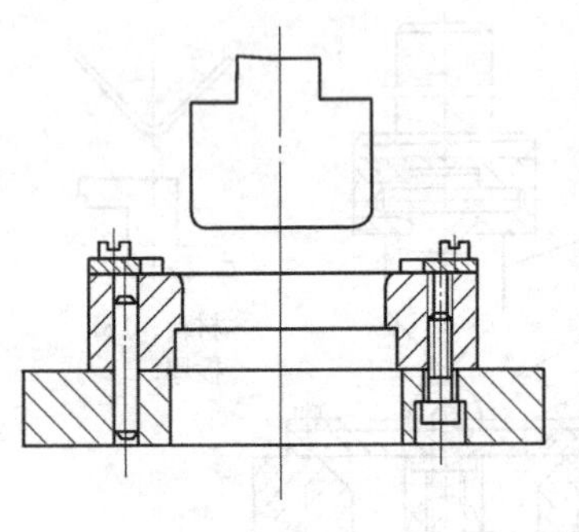

图 4-42　下出件 U 形弯曲模

图 4-43 所示为上出件 U 形弯曲模，坯料用定位板 4 和定位销 2 定位，凸模 1 下压时将坯料及顶板 3 同时压下，待坯料在凹模 5 内成形后，凸模回升，弯曲后的零件就在弹顶器（图中未画出）的作用下，通过顶杆和顶板顶出，完成弯曲工作。该模具的主要特点是在凹模内设置了顶件装置，弯曲时顶板能始终压紧坯料，因此弯曲件底部平整。同时顶板上还装有定位销 2，可利用坯料上的孔（或工艺孔）定位，即使 U 形件两直边高度不同，也能保证弯边高度尺寸。因有定位销定位，定位板可不作精确定位。如果要进行校正弯曲，顶板可接触下模座作为凹模底来用。

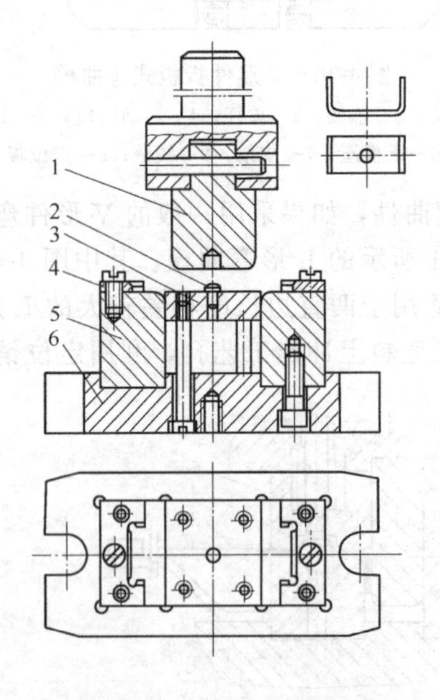

图 4-43　上出件 U 形弯曲模
1—凸模；2—定位销；3—顶板；
4—定位板；5—凹模；
6—下模座

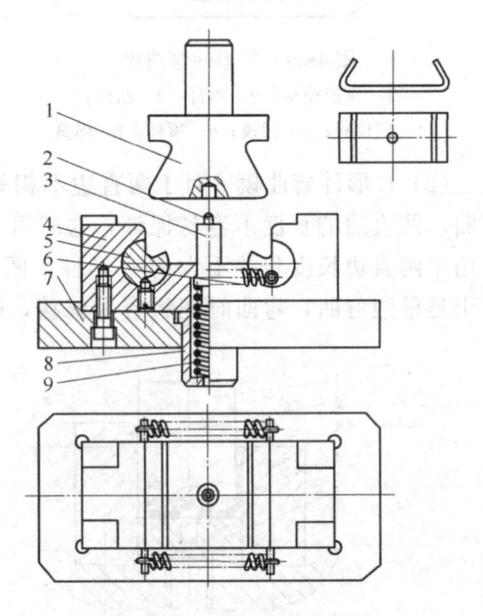

图 4-44　闭角 U 形件弯曲模
1—凸模；2—定位销；3—顶杆；4—凹模；
5—凹模镶件；6—拉簧；7—下模座；
8—弹簧座；9—弹簧

图 4-44 所示为弯曲角小于 90°的闭角 U 形件弯曲模，在凹模 4 内安装有一对可转动的凹模镶件 5，其缺口与弯曲件外形相适应。凹模镶件受拉簧 6 和止动销的作用，非工作状态下总是处于图示位置。模具工作时，坯料在凹模 4 和定位销 2 上定位，随着凸模的下压，坯料先在凹模 4 内弯曲成夹角为 90°的 U 形过渡件，当工件底部接触到凹模镶件后，凹模镶件就会转动而使工件最后成形。凸模回程时，带动凹模镶件反转，并在拉簧作用下保持复位状态。同时，顶杆 3 配合凸模一起将弯曲件顶出凹模，最后将弯曲件由垂直于图面方向从凸模上取下。

(4) ‾⊔‾形件弯曲模　根据‾⊔‾形件的高度、弯曲半径及尺寸精度要求不同，有一次成形弯曲模和两次成形弯曲模。

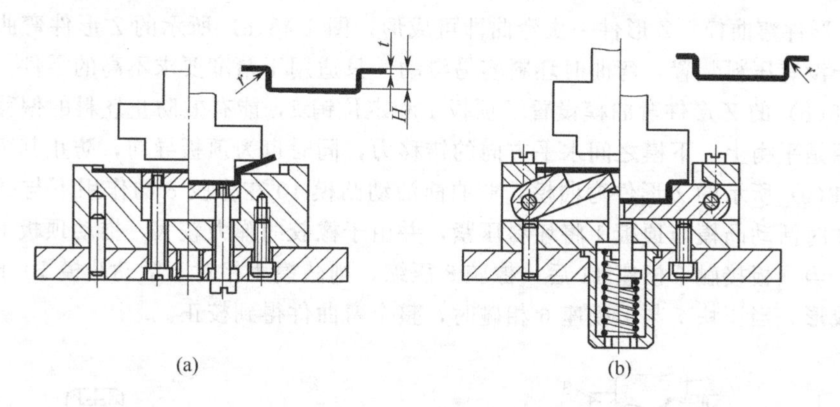

图 4-45　‾⊔‾形件一次成形弯曲模

图 4-45 所示为‾⊔‾形件的一次成形弯曲模，凸模为阶梯形，从图 4-45(a) 可以看出，弯曲过程中由于凸模肩部妨碍了坯料的转动，外角弯曲线不断上移，并且随着凸模的下压，坯料通过凹模圆角的摩擦力逐步增加，使得弯曲件侧壁容易擦伤和变薄，同时弯曲后容易产生较大的回弹，使得弯曲件两肩与底部不易平行。但当弯曲件高度较小时，上述影响不太大。图 4-45(b) 采用了摆块式凹模，弯曲件的质量比图 4-45(a) 好，可用于弯曲 r 较小的‾⊔‾形件，但模具结构复杂些。

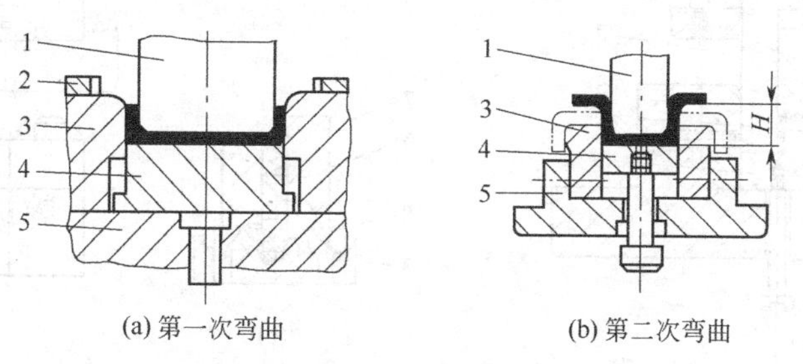

图 4-46　‾⊔‾形件两次成形弯曲模

1—凸模；2—定位板；3—凹模；4—顶板；5—下模座

图 4-46 所示为‾⊔‾形件的两次弯曲模，第一次采用图 4-46(a) 的模具先弯外角，弯成 U 形工序件，第二次采用图 4-46(b) 的模具再弯内角，弯成‾⊔‾形件。由于第二次弯曲内角时工序件需倒扣在凹模上定位，如果‾⊔‾形件高度较小，凹模壁厚就会很薄，因此为了保证凹模的强度，‾⊔‾形件的高度 H 应大于 (12～15)t。

图 4-47 所示为两次弯曲复合的‾⊔‾形件弯曲模，凸凹模 1 下行时，先与凹模 2 将坯料弯成 U 形，继续下行时再与活动凸模 3 将 U 形弯成‾⊔‾形。这种结构需要凹模下腔空间较大，以方便工件侧边的转动。

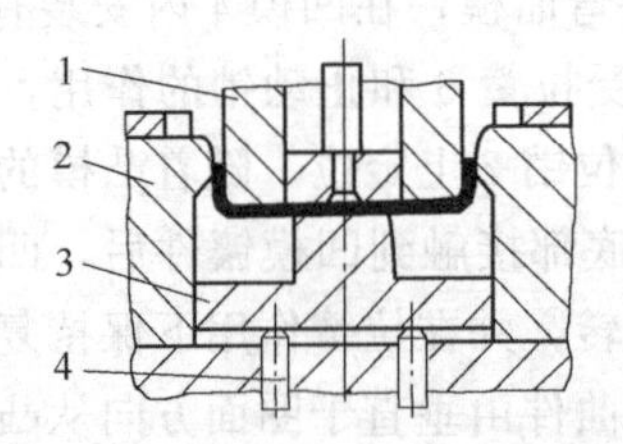

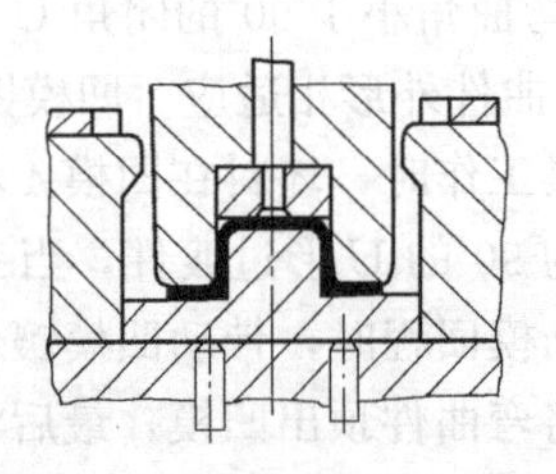

图 4-47　两次弯曲复合的凵形件弯曲模

1—凸凹模；2—凹模；3—活动凸模；4—顶杆

（5）Z 形件弯曲模　Z 形件一次弯曲即可成形。图 4-48(a) 所示的 Z 形件弯曲模结构简单，但由于没有压料装置，弯曲时坯料容易滑动，只适用于精度要求不高的零件。

图 4-48(b) 的 Z 形件弯曲模设置了顶板 1 和定位销 2，能有效防止坯料的偏移。反侧压块 3 的作用是平衡上、下模之间水平方向的错移力，同时也为顶板导向，防止其窜动。

图 4-48(c) 所示的 Z 形件弯曲模，弯曲前活动凸模 10 在橡胶 8 的作用下与凸模 4 端面平齐。弯曲时活动凸模与顶板 1 将坯料压紧，并由于橡胶的弹力较大，推动顶板下移使坯料左端弯曲。当顶板接触下模座 11 后，橡胶 8 压缩，则凸模 4 相对于活动凸模 10 下移将坯料右端弯曲成形。当压块 7 与上模座 6 相碰时，整个弯曲件得到校正。

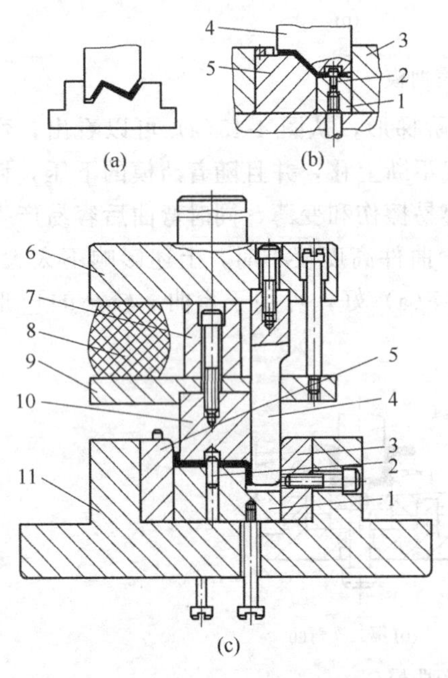

图 4-48　Z 形件弯曲模

1—顶板；2—定位销；3—反侧压块；4—凸模；5—凹模；6—上模座；7—压块；8—橡胶；9—凸模托板；10—活动凸模；11—下模座

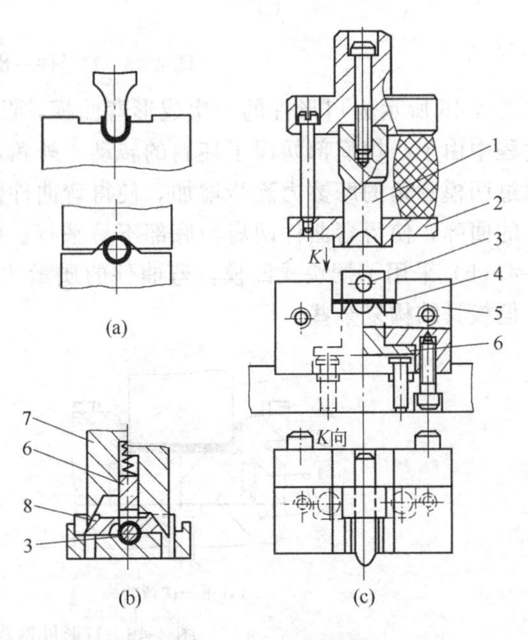

图 4-49　小圆弯曲模

1—凸模；2—压板；3—芯棒；4—坯料；5—凹模；6—滑块；7—侧楔；8—活动凹模

（6）圆形件弯曲模　一般圆形件尽量采用标准规格的管材切断成形，只有当标准管材的尺寸规格或材质不能满足要求时，才采用板料弯曲成形。用模具弯曲圆形件通常限于中小型件，大直径圆形件可采用滚弯成形。

① 对于直径 $d \leqslant 5$mm 的小圆形件，一般先弯成 U 形，再将 U 形弯成圆形。图4-49(a)所示

为用两套简单模弯圆的方法。由于工件小，分两次弯曲操作不便，可将两道工序合并，如图 4-49(b)、(c) 所示。其中图 4-49(b) 为有侧楔的一次弯圆模，上模下行时，芯棒 3 先将坯料弯成 U 形，随着上模继续下行，侧楔 7 便推动活动凹模 8 将 U 形弯成圆形；图 4-49(c) 是另一种一次弯圆模，上模下行时，压板 2 将滑块 6 往下压，滑块带动芯棒 3 先将坯料弯成 U 形，然后凸模 1 再将 U 形弯成圆形。如果工件精度要求高，可旋转工件连冲几次，以获得较好的圆度。弯曲后工件由垂直于图面方向从芯棒上取下。

② 对于直径 $d \geqslant 20$mm 的大圆形件，根据圆形件的精度和料厚等要求不同，可以采用一次成形、两次成形和三次成形方法。图 4-50 所示是用三道工序弯曲大圆的方法，这种方法生产率低，适用于料厚较大的工件。图 4-51 是用两道工序弯曲大圆的方法，先预弯成三个 120°的波浪形，然后再用第二套模具弯成圆形，工件顺凸模轴线方向取下。

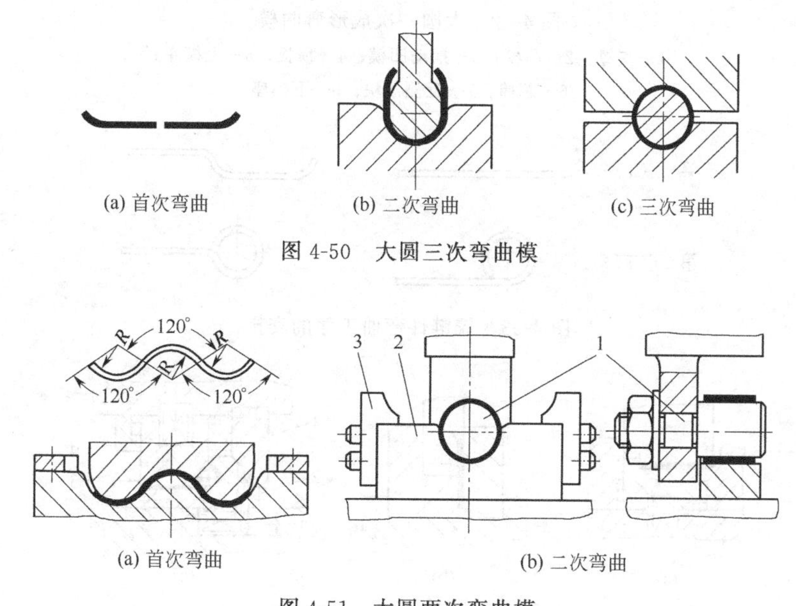

图 4-50　大圆三次弯曲模

图 4-51　大圆两次弯曲模

1—凸模；2—凹模；3—定位板

图 4-52(a) 是带摆动凹模的大圆一次成形弯曲模，上模下行时，凸模 2 先将坯料压成 U 形，上模继续下行，摆动凹模 3 将 U 形弯成圆形，工件顺凸模轴线方向推开支撑 1 取下。这种模具生产率较高，但由于回弹，在工件接缝处留有缝隙和少量直边，工件精度差，模具结构也较复杂。图 4-52(b) 是坯料绕芯棒卷制圆形件的方法，反侧压块 7 的作用是为凸模导向，并平衡上、下模之间水平方向的错移力。这种模具结构简单，工件的圆度较好，但需要行程较大的压力机。

(7) 铰链件弯曲模　标准的铰链或合页都是采用专用设备生产的，生产率很高，价格便宜，只有当选不到合适标准铰链件时才用模具弯曲。图 4-53 所示为常见的铰链件形式和弯曲工序的安排。图 4-54(a) 所示为第一道工序的预弯模。铰链卷圆的原理通常是采用推圆法，图 4-54(b) 是立式卷圆模，结构简单。图 4-54(c) 是卧式卷圆模，有压料装置，操作方便，零件质量也较好。

(8) 其他形状件的弯曲模　对于其他形状的弯曲件，由于品种繁多，其工序安排和模具设计根据弯曲件的形状、尺寸、精度要求、材料性能和生产批量等的不同各有差异。图 4-55～图 4-57 是三种不同特殊形状零件的弯曲模实例。

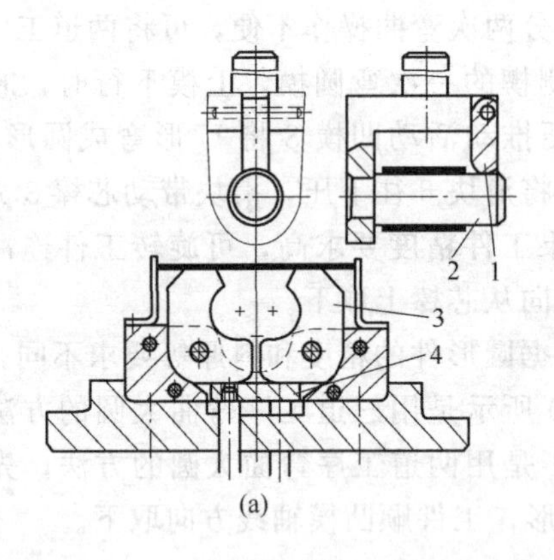

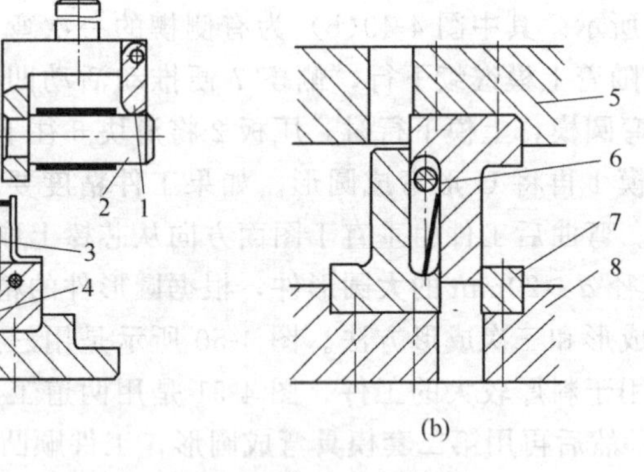

图 4-52 大圆一次成形弯曲模

1—支撑；2—凸模；3—摆动凹模；4—顶板；5—上模座；
6—芯棒；7—反侧压块；8—下模座

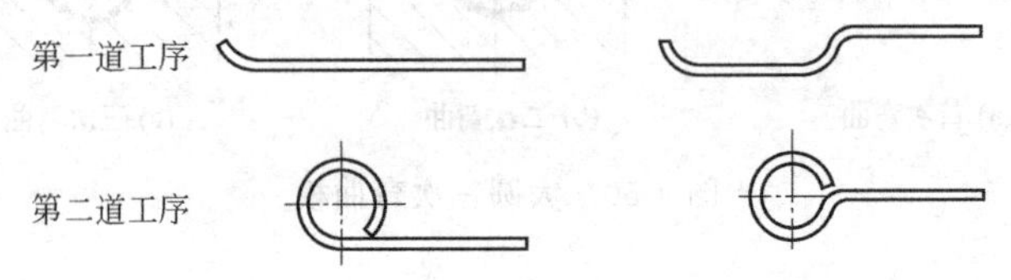

图 4-53 铰链件弯曲工序的安排

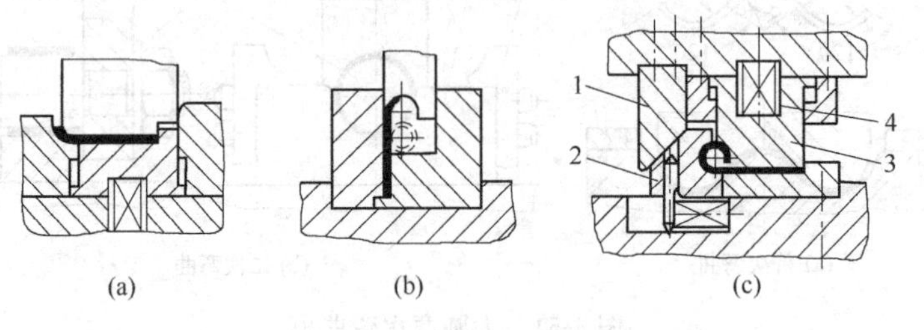

图 4-54 铰链件弯曲模

1—斜楔；2—凹模；3—凸模；4—弹簧

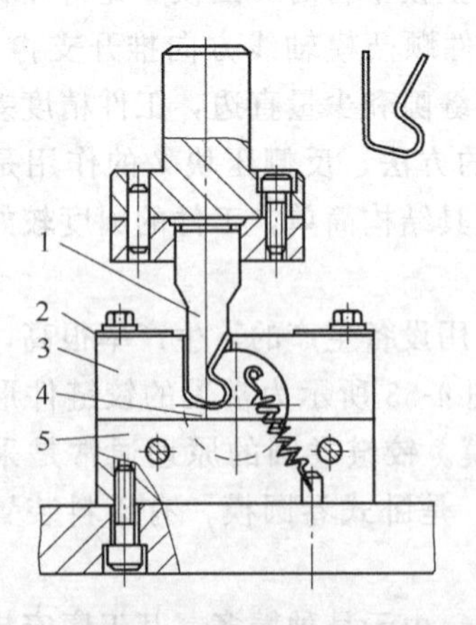

图 4-55 滚轴式弯曲模

1—凸模；2—定位板；3—凹模；
4—滚轴；5—挡板

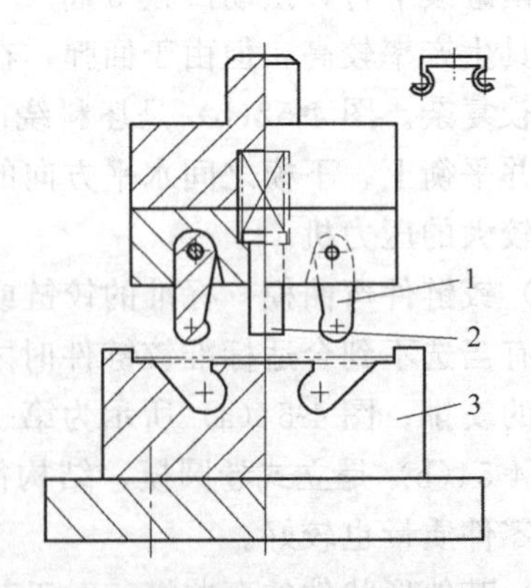

图 4-56 带摆动凸模的弯曲模

1—摆动凸模；2—压料装置；3—凹模

2. 级进模

对于批量大、尺寸小的弯曲件，为了提高生产率和安全性，保证零件质量，可以采用级进弯曲模进行多工位的冲裁、弯曲、切断等工艺成形，如图 4-58 所示。

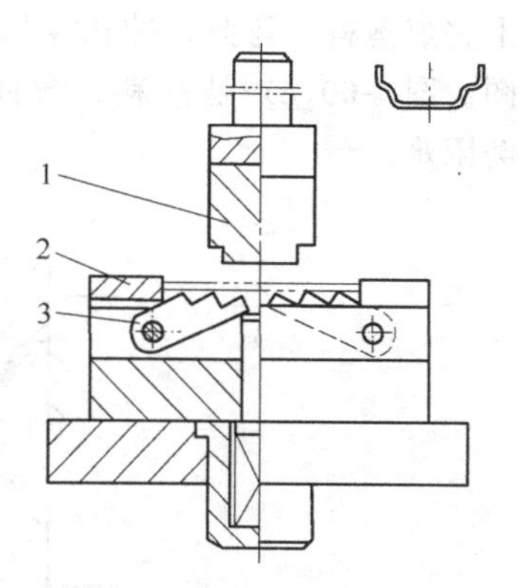

图 4-57　带摆动凹模的弯曲模

1—凸模；2—定位板；3—摆动凹模

图 4-59 所示为冲孔、切断和弯曲两工位级进模，条料以导料板导向并送至反侧压块 5 的右侧定距。上模下行时，在第一工位由冲孔凸模 4 与凹模 8 完成冲孔，同时由兼作上剪刃的凸凹模 1 与下剪刃 7 将条料切断，紧接着在第二工位由弯曲凸模 6 与凸凹模 1 将所切断的坯料压弯成形。上模回程时，卸料板 3 卸下条料，推杆 2 则在弹簧的作用下推出工件，从而获得底部带孔的 U 形弯曲件。在该模具中，弹性卸料板 3 除了起卸料作用以外，冲压时还能压紧条料，防止单边切断时条料上翘。同样，弹性推杆 2 除了推件外还可以在坯料切断后将其压紧，防止弯曲时坯料发生偏移。推杆上的导正销能在弯曲前导正坯料上已冲出的孔，反侧压块除了定位外还能平衡凸凹模在单边切断时产生的水平错移力。另外，因该模具中有冲裁工序，故采用了对角导柱模架。

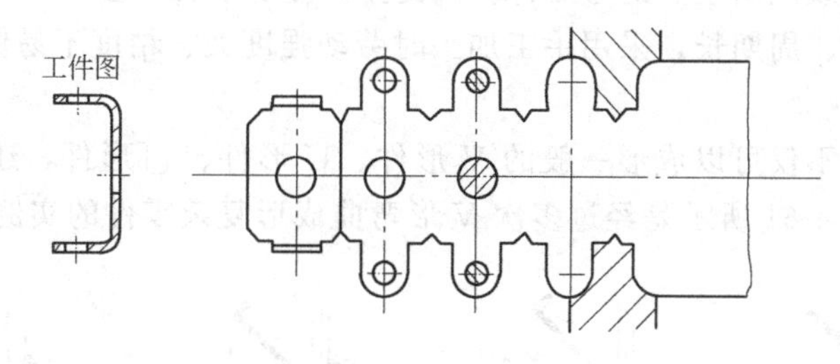

图 4-58　级进工艺成形

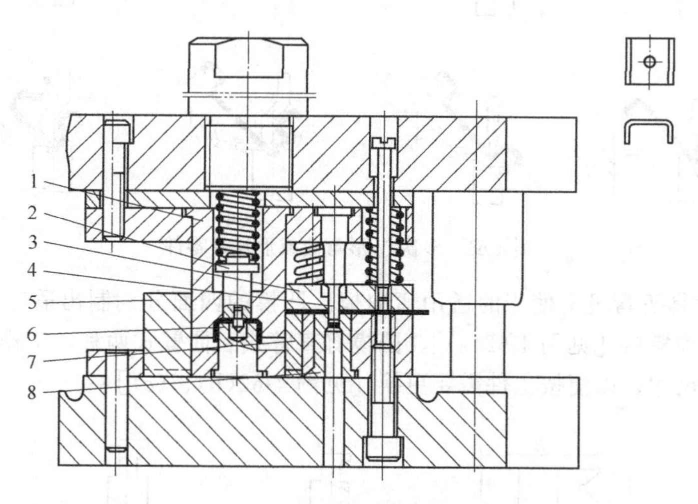

图 4-59　级进弯曲模

1—凸凹模；2—推杆；3—卸料板；4—冲孔凸模；5—反侧压块；6—弯曲凸模；7—下剪刃；8—冲孔凹模

3. 复合模

对于尺寸不大的弯曲件，还可以采用复合模，即在压力机一次行程内，在模具同一位置上完成落料、弯曲、冲孔等几种不同的工序。图 4-60(a)、(b) 是切断、弯曲复合模结构简图。图 4-60(c) 是落料、弯曲、冲孔复合模，模具结构紧凑，工件精度高，但凸凹模修磨困难。

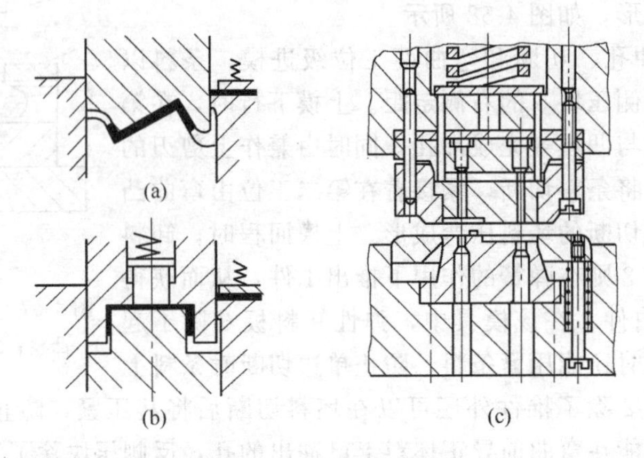

图 4-60 复合弯曲模

4. 通用弯曲模

对于小批量生产或试制生产的弯曲件，因为生产量少、品种多、尺寸经常改变，采用专用的弯曲模时成本高、周期长，采用手工加工时劳动强度大、精度不易保证，所以生产中常采用通用弯曲模。

采用通用弯曲模不仅可以成形一般的 V 形件、U 形件、乚 ┘形件，还可成形精度要求不高的复杂形状件，图 4-61 所示是经过多次 V 形弯曲成形复杂零件的实例。

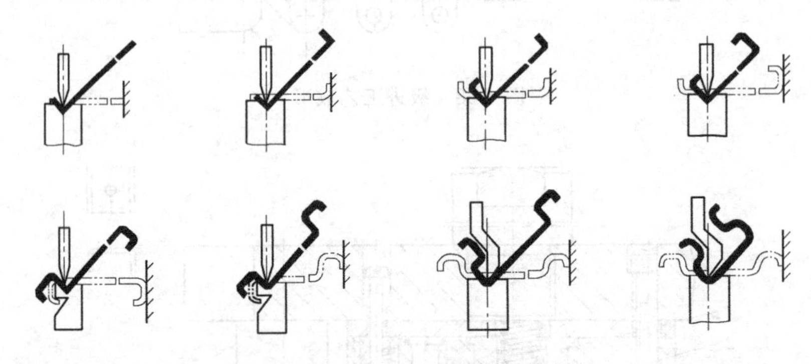
图 4-61 多次 V 形弯曲成形复杂零件

图 4-62 所示是折弯机上使用的通用弯曲模。凹模的四面分别制出适应于弯曲不同形状或尺寸零件的几种槽口［见图 4-62(a)］，凸模有直臂式和曲臂式两种，工作部分的圆角半径也作成几种不同尺寸，以便按工件需要更换［见图 4-62(b)、(c)］。

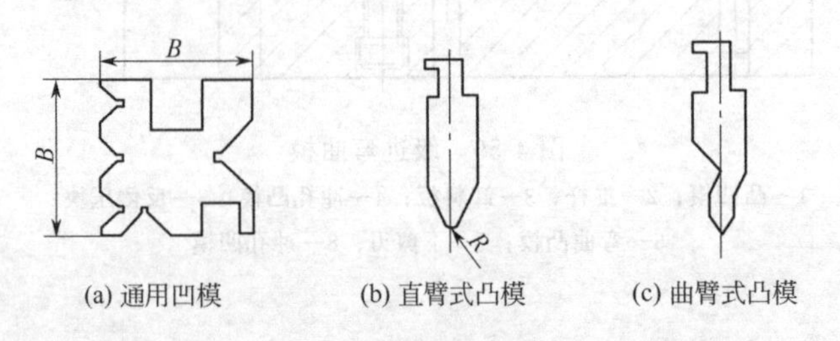

图 4-62 折弯机用弯曲模的端面形状

第八节　弯曲模工作零件的设计与制造

一、弯曲模工作零件的设计

弯曲模工作零件的设计主要是确定凸、凹模工作部分的圆角半径，凹模深度，凸、凹模间隙，横向尺寸及公差等，凸、凹模安装部分的结构设计与冲裁凸、凹模基本相同。弯曲凸、凹模工作部分的结构及尺寸如图 4-63 所示。

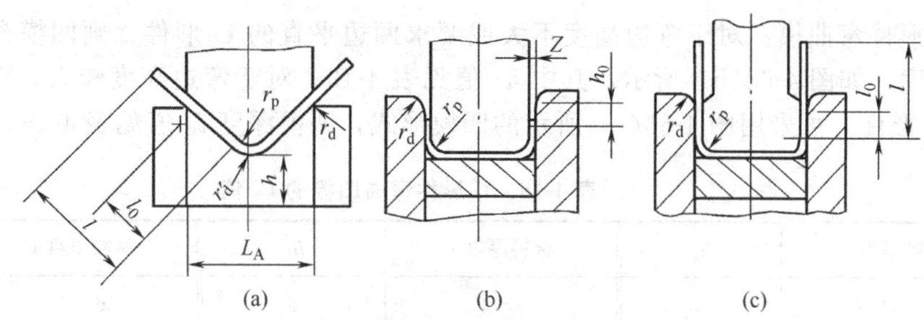

图 4-63　弯曲凸、凹模工作部分的结构及尺寸

1. 凸模圆角半径r_p

当弯曲件的相对弯曲半径 $r/t<5\sim8$、且不小于 r_{min}/t（见表 4-3）时，凸模的圆角半径取等于弯曲件的圆角半径，即 $r_p=r$。若 $r/t<r_{min}/t$，则应取 $r_p\geqslant r_{min}$，将弯曲件先弯成较大的圆角半径，然后采用整形工序进行整形，使其满足弯曲件圆角半径的要求。

当弯曲件的相对弯曲半径 $r/t\geqslant10$ 时，由于弯曲件圆角半径的回弹较大，凸模的圆角半径应根据回弹值作相应的修正（参见本章第二节）。

2. 凹模圆角半径r_d

凹模圆角半径的大小对弯曲变形力、模具寿命、弯曲件质量等均有影响。r_d 过小时，坯料拉入凹模的滑动阻力增大，易使弯曲件表面擦伤或出现压痕，并增大弯曲变形力和影响模具寿命；r_d 过大时，又会影响坯料定位的准确性。生产中，凹模圆角半径 r_d 通常根据材料厚度选取。

$t\leqslant2$mm 时，$r_d=(3\sim6)t$

$t=2\sim4$mm 时，$r_d=(2\sim3)t$

$t>4$mm 时，$r_d=2t$

另外，凹模两边的圆角半径应一致，否则在弯曲时坯料会发生偏移。

V 形弯曲凹模的底部可开设退刀槽或取圆角半径 $r_d'=(0.6\sim0.8)(r_p+t)$。

3. 凹模深度l_0

凹模深度过小，则坯料两端未受压部分太多，弯曲件回弹大且不平直，影响其质量；凹模深度若过大，则浪费模具钢材，且需压力机有较大的工作行程。

V 形件弯曲模：凹模深度 l_0 及底部最小厚度 h 值可查表 4-14。但应保证凹模开口宽度 L_A 之值不能大于弯曲坯料展开长度的 0.8 倍。

表 4-14　V 形件弯曲模的凹模深度 l_0 及底部最小厚度 h　　mm

弯曲件边长 l	材料厚度 t					
	≤2		2～4		>4	
	h	l_0	h	l_0	h	l_0
10～25	20	10～15	22	15	—	—
25～50	22	15～20	27	25	32	30

续表

弯曲件边长 l	材料厚度 t					
	≤2		2～4		>4	
	h	l_0	h	l_0	h	l_0
50～75	27	20～25	32	30	37	35
75～100	32	25～30	37	35	42	40
100～150	37	30～35	42	40	47	50

U形件弯曲模：对于弯边高度不大或要求两边平直的U形件，则凹模深度应大于弯曲件的高度，如图4-63(b) 所示，其中 h_0 值见表4-15；对于弯边高度较大，而平直度要求不高的U形件，可采用图4-63(c) 所示的凹模形式，凹模深度 l_0 值见表4-16。

表4-15　U形件弯曲凹模的 h_0 值　　mm

材料厚度 t	h_0	材料厚度 t	h_0	材料厚度 t	h_0
≤1	3	3～4	6	6～7	15
1～2	4	4～5	8	7～8	20
2～3	5	5～6	10	8～10	25

表4-16　U形件弯曲模的凹模深度 l_0　　mm

弯曲件边长 l	材料厚度 t				
	<2	1～2	2～4	4～6	6～10
<50	15	20	25	30	35
50～75	20	25	30	35	40
75～100	25	30	35	40	40
100～150	30	35	40	50	50
150～200	40	45	55	65	65

4. 凸、凹模间隙

弯曲V形件时，凸、凹模间隙是由调整压力机的闭合高度来控制的，模具设计时可以不考虑。对于U形类弯曲件，设计模具时应当确定合适的间隙值。间隙过小，会使弯曲件直边料厚减薄或出现划痕，同时还会降低凹模寿命，增大弯曲力；间隙过大，则回弹增大，从而降低了弯曲件精度。生产中，U形件弯曲模的凸、凹模单边间隙一般可按如下公式确定。

弯曲有色金属时

$$Z=t_{\min}+ct \tag{4-17}$$

弯曲黑色金属时

$$Z=t_{\max}+ct \tag{4-18}$$

式中　Z——弯曲凸、凹模的单边间隙；

t——弯曲件的材料厚度（基本尺寸）；

$t_{\min}$，$t_{\max}$——弯曲件材料的最小厚度和最大厚度；

c——间隙系数，可查表4-17。

表 4-17　U 形件弯曲模凸、凹模的间隙系数 c 值

弯曲件高度 H/mm	材料厚度 t/mm								
	≤0.5	0.6～2	2.1～4	4.1～5	≤0.5	0.6～2	2.1～4	4.1～7.5	7.6～12
	弯曲件宽度 $B\leqslant 2H$				弯曲件宽度 $B>2H$				
10	0.05	0.05	0.04	—	0.10	0.10	0.08	—	—
20	0.05	0.05	0.04	0.03	0.10	0.10	0.08	0.06	0.06
35	0.07	0.05	0.04	0.03	0.15	0.10	0.08	0.06	0.06
50	0.10	0.07	0.05	0.04	0.20	0.15	0.10	0.06	0.06
75	0.10	0.07	0.05	0.05	0.20	0.15	0.10	0.10	0.08
100	—	0.07	0.05	0.05	—	0.15	0.10	0.10	0.08
150	—	0.10	0.07	0.05	—	0.20	0.15	0.10	0.10
200	—	0.10	0.07	0.07	—	0.20	0.15	0.15	0.10

5. U 形件弯曲凸、凹模横向尺寸及公差

确定 U 形件弯曲凸、凹模横向尺寸及公差的原则是：弯曲件标注外形尺寸时［见图 4-64(a)］，应以凹模为基准件，间隙取在凸模上；弯曲件标注内形尺寸时［见图 4-64(b)］，应以凸模为基准件，间隙取在凹模上；基准凸、凹模的尺寸及公差则应根据弯曲件的尺寸、公差、回弹情况以及模具磨损规律等因素确定。

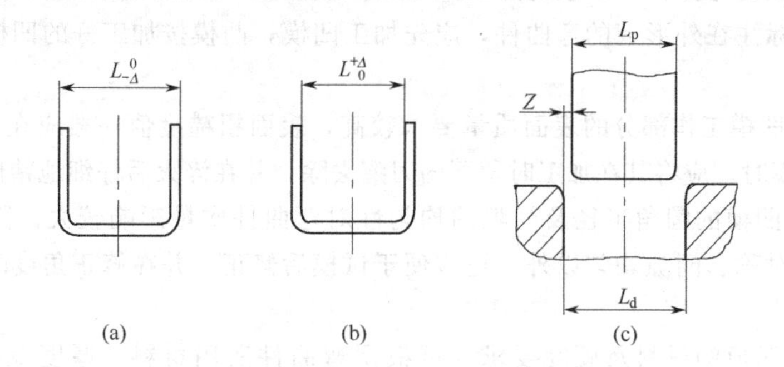

图 4-64　标注外形与内形的弯曲件及模具尺寸

(1) 弯曲件标注外形尺寸时［见图 4-64(a)］

$$L_d=(L_{max}-0.75\Delta)^{+\delta_d}_{\ 0} \tag{4-19}$$

$$L_p=(L_d-2Z)^{\ 0}_{-\delta_p} \tag{4-20}$$

(2) 弯曲件标注内形尺寸时［见图 4-64(b)］

$$L_p=(L_{min}+0.75\Delta)^{\ 0}_{-\delta_p} \tag{4-21}$$

$$L_d=(L_p+2Z)^{+\delta_d}_{\ 0} \tag{4-22}$$

式中　L_d,L_p——弯曲凸、凹模横向尺寸；

L_{max},L_{min}——弯曲件的横向最大、最小极限尺寸；

Δ——弯曲件横向的尺寸公差；

δ_d,δ_p——弯曲凸、凹模的制造公差，可采用 IT7～IT9 级精度，一般取凸模的精度比凹模精度高一级，但要保证 $\delta_d/2+\delta_p/2+t_{max}$的值在最大允许间隙范围以内；

Z——凸、凹模单边间隙。

当弯曲件的精度要求较高时，其凸、凹模可以采用配作法加工。

二、弯曲模工作零件的制造

弯曲模工作零件的加工方法与冲裁模基本相同，一般都是根据零件的尺寸精度、形状复杂程度与表面质量等要求及设备条件，按图样进行加工与制造。但由于弯曲变形工艺的特殊性，弯曲模工作零件的制造又有如下一些特点。

① 弯曲凸、凹模的加工一般要采用样板或样件来控制精度。因为弯曲凸、凹模工作部分的形状比较复杂，几何形状及尺寸精度要求较高，因此在制造时，特别是大中型弯曲模，凸、凹模工作表面的曲线和折线多数需要用事先做好的样板或样件来控制，以保证制造精度。样板及样件的精度一般应为±0.05mm。另外，由于弯曲件回弹的影响，加工出来的凸模与凹模的形状不可能与零件最后形状完全相同，因此，必须要有一定的修正值，该值应根据操作者的实践经验和反复试验而定，并应根据修正值来加工样板及样件。

② 弯曲凸、凹模的淬火工序一般在试模后进行。弯曲成形时，由于材料的弹性与塑性变形，弯曲件要产生回弹。因此，在制造弯曲模时，必须要考虑材料的回弹值，以便使所弯曲的零件能符合图样所规定的要求。但由于影响回弹的因素很多，模具设计时要准确控制回弹是不可能的，这就要求在制造模具时，要反复试模和修正，直到弯出合格的零件为止。为了便于对凸、凹模形状和尺寸进行修正，需要在试模合适后才能进行淬硬定形。

③ 当凸、凹模采用配作法加工时，其加工次序应按弯曲件尺寸标注情况来选择。对于尺寸标注在内形上的弯曲件，一般先加工凸模，凹模按加工好的凸模配制，并保证合适的间隙值；对于尺寸标注在外形上的弯曲件，应先加工凹模，凸模按加工好的凹模配制，并保证合适的间隙值。

④ 弯曲凸、凹模工作部分的表面质量要求较高，表面粗糙度值一般应在 $Ra0.4\mu m$ 以下，因此在加工或试模时，应将其在加工时留下的刀痕去除，并在淬火后仔细地精修或抛光。

⑤ 弯曲凸、凹模的圆角半径及间隙的均匀性对弯曲件质量影响较大，因此，加工时除要保证圆角半径对称、间隙均匀以外，还应便于试模后修正，并在修正角度时不要影响弯曲件的直线尺寸。

⑥ 弯曲凸、凹模的材料及硬度要求，可根据弯曲件所用材料、厚度及批量大小选用。对于一般要求的凸、凹模，常用 T8A、T10A 钢，淬硬到 56～60HRC；对于形状复杂或生产批量较大的弯曲件，凸、凹模可采用 CrWMn、Cr12 或 Cr12MoV，淬硬到 58～62HRC。

弯曲模工作零件加工的关键是如何保证工作型面的尺寸与形状精度及表面粗糙度，其加工工艺过程通常为：

锻制坯料──→退火──→粗加工坯料外形──→精加工基准面──→划线──→工作型面粗加工──→螺、销孔或穿丝孔加工──→工作型面精加工──→淬火与回火──→工作型面光整加工。

工作型面的精加工根据生产条件不同，所采用的加工方法也有所不同。如果模具加工设备比较齐全，可采用电火花、线切割、成形磨削等方法，否则，采用普通金属切削机床加工和钳工锉修相配合的加工方案较为合适。

第九节　弯曲模的装配与调试

一、弯曲模的装配

弯曲模的装配方法基本上与冲裁模相同，即确定装配基准件和装配顺序──→按基准件装配有关零件──→控制调整模具间隙和压料、顶件装置──→试冲与调整。

对于单工序弯曲模，一般没有导向装置，可按图样要求分别装配上、下模，凸、凹模间隙在模具安装到压力机上时进行调整。因弯曲模间隙较大，可采用垫片法或标准样件来调整，以保证间隙的均匀性。弯曲模顶件或压料装置的行程也较大，所用的弹簧或橡胶要有足够的弹力，其大小允许在试模时确定。另外，因弯曲时的回弹很难准确控制，一般要在试模时反复修正凸、凹模的工作部分，因此，固定凸、凹模的销钉都应在试冲合格后打入。

对于级进或复合弯曲模，除了弯曲工序外一般都包含有冲裁工序，且有导向装置，故通常以凹模为基准件，先装配下模，再以下模为基准装配上模。装配时应分别根据弯曲和冲裁的特点保证各自的要求。

二、弯曲模的调试

弯曲模装配后需要安装在压力机上试冲，并根据试冲的情况进行调整或修正。弯曲模在试冲过程中的常见问题、产生原因及调整方法见表 4-18。

表 4-18　弯曲模试冲时的常见问题、产生原因及调整方法

试冲时的问题	产生原因	调整方法
弯曲件的回弹较大	①凸、凹模的回弹补偿角不够 ②凸模进入凹模的深度太浅 ③凸、凹模之间的间隙过大 ④校正弯曲时的校正力不够	①修正凸模的角度或形状 ②增加凹模型槽的深度 ③减少凸模、凹模之间的间隙 ④增大校正力或修正凸、凹模形状，使校正力集中在变形部位
弯曲件底面不平	①推件杆着力点分布不均匀 ②压料力不足 ③校正弯曲时的校正力不够	①增加推件杆并使其位置分布对称 ②增大压料力 ③增加校正力
弯曲件产生偏移	①弯曲力不平衡 ②定位不稳定 ③压料不牢	①分析产生弯曲力不平衡的原因，加以克服或减少 ②增加定位销、定位板或导正销 ③增加压料力
弯曲件的弯曲部位产生裂纹	①材料的塑性差 ②弯曲线与材料纤维方向平行 ③坯料剪切断面的毛边在弯角外侧	①将坯料退火或改用塑性好的材料 ②改变落料排样，使弯曲线与材料纤维成一定的角度 ③使毛边位于弯角的内侧，光面在外侧
弯曲件表面擦伤	①凹模圆角半径过小，表面粗糙度值太大 ②坯料黏附在凹模上	①增大凹模圆角半径，减小凹模型面的表面粗糙度值 ②合理润滑，或在凸、凹模工作表面镀硬铬
弯曲件尺寸过长或不足	①间隙过小，材料被拉长 ②压料装置的压力过大，材料被拉长 ③坯料长度计算错误或不准确	①增大凸、凹模间隙 ②减少压料装置的压力 ③坯料的落料尺寸应在弯曲试模后确定

第十节　弯曲模的设计与制造实例

如图 4-65 所示拉板，材料 20 钢，中批量生产，试设计弯曲模，并确定主要模具零件的加工工艺。

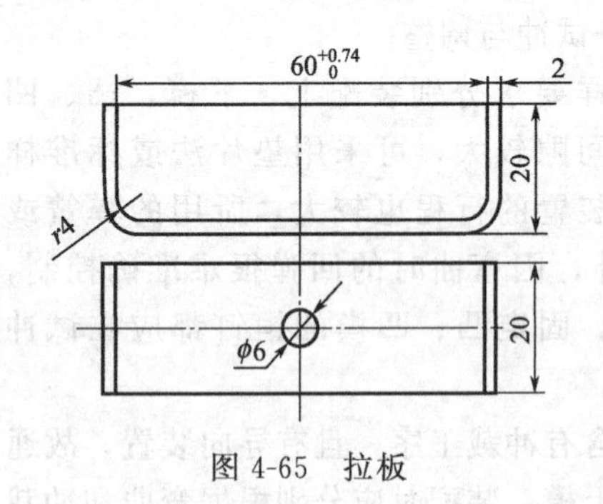

图 4-65　拉板

1. 冲压零件的工艺分析

根据零件的结构形状和批量要求，可采用落料-冲孔、弯曲两道工序冲压成形，这里只考虑弯曲工序。该零件材料为 20 钢，查表 1-3 可知，其弯曲性能良好。

零件为 U 形件，结构简单对称，内形 $60^{+0.74}_{0}$ 的精度为 IT14，其余尺寸为自由尺寸，故尺寸精度满足弯曲精度等级的要求。零件的相对圆角半径 $r/t=4/2=2\leqslant5$，回弹量不大，同时 $r/t=2>r_{min}/t=0.5$，不会弯裂，满足弯曲变形程度的要求。另外利用弯曲坯料上的 $\phi6$ 孔还可以防止弯曲时坯料产生偏移。因此，该零件满足弯曲工艺性要求，且弯曲工艺性较好。

2. 毛坯展开长度的确定

毛坯长度按零件中性层计算。两段圆弧的中性层位移系数根据 $r/t=2$ 查表 4-8 得 $x=0.38$，故中性层曲率半径为：

$$\rho=r+xt=4+0.38\times2=4.76(\text{mm})$$

圆弧部分长度：$l_{弯}=\frac{\pi\times90}{180}\times4.76=7.47(\text{mm})$

垂直部分的直线长度：$l_{直1}=20-4-2=14(\text{mm})$

底部的直线长度：$l_{直2}=60-2\times4=52(\text{mm})$

故毛坯展开长度为：$L_z=2(l_{直1}+l_{弯})+l_{直2}=2\times(14+7.47)+52=94.94(\text{mm})$

经过计算，展开长度初步确定为 $L_z=95\text{mm}$，精确确定需在试模后再进行修正。

3. 弯曲力的计算与压机选择

为了保证弯曲件内形尺寸精度要求，采用校正弯曲。查表 4-13，取 $q=60\text{MPa}$。则校正弯曲力为：

$$F_{校}=Aq=60\times20\times60=72000(\text{N})=72\text{kN}$$

根据冲压力要求，取压力机的公称压力 $P=(1.1\sim1.3)F_{校}=79.2\sim93.6(\text{kN})$考虑模具的安装与操作，可选用 JB23-25 开式双柱可倾压力机。

4. 弯曲模工作部分尺寸确定

(1) 凸模圆角半径 r_p　因 $r/t=2<5\sim8$，故取 $r_p=r=4\text{mm}$。

(2) 凹模圆角半径 r_d　凹模圆角半径 r_d 通常根据材料厚度选取。因 $t=2\text{mm}$，故取 $r_d=3t=3\times2=6\text{mm}$。

(3) 凹模深度 h_0　因是 U 形件弯曲模，且弯边高度不大，为使弯曲件两边平直，取凹模深度大于弯曲件的高度。查表 4-15，取 $h_0=4\text{mm}$。

(4) 凸、凹模间隙 Z　查表 4-17，取间隙系数 $c=0.05$。查表 1-4 得板厚度上偏差为 $+0.15$，故 $Z=t_{max}+ct=2.15+0.05\times2=2.25\text{mm}$。

(5) 弯曲凸、凹模横向尺寸及公差　弯曲件标注内形尺寸 $60^{+0.74}_{0}$，故以凸模为基准件，间隙取在凹模上。凸模的制造精度按 IT8 确定，凹模的制造精度按 IT9 确定。其计算结果如下：

$$L_p=(L_{min}+0.75\Delta)^{\ 0}_{-\delta_p}=(60+0.75\times0.74)^{\ 0}_{-0.046}=60.56^{\ 0}_{-0.046}(\text{mm})$$

$$L_d=(L_p+2Z)^{+\delta_d}_{\ 0}=(60.56+2\times2.25)^{+0.074}_{\ 0}=65.06^{+0.074}_{\ 0}(\text{mm})$$

5. 模具结构设计

根据弯曲件特点及上述分析与计算要求，设计的弯曲模具结构如图 4-43 所示。

6. 主要模具零件设计

弯曲凸模及凹模零件图分别见图 4-66 和图 4-67 所示。

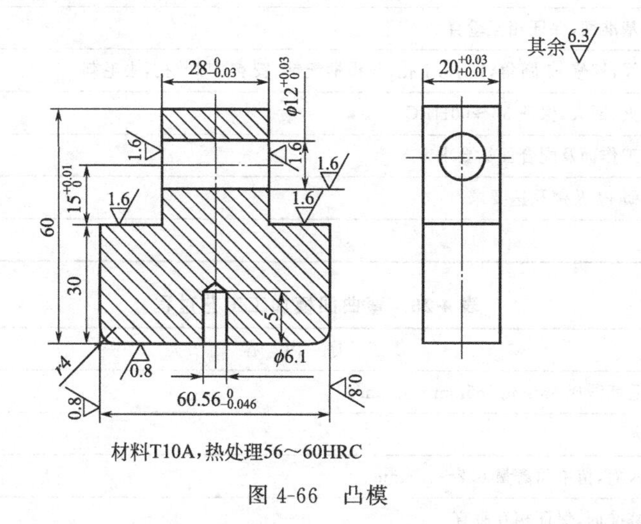

图 4-66　凸模

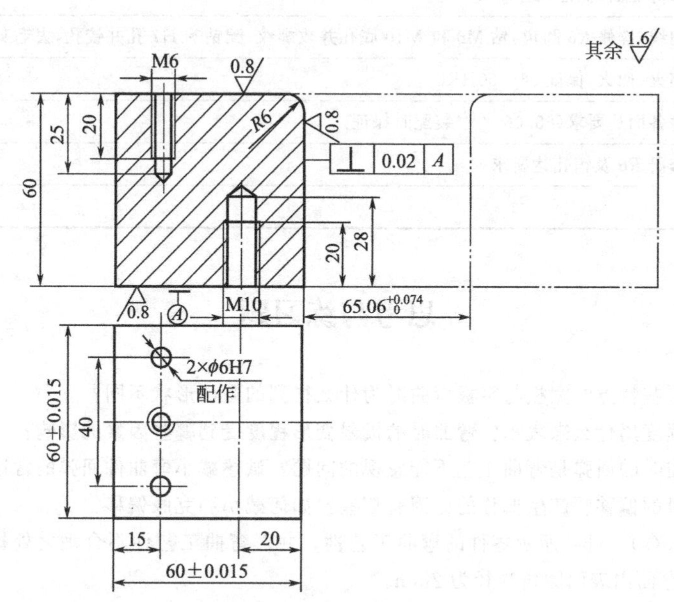

图 4-67　凹模

7. 主要模具零件的加工工艺

弯曲凸、凹模的加工工艺过程分别见表 4-19 和表 4-20。

表 4-19　弯曲凸模加工工艺过程

工序号	工序名称	工　序　内　容	设　备
1	备料	将毛坯锻成 65mm×65mm×25mm	
2	热处理	退火	
3	铣	铣六面及台阶面，留单面磨量 0.2～0.3mm	铣床

续表

工序号	工序名称	工　序　内　容	设　备
4	平磨	磨基准面，保证相互垂直	平面磨床
5	钳工	划线，锉修 $r4$ 圆角，钻 $\phi6.1$ 孔，与模柄配钻、铰 $\phi12^{+0.03}_{0}$ 孔，去毛刺	钻床
6	热处理	淬火、回火，保证 56～60HRC	
7	平磨	磨工作面及配合面达要求	平面磨床
8	钳工	修研 $r4$ 及销孔达要求	
9	检验		

表 4-20　弯曲凹模加工工艺过程

工序号	工序名称	工　序　内　容	设　备
1	备料	将毛坯锻成 65mm×65mm×65mm	
2	热处理	退火	
3	铣	铣六面，留单面磨量 0.2～0.3mm	铣床
4	平磨	磨基准面，保证相互垂直	平面磨床
5	钳工	划线，锉修 $R6$ 圆角，钻 M6 和 M10 底孔并攻螺纹，配钻 $\phi6$H7 孔并铰孔，去毛刺	钻床
6	热处理	淬火、回火，保证 56～60HRC	
7	平磨	磨各面达要求（$65.06^{+0.074}_{0}$ 装配时保证）	平面磨床
8	钳工	修研 $R6$ 及销孔达要求	
9	检验		

思考与练习题

1. 弯曲变形有哪些特点？宽板与窄板弯曲时为什么得到的截面形状不同？

2. 弯曲的变形程度用什么来表示？弯曲时的极限变形程度受到哪些因素的影响？

3. 为什么说弯曲时的回弹是弯曲工艺不能忽视的问题？试述减小弯曲件回弹的常用措施。

4. 什么是弯曲时的偏移？产生偏移的原因有哪些？如何减小和克服偏移？

5. 试分析图 4-68(a)、(b) 所示零件的弯曲工艺性，并对弯曲工艺性不合理之处提出解决措施。零件材料为 20 钢，未注弯曲内表面圆角半径为 2mm。

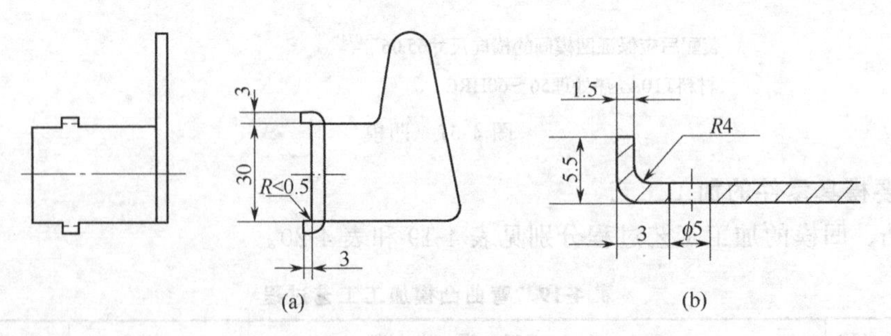

图 4-68　习题 5 附图

6. 弯曲模的结构有哪些特点？

7. 计算图 4-69 所示零件的展开长度。该零件需在模具内弯成什么形状和尺寸，出模后才能得到图示形状和尺寸？

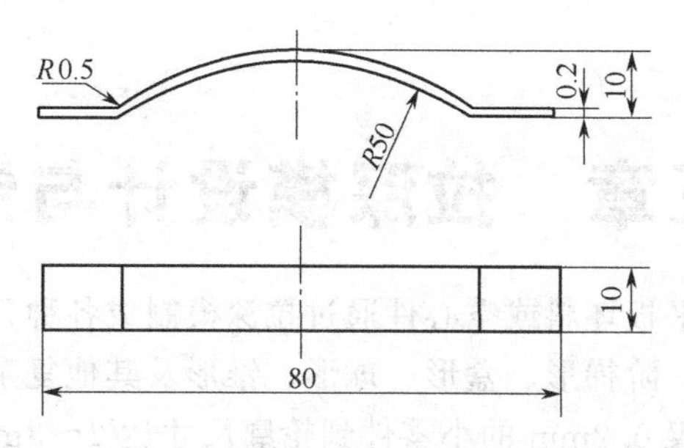

图 4-69　习题 7 附图

8. 弯曲如图 4-70 所示零件，材料为 35 钢，已退火，厚度 t=4mm。完成以下工作内容：

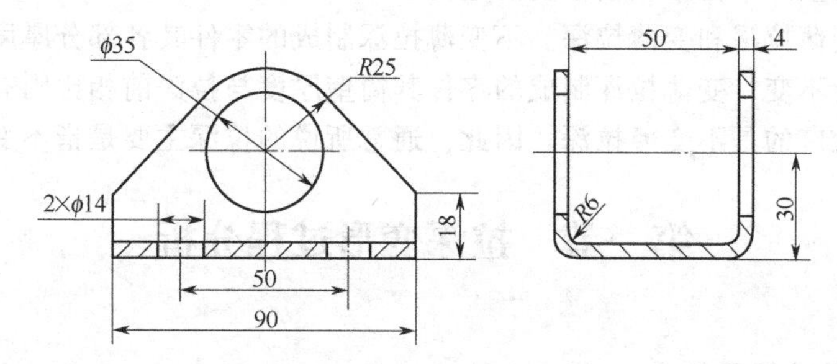

图 4-70　习题 8 附图

① 分析弯曲件的工艺性；

② 计算弯曲件的展开长度和弯曲力（采用校正弯曲）；

③ 绘制弯曲模结构草图；

④ 确定弯曲凸、凹模工作部位尺寸，绘制凸、凹模零件图；

⑤ 编制凸、凹模零件的加工工艺过程。

第五章　拉深模设计与制造

拉深是把一定形状的平板坯料或空心件通过拉深模制成各种开口空心件的冲压工序。用拉深的方法可以制成筒形、阶梯形、盒形、球形、锥形及其他复杂形状的薄壁零件，可加工从轮廓尺寸几毫米、厚度仅 0.2mm 的小零件到轮廓尺寸达 2～3m、厚度 200～300mm 的大型零件。因此，拉深在汽车、拖拉机、电器、仪表、电子、航空、航天等各种工业部门及日常生活用品的冲压生产中占据相当重要的地位。

拉深分为不变薄拉深和变薄拉深。不变薄拉深制成的零件其各部分厚度与拉深前坯料的厚度相比基本保持不变；变薄拉深制成的零件其筒壁厚度与拉深前相比则有明显的变薄。实际生产中，应用较广的是不变薄拉深，因此，通常所说的拉深主要是指不变薄拉深。

第一节　拉深变形过程分析

一、拉深变形过程及特点

1. 拉深变形过程

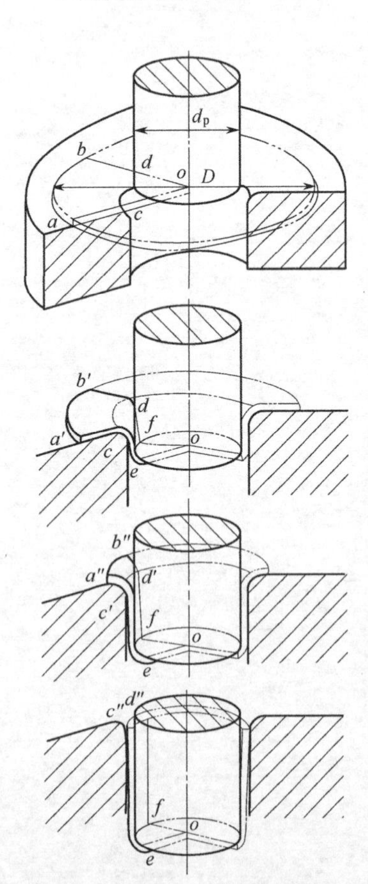

图 5-1　拉深变形过程示意图

图 5-1 所示为将平板圆形坯料拉深成圆筒形件的变形过程示意图。拉深凸模和凹模与冲裁凸、凹模不同，它们都有一定的圆角而不是锋利的刃口，其间隙一般稍大于板料厚度。

为了说明拉深时坯料的变形过程，在平板坯料上沿直径方向画出一个局部的扇形区域 oab。当凸模下压时，坯料被拉入凹模，扇形 oab 变为以下三部分：筒底部分——oef；筒壁部分——$cdef$；凸缘部分——$a'b'dc$。当凸模继续下压时，筒底部分基本不变，凸缘部分的材料继续转变为筒壁，筒壁部分逐步增高，凸缘部分逐步缩小，直至全部变为筒壁。可见，坯料在拉深过程中，变形主要是集中在凹模面上的凸缘部分，拉深过程的本质就是使凸缘部分逐渐收缩转化为筒壁的过程。坯料的凸缘部分是变形区，底部和已形成的筒壁为传力区。

如果圆形平板坯料的直径为 D，拉深后筒形件的直径为 d，通常以筒形件直径与坯料直径的比值来表示拉深变形程度的大小，即

$$m=d/D \tag{5-1}$$

其中 m 称为拉深系数，m 越小，拉深变形程度越大；相反，m 越大，拉深变形程度就越小。

为了进一步说明拉深时金属变形的过程，可以进行如下

网格法试验：在圆形平板坯料上画许多间距都等于 a 的同心圆和分度相等的辐射线组成图5-2(a) 所示网格，拉深后网格的变化情况如图 5-2(b)、(d) 所示。从图中可以看出，筒形件底部的网格基本上保持原来的形状，而筒壁上的网格与坯料凸缘部分（即外径为 D、内径为 d 的环形部分）的网格相比则发生了较大的变化：原来直径不等的同心圆变为筒壁上直径相等的圆，且间距增大了，越靠近筒形件口部增大越多，即由原来的 a 变为 a_1、a_2、a_3…，且 $a_1>a_2>a_3\cdots>a$；原来分度相等的辐射线变成筒壁上的垂直平行线，其间距也缩小了，越近筒形件口部缩小越多，即由原来的 $b_1>b_2>b_3>\cdots>b$ 变为 $b_1=b_2=b_3=\cdots=b$。如果拿一个小单元来看，在拉深前是扇形，其面积为 A_1［见图 5-2(a)］，拉深后则变为矩形，其面积为 A_2［见图 5-2(b)］。实践证明，拉深后板料厚度变化很小，因此可以近似认为拉深前后小单元的面积不变，即 $A_1=A_2$。

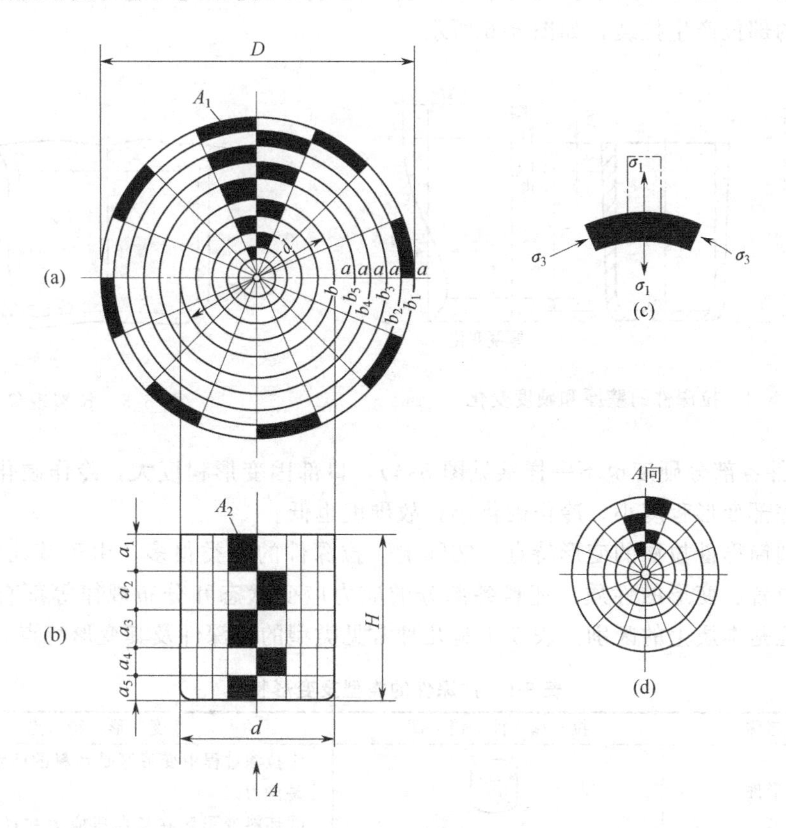

图 5-2　拉深前后的网格变化

为什么拉深前的扇形小单元会变为拉深后的矩形呢？这是由于坯料在模具的作用下金属内部产生了内应力，对一个小单元来说［见图 5-2(c)］，径向受拉应力 σ_1 作用，切线方向受压应力 σ_3 作用，因而径向产生拉伸变形，切向产生压缩变形，径向尺寸增大，切向尺寸减少，结果形状由扇形变为矩形。当凸缘部分的材料变为筒壁时，外缘尺寸由初始的 πD 逐渐缩小变为 πd；而径向尺寸由初始的 $(D-d)/2$ 逐步伸长变为高度 H，$H>(D-d)/2$。

综上所述，拉深变形过程可概括如下：在拉深过程中，由于外力的作用，坯料凸缘区内部的各个小单元体之间产生了相互作用的内应力，径向为拉应力 σ_1，切向为压应力 σ_3。在 σ_1 和 σ_3 的共同作用下，凸缘部分的金属材料产生塑性变形，径向伸长，切向压缩，且不断被拉入凹模中变为筒壁，最后得到直径为 d、高度为 H 的开口空心件。

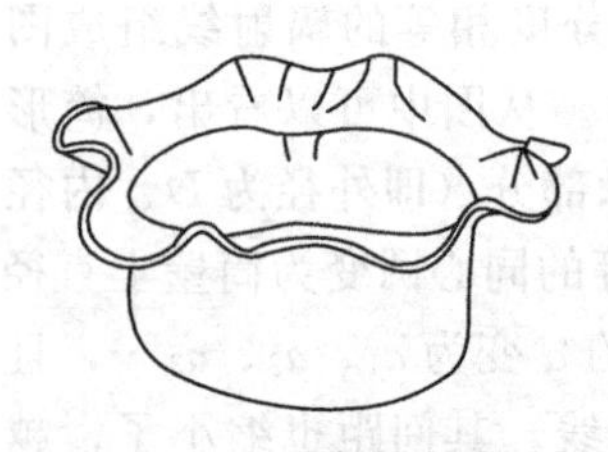

图 5-3 起皱现象

2. 拉深变形特点

观察圆筒形件的拉深变形过程并分析拉深件的质量可以看出，圆筒形件的拉深变形具有如下一些特点。

① 拉深过程中，坯料的凸缘部分是主要变形区，其余部分只发生少量变形，但要承受并传递拉深力，故是传力区。

② 变形区受切向压应力和径向拉应力作用，产生切向压缩和径向伸长变形。当变形程度较大时，变形区主要发生失稳起皱现象，如图 5-3 所示。

③ 拉深件的壁部厚度不均匀，口部壁厚略有增厚，底部壁厚略有减薄，靠近底部圆角处变薄最严重，如图 5-4 所示。当变形程度过大使得壁部拉应力超过材料抗拉强度时，将在变薄最严重的部位产生拉裂，如图 5-5 所示。

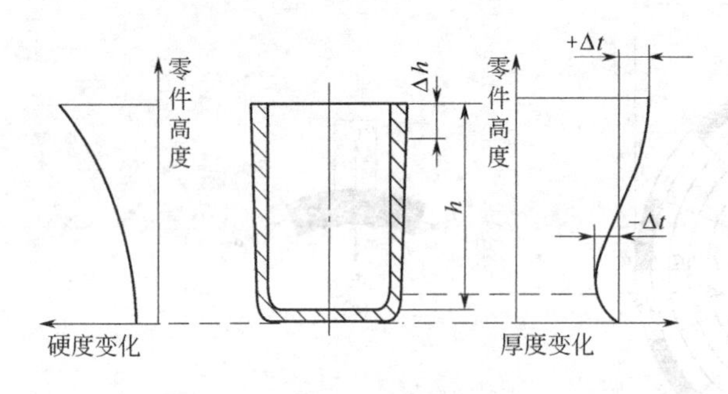

图 5-4 拉深件的壁厚和硬度变化

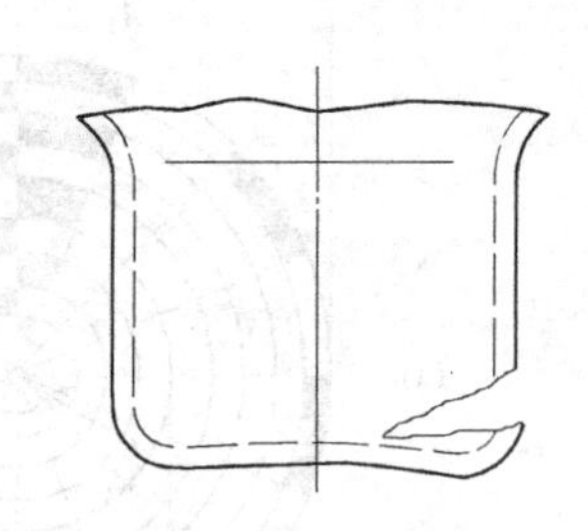

图 5-5 拉裂现象

④ 拉深件各部分硬度也不一样（见图 5-4），口部因变形程度大，冷作硬化严重，故硬度较高；而底部变形程度小，冷作硬化小，故硬度也低。

上述是圆筒形件拉深的变形特点。实际上，拉深件的种类很多，由于其几何形状不同，其变形区的位置、变形的性质、坯料各部分的应力应变状态和分布规律等都有相当大的差别，有些甚至是本质上的区别。表 5-1 是几种常见类型的拉深件及其变形特点。

表 5-1 拉深件的类型及变形特点

拉深件名称			拉深件简图	变形特点
直壁类拉深件	轴对称零件	圆筒形件		①拉深过程中变形区是坯料的凸缘部分，其余部分是传力区 ②坯料变形区在切向压应力和径向拉应力作用下，产生切向压缩与径向伸长的一向受压一向受拉的变形 ③极限变形程度主要受坯料传力区承载能力的限制
		带凸缘圆筒形件		
		阶梯形件	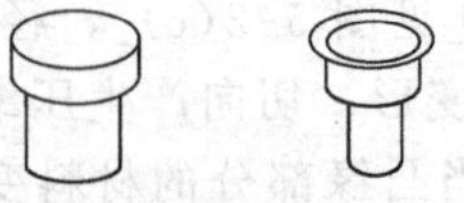	
	非轴对称零件	盒形件	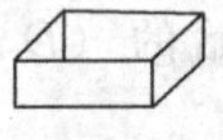	①变形性质同前，差别仅在于一向受拉一向受压的变形在坯料周边上分布不均匀，圆角部分变形大，直边部分变形小 ②在坯料的周边上，变形程度大与变形程度小的部分之间存在着相互影响与作用
		带凸缘盒形件	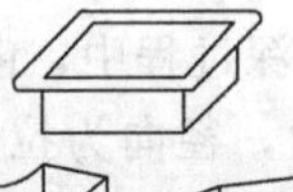	
		其他形状零件	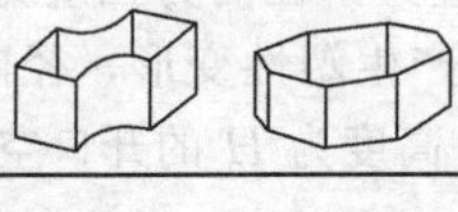	

续表

拉深件名称			拉深件简图	变形特点
直壁类拉深件	非轴对称零件	曲面凸缘的零件		除具有前项相同的变形性质外，还有如下特点： ①因零件各部分高度不同，在拉深开始时有严重的不均匀变形 ②拉深过程中，坯料变形区内还要发生剪切变形
曲面类拉深件	轴对称零件	球面类零件		拉深时坯料变形区由两部分组成： ①坯料外部是一向受拉一向受压的拉深变形 ②坯料的中间部分是受两向拉应力的胀形变形区
		锥形件		
		其他曲面零件		
	非轴对称零件	平面凸缘零件		①拉深时坯料的变形区也是外部的拉深变形区和内部的胀形变形区所组成，但这两种变形在坯料中分布是不均匀的 ②曲面凸缘零件拉深时，在坯料外周变形区内还有剪切变形
		曲面凸缘零件		

由表 5-1 可以看出，同一类型的拉深件，尽管其形状和尺寸还有一定区别，但有共同的变形特点，生产中出现质量问题的形式和解决问题的方法也基本相同。而不同类型的拉深件，其变形特点和生产中出现的问题及解决问题的方法则有很大差别。这些将在后面详细论述。

二、拉深过程中坯料内的应力与应变状态

为了更深刻地认识拉深过程，了解拉深过程中所发生的各种现象或问题，有必要分析拉深过程中坯料各部分的应力与应变状态。

图 5-6 所示为在拉深过程中某瞬时坯料的应力应变分布情况，图中 σ_1、ε_1 分别代表坯料径向的应力（σ_ϕ）和应变（ε_ϕ）；σ_2、ε_2 分别代表坯料厚度方向的应力（σ_t）和应变（ε_t）；σ_3、ε_3 分别代表坯料切向的应力（σ_θ）和应变（ε_θ）。根据应力应变状态的不同，可将拉深坯料划分为五个区域：凸缘平面区、凸缘圆角区、筒壁区、底部圆角区、筒底区。

1. 凸缘平面区［**见图** 5-6(a)、(b)、(c)］

凸缘平面区是拉深的主要变形区，材料在径向拉应力 σ_1 和切向压应力 σ_3 的共同作用下产生切向压缩与径向伸长变形而逐渐被拉入凹模。在厚度方向，由于压料圈的作用，产生了

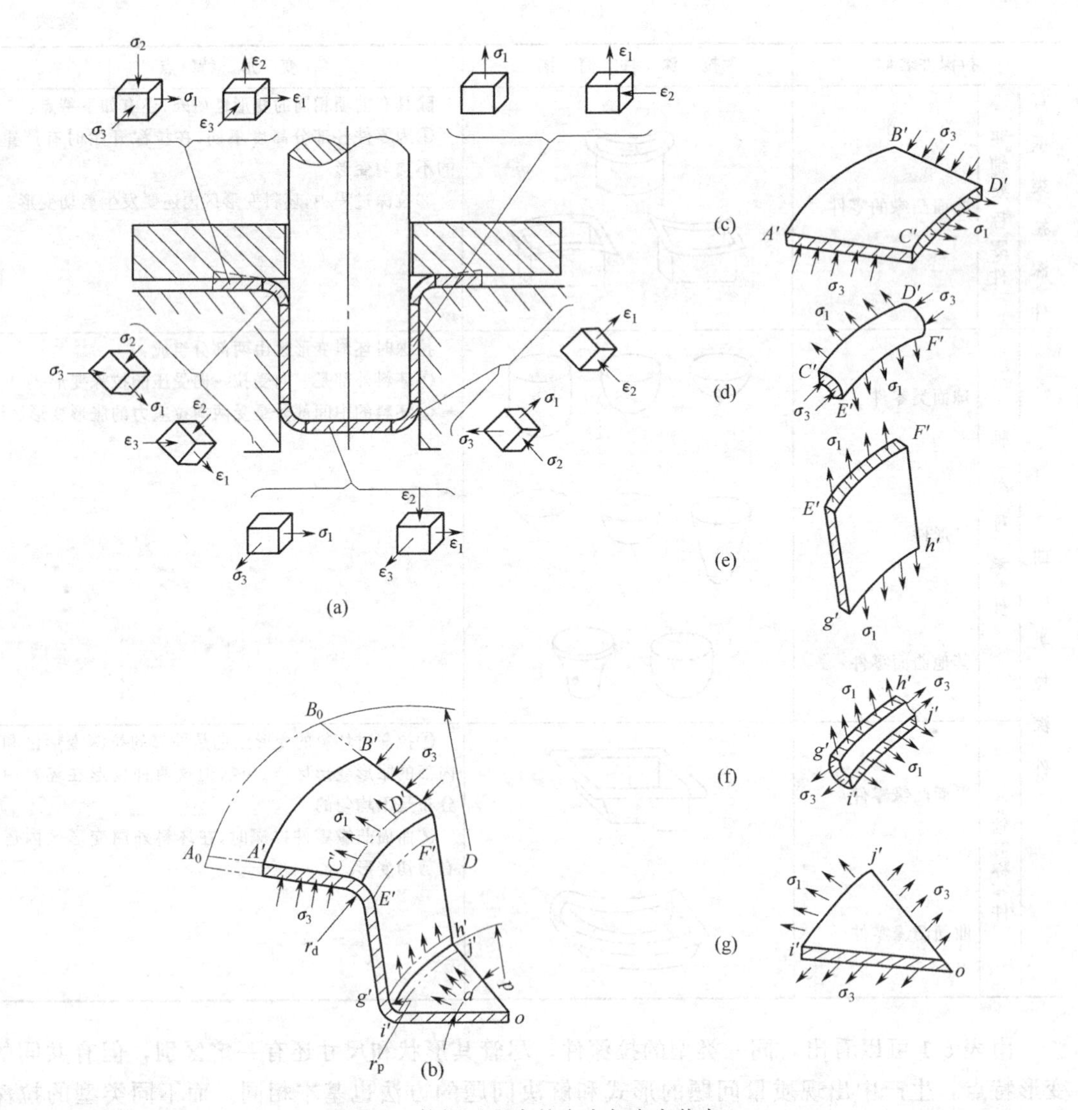

图 5-6　拉深过程中的应力与应变状态

压应力 σ_2，但通常 σ_1 和 σ_3 的绝对值比 σ_2 大得多。厚度方向的变形决定于径向拉应力 σ_1 和切向压应力 σ_3 之间的比例关系，一般在材料产生切向压缩与径向伸长的同时，厚度有所增厚，越靠近外缘，板料增厚越多。如果不压料或压料力较小，这时板料增厚比较大。当拉深变形程度较大，板料又比较薄时，则在坯料的凸缘部分，特别是外缘部分，在切向压应力 σ_3 作用下可能失稳而拱起，形成所谓起皱。

2. 凸缘圆角区［**见图** 5-6(a)、(b)、(d)］

凸缘圆角区也是变形区，但它是变形次于凸缘平面区的过渡区。该处径向受拉应力 σ_1 的作用而伸长，切向受压应力 σ_3 的作用而压缩，厚度方向受到凹模圆角的弯曲作用而产生压应力 σ_2。由于该处的切向压应力 σ_3 值不大，而径向拉应力 σ_1 最大，且凹模圆角越小，由弯曲引起的拉应力越大，所以有可能出现破裂。

3. 筒壁区［**见图** 5-6(a)、(b)、(e)］

这部分材料已经形成筒形，材料不再发生大的变形。但是，在拉深过程中，凸模的拉深力要经由筒壁传递到凸缘区，因此它承受单向拉应力 σ_1 的作用，发生少量的纵向伸长变形和厚度减薄。

4. **底部圆角区** [**见图** 5-6(a)、(b)、(f)]

底部圆角区从拉深开始一直承受径向拉应力 σ_1 和切向拉应力 σ_3 的作用，厚度方向受到凸模圆角的压力和弯曲作用而产生压应力 σ_2 的作用，因而该区材料变薄最严重，尤其是与侧壁相切的部位，所以此处最容易出现拉裂，是拉深的“危险断面”。

5. **筒底区** [**见图** 5-6(a)、(b)、(g)]

筒底区在拉深开始时即被拉入凹模，并在拉深的整个过程中保持其平面形状。它受切向和径向的双向拉应力作用，变形是双向拉伸变形，厚度稍有减薄。但这个区域的材料由于受到与凸模接触面的摩擦阻力约束，基本上不产生塑性变形或者只产生不大的塑性变形。

上述筒壁区、底部圆角区和筒底区这三个部分的主要作用是传递拉深力，即把凸模的作用力传递到变形区凸缘部分，使之产生足以引起拉深变形的径向拉应力 σ_1，因而又叫传力区。

三、拉深件的主要质量问题及控制

生产中可能出现的拉深件质量问题较多，但主要的是起皱和拉裂。

1. 起皱

拉深时坯料凸缘区出现波纹状的皱褶称为起皱，如图 5-3 所示。起皱是一种受压失稳现象。

(1) 起皱产生的原因　凸缘部分是拉深过程中的主要变形区，而该变形区受最大切向压应力作用，其主要变形是切向压缩变形。当切向压应力较大而坯料的相对厚度 t/D（t 为料厚，D 为坯料）又较小时，凸缘部分的料厚与切向压应力之间失去了应有的比例关系，从而在凸缘的整个周围产生波浪形的连续弯曲，这就是拉深时的起皱现象。通常起皱首先从凸缘外缘发生，因为这里的切向压应力绝对值最大。出现轻微起皱时，凸缘区板料仍有可能全部拉入凹模内，但起皱部位的波峰在凸模与凹模之间受到强烈挤压，从而在拉深件侧壁靠上部位将出现条状的挤光痕迹和明显的波纹，影响工件的外观质量与尺寸精度，如图 5-7(a) 所示。起皱严重时，拉深便无法顺利进行，这时起皱部位相当于板厚增加了许多，因而不能在凸模与凹模之间顺利通过，并使径向拉应力急剧增大，继续拉深时将会在危险断面处拉破，如图 5-7(b) 所示。

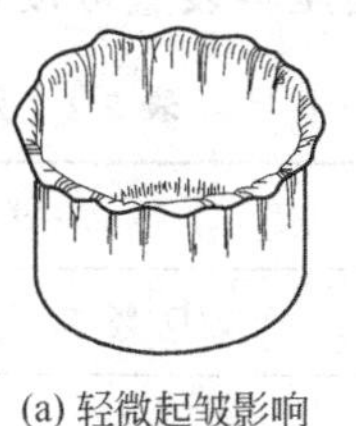

(a) 轻微起皱影响拉深件质量　　(b) 严重起皱导致破裂

图 5-7　拉深件的起皱破坏

(2) 影响起皱的主要因素

① 坯料的相对厚度 t/D。坯料的相对厚度越小，拉深变形区抵抗失稳的能力越差，因而就越容易起皱。相反，坯料相对厚度越大，越不容易起皱。

② 拉深系数 m。根据拉深系数的定义 $m=d/D$ 可知，拉深系数 m 越小，拉深变形程度越大，拉深变形区内金属的硬化程度也越高，因而切向压应力相应增大。另一方面，拉深系数越小，凸缘变形区的宽度相对越大，其抵抗失稳的能力就越小，因而越容易起皱。

有时，虽然坯料的相对厚度较小，但当拉深系数较大时，拉深时也不会起皱。例如，拉深高度很小的浅拉深件时，即属于这一种情况。这说明，在上述两个主要影响因素中，拉深系数的影响显得更为重要。

③ 拉深模工作部分的几何形状与参数。凸模和凹模圆角及凸、凹模之间的间隙过大时，则坯料容易起皱。用锥形凹模拉深的坯料与用普通平端面凹模拉深的坯料相比，前者不容易起皱，如图 5-8 所示。其原因是用锥形凹模拉深时，坯料形成的曲面过渡形状［见图 5-8(b)］比平面形状具有更大的抗压失稳能力。而且，凹模圆角处对坯料造成的摩擦阻力和弯曲变形的阻力都减到了最低限度，凹模锥面对坯料变形区的作用力也有助于使它产生切向压缩变形，因此，其拉深力比平端面凸模要小得多，拉深系数可以大为减小。

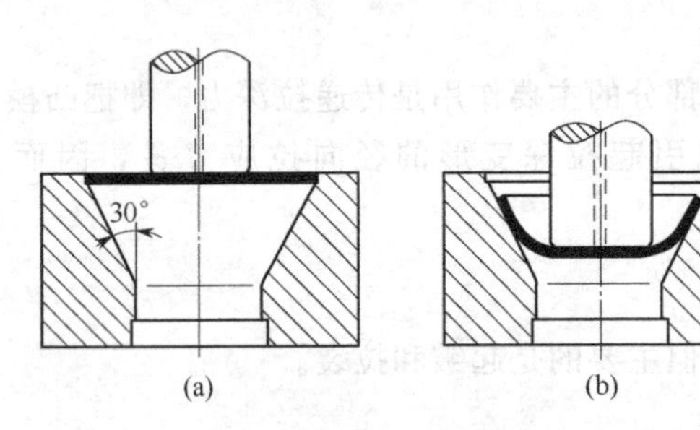

图 5-8 锥形凹模的拉深

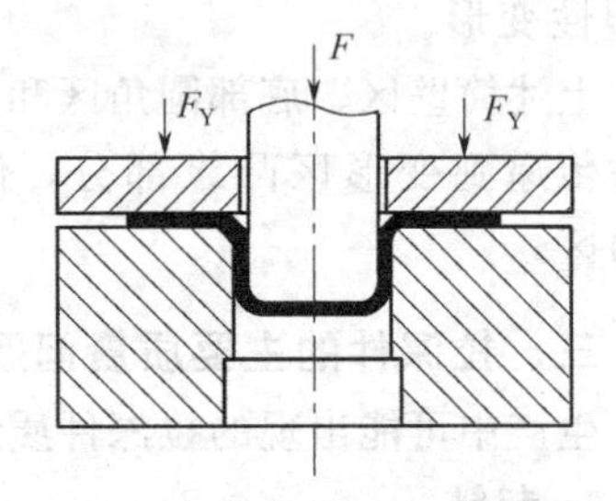

图 5-9 带压料圈的模具结构

(3) 控制起皱的措施　为了防止起皱，最常用的方法是在拉深模具上设置压料装置，使坯料凸缘区夹在凹模平面与压料圈之间通过，如图 5-9 所示。当然并不是任何情况下都会发生起皱现象，当变形程度较小、坯料相对厚度较大时，一般不会起皱，这时就可不必采用压料装置。判断是否采用压料装置可按表 5-2 确定。

表 5-2　采用或不采用压料装置的条件

拉深方法	首次拉深		以后各次拉深	
	$t/D/\%$	m_1	$t/D/\%$	m_n
采用压料装置	<1.5	<0.6	<1.0	<0.8
可用可不用	1.5～2.0	0.6	1.0～1.5	0.8
不用压料装置	>2.0	>0.6	>1.5	>0.8

2. 拉裂

(1) 拉裂产生的原因　在拉深过程中，由于凸缘变形区应力应变很不均匀，靠近外边缘的坯料压应力大于拉应力，其压应变为最大主应变，坯料有所增厚；而靠近凹模孔口的坯料拉应力大于压应力，其拉应变为最大主应变，坯料有所变薄。因而，当凸缘区转化为筒壁后，拉深件的壁厚就不均匀，口部壁厚增大，底部壁厚减小，壁部与底部圆角相切处变薄最严重（见图 5-4）。变薄最严重的部位成为拉深时的危险断面，当筒壁的最大拉应力超过了该危险断面材料的抗拉强度时，便会产生拉裂（见图 5-5）。另外，当凸缘区起皱时，坯料难以或不能通过凸、凹模间隙，使得筒壁拉应力急剧增大，也会导致拉裂［见图 5-7(b)］。

(2) 控制拉裂的措施　生产实际中常用适当加大凸、凹模圆角半径、降低拉深力、增加拉深次数、在压料圈底部和凹模上涂润滑剂等方法来避免拉裂的产生。

第二节　拉深件的工艺性

一、拉深件的结构与尺寸

① 拉深件应尽量简单、对称，并能一次拉深成形。

② 拉深件壁厚公差或变薄量要求一般不应超出拉深工艺壁厚变化规律。根据统计，不变薄拉深工艺的筒壁最大增厚量约为（0.2～0.3）t，最大变薄量约为（0.1～0.18）t（t 为板料厚度）。

③ 当零件一次拉深的变形程度过大时，为避免拉裂，需采用多次拉深，这时在保证必要的表面质量前提下，应允许内、外表面存在拉深过程中可能产生的痕迹。

④ 在保证装配要求的前提下，应允许拉深件侧壁有一定的斜度。

⑤ 拉深件的底部或凸缘上有孔时，孔边到侧壁的距离应满足 $a \geqslant R+0.5t$（或 $r+0.5t$），如图 5-10(a) 所示。

⑥ 拉深件的底与壁、凸缘与壁、矩形件的四角等处的圆角半径应满足：$r \geqslant t$，$R \geqslant 2t$，$r_g \geqslant 3t$，如图 5-10 所示。否则，应增加整形工序。一次整形的，圆角半径可取 $r \geqslant (0.1 \sim 0.3)t$，$R \geqslant (0.1 \sim 0.3)t$。

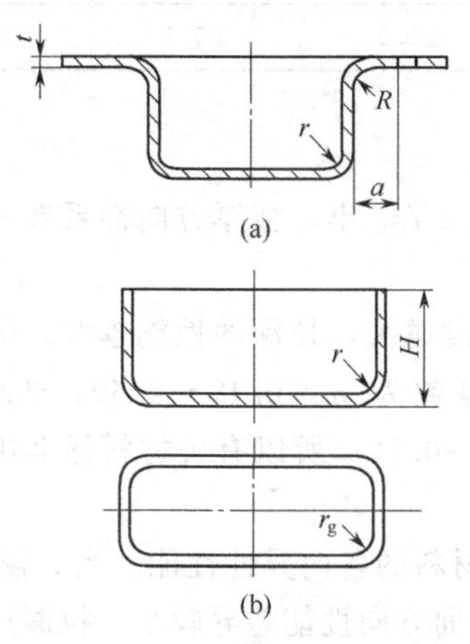

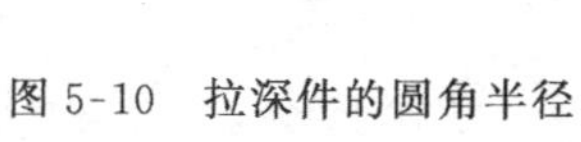

图 5-10　拉深件的圆角半径

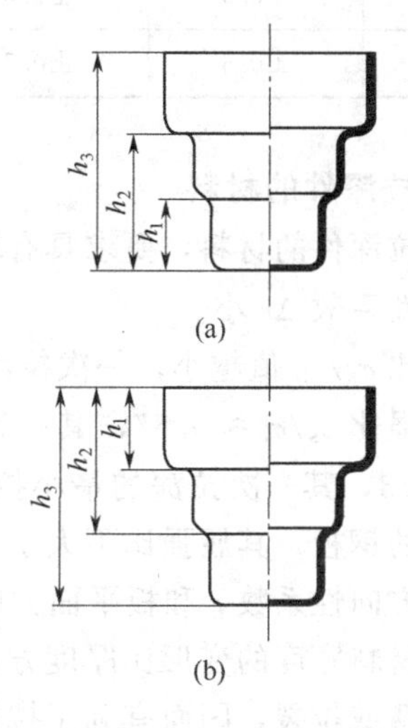

图 5-11　带台阶拉深件的尺寸标注

⑦ 拉深件的径向尺寸应只标注外形尺寸或内形尺寸，而不能同时标注内、外形尺寸。带台阶的拉深件，其高度方向的尺寸标注一般应以拉深件底部为基准，如图 5-11(a) 所示。若以上部为基准［见图 5-11(b)］，高度尺寸不易保证。

二、拉深件的精度

一般情况下，拉深件的尺寸精度应在 IT13 级以下，不宜高于 IT11 级。圆筒形拉深件的径向尺寸精度和带凸缘圆筒形拉深件的高度尺寸精度分别见表 5-3、表 5-4。

对于精度要求高的拉深件，应在拉深后增加整形工序，以提高其精度。由于材料各向异性的影响，拉深件的口部或凸缘外缘一般是不整齐的，出现“凸耳”现象，需要增加切边工序。

表 5-3 圆筒形拉深件径向尺寸的偏差值 mm

板料厚度 t	拉深件直径 d			板料厚度 t	拉深件直径 d		
	<50	50～100	>100～300		<50	50～100	>100～300
0.5	±0.12	—	—	2.0	±0.40	±0.50	±0.70
0.6	±0.15	±0.20	—	2.5	±0.45	±0.60	±0.80
0.8	±0.20	±0.25	±0.30	3.0	±0.50	±0.70	±0.90
1.0	±0.25	±0.30	±0.40	4.0	±0.60	±0.80	±1.00
1.2	±0.30	±0.35	±0.50	5.0	±0.70	±0.90	±1.10
1.5	±0.35	±0.40	±0.60	6.0	±0.80	±1.00	±1.20

表 5-4 带凸缘圆筒形拉深件高度尺寸的偏差值 mm

板料厚度 t	拉深件高度 H					
	<18	18～30	30～50	50～80	80～120	120～180
<1	±0.3	±0.4	±0.5	±0.6	±0.8	±1.0
1～2	±0.4	±0.5	±0.6	±0.7	±0.9	±1.2
2～4	±0.5	±0.6	±0.7	±0.8	±1.0	±1.4
4～6	±0.6	±0.7	±0.8	±0.9	±1.1	±1.6

三、拉深件的材料

用于拉深件的材料，要求具有较好的塑性，屈强比 σ_s/σ_b 小，板厚方向性系数 r 大，板平面方向性系数 Δr 小。

屈强比 σ_s/σ_b 值越小，一次拉深允许的极限变形程度越大，拉深的性能越好。例如，低碳钢的屈强比 $\sigma_s/\sigma_b \approx 0.57$，其一次拉深的最小拉深系数为 $m=0.48 \sim 0.50$；65Mn 钢的 $\sigma_s/\sigma_b \approx 0.63$，其一次拉深的最小拉深系数为 $m=0.68 \sim 0.70$。所以有关材料标准规定，作为拉深用的钢板，其屈强比不大于 0.66。

板厚方向性系数 r 和板平面方向性系数 Δr 反映了材料的各向异性性能。当 r 较大或 Δr 较小时，材料宽度的变形比厚度方向的变形容易，板平面方向性能差异较小，拉深过程中材料不易变薄或拉裂，因而有利于拉深成形。

第三节 旋转体拉深件坯料尺寸的确定

一、坯料形状和尺寸确定的原则

1. 形状相似性原则

拉深件的坯料形状一般与拉深件的截面轮廓形状近似相同，即当拉深件的截面轮廓是圆形、方形或矩形时，相应坯料的形状应分别为圆形、近似方形或近似矩形。另外，坯料周边应光滑过渡，以使拉深后得到等高侧壁（如果零件要求等高时）或等宽凸缘。

2. 表面积相等原则

对于不变薄拉深，虽然在拉深过程中板料的厚度有增厚也有变薄，但实践证明，拉深件的平均厚度与坯料厚度相差不大。由于拉深前后拉深件与坯料重量相等、体积不变，因此，可以按坯料面积等于拉深件表面积的原则确定坯料尺寸。

应该指出，用理论计算方法确定坯料尺寸不是绝对准确的，而是近似的，尤其是变形复杂的复杂拉深件。实际生产中，由于材料性能、模具几何参数、润滑条件、拉深系数以及零件几何形状等多种因素的影响，有时拉深的实际结果与计算值有较大出入，因此，应根据具体情况予以修正。对于形状复杂的拉深件，通常是先做好拉深模，并以理论计算方法初步确定的坯料进行反复试模修正，直至得到的工件符合要求时，再将符合实际的坯料形状和尺寸作为制造落料模的依据。

由于金属板料具有板平面方向性和受模具几何形状等因素的影响，制成的拉深件口部一般不整齐，尤其是深拉深件。因此在多数情况下还需采取加大工序件高度或凸缘宽度的办法，拉深后再经过切边工序以保证零件质量。切边余量可参考表 5-5 和表 5-6。但当零件的相对高度 h/d 很小并且高度尺寸要求不高时，也可以不用切边工序。

表 5-5 圆筒形拉深件的切边余量 Δh mm

工件高度 h	工件的相对高度 h/d				附图
	＞0.5～0.8	＞0.8～1.6	＞1.6～2.5	＞2.5～4	
≤10	1.0	1.2	1.5	2	Δh, h, d
＞10～20	1.2	1.6	2	2.5	
＞20～50	2	2.5	3.3	4	
＞50～100	3	3.8	5	6	
＞100～150	4	5	6.5	8	
＞150～200	5	6.3	8	10	
＞200～250	6	7.5	9	11	
＞250	7	8.5	10	12	

表 5-6 带凸缘圆筒形拉深件的切边余量 ΔR mm

凸缘直径 d_t	凸缘的相对直径 d_t/d				附图
	1.5 以下	＞1.5～2	＞2～2.5	＞2.5～3	
≤25	1.6	1.4	1.2	1.0	ΔR, d_t, ΔR, d
＞25～50	2.5	2.0	1.8	1.6	
＞50～100	3.5	3.0	2.5	2.2	
＞100～150	4.3	3.6	3.0	2.5	
＞150～200	5.0	4.2	3.5	2.7	
＞200～250	5.5	4.6	3.8	2.8	
＞250	6	5	4	3	

二、简单旋转体拉深件坯料尺寸的确定

旋转体拉深件坯料的形状是圆形，所以坯料尺寸的计算主要是确定坯料直径。对于简单旋转体拉深件，可首先将拉深件划分为若干个简单而又便于计算的几何体，并分别求出各简单几何体的表面积，再把各简单几何体的表面积相加即为拉深件的总表面积，然后根据表面积相等原则，即可求出坯料直径。

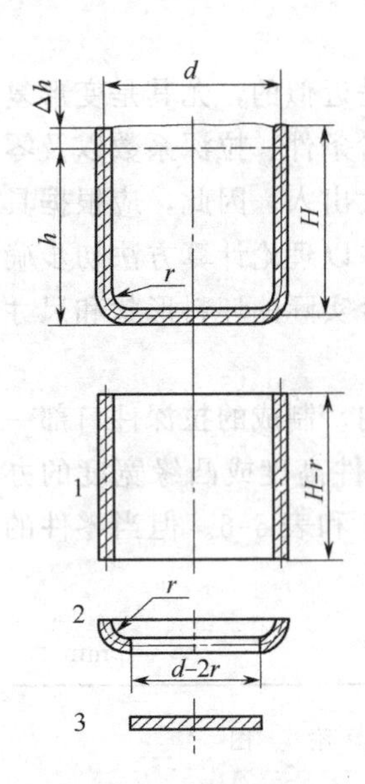

图 5-12 圆筒形拉深件坯料尺寸计算图

例如，图 5-12 所示的圆筒形拉深件，可分解为无底圆筒 1、1/4 凹圆环 2 和圆形板 3 三部分，每一部分的表面积分别为

$$A_1=\pi d(H-r)$$

$$A_2=\pi[2\pi r(d-2r)+8r^2]/4$$

$$A_3=\pi(d-2r)^2/4$$

设坯料直径为 D，则按坯料表面积与拉深件表面积相等原则有

$$\pi D^2/4=A_1+A_2+A_3$$

分别将 A_1、A_2、A_3 代入上式并简化后得

$$D=\sqrt{d^2+4dH-1.72dr-0.56r^2} \tag{5-2}$$

式中 D——坯料直径；

d，H，r——拉深件的直径、高度、圆角半径。

计算时，拉深件尺寸均按厚度中线尺寸计算，但当板料厚度小于 1mm 时，也可以按零件图标注的外形或内形尺寸计算。

常用旋转体拉深件坯料直径的计算公式见表 5-7。

表 5-7 常用旋转体拉深件坯料直径的计算公式

序号	零件形状	坯料直径 D
1		$\sqrt{d_1^2+2l(d_1+d_2)}$
2		$\sqrt{d_1^2+2r(\pi d_1+4r)}$
3		$\sqrt{d_1^2+4d_2h+6.28rd_1+8r^2}$ 或 $\sqrt{d_2^2+4d_2H-1.72rd_2-0.56r^2}$
4		当 $r\neq R$ 时 $\sqrt{d_1^2+6.28rd_1+8r^2+4d_2h+6.28Rd_2+4.56R^2+d_4^2-d_3^2}$ 当 $r=R$ 时 $\sqrt{d_4^2+4d_2H-3.44rd_2}$

续表

序号	零件形状	坯料直径 D
5	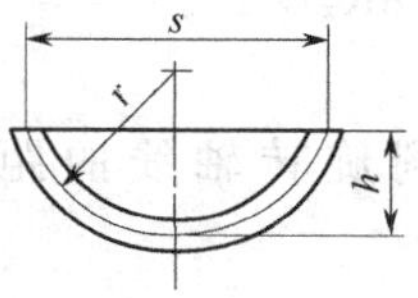	$\sqrt{8rh}$ 或 $\sqrt{s^2+4h^2}$
6	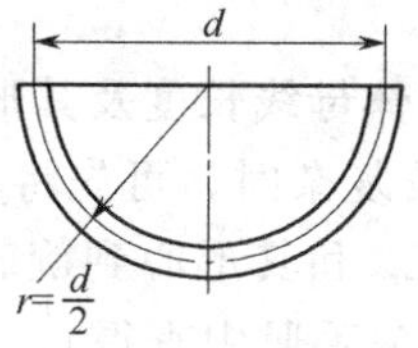	$\sqrt{2d^2}=1.414d$
7	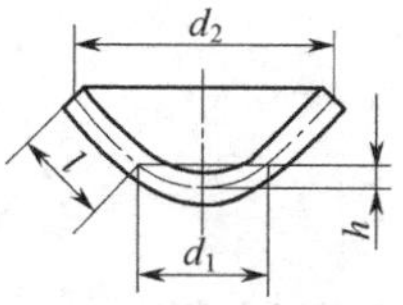	$\sqrt{d_1^2+4h^2+2l(d_1+d_2)}$
8	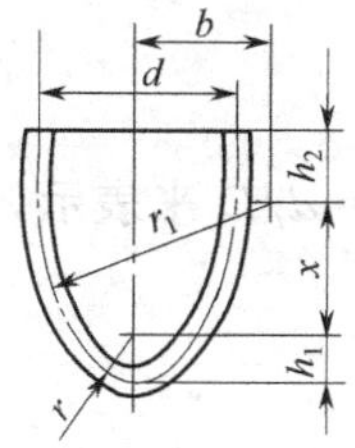	$\sqrt{8r_1\left[x-b\left(\arcsin\frac{x}{r_1}\right)\right]+4dh_2+8rh_1}$
9	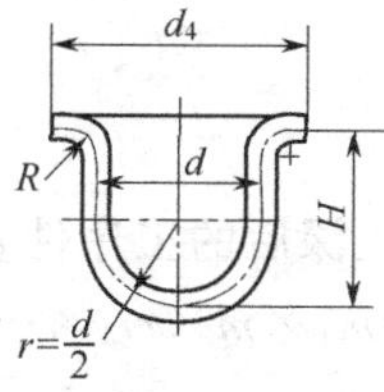	$D=\sqrt{8r^2+4dH-4dr-1.72dR+0.56R^2+d_4^2-d^2}$
10	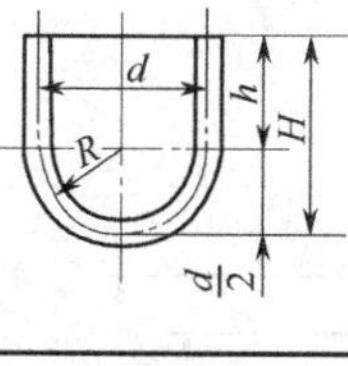	$1.414\sqrt{d^2+2dh_1}$ 或 $2\sqrt{dh}$

三、复杂旋转体拉深件坯料尺寸的确定

复杂旋转体拉深件是指母线较复杂的旋转体零件，其母线可能由一段曲线组成，也可能由若干直线段与圆弧段相接组成。复杂旋转体拉深件的表面积可根据久里金法则求出，即任何形状的母线绕轴旋转一周所得到的旋转体表面积，等于该母线的长度与其形心绕该轴线旋转所得周长的乘积。如图 5-13 所示，旋转体表面积为

$$A=2\pi R_x L$$

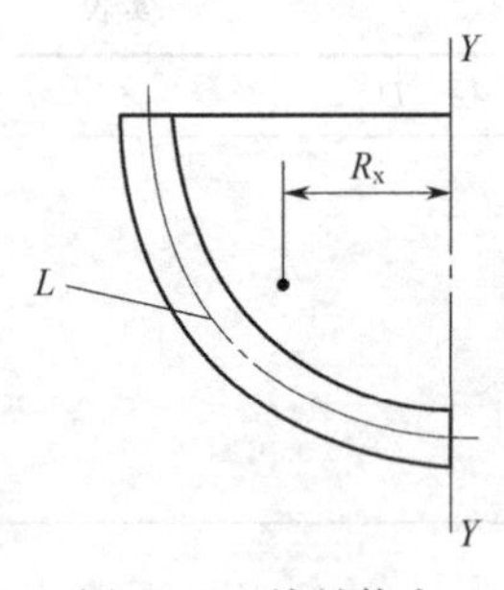

图 5-13 旋转体表面积计算图

根据拉深前后表面积相等的原则，坯料直径可按下式求出

$$\pi D^2/4=2\pi R_x L$$

$$D=\sqrt{8R_x L} \quad (5\text{-}3)$$

式中 A——旋转体表面积，mm^2；

R_x——旋转体母线形心到旋转轴线的距离（称旋转半径），mm；

L——旋转体母线长度，mm；

D——坯料直径，mm。

由式(5-3) 知，只要知道旋转体母线长度及其形心的旋转半径，就可以求出坯料的直径。当母线较复杂时，可先将其分成简单的直线和圆弧，分别求出各直线和圆弧的长度 L_1、L_2、…、L_n 和其形心到旋转轴的距离 R_{x1}、R_{x2}、…、R_{xn}（直线的形心在其中点，圆弧的形心可从有关手册中查得），再根据下式进行计算

$$D=\sqrt{8\sum_{i=1}^{n}R_{xi}L_i} \quad (5\text{-}4)$$

第四节 圆筒形件的拉深工艺计算

一、拉深系数及其极限

圆筒形件拉深的变形程度大小，通常可用拉深系数 $m=d/D$ 来表示，比值小的变形程度大，比值大的变形程度小，其数值总是小于 1。

当零件需要多次拉深时，各次拉深系数可表示如下。

第一次拉深系数 $m_1=d_1/D$

第二次拉深系数 $m_2=d_2/d_1$

⋮ ⋮

第 n 次拉深系数 $m_n=d_n/d_{n-1}$

式中，D 为坯料直径；d_1、d_2、…、d_{n-1}、d_n 为各次拉深后的工序件直径，如图 5-14 所示。零件总的拉深系数等于各次拉深系数的乘积，即 $m=m_1\times m\times m_3\times\cdots\times m_n$。

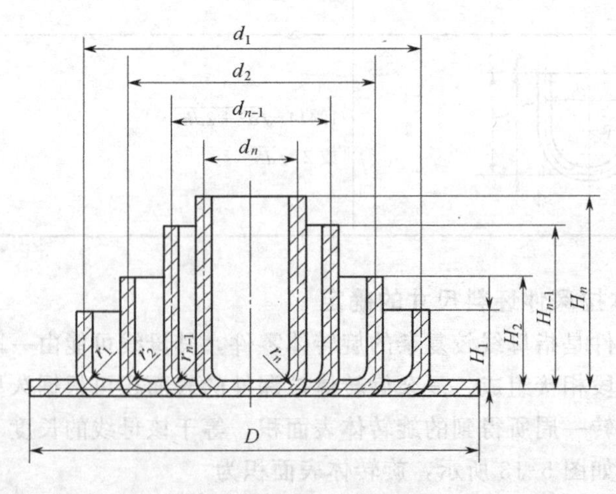

图 5-14 圆筒形件的多次拉深

为了防止在拉深过程中产生起皱和拉裂的缺陷，拉深变形程度不能过大（即拉深系数不能过小）。图 5-15 所示为用同一材料、同一厚度的坯料，在凸、凹模尺寸相同的模具上用逐步加大坯料直径（即逐步减小拉深系数）的办法进行试验的情况。其中，图 5-15(a) 表示在无压料装置情况下，当坯料尺寸较小时（即拉深系数较大时），拉深能够顺利进行；当坯料直径加大，使拉深系数减小到一定数值（如 $m=0.75$）时，会出现起皱。如果增加压料装置[见图 5-15(b)]，则能防止起皱，此时进一步加大坯料直径、减少拉深系数，拉深还可以顺利进行。但当坯料直径加大到一定数值、拉深系数减少到一定数值（如 $m=0.50$）后，筒壁出现拉裂现象，拉深过程被迫中断。

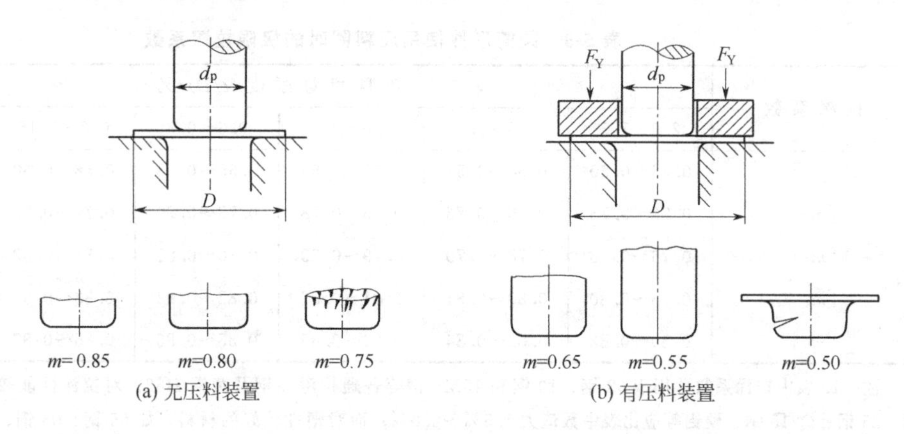

图 5-15 拉深试验

因此，为了保证拉深工艺的顺利进行，就必须使拉深系数大于一定数值，这个一定的数值即为在一定条件下的极限拉深系数，用符号“$[m]$”表示。小于这个数值，就会使拉深件起皱、拉裂或严重变薄而超差。另外，在多次拉深过程中，由于材料的加工硬化，使得变形抗力不断增大，所以各次极限拉深系数必须逐次递增，即 $[m_1]<[m_2]<[m_3]<\cdots<[m_n]$。

影响极限拉深系数的因素较多，主要有以下几种。

（1）材料的组织与力学性能　一般来说，材料组织均匀、晶粒大小适当、屈强比 σ_s/σ_b 小、塑性好、板平面方向性系数 Δr 小、板厚方向系数 r 大、硬化指数 n 大的板料，变形抗力小，筒壁传力区不容易产生局部严重变薄和拉裂，因而拉深性能好，极限拉深系数较小。

（2）板料的相对厚度 t/D　当板料的相对厚度大时，抗失稳能力较强，不易起皱，可以不采用压料或减少压料力，从而减小了摩擦损耗，有利于拉深，故极限拉深系数较小。

（3）摩擦与润滑条件　凹模与压料圈的工作表面光滑、润滑条件较好，可以减小拉深系数。但为避免在拉深过程中凸模与板料或工序件之间产生相对滑移造成危险断面的过度变薄或拉裂，在不影响拉深件内表面质量和脱模的前提下，凸模工作表面可以比凹模粗糙一些，并避免涂润滑剂。

（4）模具的几何参数　模具几何参数中，影响极限拉深系数的主要是凸、凹模圆角半径及间隙。凸模圆角半径 r_p 太小，板料绕凸模弯曲的拉应力增加，易造成局部变薄严重，降低危险断面的强度，因而会降低极限变形程度；凹模圆角半径 r_d 太小，板料在拉深过程中通过凹模圆角半径时弯曲阻力增加，增加了筒壁传力区的拉应力，也会降低极限变形程度；

凸、凹模间隙太小，板料会受到太大的挤压作用和摩擦阻力，增大了拉深力，使极限变形程度减小。因此，为了减小极限拉深系数，凸、凹模圆角半径及间隙应适当取较大值。但是，凸、凹模圆角半径和间隙也不宜取得过大，过大的圆角半径会减小板料与凸模和凹模端面的接触面积及压料圈的压料面积，板料悬空面积增大，容易产生失稳起皱；过大的凸、凹模间隙会影响拉深件的精度，拉深件的锥度和回弹较大。

除此以外，影响极限拉深系数的因素还有拉深方法、拉深次数、拉深速度、模具间隙、拉深件形状等。由于影响因素很多，实际生产中，极限拉深系数的数值一般是在一定的拉深条件下用实验方法得出的，见表 5-8 和表 5-9。

表 5-8　圆筒形件使用压料圈时的极限拉深系数

拉深系数	坯料相对厚度 $(t/D)/\%$					
	2.0～1.5	1.5～1.0	1.0～0.6	0.6～0.3	0.3～0.15	0.15～0.08
[m_1]	0.48～0.50	0.50～0.53	0.53～0.55	0.55～0.58	0.58～0.60	0.60～0.63
[m_2]	0.73～0.75	0.75～0.76	0.76～0.78	0.78～0.79	0.79～0.80	0.80～0.82
[m_3]	0.76～0.78	0.78～0.79	0.79～0.80	0.80～0.81	0.81～0.82	0.82～0.84
[m_4]	0.78～0.80	0.80～0.81	0.81～0.82	0.82～0.83	0.83～0.85	0.85～0.86
[m_5]	0.80～0.82	0.82～0.84	0.84～0.85	0.85～0.86	0.86～0.87	0.87～0.88

注：1. 表中拉深系数适用于 08 钢、10 钢和 15Mn 钢等普通拉深碳钢及黄铜 H62。对拉深性能较差的材料，如 20 钢、25 钢、Q215 钢、硬铝等应比表中数值大 1.5%～2.0%；而对塑性较好的材料，如 05 钢、08 钢、10 钢及软铝等可比表中数值减小 1.5%～2.0%。

2. 表中数据适用于未经中间退火的拉深。若采用中间退火工序时，则取值可比表中数值小 2%～3%。

3. 表中较小值适用于大的凹模圆角半径 [$r_d=(8\sim15)t$]，较大值适用于小的凹模圆角半径 [$r_d=(4\sim8)t$]。

表 5-9　圆筒形件不使用压料圈时的极限拉深系数

拉深系数	坯料相对厚度 $(t/D)/\%$				
	1.5	2.0	2.5	3.0	>3
[m_1]	0.65	0.60	0.55	0.53	0.50
[m_2]	0.80	0.75	0.75	0.75	0.70
[m_3]	0.84	0.80	0.80	0.80	0.75
[m_4]	0.87	0.84	0.84	0.84	0.78
[m_5]	0.90	0.87	0.87	0.87	0.82
[m_6]	—	0.90	0.90	0.90	0.85

注：此表适用于 08 钢、10 钢及 15Mn 钢等材料。其余各项同表 5-8 之注。

需要指出的是，在实际生产中，并不是所有情况下都采用极限拉深系数。为了提高工艺稳定性，提高零件质量，必须采用稍大于极限值的拉深系数。

二、圆筒形件的拉深次数

当拉深件的拉深系数 $m=d/D$ 大于第一次极限拉深系数 [m_1]，即 $m>$[m_1]时，则该拉深件只需一次拉深就可拉出，否则就要进行多次拉深。

需要多次拉深时，其拉深次数可按以下方法确定。

1. 推算法

先根据 t/D 和是否压料条件从表 5-8 或表 5-9 查出 [m_1]、[m_2]、[m_3]、…，然后从第一

道工序开始依次算出各次拉深工序件直径，即 $d_1=[m_1]D$、$d_2=[m_2]d_1$、…、$d_n=[m_n]d_{n-1}$，直到 $d_n \leqslant d$。即当计算所得直径 d_n 稍小于或等于拉深件所要求的直径 d 时，计算的次数即为拉深的次数。

2. 查表法

圆筒形件的拉深次数还可从各种实用的表格中查取。如表 5-10 是根据坯料相对厚度 t/D 与零件的相对高度 H/d 查取拉深次数；表 5-11 则是根据 t/D 与总拉深系数 m 查取拉深次数。

表 5-10　圆筒形件相对高度 H/d 与拉深次数的关系

拉深次数	坯料的相对厚度 $(t/D)/\%$					
	2～1.5	1.5～1.0	1.0～0.6	0.6～0.3	0.3～0.15	0.15～0.08
1	0.94～0.77	0.84～0.65	0.71～0.57	0.62～0.50	0.52～0.45	0.46～0.38
2	1.88～1.54	1.60～1.32	1.36～1.10	1.13～0.94	0.96～0.83	0.90～0.70
3	3.50～2.70	2.80～2.20	2.30～1.80	1.90～1.50	1.60～1.30	1.30～1.10
4	5.60～4.30	4.30～3.50	3.60～2.90	2.90～2.40	2.40～2.00	2.00～1.50
5	8.90～6.60	6.60～5.10	5.20～4.10	4.10～3.30	3.30～2.70	2.70～2.00

注：1. 大的 H/d 值适用于第一道工序的大凹模圆角 $[r_d \approx (8～15)t]$。
2. 小的 h/d 值适用于第一道工序的小凹模圆角 $[r_d \approx (4～8)t]$。
3. 表中数据适用材料为 08F、10F。

表 5-11　圆筒形件总拉深系数 $m(d/D)$ 与拉深次数的关系

拉深次数	坯料的相对厚度 $(t/D)/\%$				
	2～1.5	1.5～1.0	1.0～0.5	0.5～0.2	0.2～0.06
2	0.33～0.36	0.36～0.40	0.40～0.43	0.43～0.46	0.46～0.48
3	0.24～0.27	0.27～0.30	0.30～0.34	0.34～0.37	0.37～0.40
4	0.18～0.21	0.21～0.24	0.24～0.27	0.27～0.30	0.30～0.33
5	0.13～0.16	0.16～0.19	0.19～0.22	0.22～0.25	0.25～0.29

注：表中数值适用于 08 钢及 10 钢的圆筒形件（用压料圈）。

三、圆筒形件各次拉深工序尺寸的计算

当圆筒形件需多次拉深时，就必须计算各次拉深的工序件尺寸，以作为设计模具及选择压力机的依据。

1. 各次工序件的直径

当拉深次数确定之后，先从表中查出各次拉深的极限拉深系数，并加以调整后确定各次拉深实际采用的拉深系数。调整的原则是：

① 保证 $m_1 m_2 \cdots m_n = d/D$；

② 使 $m_1 \leqslant [m_1]$，$m_2 \leqslant [m_2]$，…，$m_n \leqslant [m_n]$，且 $m_1 < m_2 < \cdots < m_n$。

然后根据调整后的各次拉深系数计算各次工序件直径

$$d_1 = m_1 D$$

$$d_2 = m_2 d_1$$

$$\vdots$$

$$d_n = m_n d_{n-1} = d$$

2. 各次工序件的圆角半径

工序件的圆角半径 r 等于相应拉深凸模的圆角半径 r_p，即 $r=r_p$。但当料厚 $t\geqslant 1$ 时，应按中线尺寸计算，这时 $r=r_p+t/2$。凸模圆角半径的确定可参考本章第九节。

3. 各次工序件的高度

在各工序件的直径与圆角半径确定之后，可根据圆筒形件坯料尺寸计算公式推导出各次工序件高度的计算公式为

$$H_1=0.25\left(\frac{D^2}{d_1}-d_1\right)+0.43\frac{r_1}{d_1}(d_1+0.32r_1)$$

$$H_2=0.25\left(\frac{D^2}{d_2}-d_2\right)+0.43\frac{r_2}{d_2}(d_2+0.32r_2)$$

$$\vdots$$

$$H_n=0.25\left(\frac{D^2}{d_n}-d_n\right)+0.43\frac{r_n}{d_n}(d_n+0.32r_n) \tag{5-5}$$

式中 $H_1, H_2, \cdots, H_n$——各次工序件的高度；

$d_1, d_2, \cdots, d_n$——各次工序件的直径；

$r_1, r_2, \cdots, r_n$——各次工序件的底部圆角半径；

D——坯料直径。

例 5-1 计算图 5-16 所示圆筒形件的坯料尺寸、拉深次数及各次拉深工序件尺寸。材料为 10 钢，板料厚度 $t=2$mm。

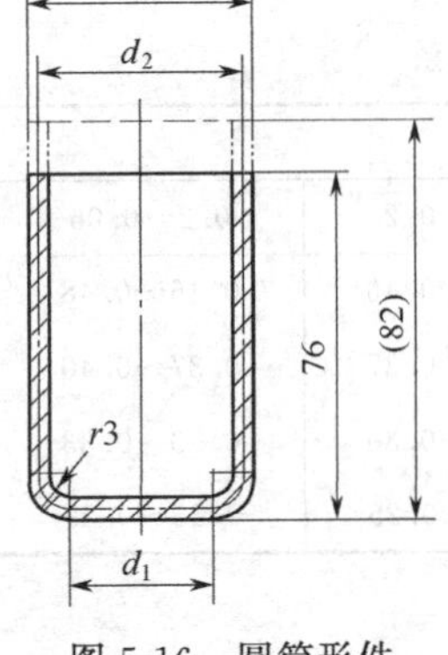

图 5-16 圆筒形件

解 因板料厚度 $t>1$mm，故按板厚中线尺寸计算。

(1) 计算坯料直径 根据拉深件尺寸，其相对高度为 $h/d=(76-1)/(30-2)\approx 2.7$，查表 5-5 得切边余量 $\Delta h=6$mm。从表 5-7 中查得坯料直径计算公式为

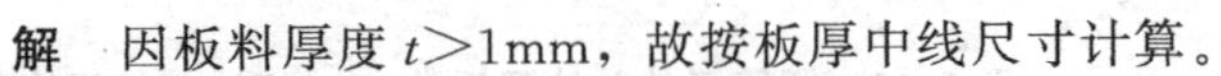

$$D=\sqrt{d^2+4dH-1.72dr-0.56r^2}$$

依图 5-16，$d=30-2=28$mm，$r=3+1=4$mm，$H=76-1+6=81$mm，代入上式得

$$D=\sqrt{28^2+4\times 28\times 81-1.72\times 28\times 4-0.56\times 4^2}=98.3(\text{mm})$$

(2) 确定拉深次数 根据坯料的相对厚度 $t/D=2/98.3\times 100\%=2\%$，按表 5-2 可采用也可不采用压料圈，但为了保险起见，拉深时采用压料圈。

根据 $t/D=2\%$，查表 5-8 得各次拉深的极限拉深系数为 $[m_1]=0.50$，$[m_2]=0.75$，$[m_3]=0.78$，$[m_4]=0.80$，…。故

$$d_1=[m_1]D=0.50\times 98.3=49.2(\text{mm})$$

$$d_2=[m_2]d_1=0.75\times 49.2=36.9(\text{mm})$$

$$d_3=[m_3]d_2=0.78\times 36.9=28.8(\text{mm})$$

$$d_4=[m_4]d_3=0.80\times 28.8=23(\text{mm})$$

因 $d_4=23\text{mm}<28\text{mm}$，所以需采用 4 次拉深成形。

(3) 计算各次拉深工序件尺寸 为了使第四次拉深的直径与零件要求一致，需对极限拉深系数进行调整。调整后取各次拉深的实际拉深系数为 $m_1=0.52$，$m_2=0.78$，$m_3=0.83$，$m_4=0.846$。

各次工序件直径为

$$d_1=m_1D=0.52\times98.3=51.1(\text{mm})$$
$$d_2=m_2d_1=0.78\times51.1=39.9(\text{mm})$$
$$d_3=m_3d_2=0.83\times39.9=33.1(\text{mm})$$
$$d_4=m_4d_3=0.846\times33.1=28(\text{mm})$$

各次工序件底部圆角半径取以下数值

$$r_1=8\text{mm},\ r_2=5\text{mm},\ r_3=r_4=4\text{mm}$$

把各次工序件直径和底部圆角半径代入式(5-5)，得各次工序件高度为

$$H_1=0.25\times\left(\frac{98.3^2}{51.1}-51.1\right)+0.43\times\frac{8}{51.1}\times(51.1+0.32\times8)=38.1(\text{mm})$$
$$H_2=0.25\times\left(\frac{98.3^2}{39.9}-39.9\right)+0.43\times\frac{5}{39.9}\times(39.9+0.32\times5)=52.8(\text{mm})$$
$$H_3=0.25\times\left(\frac{98.3^2}{33.1}-33.1\right)+0.43\times\frac{4}{33.1}\times(33.1+0.32\times4)=66.3(\text{mm})$$
$$H_4=81(\text{mm})$$

以上计算所得工序件尺寸都是中线尺寸，换算成与零件图相同的标注形式后，所得各工序件的尺寸如图 5-17 所示。

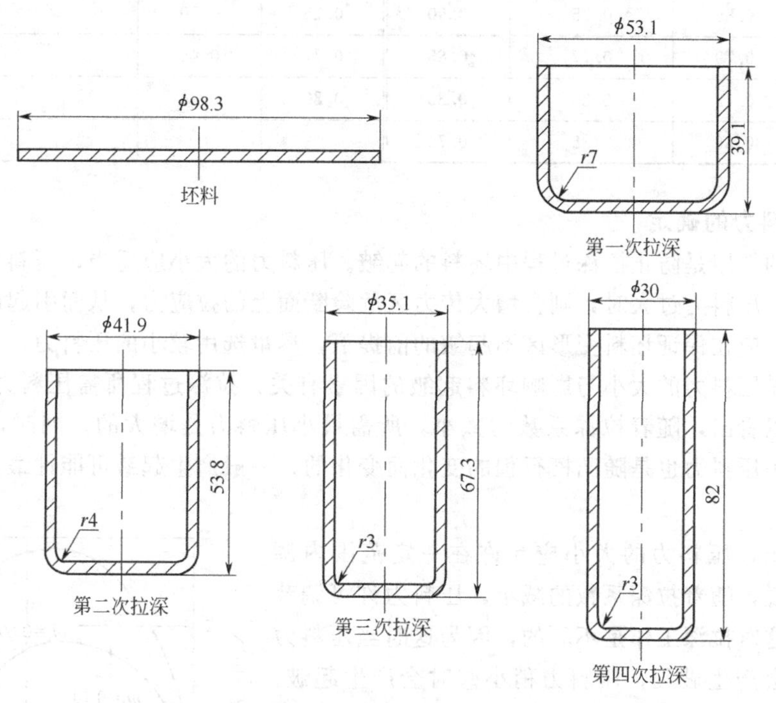

图 5-17　圆筒形件的各次拉深工序件尺寸

第五节　拉深力、压料力与压料装置

一、拉深力的确定

图 5-18 所示为试验测得一般情况下的拉深力随凸模行程变化的曲线。通常拉深力是指拉深过程中的最大值 $F_{\max}$。

由于影响拉深力的因素比较复杂，按实际受力和变形情况来准确计算拉深力是比较困难

的，所以，实际生产中通常是以危险断面的拉应力不超过其材料抗拉强度为依据，采用经验公式进行计算。对于圆筒形件：

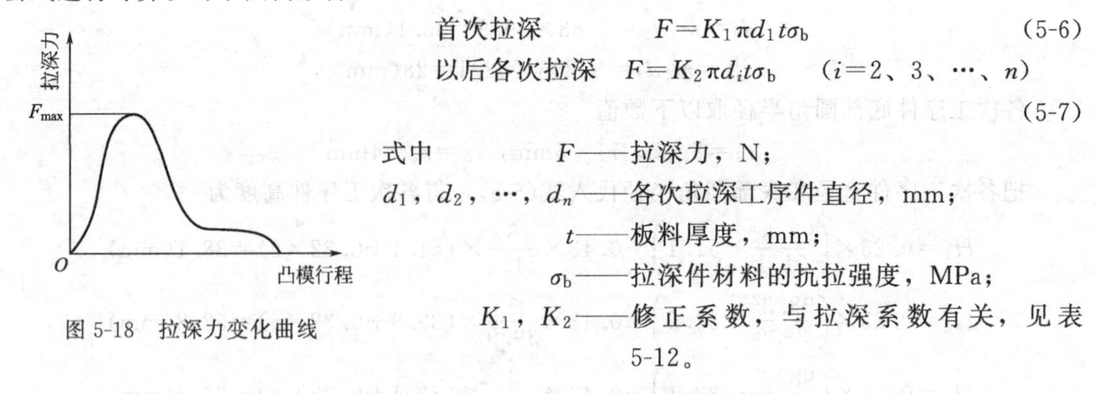

图 5-18　拉深力变化曲线

首次拉深　　$F=K_1\pi d_1 t\sigma_b$　　(5-6)

以后各次拉深　$F=K_2\pi d_i t\sigma_b$　（$i=2、3、\cdots、n$）　(5-7)

式中　F——拉深力，N；

d_1，d_2，…，d_n——各次拉深工序件直径，mm；

t——板料厚度，mm；

σ_b——拉深件材料的抗拉强度，MPa；

K_1，K_2——修正系数，与拉深系数有关，见表 5-12。

表 5-12　修正系数 K_1、K_2 的数值

m_1	K_1	$m_2,m_3,\cdots,m_n$	K_2	m_1	K_1	$m_2,m_3,\cdots,m_n$	K_2
0.55	1.00	0.70	1.00	0.70	0.60	0.90	0.60
0.57	0.93	0.72	0.95	0.72	0.55	0.95	0.50
0.60	0.86	0.75	0.90	0.75	0.50		
0.62	0.79	0.77	0.85	0.77	0.45		
0.65	0.72	0.80	0.80	0.80	0.40		
0.67	0.66	0.85	0.70				

二、压料力的确定

压料力的作用是防止拉深过程中坯料的起皱。压料力的大小应适当，压料力过小时，防皱效果不好；压料力过大时，则会增大传力区危险断面上的拉应力，从而引起严重变薄甚至拉裂。因此，应在保证坯料变形区不起皱的前提下，尽量选用较小的压料力。

拉深所需压料力的大小与影响坯料起皱的因素有关，拉深过程所需压料力如图 5-19 所示。由图可以看出，随着拉深系数的减小，所需最小压料力是增大的。同时，在拉深过程中，所需最小压料力也是随凸模行程的变化而变化的，一般产生起皱可能性最大的时刻所需压料力最大。

应该指出，压料力的大小应允许在一定范围内调节。一般来说，随着拉深系数的减小，压料力许可调节范围减小，这对拉深工作是不利的，因为这时当压料力稍大些时就会产生破裂，压料力稍小些时会产生起皱，也即拉深的工艺稳定性不好。相反，拉深系数较大时，压料力可调节范围增大，工艺稳定性较好。这也是拉深时采用的拉深系数应尽量比极限拉深系数大一点的原因。

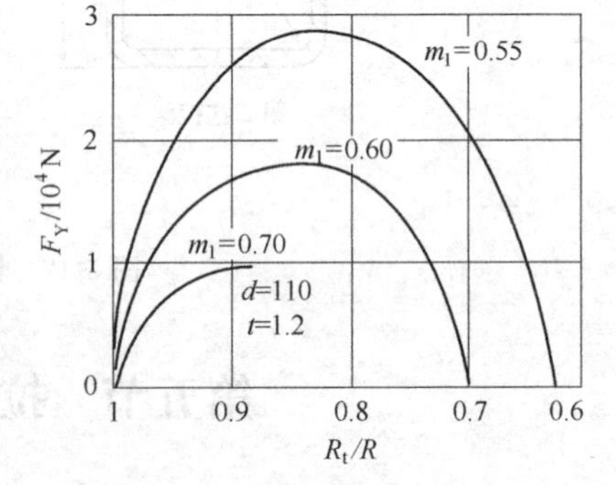

图 5-19　拉深过程所需最小压料力的实验曲线

R_t—拉深过程中的凸缘外缘半径；R—坯料半径

在模具设计时，压料力可按下列经验公式计算。

任何形状的拉深件　$F_Y=Ap$　(5-8)

圆筒形件首次拉深

$$F_Y=\pi[D^2-(d_1+2r_{d1})^2]p/4 \quad (5-9)$$

圆筒形件以后各次拉深　$F_Y=\pi(d_{i-1}^2-d_i^2)p/4$　(i=2、3、…)　　(5-10)

式中　F_Y——压料力，N；

A——压料圈下坯料的投影面积，mm^2；

p——单位面积压料力，MPa，可查表 5-13；

D——坯料直径，mm；

d_1，d_2，…，d_n——各次拉深工序件的直径，mm；

r_{d1}，r_{d2}，…，r_{dn}——各次拉深凹模的圆角半径，mm。

表 5-13　单位面积压料力

材　　料	单位压料力 p/MPa	材　　料	单位压料力 p/MPa
铝	0.8～1.2	软钢(t<0.5mm)	2.5～3.0
纯铜、硬铝(已退火)	1.2～1.8	镀锡钢	2.5～3.0
黄铜	1.5～2.0	耐热钢(软化状态)	2.8～3.5
软钢(t>0.5mm)	2.0～2.5	高合金钢、不锈钢、高锰钢	3.0～4.5

三、压料装置

目前生产中常用的压料装置有弹性压料装置和刚性压料装置。这些压料装置所产生的压料力一般都难以符合图 5-19 所示的变化曲线，只能通过采取适当的限位措施来控制压料力，因而如何探索理想的压料装置是拉深工作的一个重要课题之一。

1. 弹性压料装置

在单动压力机上进行拉深加工时，一般都是采用弹性压料装置来产生压料力。根据产生压料力的弹性元件不同，弹性压料装置可分为弹簧式、橡胶式和气垫式三种，如图 5-20所示。

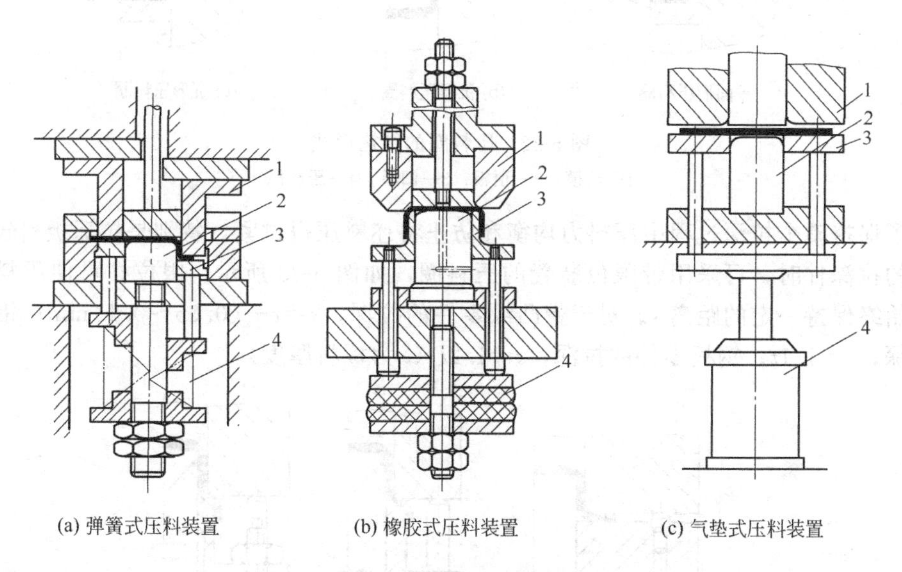

图 5-20　弹性压料装置

1—凹模；2—凸模；3—压料圈；4—弹性元件（弹顶器或气垫）

上述三种压料装置的压料力变化曲线如图 5-21 所示。由图可以看出，弹簧和橡胶压料装置的压料力是随着工作行程（拉深深度）的增加而增大的，尤其是橡胶式压料装置更突

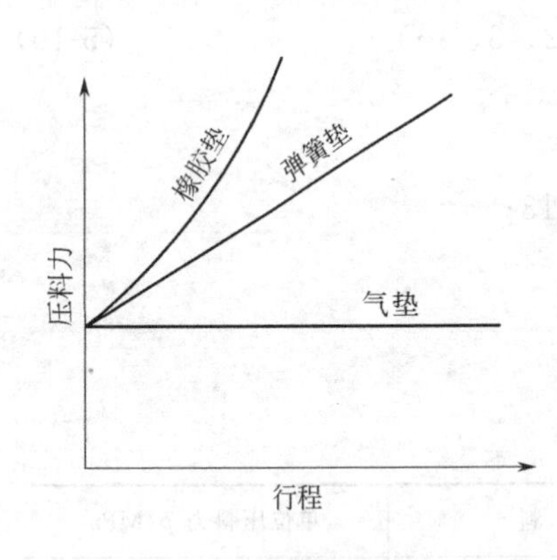

图 5-21　各种弹性压料装置的压料力曲线

出。这样的压料力变化特性会使拉深过程中的拉深力不断增大，从而增大拉裂的危险性。因此，弹簧和橡胶压料装置通常只用于浅拉深。但是，这两种压料装置结构简单，在中小型压力机上使用较为方便。只要正确地选用弹簧的规格和橡胶的牌号及尺寸，并采取适当的限位措施，就能减少它的不利方面。弹簧应选总压缩量大、压力随压缩量增加而缓慢增大的规格。橡胶应选用软橡胶，并保证相对压缩量不过大，建议橡胶总厚度不小于拉深工作行程的5倍。

气垫式压料装置压料效果好，压料力基本上不随工作行程而变化（压料力的变化可控制在10%～15%内），但气垫装置结构复杂。

压料圈是压料装置的关键零件，常见的结构形式有平面形、锥形和弧形，如图5-22所示。一般的拉深模采用平面形压料圈［见图5-22(a)］；当坯料相对厚度较小，拉深件凸缘小且圆角半径较大时，则采用带弧形的压料圈［见图5-22(c)］；锥形压料圈［见图5-22(b)］能降低极限拉深系数，其锥角与锥形凹模的锥角相对应，一般取$\beta=30°\sim40°$，主要用于拉深系数较小的拉深件。

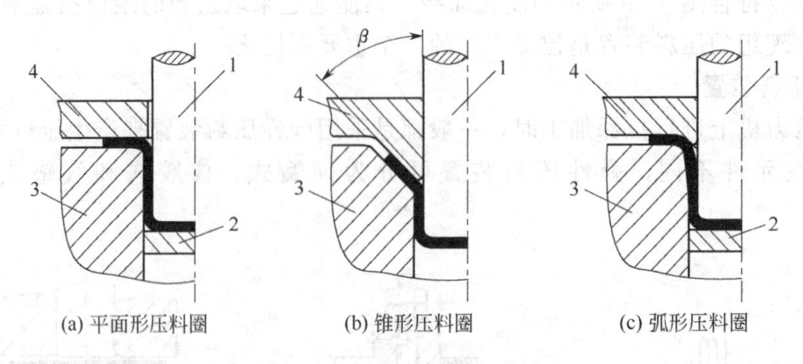

图 5-22　压料圈的结构形式

1—凸模；2—顶板；3—凹模；4—压料圈

为了保持整个拉深过程中压料力均衡和防止将坯料压得过紧，特别是拉深板料较薄且凸缘较宽的拉深件时，可采用带限位装置的压料圈，如图5-23所示。限位柱可使压料圈和凹模之间始终保持一定的距离s。对于带凸缘零件的拉深，$s=t+(0.05\sim0.1)$mm；铝合金零件的拉深，$s=1.1t$；钢板零件的拉深，$s=1.2t$（t为板料厚度）。

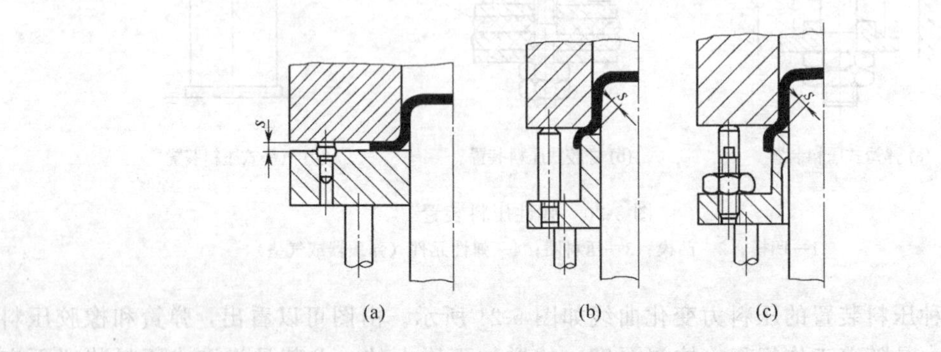

图 5-23　有限位装置的压料圈

2. 刚性压料装置

刚性压料装置一般设置在双动压力机上用的拉深模中。图 5-24 为双动压力机用拉深模，件 4 即为刚性压料圈（又兼作落料凸模），压料圈固定在外滑块之上。在每次冲压行程开始时，外滑块带动压料圈下降压在坯料的凸缘上，并在此停止不动，随后内滑块带动凸模下降，并进行拉深变形。

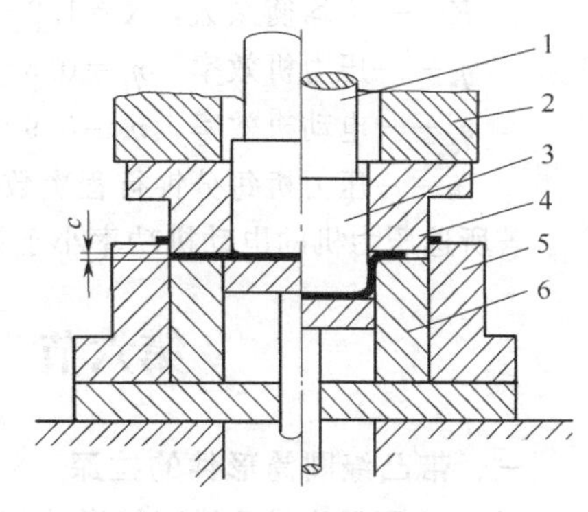

图 5-24　双动压力机用拉深模的刚性压料
1—凸模固定杆；2—外滑块；3—拉深凸模；4—压料圈兼落料凸模；5—落料凹模；6—拉深凹模

刚性压料装置的压料作用是通过调整压料圈与凹模平面之间的间隙 c 获得的，而该间隙则靠调节压力机外滑块得到。考虑到拉深过程中坯料凸缘区有增厚现象，所以这一间隙应略大于板料厚度。

刚性压料圈的结构形式与弹性压料圈基本相同。刚性压料装置的特点是压料力不随拉深的工作行程而变化，压料效果较好，模具结构简单。

四、压力机公称压力的确定

对于单动压力机，其公称压力 P 应大于拉深力 F 与压料力 F_Y 之和，即

$$P > F + F_Y$$

对于双动压力机，应使内滑块公称压力 $P_{内}$ 和外滑块的公称压力 $P_{外}$ 分别大于拉深力 F 和压料力 F_Y，即

$$P_{内} > F \qquad P_{外} > F_Y$$

确定压力机公称压力时必须注意，当拉深工作行程较大，尤其是落料拉深复合时，应使拉深力曲线位于压力机滑块的许用压力曲线之下，而不能简单地按压力机公称压力大于拉深力或拉深力与压料之和的原则去确定规格。

在实际生产中也可以按下式来确定压力机的公称压力。

浅拉深
$$P \geqslant (1.6 \sim 1.8) F_{\Sigma} \tag{5-11}$$

深拉深
$$P \geqslant (1.8 \sim 2.0) F_{\Sigma} \tag{5-12}$$

式中，F_{Σ} 为冲压工艺总力，与模具结构有关，包括拉深力、压料力、冲裁力等。

五、拉深功的计算

当拉深高度较大时，由于凸模工作行程较大，可能出现压力机的压力够而功率不够的现象。这时应计算拉深功，并校核压力机的电动机功率。

拉深功按下式计算

$$W = C F_{max} h / 1000 \tag{5-13}$$

式中　W——拉深功，J；

F_{max}——最大拉深力（包含压料力），N；

h——凸模工作行程，mm；

C——系数，与拉深力曲线有关，C 值可取 0.6～0.8。

压力机的电动机功率可按下式计算

$$P_w = KWn / (60 \times 1000 \times \eta_1 \eta_2) \tag{5-14}$$

式中　P_w——电动机功率，kW；

K——不均衡系数，$K=1.2\sim1.4$；

η_1——压力机效率，$\eta_1=0.6\sim0.8$；

η_2——电动机效率，$\eta_2=0.9\sim0.95$；

n——压力机每分钟行程次数。

若所选压力机的电动机功率小于计算值，则应另选更大规格的压力机。

第六节　其他形状零件的拉深

一、带凸缘圆筒形件的拉深

图 5-25 所示为带凸缘圆筒形件及其坯料。通常，当 $d_t/d=1.1\sim1.4$ 时，称为窄凸缘圆筒形件；当 $d_t/d>1.4$ 时，称为宽凸缘圆筒形件。

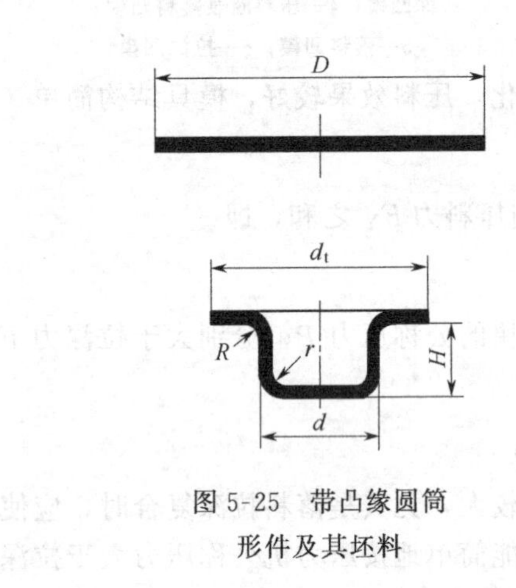

图 5-25　带凸缘圆筒形件及其坯料

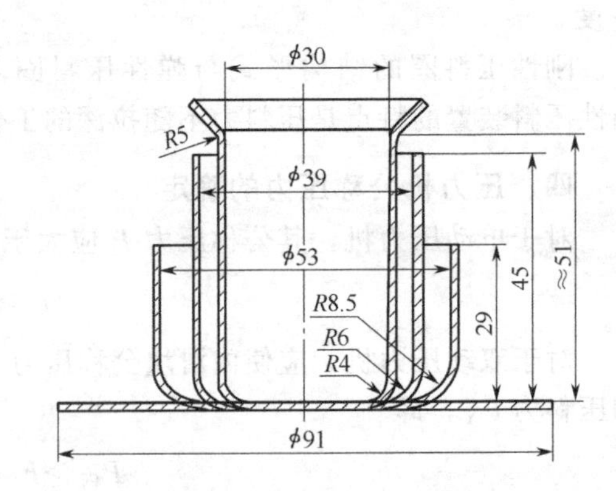

图 5-26　窄凸缘圆筒形件的拉深

带凸缘圆筒形件的拉深看上去很简单，好像是拉深无凸缘圆筒形件的中间状态。但当其各部分尺寸关系不同时，拉深中要解决的问题是不同的，拉深方法也不相同。当拉深件凸缘为非圆形时，在拉深过程中仍需拉出圆形的凸缘，最后再用切边或其他冲压加工方法完成工件所需的形状。

1. 拉深方法

(1) 窄凸缘圆筒形件的拉深　窄凸缘圆筒形件是凸缘宽度很小的拉深件，这类零件需多次拉深时，由于凸缘很窄，可先按无凸缘圆筒形件进行拉深，再在最后一次工序用整形的方法压成所要求的窄凸缘形状。为了使凸缘容易成形，第 $n-1$ 次可采用锥形凹模和锥形压料圈进行拉深，留出锥形凸缘。整形时可减小凸缘区切向的拉深变形，对防止外缘开裂有利。例如图 5-26 所示的窄凸缘圆筒形件，共需三次拉深成形，前两次均拉成无凸缘圆筒形工序件，在第三次拉深时才留出锥形凸缘。

(2) 宽凸缘圆筒形件的拉深　宽凸缘圆筒形件需多次拉深时，拉深的原则是：第一次拉深就必须使凸缘尺寸等于拉深件的凸缘尺寸（加切边余量），以后各次拉深时凸缘尺寸要保持不变，仅仅依靠筒形部分的材料转移来达到拉深件尺寸。因为在以后的拉深工序中，即使凸缘部分产生很小的变形，也会使筒壁传力区产生很大的拉应力，从而使底部危险断面拉裂。

生产实际中，宽凸缘圆筒形件需多次拉深时的拉深方法有两种（见图 5-27）。

① 通过多次拉深，逐渐缩小筒形部分直径和增加其高度［见图 5-27(a)］。这种拉深方法就是直接采用圆筒形件的多次拉深方法，通过各次拉深逐次缩小直径，增加高度，各次拉深的凸缘圆角半径和底部圆角半径不变或逐次减小。用这种方法拉成的零件表面质量不高，其直壁和凸缘上保留着圆角弯曲和局部变薄的痕迹，需要在最后增加整形工序，适用于材料较薄、高度大于直径的中小型带凸缘圆筒形件。

② 高度不变法［见图 5-27(b)］。即首次拉深尽可能取较大的凸缘圆角半径和底部圆角半径，高度基本拉到零件要求的尺寸，以后各次拉深时仅减小圆角半径和筒形部分直径，而高度基本不变。这种方法由于拉深过程中变形区材料所受到的折弯较轻，所以拉成的零件表面较光滑，没有折痕。但它只适用于坯料相对厚度较大、采用大圆角过渡不易起皱的情况。

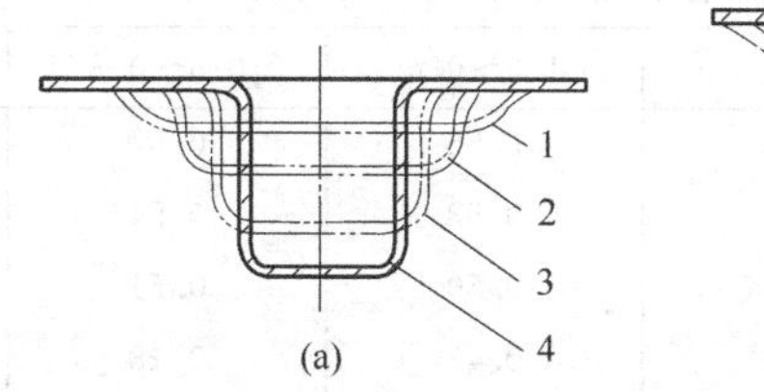

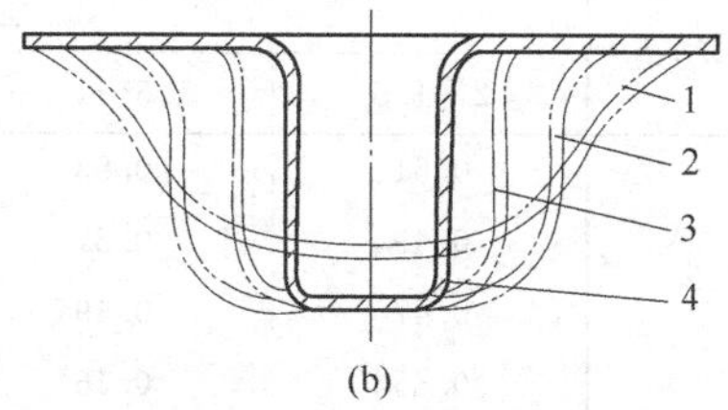

图 5-27 宽凸缘筒形件的拉深方法

2. 变形特点

与无凸缘圆筒形件相比，带凸缘圆筒形件的拉深变形具有如下特点。

① 带凸缘圆筒形件不能用一般的拉深系数来反映材料实际的变形程度大小，而必须将拉深高度考虑进去。因为，对于同一坯料直径 D 和筒形部分直径 d，可有不同凸缘直径 d_t 和高度 H 对应，尽管拉深系数相同（$m=d/D$），若拉深高度 H 不同，其变形程度也不同。生产实际中，通常用相对拉深高度 H/d 来反映其变形程度。

② 宽凸缘圆筒形件需多次拉深时，第一次拉深必须将凸缘尺寸拉到位，以后各次拉深中，凸缘的尺寸应保持不变。这就要求正确地计算拉深高度和严格地控制凸模进入凹模的深度。考虑到在普通压力机上严格控制凸模进入凹模的深度比较困难，生产实践中通常有意把第一次拉入凹模的材料比最后一次拉入凹模所需的材料增加 3%～5%（按面积计算），这些多拉入的材料在以后各次拉深中，再逐次挤入凸缘部分，使凸缘变厚。工序间这些材料的重新分配，保证了所要求的凸缘直径，并使已成形的凸缘不再参与变形，从而避免筒壁拉裂的危险。这一方法对于料厚小于 0.5mm 的拉深件效果更为显著。

3. 带凸缘圆筒形件的拉深系数

带凸缘圆筒形件的拉深系数为

$$m_t=d/D \tag{5-15}$$

式中 m_t——带凸缘圆筒形件拉深系数；

d——拉深件筒形部分的直径；

D——坯料直径。

当拉深件底部圆角半径 r 与凸缘处圆角半径 R 相等，即 $r=R$ 时，坯料直径为

$$D=\sqrt{d_t^2+4dH-3.44dR}$$

所以

$$m_t=d/D=\frac{1}{\sqrt{\left(\frac{d_t}{d}\right)^2+4\frac{H}{d}-3.44\frac{R}{d}}} \tag{5-16}$$

由上式可以看出，带凸缘圆筒形件的拉深系数取决于下列三组有关尺寸的相对比值：凸缘的相对直径 d_t/d；零件的相对高度 H/d；相对圆角半径 R/d。其中以 d_t/d 影响最大，H/d 次之，R/d 影响较小。

带凸缘圆筒形件首次拉深的极限拉深系数见表 5-14。由表可以看出，$d_t/d \leqslant 1.1$ 时，极限拉深系数与无凸缘圆筒形件基本相同，d_t/d 大时，其极限拉深系数比无凸缘圆筒形的小。而且当坯料直径 D 一定时，凸缘相对直径 d_t/d 越大，极限拉深系数越小，这是因为在坯料直径 D 和圆筒形直径 d 一定的情况下，带凸缘圆筒形件的凸缘相对直径 d_t/d 大，意味着只要将坯料直径稍加收缩即可达到零件凸缘外径，筒壁传力区的拉应力远没有达到许可值，因而可以减小其拉深系数。但这并不表明带凸缘圆筒形件的变形程度大。

表 5-14　带凸缘圆筒形件首次拉深的极限拉深系数 $[m_1]$

凸缘的相对直径 d_t/d	坯料相对厚度 (t/D)/%				
	2～1.5	1.5～1.0	1.0～0.6	0.6～0.3	0.3～0.1
1.1 以下	0.51	0.53	0.55	0.57	0.59
1.3	0.49	0.51	0.53	0.54	0.55
1.5	0.47	0.49	0.50	0.51	0.52
1.8	0.45	0.46	0.47	0.48	0.48
2.0	0.42	0.43	0.44	0.45	0.45
2.2	0.40	0.41	0.42	0.42	0.42
2.5	0.37	0.38	0.38	0.38	0.38
2.8	0.34	0.35	0.35	0.35	0.35
3.0	0.32	0.33	0.33	0.33	0.33

由上述分析可知，在影响 m_t 的因素中，因 R/d 影响较小，因此当 m_t 一定时，则 d_t/d 与 H/d 的关系也就基本确定了。这样，就可用拉深件的相对高度来表示带凸缘圆筒形件的变形程度。首次拉深可能达到的相对高度见表 5-15。

表 5-15　带凸缘圆筒形件首次拉深的极限相对高度 $[H_1/d_1]$

凸缘的相对直径 d_t/d	坯料相对厚度 (t/D)/%				
	2～1.5	1.5～1.0	1.0～0.6	0.6～0.3	0.3～0.10
1.1 以下	0.90～0.75	0.82～0.65	0.57～0.70	0.62～0.50	0.52～0.45
1.3	0.80～0.65	0.72～0.56	0.60～0.50	0.53～0.45	0.47～0.40
1.5	0.70～0.58	0.63～0.50	0.53～0.45	0.48～0.40	0.42～0.35
1.8	0.58～0.48	0.53～0.42	0.44～0.37	0.39～0.34	0.35～0.29
2.0	0.51～0.42	0.46～0.36	0.38～0.32	0.34～0.29	0.30～0.25
2.2	0.45～0.35	0.40～0.31	0.33～0.27	0.29～0.25	0.26～0.22
2.5	0.35～0.28	0.32～0.25	0.27～0.22	0.23～0.20	0.21～0.17
2.8	0.27～0.22	0.24～0.19	0.21～0.17	0.18～0.15	0.16～0.13
3.0	0.22～0.18	0.20～0.16	0.17～0.14	0.15～0.12	0.13～0.10

注：1. 表中大数值适用于大圆角半径，小数值适应于小圆角半径。随着凸缘直径的增加及相对高度的减小，其数值也跟着减小。

2. 表中数值适用于 10 钢，对比 10 钢塑性好的材料取接近表中的大数值，塑性差的取小数值。

当带凸缘圆筒形件的总拉深系数 $m_t = d/D$ 大于表 5-14 的极限拉深系数，且零件的相对高度 H/d 小于表 5-15 的极限值时，则可以一次拉深成形，否则需要两次或多次拉深。

带凸缘圆筒形件以后各次拉深系数为

$$m_i = d_i / d_{i-1} \quad (i=2、3、\cdots、n) \tag{5-17}$$

其值与凸缘宽度及外形尺寸无关，可取与无凸缘圆筒形件的相应拉深系数相等或略小的数值，见表 5-16。

表 5-16 带凸缘圆筒形件以后各次的极限拉深系数

拉深系数	坯料相对厚度 $(t/D)/\%$				
	2～1.5	1.5～1.0	1.0～0.6	0.6～0.3	0.3～0.1
$[m_2]$	0.73	0.75	0.76	0.78	0.80
$[m_3]$	0.75	0.78	0.79	0.80	0.82
$[m_4]$	0.78	0.80	0.82	0.83	0.84
$[m_5]$	0.80	0.82	0.84	0.85	0.86

4. 带凸缘圆筒形件的各次拉深高度

根据带凸缘圆筒形件坯料直径计算公式(见表 5-7)，可推导出各次拉深高度的计算公式如下

$$H_i = \frac{0.25}{d_i}(D^2 - d_t^2) + 0.43(r_i + R_i) + \frac{0.14}{d_i}(r_i^2 - R_i^2) \quad (i=1、2、3、\cdots、n) \tag{5-18}$$

式中 $H_1, H_2, \cdots, H_n$——各次拉深工序件的高度；

$d_1, d_2, \cdots, d_n$——各次拉深工序件的直径；

D——坯料直径；

$r_1, r_2, \cdots, r_n$——各次拉深工序件的底部圆角半径；

$R_1, R_2, \cdots, R_n$——各次拉深工序件的凸缘圆角半径。

5. 带凸缘圆筒形件的拉深工序尺寸计算程序

带凸缘圆筒形件拉深与无凸缘圆筒形件拉深的最大区别在于首次拉深，现结合实例说明其工序尺寸计算程序。

例 5-2 试对图 5-28 所示带凸缘圆筒形件的拉深工序进行计算。零件材料为 08 钢，厚度 $t=1\text{mm}$。

解 板料厚度 $t=1\text{mm}$，故按中线尺寸计算。

(1) 计算坯料直径 D 根据零件尺寸查表 5-6 得切边余量 $\Delta R=2.2\text{mm}$，故实际凸缘直径 $d_t=(55.4+2\times2.2)=59.8\text{mm}$。由表 5-7 查得带凸缘圆筒形件的坯料直径计算公式为

$$D=\sqrt{d_1^2+6.28rd_1+8r^2+4d_2h+6.28Rd_2+4.56R^2+d_4^2-d_3^2}$$

依图 5-28，$d_1=16.1\text{mm}$，$R=r=2.5\text{mm}$，$d_2=21.1\text{mm}$，$h=27\text{mm}$，$d_3=26.1\text{mm}$，$d_4=59.8\text{mm}$，代入上式得

$$D=\sqrt{3200+2895}\approx78 \text{ (mm)}$$

(其中 $3200\times\pi/4$ 为该拉深件除去凸缘平面部分的表面积)

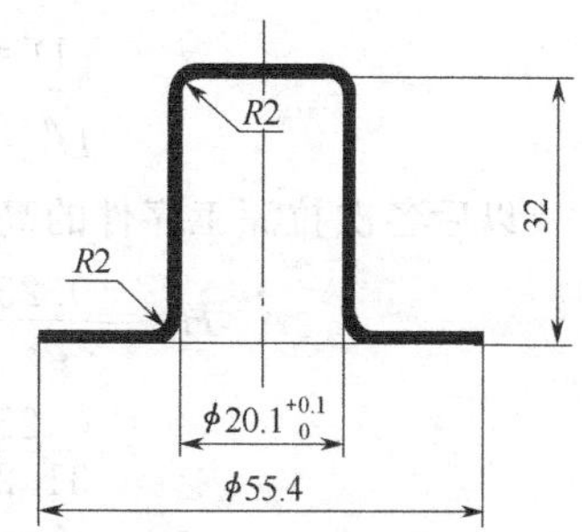

图 5-28 带凸缘圆筒形件

(2) 判断可否一次拉深成形 根据

$$t/D=1/78=1.28\%$$

$$d_t/d=59.8/21.1=2.83$$

$$H/d=32/21.1=1.52$$

$$m_t=d/D=21.1/78=0.27$$

查表 5-14、表 5-15，$[m_1]=0.35$，$[H_1/d_1]=0.21$，说明

该零件不能一次拉深成形，需要多次拉深。

(3) 确定首次拉深工序件尺寸　初定 $d_t/d_1=1.3$，查表5-14得 $[m_1]=0.51$，取 $m_1=0.52$，则

$$d_1=m_1\times D=0.52\times 78=40.5(\text{mm})$$

取 $r_1=R_1=5.5\text{mm}$。

为了使以后各次拉深时凸缘不再变形，取首次拉入凹模的材料面积比最后一次拉入凹模的材料面积（即零件中除去凸缘平面以外的表面积 $3200\times\pi/4$）增加5%，故坯料直径修正为

$$D=\sqrt{3200\times 105\%+2895}\approx 79(\text{mm})$$

按式(5-18)，可得首次拉深高度为

$$H_1=\frac{0.25}{d_1}(D^2-d_t^2)+0.43(r_1+R_1)+\frac{0.14}{d_1}(r_1^2-R_1^2)$$

$$=\frac{0.25}{40.5}\times(79^2-59.8^2)+0.43\times(5.5+5.5)=21.2(\text{mm})$$

验算所取 m_1 是否合理：根据 $t/D=1.28\%$，$d_t/d_1=59.8/40.5=1.48$，查表5-15可知 $[H_1/d_1]=0.58$。因 $H_1/d_1=21.2/40.5=0.52<[H_1/d_1]=0.58$，故所取 m_1 是合理的。

(4) 计算以后各次拉深的工序件尺寸　查表5-16得，$[m_2]=0.75$，$[m_3]=0.78$，$[m_4]=0.80$，则

$$d_2=[m_2]\times d_1=0.75\times 40.5=30.4(\text{mm})$$

$$d_3=[m_3]\times d_2=0.78\times 30.4=23.7(\text{mm})$$

$$d_4=[m_4]\times d_3=0.80\times 23.7=19.0(\text{mm})$$

因 $d_4=19.0<21.1$，故共需4次拉深。

调整以后各次拉深系数，取 $m_2=0.77$，$m_3=0.80$，$m_4=0.844$。故以后各次拉深工序件的直径为

$$d_2=m_2\times d_1=0.77\times 40.5=31.2(\text{mm})$$

$$d_3=m_3\times d_2=0.80\times 31.2=25.0(\text{mm})$$

$$d_4=m_4\times d_3=0.844\times 25.0=21.1(\text{mm})$$

以后各次拉深工序件的圆角半径取

$$r_2=R_2=4.5\text{mm},\ r_3=R_3=3.5\text{mm},\ r_4=R_4=2.5\text{mm}$$

设第二次拉深时多拉入3%的材料（其余2%的材料返回到凸缘上），第三次拉深时多拉入1.5%的材料（其余1.5%的材料返回到凸缘上），则第二次和第三次拉深的假想坯料直径分别为

$$D'=\sqrt{3200\times 103\%+2895}=78.7(\text{mm})$$

$$D''=\sqrt{3200\times 101.5\%+2895}=78.4(\text{mm})$$

以后各次拉深工序件的高度为

$$H_2=\frac{0.25}{d_2}(D'^2-d_t^2)+0.43(r_2+R_2)+\frac{0.14}{d_2}(r_2^2-R_2^2)$$

$$=\frac{0.25}{31.2}\times(78.7^2-59.8^2)+0.43\times(4.5+4.5)=24.8(\text{mm})$$

$$H_3=\frac{0.25}{d_3}(D''^2-d_t^2)+0.43(r_3+R_3)+\frac{0.14}{d_3}(r_3^2-R_3^2)$$

$$=\frac{0.25}{25}\times(78.4^2-59.8^2)+0.43\times(3.5+3.5)=28.7(\text{mm})$$

最后一次拉深后达到零件的高度 $H_4=32\text{mm}$，上工序多拉入的1.5%的材料全部返回到凸缘，拉深工序至此结束。

将上述按中线尺寸计算的工序件尺寸换算成与零件图相同的标注形式后，所得各工序件的尺寸如图5-29所示。

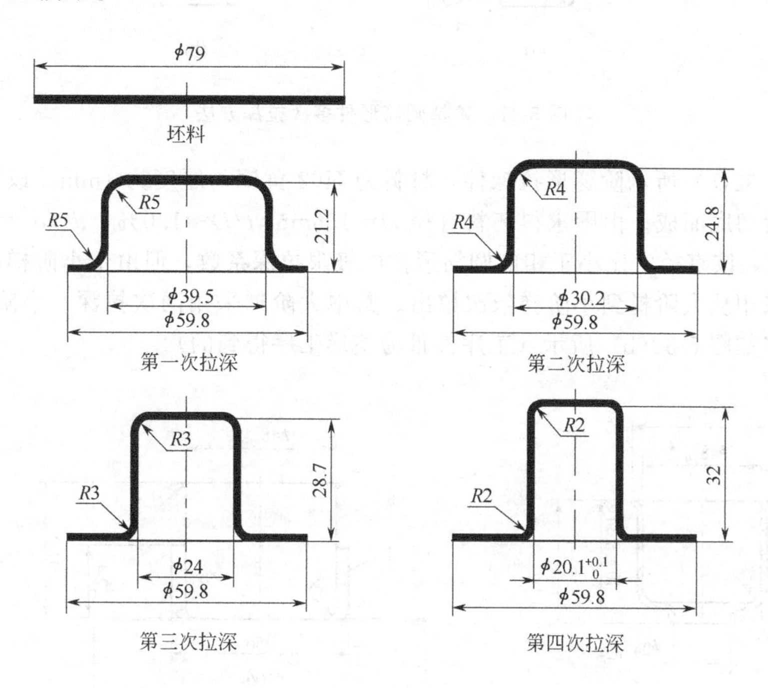

图5-29　带凸缘圆筒形件的各次拉深工序尺寸

二、阶梯圆筒形件的拉深

阶梯圆筒形件如图5-30所示。阶梯圆筒形件拉深的变形特点与圆筒形件拉深的特点相同，可以认为圆筒形件以后各次拉深时不拉到底就得到阶梯形件，变形程度的控制也可采用圆筒形件的拉深系数。但是，阶梯圆筒形件的拉深次数及拉深方法等与圆筒形件拉深是有区别的。

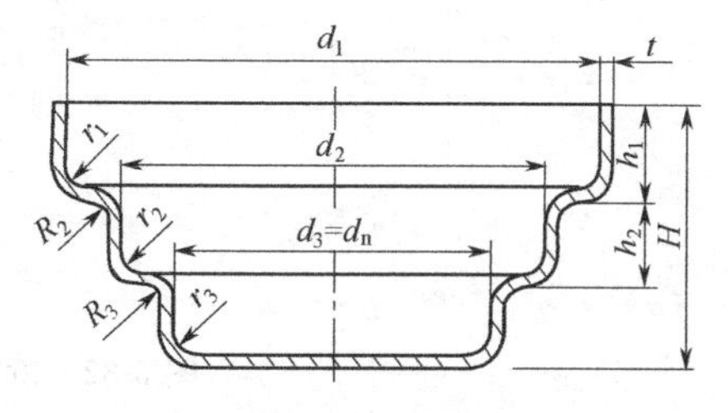

图5-30　阶梯圆筒形件

1. 判断能否一次拉深成形

判断阶梯圆筒形件能否一次拉深成形的方法是：先计算零件的高度 H 与最小直径 d_n 的比值 H/d_n（见图5-30），然后根据坯料相对厚度 t/D 查表5-10，如果拉深次数为1，则可一次拉深成形，否则需多次拉深成形。

2. 阶梯圆筒形件多次拉深的方法

阶梯圆筒形件需多次拉深时，根据阶梯圆筒形件的各部分尺寸关系不同，其拉深方法也有所不相同。

① 当任意相邻两个阶梯直径之比 d_i/d_{i-1} 均大于相应圆筒形件的极限拉深系数 $[m_i]$ 时，则可由大阶梯到小阶梯依次拉出［见图5-31(a)］，这时的拉深次数等于阶梯直径数目与最大阶梯成形所需的拉深次数之和。

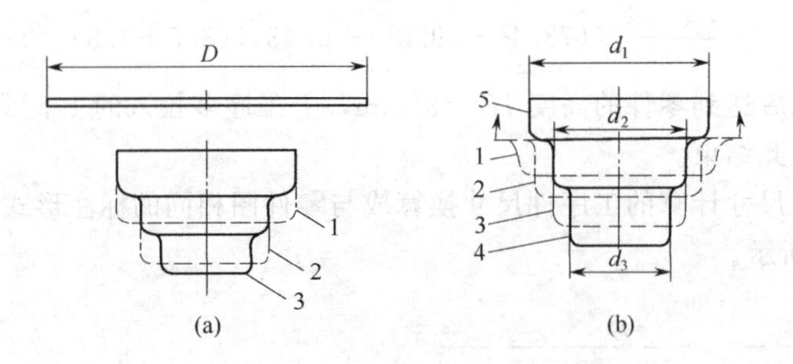

图 5-31 阶梯圆筒形件多次拉深方法

例如图 5-32(a) 所示阶梯形拉深件，材料为 H62 黄铜，厚度为 1mm。该零件可先拉深成阶梯形件后切底而成。由图求得坯料直径 $D=106\text{mm}, t/D\approx1.0\%$，$d_2/d_1=24/48=0.5$，查表 5-8 可知，该直径之比小于相应圆筒形件的极限拉深系数，但由于小阶梯高度很小，实际生产中仍采用从大阶梯到小阶梯依次拉出。其中大阶梯采用两次拉深，小阶梯一次拉出，拉深工序顺序如图 5-32(b) 所示（工序件Ⅲ为整形工序得到的）。

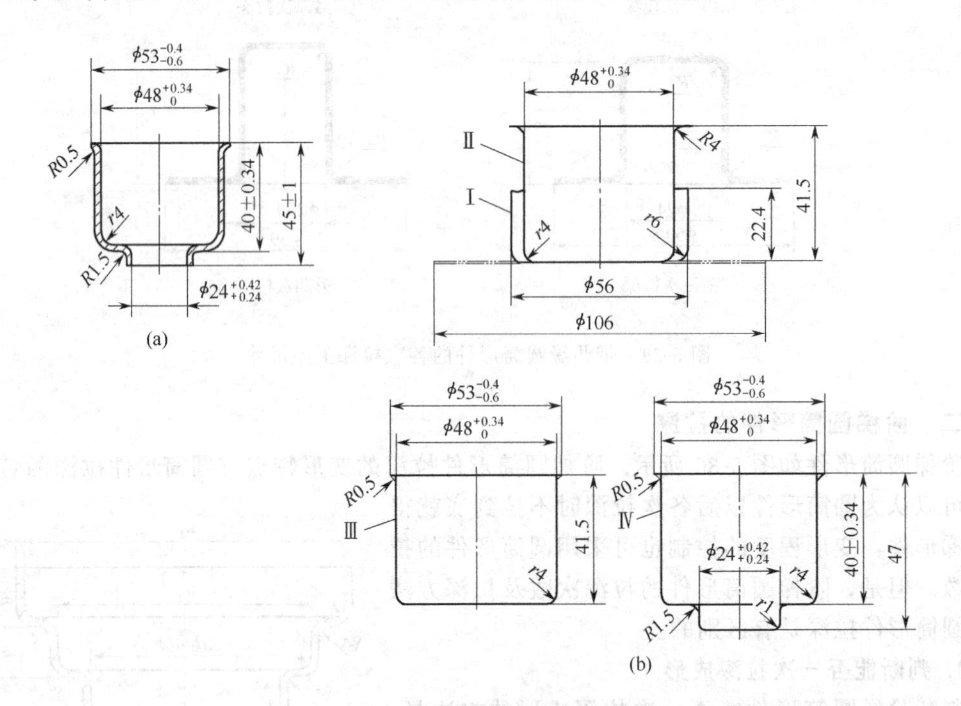

图 5-32 阶梯圆筒形件多次拉深实例（一）

② 如果某相邻两个阶梯直径之比 d_i/d_{i-1} 小于相应圆筒形件的极限拉深系数 $[m_i]$，则可先按带凸缘筒形件的拉深方法拉出直径 d_i，再将凸缘拉成直径 d_{i-1}，其顺序是由小到大，如图 5-31(b) 所示。图中因 d_2/d_1 小于相应圆筒形件的极限拉深系数，故先用带凸缘筒形件的拉深方法拉出直径 d_2，d_3/d_2 不小于相应圆筒形件的极限拉深系数，可直接从 d_2 拉到 d_3，最后拉出 d_1。

如图 5-33 所示，Ⅴ为最终拉深的零件，材料为 H62，厚度为 0.5mm。因 $d_2/d_1=16.5/34.5=0.48$，该值显然小于相应的拉深系数，故先采用带凸缘筒形件的拉深方法拉出直径 16.5mm，然后再拉出直径 34.5mm。

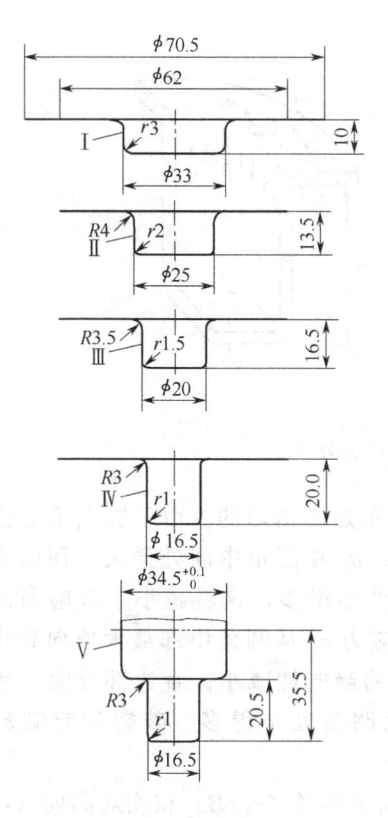

图 5-33 阶梯圆筒形件多次拉深实例（二）

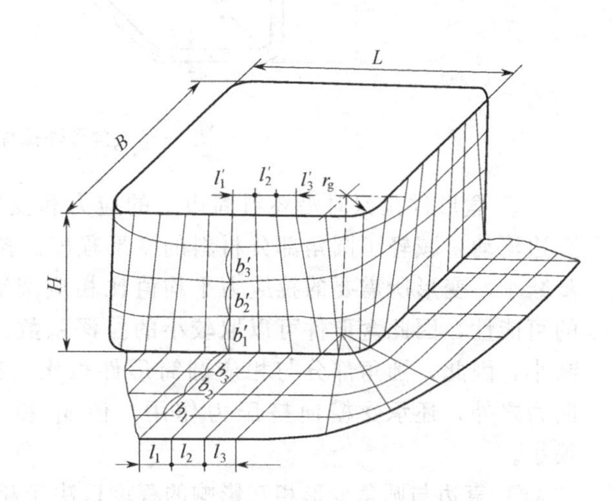

图 5-34 盒形件拉深的变形特点

三、盒形件的拉深

1. 盒形件拉深的变形特点

如图 5-34 所示，盒形件可以划分为 4 个长度分别为（$L-2r_g$）和（$B-2r_g$）的直边部分及 4 个半径均为 r_g 的圆角部分。圆角部分是四分之一的圆柱面；直边部分是直壁平面。假设圆角部分与直边部分没有联系，则零件的成形可以假想为由直边部分的弯曲和圆角部分的拉深变形所组成。但实际上直边和圆角是一个整体，在成形过程中必有互相作用和影响，两者之间也没有明显的界限。

为了观察盒形件拉深的变形特点，在拉深成形之前将坯料表面的圆角部分按圆筒形件拉深试验的同样方法划出网格，直边部分则划成由相互垂直的等距离平行线组成的网格（$l_1=l_2=l_3=b_1=b_2=b_3$，见图 5-34）。经过拉深成形后，其圆角部分网格的变化与圆筒形件拉深的情况相似，但也有差别：平板坯料上的径向放射线经变形后不是成为与底面垂直的平行线，而是口部距离大底部距离小的斜线，这说明圆角部分的金属材料有向直边转移的现象。直边部分经变形后，横向尺寸 $l_1>l_1'>l_2'>l_3'$，纵向尺寸 $b_1<b_1'<b_2'<b_3'$，这说明直边部分在变形过程中受到圆角部分材料的挤压作用，其横向压缩变形是不均匀的，靠近圆角处压缩变形大，直边中间处压缩变形小。沿高度方向伸长变形也是不均匀的，靠近口部处变形大，而靠近底部处变形小。

根据上述观察和分析，可知盒形件拉深变形有以下特点。

① 盒形件拉深的变形性质与圆筒形件相同，坯料变形区（凸缘）也是一拉一压的应力

状态，如图 5-35 所示。

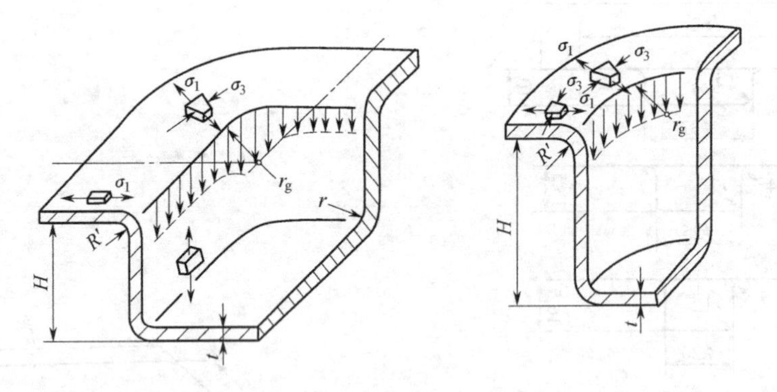

图 5-35　盒形件拉深时的应力分布

② 盒形件拉深时沿坯料周边上的应力和变形分布是不均匀的。由于圆角部分金属向直边流动，减轻了圆角部分材料的变形程度。拉应力 σ_1 在圆角中间处最大，而向直边逐步减小，变形所需要的拉应力平均值比相应圆筒形件小得多，这就减小了危险断面拉裂的可能性，因此盒形件可以取较小的拉深系数。压应力 σ_3 从圆角中部最大值向直边逐渐减小，因此，圆角部分与相应圆筒形件相比，起皱的趋向性减小。直边部分除了承受弯曲力之外，还承受横向挤压力作用，但 σ_1 和 σ_3 比圆角处小得多，破裂和起皱趋向性很小。

③ 直边与圆角变形相互影响的程度取决于相对圆角半径（r_g/B）和相对高度（H/B）。r_g/B 越小，直边部分对圆角部分的变形影响越显著（如果 $r_g/B=0.5$，则盒形件成为圆筒形件，也就不存在直边与圆角变形的相互影响了）；H/B 越大，直边与圆角变形相互影响也越显著。因此，r_g/B 和 H/B 两个尺寸参数不同的盒形件，在坯料展开尺寸和工艺计算上都有较大不同。

2. 盒形件坯料的形状和尺寸的确定

在盒形件拉深时，正确地确定坯料的形状和尺寸很重要，它不仅关系到节约原材料，而且关系到拉深时材料的变形和零件的质量。坯料形状及尺寸不适当，将进一步增大坯料周边变形的不均匀程度，影响拉深工作的顺利进行，并影响盒形件质量。

口部要求不高的低盒形件，拉深后可以不切边。口部要求较高的或高盒形件一般都要经过切边。盒形件的切边余量见表 5-17。

表 5-17　盒形件的切边余量 Δh

所需拉深工序数目	切边余量 Δh	所需拉深工序数目	切边余量 Δh
1	$(0.03\sim0.05)H$	3	$(0.05\sim0.08)H$
2	$(0.04\sim0.06)H$	4	$(0.06\sim0.1)H$

盒形件坯料形状和尺寸的初步确定方法与盒形件的 r_g/B 和 H/B 两个尺寸参数有关，因为这两个参数对圆角部分材料向直边转移程度影响极大。以下列举两类典型盒形件的坯料形状和尺寸的确定方法。

(1) 一次拉深成形的低盒形件坯料的确定　对于 r_g/B 和 H/B 均较小的盒形件，其坯料的形状和尺寸可以按下述步骤来确定（见图 5-36）。

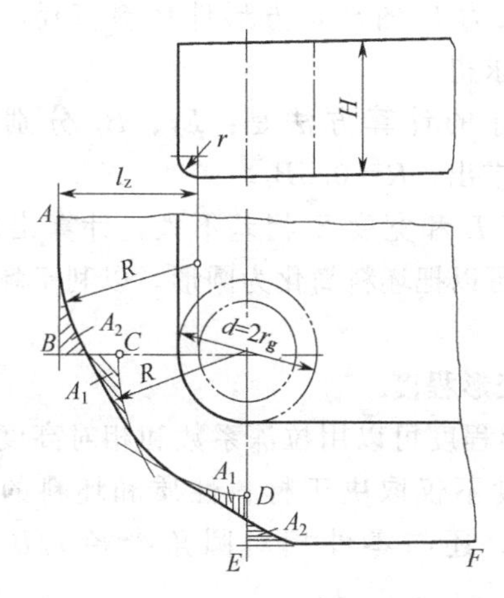

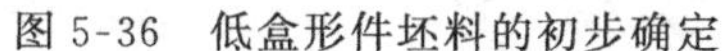

图 5-36　低盒形件坯料的初步确定

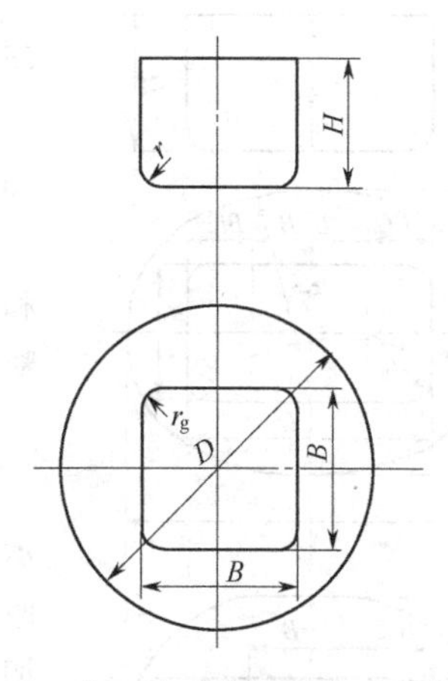

图 5-37　高正方形件坯料的形状与尺寸

① 首先将盒形件的直边按弯曲变形、圆角部分按四分之一圆筒形拉深变形分别展开，得 $ABCDEF$ 轮廓的坯料。其中

$$l_z = H + 0.57r \tag{5-19}$$

$$R = \sqrt{2r_g H}\ （当\ r_g = r\ 时） \tag{5-20}$$

或

$$R = \sqrt{r_g^2 + 2r_g H - 0.86r\ (r_g + 0.16r)}\quad（当\ r_g > r\ 时） \tag{5-21}$$

② 修正展开的坯料形状，使圆角到直边光滑过渡。作法是：由 BC 中点作圆弧 R 的切线，再以 R 为半径作圆弧与直边和切线相切。这时面积 $A_1 \approx A_2$，拉深时圆角部分多出的面积 A_1 向直边转移以补充直边部分面积 A_2 的不足。

(2) 多次拉深成形的高盒形件坯料的确定

① 多次拉深成形的高正方形件的坯料。高正方形件的坯料为圆形，其直径按下式计算（见图 5-37）。

当 $r_g = r$ 时

$$D = 1.13\sqrt{B^2 + 4B(H - 0.43r_g) - 1.72r_g(H + 0.33r_g)} \tag{5-22}$$

当 $r_g > r$ 时

$$D = 1.13\sqrt{B^2 + 4B(H - 0.43r) - 1.72r_g(H + 0.5r_g) - 4r(0.11r - 0.18r_g)} \tag{5-23}$$

② 多次拉深成形的高矩形件的坯料。这种零件可以看成由宽度 B 的两个半正方形和中间宽度为 B、长度为 $L-B$ 的槽形所组成。坯料的外形有两种(见图 5-38)：一种是椭圆形坯料；另一种是长圆形坯料。长圆形坯料的落料模比椭圆形坯料的落料模容易制造。

椭圆形坯料尺寸按以下公式求得：

$$L_z = D + (L - B) \tag{5-24}$$

$$B_z = \frac{D(B - 2r_g) + [B + 2(H - 0.43r)](L - B)}{L - 2r_g} \tag{5-25}$$

$$R_b = \frac{D}{2} \tag{5-26}$$

$$R_1 = \frac{0.25(L_z^2 + B_z^2) - L_z R_b}{B_z - 2R_b} \tag{5-27}$$

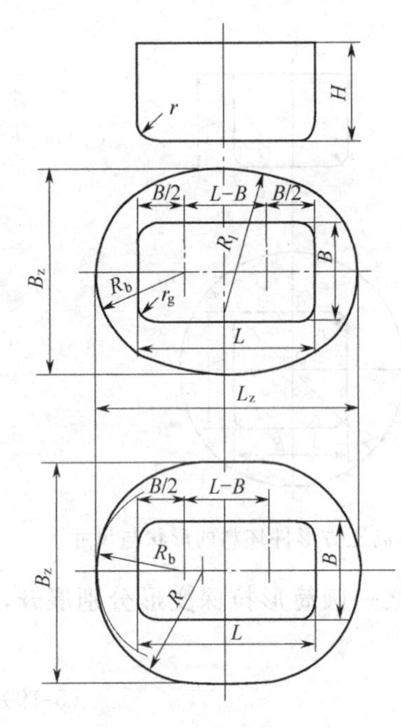

图 5-38 高矩形件坯料的形状与尺寸

式中，D 为边长为 B 的高正方形件坯料直径，按式(5-22) 或式(5-23) 求得。

长圆形坯料尺寸的计算方法是：L_z、B_z 分别按式(5-24) 和式(5-25) 求出，$R=0.5B_z$。

当矩形件的长度 L 和宽度 B 相差不大，计算出的 L_z 和 B_z 相差不远时，可以把坯料简化为圆形，以利于坯料落料模的制造。

3. 盒形件拉深变形程度

盒形件拉深变形程度可以用拉深系数和相对高度来表示。其极限变形程度不仅取决于材料性质和坯料的相对厚度 t/D（或 t/B)，还与零件相对圆角半径 r/B 有密切关系。

对于具有较小圆角半径的盒形件拉深，其拉深变形程度可以用角部拉深系数表示。

首次拉深
$$m_1=\frac{r_{g_1}}{R_y} \tag{5-28}$$

以后各次拉深
$$m_i=\frac{r_{g_i}}{r_{g_{i-1}}}\ (i=2、3、4、\cdots、n) \tag{5-29}$$

式中 R_y——坯料圆角的假想半径，$R_y=R_b-0.7(B-2r_g)$，对于图 5-36，$R_y=R$；

r_{g_1}，r_{g_i}——首次和以后各次拉深后工序件口部的圆角半径；

m_1，m_i——首次和以后各次的拉深系数，其极限值可查表 5-18 和表 5-19。

表 5-18 盒形件角部的第一次极限拉深系数 [m_1]（材料：08 钢、10 钢）

r_g/B_1	坯料相对厚度 $(t/D)/\%$							
	0.3～0.6		0.6～1.0		1.0～1.5		1.5～2.0	
	矩形	方形	矩形	方形	矩形	方形	矩形	方形
0.025	0.31		0.30		0.29		0.28	
0.05	0.32		0.31		0.30		0.29	
0.10	0.33		0.32		0.31		0.30	
0.15	0.35		0.34		0.33		0.32	
0.20	0.36	0.38	0.35	0.36	0.34	0.35	0.33	0.34
0.30	0.40	0.42	0.38	0.40	0.37	0.39	0.36	0.38
0.40	0.44	0.48	0.42	0.45	0.41	0.43	0.40	0.42

注：D 对于正方形件是指坯料直径，对于矩形件是指坯料宽度。

当 $r_g=r$ 时，首次拉深变形程度也可以用盒形件相对高度来表示

$$m=\frac{d}{D}=\frac{2r_g}{2\sqrt{2r_gH}}=\frac{1}{\sqrt{2H/r_g}} \tag{5-30}$$

式中，H/r_g 为盒形件相对高度，盒形件第一次拉深的最大许可相对高度见表 5-20。

如果根据零件尺寸求得的拉深系数 m 大于表 5-18 中的 [m_1] 值，或盒形件相对高度 H/r_g 小于表 5-20 中的 [H/r_{g_1}] 值，则可以一次拉深成形，否则就要多次拉深成形。

表 5-19 盒形件以后各次极限拉深系数 $[m_i]$（材料：08 钢、10 钢）

r_g/B	坯料相对厚度 $(t/D)/\%$			
	0.3～0.6	0.6～1.0	1.0～1.5	1.5～2.0
0.025	0.52	0.50	0.48	0.45
0.05	0.56	0.53	0.50	0.48
0.10	0.60	0.56	0.53	0.50
0.15	0.65	0.60	0.56	0.53
0.20	0.70	0.65	0.60	0.56
0.30	0.72	0.70	0.65	0.60
0.40	0.75	0.73	0.70	0.67

表 5-20 盒形件第一次拉深的许可相对高度 $[H/r_{g1}]$（材料：10 钢）

r_g/B_1	方形			矩形		
	坯料相对厚度 $(t/D)/\%$					
	0.3～0.6	0.6～1	1～2	0.3～0.6	0.6～1	1～2
0.4	2.2	2.5	2.8	2.5	2.8	3.1
0.3	2.8	3.2	3.5	3.2	3.5	3.8
0.2	3.5	3.8	4.2	3.8	4.2	4.6
0.1	4.5	5.0	5.5	4.5	5.0	5.5
0.05	5.0	5.5	6.0	5.0	5.5	6.0

4. 盒形件的多次拉深

盒形件多次拉深时的变形特点，不但不同于圆筒形件的多次拉深，而且与盒形件的首次拉深也有较大的区别。盒形件以后各次拉深变形过程如图 5-39 所示，工件底部和已进入凹模高度为 h_2 的直壁是传力区；宽度为 b_n 的环形部分为变形区；高度为 h_1 的直壁部分是待变形区。在拉深过程中，随着拉深凸模的向下运动，高度 h_2 不断增大，而高度 h_1 则逐渐减小，直到全部进入凹模而形成盒形件的侧壁。

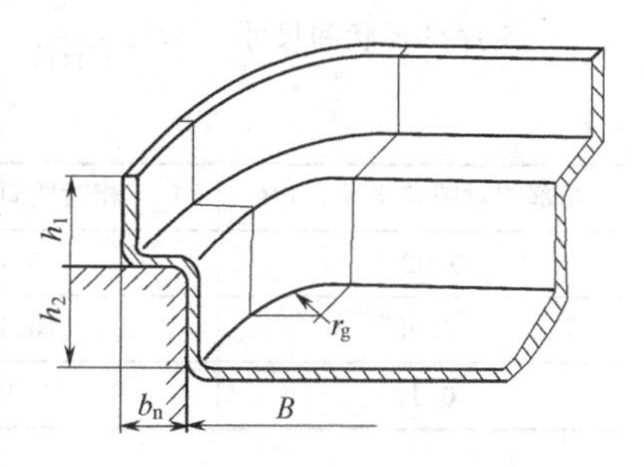

图 5-39 盒形件以后各次拉深变形过程

从拉深变形过程来看，因变形区既有圆角部分又有直边部分，要使拉深顺利进行并保证零件的质量，必须使变形区内各部分的变形均匀，否则这种不均匀的变形受到高度为 h_1 的待变形区侧壁的阻碍，必然在变形区内产生附加应力。在受到附加压应力作用的部位，可能产生材料的堆积或横向起皱；在受到附加拉应力作用的部位，可能产生材料厚度过分变薄甚至破裂。因此，对于盒形件的拉深，除了应保证沿盒形件周边各点上的拉深变形程度不超过其侧壁抗拉强度所允许的极限值以外，还必须保证拉深变形区内各部分变形均匀一致。这是确定盒形件工序顺序、变形工艺参数、工序件形状和尺寸及模具设计着重考虑的问题。

在确定盒形件多次拉深工序件形状和尺寸时，一般应先初步确定拉深次数。盒形件所需的拉深次数可按表 5-21 确定。

表 5-21　盒形件多次拉深所能达到的最大相对高度 H/B

拉深次数	坯料相对厚度 (t/B)/%			
	0.3～0.5	0.5～0.8	0.8～1.3	1.3～2.0
1	0.5	0.58	0.65	0.75
2	0.7	0.8	1.0	1.2
3	1.2	1.3	1.6	2.0
4	2.0	2.2	2.6	3.5
5	3.0	3.4	4.0	5.0
6	4.0	4.5	5.0	6.0

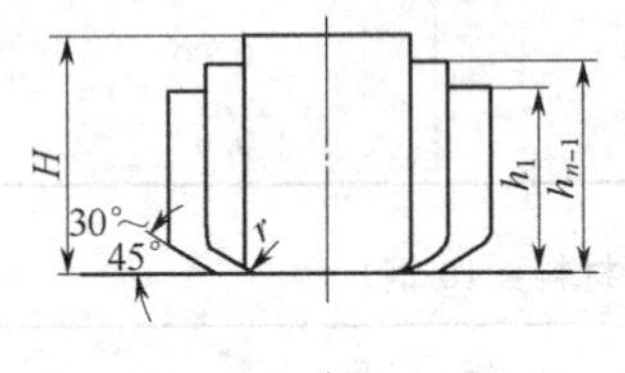

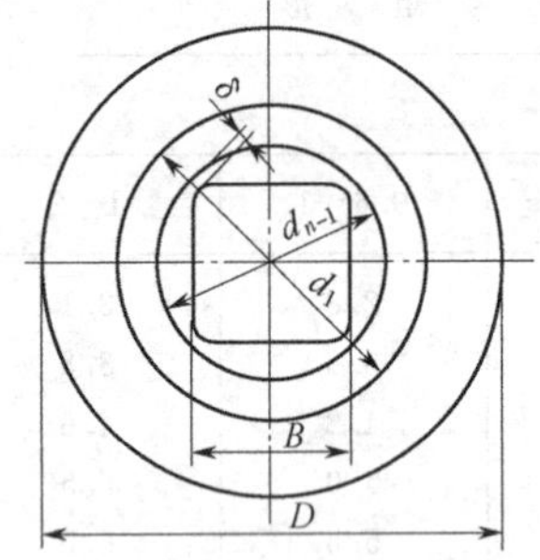

图 5-40　正方形件多次拉深的工序件形状和尺寸

确定盒形件多次拉深工序件形状和尺寸的方法有多种，这里介绍一种控制角部壁间距 δ 的计算方法。

图 5-40 为正方形件多次拉深的工序件形状和尺寸。采用直径为 D 的圆形坯料，各中间工序都拉成圆筒形，最后一次才拉深成方形件。计算从第 $n-1$ 次开始，$n-1$ 次拉深工序件的直径为

$$d_{n-1}=1.41B-0.82r_g+2\delta \tag{5-31}$$

式中　d_{n-1}——第 $n-1$ 次拉深后所得的工序件内径；

B——正方形件的边长（内形尺寸）；

r_g——正方形件角部内圆角半径；

δ——角部壁间距，即由第 $n-1$ 次拉深后得到工序件的圆角内表面到盒形件角部内表面之间距。

角部壁间距 δ 值直接影响拉深变形区的变形程度及其均匀性。保证变形区内适度而均匀的 δ 值可查表 5-22。控制角部壁间距，实际上是控制角部拉深系数。

表 5-22　角部壁间距 δ 值　　mm

角部相对圆角半径 r_g/B	相对壁间距 δ/r_g	角部相对圆角半径 r_g/B	相对壁间距 δ/r_g
0.025	0.12	0.20	0.16
0.05	0.13	0.30	0.17
0.10	0.135	0.40	0.20

其他各道拉深工序相当于将坯料直径为 D 拉深成直径为 d_{n-1}、高度为 H_{n-1} 的圆筒形件，故其工序尺寸计算与圆筒形件拉深的计算方法相同。

图 5-41 所示是矩形件多次拉深的工序件形状和尺寸。各中间工序拉深成椭圆形，最后拉深成矩形。计算也是从第 $n-1$ 次开始，第 $n-1$ 次拉深成椭圆形，其半径为

$$R_{ln-1}=0.705L-0.41r_g+\delta \tag{5-32}$$

$$R_{bn-1}=0.705B-0.41r_g+\delta \tag{5-33}$$

式中　R_{ln-1}，R_{bn-1}——第 $n-1$ 次拉深所得椭圆形工序件在短轴和长轴上的曲率半径；

L，B——矩形件的长度和宽度；

r_g——矩形件角部内圆角半径；

δ——角部壁间距，与方形件相同。

R_{ln-1} 和 R_{bn-1} 的圆心可按图5-41所示的尺寸关系确定，画圆弧并平滑连接即得第 $n-1$ 次拉深工序件的形状和尺寸。当第 $n-1$ 次拉深工序件的形状和尺寸确定后，用盒形件首次

拉深的计算方法核算是否可以由平板坯料一次拉成，如果不行，再进行第 $n-2$ 次拉深工序的计算。第 $n-2$ 次拉深是从椭圆形到椭圆形，此时应保证

$$\frac{R_{\mathrm{l}n-1}}{R_{\mathrm{l}n-1}+l_{n-1}}=\frac{R_{\mathrm{b}n-1}}{R_{\mathrm{b}n-1}+b_{n-1}}=0.75\sim0.85 \tag{5-34}$$

式中，l_{n-1}，b_{n-1}——第 $n-2$ 次与第 $n-1$ 次工序件之间在短轴与长轴上的壁间距离。

由式(5-34) 可求得 l_{n-1} 和 b_{n-1} 如下

$$l_{n-1}=(0.18\sim0.33)R_{\mathrm{l}n-1} \tag{5-35}$$

$$b_{n-1}=(0.18\sim0.33)R_{\mathrm{b}n-1} \tag{5-36}$$

求出 l_{n-1} 和 b_{n-1} 之后，在对称轴上找到 M 和 N 点，然后选定半径 R_l 和 R_b 作圆弧使其通过 N 点和 M 点，并圆滑连接，即得第 $n-2$ 次拉深工序件的形状和尺寸。R_l 和 R_b 的圆心应比 $R_{\mathrm{l}n-1}$ 和 $R_{\mathrm{b}n-1}$ 的圆心更靠近矩形件的中心 O。

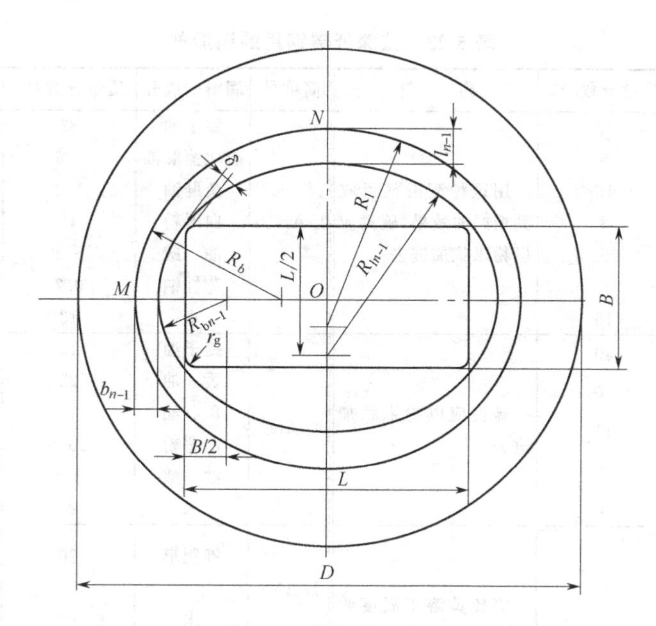

图 5-41　矩形件多次拉深的工序件形状和尺寸

得出第 $n-2$ 次拉深工序件的形状和尺寸后，再核算是否可以由平板坯料一次拉成。如果不行，则再进行第 $n-3$ 次拉深工序计算。依次类推，直到初次拉深为止。

为了使最后一次拉深能顺利进行，通常将第 $n-1$ 次拉深成具有和零件相同的平底形状，并以 45°斜角和大的圆角半径将其与侧壁连接起来（见图 5-40）。

第七节　拉深工艺的辅助工序

为了保证拉深过程的顺利进行或提高拉深件质量和模具寿命，需要安排一些必要的辅助工序，如润滑、热处理和酸洗等。

一、润滑

在拉深过程中，板料与模具的接触面之间要产生相对滑动，因而有摩擦力存在。在图 5-42 中，F_1 为板料与凹模及压边圈之间的摩擦力；F_2 为板料与凹模角之间的摩擦力；F_3 为板料与凹模壁之间的摩擦力；F_4 为板料与凸模壁之间的摩擦力；F_5 为板料与凸模角之

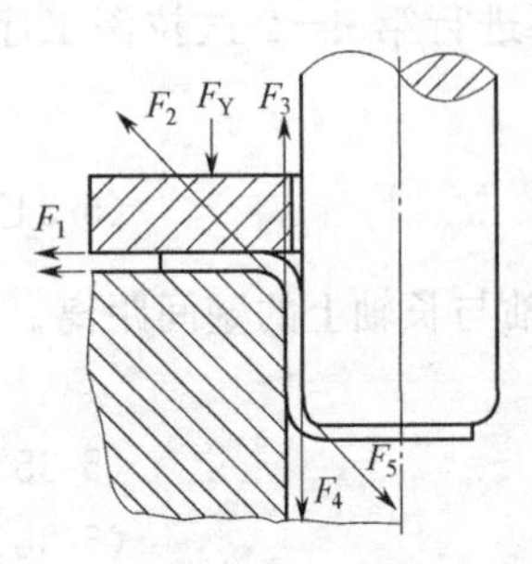

图 5-42　拉深中的摩擦力

间的摩擦力。其中，摩擦力 F_1、F_2 和 F_3 不但增大了侧壁传力区的拉应力，而且会刮伤模具和工件表面，特别是在拉深不锈钢、耐热钢及其合金、钛合金等易粘模的材料时更严重，因而对拉深成形不利，应采取措施尽量减少；而摩擦力 F_4、F_5 则有阻止板料在危险断面处变薄的作用，因而对拉深成形是有益的，不应过小。

由此可见，在拉深过程中，需要摩擦力小的部位，必须润滑，其表面粗糙度值也应较小，以降低摩擦因数，从而减小拉应力，提高极限变形程度（减小拉深系数），并提高拉深件质量和模具寿命；而摩擦力不必过小的部位，可不润滑，其表面粗糙度值也不宜很小。

常见的润滑剂见表 5-23 和表 5-24。

表 5-23　拉深低碳钢用的润滑剂

简称号	润滑剂成分	质量分数/%	附　注	简称号	润滑剂成分	质量分数/%	附　注
L-AN5	锭子油 鱼肝油 石　墨 油　酸 硫　黄 钾肥皂 水	43 8 15 8 5 6 15	用这种润滑剂可收到最好的效果，硫黄应以粉末状加进去	L-AN10	锭子油 硫化蓖麻油 鱼肝油 白垩粉 油　酸 苛性钠 水	33 1.6 1.2 45 5.5 0.7 13	润滑剂很容易去掉，用于单位压料力大的拉深件
L-AN6	锭子油 黄　油 滑石粉 硫　黄 酒　精	40 40 11 8 1	硫黄应以粉末状加进去	L-AN2	锭子油 黄　油 鱼肝油 白垩粉 油　酸 水	12 25 12 20.5 5.5 25	这种润滑剂比以上几种略差
L-AN9	锭子油 黄　油 石　墨 硫　黄 酒　精 水	20 40 20 7 1 12	将硫黄溶于温度约为 160 ℃的锭子油内。其缺点是保存时间太久会分层	L-AN8	钾肥皂 水	20 80	将肥皂溶在温度为 60～70 ℃水里。用于球形及抛物线形工件的拉深
					乳化液 白垩粉 焙烧苏打 水	37 45 1.3 16.7	可溶解的润滑剂。加 3%的硫化蓖麻油后，可改善其效用

表 5-24　拉深有色金属及不锈钢用润滑剂

材料名称	润滑剂
铝	植物油（豆油）、工业凡士林
硬铝	植物油乳浊液
紫铜、黄铜、青铜	菜油或肥皂与油的乳浊液（将油与浓的肥皂水溶液混合）
镍及其合金	肥皂与油的乳浊液
2Cr13、1Cr18Ni9Ti、耐热钢	用氯化乙烯漆（G01-4）喷涂板料表面，拉深时另涂机油

二、热处理

在拉深过程中，由于板料因塑性变形而产生较大的加工硬化，致使继续变形困难甚至不可能。为了后续拉深或其他成形工序的顺利进行，或消除工件的内应力，必要时应进行工序间的热处理或最后消除应力的热处理。

对于普通硬化的金属（如 08 钢、10 钢、15 钢、黄铜和退火过的铝等），若工艺过程制定得正确，模具设计合理，一般可不需要进行中间退火。而对于高度硬化的金属（如不锈钢、耐热钢、退火紫铜等），一般在 1～2 次拉深工序后就要进行中间热处理。

不需要进行中间热处理能完成的拉深次数见表 5-25。如果降低每次拉深的变形程度（即增大拉深系数），增加拉深次数，由于每次拉深后的危险断面是不断往上转移的，结果使拉裂的矛盾得以缓和，于是可以增加总的变形程度而不需要或减少中间热处理工序。

表 5-25 不需要进行中间热处理所能完成的拉深次数

材料	次数	材料	次数
08、10、15	3～4	不锈钢	1～2
铝	4～5	镁合金	1
黄铜	2～4	钛合金	1
纯铜	1～2		

为了消除加工硬化而进行的热处理方法，对于一般金属材料是退火，对于奥氏体不锈钢、耐热钢则是淬火。退火又分为低温退火和高温退火。低温退火是把加工硬化的工件加热到再结晶温度，使之得到再结晶组织，消除硬化，恢复塑性。高温退火是把加工硬化的工件加热到临界点以上一定的温度，使之得到经过相变的新的平衡组织，完全消除了硬化现象，塑性得到了更好恢复。低温退火由于温度低，表面质量较好，是拉深中常用的方法。高温退火温度高，表面质量较差，一般用于加工硬化严重的情况。

不论是工序间热处理还是最后消除应力的热处理，应尽量及时进行，以免由于长期存放造成冲件在内应力作用下生产变形或龟裂，特别对不锈钢、耐热钢及黄铜冲件更是如此。

三、酸洗

经过热处理的工序件，表面有氧化皮，需要清洗后方可继续进行拉深或其他冲压加工。在许多场合，工件表面的油污及其他污物也必须清洗，方可进行喷漆或搪瓷等后续工序。有时在拉深成形前也需要对坯料进行清洗。

在冲压加工中，清洗的方法一般是采用酸洗。酸洗时先用苏打水去油，然后将工件或坯料置于加热的稀酸中浸蚀，接着在冷水中漂洗，后在弱碱溶液中将残留的酸液中和，最后在热水中洗涤并经烘干即可。各种材料的酸洗溶液见表 5-26。

表 5-26 酸洗溶液成分

工件材料	酸洗溶液		说明
	化学成分	含量	
低碳钢	硫酸或盐酸 水	15%～20%(质量分数) 其余	
高碳钢	硫酸 水	10%～15%(质量分数) 其余	预浸
	苛性钠或苛性钾	50～100g/L	最后酸洗

续表

工件材料	酸洗溶液		说明
	化学成分	含量	
不锈钢	硝酸 盐酸 硫化胶 水	10%(质量分数) 1%～2%(质量分数) 0.1%(质量分数) 其余	得到光亮的表面
铜及其合金	硝酸 盐酸 炭黑	200份(质量) 1～2份(质量) 1～2份(质量)	预浸
	硝酸 硫酸 盐酸	75份(质量) 100份(质量) 1份(质量)	光亮酸洗
铝及锌	苛性钠或苛性钾 食盐 盐酸	100～200g/L 13g/L 50～100g/L	闪光酸洗

第八节　拉深模的典型结构

拉深模的结构一般较简单，但结构类型较多：按使用的压力机不同，可分为单动压力机上使用的拉深模与双动压力机上使用的拉深模；按工序的组合程度不同，可分为单工序拉深模、复合工序拉深模与级进工序拉深模；按结构形式与使用要求的不同，可分为首次拉深模与以后各次拉深模、有压料装置拉深模与无压料装置拉深模、顺装式拉深模与倒装式拉深模、下出件拉深模与上出件拉深模等。

拉深模的结构设计应在拉深工艺计算与拉深工序制定之后进行，主要依据拉深件的生产批量和尺寸精度要求并考虑安全生产因素来确定。这里仅以简单拉深件的常用拉深模进行分析与介绍。

一、单动压力机上使用的拉深模

1. 首次拉深模

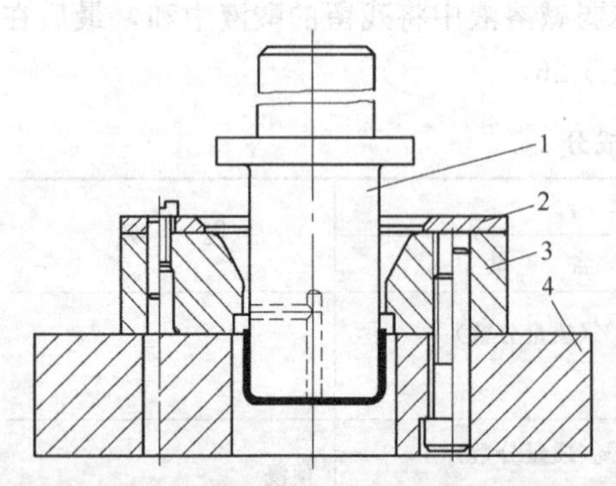

图5-43　无压料下出件首次拉深模
1—凸模；2—定位板；3—凹模；4—下模座

（1）无压料首次拉深模　图5-43所示为无压料装置的下出件首次拉深模。工作时，平板坯料由定位板2定位，凸模1下行将坯料拉入凹模3内。凸模下止点要调到使已成形的工件直壁全部越出凹模工作带，这时由于回弹，工件口部直径稍有增大，回程后工件被凹模工作带下的台阶挡住而卸下。坯料厚度小时，工件容易卡在凸、凹模之间的缝隙内，需在凹模台阶处设置刮件板或刮件环。这种拉深模主要适用于坯料相对厚度$t/D>2\%$的厚料拉深，成形后的工件尺寸精度不高，底部不够平整。

这种模具的凸模常与模柄制成一体，以使模具结构简单。但当凸模直径较小时，可与模柄分体制造，中间用模板和固定板并借助螺钉把两者连接起来。为了便于卸件，拉深凸模的工作端要开通气孔，其直径可视凸模直径的大小在 $\phi3 \sim 8$mm 之间选取。通气孔过长会给钻孔带来困难，可在超出工件高度处钻一横孔与之相通，以减小中心孔的钻孔深度。该模具的凹模为锥形凹模，可提高坯料的变形程度。当工件相对高度 H/d 较小时，也可采用全直壁凹模，使凹模更容易加工。

只进行拉深而没有冲裁加工的拉深模可以不用导向模架，安装模具时，下模先不要固定死，在凹模孔口放置几块厚度与拉深件料厚相同的板条，将凸模引入凹模时下模沿横向作稍许移动便可自动将拉深间隙调整均匀。在闭合状态下，将下模固定死，抬起上模，便可以进行拉深加工了。

图 5-44 所示为无压料装置的上出件首次拉深模，与图 5-43 所示的下出件拉深模相比较，增加了由顶件块 2、顶杆 3 及弹顶器 4 组成的顶出装置。顶出装置的作用不仅在于形成上出件方式，即将拉深完的工件从凹模内顶出，而且在拉深过程中能始终将板料压紧于顶板与凸模端面之间，并在拉深后期可对拉深件底部进行校平。因此采用这种上出件方式，拉深完的工件底部比较平整，形状也比较规则。

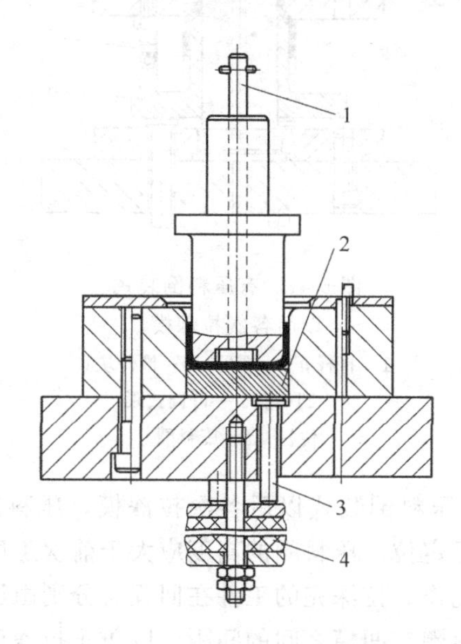

图 5-44　无压料上出件首次拉深模

1—打杆；2—顶件块；3—顶杆；4—弹顶器（橡胶垫）

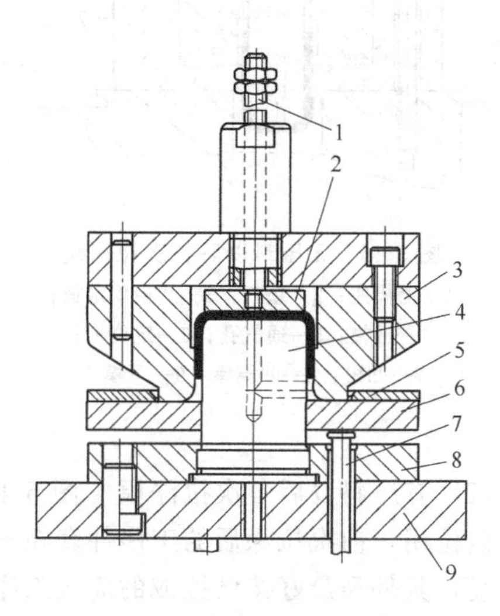

图 5-45　有压料倒装式首次拉深模

1—打杆；2—推件块；3—凹模；4—凸模；5—定位板；6—压料圈；7—顶杆；8—凸模固定板；9—下模座

如果回程时工件随凸模上升，打杆 1 撞到压力机横梁时将产生推件力，使工件脱离凸模。弹顶器一般都是冲压车间的通用装置，设计拉深模时只需在下模座留出与螺杆相配的螺孔。当工件较大时，需要的顶件力也较大，应尽可能采用气垫而不用橡胶垫，以减小对压力机的冲击破坏作用。

（2）有压料首次拉深模　在单动压力机上使用的拉深模，如果有压料装置，常采用倒装式结构，以便于采用通用的弹顶器并缩短凸模长度。图 5-45 所示为有压料装置的倒装式首次拉深模，坯料由定位板5定位，上模下行时，坯料在压料圈6的压紧状态下由凸模4与凹模3拉深成形。拉深完的工件在回程时由压料圈6从凸模上顶出，再由推件块2从凹模内推出。为了便于放入坯料，定位板的内孔应加工出较大的倒角，余下的直壁高度应小于坯料厚度。凸模4为阶梯式结构，通过固定板8与下模座9相连接，这种固定方式便于保证凸模与下模座的垂直度。

2. 以后各次拉深模

(1) 无压料以后各次拉深模　图5-46所示为无压料装置的以后各次拉深模，前次拉深后的工序件由定位板6定位，凸模下行时将工序件拉入凹模成形，拉深后凸模回程，工件由凹模孔台阶卸下。为了减小工件与凹模间的摩擦，凹模直边高度 h 取 9～13mm。该模具适用于变形程度不大、拉深件直径和壁厚要求均匀的以后各次拉深。

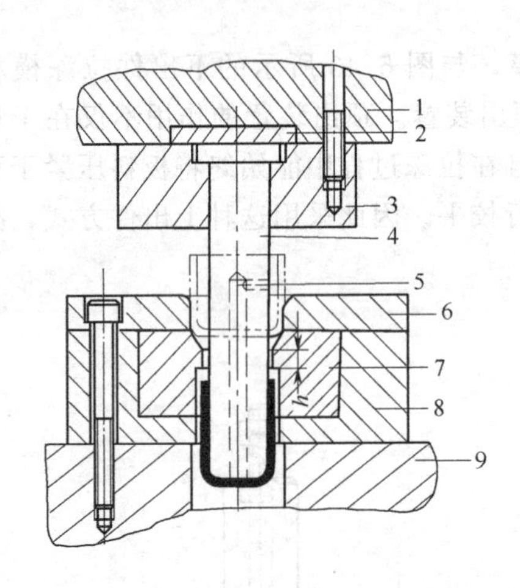

图5-46　无压料以后各次拉深模

1—上模座；2—垫板；3—凸模固定板；4—凸模；5—通气孔；6—定位板；7—凹模；8—凹模座；9—下模座

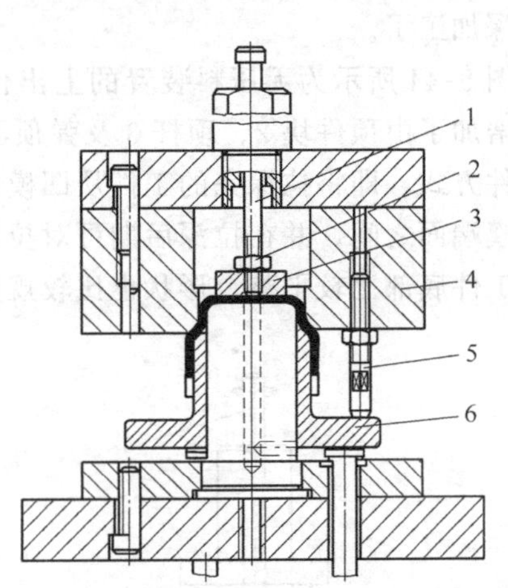

图5-47　有压料倒装式以后各次拉深模

1—打杆；2—螺母；3—推件块；4—凹模；5—可调式限位柱；6—压料圈

(2) 有压料以后各次拉深模　图5-47所示为有压料倒装式以后各次拉深模，压料圈6兼作定位用，前次拉深后的工序件套在压料圈上进行定位。压料圈的高度应大于前次工序件的高度，其外径最好按已拉成的前次工序件的内径配作。拉深完的工件在回程时分别由压料圈顶出和推件块3推出。可调式限位柱5可控制压料圈与凹模之间的间距，以防止拉深后期由于压料力过大造成工件侧壁底角附近板料过分减薄，甚至拉裂。

3. 复合拉深模

(1) 落料-拉深复合模　图5-48所示为落料-拉深复合模，条料由两个导料销11进行导向，由挡料销12定距。由于排样图取消了纵搭边，落料后废料中间将自动断开，因此可不设卸料装置。

开始工作时，首先由落料凹模1和凸凹模3完成落料，紧接着由拉深凸模2和凸凹模进行拉深。拉深结束后，回程时由推件块4将工件从凸凹模内推出。压料圈9兼作顶件块，在拉深过程中起压料作用，回程时又能将工件从凸模上顶起，使其脱离凸模。为了保证先落料、后拉深，模具装配时，应使拉深凸模2比落料凹模1低约1～1.5倍料厚的距离。

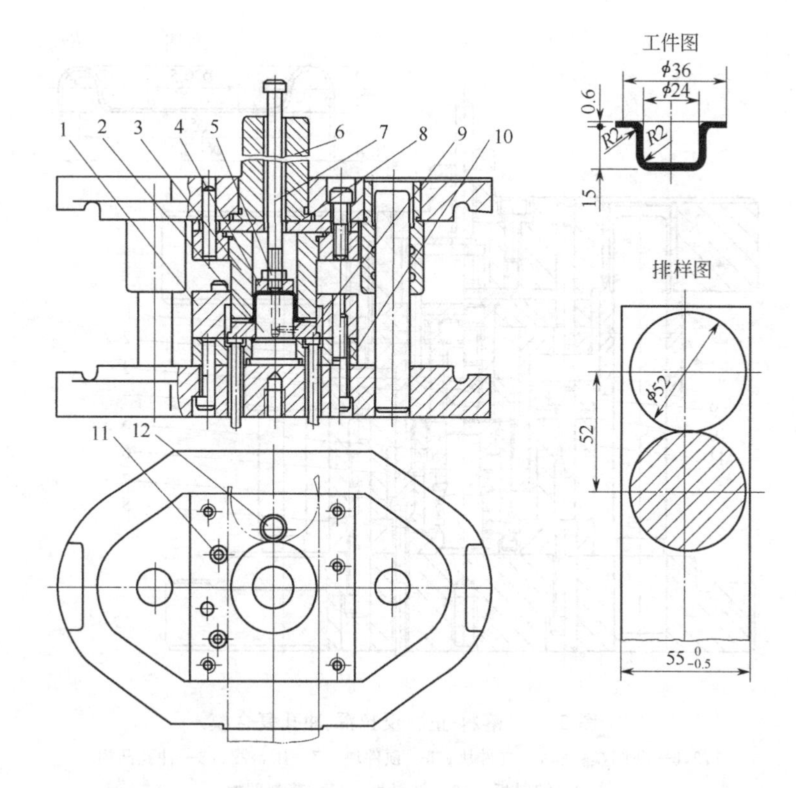

图 5-48　落料-拉深复合模

1—落料凹模；2—拉深凸模；3—凸凹模；4—推件块；5—螺母；6—模柄；7—打杆；8—垫板；9—压料圈；10—固定板；11—导料销；12—挡料销

该模具采用了中间导柱模架，可保证均匀的冲裁间隙，提高模具的刃磨寿命，并使模具的调试简单化。因此兼有冲裁加工的拉深模都采用模架进行导向。

落料-拉深复合模比单工序模可提高生产效率，但模具较复杂，装配难度也较大。由于计算的拉深件坯料尺寸不一定准确，常需经试模修正，因此应在拉深件坯料经单工序模验证合适之后，为了提高生产率，才设计落料-拉深复合模。对于较小的拉深件，从安全考虑，也可采取落料与拉深复合的方案，这时在变形程度允许的条件下，可适当加大坯料尺寸，以提高模具的可靠性。对于非圆形拉深件，一般不宜采用落料与拉深复合的方案，因为其坯料尺寸计算的可靠性更差。除非拉深件的变形程度较小，允许将坯料尺寸加大，才考虑设计落料-拉深复合模。

(2) 落料-正、反拉深-冲孔复合模　如图 5-49 所示，该模具集中了落料、正向拉深、反向拉深和冲孔四个工序，对成形图中所示拉深件是很适合的。

该模具的工作过程如下：条料沿导料板 10 送进，由凸凹模 2 和落料凹模 11 完成落料，由固定卸料板 9 完成卸料。落料后，首先由凸凹模 2 和凸凹模 6 完成正拉深，紧接着由凸凹模 1 和凸凹模 6 完成反拉深，最后由冲孔凸模 8 和凸凹模 1 完成冲孔。之后压力机滑块进入回程，冲孔废料由推件块 4 从凸凹模 1 的凹模孔内推出。工件如果留在上模，可由推件块 3 从凸凹模 2 的凹模孔内推出；工件如果留在下模，可由顶件块 5 从凸凹模 6 的凹模孔内顶出，同时压料圈 7 也能起顶件作用。该模具零件较多，结构较为复杂，但零件并不难加工，只是模具装配调整较为复杂。

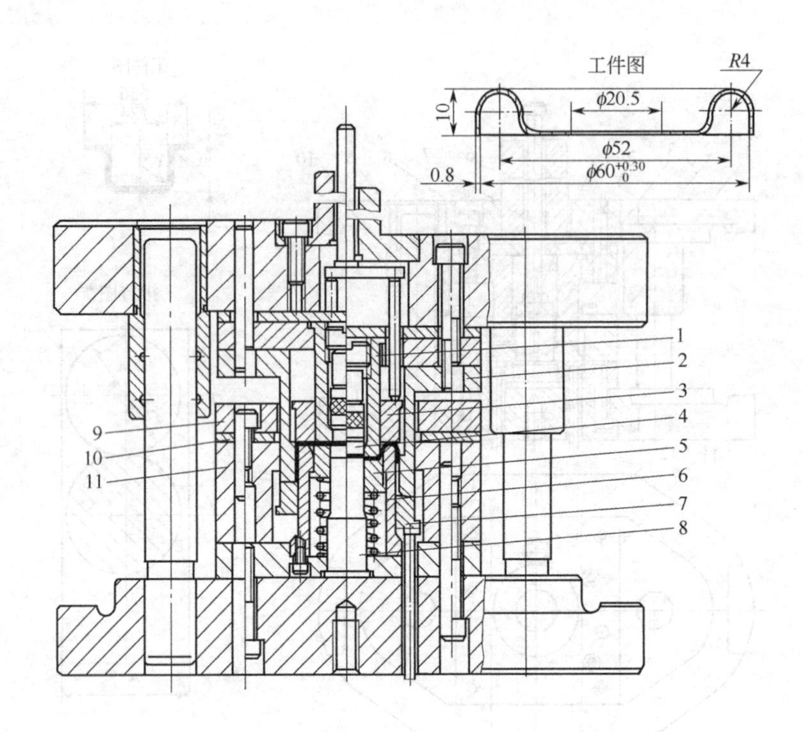

图 5-49 落料-正、反拉深-冲孔复合模

1,2,6—凸凹模；3,4—推件块；5—顶件块；7—压料圈；8—冲孔凸模；9—卸料板；10—导料板；11—落料凹模

采用这种多工序复合模具有明显的优点，不仅生产效率较高，而且可获得尺寸精度较高的拉深件，同时可消除单工序生产的不安全因素。

二、双动压力机上使用的拉深模

1. 双动压力机用首次拉深模

图 5-50 所示为双动压力机用首次拉深模，下模由凹模 2、定位板 3、凹模固定板 8、顶件块 9 和下模座 1 组成，上模的压料圈 5 通过上模座 4 固定在压力机的外滑块上，凸模 7 通过凸模固定杆 6 固定在内滑块上。工作时，坯料由定位板定位，外滑块先行下降带动压料圈将坯料压紧，接着内滑块下降带动凸模完成对坯料的拉深。回程时，内滑块先带动凸模上升将工件卸下，接着外滑块带动压料圈上升，同时顶件块在弹顶器作用下将工件从凹模内顶出。

2. 双动压力机用落料-拉深复合模

图 5-51 所示为双动压力机用落料-拉深复合模，可同时完成落料、拉深及底部的浅成形。该模具在结构设计上采用的是组合式结构，压料圈 3 固定在压料圈座 2 上，并兼作落料凸模，拉深凸模 4 固定在凸模座 1 上。这种组合式结构特别适用于大型模具，不仅可以节省模具钢，而且也便于坯料的制备与热处理。

工作时，外滑块首先带动压料圈下行，在达到下止点前与落料凹模 5 共同完成落料，接着进行压料（如左半视图所示）。然后内滑块带动拉深凸模下行，与拉深凹模 6 一起完成拉深。顶件块 7 兼作拉深凹模的底，在内滑块到达下止点时，可完成对工件的浅成形（如右半视图所示）。回程时，内滑块先上升，然后外滑块上升，最后由顶件块 7 将工件顶出。

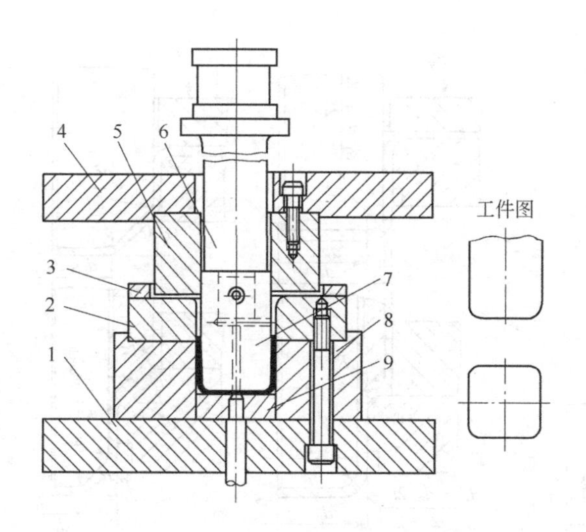

图 5-50　双动压力机用首次拉深模

1—下模座；2—凹模；3—定位板；4—上模座；5—压料圈；6—凸模固定杆；7—凸模；8—凹模固定板；9—顶件块

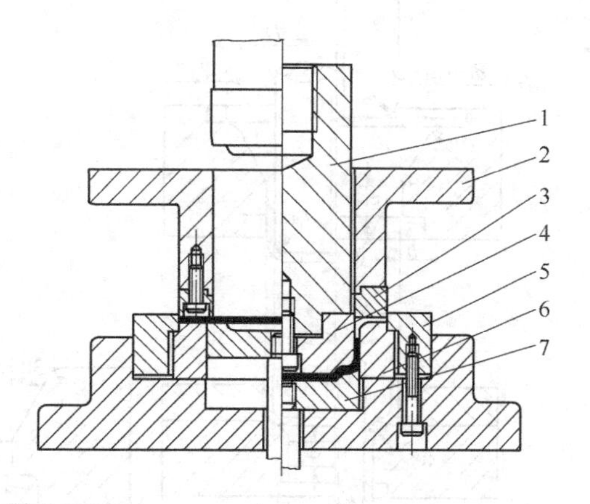

图 5-51　双动压力机用落料-拉深复合模

1—凸模座；2—压料圈座；3—压料圈（兼落料凸模）；4—拉深凸模；5—落料凹模；6—拉深凹模；7—顶件块

第九节　拉深模工作零件的设计与制造

一、拉深模工作零件的设计

1. 凸、凹模的结构

凸、凹模的结构设计得是否合理，不但直接影响拉深时的坯料变形，而且还影响拉深件的质量。凸、凹模常见的结构形式有以下几种。

(1) 无压料时的凸、凹模　图 5-52 所示为无压料一次拉深成形时所用的凸、凹模结构，其中圆弧形凹模［见图 5-52(a)］结构简单，加工方便，是常用的拉深凹模结构形式；锥形凹模［见图 5-52(b)］和渐开线形凹模［见图 5-52(c)］、等切面形凹模［见图 5-52(d)］对抗失稳起皱有利，但加工较复杂，主要用于拉深系数较小的拉深件。图 5-53 所示为无压料多次拉深所用的凸、凹模结构。上述凹模结构中，$a=5\sim10$mm，$b=2\sim5$mm，锥形凹模的锥角一般取 30°。

(2) 有压料时的凸、凹模　有压料时的凸、凹模结构如图 5-54 所示，其中图 5-54(a) 用于直径小于 100mm 的拉深件；图 5-54(b) 用于直径大于 100mm 的拉深件，这种结构除

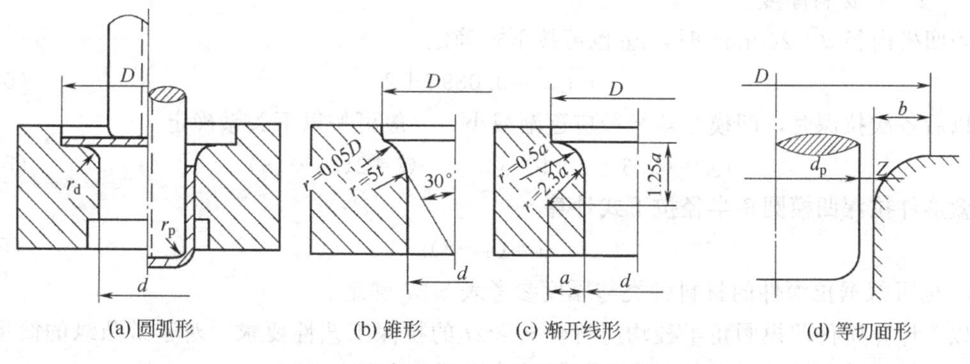

图 5-52　无压料一次拉深的凸、凹模结构

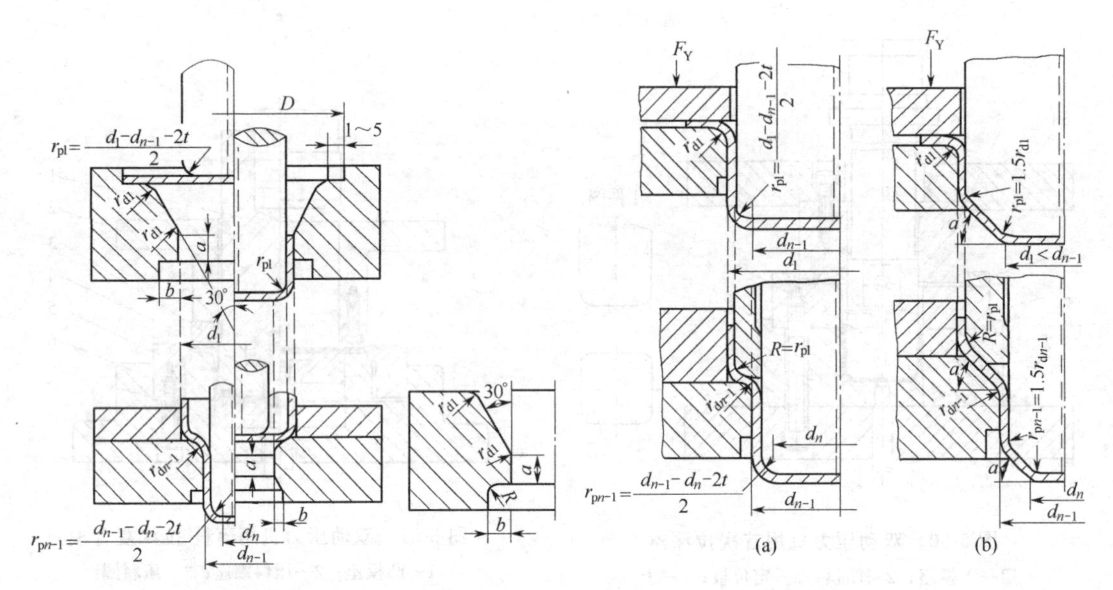

图 5-53　无压料多次拉深的凸、凹模结构　　　图 5-54　有压料多次拉深的凸、凹模结构

了具有锥形凹模的特点外，还可减轻坯料的反复弯曲变形，以提高工件侧壁质量。

设计多次拉深的凸、凹模结构时，必须十分注意前后两次拉深中凸、凹模的形状尺寸具有恰当的关系，尽量使前次拉深所得工序件形状有利于后次拉深成形，而后一次拉深的凸、凹模及压料圈的形状与前次拉深所得工序件相吻合，以避免坯料在成形过程中的反复弯曲。为了保证拉深时工件底部平整，应使前一次拉深所得工序件的平底部分尺寸不小于后一次拉深工件的平底尺寸。

2. 凸、凹模的圆角半径

（1）凹模圆角半径　凹模圆角半径 r_d 越大，材料越易进入凹模，但 r_d 过大，材料易起皱。因此，在材料不起皱的前提下，r_d 宜取大一些。

第一次（包括只有一次）拉深的凹模圆角半径可按以下经验公式计算

$$r_{d1}=0.8\sqrt{(D-d)t} \tag{5-37}$$

式中　r_{d1}——凹模圆角半径；

D——坯料直径；

d——凹模内径（当工件料厚 $t\geqslant 1$ 时，也可取首次拉深时工件的中线尺寸）；

t——材料厚度。

当凹模内径 $d>200$mm 时，r_{d1} 也可按下式确定

$$r_{d1\min}=0.039d+2 \tag{5-38}$$

以后各次拉深时，凹模圆角半径应逐渐减小，一般可按以下关系确定

$$r_{di}=(0.6\sim 0.9)r_{d(i-1)}\quad (i=2、3、\cdots、n) \tag{5-39}$$

盒形件拉深凹模圆角半径按下式计算

$$r_d=(4\sim 8)t \tag{5-40}$$

r_d 也可根据拉深件的材料种类与厚度参考表 5-27 确定。

以上计算所得凹模圆角半径均应符合 $r_d\geqslant 2t$ 的拉深工艺性要求。对于带凸缘的筒形件，最后一次拉深的凹模圆角半径还应与零件的凸缘圆角半径相等。

表 5-27　拉深凹模圆角半径 r_d 的数值　mm

拉深件材料	料厚 t	r_d	拉深件材料	料厚 t	r_d
钢	<3	$(10\sim6)t$	铝、黄铜、紫铜	<3	$(8\sim5)t$
	3～6	$(6\sim4)t$		3～6	$(5\sim3)t$
	>6	$(4\sim2)t$		>6	$(3\sim1.5)t$

注：对于第一次拉深和较薄的材料，应取表中上限值；对于以后各次拉深和较厚的材料，应取表中下限值。

(2) 凸模圆角半径　凸模圆角半径 r_p 过小，会使坯料在此受到过大的弯曲变形，导致危险断面材料严重变薄甚至拉裂；r_p 过大，会使坯料悬空部分增大，容易产生“内起皱”现象。

一般 $r_p<r_d$，单次拉深或多次拉深的第一次拉深可取

$$r_{p1}=(0.7\sim1.0)r_{d1} \tag{5-41}$$

以后各次拉深的凸模圆角半径可按下式确定

$$r_{p(i-1)}=\frac{d_{i-1}-d_i-2t}{2}\quad(i=3、4、\cdots、n) \tag{5-42}$$

式中，d_{i-1}、d_i 为各次拉深工序件的直径。

最后一次拉深时，凸模圆角半径 r_{pn} 应与拉深件底部圆角半径 r 相等。但当拉深件底部圆角半径小于拉深工艺性要求时，则凸模圆角半径应按工艺性要求确定（$r_p\geqslant t$），然后通过增加整形工序得到拉深件所要求的圆角半径。

3. 凸、凹模间隙

拉深模的凸、凹模间隙对拉深力、拉深件质量、模具寿命等都有较大的影响。间隙小时，拉深力大，模具磨损也大，但拉深件回弹小，精度高。间隙过小，会使拉深件壁部严重变薄甚至拉裂。间隙过大，拉深时坯料容易起皱，而且口部的变厚得不到消除，拉深件出现较大的锥度，精度较差。因此，拉深凸、凹模间隙应根据坯料厚度及公差、拉深过程中坯料的增厚情况、拉深次数、拉深件的形状及精度等要求确定。

① 对于无压料装置的拉深模，其凸、凹模单边间隙可按下式确定

$$Z=(1\sim1.1)t_{max} \tag{5-43}$$

式中　Z——凸、凹模单边间隙；

t_{max}——材料厚度的最大极限尺寸。

对于系数 1～1.1，小值用于末次拉深或精度要求高的零件拉深，大值用于首次和中间各次拉深或精度要求不高的零件拉深。

② 对于有压料装置的拉深模，其凸、凹模单边间隙可根据材料厚度和拉深次数参考表 5-28 确定。

表 5-28　有压料装置的凸、凹模单边间隙值 Z　mm

总拉深次数	拉深工序	单边间隙 Z	总拉深次数	拉深工序	单边间隙 Z
1	第一次拉深	$(1\sim1.1)t$	4	第一、二次拉深	$1.2t$
2	第一次拉深	$1.1t$		第三次拉深	$1.1t$
	第二次拉深	$(1\sim1.05)t$		第四次拉深	$(1\sim1.05)t$
3	第一次拉深	$1.2t$	5	第一、二、三次拉深	$1.2t$
	第二次拉深	$1.1t$		第四次拉深	$1.1t$
	第三次拉深	$(1\sim1.05)t$		第五次拉深	$(1\sim1.05)t$

注：1. t 为材料厚度，取材料允许偏差的中间值。

2. 当拉深精度要求较高的零件时，最后一次拉深间隙取 $Z=t$。

③ 对于盒形件拉深模，其凸、凹模单边间隙可根据盒形件精度确定，当精度要求较高时，$Z=(0.9\sim1.05)t$；当精度要求不高时，$Z=(1.1\sim1.3)t$。最后一次拉深取较小值。

另外，由于盒形件拉深时坯料在角部变厚较多，因此圆角部分的间隙应较直边部分的间隙大 $0.1t$。

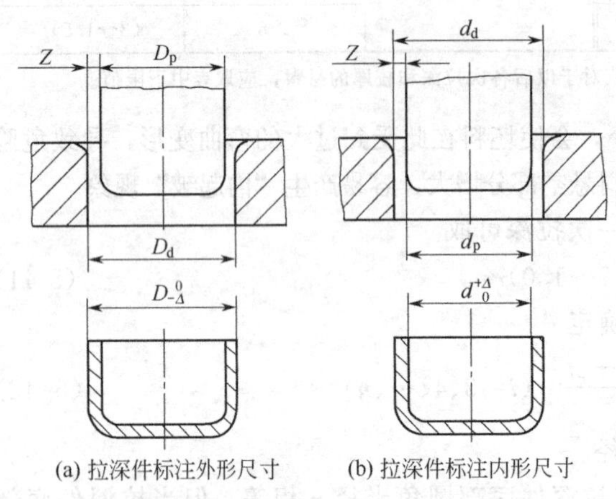

(a) 拉深件标注外形尺寸　(b) 拉深件标注内形尺寸

图 5-55　拉深件尺寸与凸、凹模工作尺寸

4. 凸、凹模工作尺寸及公差

拉深件的尺寸和公差是由最后一次拉深模保证的，考虑拉深模的磨损和拉深件的弹性回复，最后一次拉深模的凸、凹模工作尺寸及公差按如下确定。

当拉深件标注外形尺寸时［见图 5-55(a)］，则

$$D_d=(D_{max}-0.75\Delta)_{\ 0}^{+\delta_d} \quad (5\text{-}44)$$

$$D_p=(D_{max}-0.75\Delta-2Z)_{-\delta_p}^{\ 0} \quad (5\text{-}45)$$

当拉深件标注内形尺寸时［见图 5-55(b)］，则

$$d_p=(d_{min}+0.4\Delta)_{-\delta_p}^{\ 0} \quad (5\text{-}46)$$

$$d_d=(d_{min}+0.4\Delta+2Z)_{\ 0}^{+\delta_d} \quad (5\text{-}47)$$

式中　D_d，d_d——凹模工作尺寸；

D_p，d_p——凸模工作尺寸；

D_{max}，d_{min}——拉深件的最大外形尺寸和最小内形尺寸；

Z——凸、凹模单边间隙；

Δ——拉深件的公差；

δ_p，δ_d——凸、凹模的制造公差，可按 IT6～IT9 级确定，或查表 5-29。

表 5-29　拉深凸、凹模制造公差　mm

材料厚度 t	拉深件直径 d					
	≤20		20～100		>100	
	δ_d	δ_p	δ_d	δ_p	δ_d	δ_p
≤0.5	0.02	0.01	0.03	0.02	—	—
>0.5～1.5	0.04	0.02	0.05	0.03	0.08	0.05
>1.5	0.06	0.04	0.08	0.05	0.10	0.06

对于首次和中间各次拉深模，因工序件尺寸无需严格要求，所以其凸、凹模工作尺寸取相应工序的工序件尺寸即可。若以凹模为基准，则

$$D_d=D_{\ 0}^{+\delta_d} \quad (5\text{-}48)$$

$$D_p=(D-2Z)_{-\delta_p}^{\ 0} \quad (5\text{-}49)$$

式中，D 为各次拉深工序件的基本尺寸。

二、拉深模工作零件的制造

1. 拉深模工作零件的加工特点

① 凸、凹模的断面形状和尺寸精度是选择加工方法的主要依据。对于圆形断面，一般先采用车削加工，经热处理淬硬后再磨削达到图样要求，圆角部分和某些表面还需进行研

磨、抛光；对于非圆形断面，一般按划线进行铣削加工，再热处理淬硬后进行研磨或抛光；对于大、中型零件的拉深凸、凹模，必要时先做出样板，然后按样板进行加工。

② 凸、凹模的圆角半径是一个十分重要的参数，凸模圆角半径通常根据拉深件要求决定，可一次加工而成。而凹模圆半径一般与拉深件尺寸没有直接关系，往往要通过试模修正才能达到较佳的数值，因此凹模圆角的设计值不宜过大，要留有修模时由小变大的余地。

③ 因为拉深凸、凹模的工作表面与坯料之间产生一定的相对滑动，因此其表面粗糙度要求比较高，一般凹模工作表面粗糙度 Ra 应达到 0.8μm，凹模圆角处 Ra 应达到 0.4μm；凸模工作表面粗糙度 Ra 也应达到 0.8μm，凸模圆角处 Ra 值可以大一点，但一般也应达到 0.8～1.6μm。为此，凸、凹模工作表面一般都要进行研磨、抛光。

④ 拉深凸、凹模的工作条件属磨损型，凹模受径向胀力和摩擦力，凸模受轴向压力和摩擦力，所以凸、凹模材料应具有良好的耐磨性和抗黏附性，热处理后一般凸模应达到 58～62HRC，凹模应达到 60～64HRC。有时还需采用表面化学热处理来提高其抗黏附能力。

⑤ 拉深凸、凹模的淬硬处理有时可在试模后进行。在拉深工作中，特别是复杂零件的拉深，由于材料的回弹或变形不均匀，即使拉深模各个零件按设计图样加工得很精确，装配得也很好，但拉深出来的零件不一定符合要求。因此，装配后的拉深模，有时要进行反复的试冲和修整加工，直到冲出合格件后再对凸、凹模进行淬硬、研磨、抛光。

⑥ 由于拉深过程中，材料厚度变化、回弹及变形不均匀等因素影响，复杂拉深件的坯料形状和尺寸的计算值与实际值之间往往存在误差，需在试模后才能最终确定。所以，模具设计与加工的顺序一般是先拉深模后冲裁模。

2. 凸模的加工工艺过程

拉深凸模的一般加工工艺过程是：坯料准备（下料、锻造）→退火→坯料外形加工→(划线)→型面粗加工、半精加工→通气孔、(螺孔、销孔）加工→淬火与回火→型面精加工→研磨或抛光。(注：是否安排划线工序和螺孔、销孔加工，要视凸模轮廓形状与结构而定，非圆断面型面精加工通常有仿形刨削和成形磨削等。)

3. 凹模的加工工艺过程

拉深凹模的一般加工工艺过程是：坯料准备（下料、锻造)→退火→坯料外形加工→划线→型孔粗加工、半精加工→螺孔、销孔或穿丝孔加工→淬火与回火→型孔精加工→研磨或抛光。(注：非圆形型孔精加工通常有仿形铣、电火花、线切割等。)

第十节　拉深模的装配与调试

拉深模的装配与调试过程基本与弯曲模相似，只是由于拉深成形的特点决定了其试模、调整、修模比弯曲模复杂。

在单动压力机上调试拉深模的一般程序如下。

① 检查压力机的技术状态和模具的安装条件。压力机的技术状态要完好，对模具安装的条件如闭合高度、安装槽孔位置、排料等要完全适应，压力机的吨位和行程要满足拉深的要求。

② 安装模具。先将模具上下平面及与之接触的压力机滑块底面和工作台面擦干净，并开动压力机，使滑块上升到上止点，将模具放到压力机工作台面上；检查和调整在上止点时的滑块底面到处在闭合状态的模具上平面的距离，使之大于压力机行程；下降滑块到下止点，调节连杆长度到与处在闭合状态的模具上平面接触，并将上模紧固在滑块上；采用垫片法或样件调整凸、凹模之间的间隙，并调整压料装置，使压料力大小合适后固紧下模；开动

压力机空车走几次，检查模具安装的正确性。

③ 试冲与修整。用图纸规定的坯料（钢号、拉深级别、表面质量和厚度等）进行试冲，并根据试冲过程中出现的拉深件缺陷，分析其产生的原因，设法加以修整，直至加工出合格的拉深件。对于形状复杂的拉深件，还要按照拉深深度分阶段进行调整。

拉深模试冲时的常见问题、产生原因及调整方法见表5-30。

表5-30 拉深模试冲时的常见问题、产生原因及调整方法

试冲时的问题	产生原因	调整方法
拉深件起皱	①没有使用压料圈或压料力太小 ②凸、凹模之间间隙太大或不均匀 ③凹模圆角过大 ④板料太薄或塑性差	①增加压料圈或增大压料力 ②减小拉深间隙值 ③减小凹模圆角半径 ④更换材料
拉深件破裂或有裂纹	①材料太硬，塑性差 ②压料力太大 ③凸、凹模圆角半径太小 ④凹模圆角半径太粗糙，不光滑 ⑤凸、凹模之间间隙不均匀，局部过小 ⑥拉深系数太小，拉深次数太少 ⑦凸模轴线不垂直	①更换材料或将材料退火处理 ②减小压料力 ③加大凸、凹模圆角半径 ④修光凹模圆角半径，越光越好 ⑤调整间隙，使其均匀 ⑥增大拉深系数，增加拉深次数 ⑦重装凸模，保持垂直
拉深件高度不够	①坯料尺寸太小 ②拉深间隙过大 ③凸模圆角半径太小	①放大坯料尺寸 ②更换凹模或凸模，使间隙调整合适 ③增大凸模圆角半径
拉深件高度太大	①坯料尺寸太大 ②拉深间隙过小 ③凸模圆角半径太大	①减小坯料尺寸 ②修整凸模或凹模，使间隙合适 ③减小凸模圆角半径
拉深件壁厚和高度不均	①凸模与凹模不同轴，间隙向一边偏斜 ②定位板或挡料销位置不正确 ③凸模轴线不垂直 ④压料力不均匀 ⑤凹模的几何形状不正确	①重装凸模与凹模，使间隙均匀一致 ②重新调整定位板或挡料销 ③修整凸模后重装 ④调整顶杆长度或弹簧位置 ⑤重新修正凹模
拉深件表面拉毛	①拉深间隙太小或不均匀 ②凹模圆角表面粗糙，不光 ③模具或板料表面不清洁，有脏物或砂粒 ④凹模硬度不够，有黏附板料现象 ⑤润滑剂选用不合适	①修整拉深间隙 ②修光凹模圆角半径 ③清洁模具表面和板料 ④提高凹模表面硬度，修光表面，进行镀铬或氮化等处理 ⑤更换润滑剂
拉深件底面不平	①凸模上无通气孔 ②顶件块或压料板未压实 ③材料本身存在弹性	①在凸模上加工出通气孔 ②调整冲模结构，使冲模达到闭合高度时顶出块或压料板将拉深件压实 ③改变凸模、凹模和压料板形状

第十一节 拉深模设计与制造实例

拉深图5-28所示带凸缘圆筒形零件，材料为08钢，厚度 $t=1$mm，大批量生产。试确定拉深工艺，设计拉深模，并确定主要模具零件的加工工艺。

1. **零件的工艺性分析**

该零件为带凸缘圆筒形件，要求内形尺寸，料厚 t=1mm，没有厚度不变的要求；零件的形状简单、对称，底部圆角半径 r=2mm$>t$，凸缘处的圆角半径 R=2mm=$2t$，满足拉深工艺对形状和圆角半径的要求；尺寸 $\phi 20.1^{+0.2}_{0}$mm 为IT12级，其余尺寸为自由公差，满足拉深工艺对精度等级的要求；零件所用材料08钢的拉深性能较好，易于拉深成形。

综上所述，该零件的拉深工艺性较好，可用拉深工序加工。

2. **确定工艺方案**

为了确定零件的成形工艺方案，先应计算拉深次数及有关工序尺寸。

该零件的拉深次数与工序尺寸计算见例5-2，其计算结果列于表5-31。

表5-31　拉深次数与各次拉深工序件尺寸

拉深次数 n	凸缘直径 d_t /mm	筒体直径 d(内形尺寸)/mm	高度 H /mm	圆角半径/mm	
				R(外形尺寸)	r(内形尺寸)
1	ϕ59.8	ϕ39.5	21.2	5	5
2	ϕ59.8	ϕ30.2	24.8	4	4
3	ϕ59.8	ϕ24	28.7	3	3
4	ϕ59.8	ϕ20.1	32	2	2

根据上述计算结果，本零件需要落料（制成 ϕ79mm 的坯料）、四次拉深和切边（达到零件要求的凸缘直径 ϕ55.4mm）共六道冲压工序。考虑该零件的首次拉深高度较小，且坯料直径（ϕ79）与首次拉深后的筒体直径（ϕ39.5）的差值较大，为了提高生产效率，可将坯料的落料与首次拉深复合。因此，该零件的冲压工艺方案为：落料与首次拉深复合⟶第二次拉深⟶第三次拉深⟶第四次拉深⟶切边。

本例以下仅以第四次拉深为例介绍拉深模设计与主要零件的加工。

3. **拉深力与压料力计算**

（1）拉深力　拉深力根据式(5-7)计算，由表1-3查得08钢的强度极限 σ_b=400MPa，由 m_4=0.844 查表5-12得 K_2=0.70，则

$$F=K_2\pi d_4 t\sigma_b=0.70\times3.14\times20.1\times1\times400=17672(\text{N})$$

（2）压料力　压料力根据式(5-10)计算，查表5-13取 p=2.5MPa，则

$$F_Y=\pi(d_3^2-d_4^2)p/4=3.14\times(24^2-20.1^2)\times2.5/4=338(\text{N})$$

（3）压力机公称压力　根据式(5-12)和 $F_\Sigma=F+F_Y$，取 $P\geqslant1.8F_\Sigma$，则

$$P\geqslant1.8\times(17672+338)=32418(\text{N})=32.4\text{kN}$$

4. **模具工作部分尺寸的计算**

（1）凸、凹模间隙　由表5-28查得凸、凹模的单边间隙为 $Z=(1\sim1.05)t$，取 $Z=1.05t=1.05\times1=1.05$(mm)。

（2）凸、凹模圆角半径　因是最后一次拉深，故凸、凹模圆角半径应与拉深件相应圆角半径一致，故凸模圆角半径 r_p=2mm，凹模圆角半径 r_d=2mm。

（3）凸、凹模工作尺寸及公差　由于工件要求内形尺寸，故凸、凹模工作尺寸及公差分别按式(5-46)、式(5-47)计算。查表5-29，取 δ_p=0.02，δ_d=0.04，则

$$d_p=(d_{min}+0.4\Delta)_{-\delta_p}^{\ 0}$$
$$=(20.1+0.4\times0.2)_{-0.02}^{\ 0}=20.18_{-0.02}^{\ 0}(\text{mm})$$
$$d_d=(d_{min}+0.4\Delta+2Z)_{\ 0}^{+\delta_d}$$
$$=(20.1+0.4\times0.2+2\times1.05)_{\ 0}^{+0.04}=22.28_{\ 0}^{+0.04}(\text{mm})$$

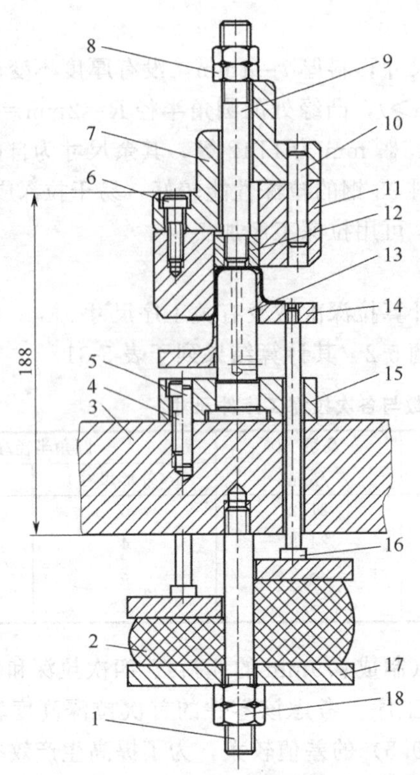

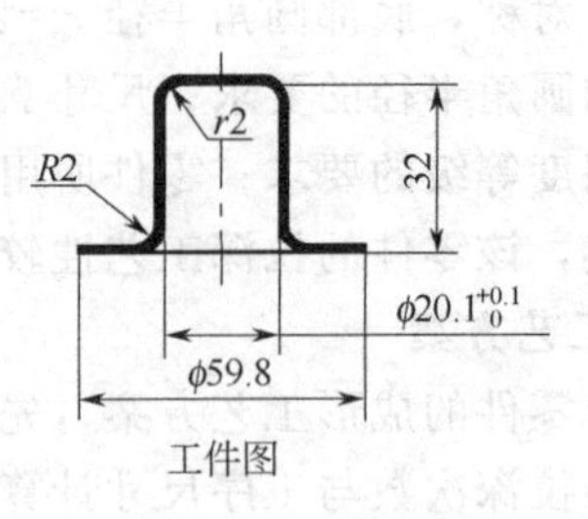

图 5-56　拉深模总装图

1—螺杆；2—橡胶；3—下模座；4、6—螺钉；5、10—销钉；
7—模柄；8、18—螺母；9—打杆；11—凹模；12—推件块；
13—凸模；14—压料圈；15—固定板；16—顶杆；17—托板

（4）凸模通气孔　根据凸模直径大小，取通气孔直径为 ϕ5mm。

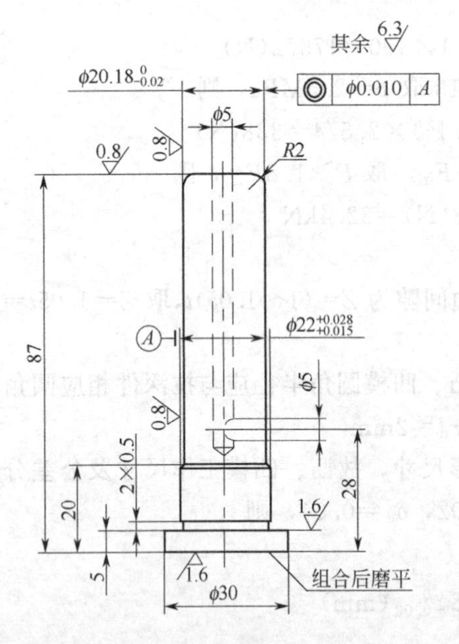

图 5-57　拉深凸模

材料：T10A　热处理：58～62HRC

5. 模具的总体设计

模具的总装图如图 5-56 所示。因为压料力不大（F_Y＝338 N），故在单动压力机上拉深。本模具采用倒装式结构，凹模 11 固定在模柄 7 上，凸模 13 通过固定板 15 固定在下模座 3 上。由上道工序拉深的工序件套在压料圈 14 上定位，拉深结束后，由推件块 12 将卡在凹模内的工件推出。

6. 压力机选择

根据公称压力 $P\geqslant32.4$kN，滑块行程 $S\geqslant2h_{工件}=2\times32=64$(mm) 及模具闭合高度 $H=188$mm，查表 1-7，确定选择型号为 JC 23-35 的压力机。

7. 模具主要零件设计

根据模具总装图结构、拉深工作要求及前述模具工作部分的计算，设计出的拉深凸模、拉深凹模及压料圈分别如图 5-57～图 5-59 所示。

8. 模具主要零件的加工工艺过程

这里仅以拉深凸模和拉深凹模为例，其加工工艺过程分别见表 5-32、表 5-33。

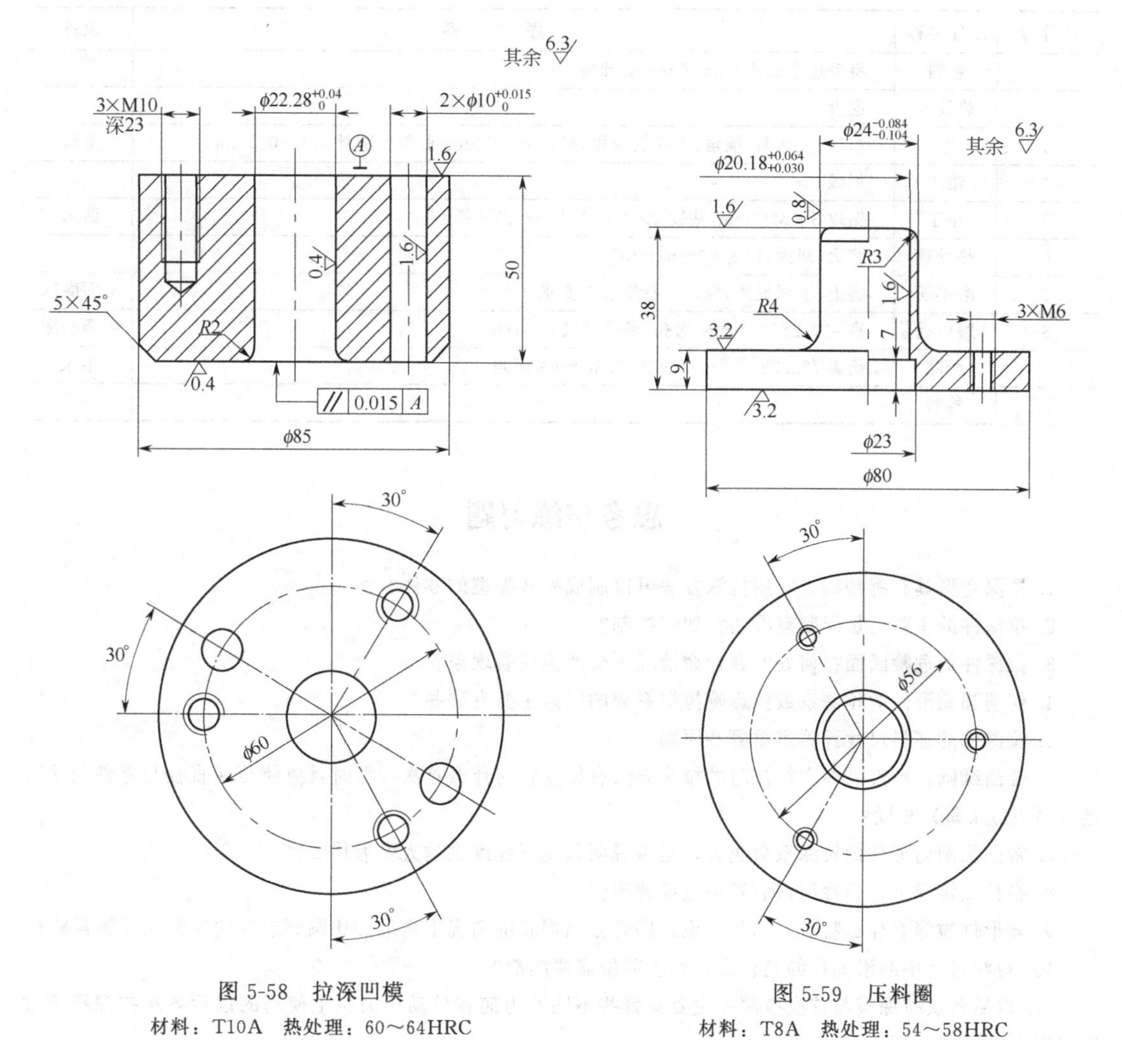

图 5-58 拉深凹模
材料：T10A 热处理：60～64HRC

图 5-59 压料圈
材料：T8A 热处理：54～58HRC

表 5-32 拉深凸模加工工艺过程

工序号	工序名称	工 序 内 容	设备
1	备料	将毛坯锻成 ϕ35mm×92mm 圆料	
2	热处理	退火	
3	车	车两端面，保持长度 88mm，钻中心孔。	车床
4	车	车外圆、圆角、切槽，钻 ϕ5mm 轴向通气孔(深 60mm)，$\phi 20.18_{-0.02}^{0}$mm 及 $\phi 22_{+0.015}^{+0.028}$mm 留单面磨量 0.2～0.3mm	车床
5	钳工	钻 ϕ5mm 径向通气孔(深 11mm)，去毛刺	钻床
6	热处理	淬火、回火，保证 58～62HRC	
7	钳工	研中心孔	车床
8	磨外圆	磨 $\phi 22_{+0.015}^{+0.028}$mm 及其端面到尺寸，磨 $\phi 20.18_{-0.02}^{0}$mm 留研磨量 0.01mm，并保证同轴度公差要求	外圆磨床
9	平磨	磨 $\phi 20.18_{-0.02}^{0}$mm 尺寸的端面	平面磨床
10	钳工	研磨 $\phi 20.18_{-0.02}^{0}$mm 达要求，抛光 $R2$ 圆角	车床
11	检验		

表 5-33　拉深凹模加工工艺过程

工序号	工序名称	工　序　内　容	设备
1	备料	将毛坯锻成 ϕ90mm×56mm 圆料	
2	热处理	退火	
3	车	车外圆、端面、倒角、内孔及圆角，$\phi22.28^{+0.04}_{0}$mm 留单面磨量 0.2～0.3mm	车床
4	钳工	划线	
5	钳工	钻攻 3×M10mm，钻铰 2×$\phi10^{+0.04}_{0}$mm，去毛刺	钻床
6	热处理	淬火、回火，保证 60～64HRC	
7	磨平面	磨上、下面见光，保证平行度公差要求	平面磨床
8	磨内孔	磨 $\phi22.28^{+0.015}_{0}$mm 内孔，留研磨量 0.01mm	内圆磨床
9	研磨	研磨 $\phi22.28^{+0.04}_{0}$mm 达要求，抛光 $R2$ 圆角	车床
10	检验		

思考与练习题

1. 拉深变形具有哪些特点？用拉深方法可以制成哪些类型的零件？

2. 拉深件的主要质量问题有哪些？如何控制？

3. 拉深件的危险断面在何处？在什么情况下会产生拉裂现象？

4. 何谓圆筒形件的拉深系数？影响拉深系数的因素主要有哪些？

5. 拉深件的坯料尺寸计算遵循哪些原则？

6. 带凸缘圆筒形件需多次拉深时的拉深方法有哪些？为什么首次拉深时就应使凸缘直径与零件凸缘直径（加切边余量）相同？

7. 带凸缘圆筒形件的拉深系数越大，是否说明其变形程度也越大？为什么？

8. 在什么情况下，弹性压料装置中应设置限位柱？

9. 盒形件拉深有什么特点？为什么说在同等截面周长的情况下盒形件比圆筒形件的拉深变形要容易？

10. 拉深过程中润滑的目的是什么？哪些部位需要润滑？

11. 以后各次拉深模与首次拉深模主要有哪些不同？为何在单动压力机上使用的以后各次拉深模常常采用倒装式结构？

12. 图 5-60 所示是一拉深件及其首次拉深的不完整模具结构图，拉深件的材料为 08F 钢，厚度 t=1mm。试完成以下内容：

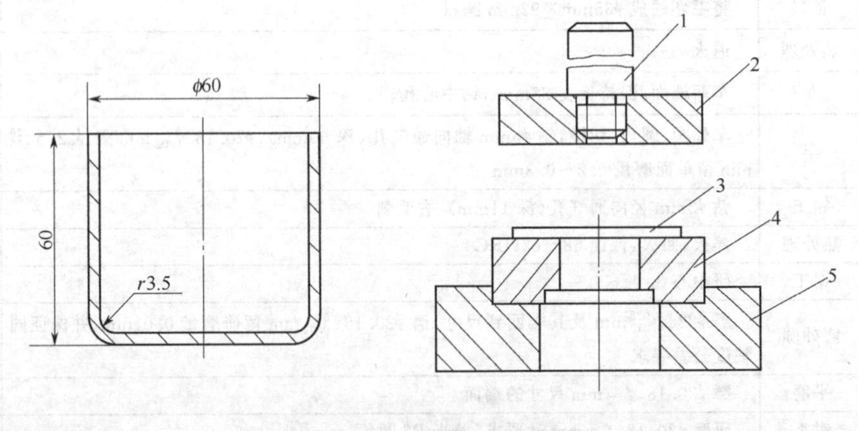

图 5-60　习题 12 附图

1—模柄；2—上模座；3—坯料；4—凹模；5—下模座

① 计算拉深件的坯料尺寸、拉深次数及各次拉深工序件的工序尺寸；

② 指出模具结构图中所缺少的零部件，并在原图中补画出来；

③ 说明模具的工作原理。

13. 拉深图 5-61 所示零件，材料为 10 钢，厚度 $t=2$mm，大批量生产。完成以下工作内容：

① 分析零件的工艺性；

② 计算零件的拉深次数及各次拉深工序件尺寸；

③ 计算各次拉深时的拉深力与压料力；

④ 绘制最后一次拉深时的拉深模结构草图；

⑤ 确定最后一次拉深模的凸、凹模工作部分尺寸，绘制凸、凹模零件图；

⑥ 编制凸、凹模零件的加工工艺过程。

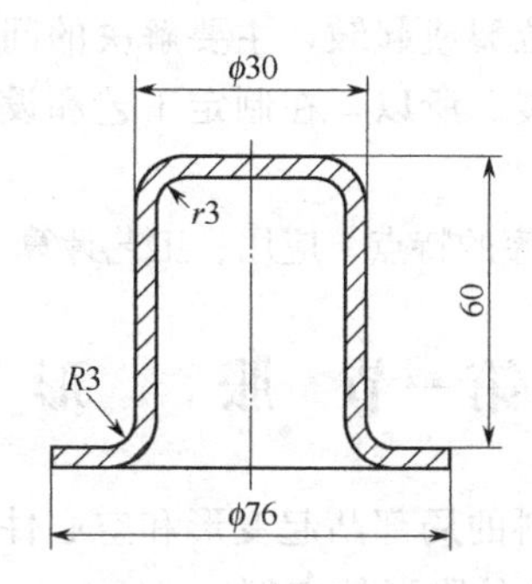

图 5-61　习题 13 附图

第六章 成形模设计与制造

成形是指用各种局部变形的方法来改变坯料或工序件形状的加工方法，包括胀形、翻孔、翻边、缩口、校平、整形、旋压等冲压工序。从变形特点来看，它们的共同点均属局部变形。不同点是：胀形和翻圆孔属伸长类变形，常因变形区拉应力过大而出现拉裂破坏；缩口和外缘翻凸边属压缩类变形，常因变形区压应力过大而产生失稳起皱；对于校平和整形，由于变形量不大，一般不会产生拉裂或起皱，主要解决的问题是回弹；而旋压则属特殊的成形方法，既可能起皱，也可能拉裂。所以，在制定工艺和设计模具时，一定要根据不同的成形特点确定合理的工艺参数。

本章主要介绍几种典型成形工序的特点、应用、工艺计算、模具设计与制造等基本知识。

第一节 胀　形

冲压生产中，一般将平板坯料的局部凸起变形和空心件或管状件沿径向向外扩张的成形工序统称为胀形，图 6-1 所示为几种胀形件实例。

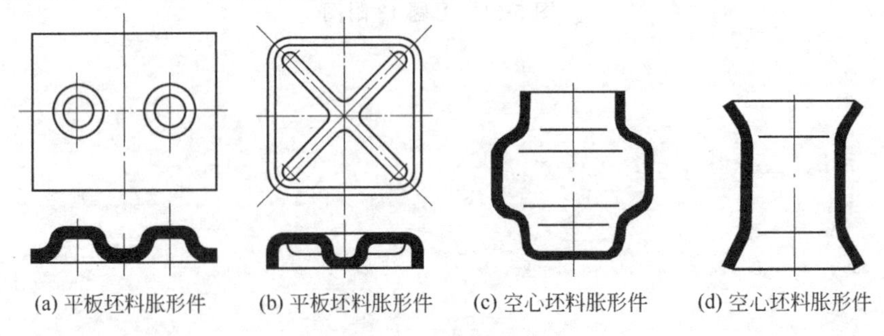

(a) 平板坯料胀形件　(b) 平板坯料胀形件　(c) 空心坯料胀形件　(d) 空心坯料胀形件

图 6-1　胀形件实例

一、胀形的变形特点

图 6-2 所示为胀形时坯料的变形情况，由于坯料的外形尺寸较大，平面部分又被压料圈压住，所以坯料的变形区是图中的涂黑部分。在凸模的作用下，变形区大部分材料受双向拉应力作用而变形，其厚度变薄，表面积增大，形成一个凸起。由于胀形变形区内金属处于双向受拉的应力状态，因而其成形极限受到拉裂的限制。材料的塑性越好，硬化指数 n 值越大，可能达到的极限变形程度就越大。在一般情况下，胀形变形区内金属不会产生失稳起皱，表面光滑、质量好。同时，由于变形区材料截面上拉应力沿厚度方向的分布比较均匀，所以卸载后的回弹很小，容易得到尺寸精度较高的零件。

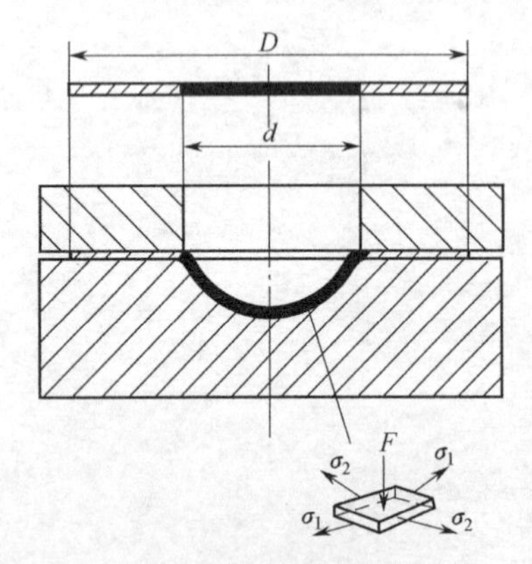

图 6-2　胀形变形情况

二、平板坯料的胀形

平板坯料的胀形又称起伏成形，主要用于增加零件的刚度、强度和美观，如压制加强筋、凸包、凹坑、花纹图案及标记等。图 6-3 所示为平板坯料胀形的一些例子。

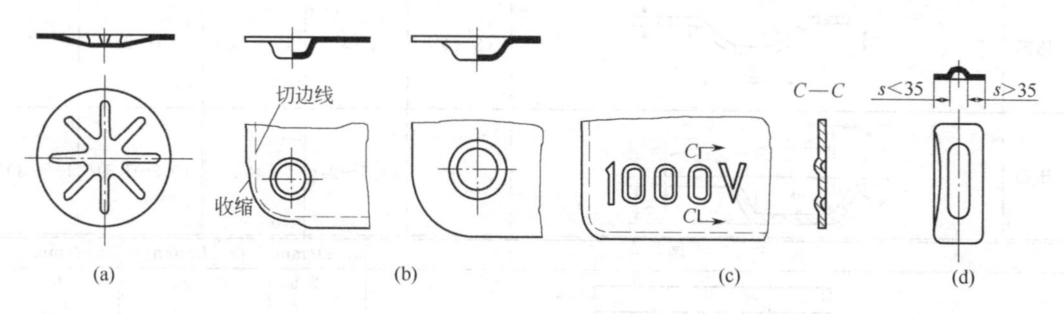

图 6-3 平板坯料胀形实例

1. 压筋成形

压筋成形就是在平板坯料上压出加强筋。由于压筋后零件惯性矩的改变和材料加工后的硬化，能够有效地提高零件的刚度和强度，因此压筋成形在生产中应用广泛。

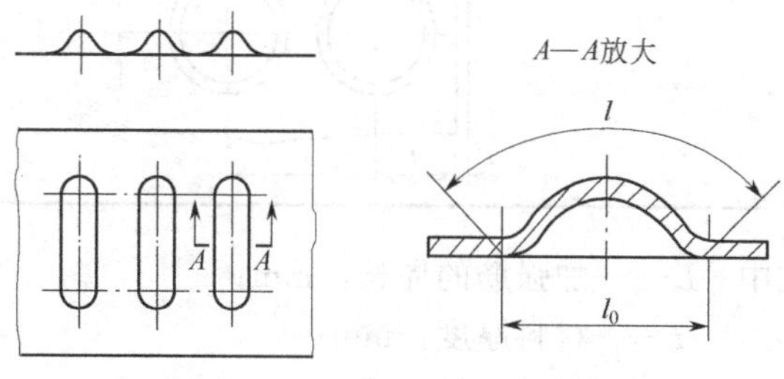

图 6-4 平板坯料胀形前后的长度

压筋成形的极限变形程度，主要受到材料的性能、筋的几何形状、模具结构及润滑等因素的影响。对于形状较复杂的压筋件，成形时应力应变分布比较复杂，其危险部位和极限变形程度一般要通过试验的方法确定。对于形状比较简单的压筋件，则可按下式近似地确定其极限变形程度（见图 6-4）

$$\frac{l-l_0}{l}<(0.7\sim0.75)[\delta] \tag{6-1}$$

式中 l_0，l——分别为材料变形前后的长度；

$[\delta]$——材料的断后伸长率。

系数 0.7～0.75 视筋的形状而定，球形筋取大值，梯形筋取小值。

如果式(6-1) 的条件满足，则可一次成形。否则，可先压制弧形过渡形状，达到在较大范围内聚料和均匀变形的目的，然后再压出零件所需形状，如图 6-5 所示。

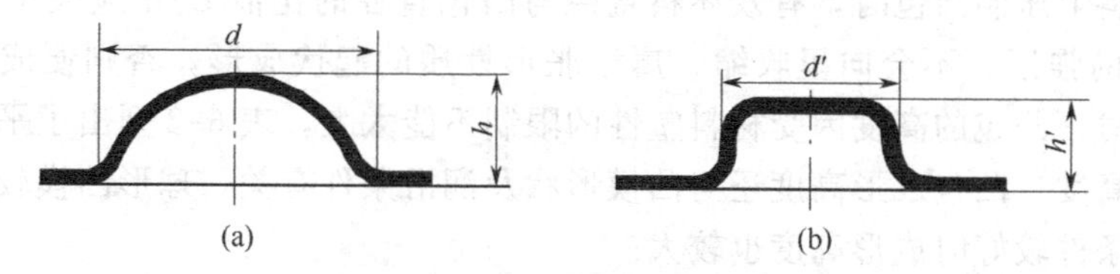

图 6-5 深度较大的胀形方法

加强筋的形式和尺寸可参考表 6-1。当加强筋与边缘距离小于(3～5)t 时［见图6-3(b)、(d)］，由于成形过程中边缘材料要收缩，因此应预先留出切边余量，成形后再切除。

压制加强筋时，所需的冲压力可用下式估算

$$F=KLt\sigma_b \tag{6-2}$$

表 6-1 加强筋的形式和尺寸

名称	简图	R	h	D或B	r	α
压筋		$(3\sim4)t$	$(2\sim3)t$	$(7\sim10)t$	$(1\sim2)t$	—
压凸		—	$(1.5\sim2)t$	$\geqslant 3h$	$(0.5\sim1.5)t$	15°～30°

简图	D/mm	L/mm	l/mm
	6.5	10	6
	8.5	13	7.5
	10.5	15	9
	13	18	11
	15	22	13
	18	26	16
	24	34	20
	31	44	26
	36	51	30
	43	60	35
	48	68	40
	55	78	45

式中 L——加强筋的周长，mm；

t——材料厚度，mm；

σ_b——材料的抗拉强度，MPa；

K——系数，一般 $K=0.7\sim1.0$（加强筋形状窄而深时取大值，宽而浅时取小值）。

在曲轴压力机上对厚度小于 1.5mm、面积小于 2000mm^2 的薄料小件进行压筋成形时，所需冲压力可用下式估算

$$F=KAt^2 \tag{6-3}$$

式中 F——胀形冲压力，N；

A——胀形面积，mm^2；

t——材料厚度，mm；

K——系数，对于钢 $K=200\sim300$，对于黄铜 $K=150\sim200$。

2. 压凸包

在平板坯料上压制凸包时，有效坯料直径与凸包直径的比值 D/d 应大于 4，此时坯料凸缘区是相对的强区，不会向里收缩，属于胀形性质的起伏成形，否则便成为拉深。

压制凸包时，凸包的高度因受材料塑性的限制不能太大，表 6-2 列出了平板坯料压凸包时的许用成形高度。凸包成形高度还与凸模形状及润滑条件有关，球形凸模较平底凸模成形高度大，润滑条件较好时成形高度也较大。

表 6-2 平板坯料压凸包时的许用成形高度

简图	材料	许用凸包成形高度 h/mm
	软钢	$\leqslant(0.15\sim0.2)d$
	铝	$\leqslant(0.1\sim0.15)d$
	黄铜	$\leqslant(0.15\sim0.22)d$

三、空心坯料的胀形

空心坯料的胀形俗称凸肚，它是使材料沿径向拉伸，胀出所需的凸起曲面，如壶嘴、皮带轮、波纹管、各种接头等。

1. 胀形方法

胀形方法一般分为刚性凸模胀形和软凸模胀形两种。

图 6-6 所示为刚性凸模胀形，凸模做成分瓣式结构形式，上模下行时，由于锥形芯块 2 的作用，使分瓣凸模 1 向四周顶开，从而将坯料胀出所需的形状。上模回程时，分瓣凸模在顶杆 4 和拉簧 5 的作用下复位，便可取出工件。凸模分瓣数目越多，胀出工件的形状和精度越好。这种胀形方法的缺点是模具结构复杂、成本高，且难以得到精度较高的复杂形状件。

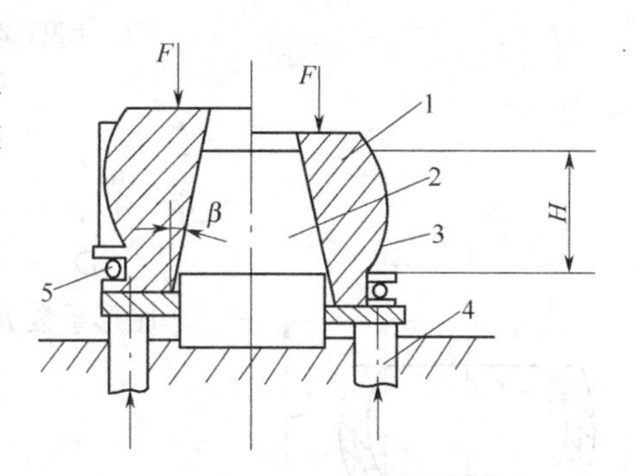

图 6-6 刚性凸模胀形

1—分瓣凸模；2—锥形芯块；3—工件；4—顶杆；5—拉簧

图 6-7 所示是软凸模胀形，其原理是利用橡胶、液体、气体和钢丸等代替刚性凸模。橡胶胀形如图 6-7(a) 所示，橡胶 3 作为胀形凸模，胀形时，橡胶在柱塞 1 的压力作用下发生变形，从而使坯料沿凹模 2 内壁胀出所需的形状。橡胶胀形的模具结构简单，坯料变形均匀，能成形形状复杂的零件，所以在生产中广泛应用。图 6-7(b) 所示为液压胀形，液体 5 作为胀形凸模，上模下行时斜楔 4 先使分块凹模 2 合拢，然后柱塞 1 的压力传给液体，凹模内的坯料在高压液体的作用下直径胀大，最终紧贴凹模内壁成形。液压胀形可加工大型零件，零件表面质量较好。

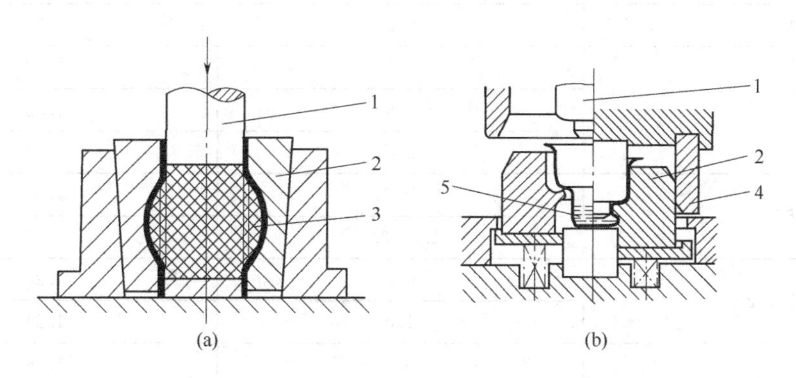

图 6-7 软凸模胀形

1—柱塞；2—分块凹模；3—橡胶；4—斜楔；5—液体

图 6-8 所示是采用轴向压缩和高压液体联合作用的胀形方法。首先将管坯置于下模，然后将上模压下，再使两端的轴头压紧管坯端部，继而从两轴头孔内通入高压液体，管坯在高压液体和轴向压缩力的共同作用下胀形而获得所需零件。用这种方法可以加工高精度的零件，如高压管接头、自行车管接头等。

2. 胀形变形程度

空心坯料胀形时，材料切向受拉应力作用产生拉伸变形，其极限变形程度用胀形系数 K 表示（见图 6-9）

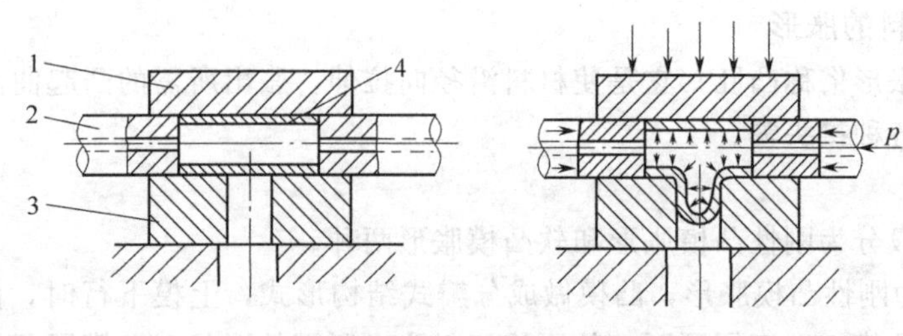

图 6-8 加轴向压缩的液体胀形

1—上模；2—轴头；3—下模；4—管坯

$$K=\frac{d_{max}}{D} \tag{6-4}$$

式中 d_{max}——胀形后零件的最大直径，mm；

D——空心坯料的原始直径，mm。

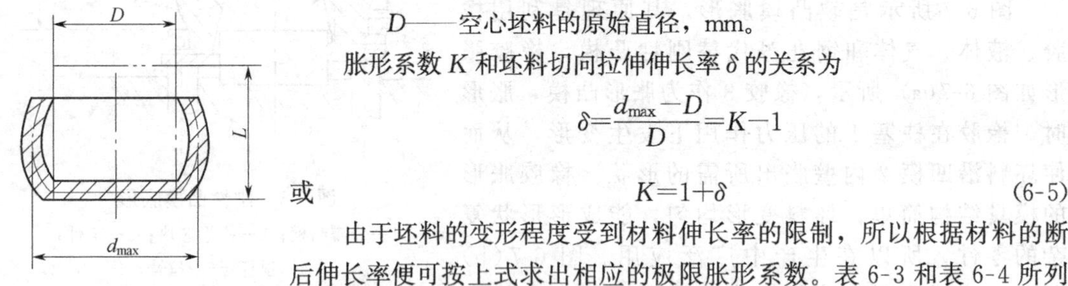

图 6-9 空心坯料胀形尺寸

胀形系数 K 和坯料切向拉伸伸长率 δ 的关系为

$$\delta=\frac{d_{max}-D}{D}=K-1$$

或

$$K=1+\delta \tag{6-5}$$

由于坯料的变形程度受到材料伸长率的限制，所以根据材料的断后伸长率便可按上式求出相应的极限胀形系数。表 6-3 和表 6-4 所列是一些材料极限胀形系数的近似值，可供参考。

表 6-3 常用材料的极限胀形系数 [K]

材料	厚度 t/mm	极限胀形系数 [K]
铝合金 LF21-M	0.5	1.25
纯铝 L1～L6	1.0	1.28
	1.5	1.32
	2.0	1.32
黄铜 H62、H68	0.5～1.0	1.35
	1.5～2.0	1.40
低碳钢 08F、10、20	0.5	1.20
	1.0	1.24
不锈钢 1Cr18Ni9Ti	0.5	1.26
	1.0	1.28

表 6-4 铝管坯料的试验极限胀形系数

胀形方法	极限胀形系数 [K]	胀形方法	极限胀形系数 [K]
用橡胶的简单胀形	1.2～1.25	局部加热至 200～250℃	2.0～2.1
用橡胶并对坯料轴向加压的胀形	1.6～1.7	加热至 380 ℃用锥形凸模的端部胀形	约 3.0

3. 胀形坯料的计算

空心坯料一般采用空心管坯或拉深件。为了便于材料的流动，减小变形区材料的变薄量，胀形时坯料端部一般不予固定，使其能自由收缩，因此坯料长度要考虑增加一个收缩量并留出切边余量。

由图 6-9 可知，坯料直径 D 为

$$D=\frac{d_{\max}}{K} \tag{6-6}$$

坯料长度 L 为

$$L=l[1+(0.3\sim0.4)\delta]+b \tag{6-7}$$

式中　l——变形区母线的长度，mm；

δ——坯料切向拉伸的伸长率；

b——切边余量，一般取 $b=5\sim15$mm。

0.3～0.4 为切向伸长而引起高度减小所需的系数。

4. 胀形力的计算

空心坯料胀形时，所需的胀形力 F 可按下式计算

$$F=pA \tag{6-8}$$

式中　p——胀形时所需的单位面积压力，MPa；

A——胀形面积，mm。

胀形时所需的单位面积压力 p 可用下式近似计算

$$p=1.15\sigma_b\frac{2t}{d_{\max}} \tag{6-9}$$

式中　σ_b——材料抗拉强度，MPa；

$d_{\max}$——胀形最大直径，mm；

t——材料原始厚度，mm。

四、胀形模结构与设计要点

1. 胀形模结构

图 6-10 所示为分瓣式刚性凸模胀形模，工序件由下凹模 7 及分瓣凸模 2 定位，当上凹模 1 下行时，将迫使分瓣凸模沿锥形芯块 3 下滑的同时向外胀开，在下止点处完成对工序件的胀形。上模回程时，弹顶器（图中未画出）通过顶杆 6 和顶板 5 将分瓣凸模连同工件一起顶起。由于分瓣凸模在拉簧 4 的作用下始终紧贴锥形芯块，顶起过程中分瓣凸模直径逐渐减小，因此至上止点时能将已胀形的工件顺利地从分瓣凸模上取下。

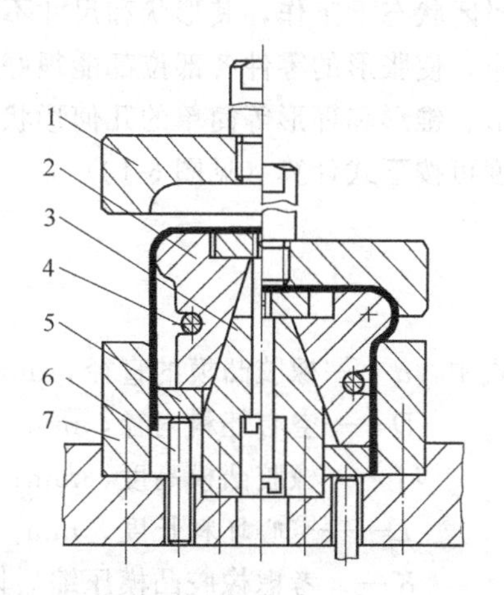

图 6-10　分瓣式刚性凸模胀形模

1—上凹模；2—分瓣凸模；3—锥形芯块；4—拉簧；5—顶板；6—顶杆；7—下凹模

图 6-11 所示为橡胶软凸模胀形模，工序件 1 在托板 5 和定位圈 6 上定位，上模下行时，凹模 4 压下由弹顶器或气垫支撑的托板 5，托板向下挤压橡胶凸模 2，将工序件胀出凸筋。上模回程时，托板和橡胶凸模复位，并将工件顶起。如果工件卡在凹模内，可由推件板 3 推出。

图 6-12 所示为自行车中接头橡胶胀形模，空心坯料在分块凹模 2 内定位，胀形时，上、下冲头 1 和 4 一起挤压橡胶及坯料，使坯料与凹模型腔紧密贴合而完成胀形。胀形完成以后，先取下模套 3，再撬开分块凹模便可取出工件。该中接头经胀形以后，还需经过冲孔和翻孔等工序才能最后成形。

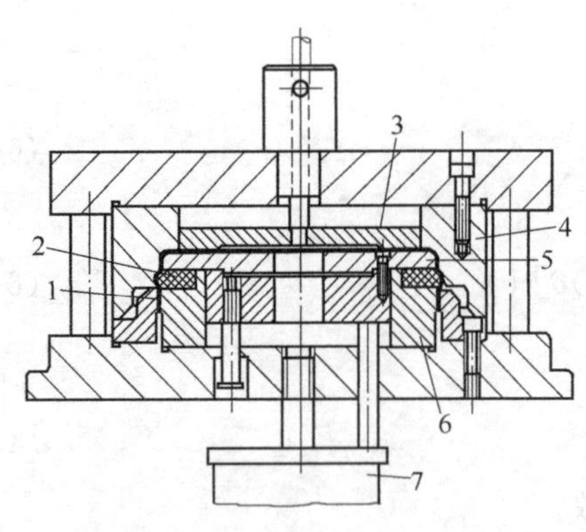

图 6-11　橡胶软凸模胀形模

1—工序件；2—橡胶凸模；3—推件板；4—凹模；5—托板；6—定位圈；7—气垫

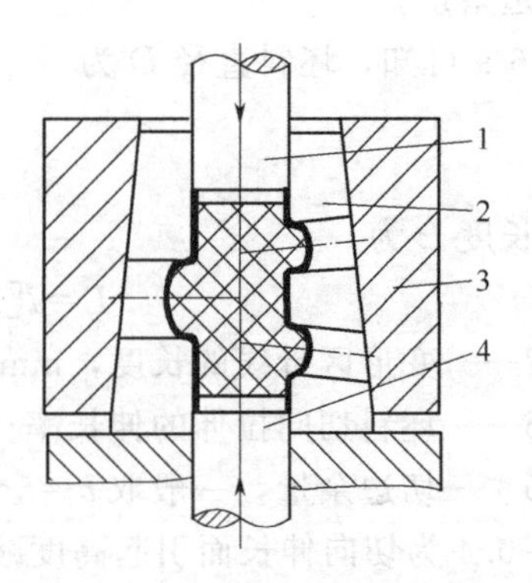

图 6-12　自行车中接头橡胶胀形模

1,4—冲头；2—分块凹模；3—模套

2. 胀形模设计要点

胀形模的凹模一般采用钢、铸铁、锌基合金、环氧树脂等材料制造，其结构有整体式和分块式两类。整体式凹模工作时承受较大的压力，必须要有足够的强度。增加凹模强度的方法是采用加强筋，也可以在凹模外面套上模套，凹模和模套间采用过盈配合，构成预应力组合凹模，这比单纯增加凹模壁厚更有效。

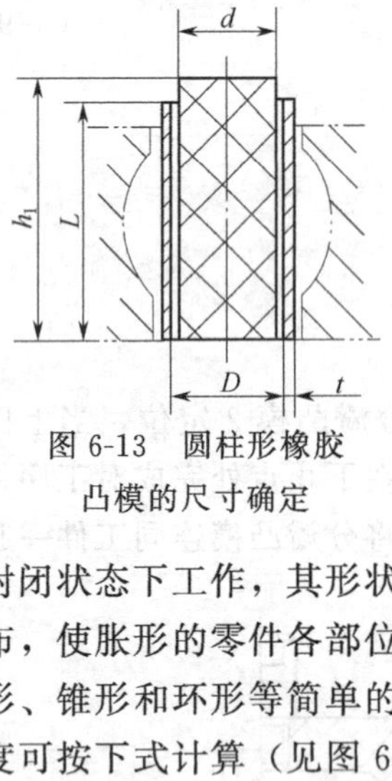

分块式胀形凹模必须根据胀形零件的形状合理选择分模面，分块数应尽量少。在模具闭合状态下，分模面应紧密贴合，形成完整的凹模型腔，在拼缝处不应有间隙和不平。分模块用整体模套固紧并采用圆锥面配合，其锥角应小于自锁角，一般取 $\alpha=5°\sim10°$ 为宜。为了防止模块之间错位，模块之间应由定位销连接。

图 6-13　圆柱形橡胶凸模的尺寸确定

橡胶胀形凸模的结构尺寸需设计合理。由于橡胶凸模一般在封闭状态下工作，其形状和尺寸不仅要保证能顺利进入空心坯料，还要有利于压力的合理分布，使胀形的零件各部位都能很好地紧贴凹模型腔。为了便于加工，橡胶凸模一般简化成柱形、锥形和环形等简单的几何形状，其直径应略小于坯料内径。圆柱形橡胶凸模的直径和高度可按下式计算（见图 6-13）

$$d=0.895D \tag{6-10}$$

$$h_1=K\frac{LD^2}{d^2} \tag{6-11}$$

式中　d——橡胶凸模的直径，mm；

D——空心坯料内径，mm；

h_1——橡胶凸模高度，mm；

L——空心坯料长度，mm；

K——考虑橡胶凸模压缩后体积缩小和提高变形力的系数，一般取 $K=1.1\sim1.2$。

五、胀形模设计实例

图 6-14 所示为罩盖胀形件，材料为 10 钢，料厚为 0.5mm，中批量生产，试设计胀形模。

1. 工艺分析

由零件形状可知，其侧壁是由空心坯料胀形而成，底部凸包是由平板坯料胀形而成，实质为两种胀形同时成形。

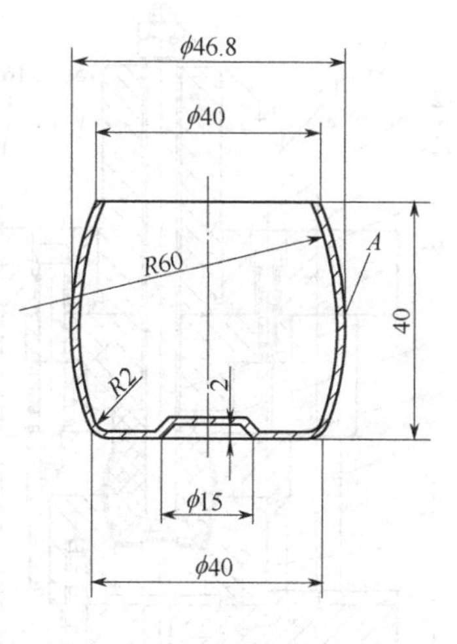

图 6-14 罩盖胀形件

2. 胀形工艺计算

(1) 底部平板坯料胀形计算 查表 6-2 得该零件底部凸包胀形的许用成形高度为

$$h=(0.15\sim0.2)d=2.25\sim3\ (\mathrm{mm})$$

此值大于零件底部凸包的实际高度，所以可一次胀形成形。

胀形力由式(6-3) 计算 (取 $K=250$)

$$F_1=KAt^2=250\times\frac{\pi}{4}\times15^2\times0.5^2=11039\ (\mathrm{N})$$

(2) 侧壁胀形计算 已知 $D=40\mathrm{mm}$，$d_{\max}=46.8\mathrm{mm}$，由式(6-4) 算得零件侧壁的胀形系数为

$$K=\frac{d_{\max}}{D}=\frac{46.8}{40}=1.17$$

查表 6-3 得极限胀形系数 $[K]=1.20$，该零件的胀形系数小于极限胀形系数，故侧壁可一次胀形成形。

零件胀形前的坯料长度 L 由式(6-7) 计算

$$L=l[1+(0.3\sim0.4)\delta]+b$$

其中，δ 为坯料伸长率，其值为 $\delta=\frac{d_{\max}-D}{D}=\frac{46.8-40}{40}=0.17$；$l$ 为零件胀形部位母线长度，即图 6-14 中 A 所指的 $R60\mathrm{mm}$ 一段圆弧的长，由几何关系可以算出 $l=40.8\mathrm{mm}$；b 是切边余量，取 $b=3\mathrm{mm}$。则

$$L=40.8\times[1+(0.3\sim0.4)\times0.17]+3=40.8\times(1+0.35\times0.17)+3=46.23\ (\mathrm{mm})$$

取整数 $L=46\mathrm{mm}$。

橡胶胀形凸模的直径及高度分别由式(6-10)、式(6-11) 计算

$$d=0.895D=0.895\times(40-1)\approx35\ (\mathrm{mm})$$

$$h_1=K\frac{LD^2}{d^2}=1.1\times\frac{46\times39^2}{35^2}\approx63\ (\mathrm{mm})$$

侧壁的胀形力近似按两端不固定的形式计算，$\sigma_b=430\mathrm{MPa}$，由式(6-9) 得单位胀形力 p 为

$$p=1.15\sigma_b\frac{2t}{d_{\max}}=1.15\times430\times\frac{2\times0.5}{46.8}=10.6\ (\mathrm{MPa})$$

故胀形力为

$$\begin{aligned}F_2&=pA=p\pi d_{\max}l\\&=10.6\times\pi\times46.8\times40.8\\&=63554\ (\mathrm{N})\end{aligned}$$

总胀形力为

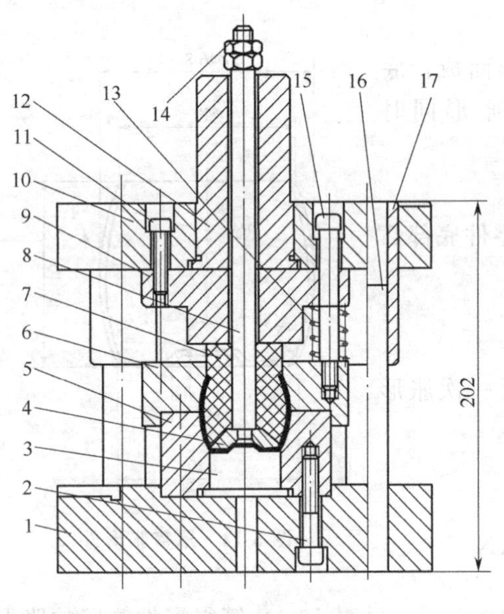

图 6-15　罩盖胀形模

1—下模座；2、11—螺钉；3—压包凸模；4—压包凹模；5—胀形下凹模；6—胀形上凹模；7—聚氨酯橡胶；8—拉杆；9—上固定板；10—上模座；12—模柄；13—弹簧；14—螺母；15—阶形螺钉；16—导柱；17—导套

$$F = F_1 + F_2$$
$$= 11039 + 63554$$
$$= 74593(\text{N}) \approx 75\text{kN}$$

3. 模具结构设计

图 6-15 所示为罩盖胀形模，该模具采用聚氨酯橡胶进行软模胀形，为了使工件在胀形后便于取出，将胀形凹模分成上凹模 6 和下凹模 5 两部分，上、下凹模之间通过止口定位，单边间隙取 0.05mm。工件侧壁靠橡胶 7 直接胀开成形，底部由橡胶通过压包凹模 4 和压包凸模 3 成形。上模下行时，先由弹簧 13 压紧上、下凹模，然后上固定板 9 压紧橡胶进行胀形。

4. 压力机的选用

虽然总胀形力不大（75kN），但由于模具的闭合高度较大（202mm），故压力机的选用应以模具尺寸为依据。查表 1-7，选用型号为J 23-25 的开式双柱可倾压力机，其公称压力为 250kN，最大装模高度为 220mm。

第二节　翻孔与翻边

翻孔是在预先制好孔的工序件上沿孔边缘翻起竖立直边的成形方法；翻边是在坯料的外边缘沿一定曲线翻起竖立直边的成形方法。利用翻孔和翻边可以加工各种具有良好刚度的立体零件（如自行车中接头、汽车门外板等），还能在冲压件上加工出与其他零件装配的部位（如铆钉孔、螺纹底孔和轴承座等）。因此，翻孔和翻边也是冲压生产中常用的工序之一。图 6-16 所示为几种翻孔与翻边零件实例。

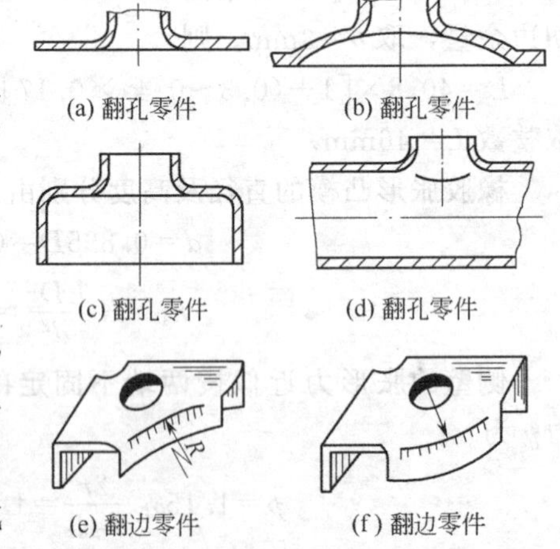

(a) 翻孔零件　(b) 翻孔零件　(c) 翻孔零件　(d) 翻孔零件　(e) 翻边零件　(f) 翻边零件

图 6-16　翻孔与翻边零件实例

一、翻孔

1. 圆孔翻孔

(1) 翻孔的变形程度与变形特点　如图 6-17 所示，设翻孔前坯料孔径为 d，翻孔后的直径为 D。翻孔时，在凸、凹模作用下 d 不断扩大，凸模下面的材料向侧面转移，最后使平面环形变成竖立的直边。变形区是内径 d 和外径 D 之间的环形部分。

为了分析圆孔翻孔的变形情况，同样可采用网格试验法。从图 6-17 所示的坐标网格变化可以看出：变形区坐标网格由扇形变为矩形，说明变形区材料沿切向伸长，越靠近孔口伸长越大；同心圆之间的距离变化不明显，说明其径向变形量很小。另外，竖边的壁厚有所减

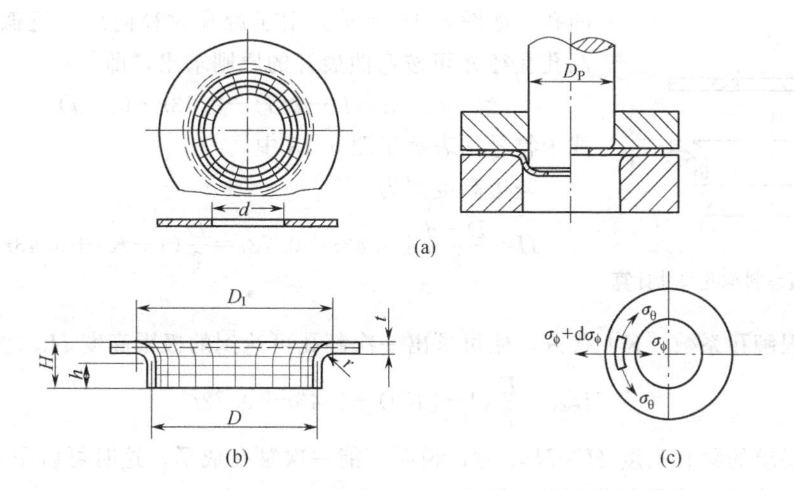

图 6-17 圆孔翻孔时的应力与变形情况

薄，尤其在孔口处减薄更为严重。由此不难分析，圆孔翻孔的变形区主要受切向拉应力作用并产生切向伸长变形，在孔口处拉应力和拉应变达到最大值；变形区的径向拉应力和变形均很小，径向尺寸可近似认为不变；圆孔翻孔的主要危险在于孔口边缘被拉裂，拉裂的条件取决于变形程度的大小。

圆孔翻孔的变形程度以翻孔前孔径 d 和翻孔后孔径 D 的比值 K 来表示，即

$$K=\frac{d}{D} \tag{6-12}$$

K 称为翻孔系数，K 值越小，则变形程度越大。翻孔时孔口边缘不破裂所能达到的最小 K 值，称为极限翻孔系数，用 [K] 表示。表 6-5 是低碳钢圆孔翻孔时的极限翻孔系数。对于其他材料可以参考表中数值适当增减。从表中的数值可以看出，影响极限翻孔系数的因素很多，除材料的塑性外，还有翻孔凸模的形式、预制孔的加工方法以及预制孔孔径与板料厚度的比值等。

表 6-5 低碳钢圆孔翻孔的极限翻孔系数 [K]

凸模形式	孔的加工方法	比值 d/t										
		100	50	35	20	15	10	8	6.5	5	3	1
球形	钻孔去毛刺	0.70	0.60	0.52	0.45	0.40	0.36	0.33	0.31	0.30	0.25	0.20
	冲孔	0.75	0.65	0.57	0.52	0.48	0.45	0.44	0.43	0.42	0.42	—
圆柱形平底	钻孔去毛刺	0.80	0.70	0.60	0.50	0.45	0.42	0.40	0.37	0.35	0.30	0.25
	冲孔	0.85	0.75	0.65	0.60	0.55	0.52	0.50	0.50	0.48	0.47	—

翻孔后竖立直边的厚度有所变薄，变薄后的厚度可按下式估算

$$t'=t\sqrt{d/D}=t\sqrt{K} \tag{6-13}$$

式中 t'——翻孔后竖立直边的厚度；

t——翻孔前坯料的原始厚度；

K——翻孔系数。

(2) 翻孔的工艺计算

① 平板坯料翻孔的工艺计算。在平板坯料上翻孔前，需要在坯料上预先加工出待翻孔

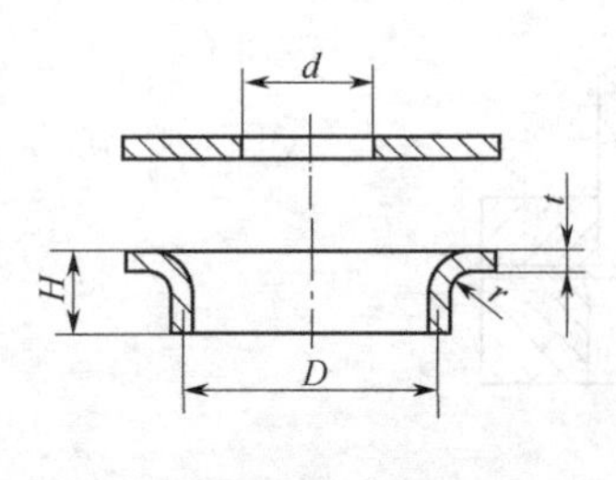

图 6-18 平板坯料翻孔尺寸计算

的孔，如图 6-18 所示。由于翻孔时径向尺寸近似不变，故预制孔孔径 d 可按弯曲展开的原则求出，即

$$d=D-2(H-0.43r-0.72t) \tag{6-14}$$

式中符号均表示于图 6-18 中。

竖边高度则为

$$H=\frac{D-d}{2}+0.43r+0.72t=\frac{D}{2}(1-K)+0.43r+0.72t \tag{6-15}$$

如将极限翻孔系数 $[K]$ 代入，便可求出一次翻孔可达到的极限高度 H_{max} 为

$$H_{max}=\frac{D}{2}(1-[K])+0.43r+0.72t \tag{6-16}$$

当零件要求的翻孔高度 $H>H_{max}$ 时，说明不能一次翻孔成形，这时可以采用加热翻孔、多次翻孔或先拉深后冲预制孔再翻孔的方法。

采用多次翻孔时，应在每两次工序间进行退火，第一次翻孔以后的极限翻孔系数 $[K']$ 可取为

$$[K']=(1.15\sim1.20)[K] \tag{6-17}$$

② 先拉深后冲预孔再翻孔的工艺计算。采用多次翻孔所得的零件壁部变薄较严重，若对壁部变薄有要求时，则可采用先拉深，在底部冲预制孔后再翻孔的方法。在这种情况下，应先确定拉深后翻孔所能达到的最大高度 h，然后根据翻孔高度 h 及零件高度 H 再来确定拉深高度 h' 及预制孔直径 d。

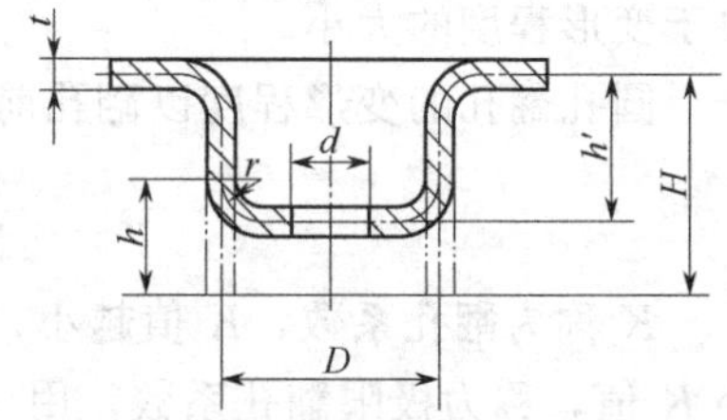

图 6-19 先拉深再翻孔的尺寸计算

由图 6-19 可知，先拉深再翻孔的翻孔高度 h 可由下式计算（按板厚的中线尺寸计算）

$$h=\frac{D-d}{2}+0.57r=\frac{D}{2}(1-K)+0.57r \tag{6-18}$$

若将极限翻孔系数 $[K]$ 代入，可求得翻孔的极限高度 h_{max} 为

$$h_{max}=\frac{D}{2}(1-[K])+0.57r \tag{6-19}$$

此时，预制孔直径 d 为

$$d=[K]D \tag{6-20}$$

或

$$d=D+1.14r-2h_{max} \tag{6-21}$$

拉深高度 h' 为

$$h'=H-h_{max}+r \tag{6-22}$$

③ 翻孔力的计算。圆孔翻孔力 F 一般不大，用圆柱形平底凸模翻孔时，可按下式计算

$$F=1.1\pi(D-d)t\sigma_s \tag{6-23}$$

式中 D——翻孔后的直径（按中线计算），mm；

d——翻孔前的预制孔直径，mm；

t——材料厚度，mm；

σ_s——材料的屈服点，MPa。

2. 非圆孔翻孔

图 6-20 所示为非圆孔翻孔，从变形情况看，可以沿孔边分成Ⅰ、Ⅱ、Ⅲ三种性质不同的变形区，其中只有Ⅰ区属于圆孔翻孔变形，Ⅱ区为直边，属于弯曲变形，而Ⅲ区则与拉深变形性质相似。由于Ⅱ、Ⅲ区两部分的变形可以减轻Ⅰ区翻孔部分的变形程度，因此非圆孔翻孔系数 K_f（一般是指最小圆弧部分的翻孔系数）可小于圆孔翻孔系数 K，两者关系大致是

$$K_f=(0.85\sim0.95)K \tag{6-24}$$

非圆孔翻孔的极限翻孔系数，可根据各圆弧段的圆心角 α 大小查表 6-6。

非圆孔翻孔坯料的预制孔形状和尺寸，可以按圆孔翻孔、弯曲和拉深各区分别展开，然后用作图法把各展开线交接处光滑连接起来得到。

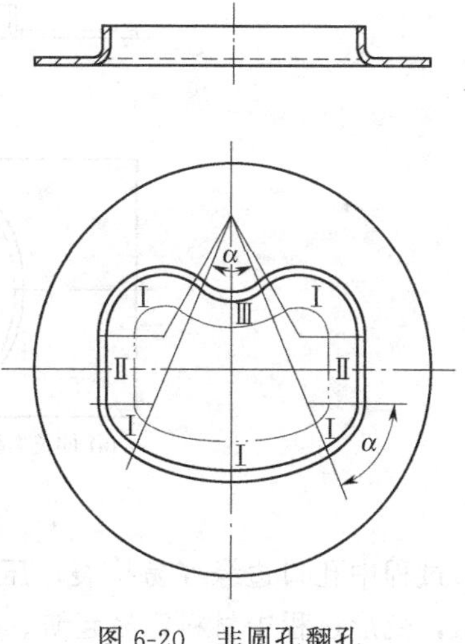

图 6-20 非圆孔翻孔

表 6-6 低碳钢非圆孔翻孔的极限翻孔系数 $[K_f]$

α/(°)	比值 d/t						
	50	33	20	8.3～12.5	6.6	5	3.3
180～360	0.80	0.60	0.52	0.50	0.48	0.46	0.45
165	0.73	0.55	0.48	0.46	0.44	0.42	0.41
150	0.67	0.50	0.43	0.42	0.40	0.38	0.375
135	0.60	0.45	0.39	0.38	0.36	0.35	0.34
120	0.53	0.40	0.35	0.33	0.32	0.31	0.30
105	0.47	0.35	0.30	0.29	0.28	0.27	0.26
90	0.40	0.30	0.26	0.25	0.24	0.23	0.225
75	0.33	0.25	0.22	0.21	0.20	0.19	0.185
60	0.27	0.20	0.17	0.17	0.16	0.15	0.145
45	0.20	0.15	0.13	0.13	0.12	0.12	0.11
30	0.14	0.10	0.09	0.08	0.08	0.08	0.08
15	0.07	0.05	0.04	0.04	0.04	0.04	0.04
0	弯曲变形						

二、翻边

按变形性质不同，翻边可分为伸长类翻边和压缩类翻边。伸长类翻边是在坯料外缘沿不封闭的内凹曲线进行的翻边，如图 6-21(a) 所示；压缩类翻边是在坯料外缘沿不封闭的外凸曲线进行的翻边，如图 6-21(b) 所示。

1. 变形程度

由图 6-21 可知，伸长类翻边的变形情况近似于圆孔翻孔，变形区主要为切向受拉，变

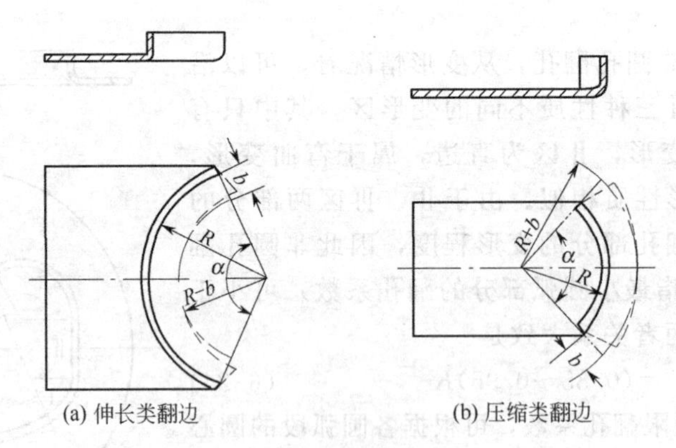

(a) 伸长类翻边　　(b) 压缩类翻边

图 6-21　翻边

形过程中孔口边缘容易拉裂；压缩类翻边的变形情况近似于浅拉深，变形区主要为切向受压，变形过程中材料容易起皱。翻边过程中是否会产生起皱或拉裂，主要取决于变形程度的大小。翻边的变形程度可表示如下。

对于伸长类翻边［见图 6-21(a)］，其变形程度为

$$\varepsilon_d = \frac{b}{R-b} \tag{6-25}$$

对于压缩类翻边［见图 6-21(b)］，其变形程度为

$$\varepsilon_p = \frac{b}{R+b} \tag{6-26}$$

翻边的极限变形程度见表 6-7。

表 6-7　翻边允许的极限变形程度

材料名称及牌号		$[\varepsilon_d]$/%		$[\varepsilon_p]$/%	
		橡胶成形	模具成形	橡胶成形	模具成形
铝合金	L4-M	25	30	6	40
	L4-Y	5	8	3	12
	LF21-M	23	30	6	40
	LF21Y	5	8	3	12
	LF2-M	20	25	6	35
	LF2-Y	5	8	3	12
	LY12-M	14	20	6	30
	LY12-Y	6	8	0.5	9
	LY11-M	14	20	4	30
	LY11-Y	5	6	0	0
黄铜	H62-M	30	40	8	45
	H62-Y2	10	14	4	16
	H68-M	35	45	8	55
	H68-Y2	10	14	4	16

续表

材料名称及牌号		$[\varepsilon_d]/\%$		$[\varepsilon_p]/\%$	
		橡胶成形	模具成形	橡胶成形	模具成形
钢	10	—	38	—	10
	20	—	22	—	10
	1Cr18Ni9-M	—	15	—	10
	1Cr18Ni9-Y	—	40	—	10
	2Cr18Ni9	—	40	—	10

2. 坯料形状与尺寸

对于伸长类翻边，坯料形状与尺寸按一般圆孔翻孔的方法确定。对于压缩类翻边，坯料形状与尺寸按浅拉深的方法确定。但由于是沿不封闭的曲线翻边，坯料变形区内的应力应变分布是不均匀的，中间变形大，两端变形小，若采用与宽度 b 一致的坯料形状，则翻边后零件的高度就不平齐，竖边的端线也不垂直。为了得到平齐的翻边高度，应对坯料的轮廓线进行必要的修正，采用如图 6-21 中虚线所示的形状，其修正值根据变形程度和 α 的大小而不同，一般通过试模确定。如果翻边的高度不大，且翻边沿线的曲率半径很大时，则可不作修正。

三、翻孔翻边模结构与设计要点

1. 翻孔翻边模结构

图 6-22 所示为翻孔模，其结构与拉深模基本相似。图 6-23 所示为翻孔、翻边复合模，在同一模具上同时进行翻孔与翻边。

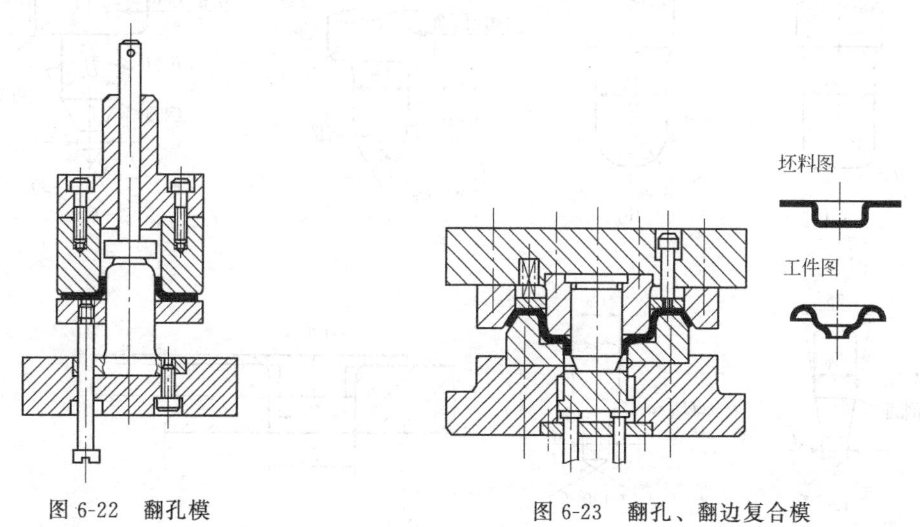

图 6-22　翻孔模　　　图 6-23　翻孔、翻边复合模

图 6-24 所示为落料、拉深、冲孔、翻孔复合模。凸凹模 8 与落料凹模 4 均固定在固定板 7 上，以保证同轴度。冲孔凸模 2 固定在凸凹模 1 内，并以垫片 10 调整它们的高度差，以控制冲孔前的拉深高度。该模具的工作过程是：上模下行，首先在凸凹模 1 和凹模 4 的作用下落料。上模继续下行，在凸凹模 1 和凸凹模 8 的相互作用下对坯料进行拉深，弹顶器通过顶杆 6 和顶件块 5 对坯料施加压料力。当拉深到一定高度后，由凸模 2 和凸凹模 8 进行冲孔，并由凸凹模 1 与凸凹模 8 完成翻孔。当上模回程时，在顶件块 5 和推件块 3 的作用下将

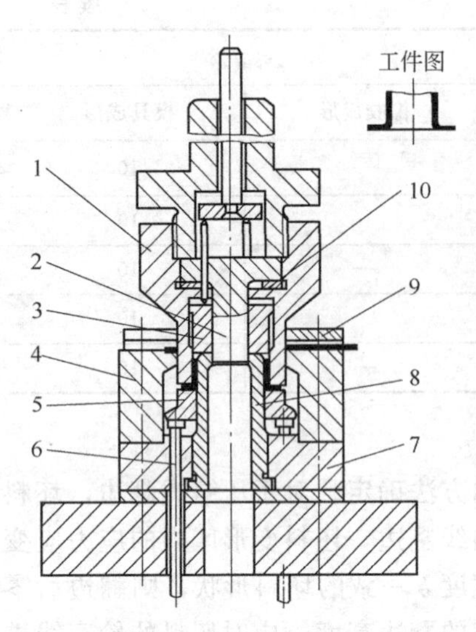

图 6-24 落料、拉深、冲孔、翻孔复合模

1,8—凸凹模；2—冲孔凸模；3—推件块；4—落料凹模；5—顶件块；6—顶杆；7—固定板；9—卸料板；10—垫片

工件推出，条料由卸料板 9 卸下。

2. 翻孔翻边模设计要点

翻孔翻边模的凹模圆角半径对翻孔翻边成形的影响不大，可直接按工件圆角半径确定。凸模圆角半径一般取得较大，平底凸模可取 $r_p \geqslant 4t$，以利于翻孔或翻边成形。为了改善金属塑性流动条件，翻孔时还可采用抛物线形凸模或球形凸模。

图 6-25 所示为几种常用的翻孔凸模形状和主要尺寸关系，其中图 6-25(a) 为平底翻孔凸模，图 6-25(b) 为球形翻孔凸模，图 6-25(c) 为抛物线形翻孔凸模。从利于翻孔变形看，以抛物线形凸模最好，球形凸模次之，平底凸模再次之，而从凸模的加工难易看则相反。图 6-25(d)～(f) 为带定位部分的翻孔凸模，其中图 6-25(d) 用于预孔直径为 10mm 以上的翻孔，图 6-25(e) 用于预孔直径为 10mm 以下的翻孔，图 6-25(f) 用于无预孔的不精确翻孔。当翻孔模采用压料圈时，则不需要凸模肩部。

由于翻孔后材料要变薄，翻孔凸、凹模单边间隙 Z 可小于材料原始厚度 t，一般可取 $Z=(0.75\sim0.85)t$。其中系数 0.75 用于拉深后的翻孔，系数 0.85 用于平板坯料的翻孔。

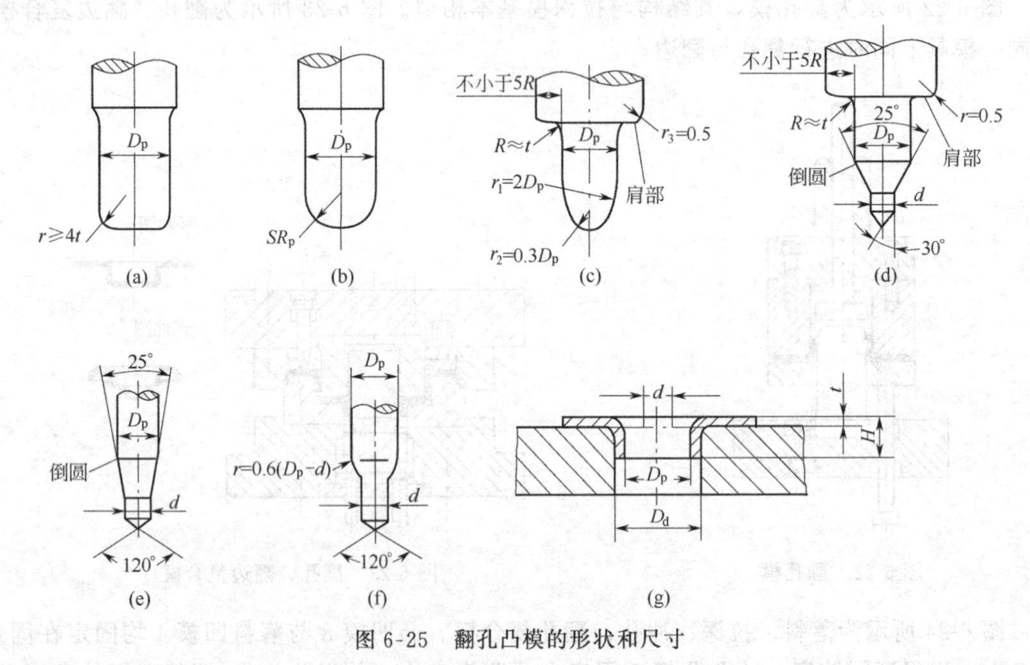

图 6-25 翻孔凸模的形状和尺寸

四、翻孔模设计实例

图 6-26 所示为固定套翻孔件，材料为 08 钢，厚度 $t=1$mm，中批量生产，试设计翻孔模。

1. 工艺分析

由固定套零件形状可知，ϕ40mm 由圆孔翻孔成形，翻孔前应先冲预孔，ϕ80mm 是圆筒形拉深件，经计算可一次拉深成形。因此，该零件的冲压工序安排为：落料、拉深、冲预孔、翻孔。翻孔前为直径 ϕ80mm、高 15mm 的圆筒形工序件，如图 6-27 所示。

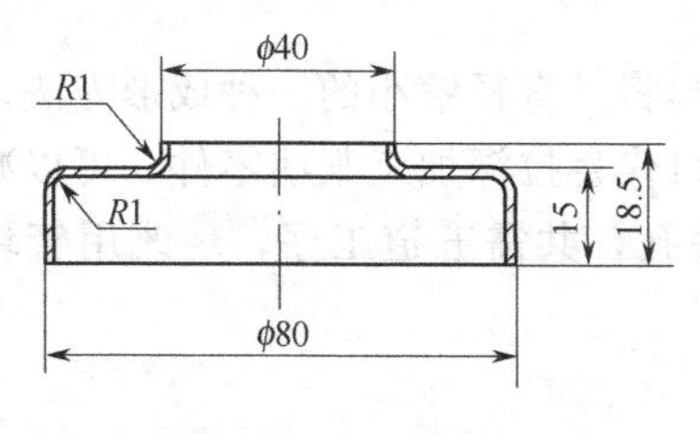

图 6-26　固定套翻孔件

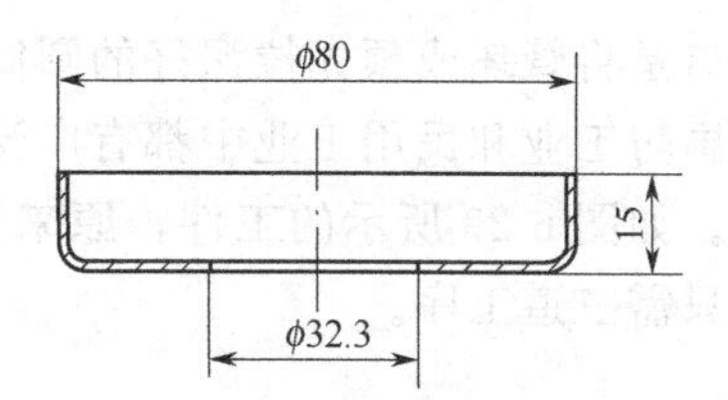

图 6-27　翻孔前的工序件

2. 翻孔工艺计算

(1) 预孔直径 d　翻孔前的预孔直径根据式(6-14) 计算。由图 6-26 可知，$D=39$mm，$H=18.5-15+1=4.5$mm，则

$$d=D-2(H-0.43r-0.72t)$$
$$=39-2\times(4.5-0.43\times1-0.72\times1)=32.3\ (\text{mm})$$

(2) 判断可否一次翻孔成形　设采用圆柱形平底翻孔凸模，预孔由冲孔获得，而 $d/t=32.3/1=32.3$，查表 6-5 得 08 钢圆孔翻孔的极限翻孔系数 $[K]=0.65$，则由式(6-16) 可求出一次翻孔可达到的极限高度为

$$H_{max}=\frac{D}{2}(1-[K])+0.43r+0.72t$$
$$=\frac{39}{2}(1-0.65)+0.43\times1+0.72\times1=7.98\ (\text{mm})$$

因零件的翻孔高度 $H=4.5\text{mm}<H_{max}=7.98\text{mm}$，所以该零件能一次翻孔成形。

(3) 翻孔力　08 钢的屈服点 $\sigma_s=196$ MPa，由式(6-23) 可算得圆孔翻孔力为

$$F=1.1\pi(D-d)t\sigma_s$$
$$=1.1\times3.14\times(39-32.3)\times1\times196$$
$$=4536\ (\text{N})$$

3. 模具结构设计

图 6-28 所示为该固定套的翻孔模，采用倒装式结构，使用大圆角圆柱形平底翻孔凸模 7，工序件利用预孔套在定位销 9 上定位，压料力由装在下模的气垫或弹顶器提供。上模下行时，在翻孔凸模 7 和凹模 10 的作用下，将工序件顶部翻孔成形。开模后工件由压料板 8 顶出，若工件留在上模，则由推件板 11 推下。

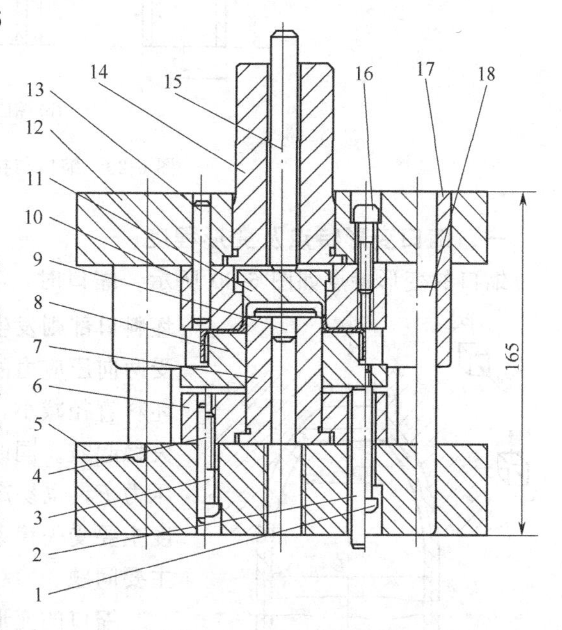

图 6-28　固定套翻孔模

1—阶形螺钉；2—顶杆；3、16—螺钉；4、13—销钉；5—下模座；6—凸模固定板；7—凸模；8—压料板；9—定位销；10—凹模；11—推件块；12—上模座；14—模柄；15—打杆；17—导套；18—导柱

4. 压力机的选用

因翻孔力较小，故主要根据固定套零件尺寸和模具闭合高度选择压力机。查表 1-7，选用 J23-16 双柱可倾式压力机，其公称压力为 160kN，最大装模高度为 180mm。

第三节 缩 口

缩口是将管坯或预先拉深好的圆筒形件通过缩口模将其直径缩小的一种成形方法。缩口工艺在国防工业和民用工业中都有广泛应用。若用缩口代替拉深加工某些零件，可以减少成形工序。如图 6-29 所示的工件，原来采用拉深和冲底孔，共需五道工序，现改用管坯缩口工艺后只需三道工序。

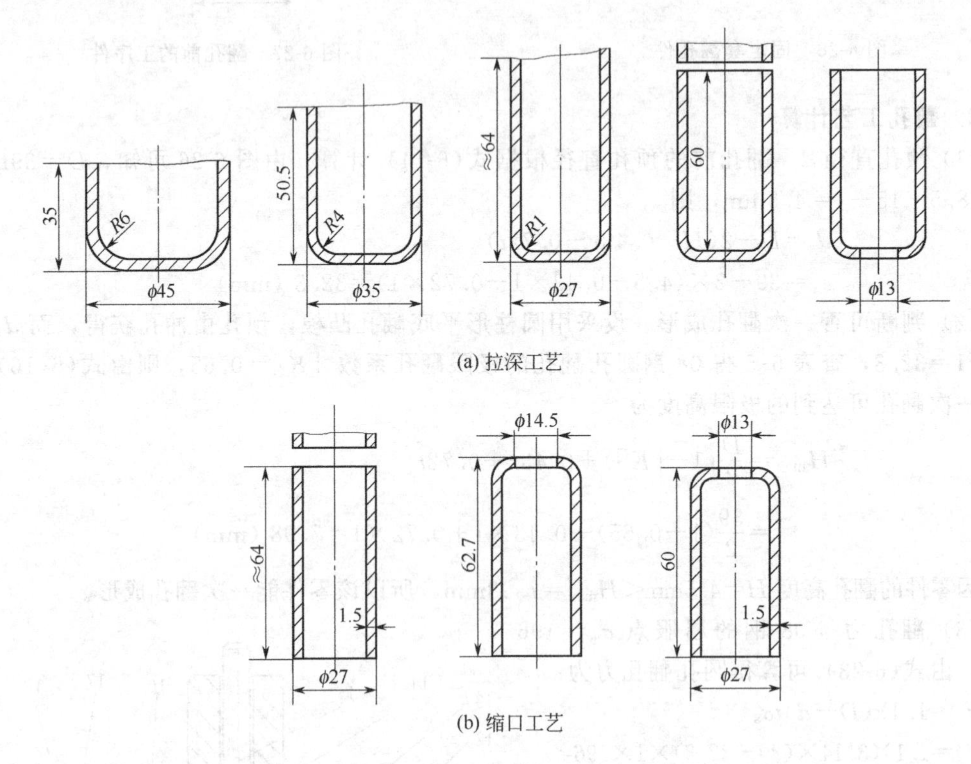

图 6-29 缩口与拉深工艺比较

一、缩口变形特点及变形程度

缩口的变形特点如图 6-30 所示。缩口时，在压力 F 作用下，缩口凹模压迫坯料口部，坯料口部则发生变形而成为变形区。缩口过程中，变形区受两向压应力的作用，其中切向压应力是最大主应力，使坯料直径减小，高度和壁厚有所增加，因而切向可能产生失稳起皱。同时，在非变形区的筒壁，由于承受全部缩口压力 F，也易产生轴向的失稳变形。故缩口的极限变形程度主要受失稳条件的限制，防止失稳是缩口工艺要解决的主要问题。

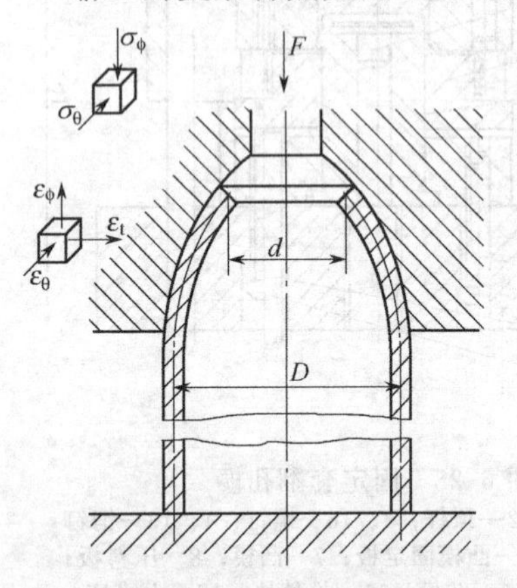

图 6-30 缩口的应力应变特点

缩口的变形程度用缩口系数 m 表示（见图 6-30）

$$m=\frac{d}{D} \tag{6-27}$$

式中 d——缩口后直径，mm；

D——缩口前直径，mm。

缩口系数 m 越小，变形程度越大。一般来说，材料的塑性好，厚度越大，模具对筒壁的支承刚性越好，则允许的缩口系数就可以越小。如图 6-31 所示模具对筒壁的三种不同支承方式中，图 6-31(a) 是无支承方式，缩口过程中坯料的稳定性差，因而允许的缩口系数较大；图 6-31(b) 是外支承方式，缩口时坯料的稳定性较前者好，允许的缩口系数可小些；图 6-31(c) 是内外支承方式，缩口时坯料的稳定性最好，允许的缩口系数为三者中最小者。

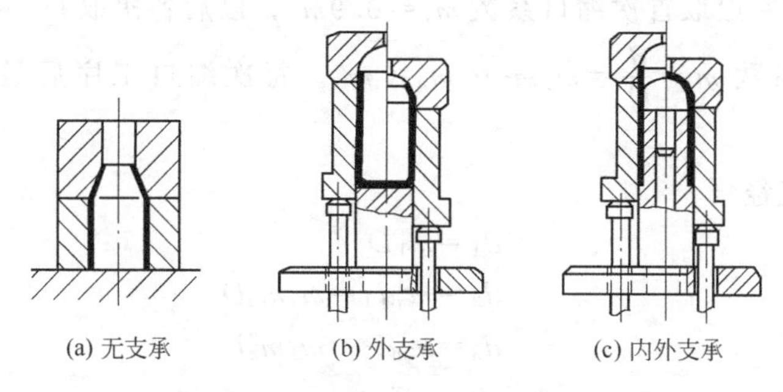

图 6-31　不同支承方式的缩口

实际生产中，极限缩口系数一般是在一定缩口条件下通过实验方法得出的。表 6-8 列出了不同材料、不同厚度的平均缩口系数 m_0。表 6-9 列出了不同材料、不同支承方式所允许的极限缩口系数 $[m]$。

表 6-8　平均缩口系数 m_0

材　　料	材料厚度 t/mm		
	～0.5	>0.5～1	>1
黄铜	0.85	0.80～0.70	0.70～0.65
钢	0.80	0.75	0.70～0.65

表 6-9　极限缩口系数 $[m]$

材　　料	支承方式		
	无支承	外支承	内外支承
软钢	0.70～0.75	0.55～0.60	0.30～0.35
黄铜 H62、H68	0.65～0.70	0.50～0.55	0.27～0.32
铝	0.68～0.72	0.53～0.57	0.27～0.32
硬铝(退火)	0.73～0.80	0.60～0.63	0.35～0.40
硬铝(淬火)	0.75～0.80	0.68～0.72	0.40～0.43

缩口后零件口部略有增厚，其厚度可按下式估算

$$t'=t\sqrt{D/d}=t\sqrt{1/m} \tag{6-28}$$

式中　t'——缩口后口部厚度；

t——缩口前坯料的原始厚度；

m——缩口系数。

二、缩口工艺计算

1. 缩口次数

当工件的缩口系数 m 大于允许的极限缩口系数 $[m]$ 时，则可以一次缩口成形。否则，需进行多次缩口。缩口次数 n 可按下式估算

$$n=\frac{\ln m}{\ln m_0}=\frac{\ln d-\ln D}{\ln m_0} \tag{6-29}$$

式中，m_0 为平均缩口系数，见表 6-8。

多次缩口时，一般取首次缩口系数 $m_1=0.9m_0$，以后各次取 $m_n=(1.05\sim1.1)m_0$，则零件总的缩口系数 $m=\dfrac{d}{D}=m_1m_2\cdots m_n\approx m_0^n$。每次缩口工序后最好进行一次退火处理。

2. 各次缩口直径

$$\begin{aligned} d_1&=m_1D\\ d_2&=m_nd_1=m_1m_nD\\ d_3&=m_nd_2=m_1m_n^2D\\ &\vdots\\ d_n&=m_nd_{n-1}=m_1m_n^{n-1}D \end{aligned} \tag{6-30}$$

d_n 应等于工件的缩口直径。缩口后，由于回弹，工件要比模具尺寸增大 0.5%～0.8%。

3. 坯料高度

缩口前坯料的高度，一般根据变形前后体积不变的原则计算。不同形状工件缩口前坯料高度 H 的计算公式如下（见图 6-32）。

图 6-32(a) 所示工件

$$H=1.05\left[h_1+\frac{D^2-d^2}{8D\sin\alpha}\left(1+\sqrt{\frac{D}{d}}\right)\right] \tag{6-31}$$

图 6-32(b) 所示工件

$$H=1.05\left[h_1+h_2\sqrt{\frac{d}{D}}+\frac{D^2-d^2}{8D\sin\alpha}\left(1+\sqrt{\frac{D}{d}}\right)\right] \tag{6-32}$$

图 6-32(c) 所示工件

$$H=h_1+\frac{1}{4}\left(1+\sqrt{\frac{D}{d}}\right)\sqrt{D^2-d^2} \tag{6-33}$$

4. 缩口力

图 6-32(a) 所示工件在无芯柱支承的缩口模上［见图 6-31(a)］进行缩口时，其缩口力

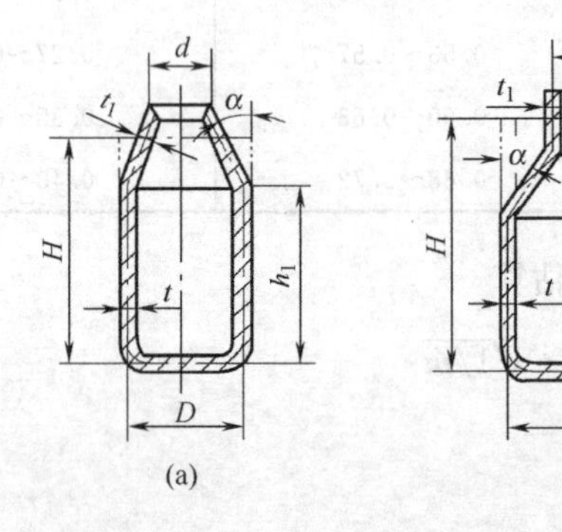
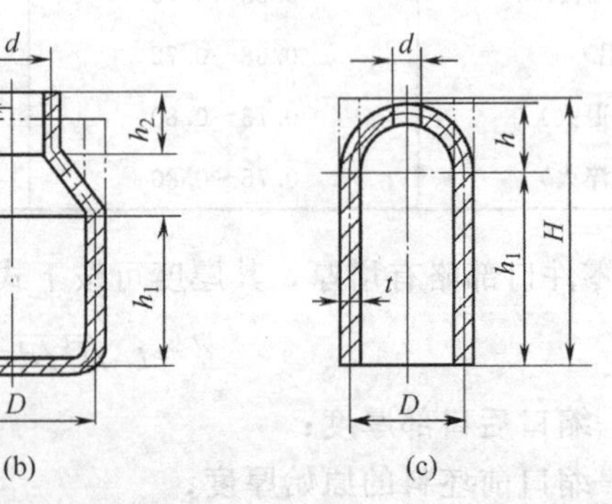

图 6-32　缩口坯料高度计算

F 可按下式计算

$$F=K\left[1.1\pi Dt\sigma_{b}\left(1-\frac{d}{D}\right)(1+\mu\cot\alpha)\frac{1}{\cos\alpha}\right] \tag{6-34}$$

式中　μ——坯料与凹模接触面间的摩擦因数；

σ_b——材料的抗拉强度，MPa；

K——速度系数，在曲柄压力机上工作时 $K=1.15$。

其余符号如图 6-32(a) 所示。

三、缩口模结构与设计要点

1. 缩口模结构

图 6-33 所示为无支承方式的缩口模，带底圆筒形坯料在定位座 3 上定位，上模下行时，凹模 2 对坯料进行缩口。上模回程时，推件块 1 在橡胶弹力作用下将工件推出凹模。该模具对坯料无支承作用，适用于高度不大的带底圆筒形零件的锥形缩口。

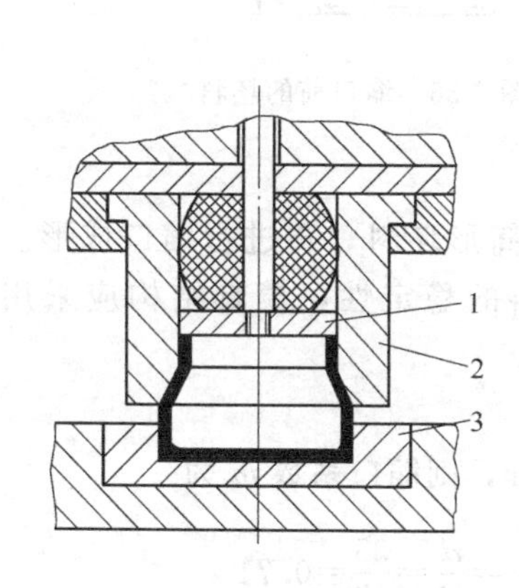

图 6-33　无支承方式的缩口模
1—推件块；2—缩口凹模；3—定位座

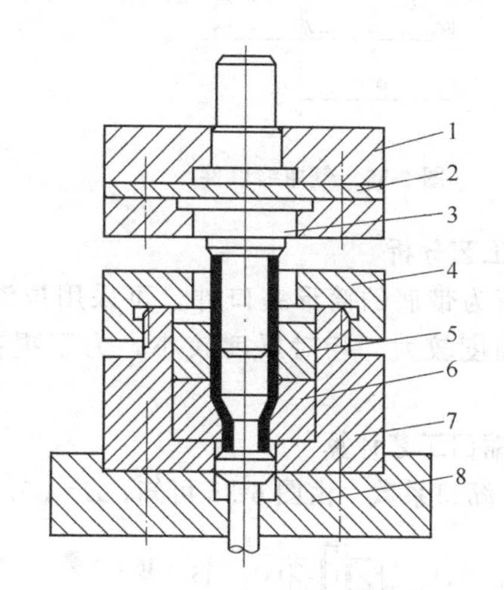

图 6-34　倒装式缩口模
1—上模座；2—垫板；3—凸模；4—紧固套；5—导正圈；6—凹模；7—凹模套；8—下模座

图 6-34 所示为倒装式缩口模，导正圈 5 主要起导向和定位作用，同时对坯料起一定的外支承作用。凸模 3 设计成台阶式结构，其小端恰好伸入坯料内孔起定位导向及内支承作用。缩口时，将管状坯料放在导正圈内定位，上模下行，凸模先导入坯料内孔，继而依靠台肩对坯料施加压力，使坯料在凹模 6 的作用下缩口成形。上模回程时，利用顶杆将工件从凹模内顶出。该模具适用于较大高度零件的缩口，而且模具的通用性好，更换不同尺寸的凹模、导正圈和凸模，可进行不同孔径的缩口。

2. 缩口模设计要点

缩口模的主要工作零件是凹模。凹模工作部分的尺寸根据工件缩口部分的尺寸来确定，但应考虑工件缩口后的尺寸比缩口模实际尺寸大 0.5%～0.8%的弹性回复量，以减少试模时的修正量。另外，凹模的半锥角 α 对缩口成形过程有重要影响，α 取值合理时，允许的缩口系数可以比平均缩口系数小 10%～15%，一般应使 $\alpha<45°$，最好使 $\alpha<30°$。为了便于坯料成形和避免划伤工件，凹模的表面粗糙度 Ra 值一般要求不大于 0.4μm。

当缩口件的刚性较差时，应在缩口模上设置支承坯料的结构，具体支承方式视坯料的结构和尺寸而定。反之，可不采用支承方式，以简化模具结构。

四、缩口模设计实例

图 6-35 所示为气瓶缩口件，材料为 08 钢，厚度 $t=1.0$mm，中批量生产，试设计缩口模。

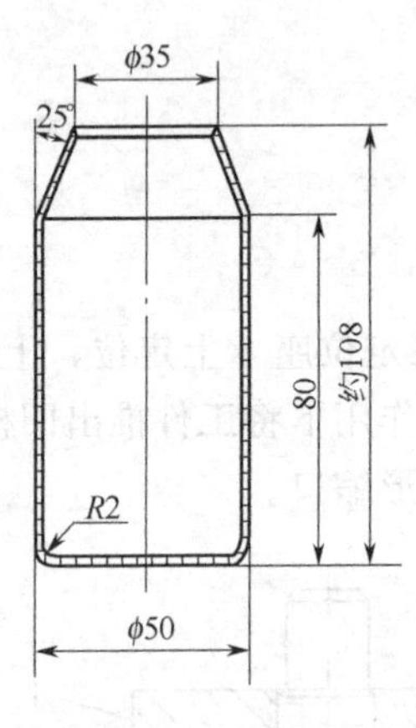

图 6-35 气瓶缩口件

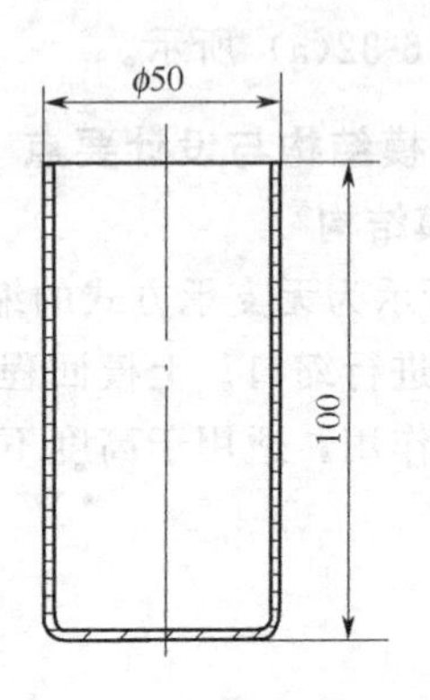

图 6-36 缩口前的坯料

1. 工艺分析

气瓶为带底的筒形缩口件，可采用拉深工艺制成圆筒形坯料，再进行缩口成形。该零件的高度较大，相对厚度较小，为了提高缩口时坯料的稳定性，模具结构应采用支承方式。

2. 缩口工艺计算

(1) 缩口系数 由图 6-35 可知，$d=35$mm，$D=49$mm，则缩口系数 m 为

$$m=\frac{d}{D}=\frac{35}{49}=0.71$$

因为该工件是有底的缩口件，所以只能采用外支承方式的缩口模具，查表 6-9，$[m]=0.6$，因 $m>[m]$，故该工件可以一次缩口成形。

(2) 缩口前的坯料高度 由图 6-35 可知，$h_1=79.5$mm，$\alpha=25°$，按式(6-31) 可算得坯料高度 H 为

$$H=1.05\left[h_1+\frac{D^2-d^2}{8D\sin\alpha}\left(1+\sqrt{\frac{D}{d}}\right)\right]$$

$$=1.05\times\left[79.5+\frac{49^2-35^2}{8\times49\times\sin25°}\times\left(1+\sqrt{\frac{49}{35}}\right)\right]$$

$$=99.7\text{ (mm)}$$

取 $H=100$mm，则得缩口前的坯料如图 6-36 所示。

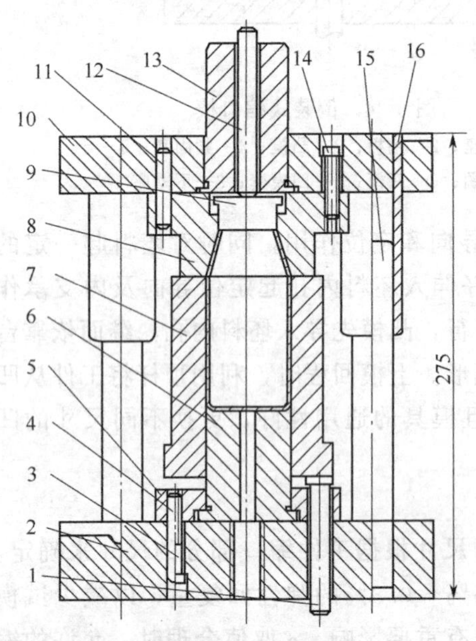

图 6-37 气瓶缩口模

1—顶杆；2—下模座；3,14—螺钉；4,11—圆柱销；5—固定板；6—垫块；7—外支承套；8—凹模；9—推件块；10—上模座；12—打杆；13—模柄；15—导柱；16—导套

(3) 缩口力 取凹模与工件间的摩擦因数 $\mu=0.1$，08 钢的 $\sigma_b=430$MPa，曲柄压力机取 $K=1.15$，由式(6-34) 可算得缩口力 F 为

$$F=K\left[1.1\pi Dt\sigma_b\left(1-\frac{d}{D}\right)(1+\mu\cot\alpha)\frac{1}{\cos\alpha}\right]$$
$$=1.15\times\left[1.1\times\pi\times49\times1\times430\times\left(1-\frac{35}{49}\right)\times(1+0.1\times\cot25^\circ)\frac{1}{\cos25^\circ}\right]$$
$$=32057(\mathrm{N})\approx32\mathrm{kN}$$

3. 模具结构设计

缩口模结构如图 6-37 所示，采用外支承方式一次缩口成形，缩口凹模工作面要求表面粗糙度为 $Ra0.4\mu m$，使用标准下弹顶器，采用后侧导柱模架，导柱、导套加长，模具闭合高度为 275mm。

4. 压力机的选用

考虑模具闭合高度较大，选用 J23-40 开式双柱可倾式压力机，其公称压力为 400 kN，最大闭合高度为 300mm。

第四节 校平与整形

校平与整形是指冲件在经过各种冲压加工之后，因其平面度、圆角半径或某些形状尺寸还不能达到图样要求，通过校平与整形模使其产生局部的塑性变形，从而得到合格零件的冲压工序。这类工序关系到产品的质量及稳定性，因而应用也较广泛。

校平与整形工序的特点如下。

① 只在工件的局部位置产生不大的塑性变形，以达到提高工件的形状与尺寸的目的，使工件符合零件图样的要求。

② 由于校平与整形后工件的精度比较高，因而模具的精度要求也相应较高。

③ 要求压力机的滑块到达下止点时对工件施加校正力，因此所用的设备要有一定的刚性，最好使用精压机。若用一般的机械压力机，则必须带有过载保护装置，以防材料厚度波动等原因损坏设备。

一、校平

把不平整的工件放入模具内压平的工序称为校平。校平主要用于提高平板零件（主要是冲裁件）的平面度。由于坯料不平或冲裁过程中材料的穹弯（尤其是斜刃冲裁和无压料的级进冲裁），都会使冲裁件产生不平整的缺陷，当对零件的平面度要求较高时，必须在冲裁工序之后进行校平。

1. 校平变形特点与校平力

校平的变形情况如图 6-38 所示，在校平模的作用下，工件材料产生反向弯曲变形而被压平，并在压力机的滑块到达下止点时被强制压紧，使材料处于三向压应力状态。校平的工作行程不大，但压力很大。

校平力 F 可用下式估算

$$F=pA \tag{6-35}$$

式中 p——单位面积上的校平力，MPa，可查表 6-10；

A——校平面积，mm^2。

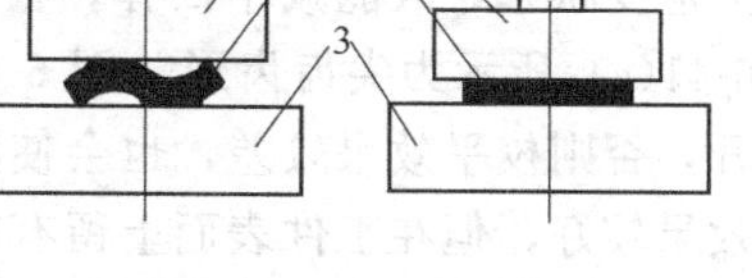

图 6-38 校平变形情况

1—上模板；2—工件；3—下模板

表 6-10 校平与整形单位面积压力

校 形 方 法	p/MPa	校 形 方 法	p/MPa
光面校平模校平	50～80	敞开形工件整形	50～100
细齿校平模校平	80～120	拉深件减小圆角及对底面、侧面整形	150～200
粗齿校平模校平	100～150		

校平力的大小与工件的材料性能、材料厚度、校平模齿形等有关，因此在确定校平力时可对表 6-10 中的数值作适当的调整。

2. 校平方式

校平方式有多种，有模具校平、手工校平和在专门设备上校平等。模具校平多在摩擦压力机或精压机上进行；大批量生产中，厚板料还可以成叠地在液压机上校平，此时压力稳定并可长时间保持；当校平与拉深、弯曲等工序复合时，可采用曲轴压力机或双动压力机，这时必须在模具或设备上安装保护装置，以防因料厚的波动而损坏设备；对于不大的平板零件或带料还可采用滚轮碾平；当零件的表面不允许有压痕，或零件尺寸较大而又要求具有较高平面度时，可采用加热校平。加热校平时，一般先将需校平的零件叠成一定高度，并用夹具夹紧压平，然后整体入炉加热（铝件为 300～320 ℃，黄铜件为 400～450 ℃）。由于温度升高后材料的屈服点下降，压平时反向弯曲变形引起的内应力也随之下降，所以回弹变形减小，从而保证了较高的校平精度。

3. 校平模

平板零件的校平模分为光面校平模和齿面校平模两种。

图 6-39 所示为光面校平模，适用于软材料、薄料或表面不允许有压痕的零件。光面校平模对改变材料内应力状态的作用不大，仍有较大的回弹，特别是对于高强度材料的零件校平效果比较差。生产实际中，有时将工件背靠背地叠起来，能收到一定的效果。为了使校平不受压力机滑块导向精度的影响，校平模最好采用浮动式结构，图 6-39(a) 所示为上模浮动式结构，图 6-39(b) 所示为下模浮动式结构。

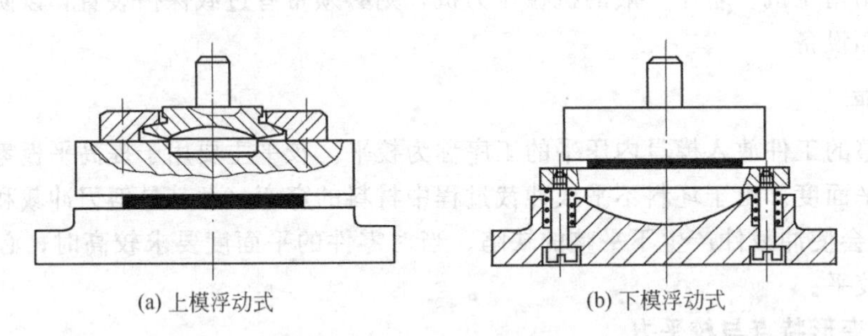

图 6-39 光面校平模

图 6-40 所示为齿面校平模，适用于材料较硬、强度较高及平面度要求较高的零件。由于齿面校平模的齿尖压入材料会形成许多塑性变形的小网点，有助于彻底改变材料原有的应力应变状态，故能减小回弹，校平效果好。齿面校平模按齿形又分为尖齿和平齿两种，图 6-41(a) 所示为尖齿齿形，图 6-41(b) 所示为平齿齿形。工作时上模齿与下模齿应互相错开，否则校平效果较差，也会使齿尖过早磨平。尖齿校平模的齿形压入工件表面较深，校平效果较好，但在工件表面上留有较深的痕迹，且工件也容易粘在模具上不易脱模，一般只用于表面允许有压痕或板料厚度较大（t=3～15mm）的零件校平。平齿校平模的齿形压入零件表面的压痕浅，因此生产中常用此校平模，尤其是薄材料和软金属的零件校平。

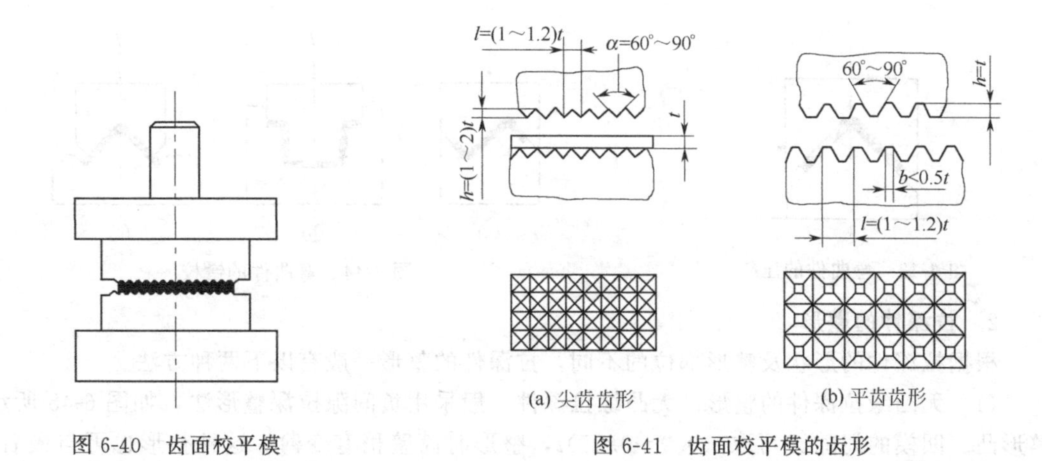

图 6-40　齿面校平模　　　图 6-41　齿面校平模的齿形

图 6-42 所示为带有自动弹出器的通用校平模，通过更换不同的模板，可校平具有不同要求的平板件。上模回程时，自动弹出器 3 可将校平后的工件从下模板上弹出，并使之顺着滑道 2 离开模具。

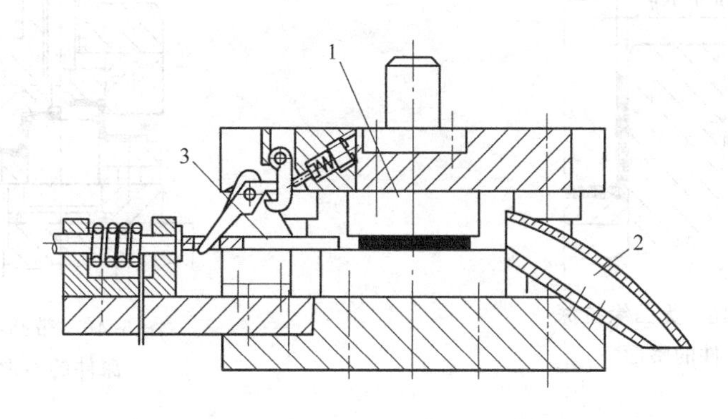

图 6-42　带自动弹出器的通用校平模
1—上模板；2—工件滑道；3—自动弹出器

二、整形

整形一般安排在拉深、弯曲或其他成形工序之后，用整形的方法可以提高拉深件或弯曲件的尺寸和形状精度，减小圆角半径。整形模与相应工序件的成形模相似，只是工作部分的精度和表面粗糙度要求更高，圆角半径和凸、凹模间隙取得更小，模具的强度和刚度要求也高。

根据冲压件的几何形状及精度要求不同，所采用的整形方法也有所不同。

1. 弯曲件的整形

弯曲件的整形方法有压校和镦校两种。

(1) 压校　图 6-43 所示为弯曲件的压校，因在压校中坯料沿长度方向无约束，整形区的变形特点与该区弯曲时相似，坯料内部应力状态的性质变化不大，因而整形效果一般。

(2) 镦校　图 6-44 所示为弯曲件的镦校，采用这种方法整形时，弯曲件除了在表面的垂直方向上受压应力外，在其长度方向上也承受压应力，使整个弯曲件处于三向受压的应力状态，因而整形效果好。但这种方法不宜于带孔及宽度不等的弯曲件的整形。

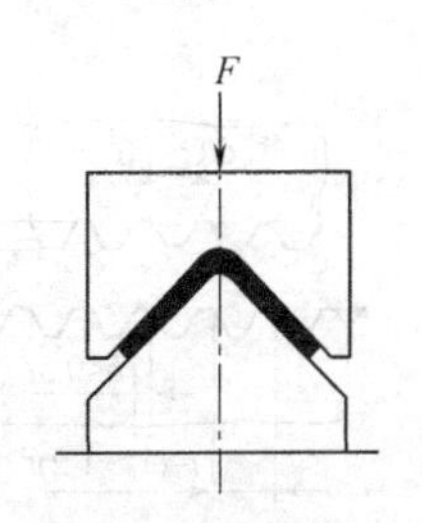

图 6-43　弯曲件的压校

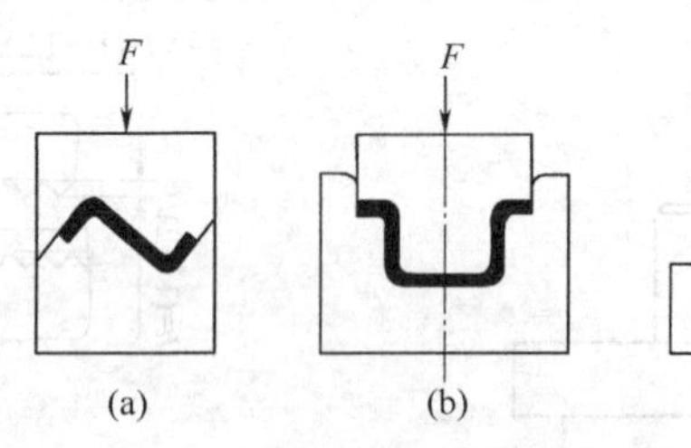

图 6-44　弯曲件的镦校

2. 拉深件的整形

根据拉深件的形状及整形部位的不同，拉深件的整形一般有以下两种方法。

（1）无凸缘拉深件的整形　无凸缘拉深件一般采用负间隙拉深整形法，如图 6-45 所示。整形凸、凹模的间隙 Z 可取（0.9～0.95）t，整形时筒壁稍有变薄。这种整形也可与最后一道拉深工序合并，但应取稍大一些的拉深系数。

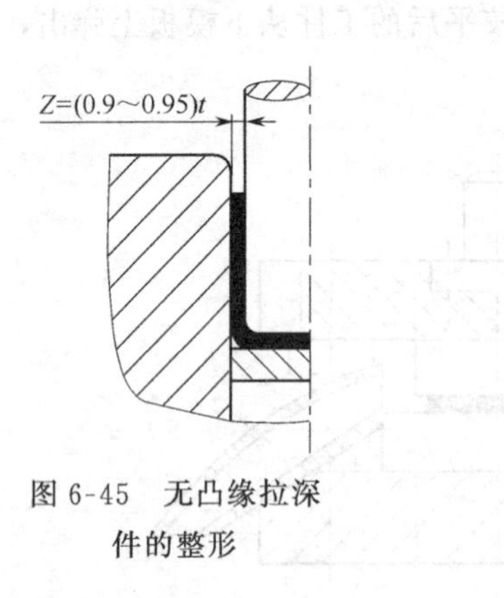

图 6-45　无凸缘拉深件的整形

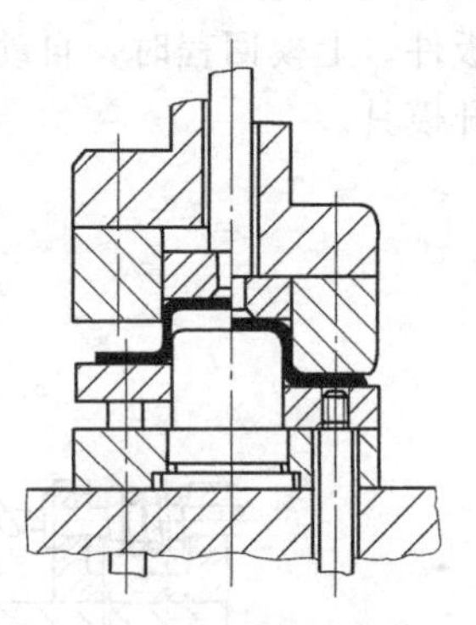

图 6-46　带凸缘拉深件的整形

（2）带凸缘拉深件的整形　带凸缘拉深件的整形如图 6-46 所示，整形部位可以是凸缘平面、底部平面、筒壁及圆角。其中凸缘平面和底部平面的整形主要是利用模具的校平作用，模具闭合时推件块与上模座、顶件板（压料圈）与固定板均应相互贴合，以传递并承受校平力；筒壁的整形与无凸缘拉深件的整形方法相同，主要采用负间隙拉深整形法；而圆角整形时由于圆角半径变小，要求从邻近区域补充材料，如果邻近材料不能流动过来（如凸缘直径大于筒壁直径的 2.5 倍时，凸缘的外径已不可能产生收缩变形），则只有靠变形区本身的材料变薄来实现。这时，变形部位的材料伸长变形以不超过 2%～5%左右为宜，否则变形过大会产生拉裂。这种整形方法一般要经过反复试验后，才能决定整形模各工作部分零件的形状和尺寸。

整形力 F 可用下式估算

$$F=pA \tag{6-36}$$

式中　p——单位面积上的整形力，MPa，可查表 6-10；

A——整形面的投影面积，mm^2。

第五节　成形模制造特点

成形模的制造与拉深模、弯曲模的制造基本相同，所不同的主要是成形模工作零件的硬度和表面质量要求更高些。因此，成形模工作零件的加工有如下特点。

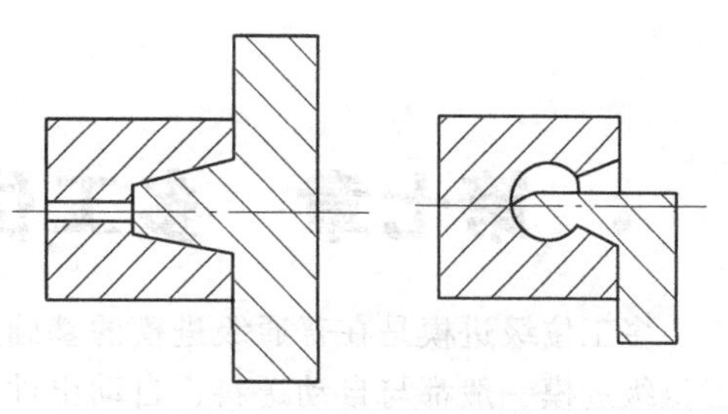

图 6-47　用样板测量型面

① 成形模的凸模型面和凹模型腔一般都是由不同的平面和曲面组合而成，简单型面或型腔用普通的金属切削加工机床便可加工，复杂型面可采用数控加工机床或电加工机床加工。

② 成形模中的特殊型面（或型腔）的形状和尺寸很难用卡尺、百分表等通用测量工具检测，一般需采用样板或样件进行测量，如图 6-47 所示。此外，轮廓形状测量仪也是一种小型高精度成形模具的有效测量工具，大型、精密的成形模还可用三坐标测量仪进行测量。

③ 对于精度要求不太高而型面较复杂的成形模，其凸、凹模的精加工通常放在淬硬热处理之前进行，热处理之后仅对型面进行抛光处理。

④ 对于精度高、形状复杂的成形模工作零件，通常在热处理后还要进行修研、抛光和氮化处理。

成形模的装配方法及特点与拉深模、弯曲模的装配基本相同。

思考与练习题

1. 各成形工序在变形过程中的共同点是什么？又有哪些不同点？

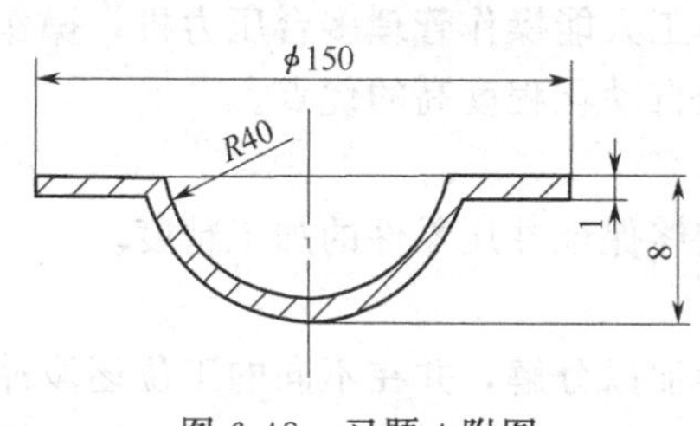

图 6-48　习题 4 附图

2. 试分别各列举 2～3 种胀形件、翻边件、翻孔件和缩口件实例。

3. 工件在什么情况下需要整形？整形工序一般安排在工件冲压过程中的什么位置？

4. 要压制如图 6-48 所示的凸包，判断能否一次胀形成形？并计算用刚性模具成形的冲压力。工件材料为 08 钢，料厚为 1 mm，断后伸长率 $\delta=32\%$，抗拉强度 $\sigma_b=430$ MPa。

5. 试分析确定图 6-49 所示各零件的冲压工艺方案，并进行工艺计算。

6. 设计图 6-49(a) 所示零件的 $\phi45$ 圆孔翻孔模结构。

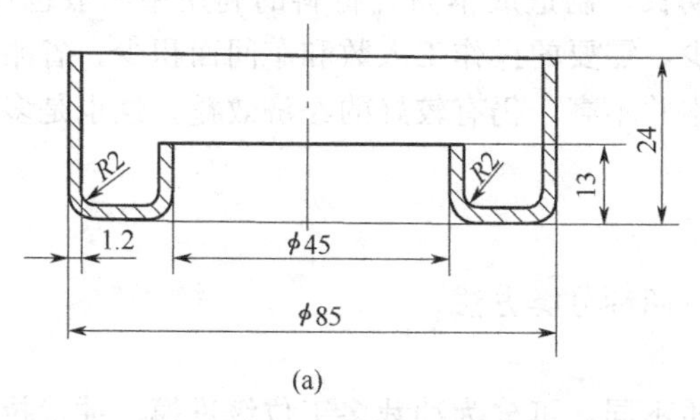

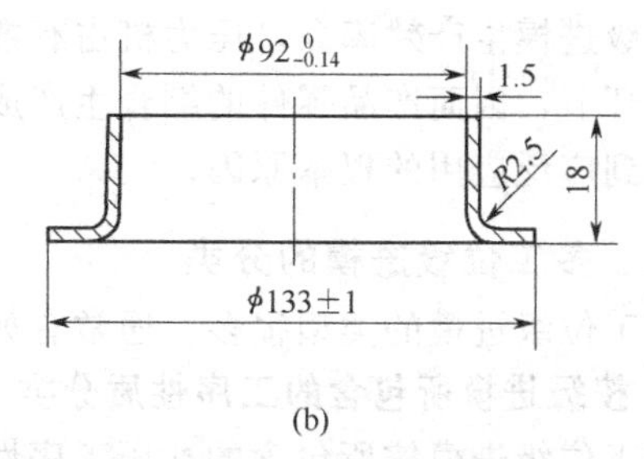

图 6-49　习题 5、6 附图

第七章　多工位级进模设计与制造

多工位级进模是在普通级进模的基础上发展起来的精密、高效、高寿命的先进模具。多工位级进模一般都与自动送料、自动出件、自动检测与自动保护等装置配置在一起，以实现自动化生产，主要用于生产批量大、材料厚度较薄、形状复杂、精度要求较高的中小型冲件的生产。

第一节　多工位级进模的特点与分类

一、多工位级进模的特点

多工位级进模作为现代冲压生产的先进模具，与普通冲模相比具有以下显著特点。

1. 冲压生产效率高

多工位级进模在不同工位连续完成复杂零件的冲裁、弯曲、拉深、翻孔、翻边及其他成形和装配等工序，大大减少了中间运转和复杂定位等环节，显著提高了生产效率，尤其是高速压力机的应用更是成倍提高了小型复杂零件的生产率。

2. 操作安全，自动化程度高

多工位级进模一般都带有自动送料、自动出件装置，模具中设有安全检测装置，冲压加工发生误送或其他意外时，压力机能自动停机。一个操作工人能操作管理多台压力机，操作工人的手不需要进入危险区。这些充分体现了操作安全和自动化程度高的优点。

3. 冲件质量高

多工位级进模通常具有高精度的导向和定距系统，能够保证冲压零件的加工精度。

4. 模具寿命长

多工位级进模在冲压时，可将复杂零件的内形或外形加以分解，并在不同的工位逐段冲切、成形，简化了凸、凹模的刃口或型面形状。在工序集中的区域可增设空位，保证了凹模的强度。工作零件结构的优化，延长了模具的使用寿命。

5. 设计制造难度大，但冲压生产的总成本较低

多工位级进模设计和制造难度大、周期长、制造成本高，材料的利用率一般也比较低，但由于级进模生产效率高，压力机占有数少，需要的操作工人数和车间面积少，省略了储存和运输环节，因而产品零件的综合生产成本并不高，仍有较好的经济效益。这也是多工位级进模得到广泛应用的根本原因。

二、多工位级进模的分类

多工位级进模的类型很多，通常有如下两种分类方法。

1. 按级进模所包含的工序性质分类

多工位级进模按所包含的冲压工序性质不同，可分为冲裁多工位级进模、冲裁拉深多工位级进模、冲裁弯曲多工位级进模、冲裁成形（胀形、翻孔、翻边、缩口、整形等）多工位级进模、冲裁拉深弯曲多工位级进模及冲裁拉深弯曲成形多工位级进模等。

2. 按冲件成形方法分类

(1) 封闭型孔级进模　这种级进模的各工作型孔（除侧刃外）与被冲零件的各个型孔及

外形（对于弯曲件即展开外形）的形状完全一致，并分别设置在一定的工位上，材料沿各工位经过连续冲压，最后获得所需要的冲件，如图 7-1 所示。

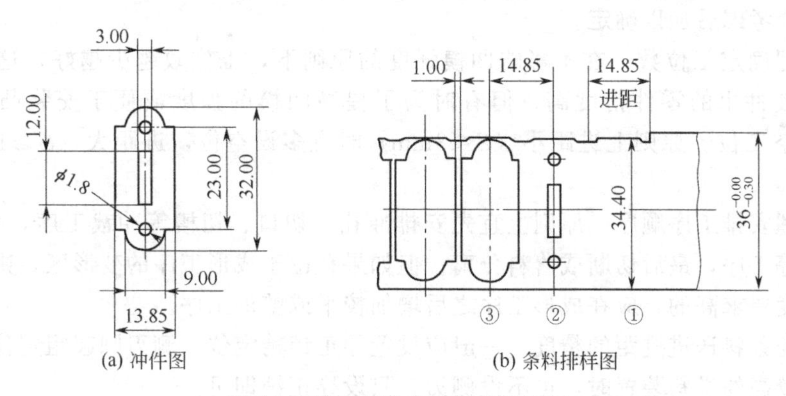

图 7-1　封闭型孔多工位级进冲压

（2）切除余料级进模　这种级进模是对冲件较为复杂的外形和型孔，采取逐步切除余料的办法，经过逐个工位的连续冲压，最后获得所需要的冲件，如图 7-2 所示。显然，这种级进模工位数一般比封闭型孔级进模多。

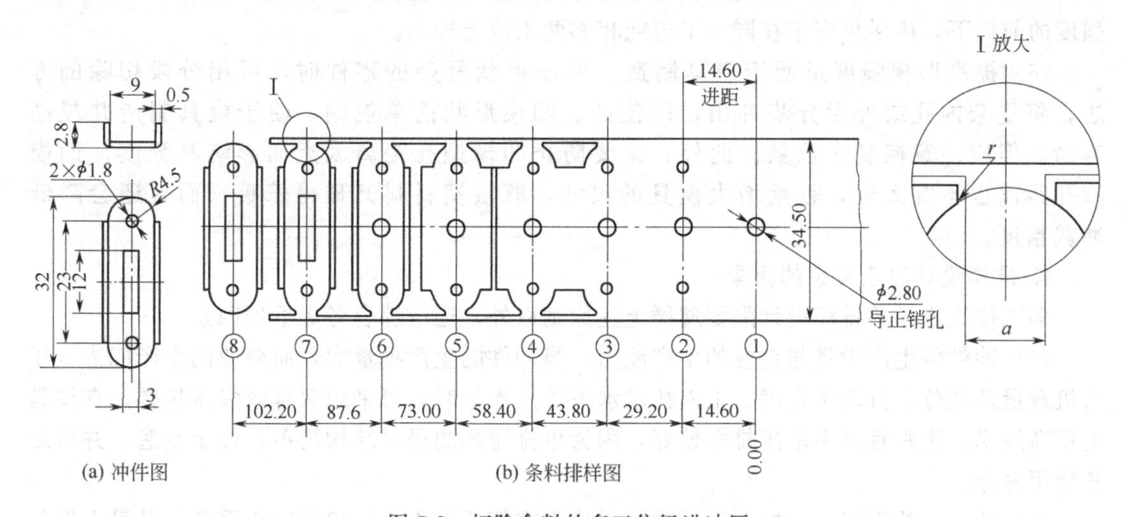

图 7-2　切除余料的多工位级进冲压

第二节　多工位级进模的排样设计

多工位级进模的排样设计得合理与否，直接影响到模具设计的成败。多工位级进模工位数很多，要充分考虑分段切除和工序安排的合理性，并使条料在连续冲压过程中畅通无阻，级进模便于制造、使用、维修和刃磨。因此，设计排样图时应考虑多个方案，并进行分析、比较、综合后确定出最佳方案。

一、排样设计的原则及考虑的因素

1. 排样设计的原则

多工位级进模的排样设计是与工件冲压方向、变形次数及相应的变形程度密切相关的，还要考虑模具制造的可能性与工艺性。因此，排样图设计时应遵循下列原则。

(1) 尽可能提高材料的利用率　尽量按少、无废料排样，以便降低冲件成本，提高经济效益。双排或多排排样比单排排样要节省材料，但模具结构复杂，制造困难，给操作也带来不便，应综合考虑后加以确定。

(2) 合理确定工位数　在不影响凹模强度的原则下，工位数越少越好，这样可以减少累积误差，使冲出的零件精度高。但有时为了提高凹模的强度或便于安装凸模，需在排样图上设置空工位。原则上进距小（$S<8$mm）时宜多设空位，进距大（$S>16$mm）时少设空位。

(3) 合理安排工序顺序　原则上宜先安排冲孔、切口、切槽等冲裁工序，再安排弯曲、拉深、成形等工序，最后切断或落料分离。但如果孔位于成形工序的变形区，则在成形后冲出。对于精度要求高的，应在成形工序之后增加校平或整形工序。

(4) 保证条料送进进距的精度　一般应设置导正销精定位，侧刃则起粗定位作用。当使用送料精度较高的送料装置时，可不设侧刃，只设导正销即可。

导正销孔应在第一工位冲出，第二工位开始导正，以后根据冲件精度要求，每隔适当工位设置导正销。导正销孔可以是冲件上的孔，也可以在条料上冲工艺孔。对于带料级进拉深，也可借助拉深凸模进行导正，但更多的是冲工艺孔导正。

(5) 保证冲件形状及尺寸的准确性　冲件上的型孔位置精度要求较高时，在不影响凹模强度的前提下，应尽量安排在同一工位或相邻两工位上冲出。

(6) 提高凹模强度及便于模具制造　冲压形状复杂的零件时，可用分段切除的方法，将复杂内孔或外形分步冲出，以使凸、凹模形状简单规则，便于模具制造并提高寿命，但应注意控制工位数。此外，也要防止凹模型孔距离太近而影响其强度。凹模型孔距离也不宜太远，否则增大模具的尺寸，既浪费材料又显得笨重，而且还会降低冲裁精度。

2. 排样设计时应考虑的因素

多工位级进模的排样设计除要遵循上述原则以外，还应综合考虑下列因素。

(1) 冲件的生产批量与企业的生产能力　当冲件的生产批量大，而企业的生产能力（压力机数量及吨位、自动化程度、工人技术水平等）不足时，可采用双排或多排排样，在模具上提高效率。否则宜采用单排排样较好，因为单排排样的模具结构简单，便于制造，并可延长使用寿命。

(2) 冲压力的平衡　排样图设计的结果应力求使压力中心与模具中心重合，其最大偏移量不能超过模具长度的1/6。需要侧向冲压时，应尽可能将凸模的侧向运动方向垂直于送料方向，以便侧向机构设在送料方向的两侧。

(3) 冲件的毛刺方向　当冲件有毛刺方向要求时，无论采用双排或多排，必须保证冲出的毛刺方向一致，如图7-3所示。对于弯曲件，应使毛刺朝向弯曲内区，这样既美观又不易弯裂。

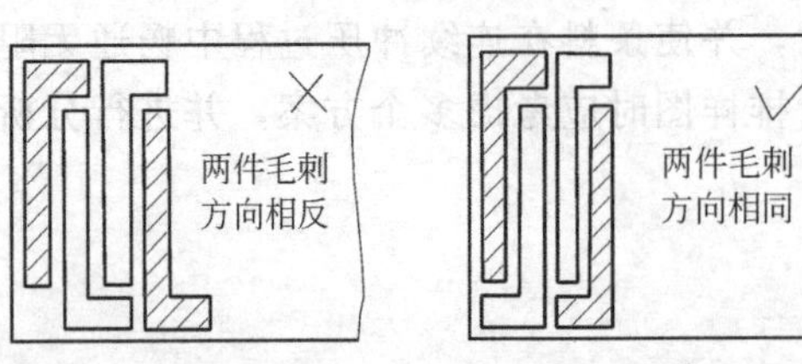

(a) 两件毛刺方向相反　(b) 两件毛刺方向相同

图7-3　排样图中冲件的毛刺方向

(4) 成形工序件方向的设置　多工位级进冲压过程中，必须保持条料的基本平面为同一水平面，其成形部位只能向上或向下。对于弯曲、拉深等成形工序，究竟采用向上或向下成形，主要考虑模具结构和送料方法以及卸料与顶件的可靠性，力求使模具结构简单、送料方便、卸料顶件可靠稳定。

二、载体设计

载体就是级进冲压时条料上连接工序件并将工序件在模具上平稳送进的部分。载体与一般冲压排样时的搭边有相似之处，但作用完全不同。搭边是为了满足把工件从条料上冲切下来的工艺要求而设置的，而载体是为运载条料上的工序件至后续工位而设计的。载体必须具有足够的强度，能平稳地将工序件送进。如载体发生变形，条料的送进精度就无法保证，甚至阻碍条料送进或造成事故，损坏模具。载体与工序件之间的连接段称为搭接头。

根据冲件形状、变形性质、材料厚度等情况不同，载体可有下列几种形式。

1. 单侧载体

单侧载体是在条料的一侧留出一定宽度的材料，并在适当位置与工序件连接，实现对工序件的运载，如图 7-4 所示。单侧载体的尺寸如图 7-5(a) 所示。

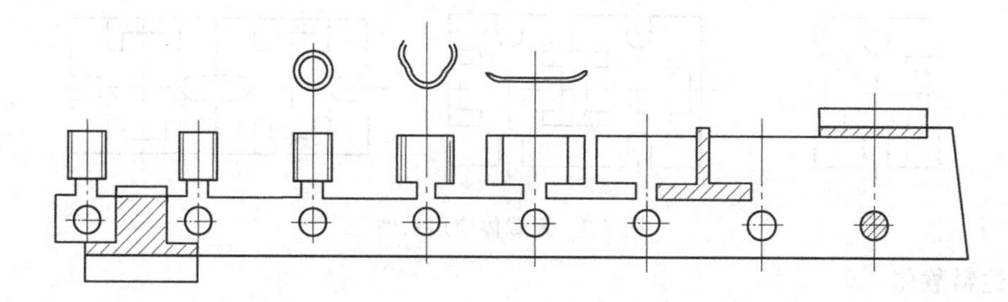

图 7-4　单侧载体应用示例

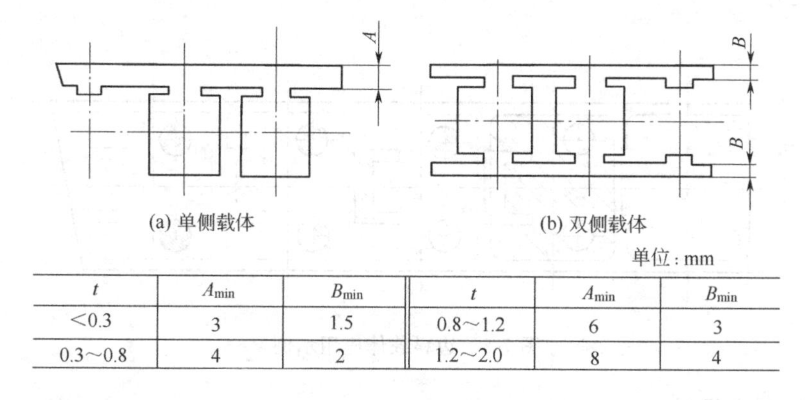

(a) 单侧载体　　(b) 双侧载体

单位：mm

t	A_{min}	B_{min}	t	A_{min}	B_{min}
<0.3	3	1.5	0.8～1.2	6	3
0.3～0.8	4	2	1.2～2.0	8	4

图 7-5　单侧、双侧载体尺寸

2. 双侧载体

双侧载体又称标准载体，是单侧载体的一种加强形式，它是在条料两侧分别留出一定宽度的材料运载工序件，如图 7-2 所示。双侧载体比单侧载体更稳定，具有更高的定位精度，主要用于材料较薄、冲件精度要求较高的场合，但材料利用率低。双侧载体的尺寸如图 7-5 (b)所示。

3. 中间载体

中间载体位于条料中部，它比单侧或双侧载体节省材料，在弯曲件的工序排样中应用较多，如图 7-6 所示。中间载体宽度可根据冲件的特点灵活确定，但不应小于单侧载体的宽度。

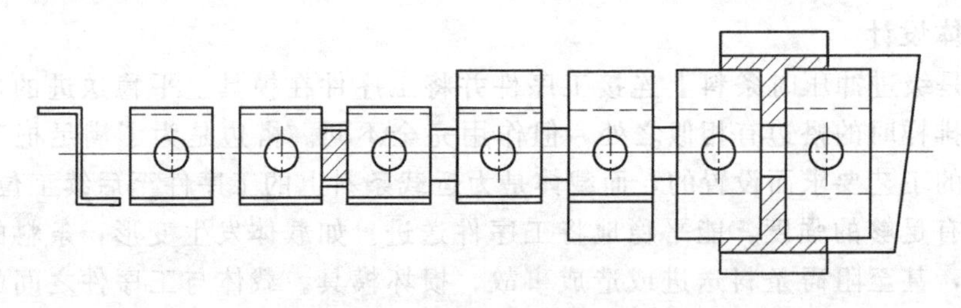

图 7-6　中间载体应用示例

4. 无载体

无载体实际上与坯料无废料排样是一致的，冲件外形具有一定的特殊性，即要求坯料左右边界在几何上具有互补性，如图 7-7 所示。

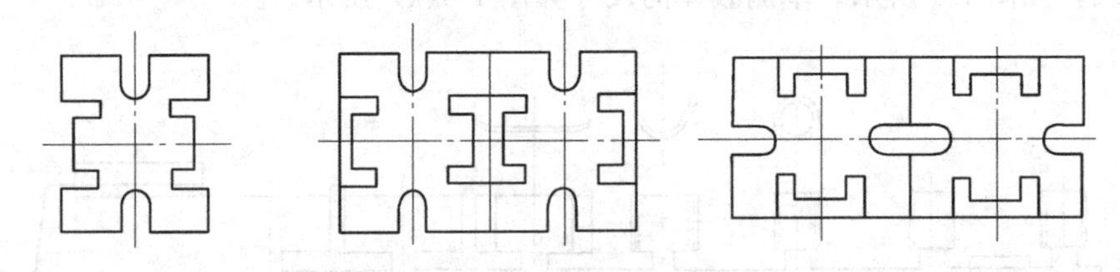

图 7-7　无载体应用示例

5. 边料载体

边料载体是利用条料搭边余料作为载体的一种形式。这种载体稳定性好，简单省料。边料载体主要用于板料较厚、在余料或冲件结构中有导正孔位置的场合，如图 7-8 所示。

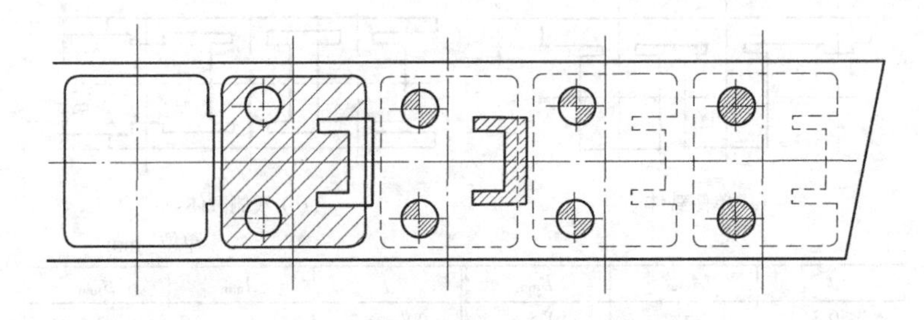

图 7-8　边料载体应用示例

三、冲切刃口设计

为实现复杂零件的冲压或优化模具结构，在切除余料级进模中，一般总是将复杂外形和内型孔分几次冲切，这就要求设计合理的凸模和凹模刃口外形，实现冲件轮廓的分解和重组，这一工作称为冲切刃口设计。

1. 冲切刃口设计的原则

冲切刃口设计一般在坯料排样后进行，设计时应遵循的原则是：刃口分解与重组应保证冲件的形状和尺寸精度；轮廓分解的段数应尽量少，分解后各段间的连接应平直圆滑，并有利于简化模具结构，重组后形成的凸模和凹模外形要简单规则，有足够的强度，便于加工等。图 7-9 所示是冲切外形时两种较好的刃口分解和组合方式。

2. 轮廓分解时分段搭接头的基本形式

内、外形轮廓分解后，各段之间必然要形成搭接头，不恰当的分解会导致搭接头处

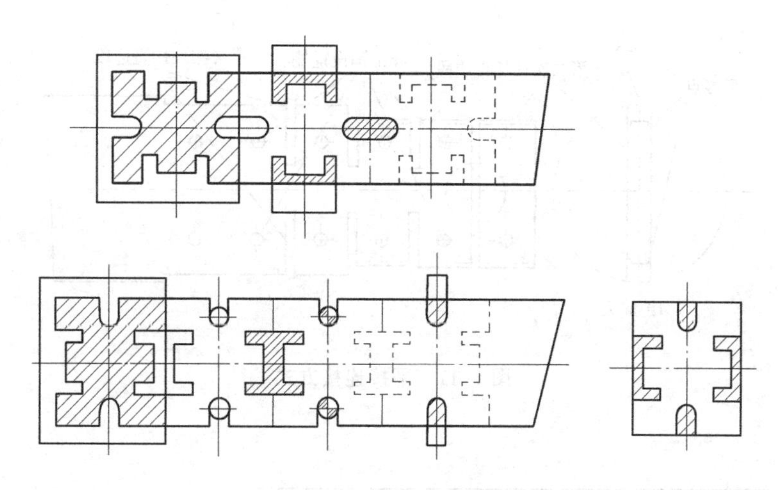

图 7-9　刃口分解示例

产生毛刺、错牙、尖角、塌角、不平直和不圆滑等质量问题。常见的搭接头形式有以下三种。

（1）搭接　搭接是指毛坯轮廓经分解与重组后，冲切刃口之间相互交错，有少量重叠部分，如图 7-10 所示。按搭接方式进行刃口分解，对保证搭接头连接质量比较有利，使用最普遍。搭接量一般大于 $0.5t$，若不受搭接型孔尺寸的限制，搭接量可达 $(1\sim2.5)t$。

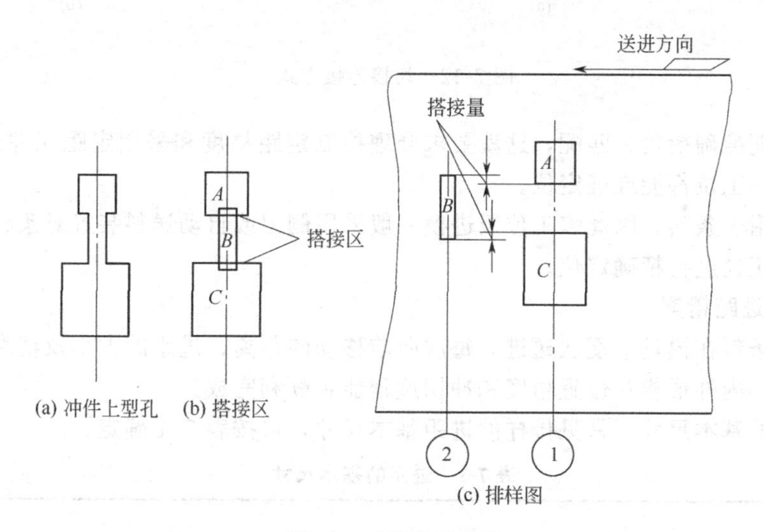

(c) 排样图

图 7-10　搭接示意图

（2）平接　平接是在冲件的直边上先冲切一段，在另一工位再冲切余下的一段，经两次或多次冲切后，形成完整的平直直边，如图 7-11 所示。这种连接方式可提高材料利用率，但设计制造模具时，其进距精度、凸模和凹模制造精度都要求较高，并且在直线的第一次冲切和第二次冲切的两个工位上必须设置导正销导正。

（3）切接　切接是在坯料圆弧部分分段冲切时的连接形式，即在第一工位上先冲切一部分圆弧段，在后续工位上再切去其余部分，前后两段应相切，如图 7-12 所示。

四、定距设计

由于多工位级进模将冲件的冲压工序分布在多个工位上依次完成，要求前后工位上工序

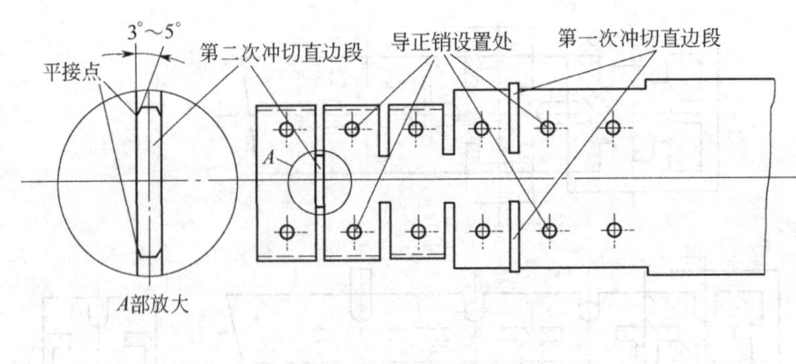

图 7-11　平接连接方式

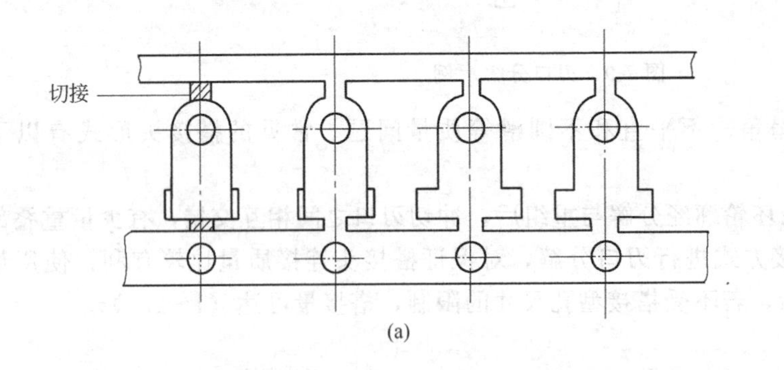

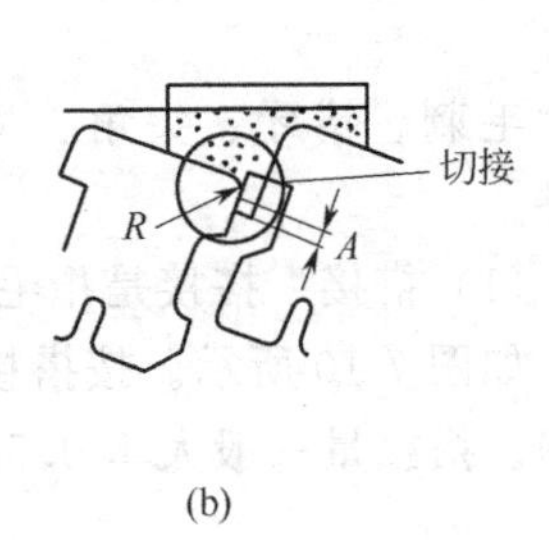

图 7-12　切接连接方式

件的冲切部位能准确衔接、匹配，这就要求合理控制定距精度和采用定距元件或定距装置，使工序件在每一工位都能准确定位。

工序件依附于条料，因此多工位级进模一般采用侧刃或自动送料装置对条料进行送进定距，并设置导正销进行精确定位。

1. 进距和进距精度

进距是指条料在模具中逐次送进时每次向前移动的距离。进距的大小及精度直接影响冲件的外形精度、内外形相对位置精度和冲切过程能否顺利完成。

(1) 进距的基本尺寸　常见排样的进距基本尺寸，可按表 7-1 确定。

表 7-1　进距的基本尺寸

排样方式 (自右向 左送料)	S　搭边宽度　M　进距基本尺寸　S　条料送进方向　工件外形尺寸　A　②　①	A　条料送进方向　进距基本尺寸　B　搭边宽度　M　S
进距基本尺寸	$S=A+M$	$S=B+M$

续表

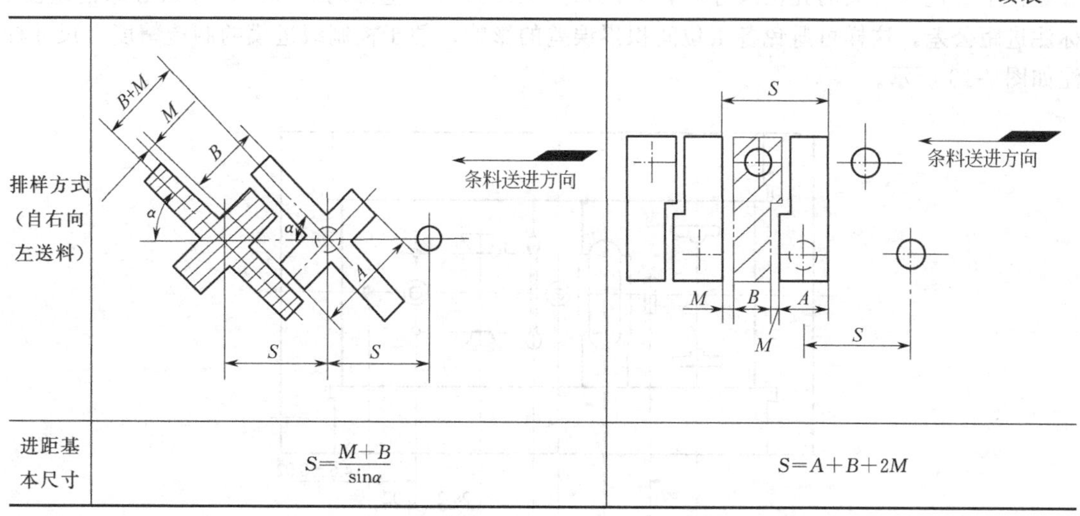

(2) 进距精度　进距精度愈高，冲件的精度也愈高，但进距精度过高，将给模具加工带来困难。影响进距精度的主要因素有冲件的精度等级、复杂程度、材质、料厚、模具的工位数以及冲压时条料的送进方式和定距方式等。

采用导正销定距的多工位级进模，其进距精度一般可按如下经验公式估算

$$\delta=\pm\frac{\beta}{2\sqrt[3]{n}}k \tag{7-1}$$

式中　δ——多工位级进模进距对称偏差值，mm；

β——将冲件沿送料方向最大轮廓尺寸的精度等级提高四级后的实际公差值，mm；

n——模具设计的工位数；

k——修正系数，见表 7-2。

表 7-2　修正系数 k 值

冲裁间隙 Z（双面）/mm	k	冲裁间隙 Z（双面）/mm	k
0.01～0.03	0.85	>0.12～0.15	1.03
>0.03～0.05	0.90	>0.15～0.18	1.06
>0.05～0.08	0.95	>0.18～0.22	1.10
>0.08～0.12	1.00		

例 7-1　如图7-2(a) 所示冲件，经展开后沿送料方向的最大轮廓尺寸是 13.85mm，按图 7-2(b) 所示的排样图共有 8 个工位。设冲件的精度等级为 IT14 级，模具的双面间隙为 0.08～0.10mm，求此多工位级进模的进距偏差值。

解　将冲件沿送料方向的最大轮廓尺寸 13.85mm 的精度等级（IT14）提高四级后（IT10 级）的公差值为 0.07mm，即 $\beta=0.07$mm，而 $n=8$，由双面间隙 $Z=0.08\sim0.10$mm 查表 7-2 得 $k=1.00$，代入式(7-1)，得

$$\delta=\pm\frac{\beta}{2\sqrt[3]{n}}k=\pm\frac{0.07}{2\times\sqrt[3]{8}}\times1=\pm0.0175\approx\pm0.02(\text{mm})$$

为了克服多工位级进模各工位之间进距的累积误差，在标注凹模、凸模固定板、卸料板

等零件中与进距有关的孔位尺寸时，均以第一工位为尺寸基准向后标注，并以对称偏差值 δ 标注进距公差，这样可避免各工位间积累误差的影响，便于控制级进模的制造精度，尺寸标注如图 7-13 所示。

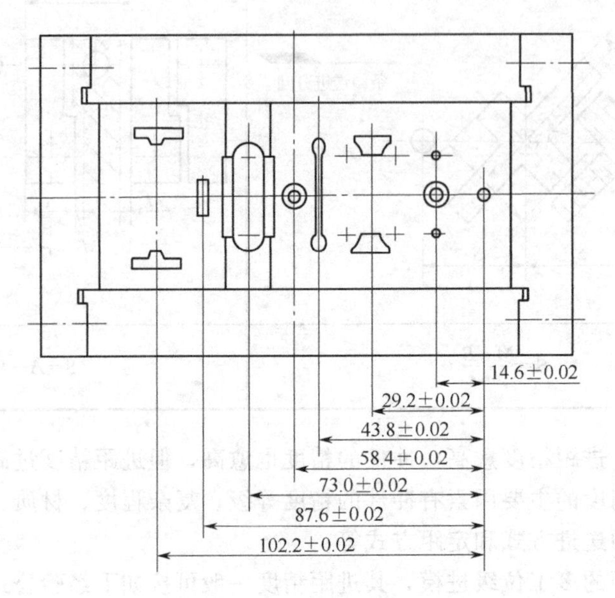

图 7-13　多工位级进模凹模进距尺寸及公差标注

2. 侧刃与导正销

（1）侧刃　侧刃是级进模中普遍采用的定位元件，常用于条料定距中的粗定位，实际上侧刃并不直接用于定位，而是通过侧刃在条料一侧或两侧冲切长度等于送料进距的缺口，靠缺口台肩抵住侧刃挡块对条料送进进行定距的，如图 7-14 所示。

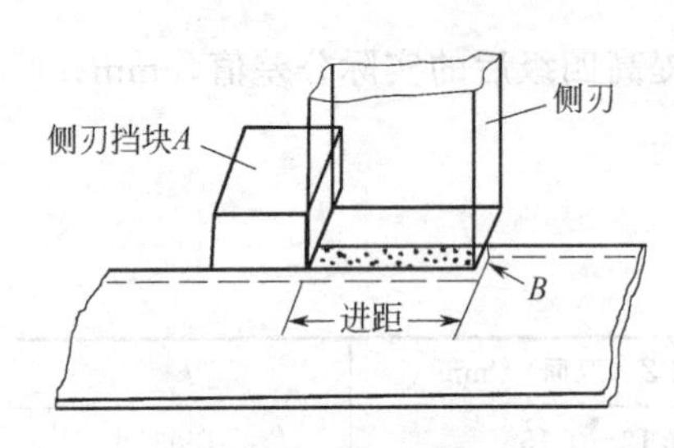

图 7-14　侧刃定距原理

侧刃冲切缺口的宽度尺寸如图 7-15 所示。根据 A 值的大小，有时还要对坯料排样时确定的条料宽度进行适当调整。经侧刃冲切后的条料与导料板之间的间隙不宜过大，一般为 0.05～0.15mm，薄料取小值，厚料取大值。

侧刃冲切缺口长度应略大于进距基本尺寸，以使导正销插入条料导正孔后有回退0.03～0.15mm 的余地，从而达到精确定位的目的。否则，导正销无法顺利插入导正孔，若强行插

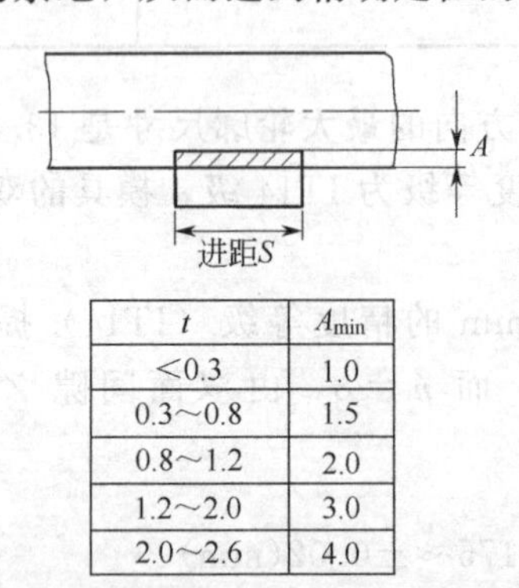

t	A_{min}
<0.3	1.0
0.3～0.8	1.5
0.8～1.2	2.0
1.2～2.0	3.0
2.0～2.6	4.0

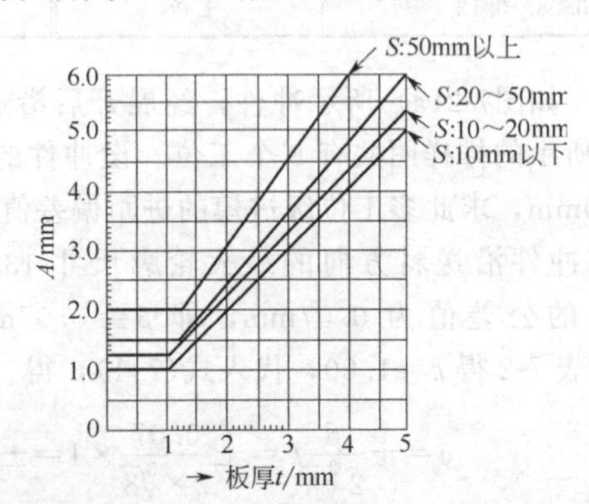

图 7-15　侧刃冲切缺口尺寸

入，则会引起小直径导正销弯曲或导正孔变形，难以实现对条料的精确定位。

在高速冲压时，一般采用自动送料装置实现带料的自动送进，其送料进距精度主要取决于送料装置的精度。当进距精度要求高时，送料装置的送进一般也只用作粗定位，还需用导正销进行精定位。

(2) 导正销　在多工位级进模中，导正销常用于插入条料上的导正孔以校正条料的位置，保持凸模、凹模和冲件三者之间具有正确的相对位置。导正销起精定位的作用，一般与其他粗定位方式结合使用，其定位原理如图 7-16 所示。

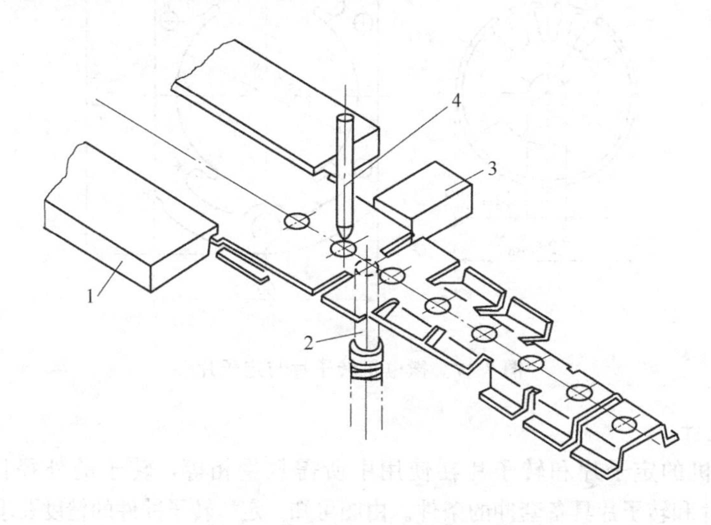

图 7-16　导正销工作原理示意

1—导料板；2—顶料销；3—侧刃挡块；4—导正销

① 导正孔直径。导正孔直径与导正销校正能力有关。导正孔直径过小，导正销易弯曲变形，导正精度差；导正孔过大则会降低材料利用率和载体强度。一般导正孔直径大于或等于料厚的 2 倍，对薄料（$t<0.5$mm），导正孔直径应大于或等于 1.5mm，导正孔直径的经验值见表 7-3。

表 7-3　导正孔直径 d

t/mm	d_{min}/mm	t/mm	d_{min}/mm
<0.5	1.5	>1.5	2.5
0.5～1.5	2.0		

② 导正销的设置。导正孔要在第一工位冲出，紧接的工位上要有导正销。在以后的工位上，还应优先在材料易窜动或重要的工位上设置导正销，单侧载体的末工位也要有导正销，以校正载体横向弯曲。导正销至少要设置两个，超过两个时，可等间距布置。

第三节　多工位级进模的典型结构

根据冲件的排样设计，可以考虑多工位级进模的整体结构。生产中使用的多工位级进模的类型较多，下面通过三个不同类型的冲件的排样设计和对应的三副模具的结构分析，介绍不同类型的多工位级进模的结构特点。

一、冲孔、落料多工位级进模

图 7-17 所示为微型电机的定子片与转子片简图，材料为电工硅钢片，料厚为 0.35mm，生产批量为大批量生产。

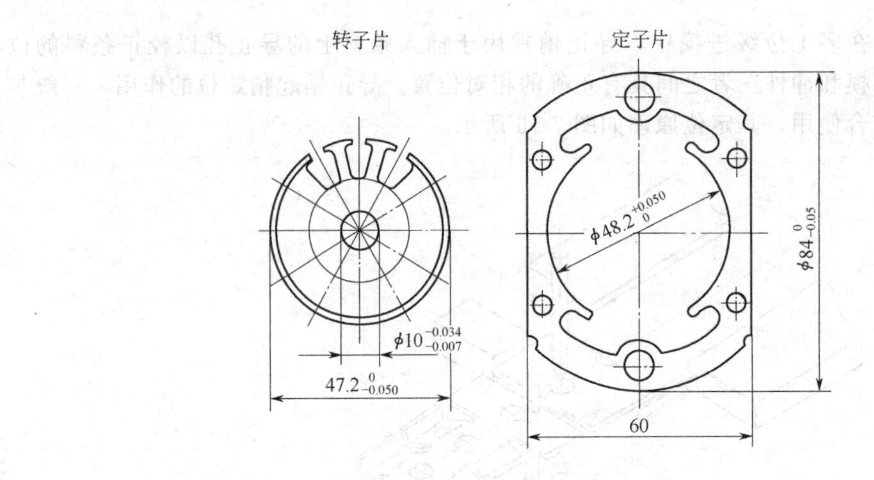

图 7-17 微电机转子片与定子片

1. 排样图设计

由于微型电机的定子片和转子片在使用中所需数量相等，转子的外径比定子的内径小 1mm，因此定子片和转子片具备套冲的条件。由图可知，定、转子冲件的精度要求较高，形状也比较复杂，故适宜采用多工位级进模冲压，冲件的冲压工序均为冲孔和落料。冲件的异形孔较多，在级进模的结构设计和加工制造上都有一定的难度，因此要精心设计，各种问题都要考虑周全。

微电机的定、转子冲片是大批量生产，故选用硅钢片卷料，采用自动送料装置送料，其送料精度可达±0.05mm。为了进一步提高送料精度，在模具中还应使用导正销作精定位。

冲件的排样设计如图 7-18 所示，排样图分 8 个工位，各工位的工序内容如下。

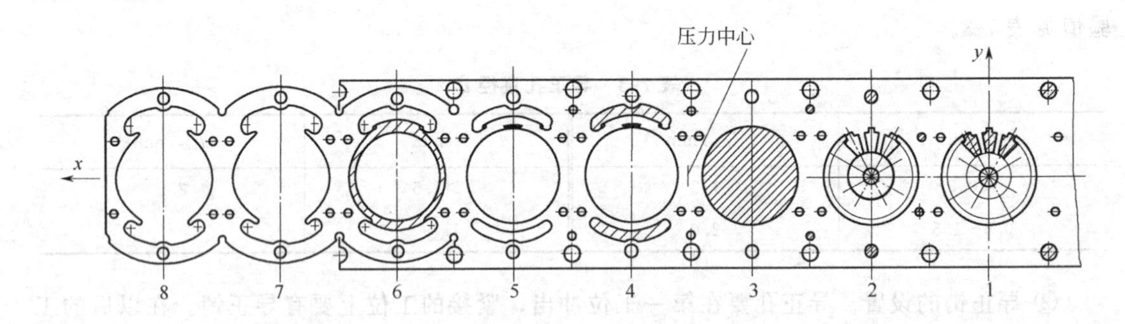

图 7-18 微电机转子片与定子片排样图

工位 1：冲 2 个 ϕ8mm 的导正销孔；冲转子片各槽孔和中心轴孔；冲定子片两端 4 个小孔的左侧 2 孔。

工位 2：冲定子片右侧 2 孔；冲定子片两端中间 2 孔；冲定子片角部 2 个工艺孔；转子片槽和 ϕ10mm 孔校平。

工位 3：转子片外径 $\phi 47.2_{-0.050}^{\ 0}$ mm 落料。

工位 4：冲定子片两端异形槽孔。

工位 5：空工位。

工位 6：冲定子片 $\phi 48.2^{+0.050}_{0}$ mm 内孔；定子片两端圆弧余料切除。

工位 7：空工位。

工位 8：定子片切断。

排样图进距为 60mm，与定子片宽度相等。

转子片中间 ϕ10mm 的孔有较高的精度要求，12 个线槽孔要直接缠绕径细、绝缘层薄的漆包线，不允许有明显的毛刺。为此，在工位 2 设置对 ϕ10mm 孔和 12 个线槽孔的校平工序。工位 3 完成转子片的落料。

定子片中的异形孔比较复杂，孔中有四个较狭窄的突出部分，若不将内形孔分解冲切，则整体凹模中 4 个突出部位容易损坏。为此，把内形孔分为两个工位冲出，考虑到 $\phi 48.2^{+0.050}_{0}$ mm 孔精度较高，应先冲两头长形孔，后冲中孔，同时将 3 个孔打通，完成内孔

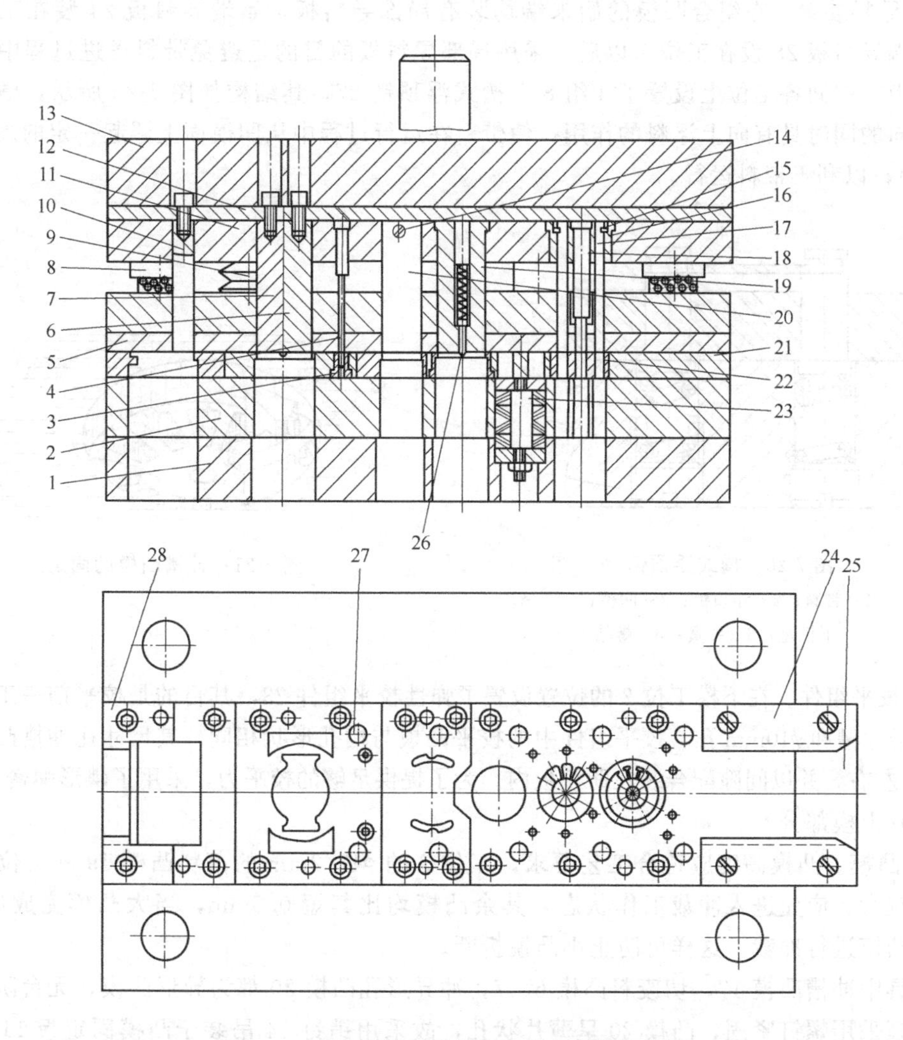

图 7-19　微电机转子片与定子片多工位级进模

1—下模座；2—凹模基体；3—导正销座；4—导正销；5—卸料板；6,7—切废料凸模；8—滚动导柱导套；9—碟形卸料弹簧；10—切断凸模；11—凸模固定板；12—垫板；13—上模座；14—销钉；15—卡圈；16—凸模座；17—冲槽凸模；18—冲孔凸模；19—落料凸模；20—冲异形孔凸模；21—凹模镶块；22—冲槽凹模；23—弹性校平组件；24,28—局部导料板；25—承料板；26—弹性防粘推杆；27—槽式浮顶销

冲裁。若先冲中孔，后冲长形孔，可能引起中孔的变形。

工位 8 采取单边切断的方法，尽管切断处相邻两片毛刺方向不同，但不影响使用。

2. 模具结构

根据排样图，该模具为 8 工位级进模，进距为 60mm。模具的基本结构如图 7-19 所示。为保证冲件的精度，采用了四导柱滚珠导向钢板模架。

模具由上、下两部分组成。

(1) 下模部分

① 凹模。凹模由凹模基体 2 和凹模镶块 21 等组成。凹模镶块共有 4 块，工位 1、2、3 为第 1 块，工位 4 为第 2 块，工位 5、6 为第 3 块，工位 7、8 为第 4 块。每块凹模分别用螺钉和销钉固定在凹模基体上，保证模具的进距精度达±0.005mm。凹模材料为 Cr12MoV，淬火硬度 62～64HRC。

② 导料装置。在组合凹模的始末端均装有局部导料板，始端导料板 24 装在工位 1 前端，末端导料板 28 设在工位 7 以后，采用局部导料板的目的是避免带料送进过程中产生过大的阻力。中间各工位上设置了 4 组 8 个槽式浮顶销 27，其结构如图 7-20 所示，槽式浮顶销在导向的同时具有向上浮料的作用，使带料在运行过程中从凹模面上浮起一定的高度（约 1.5mm），以利于带料运行。

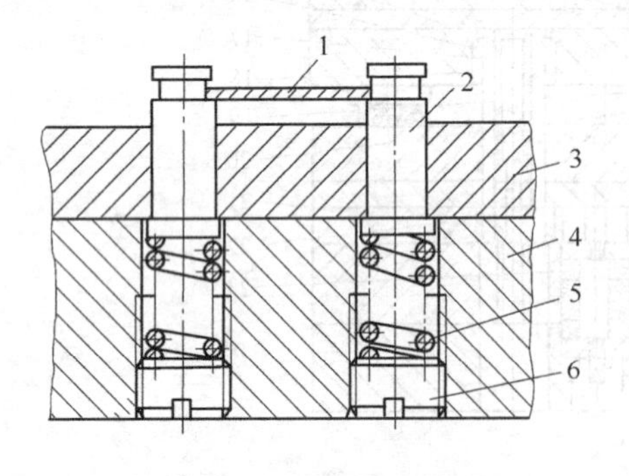

图 7-20 槽式浮顶销

1—带料；2—浮顶销；3—凹模；4—下模座；5—弹簧；6—螺堵

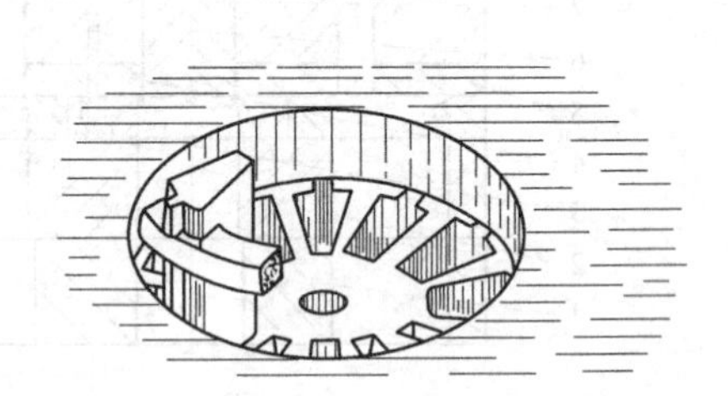

图 7-21 冲槽凸模的固定

③ 校平组件。在下模工位 2 的位置设置了弹性校平组件 23，其目的是校平前一工位上冲出的转子片槽和 ϕ10mm 孔。校平组件中的校平凸模与槽孔形状相同，其尺寸比冲槽凸模周边大 1mm 左右，并以间隙配合装在凹模板内。为了提供足够的校平力，采用了碟形弹簧。

(2) 上模部分

① 凸模。凸模高度应符合工艺要求，工位 3 的 ϕ47.2mm 的落料凸模 19 和工位 6 的三个凸模较大，应先进入冲裁工作状态，其余凸模均比其短 0.5mm，当大凸模完成冲裁后，再使小凸模进行冲裁，这样可防止小凸模折断。

模具中冲槽凸模 17，切废料凸模 6、7，冲异形孔凸模 20 都为异形凸模，无台阶。大一些的凸模采用螺钉紧固，凸模 20 呈薄片状孔，故采用销钉 14 吊装于凸模固定板 11 上，至于环形分布的 12 个冲槽小凸模 17 是镶在带台阶的凸模座 16 上相应的 12 个孔内，并采用卡圈 15 固定，如图 7-21 所示。卡圈切割成两半，用卡圈卡住凸模上部磨出的凹槽，可防止凸模卸料时被拔出。

② 弹性卸料装置。由于模具中有细小凸模，为了防止细小凸模折断，需采用带辅助导向

机构（即小导柱和小导套）的弹性卸料装置，使卸料板对小凸模进行导向保护。小导柱、导套的配合间隙一般为凸模与卸料板之间配合间隙的 1/2，本模具由于间隙值都很小，因此模具中的辅助导向机构是共用的模架滚珠导向机构。

为了保证卸料板具有良好的刚性和耐磨性，并便于加工，卸料板共分为 4 块，每块板厚为 12mm，材料为 Cr12，并热处理淬硬 55～58HRC。各块卸料板均装在卸料板基体上，卸料板基体用 45 钢制作，板厚为 20mm。因该模具所有的工序都是冲裁，卸料板的工作行程小，为了保证足够的卸料力，采用了 6 组相同的碟形弹簧作弹性元件。

③ 定位装置。模具的进距精度为±0.05mm，采用的自动送料装置精度为±0.005mm，为此，分别在模具的工位 1、3、4、8 上设置了 4 组共 8 个呈对称布置的导正销，以实现对带料的精确定位。导正销与固定板和卸料板的配合选用 H7/h6。在工位 8，带料上的导正销孔已被切除，此时可借用定子片两端 ϕ6mm 孔作导正销孔，以保证最后切除时定位精度。在工位 3 切除转子片外圆时，用装在凸模上的导正销，借用中心孔 ϕ10mm 导正。

④ 防粘装置。防粘装置是指弹性防粘推杆 26 及弹簧等，其作用是防止冲裁时分离的材料粘在凸模上，影响模具的正常工作，甚至损坏模具。工位 3 的落料凸模上均布了 3 个弹性防粘推杆，目的是使凸模上的导正销与落料的转子片分离，阻止转子片随凸模上升。

二、冲裁、弯曲、胀形多工位级进模

图 7-22 所示为录音机机芯自停连杆的工件图，材料为 10 钢，料厚 0.8mm，属于大批量生产。图 7-23 所示为该工件的立体图。该工件形状较复杂，要求精度较高，有 a、b、c 三处弯曲，还有 4 个小凸包。主要工序有冲孔、冲外形、弯曲、胀形等，适宜采用多工位级进模进行冲压加工。

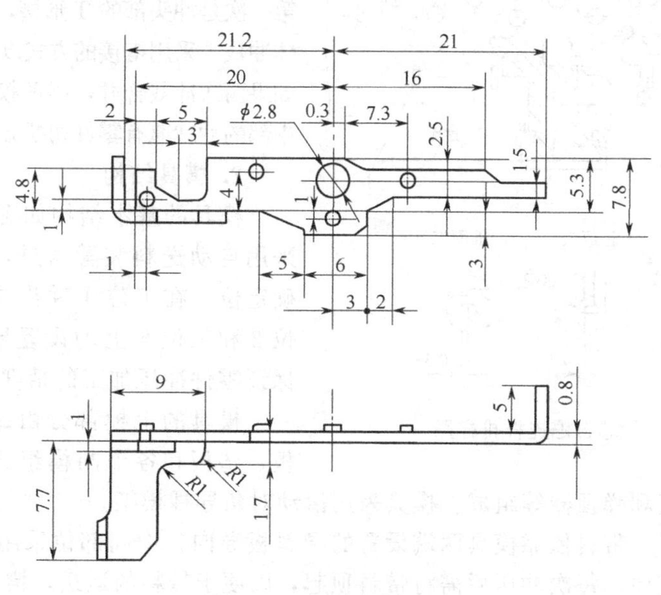

图 7-22　机芯自停连杆

1. 排样图设计

冲压材料采用厚 0.8mm 的钢带卷料，用自动送料装置送料。排样图如图 7-24 所示，共有 6 个工位。

工位 1：冲导正销孔；冲 ϕ2.8mm 圆孔；冲 K 区的窄长孔，并冲 T 区的 T 形孔。

工位 2：冲工件右侧 M 区外形和连同下一工位的 E 区外形。

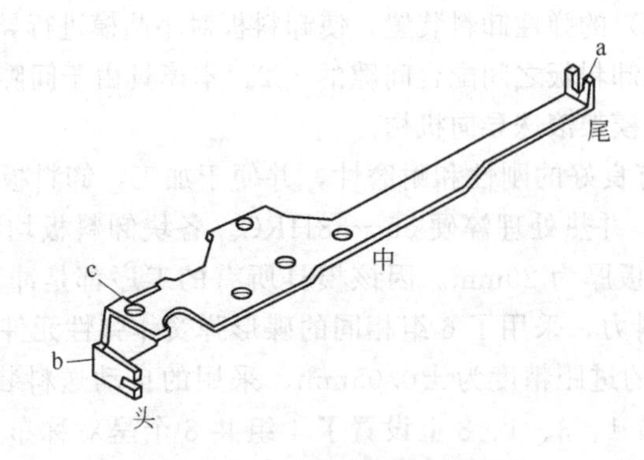

图 7-23 机芯自停连杆立体图

工位 3：冲工件左侧 N 区的外形。

工位 4：工件 a 部位的向上 5 mm 弯曲，冲 4 个小凸包。

工位 5：工件 b 部位的向下 4.8mm 弯曲。

工位 6：工件 c 部位的向下 7.7mm 弯曲；F 区连体冲裁，废料从孔中漏出，工件脱离载体，从模具左侧滑出。

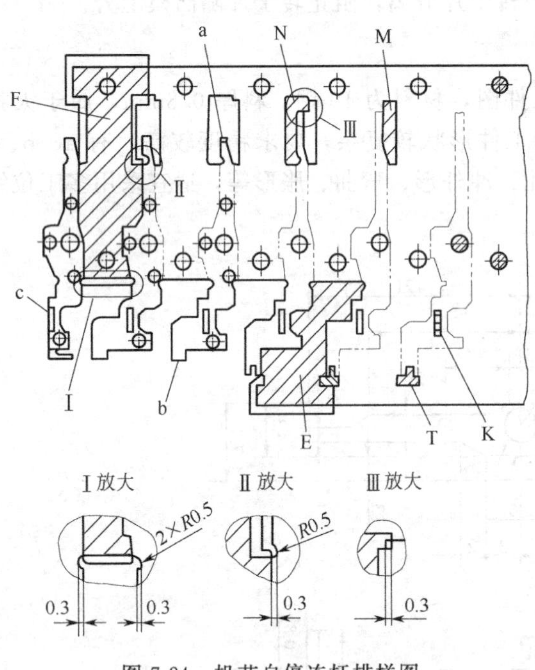

图 7-24 机芯自停连杆排样图

工件的外形是分 5 次冲裁完成的，如图 7-24 所示。若把工件分为头部、尾部和中部，尾部的冲裁是分左右两次进行的，如果一次冲出尾部外形，则凹模中间部位将处于悬臂状态，容易损坏。工件头部的冲裁也是分两次完成，第一次是冲头部的 T 形槽，第二次是 E 区的连体冲裁，采用搭接的方式以消除搭接处的缺陷。如果两次冲裁合并，则凹模的强度不够。工件中部的冲裁兼有零件切断分离的作用。

2. 模具结构

模具的基本结构如图 7-25 所示，带料采用自动送料装置送进，用导正销进行精确定位。在工位 1 冲出导正销孔后，在工位 2 和工位 5 上均设置导正销导正，从而保证零件冲压加工的精度。

模具的上模部分由卸料板、凸模固定板、垫板和各个凸模组成；下模部分由凹模、垫板、导料板和弹顶器等组成。模具采用滑动对角导柱模架。

(1) 导向装置　带料依靠模具两端设置的导料板导向，中间部位采用槽式浮顶销导向。由于工件有弯曲工序，每次冲压后需将带料顶起，以便于带料的运送，槽式浮顶销具有导向和顶料的双重作用。从图 7-25 俯视图可以看出，在送料方向右侧装有 5 个槽式浮顶销，因在工位 3 左侧 E 区材料已被切除，边缘无材料，因此在送料方向左侧只能装 3 个槽式浮顶销。在工位 4、工位 5 的左侧是具有弯曲工序的部位，为了使带料在冲压过程中能可靠地顶起，在图示部位设置了弹性顶料销 3。为了防止顶料销钩住已冲出的缺口，造成送料不畅，靠内侧带料仍保持连续的部分下方设置了 3 个弹性顶料销。这样，就由 8 个槽式浮顶销和 3 个弹性顶料销协调工作顶起带料，顶料的弹力大小由装在下模座内的螺堵调节。

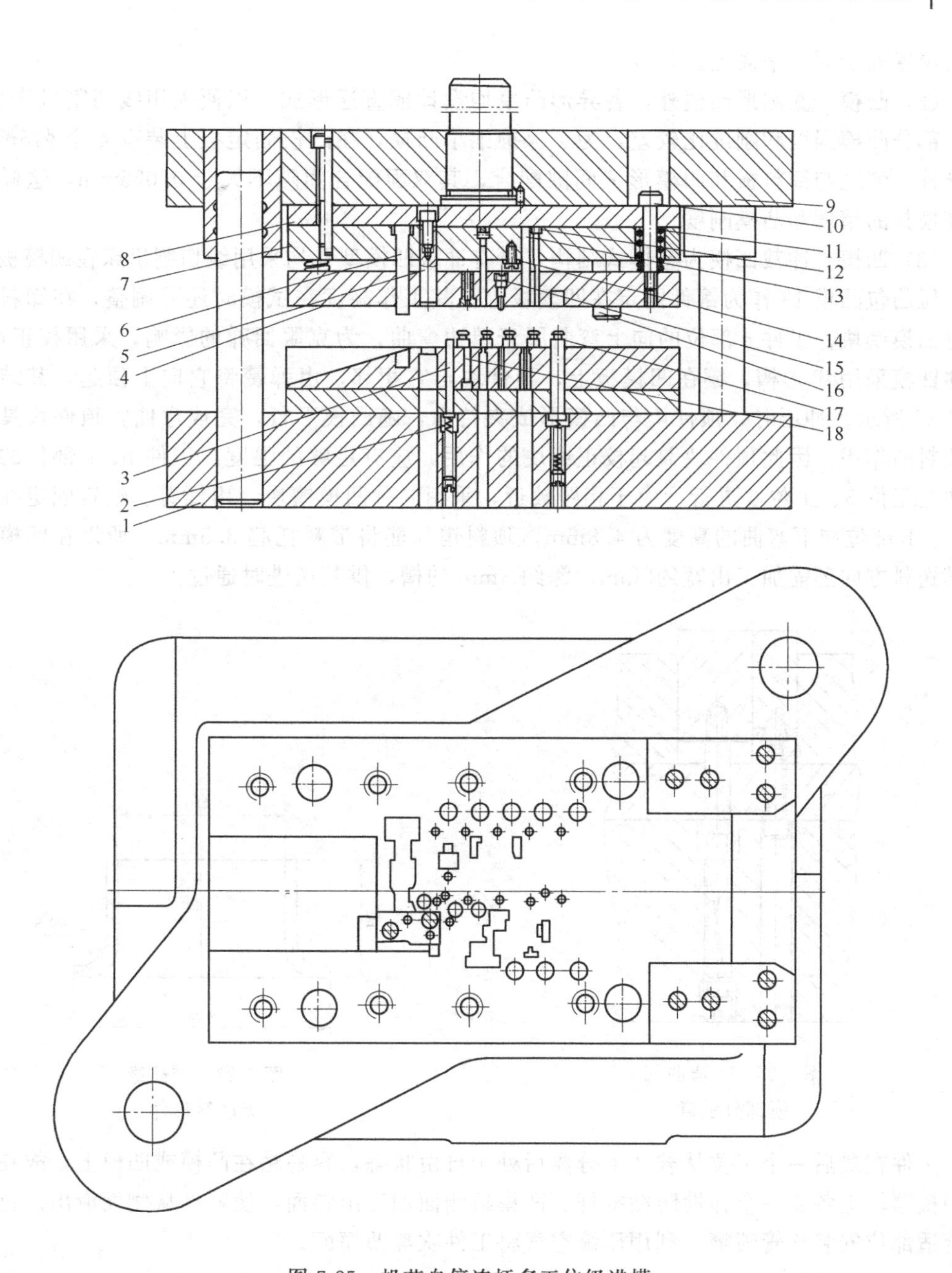

图 7-25 机芯自停连杆多工位级进模

1—下模座；2,11—弹簧；3—顶料销；4—卸料板；5—F 区冲裁凸模；6—弯曲凸模；7—凸模固定板；8—垫板；9—上模座；10—卸料螺钉；12—冲孔凸模；13—T 区冲裁凸模；14—固定凸模用压板；15—导正销；16—小导柱；17—槽式浮顶销；18—压凸包凸模

带料共有三个部位的弯曲，a 部位的弯曲是向上的弯曲，弯曲后并不影响带料在凹模上的运动，但是弯曲的凹模镶块却高出凹模板 3mm，如果带料不处于顶起状态，将影响送进；b 部位的向下弯曲高度为 4.8mm，弯曲后凹模上开有槽可作为它的送进通道，对带料顶起没有要求；c 部位弯曲后已脱离载体。考虑以上各因素后，只有 a 部位的弯曲凹模影响带料的送进，因而将带料顶起高度定为 3.5mm。弹性顶料销在自由状态下高出凹模板 3.5mm，槽式浮顶销在自由状态下其槽的下平面高出凹模板 3.5mm，这样使两种顶料销的

顶料位置处于同一平面上。

(2) 凸模　除圆形凸模外，各异形凸模均设计成直通形式，以便采用线切割机床加工。由于部分凸模强度和刚度比较差，为了保护细小凸模，在凸模固定板上装有 4 个 ϕ16mm 的小导柱，使之与卸料板和凹模形成间隙配合，其双面配合间隙不大于 0.025mm，这样可以提高模具的精度和凸模刚度。

(3) 凹模　冲裁凹模为整体式结构，所有冲裁凹模型孔均采用线切割机床在凹模板上切出。压凸包凸模 18 作为镶件固定在凹模板上，其工作高度在试模时还可调整，在卸料板上装有凹模镶块。工件 a 部位的向上弯曲属于单边弯曲，为克服回弹的影响，采用校正弯曲。弯曲凹模采用 T 形槽，镶在凹模板上，顶件块与它相邻，由弹簧将它向上顶起，其结构如图 7-26 所示。冲压时，顶件块与凸模形成夹持力，随凸模下行，完成弯曲，顶件块具有向上顶料的作用。因此顶件块兼起校正镶块的作用，应有足够的强度。工件 b、c 部位的向下弯曲在工位 5、工位 6 进行，由于相距较近，采用同一凹模镶块，用螺钉、销钉固定在凹模板上。b 部位向下弯曲的高度为 4.8mm，顶料销只能将带料托起 3.5mm，所以在凹模板上沿其送料方向还需加工出宽约2mm、深约 3mm 的槽，供其送进时通过。

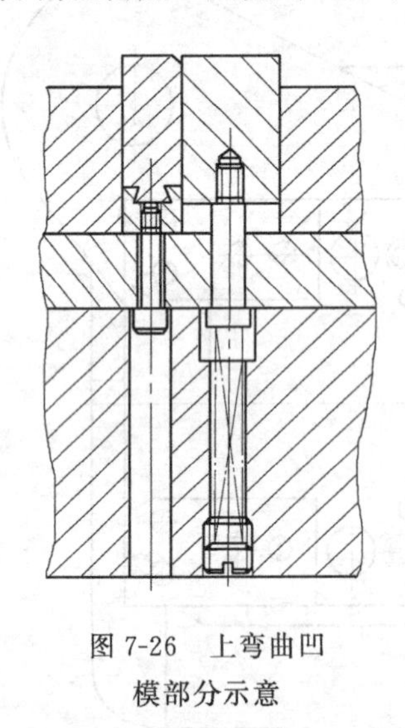

图 7-26　上弯曲凹模部分示意

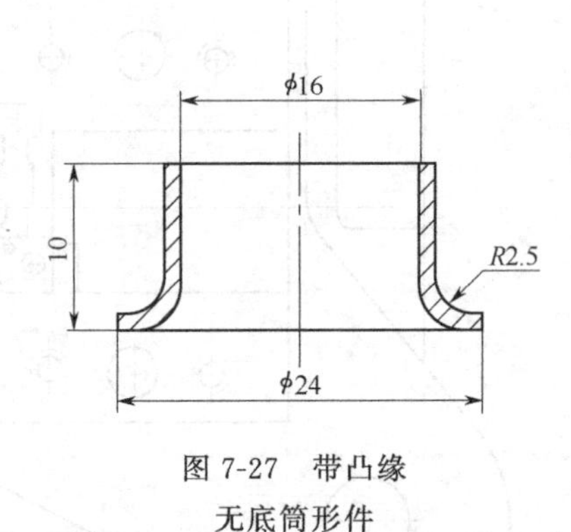

图 7-27　带凸缘无底筒形件

工件在最后一个工位从载体上分离后处于自由状态，容易粘在凸模或凹模上，故在凸模和凹模镶块上各装一个弹性防粘推杆。凹模板侧面加工出斜面，使零件从侧面滑出。也可以在合适部位安装气管喷嘴，利用压缩空气将工件吹离凹模面。

三、冲裁、拉深、翻孔多工位级进模

图 7-27 所示为带凸缘的无底筒形件，该工件尺寸不大，厚度较小（$t=0.5$mm），材料为黄铜 H62，属大批量生产。经工艺计算，该工件需采用两次拉深、冲底孔、翻孔等工序获得，因此宜采用带料多工位级进模冲压成形。

1. 排样图设计

冲压材料采用厚 0.5mm 的铜带卷料，采用自动送料装置送料。由于该工件是在带料上多次连续拉深，为了避免拉深时相邻工序件之间因材料相互牵连的影响，需在首次拉深前冲出工艺切口。排样图如图 7-28 所示，共 6 个工位。

工位 1：冲工艺切口。

工位 2：第一次拉深。

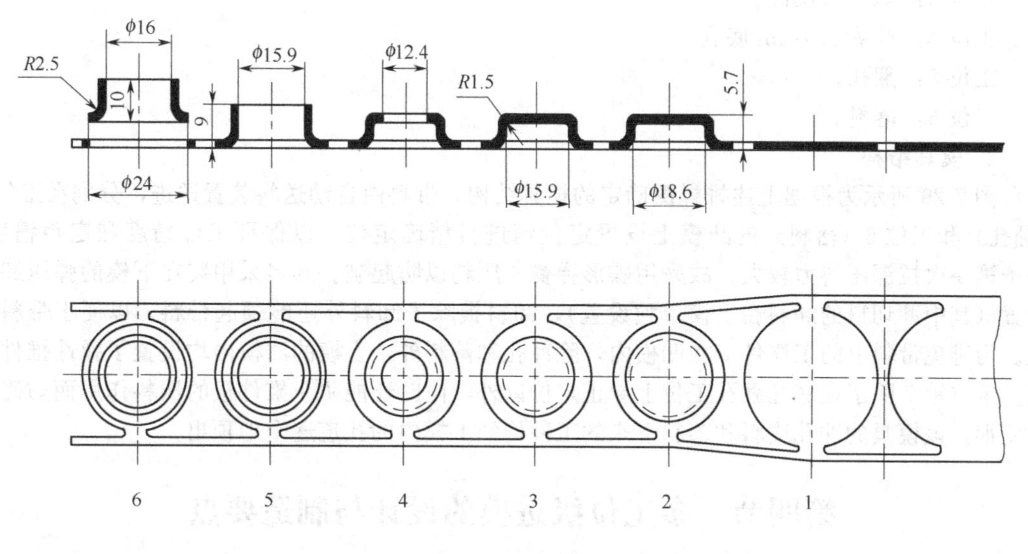

图 7-28　排样图

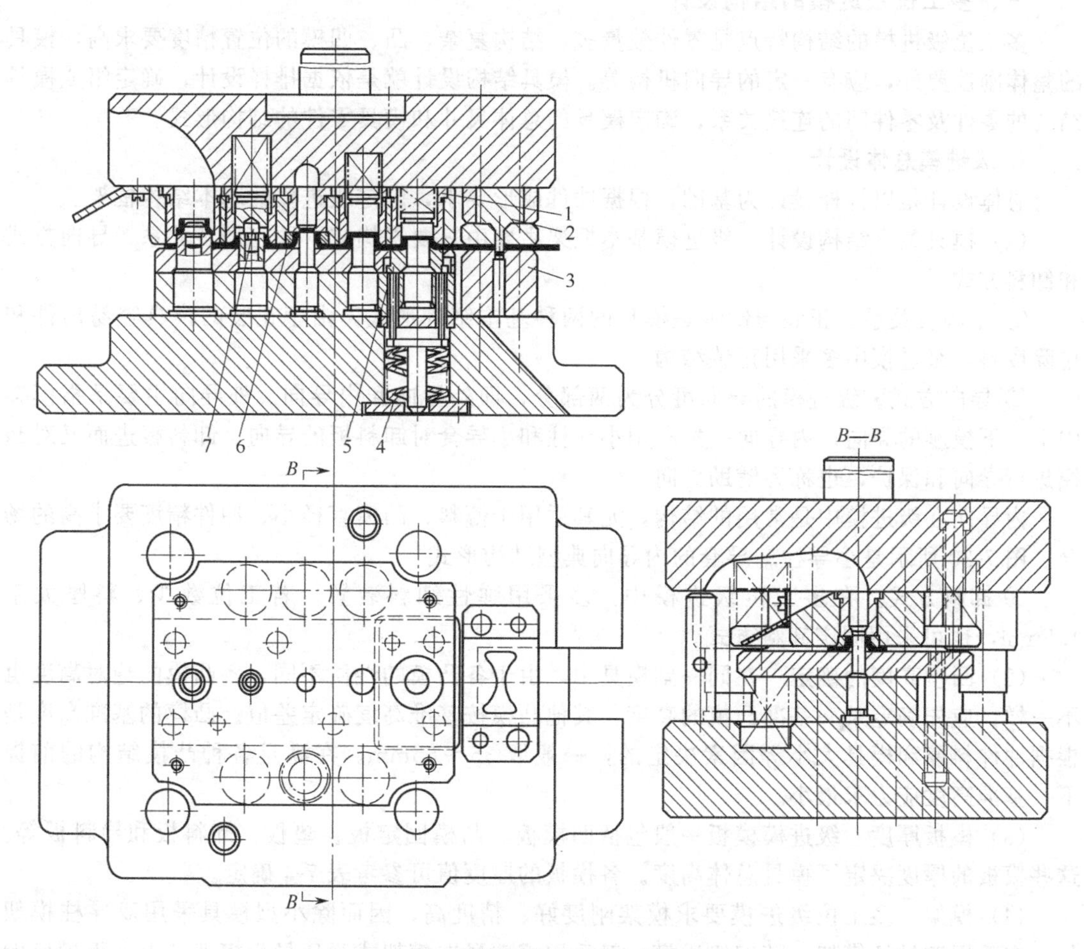

图 7-29　带凸缘筒形件多工位级进模

1—拉深凹模；2—冲切口凸模；3—冲切口凹模；4—碟形弹簧；
5—压料圈；6—外套；7—定位销

工位 3：第二次拉深。

工位 4：冲 ϕ12.4mm 底孔。

工位 5：翻孔。

工位 6：落料。

2. 模具结构

图 7-29 所示为根据上述排样图确定的模具结构，带料由自动送料装置送进，分别在工位 5（翻孔）和工位 6（落料）的凸模上设置定位销进行精确定位，以保证工件精度和定距精度。由于第一次拉深压料力较大，故采用碟形弹簧 4 压料以防起皱。卸料采用装在下模的弹压卸料装置（其中冲切口的卸料在上模单独设置），卸料板除了卸料外还能顶起带料，以便于带料送进。为避免带料上的工序件卡在凹模内，除冲孔和落料外，上模的凹模内均设置了弹性推件装置。定位销 7 除了在底孔翻孔工位上导正定位以外，同时还能防止推件板的压料作用而妨碍翻孔变形。该模具的冲孔废料和落料下来的工件均经上模内的孔道逐个地顶出。

第四节　多工位级进模的设计与制造要点

一、多工位级进模的结构设计

多工位级进模的结构特点是零件数量多，结构复杂，凸、凹模的位置精度要求高，模具的整体刚性要好，应有一定的导向机构等。模具结构设计就是依据排样设计，确定组成模具结构的零件及零件间的连接关系，确定模具的总体尺寸和模具零件的结构形式。

1. 级进模总体设计

总体设计是以排样设计为基础，根据冲件成形要求，确定级进模的基本结构框架。

(1) 模具基本结构设计　级进模基本框架主要由三要素构成，即正倒装关系、导向方式和卸料方式。

① 正倒装关系。正装与倒装是模具的两种基本结构形式，由于正装的模具容易出件和排除废料，级进模中多采用正装结构。

② 导向方式。级进模的导向可分为两部分，即外导向和内导向。外导向主要是指模架中上、下模座的导向；内导向是指利用小导柱和小导套对卸料板的导向，卸料板进而又对凸模进行导向和保护，也称为辅助导向。

内导向在级进模中是常用的结构，尤其适用于薄料、凸模直径小、冲件精度要求高的场合。图 7-30 所示是小导柱、导套的内导向典型结构形式。

③ 卸料方式。在多工位级进模中，多采用弹性卸料装置。若工位数少、料厚大于 1.5mm，也可采用固定卸料方式。

(2) 凸模高度的确定　在同一副模具中，由于各凸模的性质不同，各凸模的绝对高度也不一样，应先确定某一基准凸模的高度，其他凸模按基准高度确定差值。凸模的基准高度是根据冲件料厚和模具大小等因素决定的，一般取 35～65mm。在满足各种凸模结构的前提下，基准高度应力求最小。

(3) 模板厚度　级进模模板一般包括凹模板、凸模固定板、垫板、卸料板和导料板等。这些模板的厚度决定了模具总体高度。各模板的厚度值可参考表 7-4 确定。

(4) 模架　多工位级进模要求模架刚度好、精度高，因而除小型模具采用双导柱模架外，多采用四导柱模架。精密级进模一般采用滚珠导向模架或弹压导板模架。上、下模座的材料除小型模具采用 HT200 外，多采用铸钢或钢板。高速级进模也可采用硬铝合金等轻型材料制造，这样可减轻模具的重量，有利于提高冲压速度。

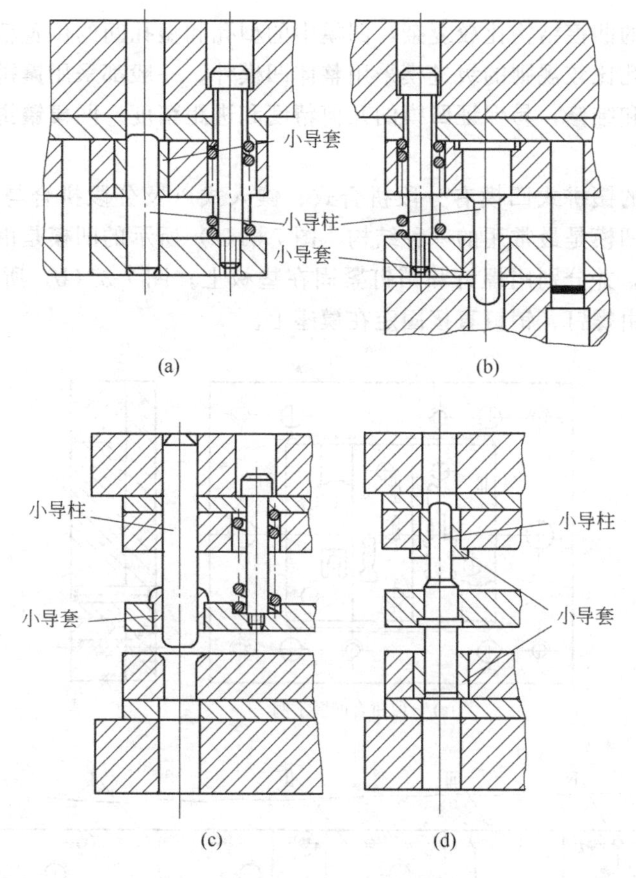

图 7-30　内导向的典型结构形式

表 7-4　级进模模板的厚度值

mm

名　称	t ＼ A	～125	125～160	160～300	备　注
凹模板	～0.6	13～16	16～20	20～25	A——模板长度 t——条料或带料厚度
	0.6～1.2	16～20	20～25	25～30	
	1.2～2.0	20～25	25～30	30～40	
刚性卸料板	～1.2	13～16	16～20	16～20	
	1.2～2.0	16～20	20～25	20～25	
弹性卸料板	～0.6	13～16	16～20	20～25	
	0.6～1.2	16～20	20～25	25～30	
	1.2～2.0	20～25	25～30		
垫板		5～13	8～16		

名　称	L	40	50	60	70	备　注
凸模固定板		13～16	16～20	20～25	22～28	L——凸模长度

名　称	X ＼ t	＜1	1～6	备　注
导料板	固定卸料	4～6	6～14	X——卸料方式 t——料厚
	弹压卸料	3～4	4～10	

2. 凹模设计

多工位级进模的凹模结构比较复杂，凹模中的型孔和型孔间的位置精度比较高。生产中除工位数不多、型孔比较规则的级进模采用整体凹模外，一般都采用镶拼式结构，这样便于加工、装配、调整和维修，易保证凹模的几何精度和进距精度。凹模镶拼原则与普通冲模的凹模基本相同。

多工位级进模的镶拼式凹模有分段拼合式、镶入式以及分段拼合与镶入综合等结构形式，其中分段拼合凹模是最常用的一种结构。图 7-31(a) 所示的凹模是由三段凹模拼块拼合而成，用模套框紧，并分别用螺钉和销钉紧固在垫板上；图 7-31(b) 所示的凹模是由五段拼合而成，并分别由螺钉、销钉直接固定在模座上。

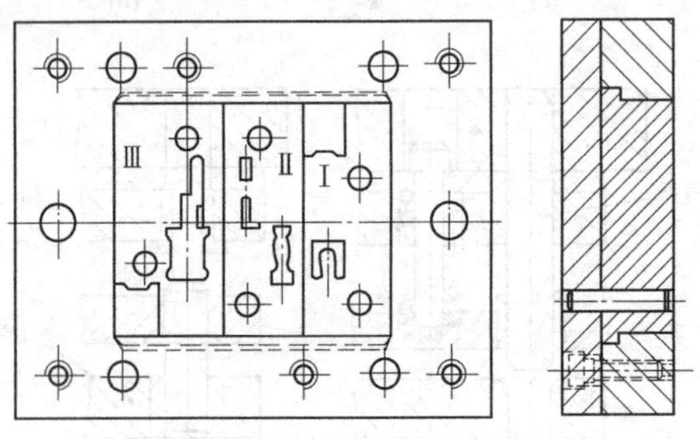

(a) 分段拼合凹模示例一

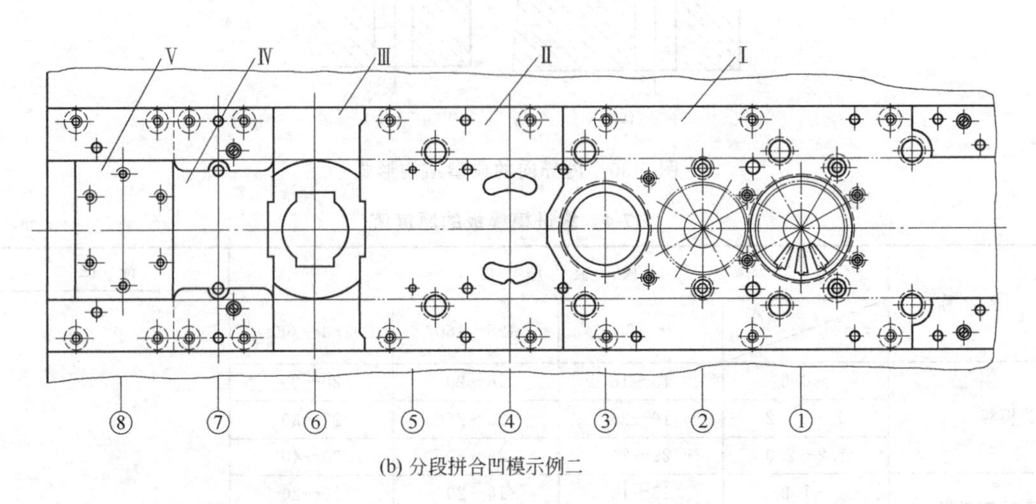

(b) 分段拼合凹模示例二

图 7-31　多工位级进模的分段拼合凹模结构

在分段拼合凹模时必须注意以下几点。

① 分段时最好以直线分割，必要时也可用折线或弧线分割。

② 同一工位型孔原则上分在同一拼块，一段凹模拼块可包含两个以上工位，但不宜太多。

③ 对于较薄弱、易损坏的型孔宜单独分段，以便损坏时维修或更换。冲裁与成形工位宜分开，以便刃磨。

④ 凹模拼合面到型孔间应有一定距离，型孔原则上应为封闭型孔。

⑤ 分段拼合凹模组合后底部应加一整体垫板。

3. **凸模设计**

在多工位级进模中，凸模种类较多，按截面有圆形和异形凸模，按功用有冲裁和成形凸模。凸模的大小和长短也各异，有不少是细长凸模。又由于工位数多，凸模的安装空间受到一定的限制，所以多工位级进模凸模的固定方法也很多，图 7-32 所示为一些常用的凸模结

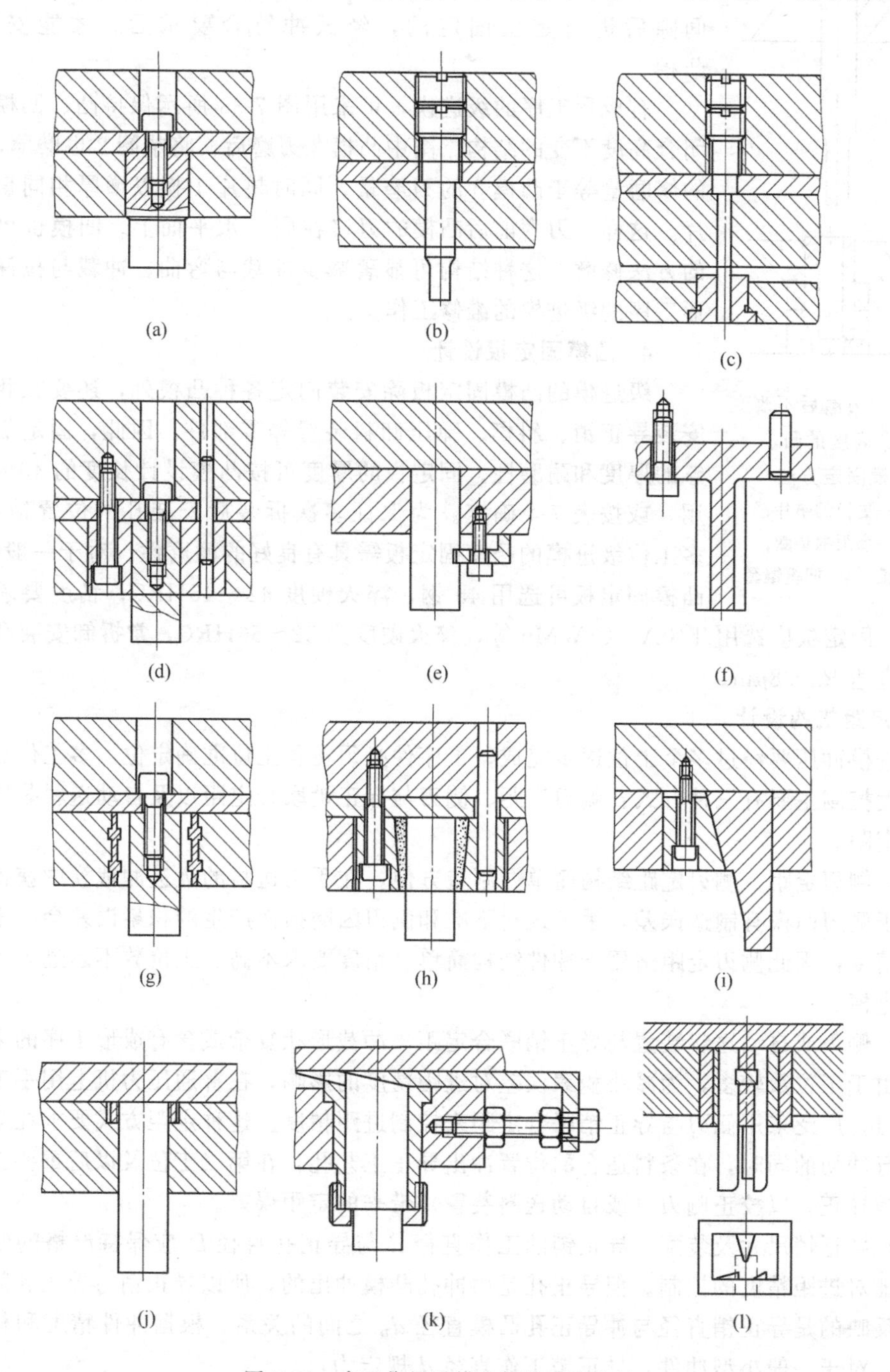

图 7-32　多工位级进模凸模及固定方法

(a)、(b) 圆凸模快换固定；(c) 带护套快换凸模；(d) 异形凸模用大小固定板套装结构；(e) 异形直通式凸模压板固定；(f) 异形凸模直接固定；(g)、(h) 异形凸模黏结固定；(i) 楔块固定；(j) 异形直通式凸模焊接台阶固定；(k) 可调凸模高度的安装结构；(l) 组合式凸模固定

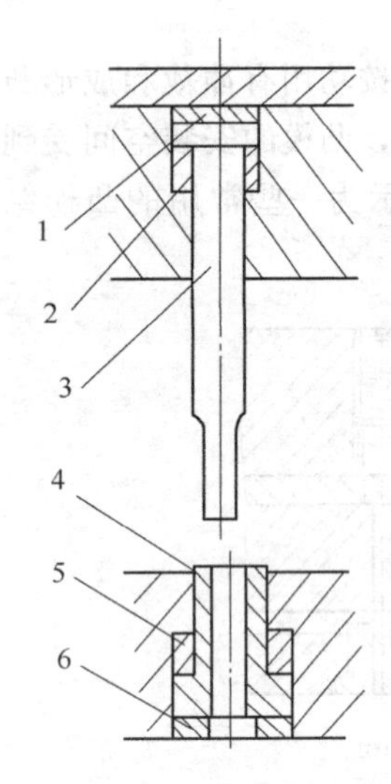

图 7-33 刃磨后不改变闭合高度的凸、凹模固定方法
1,6—更换的垫片；2,5—磨削的垫圈；3—凸模；4—凹模镶套

构及其固定方法。选用固定方法的原则是：在同一副级进模中应力求固定方法基本一致；小凸模和易损凸模力求以快换式固定；便于装配和调整。

冲裁凸模在固定板上安装是与凹模一起逐个地调整好冲裁间隙后进行定位固定的，经试冲符合要求后，才能安装成形凸模。

有成形工序的级进模，可采用图 7-33 所示保持凸、凹模刃磨后闭合高度不变的结构。图中凸模 3 刃磨后，将垫圈 2 也磨薄，垫圈 2 的修磨量等于凸模 3 的刃磨量，同时垫片 1 换以增厚相同量的新垫片。这样，刃磨前后凸模的刃口在同一水平面上。凹模也可按同样的方法修磨。这种结构可显著减少冲裁与弯曲、冲裁与拉深等带成形工序的级进模的维修工作量。

4. 凸模固定板设计

级进模的凸模固定板除安装固定各种凸模外，还要在相应位置安装导正销、斜楔、弹压卸料装置等零部件。因此，固定板应有足够的厚度和耐磨性。固定板的厚度可按凸模设计长度的 40%左右选用，或按表 7-4 确定。为保证多次拆装后安装孔的位置精度不变，多工位级进模的凸模固定板需具有良好的耐磨性。对于一般级进模，凸模固定板可选用 45 钢，淬火硬度 42～45HRC；精度要求较高的级进模，固定板应选用 T10A、CrWMn 等，淬火硬度为 52～56HRC，常拆卸安装孔的表面粗糙度应达 $Ra0.8\mu m$。

5. 定距机构设计

级进模冲压要经过多个工位逐步完成，工序件必须在各工位准确定位。多工位级进模的进距精度控制主要有三种方式：侧刃定距、侧刃与导正销联合定距以及自动送料装置与导正销联合定距。

(1) 侧刃定距　侧刃定距结构简单、制造方便，在手工送料的级进冲裁模中获得普遍应用。由于侧刃凸模有制造误差，手工送料不准和侧刃因磨损而产生的积累误差会严重影响送料进距精度，因此侧刃定距适用于冲件结构简单、精度要求不高、工位数不超过 5 个的冲孔落料级进模。

(2) 侧刃或自动送料装置与导正销联合定距　冲裁形状复杂或含有成形工序的多工位级进模，由于工位数较多，为减小积累误差对进距精度的影响，在普通压力机上用手工送料进行操作时，广泛采用侧刃与导正销联合定距来控制进距精度。这种定距方式要求在第一工位侧刃进行冲切的同时，在条料适合的位置冲出导正工艺孔，在第二工位及以后重要工位上设置导正销导正，以校正侧刃（或自动送料装置）带来的定距误差。

(3) 导正销尺寸及装配　导正销的工作直径 d 与导正孔直径 D 应保持严格的配合关系才能保证对进距精度的控制。但导正孔是由冲孔凸模冲出的，所以导正销与导正孔间的关系实际上反映的是导正销直径与冲导正孔凸模直径 d_p 之间的关系。根据冲件精度和材料厚度的不同，对于一般小型冲件，导正销工作直径 d 规定为：

$t=0.06\sim0.2$mm 时，$d=d_p-(0.008\sim0.02)$mm

$t=0.2\sim0.5$ mm 时，$d=d_p-(0.02\sim0.04)$mm

$t=0.5\sim1.0$ mm 时，$d=d_p-(0.04\sim0.08)$mm

导正销工作直径 d 和冲导正孔凸模直径 d_p 按 IT6 级精度制造。

导正孔直径 D 的大小可按材料厚度选取。

$t \leqslant 0.5$mm 时，$D=1.6 \sim 2.0$mm

0.5mm$< t \leqslant 1.0$mm 时，$D=2.0 \sim 2.5$mm

1.0mm$< t \leqslant 1.6$mm 时，$D=2.5 \sim 4.0$mm

导正销材料与冲导正孔凸模材料相同，用合金工具钢制造，淬火硬度为 58～62HRC。

多工位级进模中，间接导正销（指没有安装在凸模上的导正销）通常都安装在固定板或卸料板上。图 7-34 所示是间接导正销的装配结构，其中图 7-34(d)、(e)、(f) 为浮动式导正结构，弹簧起压紧和缓冲作用，这种导正销不易折断，但也不易定准位置，结构也复杂些，一般用于自动送料。细长的导正销也可增设保护套。

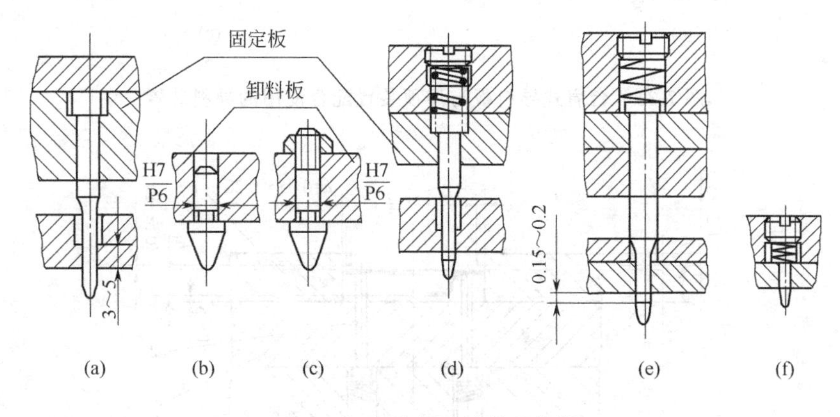

图 7-34　间接导正销装配结构

6. 导料装置设计

多工位级进冲压要求条料沿导料装置送进过程中无任何阻碍，因此，在完成一次冲压行程之后条料必须浮顶到一定的高度，以便下一次无阻碍送料。这不仅对有弯曲、拉深、成形工序等工步的多工位级进模是必要的，对纯冲裁的级进模也是必要的，因可防止条料上的毛刺阻碍顺利送进。

多工位级进模中常用的导料装置有台肩式导料板与浮顶装置配合使用的导料装置和带槽式浮动销的导料装置。

(1) 台肩式导料板与浮顶装置配合使用的导料装置　如图 7-35 所示，通常在凹模面上靠近导料板处设置两排浮顶销，导料板的台肩是为了在浮顶销顶起条料后，条料仍能保持在导料板内运动。当侧面有导正销导正时，导料板的台肩必须做出让位口［见图 7-35(b)］。

图 7-36 所示是局部向下弯曲的条料由凹模面顶到一定高度的示意图，条料被顶起的高度 H_0' 应大于由条料下表面的最大成形高度 h_0，成形后的最低点与下模表面间的距离一般可取 1～5mm。

浮顶销的结构如图 7-37 所示，其中图 7-37(a)～(c) 为圆柱形，是通用的浮顶销结构，端部有球面和平面，平面适应较大直径的浮顶销；图 7-37(d) 为套式浮顶销，它常用于有导正销的位置，对导正销有保护作用。

浮顶销设置的原则如下。

① 应保持条料平稳送进。为此，浮顶销应成偶数使用，左右对称，并沿条料送进方向均匀分布。浮顶销之间的间距也不宜过大，以免薄料波浪送进。条料较宽时，应在中间适当

位置配置浮顶销。

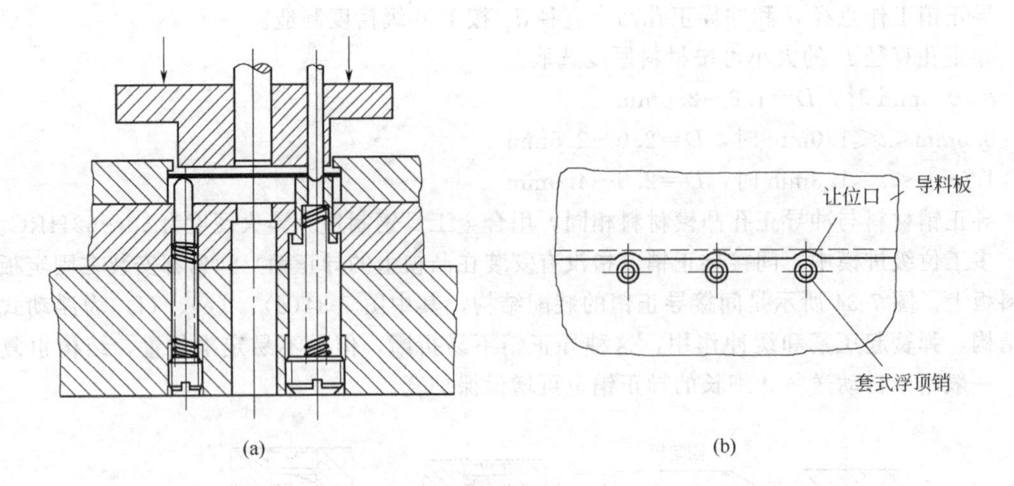

图 7-35 台肩式导料板与浮顶装置配合使用的导料装置

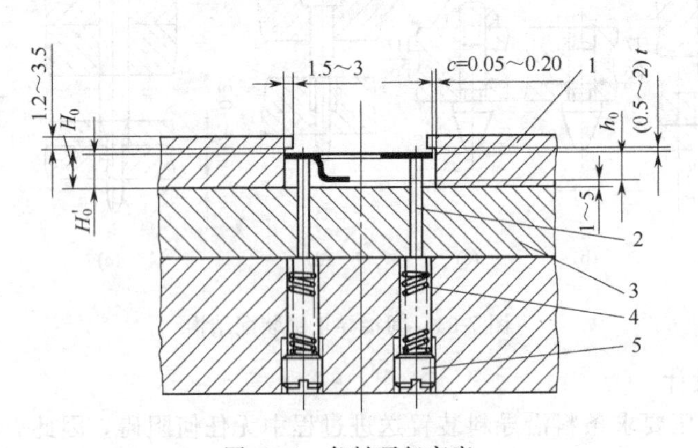

图 7-36 条料顶起高度

1—台肩式导料板；2—浮顶销；3—凹模；4—弹簧；5—螺堵

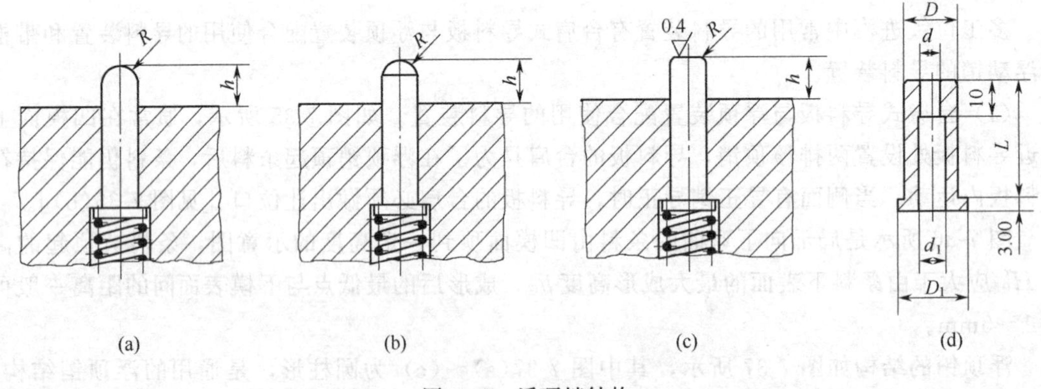

图 7-37 浮顶销结构

位置配置浮顶销。

② 所有浮顶销的工作段高度应相同。

③ 浮顶销要有足够的弹顶力以便托起条料及工序件。

④ 对切边型排样，在条料冲出缺口以后，不宜再设置顶料销，否则浮顶销易将条料从

缺口处挡住，影响送料。

⑤ 对已经开始立体成形加工的工位，不宜再设置浮顶销，以免浮顶销对工序件的送进形成障碍。

(2) 带槽式浮顶销的导料装置　图 7-38 所示为带槽式浮顶销的导料装置，槽式浮顶销带有导向槽，它兼有导料板对条料导向的功能，可省去导料板，这是多工位级进模中最常用的导料装置，尤其适用于在模具全部或局部长度上不适合安装导料板的情况。

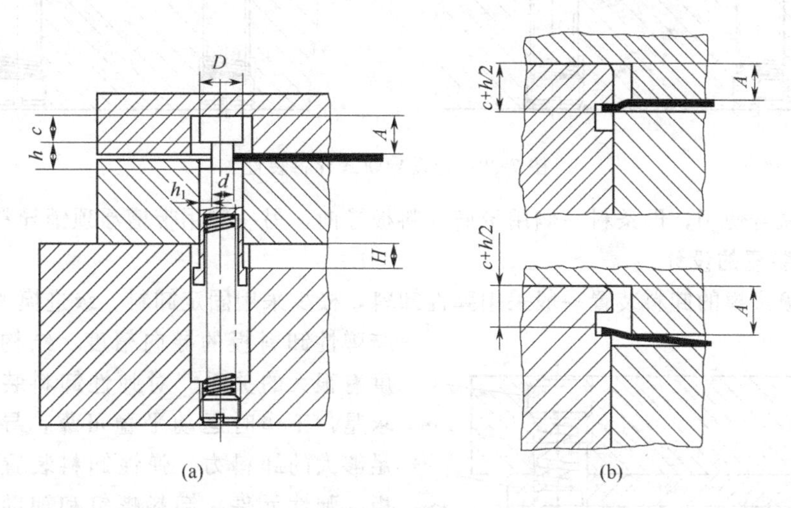

图 7-38　带槽式浮顶销的导料装置

采用槽式浮顶销对条料导向时，需在弹压卸料板的对应位置开出让位孔，工作时由让位孔的底面压住槽式浮顶销的顶面，将条料由进料位置压回到冲压加工位置。因此，弹压卸料板上的让位孔深度和浮顶销导向槽的结构尺寸必须协调，如图 7-38(a) 所示，其结构尺寸按下列算式计算

$$h=t+(0.6\sim1.0)\text{mm}\ (h\ \text{不小于}\ 1.5\text{mm})$$

$$c=(1.5\sim3.0)\text{mm}$$

$$A=c+(0.3\sim0.5)\text{mm}$$

$$H=h_0+(1.3\sim3.5)\text{mm}$$

$$h_1=(3\sim5)t\ \text{或}\ d=D-(6\sim10)t$$

式中　h——导向槽高度，mm；

c——带槽浮顶销头部高度，mm；

A——卸料板让位孔深度，mm；

H——浮顶销活动量，mm；

h_1——导向槽深度，mm；

t——条料厚度，mm；

h_0——冲件最大高度，mm。

如果结构尺寸不正确，则在卸料板压料时将产生图 7-38(b) 所示的问题，即条料的料边产生变形，影响条料导向，甚至妨碍送料以致不能工作，这是不允许的。

当条料太薄或条料边缘有缺口时，带槽式浮顶销的导料装置不适应，这时可采用浮动导轨式导料装置，如图 7-39 所示。

生产实际中，根据条料在多工位级进冲压过程中边料及工序件的变化情况，往往采用两

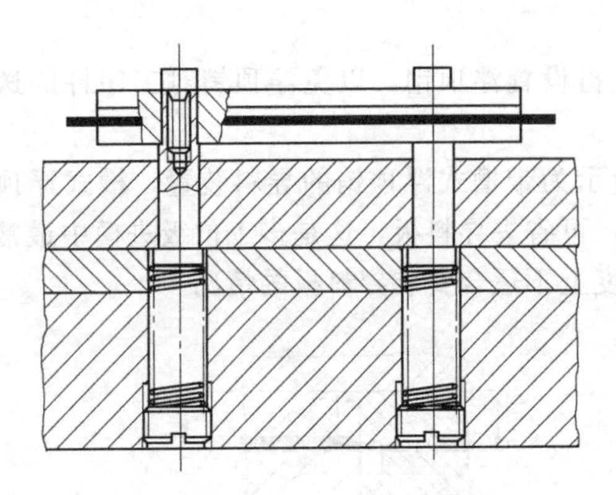
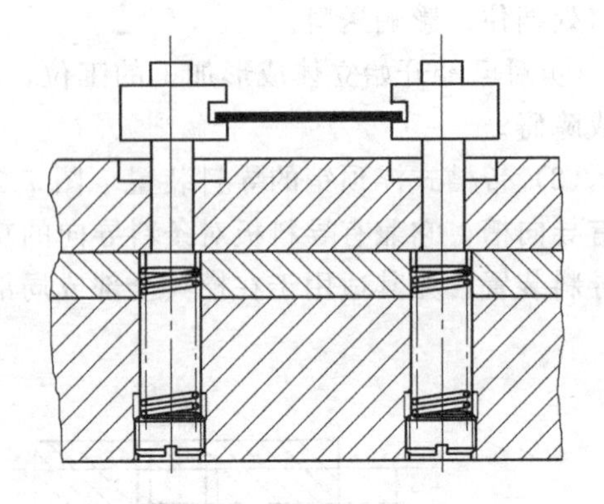

图 7-39　浮动导轨式导料装置

种导料装置联合使用，即条料一侧用带肩导料板导向，另一侧用带槽浮顶销导料等。

7. 卸料装置的设计

多工位级进模的卸料装置一般采用弹性卸料，极少采用固定卸料。级进模的精度和寿命与弹性卸料板的导向精度、结构的刚度和强度有很大的关系。对弹性卸料装置的基本要求是：工作时运动平稳可靠，导向精确，有足够大的卸料力。弹性卸料装置一般由卸料板、弹性元件、卸料螺钉和辅助导向装置等部分组成，图 7-40 所示为多工位级进模常用的一种弹性卸料装置。

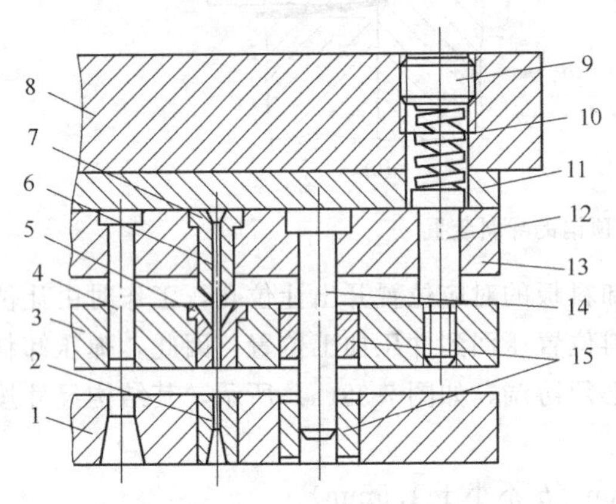

图 7-40　多工位级进模的弹性卸料装置

1—凹模；2—凹模镶块；3—弹性卸料板；4—凸模；5—凸模导向护套；6—小凸模；7—凸模导向护套；8—上模座；9—螺堵；10—强力弹簧；11—垫板；12—卸料螺钉；13—凸模固定板；14—小导柱；15—小导套

(1) 弹性卸料板的结构　级进模的弹性卸料板，由于型孔多、形状复杂，为便于加工，保证型孔精度、位置精度和配合间隙，多采用分段镶拼结构，用压入法固定在刚度较大的卸料板基体上，构成一个弹性卸料板整体。图 7-41 所示为由五个分段拼块组合而成的弹性卸料板，基体按基孔制配合关系开出通槽，两端的两段拼块按位置精度压入基体通槽后分别用销钉、螺钉定位固定，中间三段拼块磨削加工后直接压入基体通槽内，仅用螺钉与之连接，不再用销钉定位。采用对各分段结合面进行微量研磨加工来调整、控制各型孔的尺寸精度和位置精度。通过研磨结合面间的过盈量也容易保证卸料板各导向型孔与相应凸模间的进距精度和配合间隙。拼合调整好的卸料板，连同装上的弹性元件、辅助小导柱和小导套，通过卸料螺钉安装到上模座上。

弹性卸料板各导向型孔必须与凹模和凸模固定板的相应型孔同心，这样才能保证工作时凸、凹模间的间隙均匀。在保证型孔位置精度的前提下，若要卸料板各型孔对相应凸模起到精密导向和有效的保护作用，各型孔与相应凸模间的配合间隙必须小于凸、凹模间的工作间隙，且需分布均匀。通常配合间隙越小，导向效果越好，模具的精度和寿命也越高，但制造难度也相应越大。一般情况下，弹性卸料板型孔与相应凸模间的配合间隙为凸、凹模冲裁间隙的 1/4～1/3。导向型孔的工作面应有一定的高度才能保证导向的平稳性和可靠性，工作直径 d 为 $\phi1.6$～8mm 的小凸模，导向工作面的高度可取 $(1\sim2)d$。细小凸模可在型孔内安

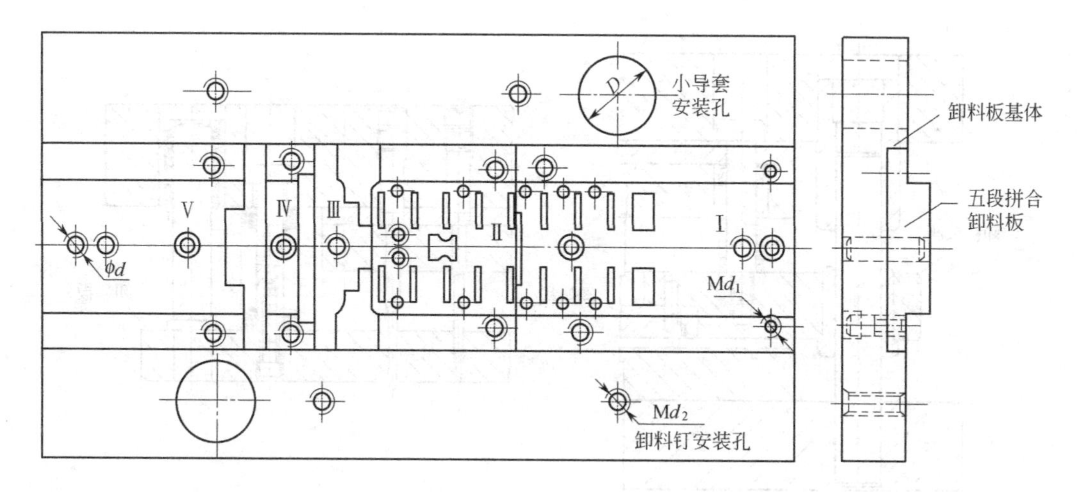

图 7-41　镶拼式弹性卸料板

装导向套以增加导向工作面的高度。设计阶梯凸模的导向型孔时，型孔对阶梯过渡段的空让部分应有足够的深度，以防凸模刃磨到一定尺寸后发生撞板或提前报废。工作时凸模刃口端面伸出卸料板的长度以不超过 3 倍的料厚为宜。

卸料板型孔的表面质量对凸模的使用寿命有重要影响，冲压速度越高，导向面的表面粗糙度值应越小，以减小摩擦力。根据冲压速度的不同，型孔表面粗糙度应为 Ra 0.1～0.4μm。

弹性卸料板的分段件、镶块应具有足够的硬度和良好耐磨性。高速冲压的卸料板其分段件和镶块应选用耐磨性好的材料制造，如 GCr15 或 W18Cr4V 钢，淬火硬度 56～58HRC。一般要求的分段件和镶块可选用 45 钢制造，热处理硬度 40～45HRC。

(2) 辅助导向装置　弹性卸料板在结构上应具备导向精度高、刚度好的辅助导向装置(即内导向装置)，使弹性卸料板在工作时稳定可靠，不会发生偏移或倾斜，否则就不能对凸模起到导向和保护作用。卸料板的辅助导向装置通常有三种形式：一种形式是利用模架的导柱进行导向，在卸料板相应位置安装小导套，如图 7-42(a) 所示，适用于尺寸较大的级进模；第二种形式是在卸料板上安装小导柱，将导套安装在凸模固定板的对应位置上，如图 7-42(b) 所示；第三种形式是在凸模固定板上安装小导柱，在卸料板和凹模板的相应部位安装小导套，如图 7-40 所示，这种形式工作时凹模板相当于导柱的一个支承，因而增强了导向的刚度，这在高速冲压中应用较多。

辅助导向装置中导柱与导套的配合间隙通常取卸料板与凸模配合间隙的 1/2。冲裁间隙、卸料板与凸模配合间隙、导柱与导套配合间隙三者关系可参考表 7-5。从表中可以看出，当冲裁间隙 $Z \leqslant 0.05$mm 时，导柱与导套配合间隙小于 0.006mm，这种情况下，应该采用滚珠导向。

表 7-5　三种间隙关系　mm

序号	模具冲裁间隙 Z	卸料板与凸模间隙 Z_1	辅助小导柱与小导套间隙 Z_2
1	>0.015～0.025	>0.005～0.007	约为 0.003
2	>0.025～0.05	>0.007～0.015	约为 0.006
3	>0.05～0.10	>0.015～0.025	约为 0.01
4	>0.10～0.15	>0.025～0.035	约为 0.02

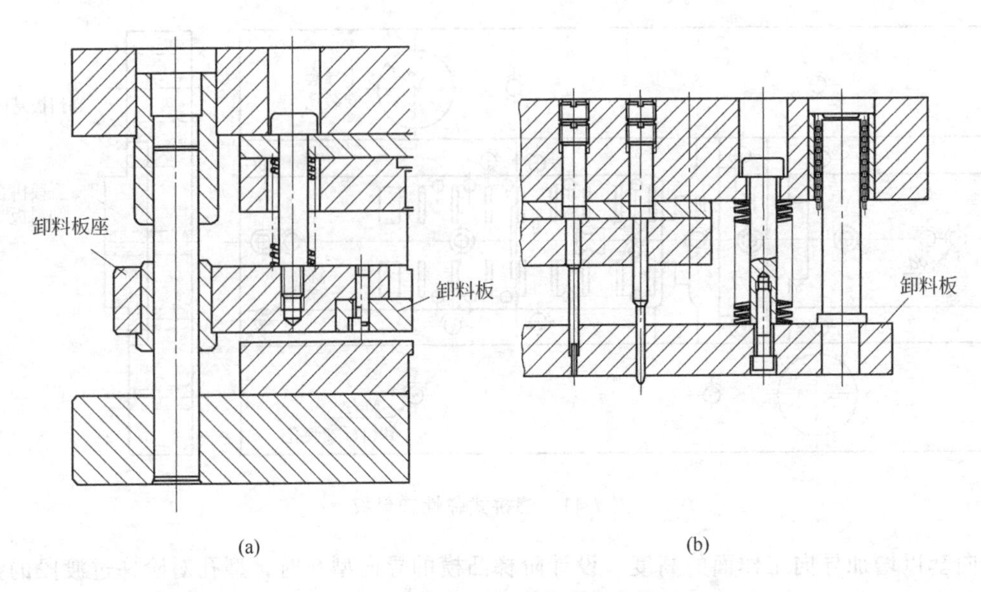

图 7-42 弹性卸料板的辅助导向装置

(3) 卸料螺钉 卸料装置中的卸料螺钉应均匀分布在工作型孔外围，工作长度必须一致。多工位级进模中的卸料螺钉宜用图 7-43(b) 所示的结构，以便控制工作长度 L，也便于在凸模每次刃磨时，工作长度同时磨去同样高度。当采用图 7-43(a) 所示结构时，则应加上如图所示的垫片，可以达到同样的效果。

二、多工位级进模的制造

多工位级进模由于工位数目多、精度高、镶拼块多和尺寸协调多，因此，多工位级进模与其他冲模相比，虽然加工和装配方法有相似之处，但要求提高了，因而加工、装配更复杂和更困难。在模具设计合理的前提下，要制造出合格的多工位级进模，必须具备先进的模具加工设备和测量手段，同时要制定合理的模具制造工艺规范。

1. 多工位级进模的制造特点

多工位级进模加工的工件尺寸比较小、数量大，因而使用小尺寸的凸模多，且凹模常采用镶拼结构以便加工和维修。同时由于级进模的工位数较多，卸料板等板类零件的精度要求和相互间的尺寸协调要求也比较高，因此，多工位级进模的制造工艺有其自身的特点。

① 凸、凹模形状复杂，加工精度高。凸模和凹模历来是模具加工中的难题，多工位级进模中形状复杂、尺寸小、精度高、使用寿命要求长的凸、凹模比较多，传统的机械加工面临很大的困难，因而电火花线切割和电火花成形加工已成为凸、凹模加工的主要手段。

由于多工位级进模常用于批量大的工件加工，并且多在高速压力机上生产使用，因而要求损坏的凸模、凹模镶块等能得到及时的更换，而且这种更换并不一定都是同时进行，所以要求凸模、凹模镶块有一定的互换性，以便于及时更换并投入使用。这样，传统的配作方法已不能适应这一要求，必须采用精密线切割技术和精密磨削技术才能很好地解决这一问题。采用互换法加工形状复杂的凸、凹模时，不论是凸模，还是凹模镶块，刃口部分必须直接标明具体的尺寸和上、下偏差，以便于备件生产。图 7-44 和图 7-45 所示为能互换的凸模和凹模镶块示例，制造时应注意控制加工尺寸在中心值附近，以利于互换装配和保证凸、凹模间隙。

值得注意的是，为延长模具使用寿命，复杂形状的凸、凹模刃口尺寸的计算，是在确定

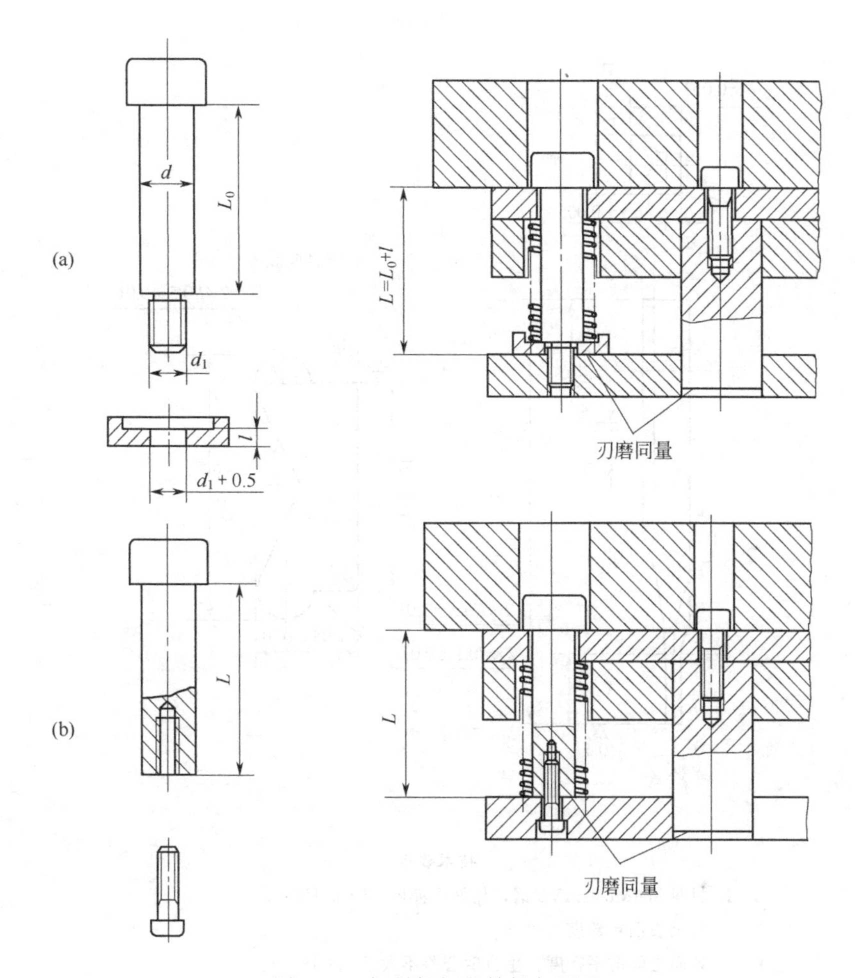

图 7-43 卸料螺钉的结构与调整

基准凹模（落料）和基准凸模（冲孔）的 A、B、C 三类尺寸的基础上进行的，凸、凹模刃口尺寸的制造公差之和，必须小于最大合理间隙和最小合理间隙之差。

② 多工位级进模中凸模固定板、凹模固定板和卸料板的加工要求很高，也是模具的高精度件。在多工位级进模中，这三块板的制造难度最大、耗费工时最多，生产周期最长，装在其上的凸模或镶块间的位置尺寸精度、垂直度等都由这三块板的精度加以保证。所以对这三块板除了必须正确选材和进行热处理外，对其加工方法必须引起足够的重视，以确保加工质量。

模板类零件在淬硬前，通常在铣床、平面磨床及坐标镗床上完成平面和孔系的加工，由于加工中心能在零件一次装夹中完成多个平面和孔的粗加工和精加工，因此用于对模板类零件的加工具有较高的效率和精度。

在一副级进模上，若要分别对三块板的型孔进行加工，以保证模具的装配精度，通常需要高精度的 CNC 线切割机床或坐标磨床。因此，精密、高效、长寿命的多工位级进模的制造越来越依赖于先进的模具加工设备。另外也可以采用合件加工，即将几块模板合在一起同时加工来保证加工尺寸的位置精度，这样可减小对高精度模具加工机床的依赖性。采取这种方法的前提是要有相适应的模具结构，如当凹模、卸料板镶拼件取同一分割面，且外形尺寸一致时，就可以同时加工外形；凹模固定板、卸料板，甚至凸模固定上的长方孔，可用四导柱定位，将三块板合在一起，同时进行线切割加工，然后由钳工研磨各型孔，保证各型孔的

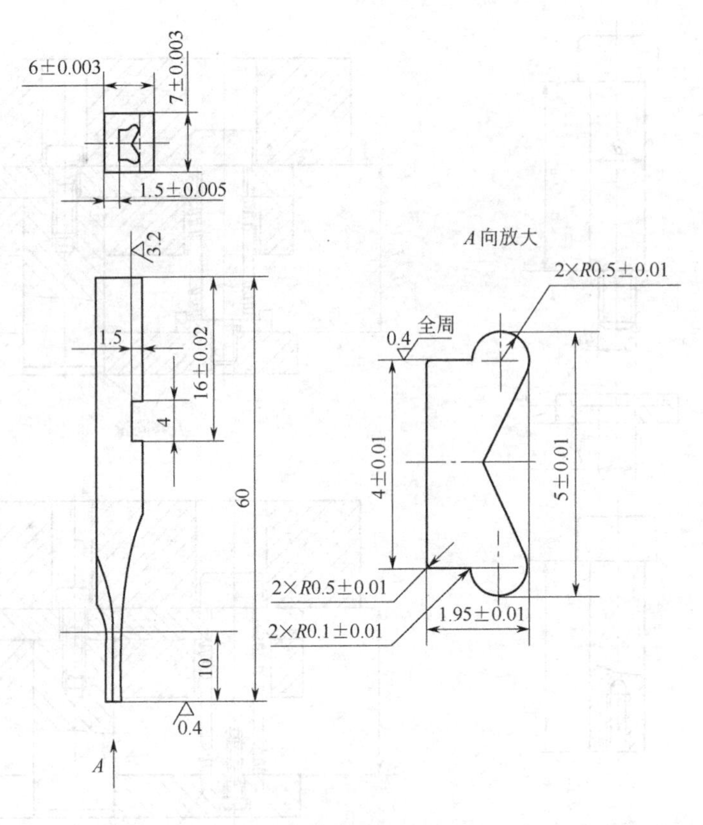

技术要求

1. 材料 W6Mo5Cr4V2 钢，热处理淬硬 62～64HRC。
2. 其余表面粗糙度 $Ra0.8\ \mu m$。
3. 各面之间的平行度、垂直度公差不大于 0.003mm。

图 7-44 凸模

位置精度。也可预先靠定位销、螺钉将三块板固定在一起，然后由坐标磨床同时进行磨削加工。这样，对应的凹模、卸料板镶拼件可同时加工，各板对应的固定长方孔也同时加工，保证了装配后的整块凹模和整块卸料板尺寸的一致性，这是国际上比较先进的级进模的结构形式及加工方法之一。

2. 模板类零件基准面的选择和加工

(1) 基准面的选择　多工位级进模中三块板上的型孔位置尺寸精度很高，在设计时，应正确选择模板零件的设计基准，并进行尺寸的正确标注。

中小型板类零件通常采用两个互成直角的侧面作为型孔位置尺寸的设计基准，尺寸的标注尽可能以坐标法给出，以避免加工误差的积累，如图 7-13 所示。设计基准也是模板加工和装配时的定位基准、测量基准和装配基准，为了避免加工和装配时因所用基准混乱而产生误差，在基准面上应有鲜明的标志，对基准面的平面度和相互间垂直度都有较高要求。

(2) 基准面的加工　由于基准面的形状精度和位置精度均高于该零件其他表面的精度，因此，基准面的加工更为重要。通常在平面磨床上加工外形尺寸较大的零件基准面时，由于磨削热引起的被磨削表面的热变形常会导致冷却后基准面中间部分的微量凹陷（约为 0.001～0.003mm），为消除基准面误差对零件精度的影响，可在精磨直角基准面前，先把基准面等分，在两边及中间部位留 20～30mm 长度，其余部分磨去比基准面低 0.1～0.15mm 的让位

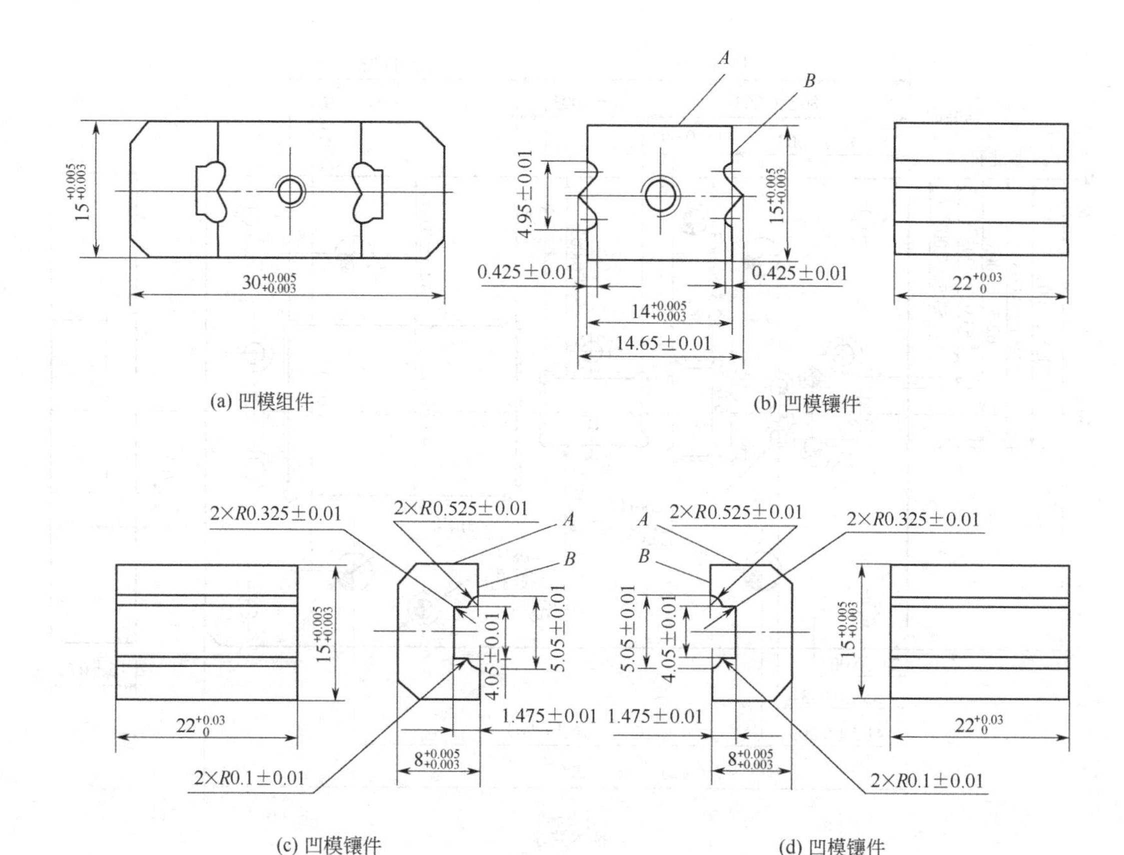

(a) 凹模组件　(b) 凹模镶件　(c) 凹模镶件　(d) 凹模镶件

技术要求

1. 型面表面粗糙度 $Ra0.4\mu m$，其余表面粗糙度 $Ra0.8\ \mu m$。
2. 材料 W6Mo5Cr4V2 钢，热处理淬硬 62～64HRC。
3. 各面之间的平行度、垂直度公差不大于 0.003mm。
4. 各镶件型面与外形错位不大于 0.003mm。

图 7-45　凹模

槽，再精磨基准面，这样做能减轻磨削热的影响，保证基准面的平面度和垂直度。

由于较大模板类零件的垂直面加工需要大型精密平面磨床，且有较大的难度，因此，较大模板类零件的基准面可以采用一面两孔，基准孔一般都由坐标镗床或坐标磨床来加工，以保证孔与平面的垂直度及两孔的平行度。

对于中间有多个型孔，且型孔对基准面有很高位置尺寸精度要求的板类零件，通常可以通过互为基准的办法，采用多次加工达到要求。工序安排上要考虑基准面的平磨，型孔的线切割，型孔的研磨，然后再进行平磨，即以研磨好的型孔为基准精磨外形，保证位置尺寸精度。

上述方法是在无高精度加工机床的条件下常被采用的行之有效的工艺方法，若有条件使用高精度线切割机床、坐标磨床及加工中心，则上述模板类零件的加工就比较容易达到要求。

3. 主要模具零件的加工工艺过程

模具零件的设计要求和加工设备不同，其加工工艺过程有较大的差别。但不论用哪种加工工艺，应当以保证零件质量为前提。

为了说明多工位级进模零件的具体加工过程，这里以图 7-44、图 7-45 所示的凸模和凹模以及图 7-46 所示的凹模固定板为例，其加工工艺过程分别见表 7-6～表 7-8。

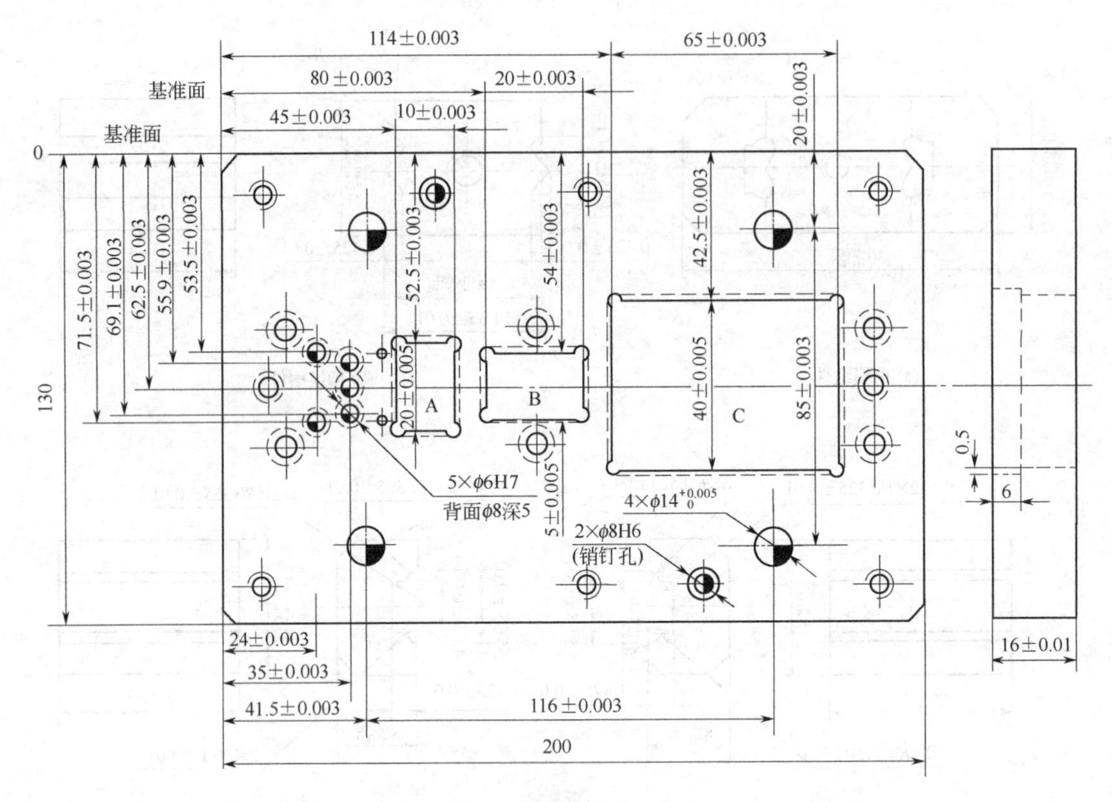

技术要求

1. 材料为 CrWMn 钢，热处理淬硬 58～60HRC。
2. (16±0.01) mm 两面平行度 0.004mm，型孔垂直度 0.002mm。
3. 型孔及 $4\times\phi14^{+0.005}_{0}$ mm 孔表面粗糙度 *Ra*0.8μm，5×ϕ6H7、2×ϕ8H6 孔表面粗糙度 *Ra*1.6μm，其余 *Ra*6.3μm。

图 7-46 凹模固定板

表 7-6 凸模加工工艺过程

工序号	工序名称	工序内容
1	备料	将毛坯锻成 65mm×15mm×15mm 长方体，要求碳化物偏析 2 级
2	热处理	球化退火
3	铣	铣六面，留磨余量 0.5～0.6mm
4	平磨	粗磨六面，留磨余量 0.35～0.4mm，检查垂直度
5	铣	铣成形，成形部位留磨余量 0.2～0.3mm
6	热处理	淬火、回火，62～64HRC
7	平磨	半精磨 6mm×7mm 四面，留精磨余量 0.10～0.15mm
8	热处理	时效处理
9	平磨	精磨各面，保证(6±0.003)mm、(7±0.003)mm、(1.5±0.005)mm 和 60mm，并保证位置精度要求
10	光学磨	精磨 *A* 向放大部分形状，保证表面粗糙度 *Ra*0.4 μm
11	工具磨	磨宽 4mm 通槽，保证(16±0.02)mm
12	检验	

表 7-7　凹模加工工艺过程

图 7-45(b)镶件		图 7-45(c)镶件		图 7-45(d)镶件		工序内容
工序号	工序名称	工序号	工序名称	工序号	工序名称	
1	备料	1	备料	1	备料	锻造坯料(可三件连在一起),留加工余量 4～7mm,要求碳化物偏析 2 级
2	热处理	2	热处理	2	热处理	球化退火
3	铣	3	铣	3	铣	铣成形,留磨余量 0.35～0.4mm
4	钳					钻孔、攻螺纹
5	热处理	4	热处理	4	热处理	淬火、回火,62～64HRC
6	平磨	5	平磨	5	平磨	粗磨图 7-45(b)的 15、22 四面,图 7-45(c)、(d)的 8、22 四面,留精磨余量 0.10～0.15mm
7	热处理	6	热处理	6	热处理	时效处理
8	平磨	7	平磨	7	平磨	精磨外形达图要求,保证位置精度
9	光学磨	8	光学磨	8	光学磨	磨刃口部分形状,三块镶件用同一张放大图加工及用同一位置基准 *A*、*B*,表面粗糙度 *Ra*0.4 μm
10	工具磨	9	工具磨	9	工具磨	磨刃口部分漏料斜度
11	检验	10	检验	10	检验	

表 7-8　凹模固定板加工工艺过程

工序号	工序名称	工序内容
1	备料	将毛坯锻成 206mm×136mm×22mm
2	热处理	球化退火
3	刨或铣	粗加工六面,留余量 2～2.5mm
4	热处理	调质 200～260HBS
5	铣	铣外形,留磨余量 0.6～0.7mm,A、B、C 方孔留余量 1～1.5 mm
6	平磨	粗磨六面,留磨余量 0.4～0.6mm,检查基准面垂直度
7	坐标镗	镗 5×ϕ6H7、2×ϕ8H6、4×$\phi14^{+0.005}_{0}$mm,留磨余量 0.25mm
8	钳	钻孔、攻螺纹、扩孔
9	热处理	淬火、回火,58～60HRC
10	平磨	粗磨(16±0.01)mm 两面,留精磨余量 0.2～0.25mm
11	热处理	时效处理
12	平磨	粗磨(16±0.01)mm 两面,留精磨余量 0.08～0.1mm
13	热处理	时效处理
14	钳	用硬质合金无刃铰刀或废铰刀清理 4×$\phi14^{+0.005}_{0}$mm 孔内的污物或对孔修整
15	平磨	在 4×$\phi14^{+0.005}_{0}$mm 孔中装工艺销后精磨外形,保证基准面垂直度 0.004mm
16	线切割	以两互相垂直的直角面为基准切割 A、B、C 方孔,留磨余量 0.08～0.1 mm
17	坐标磨	以两互相垂直的直角面为基准精磨 5×ϕ6H7、2×ϕ8H6、4×$\phi14^{+0.005}_{0}$mm 及 A、B、C 方孔,均达图要求
18	电火花	加工 A、B、C 方孔背面 0.5mm×6mm 台阶
19	钳	清理螺纹孔
20	检验	

4. 装配与调试

多工位级进模装配的核心是凹模与凸模固定板及卸料板上的型孔尺寸和位置精度的协调，其关键是同时保证多个凸、凹模的工作间隙和位置符合要求。

装配多工位级进模时，一般先装配凹模、凸模固定板及卸料板等重要部件，因为这几种部件在级进模中多数都是由几块镶拼件组成，它们的装配质量决定整副模具的质量。在这三者的装配过程中，先应根据它们在模具中的位置及相互间的依赖关系，确定其中之一为装配基准，先装基准件，再按基准件装配其他两件。模具总装时，通常先装下模，再以下模为基准装配上模，并调整好进距精度和模具间隙。

模具零件装配完成以后，要进行试冲和调整。试冲时，首先分工位试冲，检查各工位凸、凹模间隙，凸模相对高度及工序件质量等，如某工位对冲件质量有影响时，应先修整该工位，直至各工位试冲修整确认无误后，最后加工定位销孔，并打入定位销定位。

因为多工位级进模一般都较精密，为了消除温差对装配精度的不良影响，装配工作一般应在恒温（20 ℃±2 ℃）净化的装配车间进行。而且，考虑模具尺寸一般都较大，为减轻操作人员劳动强度，提高模具装配质量，对于精密多工位级进模一般都应在模具装配机上完成装配、紧固、调整和试模等工作。

第五节　多工位级进模设计实例

为了进一步阐述多工位级进模设计的过程和基本思路，在此再介绍一级进模设计实例，供参考。

图 7-47 所示为电子元件外壳基座工件图，材料为可伐合金，厚度 $t=0.3$mm，属大批量生产，试设计冲制该工件的多工位级进模。

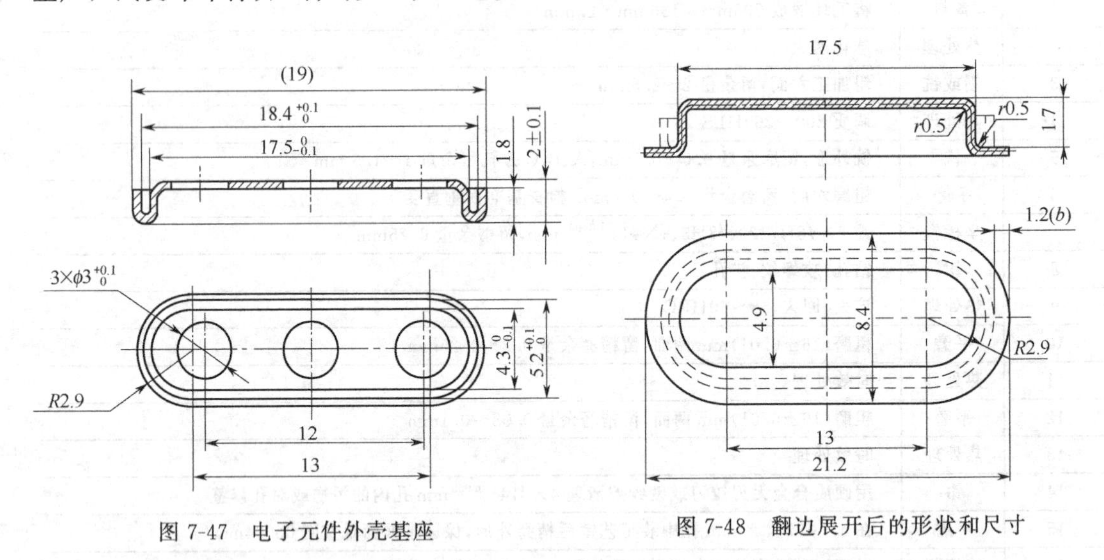

图 7-47　电子元件外壳基座　　　图 7-48　翻边展开后的形状和尺寸

1. 工艺分析

由基座工件图可知，该工件的形状、尺寸、精度和材料等均符合冲压工艺性要求，冲压工序主要有冲孔、拉深、翻边、整形及落料等，工艺较复杂，生产批量大，适宜用级进模冲制。

拉深次数和翻边次数需要通过计算确定。由工件图可知，在计算拉深以前，先要按翻边工艺计算展开，从而得到拉深工序件的形状和尺寸。

(1) 翻边工艺计算　根据工件图尺寸关系，翻边展开后的形状和尺寸如图 7-48 所示。

进入翻边工序时，工序件与条料已分离，可由压杆压在凹模上，此时零件的外缘为外凸圆弧，故属压缩类翻边。

翻边的变形程度用式(6-26)计算，由图 7-48 可知，$b=1.2\text{mm}$，$R=2.9\text{mm}$，则变形程度为

$$\varepsilon_p=\frac{b}{R+b}=\frac{1.2}{2.9+1.2}=0.29=29\%$$

与表 6-7 的极限值对照，变形程度在允许范围之内，说明可以一次翻边成形。

(2) 拉深工艺计算　翻边展开后的形状和尺寸即为拉深工序件，由图 7-48 可知，该工序件是带凸缘的长圆筒形件，两端为半圆形，中间为直边。拉深时，只要圆形部位的变形程度不超过带凸缘圆筒形件的极限值，就可一次拉深成形。

① 计算拉深坯料尺寸。单工序拉深时拉深坯料是单个的，而在级进模上拉深时，坯料是条料。但为了简化计算，仍按单个坯料一样计算，并将拉深工序件简化成图 7-49 所示的带凸缘圆筒形件。由表 5-7 得坯料直径计算公式为

$$D=\sqrt{d_4^2+4d_2H-3.44rd_2}$$

依图 7-49，$d_4=8.4$ mm，$d_2=4.6$ mm，$H=1.7\text{mm}$，$r=0.5\text{mm}$，则

$$D=\sqrt{8.4^2+4\times4.6\times1.7-3.44\times0.5\times4.6}\approx9.7(\text{mm})$$

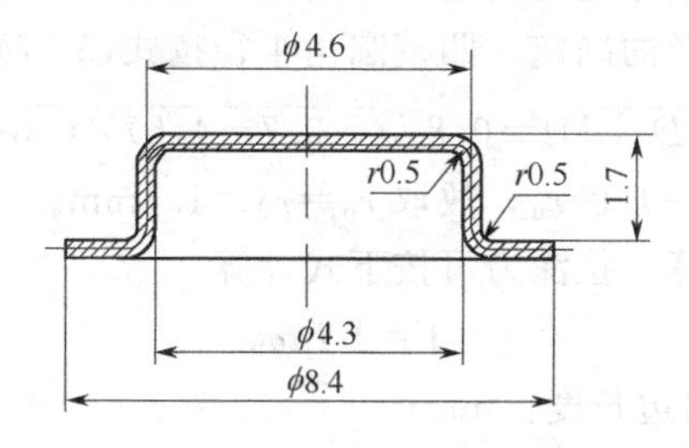

图 7-49　简化的拉深工序件图

考虑拉深时坯料变形的不均匀性，取修边余量 $\Delta=1\text{mm}$，则实际坯料直径 $D=9.7+1=10.7$ (mm)。

② 判断能否一次拉深成形。由相对凸缘直径 $d_t/d=8.4/4.6=1.82$，毛坯相对厚度 $t/D\times100\%=0.3/10.7\times100\%=2.8\%$，查表 5-15 得首次拉深的极限相对高度 $[H_1/d_1]=0.48\sim0.58$。而拉深件的实际相对高度 $H/d=1.7/4.6=0.37\leqslant[H_1/d_1]$，故可以一次拉深成形。

2. 排样图设计

选用可伐合金条料，手工送料，侧刃定距，导正销精定位，拉深前在坯料上切口（便于拉深时坯料的流动)，并考虑模具强度适当安排空工位。据此设计的排样图如图 7-50 所示，共分九个工位。

工位 1：侧刃定距冲裁。

工位 2：冲两个切口用的工艺孔 $\phi2\text{mm}$。

工位 3：切口（采用斜刃切开，这对于长方形件是适合的)。

工位 4：空工位。

工位 5：拉深。

工位 6：整形（获得较小的圆角半径 $r=0.5\text{mm}$)。

工位 7：冲 3 个 $\phi3\text{mm}$ 孔。

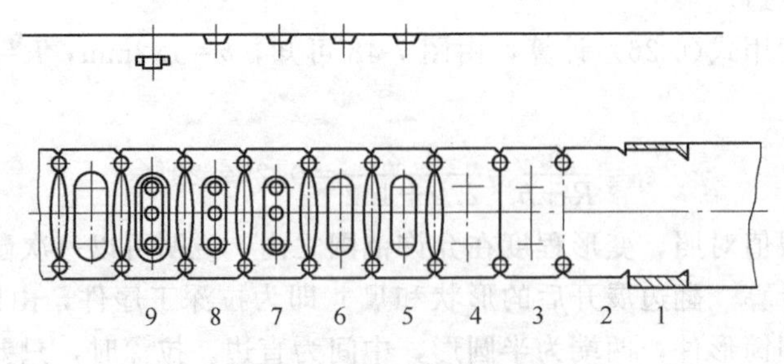

图 7-50 基座排样图

工位 8：空工位，导正。

工位 9：落料、翻边（复合工序）。

3. 主要计算

(1) 料宽计算　两端圆形部位合并成圆筒形件，已按拉深计算出实际坯料直径为 10.7mm，再加上中间矩形部分长度 13mm，故坯料展开长度为 23.7mm，侧搭边值每边取 1.0mm，侧刃切除量取 1.2mm，则料宽为 28mm。

(2) 进距计算　进距的尺寸是坯料直径与搭边值之和，取值为 13mm。

(3) 凹模与凸模圆角半径的确定　凹模圆角半径按式(5-37) 计算

$$r_d = 0.8\sqrt{(D-d)t} = 0.8\sqrt{(10.7-4.6)\times 0.3} \approx 1.1(\text{mm})$$

凸模圆角半径 $r_p = (0.7 \sim 1.0)r_d$，故取 $r_p = r_d = 1.1$mm。

(4) 拉深力与翻边力计算　拉深力可按下式计算

$$F = KLt\sigma_b$$

式中 L——拉深件横截面周边长度，mm；

K——修正系数，可取 0.5～0.8；

t——材料厚度，mm；

σ_b——材料强度极限，MPa。

拉深时，两端圆形部位拉深截面的直径为 $\phi 4.6$mm，中间的直线部位由于拉深时材料没有横向被压缩的变形，因此所受的拉应力比两端稍小，但实际计算中是同等考虑的。可算出 $L = \pi \times 4.6\text{mm} + 2 \times 13\text{mm} = 40.5\text{mm}$，该材料 $\sigma_b = 500 \sim 600$ MPa，取较大值 600 MPa，取 $K = 0.7$，则拉深力为

$$F = 0.7 \times 40.5 \times 0.3 \times 600 = 5103(\text{N})$$

翻边力可按下式计算

$$F = 1.25Lt\sigma_b K$$

式中 L——翻边的周长，mm；

K——系数，一般取 0.20～0.30。

可算出 $L = \pi \times 5.8\text{mm} + 2 \times 13\text{mm} = 44.2\text{mm}$，取 $K = 0.3$，则翻边力为

$$F = 1.25 \times 44.2 \times 0.3 \times 600 \times 0.3 = 2984(\text{N})$$

4. 模具结构设计

工件的料厚仅为 0.3mm，比较薄，冲裁间隙很小，因而对模架的精度要求高。并且级进模为 9 个工位，有多次冲裁，各处冲裁凸、凹模的制造、装配也存在误差，故选用对角滚珠钢板精密模架。

模具结构如图 7-51 所示，上模部分由上模座、垫板、凸模、凸模固定板及弹性卸料板

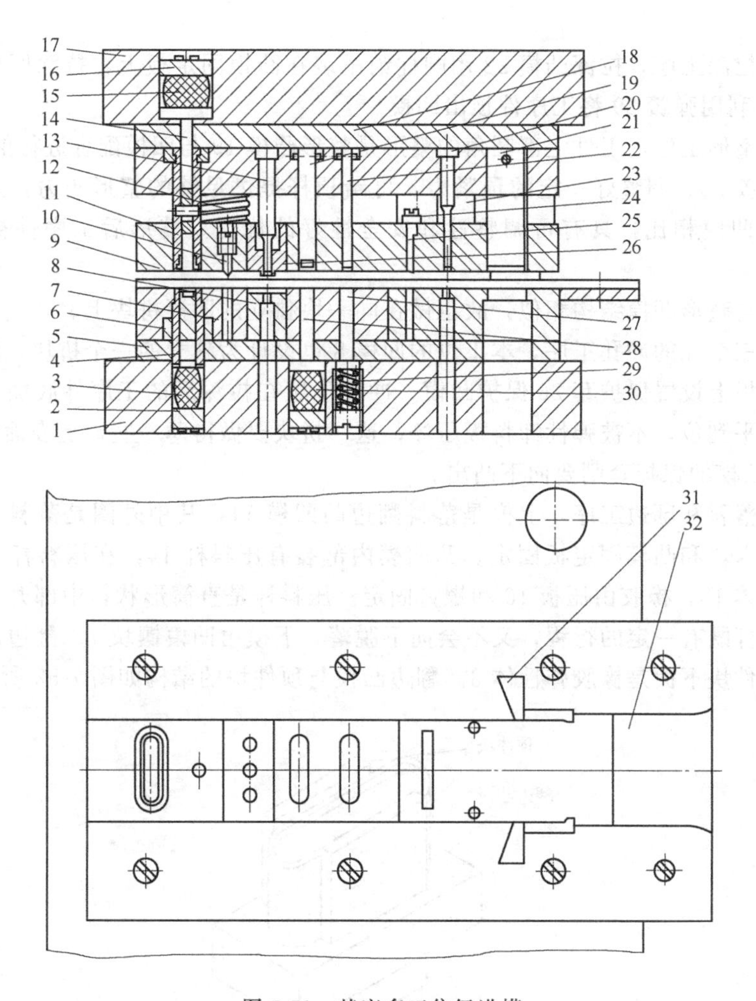

图 7-51　基座多工位级进模

1—下模座；2,16,24—压板；3,15,30—聚氨酯橡胶；4—顶件块；5,18—垫板；6—翻边凹模；7—凹模镶块；8—冲孔凹模镶块；9—卸料板；10—导正销；11—落料翻边凸凹模；12—卸料弹簧；13—冲孔凸模；14—压料杆；17—上模座；19—整形凸模；20—冲孔凸模；21—侧刃；22—拉深凸模；23—导柱；25—切口凸模；26—凸模保护套；27,28—顶杆；29—弹簧；31—侧刃挡块；32—承料板

等组成。上模座与卸料板之间装有四组滑动导柱、导套，按一级精度制造，用于保护细小凸模。下模部分由下模座、凹模、垫板、导料板及承料板等组成。

工位 1 为侧刃定距冲裁，侧刃宽度选为 1.2mm，侧刃长为 13.05mm，比进距大 0.05mm，以给导正销精确定位留有导正余量。侧刃用圆柱销固定在凸模固定板上，以防止侧刃向下脱落。

工位 3 是切口工序，切口凸模 25 是在两个工艺孔之间冲切，因而冲切后条料不会随凸模上升，不需要卸料板卸料，故把冲切口的切口凸模直接固定在卸料板上。切口凸模上设计有凸台，从卸料板的上面装入，用压板压住，再用螺钉固定。切口凸模厚为 2mm，工作部位在右侧，构成刃口的凸模底面有约为 15°的倾角，凸模高出卸料板约为 2 个料厚，切口凹模的宽度为 3mm，若与凸模宽度相等，会使切口凸模的左侧与凹模挤压板料，产生不应有的变形。

因第 1 至第 3 工位均为冲裁，故将这三个工位的凹模设计在同一凹模拼块上，以便于拼块制造。

工位 5 是拉深工序，拉深凸模 22 用圆柱销吊装在凸模固定板上，拉深凹模内设置一顶杆 27，拉深后利用弹簧 29 将工序件顶出凹模。

工位 6 是整形工序，工件上部圆角的整形是整形凸模 19 与凹模配合进行的，顶杆 28 下面是聚氨酯橡胶 30，调整好一定的预紧力，可给顶杆提供足够的整形压力，这种方法与设置刚性的整形凹模相比，具有可调整性和安全性好的优点。整形后工序件被顶出凹模以利送料。

拉深凹模与整形凹模结构相似，故也做在同一块独立的凹模拼块上。

工位 7 是三个孔的冲孔工序，本工位的凹模 8 也设计为独立的一个拼块，因凸模直径较小，故在卸料板上设置保护套 26 保护凸模。冲孔位置在拉深后的工序件底面上，为保证冲孔时工序件落平到位，不被弹性卸料板压坏，这一拼块要做得薄一些，上表面比其他凹模拼块低 2 mm，凸模的保护套则要向下凸出。

工位 9 是落料和翻边工序，上模是落料翻边凸凹模 11，其中外圈是落料凸模，内圈是翻边凹模，用卡块和凸模固定板固定。凸凹模内部装有压料杆 14，在压料杆上部的模座内装有橡胶弹性体 15，橡胶由压板 16 和螺钉固定。压料杆是直筒形状，中部开长孔并有销钉穿过，使压料杆既有一定的行程，又不会向下脱落。下模由凹模镶块 7、翻边凹模 6 和顶件块 4 组成，顶件块下面是橡胶弹性体 3。翻边凸模与顶件块的结构如图 7-52 所示。

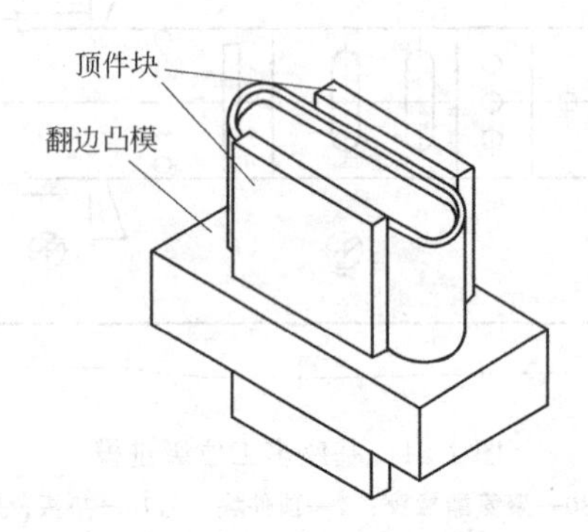

图 7-52　翻边凸模与顶件块

工位 9 的模具工作过程如下。

上模下行，压料杆压住工件的底面。上模继续下行，卸料板压平条料，落料翻边凸凹模的外缘刃口与凹模镶块作用，完成外形落料。上模再继续下行，凸凹模内侧凹模与翻边凸模相互作用，完成零件的外翻边，同时顶件块被凸凹模压住下行。当上模回升时，顶件块将工件顶出凹模，卸料板卸下条料，压料杆也可将粘于凸凹模内的工件推出。

思考与练习题

1. 多工位级进模具有哪些特点？有哪几种结构类型？

2. 多工位级进模的排样设计应遵循哪些原则？提高送料进距精度的措施有哪些？

3. 什么是载体？载体有哪几种形式？如何选择？

4. 图 7-53(b) 为图 7-53(a) 所示冲件的排样图。试分析该排样方案中的工位数及各工位的工序内容，并说明所采用的载体形式及定距方式。

5. 在多工位级进模中，导料装置的结构形式有哪几种？设计带槽式浮顶销的导料装置应注意哪

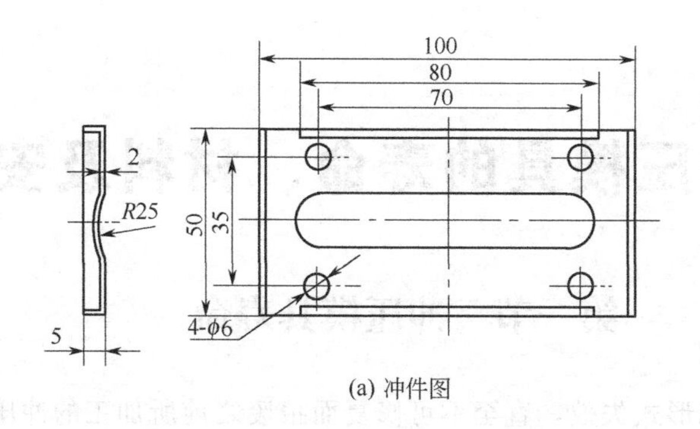

(a) 冲件图

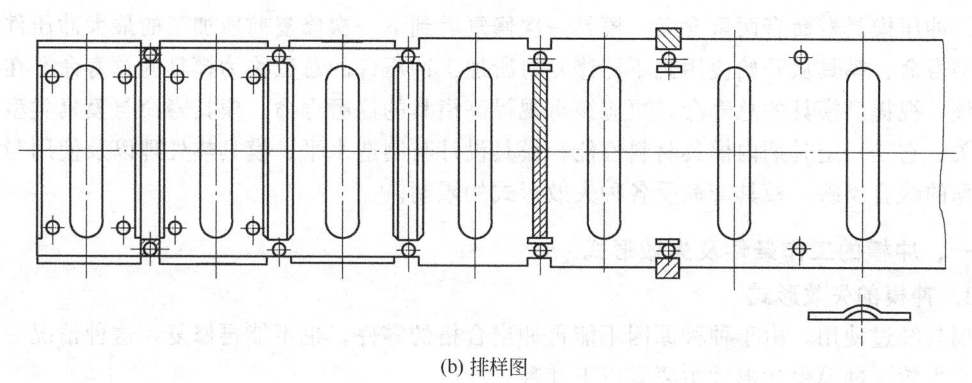

(b) 排样图

图 7-53　习题 4 附图

些问题？

6. 多工位级进模的凸模固定要考虑哪些问题？常用的固定形式有哪些？

7. 多工位级进模中凹模的基本结构有哪几种？各有何特点及应用？

8. 多工位级进模中卸料板的导向装置有哪几种结构形式？各用于何种场合？

9. 为什么说多工位级进模的凹模板、卸料板和凸模固定板是制造的关键？如何保证这三块板的加工精度？

第八章　冲压模具的寿命、材料及安全措施

第一节　冲压模具寿命

模具因为磨损或其他形式失效，直至不可修复而报废之前所加工的冲压件数，称为模具寿命。冲压模具寿命有两重含义：模具一次修复后到下一次修复前所加工的最大冲压件数称为修磨寿命；模具从开始使用到不能修复时所加工冲压件的总数称为模具的总寿命。在生产中应该重视提高模具的总寿命，更应该重视提高模具的修磨寿命。模具寿命与模具类型和结构有关，它是一定时期内模具材料性能、模具设计与制造水平、模具热处理以及使用与维护等方面的综合反映。模具寿命受各种失效形式的限制。

一、冲模的工作条件及失效形式

1. 冲模的失效形式

模具经过使用，由于种种原因不能再冲出合格的零件，也不能再修复，这种情况一般称为模具失效。冲模失效形式主要有以下几种。

(1) 磨损失效　由于接触表面之间的相对运动，使得表面逐渐失去物质的现象叫磨损。模具在使用过程中，与成形坯料相接触，产生相对运动，便会造成磨损。当磨损使模具的尺寸发生变化或改变了模具的表面状态使之不能继续服役时，称为磨损失效。

模具成形的坯料不同，使用状况不同，其磨损情况也不同，按磨损机理可分为磨粒磨损、黏着磨损、疲劳磨损、腐蚀磨损。

① 磨粒磨损　外来硬质颗粒存在于坯料与模具接触表面之间，刮擦模具表面，引起模具表面材料脱落的现象叫磨粒磨损。坯料表面的硬突出物刮擦模具引起的磨损也叫磨粒磨损。

② 黏着磨损　坯料与模具表面相对运动，由于表面凹凸不平，黏着的结点发生剪切断裂，使模具表面材料转移到坯料上或脱落的现象叫黏着磨损。

③ 疲劳磨损　两接触表面相互运动，在循环应力（机械应力与热应力）的作用下，使表层金属疲劳脱落的现象叫疲劳磨损。

④ 腐蚀磨损　在摩擦过程中，模具表面与周围介质发生化学或电化学反应，再加上摩擦力机械作用，引起表层材料脱落的现象叫腐蚀磨损。

在模具与坯料（或工件）相对运动中，实际磨损情况很复杂，磨损一般不只是以一种形式存在，往往是多种形式并存，并相互促进，产生磨损的交互作用。如模具与工件表面发生黏着磨损后，部分材料脱落会形成磨粒，进而伴生磨粒磨损。磨粒磨损出现后，使得模具表面变得更粗糙，又造成进一步的黏着磨损。模具出现疲劳磨损后，同样出现磨损后的磨粒，造成磨粒磨损。磨粒磨损又使得模具表面出现沟痕，粗化，这又加重了进一步的黏着磨损和疲劳磨损。模具出现腐蚀磨损后，随之而来的将会是磨粒磨损，进而伴随黏着磨损和疲劳磨损。

（2）变形失效　模具在使用过程中，当工作零件内的应力超过了本身材料的屈服点以后便会产生塑性变形。过量的塑性变形使模具工作零件的几何形状和尺寸超过许可范围就是变形失效。塑性变形的失效形式表现为塌陷、镦粗、弯曲等，如图 8-1 所示。

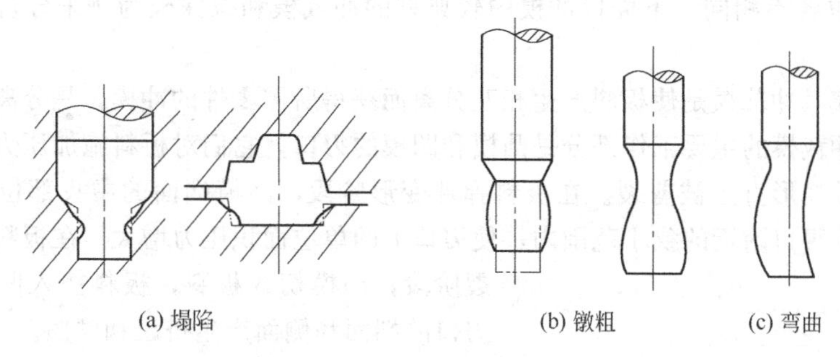

图 8-1　冲模的变形失效

（3）断裂失效　模具出现较大裂纹或分离为两部分和数部分而丧失工作能力，称为断裂失效，如图 8-2 所示。按断裂性质不同，可分为塑性断裂和脆性断裂（模具材料多为中、高强度钢，断裂的性质一般为脆性断裂）；按断裂路径可分为沿晶断裂、穿晶断裂和混晶断裂；按断裂机理分为早期断裂和疲劳断裂。早期断裂是指在承受很大变形力或在冲击载荷的作用下，裂纹突然产生并迅速扩展所造成的断裂。疲劳断裂是指在较低的应力下，经过多次使用，裂纹缓慢扩展后发生的断裂。

（4）啃伤失效　由于模具装配质量差，压力机导向精度低，模具安装调整不当，送料误差等原因，使凸、凹模相碰造成刃口崩裂的现象叫啃伤失效，如图 8-3 所示。一旦发生啃伤，模具修磨量急剧增大甚至不能修复。

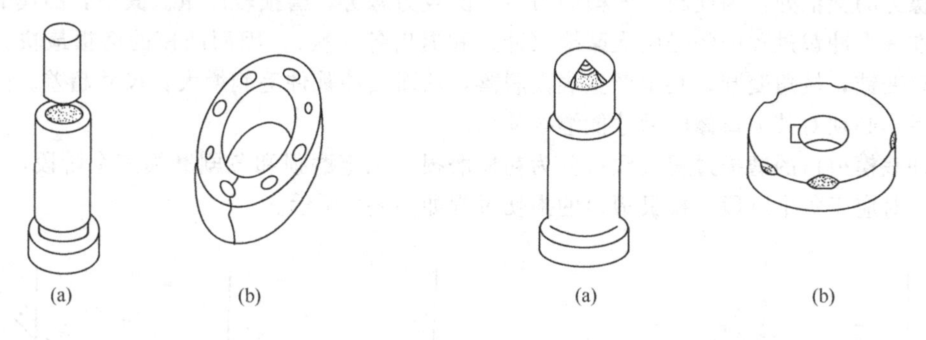

图 8-2　冲模的断裂失效　　图 8-3　冲模的啃伤失效

同样，由于模具的工作条件极为复杂恶劣，一副模具在使用过程中可能会出现多种损伤形式的交互作用，这些损伤又相互促进，最后以一种形式失效。如磨损出现的沟痕可能成为裂纹的发源地，当由磨损形成的裂纹在有利于其向纵深发展的应力作用下，就会造成断裂。或模具局部磨损后，会带来承载能力的下降以及易受偏载，造成另一部分承受过大的应力而产生塑性变形。模具产生局部塑性变形后，会改变模具零件间正常的配合关系，如使模具间隙不均匀，间隙变小等，又必然造成不均匀磨损，使磨损速度加快，进而促进磨损失效。或者塑性变形后，模具间隙不均匀使承力面变小，从而带来附加的偏心载荷以及局部过大应力，造成应力集中，并由此产生裂纹，促进断裂失效。

2. 各种冲模的工作条件和失效形式

每一副冲模都是由许多零件组成的，其中对模具的质量和寿命起决定作用的是工作零件。

模具在使用过程中以何种形式失效，取决于多种因素，而首要的外界因素是模具的工作条件。

各种冲模的工作都是在常温下对被加工材料施加压力，使其产生分离或变形，从而获得一定形状、尺寸和性能要求的冲件。但不同种类的冲模，其具体工作条件有所不同，它们的主要失效形式也各不相同。下面以冲模中较典型的冲裁模和拉深模为例来分析其工作条件及失效形式。

(1) 冲裁模　冲裁模是使板料产生相互分离而获得所需零件的冲模，是分离工序所用冲模的典型代表。冲裁模的主要工作部分是凸模和凹模的刃口，它们对板料施加压力，使板料经过弹性变形、塑性变形直至被剪裂。在板料弹性变形阶段，凸模端面的中央部位与板料脱离接触，压力集中于刃口附近的狭小范围内，使刃口上的单位面积压力增大。在板料塑性变形和剪裂阶段，凸模切入板料，板料挤入凹模内，使模具刃口的端面和侧面产生挤压和摩擦。

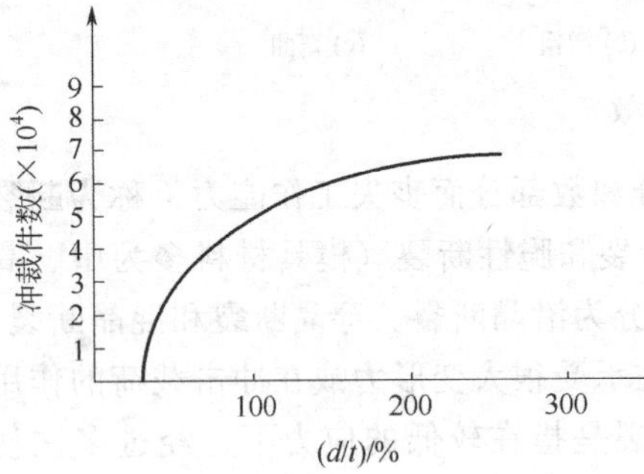

图 8-4　模具寿命与 d/t 的关系

模具刃口受力的大小与板料的厚度和硬度有关。凸模的压力通常大于凹模，尤其在厚板上冲裁小孔时，凸模所受的单位压力很大。设凸模工作部分的直径为 d，板料厚度为 t，则比值 d/t 越小，凸模受力越大，其模具寿命就越低。图 8-4 所示为比值 d/t 与模具寿命之间的关系。

由于冲裁模是在室温下分离板料，且受力主要集中在刃口附近，因此，它的正常失效形式为磨损。从磨损机理上看，主要为黏着磨损，同时也伴随磨粒磨损，使用时间过长会产生疲劳磨损。由于凸、凹模刃口处于端面压应力和侧面压应力的交汇处，同时也处在端面摩擦力和侧面摩擦力的交汇处，因此凸、凹模的刃口工况较为恶劣，磨损较严重。其中，凸模的受力最大，在一次冲裁过程中经受两次摩擦（冲入和退出各一次），因而凸模的磨损最快。磨损将使刃口变钝，棱角变圆，甚至产生表面脱落，从而使冲裁件毛刺增大，尺寸超差。凸、凹模磨损后，必须对其刃口修磨后才能继续使用。

冲裁模刃口的磨损过程大致可分为初期磨损、稳定磨损和急剧磨损三个阶段，如图 8-5 所示。对应于每个阶段，模具刃口的损伤过程如图 8-6 所示。

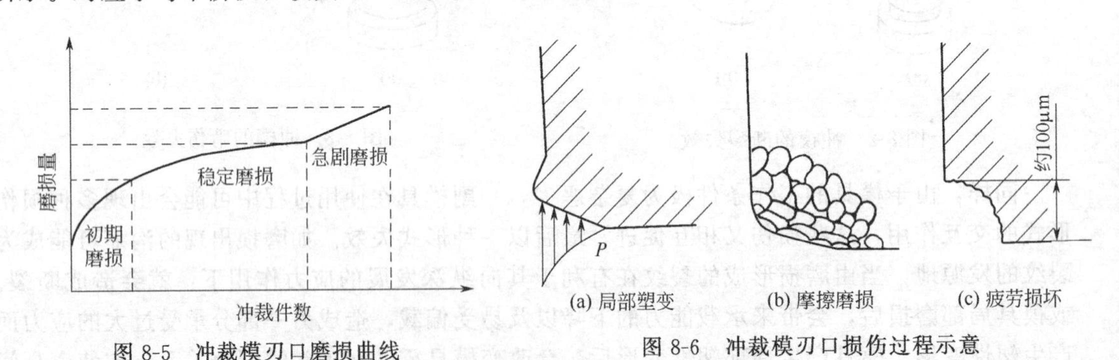

(a) 局部塑变　(b) 摩擦磨损　(c) 疲劳损坏

图 8-5　冲裁模刃口磨损曲线　　图 8-6　冲裁模刃口损伤过程示意

在模具使用初期，刃口锋利，与板料接触面积小，单位面积压力大，易造成刃口塑性变形［见图 8-6(a)］，故初期磨损阶段的磨损速度较大。刃口磨损至一定程度，单位面积压力减轻，且刃口表面塑变强化，不再继续发生塑性变形［见图 8-6(b)］，这时刃口的磨损主要由坯料的摩擦引起，磨损速度变缓，即进入稳定磨损阶段。模具使用一段时间后，刃口因经受多次冲裁而趋于疲劳，局部表面开始剥落［见图 8-6(c)］，即进入急剧磨损阶段，这时会因为冲裁件不合格而导致模具失效。

（2）拉深模　拉深模是通过使坯料产生塑性变形（不分离）而获得各种开口空心件的冲模，是塑性变形工序所用冲模的典型代表。拉深模的凸模、凹模和压料圈工作部位没有锋利的尖角，模具零件受力不像冲裁模那样局限在很小的范围内，同时凸、凹模间隙一般比板材厚度大，模具较少出现应力集中，工作时不易出现偏载，因此，拉深模很少出现断裂和塑性变形失效。但拉深模工作时，板料与凹模和压料圈产生相对运动，存在很大的摩擦，以至拉深模的主要失效形式为磨损，在磨损形式和磨损机理上，主要表现为黏着磨损。从部位上看，在凹模与压料圈的端面、凸模与凹模圆角半径处，尤其以压料圈口部及凹模端面圆角半径以外的区域黏着磨损最严重。

在拉深过程中，模具工作表面的某些区域负荷较重，摩擦热积累较多，承受挤压力较大。在温度和压力的共同作用下，模具工作表面可能与坯料间发生焊合，使小块坯料黏附在模腔表面形成很硬的黏结瘤，即发生粘模。这些坚硬的黏结瘤将使拉深件表面产生划痕或擦伤，降低其表面质量。此时，必须对模具进行修磨和抛光才能继续使用，以便加工出合格冲件。

二、影响冲模寿命的因素及提高冲模寿命的措施

1. 影响冲模寿命的主要因素

（1）冲压工艺及冲模设计对模具寿命的影响

① 冲压用原材料对模具寿命的影响。在实际生产中，由于冲压用原材料的厚度公差不符合要求、材料性能波动、表面质量较差和不干净等而造成模具工作零件磨损加剧、崩刃的情况时有发生。对于冲裁模，由于被冲板料的厚度对模具冲压载荷的影响较大，故常把冲裁模分为薄板冲裁模（$t \leqslant 1.5$mm）和厚板冲裁模（$t > 1.5$mm）。薄板冲裁模受力较小，其失效的主要形式是磨损。厚板冲裁模受力较大，其失效形式除了磨损外，还可能发生局部断裂(崩刃)。对于拉深模，被拉深板材的成形性能、厚度、表面状况等，均影响模具冲压载荷的轻重和黏着倾向的大小。

② 排样与搭边对模具寿命的影响。不必要的往复送料排样法和过小的搭边值是造成模具急剧磨损和凸、凹模啃伤的重要原因。

③ 模具的结构形式对模具寿命的影响。整体式模具不可避免地存在凹凸转角，很易造成应力集中，并出现开裂。

④ 模具的几何参数对模具寿命的影响。凸、凹模的形状、间隙和圆角半径的大小不仅对冲件成形影响极大，而且对模具的磨损影响也很大。如拉深模过小的凸、凹模圆角半径在拉深过程中会增大坯料流动阻力，从而增大摩擦力和成形力，使模具磨损加剧或冲件拉裂。

（2）模具材料对模具寿命的影响　模具材料对模具寿命的影响是模具材料种类、化学成分、组织结构、硬度和冶金质量等的综合反映。模具材料的种类对模具寿命的影响是很大的，如拉深镍基合金板料时极易发生咬合，若采用Cr12MoV钢制作拉深模，拉深时就会很快出现咬合、拉毛现象，使用寿命极低；若采用GT35型钢结硬质合金制作拉深凹模，热处理硬度为65～67HRC，则可大大减弱咬合倾向，寿命大为提高。

模具的工作硬度对模具寿命影响也较大，随着硬度的提高，模具钢的抗压强度、耐磨性和抗咬合能力等指标也升高，而其韧性、冷热疲劳抗力及可磨削性等指标下降。经验表明，模具的早期失效，多数是由于硬度过高而断裂，少数是由于硬度过低而变形、磨损。例如采

用T10钢制造硅钢片的小孔冲模，硬度为56～58HRC时，只冲几千次，冲件的毛刺就很大，如果将硬度提高到60～62HRC，则刃磨寿命可达2万～3万次，但如果继续提高硬度，则会出现早期断裂。有的冲模则硬度不宜过高，例如采用Cr12MoV制造六角冷镦冲头，其硬度为57～59HRC时，一般寿命为2万～3万件，失效形式是崩裂，如将硬度降低到52～54HRC时，寿命将提高到6万～8万件。

模具材料的冶金质量问题，主要出现在大、中截面模具以及碳和合金元素含量高的模具钢，其具体表现形式有非金属夹杂、碳化物偏析、中心疏松等。尤其是高碳高合金钢，冶金缺陷较多，往往是模具淬火开裂和模具早期破坏的根源。

（3）模具零件毛坯的锻造和预处理对模具寿命的影响　锻造是模具工作零件制造过程中的重要环节。锻件常见的表面缺陷为裂纹、鳞皮、凹坑、折叠等；常见的内部缺陷有过热、过烧、疏松、组织偏析、流线分布不良等。尤其是高碳高合金模具钢锻件，因其具有塑性低、塑变抗力大、导热性差、锻造温度区间窄、组织缺陷严重、淬透性高、内应力大等特点，很容易产生锻造缺陷。这些缺陷或可成为模具裂纹的根源，或影响模具热处理工艺性及热处理后的强韧性，增加模具早期失效的倾向。对模具寿命影响较大的除了锻造的一般缺陷外，主要还有碳化物形态和分布不均匀性，流线走向和分布不合理等。

锻造后的模具零件毛坯一般需进行预处理（如退火、正火、调质等），以消除毛坯中的残余内应力和锻造组织的某些缺陷，改善加工工艺性，并为以后的淬火做好组织准备。模具钢经过适当的预处理可使碳化物球化和细化，并提高碳化物分布均匀性，这样的组织经淬火、回火后质量高，可大大提高模具寿命。

（4）模具的热处理工艺对模具寿命的影响　模具的热处理包括预先热处理、粗加工后的消除应力退火、淬火与回火、磨削后或电加工后消除应力退火等。模具的热处理质量对模具的性能与使用寿命影响很大。实践证明，模具工作零件的淬火变形与开裂，使用过程中的早期断裂，虽然与材料的冶金质量、模具结构与加工有关，但与模具的热处理工艺关系甚大。根据模具失效原因的分析统计，热处理不当引起的失效占50%以上。高级的模具材料必须配以正确的热处理工艺，才能真正发挥材料的潜力。

（5）模具加工工艺对模具寿命的影响　模具制造一般要经过切削加工、磨削加工和电火花加工。这些加工质量的问题，尤其是加工表面的质量，会显著影响模具的耐磨性、断裂抗力、疲劳强度及热疲劳抗力等。

① 切削加工的影响。切削加工中如若产生加工尺寸超差、尺寸过渡处未用圆角连接、表面粗糙度不符合要求等，将严重降低模具的疲劳强度和热疲劳抗力。

② 磨削加工的影响。模具精加工通常采用磨削。在磨削过程中，最常见也最严重的缺陷是磨削烧伤和磨削裂纹，这些将大大降低模具的疲劳强度和断裂抗力。

③ 电加工的影响。电火花加工中会产生电火花烧伤层，烧伤层中存在较大的拉应力，当其厚度较大时会出现显微裂纹，从而降低模具的韧性和断裂抗力。

（6）冲压设备的刚度和精度对模具寿命的影响　在开式压力机上进行冲裁加工时，由于压力机刚度较差，在冲裁力的作用下，床身易发生弹性变形，从而使凸模和凹模的中心线相对倾斜和偏移。其结果，轻者造成间隙不均匀，加剧模具磨损；重者会造成凸模和凹模侧壁咬死，导致崩刃或刮刃。同时在冲裁过程结束的瞬时，由于载荷骤减，弹性变形突然回复，致使凸、凹模之间的相对滑动瞬时加剧，也将急剧磨损。

2. 提高模具寿命的主要措施

（1）制定合理的冲压工艺　合理安排冲压工序，以简化模具设计与制造，并便于冲件成形；选用冲压成形性能好、厚度均匀、表面质量较高的冲压材料；安排必要的润滑和热处理等辅助工序。

(2) 改善模具结构

① 合理选择模具间隙。特别是对冲裁模，为获得高质量冲裁断面的最佳间隙值与为保证模具较高寿命的最佳间隙值往往并不一致，设计时应全面考虑具体要求做出合理选择。

② 保证结构刚度。模具结构必须具有足够的刚度和可靠的导向，才能保证凸、凹模间的动态间隙和工作精度，避免凸、凹模相互卡死和啃伤，从而保证其正常工作并延长使用寿命。

a. 合理设计凸模的截面形状和尺寸，尽量减小其长径比，使之具有足够的强度、刚度和抗压稳定性。

b. 适当加大凸模柄部的承载面积和固定长度，如使固定长度由占总长度的1/5～1/4增加到1/3～1/2，以提高其刚度。

c. 加大凸模垫板厚度或采用多层淬硬垫板，避免由于垫板面积小、厚度薄或硬度不足而出现变形、凹坑等损伤，以致使凸模产生附加弯曲应力。

d. 对细长凸模可设置导向板等辅助支承。导向板的位置应尽量减少凸模悬臂部分的长度，且使凸模始终不脱离导向板，同时应保证导向精度。

③ 减轻工作载荷。通过合理制定冲压加工工艺、合理设计模具结构来减轻模具的工作载荷。

④ 采用组合式凸、凹模。采用组合式凸模和凹模，可有效地减少应力集中，还可根据工作状况，对不同模块选用不同材料，以便于加工、更换，提高模具的整体寿命。

(3) 优选模具材料　在满足模具零件使用性、工艺性和经济性的条件下，结合模具的使用特点，考虑被冲压零件的批量，根据各种材料的硬度、强度、韧性、耐磨性、耐疲劳强度等性能特点，优选出合适的模具材料，可大大提高模具寿命，且降低成本。

(4) 合理制定热加工工艺　良好的锻造和预处理有利于减小淬火变形；对模具冷、热加工工序作适当的调整，或根据热处理变形规律调整淬火前的预留加工余量，可有效地减小或消除变形；合理制定热处理的加热速度、加热温度、保温时间、冷却方法、冷却介质、淬火操作、回火温度、回火时间等，可实现对变形的有效控制。

(5) 模具的正确使用与维护　正确地操作、使用、维护与模具的寿命也有很大的关系。它包括模具正确安装与调整；注意保持模具的清洁和合理的润滑；防止误送料、冲叠片；严格控制凸模进入凹模深度，控制校正弯曲、整形等工序上模的下止点位置；及时修复、研光；设置安装块和行程限制器，以便安装、使用和储存等。

此外，在整个模具设计、制造、使用过程中实行全面质量管理是提高模具寿命的总体方面的措施。

第二节　冲压模具材料

一、对冲模材料的要求

从前述分析可知，冲模（主要是工作零件）的工作条件比较恶劣，一般要承受高压、冲击、振动、摩擦、弯扭等载荷，磨损、变形、疲劳、断裂时有发生，而且工作温度有时很高，精度要求也较高。因此，对冲模材料的要求比一般零件要求高，通常从使用性能和工艺性能两方面考虑。

1. 对材料使用性能的要求

对冲模模具钢使用性能的基本要求是具有高硬度（58～64HRC）和强度，具有高耐磨性，有足够的韧性，热处理变形小，有一定的热硬性、热稳定性、热疲劳抗力和抗黏着性。

不同的冲模对模具钢的性能要求是有区别的。冲裁模要求高硬度、高耐磨性和一定的韧性；拉深等成形模要求高耐磨、抗黏着能力。

2. 对材料工艺性能的要求

由于冲模工作零件一般要经过较复杂的制造过程，因而必须具有对各种加工工艺的适应性。对冲模材料的工艺性要求包括可锻性、加工工艺性、脱碳与氧化的敏感性、淬硬性、淬透性、过热敏感性、淬火裂纹敏感性和磨削加工性等。

二、冲模材料的种类与特性

冲模材料主要是指工作零件所用的材料。目前用于冲模工作零件的材料有各种工具钢、硬质合金与钢结硬质合金、铸铁、铸钢、锌基合金、低熔点合金、铝青铜、聚氨酯、合成树脂等。其中各种工具钢是模具工作零件的主要材料；硬质合金一般用于高寿命大批量生产的模具；其他材料主要用于制造大型冲件的成形模或简易冲模。

1. 冲模用钢的分类及特性

冲模用钢（常称为冷作模具钢）按工艺性能和使用性能特点可分为六组，见表 8-1。在同一组中，具有共同的特性，在一定条件下可以互相代用。

表 8-1　冷作模具钢分类

组别	名　称	钢　号
1	低淬透性冷作模具钢	T7A、T8A、T10A、T12A、8MnSi、Cr2、9Cr2、CrW5
2	低变形冷作模具钢	9Mn2V、9Mn2、CrWMn、MnCrWV、9 CrWMn、SiMnMo、9SiCr
3	微变形冷作模具钢	Cr6WV、Cr12MoV、Cr12、Cr4W2MoV、Cr2Mn2SiWMoV
4	高强度冷作模具钢	W6Mo5Cr4V2、W12Mo3Cr4V3N、W18Cr4V
5	高强韧冷作模具钢	6W6Mo5Cr4V、CG2、65Nb、LD
6	抗冲击冷作模具钢	4CrW2Si、5CrW2Si、6CrW2Si、60Si2Mn、5CrNiMo、5CrMnMo、5SiMnMoV

(1) 低淬透性冷作模具钢　这组钢包括碳素工具钢和部分低合金工具钢。其特点是经退火后可加工性好，具有一定的韧性和疲劳抗力，价格较便宜。但淬透性、回火稳定性和耐磨性均低，承载能力也较低，热处理变形较大。这组钢主要用于制造中小批量生产的冲模和要求一定抗冲击载荷的冲模。

T10A 和 Cr2 是这组钢的典型代表。T10A 是碳素工具钢中制造冲模的通用钢材，Cr2 钢相当于在 T10A 钢中加入 1.5%的铬，使淬透性大为提高。小型模具用分级淬火或等温淬火可获得硬度和韧性良好配合的性能；大、中型模具淬火后形成表面硬化层，有良好的耐疲劳能力。Cr2 钢用作轴承行业中的冲模和冶金行业中的冷拔模均有良好效果。

(2) 低变形冷作模具钢　这组钢是低合金工具钢。其特性是淬硬性（61～64HRC）和淬透性也好，淬火开裂、变形倾向较小。但回火稳定性、韧性和耐磨性仍较低。这组钢主要用于制造中小批量生产的形状比较复杂的冲模。

MnCrWV 钢是这组钢中综合性能优良的代表。CrWMn 钢目前在我国应用较广，但由于存在碳化物偏析的缺陷，致使在使用时容易断裂，所以必须严格控制热加工工艺。

9Mn2V 应用较广，实践证明，它不仅可代替碳素工具钢，而且可代替 CrWMn、9SiCr 等用以制造板料厚度小于 4mm 的冲裁模、弯曲模等。

（3）微变形冷作模具钢　这组钢是高合金钢。其特性是具有高淬透性、高淬硬性、高耐磨性、微变形、中等回火稳定性、高的抗压强度（比高速钢低）。淬后体积变化可控制到微小，但变形抗力及抗冲击能力有限。这组钢是冲模的主要材料，主要用于制造生产批量大、载荷较大、要求耐磨性高、热处理变形小的形状较复杂的冲模。

Cr12 和 Cr12MoV 是高碳高铬钢的代表性钢号，其优点如上所述，缺点是碳化物偏析倾向严重。Cr4W2MoV 是针对高碳高铬钢的缺点而研制的高碳中铬钢，是一种性能良好的冲模用钢，其碳化物颗粒较小，分布较均匀，具有较高的淬硬性、淬透性、耐磨性和尺寸稳定性，韧性好，可代替 Cr12 等高碳高铬钢。Cr2Mn2SiWMoV 钢在轻载精密冲模上可代替 Cr12MoV 钢，其特性是可锻性较好，耐磨性与 Cr12MoV 相近，在较低温度（860～920 ℃）加热后可空冷淬硬，变形小，属于低温空淬微变形钢，回火稳定性也较好。这种钢主要用于制造各种轻载的复杂形状的冲模、高精度多孔冲模、电机硅钢片冲裁模等。

（4）高强度冷作模具钢　这组钢是通用高速钢。其特性是具有高抗压强度、高硬度、高淬透性、高耐磨性和高的热硬性。承载能力比其他冲模用钢大，但价格贵，冷、热加工工艺性较差，热处理工艺复杂。高速钢是各种重载冲模的基本材料，适用于制造中、厚钢板冲孔凸模，小直径凸模，冲裁奥氏体钢、弹簧钢、高强度钢板的中、小型凸模以及各种高寿命冷冲、剪工具。

（5）高强韧冷作模具钢　过去，承受重载的冲压模具一般采用高速钢或高碳高铬钢制造，由于这些钢韧性不理想，模具在重载作用下早期断裂较严重，寿命不够高。针对这种情况，国内外研制了许多高强韧的冲模用钢，其强度、韧性、耐冲击疲劳能力均优于高速钢或高碳高铬钢，但耐磨性稍差。在重载冲模中，其使用寿命比高速钢和高碳高铬钢高得多。

6W6Mo5Cr4V 是降碳减钒型的高速钢，与 W6Mo5Cr4V2 比较，其含碳量减少，改善了碳化物分布的均匀性，提高了抗弯强度和冲击韧性，且仍保持了良好的回火稳定性。这种钢主要用于代替高速钢或高碳高铬钢制造易于崩刃、脆断的重载冲模，寿命可成倍提高。

65Nb(65Cr4W3Mo2VNb)、CG2(6Cr4Mo3Ni2MV)、LD(7Cr7Mo2V2Si) 是我国近年来研制成功的一些使用性能优良的新型冷作模具钢。65Nb、CG2 钢属于基体钢，其化学成分相当于高速钢淬火后的基体组织的化学成分。由于含碳量和合金元素都比相应的高速钢低，因此过剩碳化物极少，碳化物颗粒小且分布均匀，所以在保持了一定的耐磨性和热硬性的情况下，冲击韧性和耐疲劳强度比相应的高速钢高得多。抗压强度比 Cr12MoV 钢高，几乎达到高速钢的水平。LD 钢是一种不含钨的基体钢，其含碳量和铬、钼、钒的含量都高于高速钢基体，所以钢的淬透性和二次硬化能力有了提高，在保持较高韧性的情况下它的抗压强度、抗弯强度及耐磨性均比 65Nb 钢和 CG2 钢高，是一种综合性能更好的基体钢。用基体钢制造要求高强韧和耐磨的冲模工作零件，其寿命可比高铬钢和高速钢提高几倍到几十倍。

（6）抗冲击冷作模具钢　这组钢属于中碳低合金工具钢，具有高韧性、高耐冲击疲劳能力，但抗压和耐磨性不高。它主要用于冲、剪工具和大中型冲压模、精压模等。

60Si2Mn 属于弹簧钢，可用于制造硬质合金凹模预应力圈、小型冲孔凸模等。5CrW2Si 是性能良好的冷、热模具通用钢号，适用于制造各种大、中型重载圆剪刃、长剪刃及中、厚板料的冲孔凸模，有高级剪刃钢之称。5CrNiMo 属于热作模具钢，可用于制造重载冲压模具、精压模等。

2. **硬质合金和钢结硬质合金**

硬质合金比模具钢具有更高的硬度、热硬性、耐磨性和抗压强度，但冲击韧性、抗弯强度和可加工性差。用硬质合金制造的冲模的寿命比合金工具钢的寿命高得多，目前，用硬质合金制造冲模工作零件，总冲压次数可达亿次。

用于制造冲模的硬质合金是钨钴类。对于冲击力小的和要求耐磨的冲模，可选用代号 YG6、YG8 等；对于冲击力较大的冲模应选 YG15、YG20、YG25 等。

因为一般的硬质合金的基体是硬质的碳化钨、碳化钛，所以不能进行切削加工，而钢结硬质合金是以合金钢粉末（铬钼钢或高速钢，其含量占 50%～65%）作为黏结剂，以碳化钛、碳化钨粉末为硬质相，经压制成形和烧结制成，因其基体是钢，所以可以锻造、切削加工、热处理、焊接。钢结硬质合金具有与硬质合金相近的高硬度（淬火回火后硬度达 70HRC）、高耐磨性，冲击韧性比硬质合金好，是一种很好的模具材料。与模具钢相比，可提高模具寿命几十倍甚至百倍以上。当然，钢结硬质合金毕竟是碳化物硬质相较多的粉末冶金材料，可锻性和可加工性比较差，因而对锻造温度和锻造方法以及切削加工规范都有严格要求。

用于制造冲模的钢结硬质合金的牌号、成分及性能见表 8-2。

表 8-2　钢结硬质合金的成分和性能

牌 号	硬质相及含量	硬度(HRC)		抗弯强度 σ_{bb}/MPa	冲击韧性 a_k/J·cm^{-2}	密度 ρ/g·cm^{-3}
		加工态	工作态			
TLM(W50)	w_{WC}50%	35～42	66～68	2000	8～10	10.2
DT	w_{WC}40%	32～38	61～64	2500～3600	18～25	9.8
GW50	w_{WC}50%	35～42	66～68	1800	12	10.2
GT40	w_{WC}40%	34～40	63～64	2600	9	9.8
GT33	w_{TiC}33%	38～45	67～69	1400	4	6.5
GT35	w_{TiC}35%	39～46	67～69	1400～1800	6	6.5

注：w_{WC}、w_{TiC}分别为 WC、TiC 的质量分数。

硬质合金和钢结硬质合金材料属于粉末冶金材料。用粉末冶金材料制模，不存在模具钢那种由于碳化物粗大和偏析给模具工作零件的热加工工艺带来的麻烦，而且碳化物颗粒细微，组织均一，没有方向性。鉴于粉末冶金方法可以获得具有特殊性能的模具材料，所以目前已采用粉末冶金方法制造粉末高速钢。粉末高速钢具有高耐磨性和高韧性，长期使用尺寸较稳定，对于形状复杂的冲模工作零件和高速冲压用模具，应用这种材料尤其合适。

三、冲模材料的选用及热处理要求

冲模材料种类很多，同时，冲压工序和被冲材料种类也很多，实际生产条件又不尽相同，因此，要做到合理选择模具材料，提出恰当的热处理要求，必须根据模具的工作条件、生产量、模具材料市场供应情况及各种模具材料的可加工性，进行认真的分析比较。表 8-3 和表 8-4 分别列出冲模工作零件和其他一般零件材料及热处理要求，可供设计者选用时参考。

表 8-3 冲模工作零件的材料选用及热处理要求

类别	模具名称	使用条件	推荐使用钢号	代用钢号	工作硬度(HRC)
冲裁模	轻载冲裁模 (料厚 $t<2$mm)	$t<0.3$mm 软料箔带	T10A	T8A	56～60(凸模) 37～40(凹模)
		硬料箔带	MnCrWV	CrWMn	62～64(凹模)
		小批量简单形状	T10A	Cr2	48～52(凸模)
		中小批量	MnCrWV	9Mn2V	58～62
		复杂形状	Cr2	CrWMn 9CrWMn	58～62 (易碎断件 56～58)
		高精度要求	MnCrWV	CrWMn 9CrWMn	58～62
		大批量生产	Cr12MoV Cr6WV	Cr4W2MoV	58～62
		高硅钢片(小型) (中型)	Cr12 Cr12MoV	Cr12MoV	58～62
		各种易损小冲头	W6Mo5Cr4V2	W18Cr4V	59～61
	重载冲裁模	中厚钢板及高强度薄板(易损小尺寸凸模)	Cr12MoV Cr4W2MoV W6Mo5Cr4V2	Cr6WV W18CrV	54～56(复杂) 56～58(简单) 58～61
	精密冲裁模		Cr12MoV Cr4W2MoV	Cr12 W6Mo5Cr4V2	61～63(凹模) 60～62(凹模)
拉深模	轻载拉深模	简单圆筒浅拉深	T10A	Cr2	60～62
		成形浅拉深	MnCrWV	9Mn2V CrWMn	60～62
		大批量用落料拉深复合模(普通材料薄板)	Cr12MoV	Cr6WV	58～60
弯曲模	重载拉深模	大批量小型拉深模	SiMnMo	Cr12	60～62
		大批量大、中型拉深模	Ni-Cr 合金铸铁	球墨铸铁	45～50
		耐热钢、不锈钢拉深模	Cr12MoV(大型) CrW5(小型)	YE65	65～67(氮化) 64～66
成形模	弯曲、翻边模	轻型、简单	T10A		57～60
		简单易裂	T7A		54～56
		轻型复杂	MnCrWV	9CrWMn	57～60
		大量生产用	Cr12MoV		57～60
		高强度钢板及奥氏体钢板	Cr12MoV	—	65～67(氮化)

表 8-4 冲模一般零件的材料选用及热处理要求

零件名称	选用材料牌号	热处理	硬度(HRC)
上、下模座	HT200,HT250,ZG320-580,厚钢板刨制的Q235,Q275	—	
模柄	Q275	—	
导柱	20,T10A	20 钢渗碳深 0.5～0.8 淬火 回火	60～62
导套	20,T10A	20 钢渗碳深 0.5～0.8 淬火 回火	57～60
凸、凹模固定板	Q235,Q275	—	
承料板	Q235	—	
卸料板	Q275	—	
导料板	Q275,45	淬火 回火	43～48
挡料销	45,T7A	淬火 回火	43～48(45 钢),52～56(T7A)
导正销、定位销	T7,T8	淬火 回火	52～56
垫板	45,T8A	淬火 回火	43～48(45 钢),54～58(T8A)
螺钉	45	头部 淬火 回火	43～48
销钉	45,T7	淬火 回火	43～48(45 钢),52～54(T7)

续表

零件名称	选用材料牌号	热处理	硬度(HRC)
推杆、顶杆	45	淬火 回火	43～48
顶板	45,Q235	—	
拉深模压料圈	T8A	淬火 回火	54～58
螺母、垫圈、螺堵	Q235	—	
定距侧刃、废料切刀	T8A	淬火 回火	58～62
侧刃挡板	T8A	淬火 回火	54～58
定位板	45,T8	淬火 回火	43～48(45钢),52～56(T8)
楔块与滑块	T8A,T10A	淬火 回火	60～62
弹簧	65Mn,60SiMnA	淬火 回火	40～45

第三节　冲模安全技术

冲模的安全技术是指在冲压生产过程中，能充分保证操作者的人身（特别是双手）不受损害及保障所使用的装备和模具不受意外损伤所采用的技术措施和方法。设计冲模时，不仅要考虑到生产效率、冲件质量、模具成本和寿命，同时还应考虑操作方便、生产安全。

一、冲压生产发生事故的原因及易出现的安全问题

冲压生产发生事故的原因很多，客观上是因为冲压使用的设备多为曲柄压力机，其离合器、制动器及安全装置容易发生故障。但是，主观原因还是主要的。例如操作者对冲压设备及其加工特点的起码知识缺乏了解，操作时又疏忽大意或违反操作规程；模具结构设计得不合理或没有按要求制造，又没有经过严格检验；模具安装、调整不当；设备和模具缺乏安全保护装置或没有及时维修等。

冲压生产中易出现的安全问题主要有以下几种。

① 操作者疏忽大意，在压力机滑块下降时将手、臂、头等伸入模具危险区。

② 模具结构不合理，模具给手指进入危险区造成方便，在冲压过程中工件或废料回升而没有预防的结构措施，单个毛坯或工序件在模具上定位不准确而需用手校正位置等。

③ 模具零件强度不够，在冲压过程中突然断裂飞出，模具本身具有尖锐的边角。

④ 模具的安装、调整、搬运不当，尤其是手工起重模具。

⑤ 压力机的安全装置发生故障或损坏。

⑥ 操作者没有按设备安全操作工艺规程操作。

上述各安全问题所引发的事故比例一般有所不同，据不完全统计，因送料、取件所发生的事故约占38%；因工件定位不准所发生的事故约占20%；因调整、安装模具所发生的事故约占21%；因清除模具工作区废料和其他异物所发生的事故约占14%；因机械故障所发生的事故为7%。

二、冲模的安全措施

冲模的安全措施主要从冲模本身结构和设置冲模安全装置两方面考虑。

1. 冲模结构的安全措施

冲模结构的安全措施包括冲模各零件的结构和冲模装配后有关空间尺寸以及冲模运动零件的可靠性等方面的安全措施。具体应考虑如下几点。

① 凡与模具工作无关的转角或棱边都应倒角或作出铸造圆角，以防止搬运和使用模具时刮伤手指，如图8-7(a) 所示。

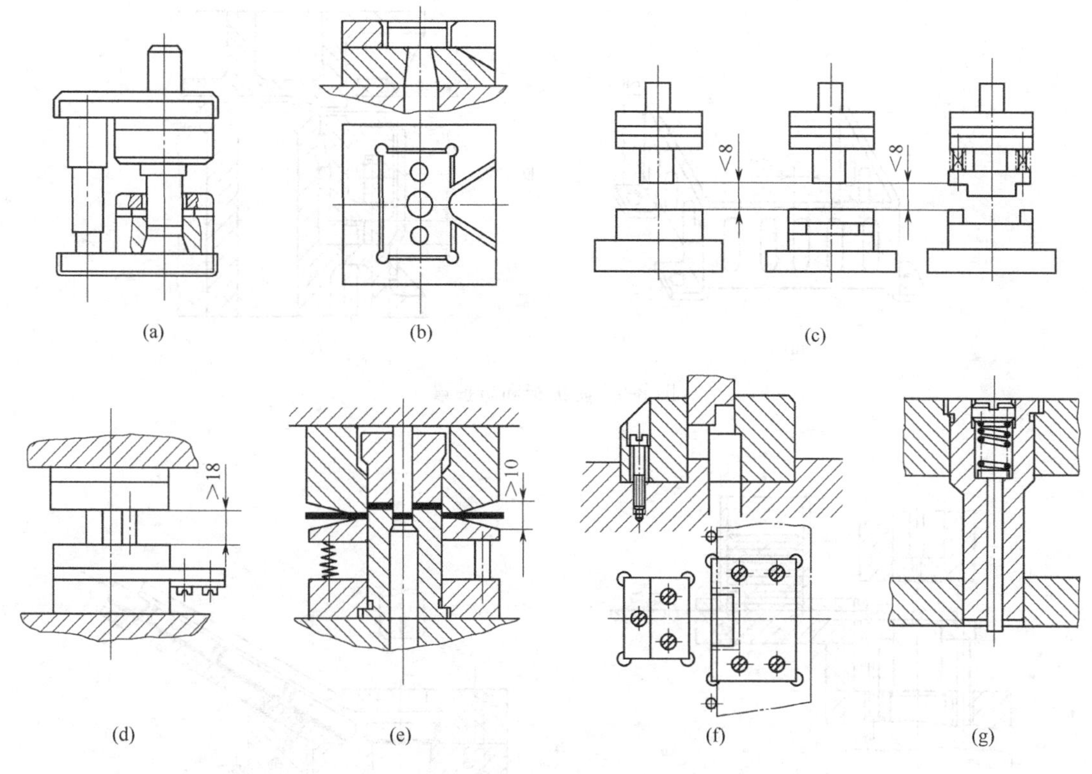

图 8-7 冲模结构的安全措施

② 当用手工放置或取出工序件时，最好在定位板和凹模相应部位加工出工具让位槽，以方便工序件的取放，如图 8-7(b) 所示。

③ 当上模处于上止点位置时，应使凸模（或弹性卸料板）与下模上平面之间的空隙小于 8mm，以免手指伸入，如图 8-7(c) 所示；当上模处于下止点位置时，凸模固定板与固定卸料板之间的空隙一般应大于 15～20mm，以防压伤手指，如图 8-7(d) 所示。

④ 当凹模与弹性卸料板（或压料板）轮廓尺寸较大时，最好在其接合面上距刃口或型孔适当位置作出斜面，以扩大安全区域，如图 8-7(e) 所示。

⑤ 单面冲裁或弯曲时，应设置平衡挡块，以防止凸模因受偏载折断而影响操作者安全。同时，还应尽量将平衡挡块设置在模具的后面或侧面，以方便操作，如图 8-7(f) 所示。

⑥ 薄料冲裁时，通常应在凸模上设置顶料销，以防冲件或废料黏附在凸模端面上，再次冲裁时可能损坏模具刃口，甚至造成碎块伤人事故，如图 8-7(g) 所示。

2. 冲模的安全装置

① 在经济性和工艺性许可的条件下，尽量将冲模设计成具有自动送料、自动出件和自动检测装置的自动模或半自动模，这样避免或减少了人工操作，从而降低了事故发生的可能性。

② 设置防护板或防护罩，把模具的工作区或易造成事故的运动部位保护起来，以免操作者接触危险区。如图 8-8(a) 所示为带槽形窗口的冲模工作区防护板，图 8-8(b) 所示为保护冲模运动部分的防护罩。

③ 对于单个坯料或工序件的冲压，当无自动送料装置时，可设置模外手动送料的辅助装置，以避免人工进入冲模工作区。如图 8-9(a) 所示为手动推板式上件装置，图 8-9(b)

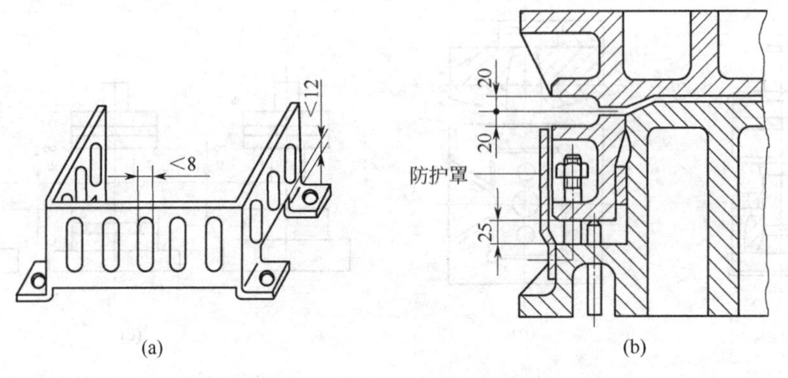

图 8-8 防护板和防护罩

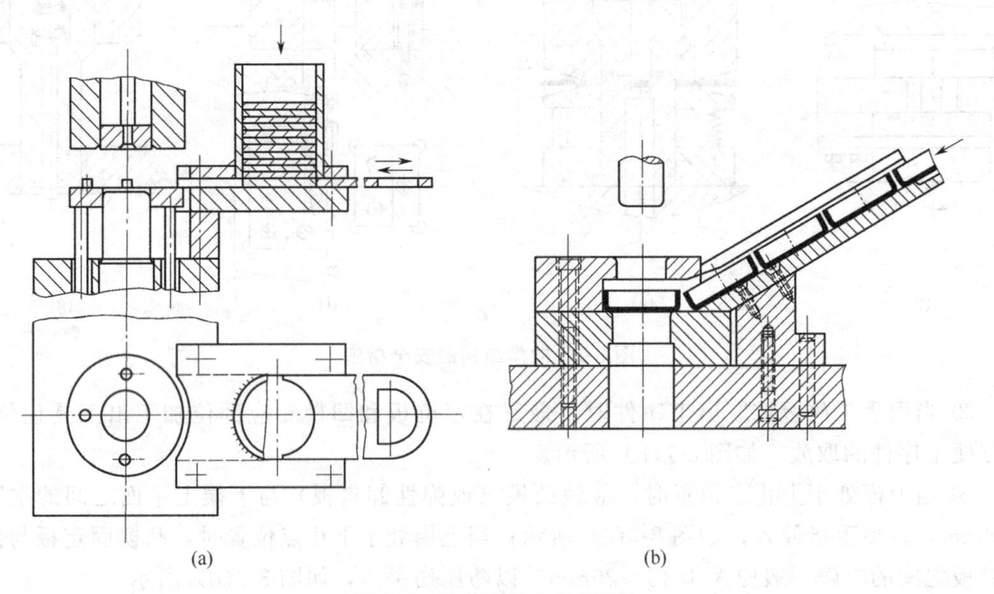

图 8-9 模外手动上件装置

所示为手动滑槽式上件装置。

④ 对于大型模具，可设置图 8-10 所示的安装块和限位支承装置。其中，安装块不仅给

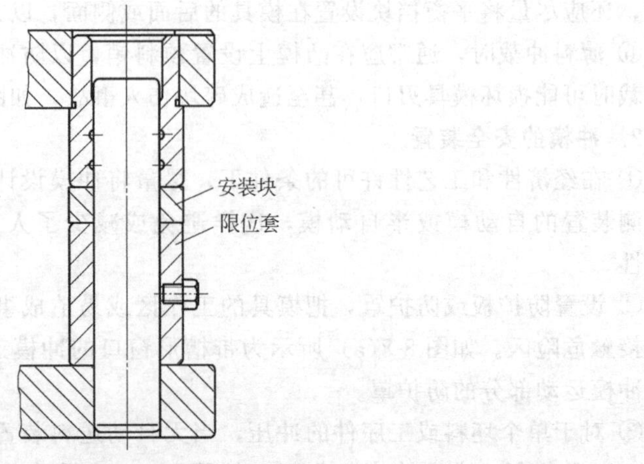

图 8-10 安装块和限位支承装置

模具的安装、调整带来方便、安全，而且在模具存放期间能使工作零件保持一定距离，以防止上模倾斜或碰伤刃口，并可防止橡胶老化或弹簧失效。而限位支承装置则可限制冲压工作行程的最低位置，避免凸模进入凹模太深而加快模具的磨损。

思考与练习题

1. 冲模的失效形式主要有哪几种？
2. 影响冲模寿命的主要因素是什么？如何提高冲裁模和拉深模的寿命？
3. 对冲压模具的材料有哪些要求？用作冲模工作零件的材料主要有哪几类？具体如何选用？
4. 冲压模具的安全措施有哪些？

第九章　冲压工艺过程的制定

冲压件的生产过程通常包括原材料的准备、各种冲压工序的加工和其他必要的辅助工序（如退火、酸洗、表面处理等）。对于某些组合件或精度要求较高的冲压件，还需经过切削加工、焊接或铆接等才能最后完成制造的全过程。

制定冲压工艺过程就是针对某一具体的冲压件恰当地选择各工序的性质，正确确定坯料尺寸、工序数量和工序件尺寸，合理安排各冲压工序及辅助工序的先后顺序及组合方式，以确保产品质量，实现高生产率和低成本生产。

同一冲压件的工艺方案可以有多种，设计者必须考虑多方面的因素和要求，通过分析比较，从中选择出技术上可行、经济上合理的最佳方案。

第一节　冲压工艺过程制定的步骤及方法

一、制定冲压工艺过程的原始资料

制定冲压工艺过程应在收集、调查、研究并掌握有关原始资料的基础上进行。原始资料主要包括以下内容。

1. 冲压件的零件图及使用要求

冲压件的零件图对冲压件的结构形状、尺寸大小、精度要求及有关技术条件作出了明确的规定，它是制定冲压工艺过程的主要依据。而了解冲压件的使用要求及在机器中的装配关系，可以进一步明确冲压件的设计要求，并且在冲压件工艺性较差时向产品设计部门提出修改意见，以改善零件的冲压工艺性。当冲压件只有样件而无图样时，一般应对样件测绘后绘出图样，作为分析与设计的依据。

2. 冲压件的生产批量及定型程度

冲压件的生产批量及定型程度也是制定冲压工艺过程中必须考虑的重要内容，它直接影响加工方法及模具类型的确定。

3. 冲压件原材料的尺寸规格、性能及供应状况

冲压件原材料的尺寸规格是确定坯料形式和下料方式的依据，材料的性能及供应状态对确定冲压件变形程度与工序数量、计算冲压力、是否安排热处理辅助工序等都有重要影响。

4. 冲压设备条件

工厂现有冲压设备的类型、规格、自动化程度等是确定工序组合程度、选择各工序压力机型号、确定模具类型的主要依据。

5. 模具制造条件及技术水平

冲压工艺与模具设计要考虑模具的加工。模具制造条件及技术水平决定了制模能力，从而影响工序组合程度、模具结构与精度的确定。

6. 有关的技术标准、设计资料与手册

制定冲压工艺过程和设计模具时，要充分利用与冲压有关的技术标准、设计资料与手册，这有助于设计者进行分析与设计计算、确定材料与尺寸精度、选用相应标准和典型结构，从而简化设计过程、缩短设计周期、提高工作效率。

二、制定冲压工艺过程的步骤及方法

1. 冲压件的分析

（1）冲压件的功用与经济性分析　了解冲压件的使用要求及在机器中的装配关系与装配要求；根据冲压件的结构形状特点、尺寸大小、精度要求、生产批量及所用原材料，分析是否利于材料的充分利用，是否利于简化模具设计与制造，产量与冲压加工特点是否相适应，从而确定采用冲压加工是否经济。

（2）冲压件的工艺性分析　根据冲压件图样或样件，分析冲压件的形状、尺寸、精度及所用材料是否符合冲压工艺性要求。良好的冲压工艺性表现在材料消耗少、工序数目少、占用设备数量少、模具结构简单而且寿命长、冲压件质量稳定、操作方便等。如果发现冲压件工艺性很差时，则应会同设计人员，在不影响使用要求的前提下，对冲压件的形状、尺寸、精度要求乃至原材料的选用作必要的修改。如图 9-1 所示，图 9-1(a) 的原设计左边 $R3$ 和右边封闭的铰链弯曲，在板厚为 4mm 情况下都很难实现，修改后的零件就比较容易冲压加工；图 9-1(b) 的原设计为两个弯曲件焊接而成，若在不影响使用条件下改成一个整体零件，则可减少一个零件，工艺过程变得简单，还节约了原材料；图 9-1(c) 为某汽车消音器后盖，在满足使用要求的条件下，修改后的形状比原设计的形状简单，冲压工序由原来的八道减至两道。

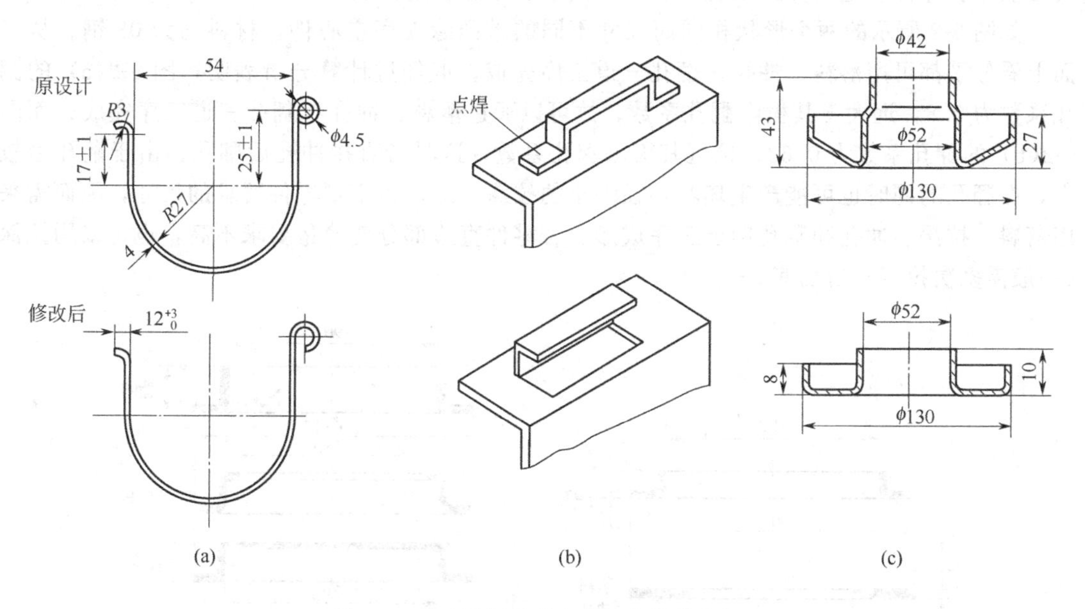

图 9-1　修改冲压件以改善工艺性的实例

分析冲压件工艺性的另一个目的在于明确冲压该零件的难点所在。因而要特别注意冲压件图样上的极限尺寸、设计基准以及变薄量、翘曲、回弹、毛刺大小和方向要求等，因为这些要求对确定所需工序的性质、数量和顺序，对选择工件的定位方法、模具结构与精度等都有较大的影响。

2. 冲压工艺方案的分析与确定

在对冲压件进行工艺分析的基础上，便可着手确定冲压工艺方案。确定冲压工艺方案主要是确定各次冲压加工的工序性质、工序数量、工序顺序和工序的组合方式。

冲压工艺方案的确定是制定冲压工艺过程的主要内容，需要综合考虑各方面的因素，有的还需要进行必要的工艺计算，因此，实际确定时通常先提出几种可能的方案，再在此基础上进行分析、比较和择优。

(1) 冲压工序性质的确定　冲压工序性质是指成形冲压件所需要的冲压工序种类，如落料、冲孔、切边、弯曲、拉深、翻孔、翻边、胀形、整形等都是冲压加工中常见的工序。不同的冲压工序各有其不同的变形性质、特点和用途，实际确定时要根据冲压件的形状、尺寸、精度、成形规律及其他具体要求等综合考虑。

① 从零件图上直观地确定工序性质。有些冲压件可以从图样上直观地确定其冲压工序性质。如带孔和不带孔的各类平板件，产量小、形状规则、尺寸要求不高时采用剪裁工序，产量大、有一定精度要求时采用落料、冲孔、切口等工序，平整度要求较高时还需增加校平工序；弯曲件一般均采用冲裁工序制出坯料后用弯曲模进行弯曲，相对弯曲半径较小时要增加整形工序，产量不大、形状较规则时可采用弯曲机弯曲；各类开口空心件一般采用落料、拉深、切边工序，带孔的拉深件需增加冲孔工序，径向尺寸精度要求较高或圆角半径小于允许值时需增加整形工序；对于胀形件、翻边（翻孔）件、缩口件如能一次成形，都是用冲裁或拉深工序制出坯料后直接采用相应的胀形、翻边（翻孔）、缩口工序成形。

② 通过有关工艺计算或分析确定工序性质。有些冲压件由于一次成形的变形程度较大，或对零件的精度、变薄量、表面质量等方面要求较高时，需要进行有关工艺计算或综合考虑变形规律、冲件质量、冲压工艺性要求等因素后才能确定性质。

如图 9-2 所示的两个形状相同而尺寸不同的带凸缘无底空心件，材料均为 08 钢。从表面上看似乎都可用落料、冲孔、翻孔三道工序完成，但经过计算分析表明，图 9-2(a) 的翻孔系数为 0.8，远大于其极限翻孔系数，故可以通过落料、冲孔、翻孔三道工序完成；而图 9-2(b) 的翻孔系数为 0.68，接近其极限翻孔系数，这时若直接冲孔后翻孔，由于翻孔力较大，在翻孔的同时也可能产生坯料外径缩小的拉深变形，达不到零件要求的尺寸，因而需采用落料、拉深、冲孔和翻孔四道工序成形。若零件直边部分变薄量要求不高，也可采用拉深（一般需多次拉深）后切底。

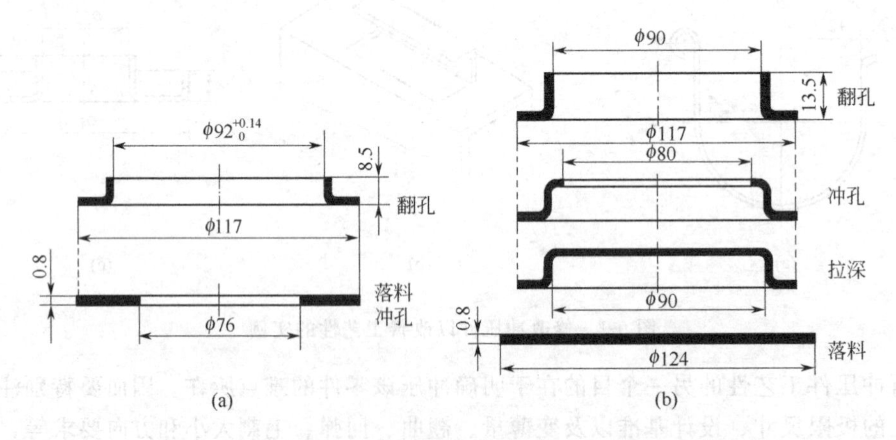

图 9-2　带凸缘无底空心件的工艺过程

又如图 9-3 所示零件，由于四个凸包的高度太大，一次胀形容易胀裂，为此在不影响零件使用的条件下，可在坯料成形部位增加冲 4 个预孔的工序，使凸包的底部和周围都成为可以产生一定变形量的弱区，在成形凸包时孔径扩大，补充了周围材料的不足，从而避免了产生胀裂的可能。这里预冲孔工序是一个附加工序，所冲孔不是零件结构所需要的，而是起转移变形区的作用，所以又称变形减轻孔。这种变形减轻孔在成形复杂形状零件时能使不易成形或不能成形的部位的变形成为可能，适当采用还可以减少有些零件的成形次数。

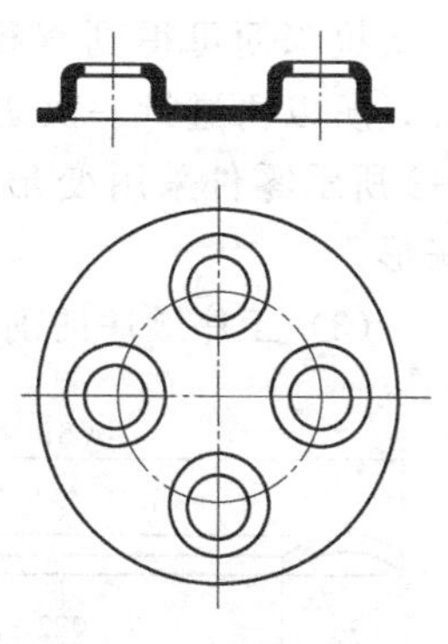

图 9-3 增加冲变形减轻孔工序

对于图 9-4 所示非对称形零件，由于冲压工艺性较差，在成形时坯料会产生偏移，很难达到预期的变形效果，为此可采用成对冲压的方法，增加一道剖切工序，这对改善坯料的变形均匀性、简化模具结构和方便操作等都有很大好处。有时不宜成对冲压时，也应在坯料上的适当位置冲出工艺孔，利用工艺孔进行定位，防止坯料发生偏移。

（2）工序数量的确定 工序数量是指同一性质的工序重复进行的次数。工序数量的确定主要取决于零件几何形状复杂程度、尺寸大小与精度、材料冲压成形性能、模具强度等，并与冲压工序性质有关。对于冲裁件，形状简单时一般内、外形只需一次冲孔和落料工序，而形状复杂或孔边距较小时，常常需将内、外轮廓分成几部分依次冲出，其工序次数取决于模具强度与制模条件；对于拉深件，其拉深次数主要根据零件的形状、尺寸及极限变形程度通过计算得出；弯曲件的弯曲次数一般根据弯曲角数量、相对弯曲半径及弯曲方向等情况而定；至于其他成形件，也主要是根据具体形状和尺寸以及极限变形程度来决定。

保证冲压工艺稳定性也是确定工序数量时不可忽视的问题。工艺稳定性差时，冲压加工中的废品率会显著提高，而且对原材料、设备性能、模具精度、操作水平等的要求也会相应苛刻些。为此，在保证冲压工艺过程合理的前提下，应适当增加冲压成形工序的工序次数，以降低变形程度，避免在接近极限变形程度的情况下成形。

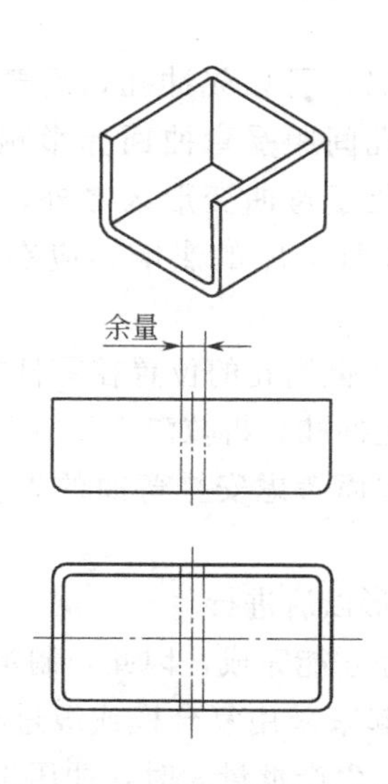

图 9-4 非对称形零件的冲压

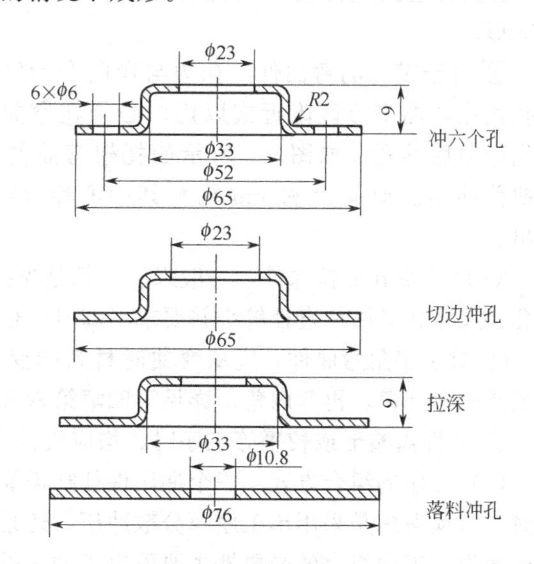

图 9-5 利用变形减轻孔减少拉深次数

另外，对于拉深、胀形等成形工序，有时适当利用变形减轻孔也可减少工序次数。如图 9-5 所示拉深件，经计算拉深前的坯料直径为 ϕ81mm，其拉深系数 $m=33/81=0.4$，小于极限拉深系数，不能一次拉深成形。但若采用图中所示预先在坯料上冲出 ϕ10.8mm 的变形减轻孔，由于该孔在拉深时对外部坯料（大于 ϕ33mm 的部分）的变形有减轻作用，从而一次拉深便可得到直径为 33mm、高度为 9mm 的拉深件。因拉深时 $\phi10.8$mm 孔有所变大，所以再进行一次切边冲孔即得到 $\phi23$mm 底孔，且坯料直径也只需 76mm。同样，图 9-3 所示零件采用变形减轻孔以后，也使胀形次数变为一次，否则需采用两次或多次胀形。

(3) 工序顺序的确定　冲压件各工序的先后顺序，主要决定于冲压变形规律和零件质量要求，如果工序顺序的变更并不影响零件质量，则应当根据操作、定位及模具结构等因素确定。

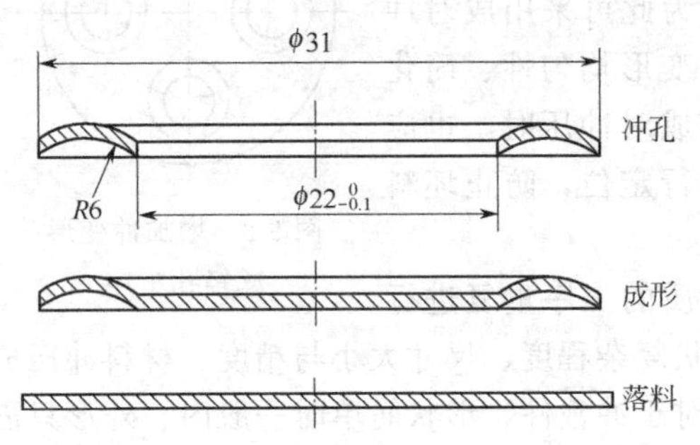

图 9-6　锁圈的冲压工序顺序

工序顺序的确定一般可按下列原则进行。

① 各工序的先后顺序应保证每道工序的变形区为相对弱区，同时非变形区应为相对强区而不参与变形。当冲压过程中坯料上的强区与弱区对比不明显时，对零件有公差要求的部位应在成形后冲出。如图 9-6 所示的锁圈，其内径 $\phi22_{-0.1}^{0}$mm 是配合尺寸，如果采用先落料、冲孔后再成形，由于成形时整个坯料都是变形区，很难保证内孔公差要求，因而应采用落料、成形、冲孔的工序顺序。

② 前工序成形后得到的符合零件图样要求的部分，在以后各道工序中不得再发生变形。

③ 工件上所有的孔，只要其形状和尺寸不受后续工序的影响，都应在平面坯料上先冲出。先冲出的孔可以作为后续工序的定位用，而且可使模具结构简单，生产效率高。

④ 对于带孔的或有缺口的冲裁件，如果选用单工序模冲裁，一般先落料、再冲孔或切口；使用级进模冲裁时，则应先冲孔或切口，后落料。若工件上同时存在两个直径不同的孔，且其位置又较近时，应先冲大孔再冲小孔，这样可避免冲大孔时变形大而引起小孔变形。

⑤ 对于带孔的弯曲件，孔边与弯曲变形区的间距较大时，可以先冲孔，后弯曲。如果孔边在弯曲变形区附近或以内，必须在弯曲后再冲孔。孔间距受弯曲回弹影响时，也应先弯曲后冲孔。如图 9-8 所示的托架弯曲件，$\phi10$mm 孔位于弯曲变形区之外，可以在弯曲前冲出。而 4 个 $\phi5$mm 孔及其中心距 36mm 会受到弯曲工序的影响，应在弯曲后冲出。

⑥ 对于带孔的拉深件，一般来说，都是先拉深，后冲孔。但当孔的位置在零件的底部，且孔径尺寸相对筒体直径较小并要求不高时，也可先在坯料上冲孔，再拉深。

⑦ 对于多角弯曲件，应从弯曲时材料的变形和运动两方面考虑安排弯曲的先后顺序，一般是先弯外角，再弯内角，详见第四章第六节。

⑧ 工件需整形或校平等工序时，均应安排在工件基本成形以后进行。

(4) 工序的组合方式　一个冲压件往往需要经过多道工序才能完成，因此，制定工艺方案时，必须考虑是采用单工序模分散冲压，还是将工序组合起来采用复合模或级进模冲压。一般来说，工序组合的必要性主要取决于冲压件的生产批量。生产批量大时，冲压工序应尽可能地组合在一起，采用复合模或级进模冲压，以提高生产效率，降低成本；生产批量小时，则以单工序模分散冲压为宜。但有时为了操作方便、保障安全，或为了减少冲压件在生产过程中的占地面积和传递工作量，虽然生产批量不大，也把冲压工序相对集中，采用复合模或级进模冲压。另外，对于尺寸过小或过大的冲压件，考虑到多套单工序模制造费用比复合模还高，生产批量不大时也可考虑将工序组合起来，采用复合模冲压。对于精度要求较高的零件，为了避免多次冲压的定位误差，也应采用复合模冲压。

但是，工序集中组合必然使模具结构复杂化。工序组合的程度受到模具结构、模具强度、模具制造与维修以及设备能力的限制。例如孔边距较小的冲孔落料复合和浅拉深件的落料拉深复合，受到凸凹模壁厚的限制；落料、冲孔和翻孔复合，受到凸凹模强度限制；较大零件的多工位级进冲压，模具轮廓尺寸受到压力机台面尺寸的限制，冲压力过大时又受到压力机许用压力的限制；工序集中后，如果冲模工作零件的工作面不在同一平面上，就会给修磨带来一定困难等。但尽管如此，随着冲压技术和模具制造技术的发展，在大批量生产中工序组合程度还是越来越高。

3. 有关工艺计算

（1）排样与裁板方案的确定　根据冲压工艺方案，确定冲压件或坯料的排样方案，计算条料宽度与进距，选择板料规格并确定裁板方式，计算材料利用率。

（2）确定各次冲压工序件形状，并计算工序件尺寸　冲压工序件是坯料与成品零件的过渡件。对于冲裁件或成形工序少的冲压件（如一次拉深成形的拉深件、简单弯曲件等），工艺过程确定后，工序件形状及尺寸就已确定。而对于形状复杂、需要多次成形工序的冲压件，其工序件形状与尺寸的确定需要注意以下几点。

① 根据极限变形参数确定工序件尺寸。受极限变形参数限制的工序件尺寸在成形工序中是很多的，除拉深以外，还有胀形、翻孔、翻边、缩口等。除直径、高度等轮廓尺寸外，圆角半径等也直接或间接地受极限变形程度限制，如最小弯曲半径、拉深件的圆角半径等，这些尺寸都应根据需要（如工艺性要求）和变形程度的可能加以确定，有的需要逐步成形达到要求。

② 工序件的形状和尺寸应有利于下一道工序的成形。如盒形件的过渡形状与尺寸，包括圆角和锥角等，前后两工序件均应有正确的关系。

③ 工序件各部位的形状和尺寸必须按等面积原则确定。如图 9-7 所示出气阀罩盖的冲压工艺过程，第二次拉深所得工序件中，$\phi16.5$mm 的圆筒形部分与成品零件相同，在以后的各工序中不再变形，其余部分属于过渡部分。被圆筒形部分隔开的内外部分的表面积，应足够满足以后各工序中形成零件相应部分的需要，不能从其他部分来补充材料，但也不能过剩。因此，该零件的两次拉深所得工序件的底部不是平底而是球面形状，这是为了储备材料以满足压出 $\phi5.8$mm 凹坑的需要。如果做成平底的形状，压凹坑时只能

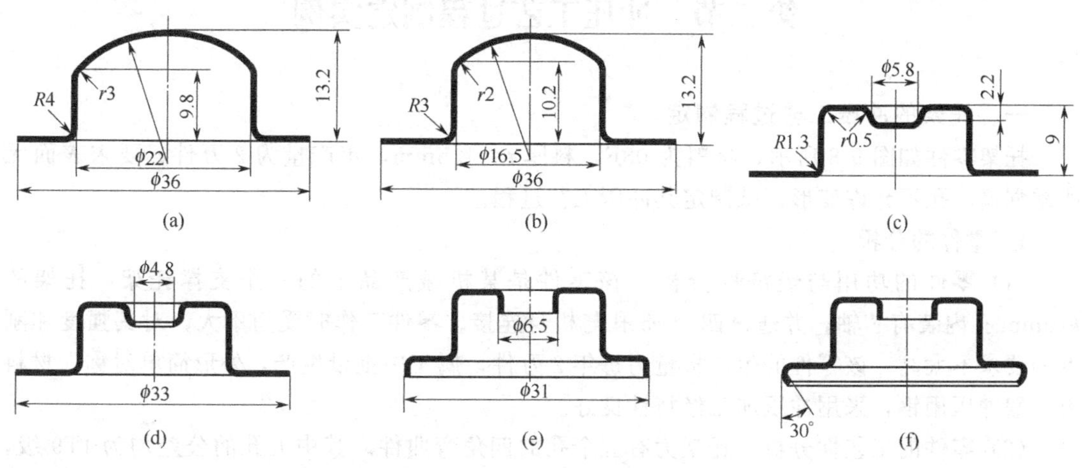

图 9-7　出气阀罩盖的冲压工艺过程

产生局部胀形。

④ 工序件形状和尺寸必须考虑成形以后零件表面的质量。有时工序件的尺寸会直接影响到成品零件的表面质量，例如多次拉深的工序件底部或凸缘处的圆角半径过小，会在成品零件表面留下圆角处的弯曲与变薄的痕迹。如果零件表面质量要求较高，则圆角半径就不应取得太小。板料冲压成形的零件，产生表面质量问题的原因是多方面的，其中工序件过渡尺寸不合适是一个重要原因，尤其对复杂形状的零件。

(3) 计算各工序冲压力　根据冲压工艺方案，初步确定各冲压工序所用冲压模具的结构方案（如卸料与压料方式、推件与顶件方式等），计算各冲压工序的变形力（冲裁力、弯曲力、拉深力、胀形力、翻边力等）、卸料力、压料力、推件力、顶件力等。对于非对称形状件冲压和级进冲压，还需计算压力中心。

4. 冲压设备的选择

根据工厂现有设备情况、生产批量、冲压工序性质、冲压件尺寸与精度、冲压加工所需的冲压力、变形功以及估算的模具闭合高度和轮廓尺寸等主要因素，合理选定冲压设备的类型和规格。

5. 编写冲压工艺文件

在上述各项工作进行完成以后，根据需要再安排适当的非冲压辅助工序（如机械加工、焊接、铆合、热处理、表面处理、清理和去毛刺等）。这样，冲压工艺过程的制定基本完成。为了将制定的冲压工艺过程实施于生产，需要用工艺文件的形式确定下来，以作为生产准备(如下料、设计与制造模具等)、经济核算和指导生产的依据。

冲压工艺文件主要是冲压工艺过程卡和工序卡。其中，冲压工艺过程卡表示了零件整个冲压工艺过程的有关内容，而工序卡是具体表示每一工序的有关内容。在大批量生产中，需要制定每个零件的工艺过程卡和工序卡；成批和小批量生产中，一般只需制定工艺过程卡。

在冲压生产中，冲压工艺卡尚无统一的格式，各单位可根据既简单又有利于生产管理的原则进行确定。一般冲压工艺卡的主要内容应包括：工序号、工序名称、工序内容、工序草图（加工简图）、工艺装备、设备型号、材料牌号与规格等。表 9-1 和表 9-2 分别是托架和玻璃升降器外壳的冲压工艺过程卡，可供参考。

第二节　冲压工艺过程制定实例

一、托架的冲压工艺过程制定

托架零件如图 9-8 所示，材料为 08F，料厚 $t=1.5$mm，年产量为 2 万件，要求表面无严重划痕，孔不允许变形，试制定其冲压工艺过程。

1. 零件的分析

(1) 零件的功用与经济性分析　该零件是某机械产品上的一个支撑托架，托架的 ϕ10mm 孔内装有芯轴，并通过四个 ϕ5 孔与机身连接。零件工作时受力不大，对其强度和刚度的要求不太高。该零件的生产批量为每年 2 万件，属于中批量生产，外形简单对称，材料为一般冲压用钢，采用冲压加工经济性良好。

(2) 零件的工艺性分析　托架为有五个孔的四角弯曲件。其中五孔的公差均为 IT9 级，其余尺寸为自由公差。各孔的尺寸精度在冲裁允许的精度范围以内，且孔径均大于允许的最小孔径，故可以冲裁。但 4×ϕ5mm 孔的孔边距圆角变形区太近，易使孔变形，且弯曲后的回弹也影响孔距尺寸 36mm，故 4×ϕ5mm 孔应在弯曲后冲出。而 ϕ10mm 孔距圆角变形区较远，为简化模具结构和便于弯曲时坯料的定位，宜在弯曲前与坯料一起冲出。弯曲部分的相对圆角半径 r/t 均等于 1，大于表 4-3 所列的最小相对弯曲半径 $r_{\min}/t$，可以弯曲。零件的材料为 08F 钢，其冲压成形性能较好。由此可知，该托架零件的冲压工艺性良好，便于冲压成形。但应注意适当控制弯曲时的回弹，并避免弯曲时划伤零件表面。

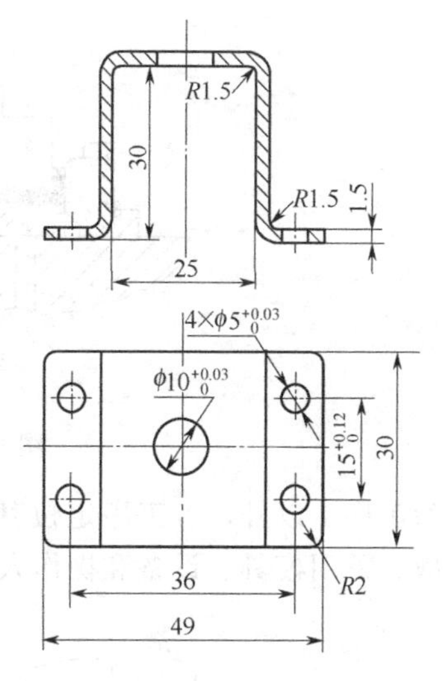

图 9-8　托架

2. 冲压工艺方案的分析与确定

从零件的结构形状可知，所需基本工序为落料、冲孔、弯曲三种，其中弯曲成形的方式有图 9-9 所示三种。因此，可能的冲压工艺方案有以下六种。

方案一：冲 ϕ10mm 孔与落料复合 [见图 9-10(a)]→弯两外角并使两内角预弯 45° [见图 9-10(b)]→弯两内角 [见图9-10(c)]→冲 4×ϕ5mm 孔 [见图 9-10(d)]。

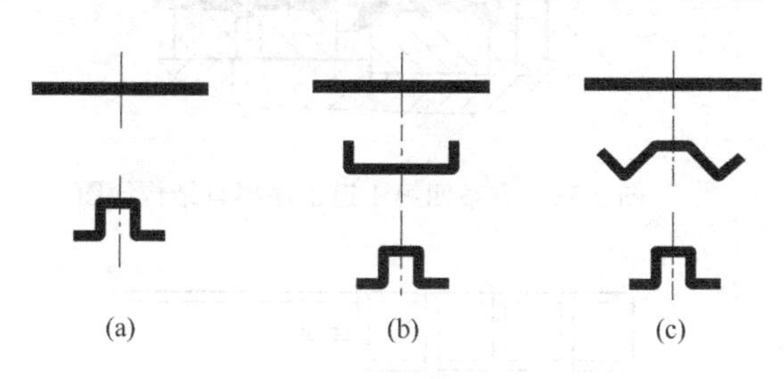

图 9-9　托架弯曲成形方式

方案二：冲 ϕ10mm 孔与落料复合（同方案一）→弯两外角 [见图 9-11(a)]→弯两内角 [见图 9-11(b)]→冲 4×ϕ5mm 孔（同方案一）。

方案三：冲 ϕ10mm 孔与落料复合（同方案一）→弯四角（见图 9-12）→冲 4-ϕ5mm 孔（同方案一）。

方案四：冲 ϕ10mm 孔、切断与弯两外角级进冲压（见图 9-13）→弯两内角 [见图 9-11(b)]→冲 4×ϕ5mm 孔（同方案一）。

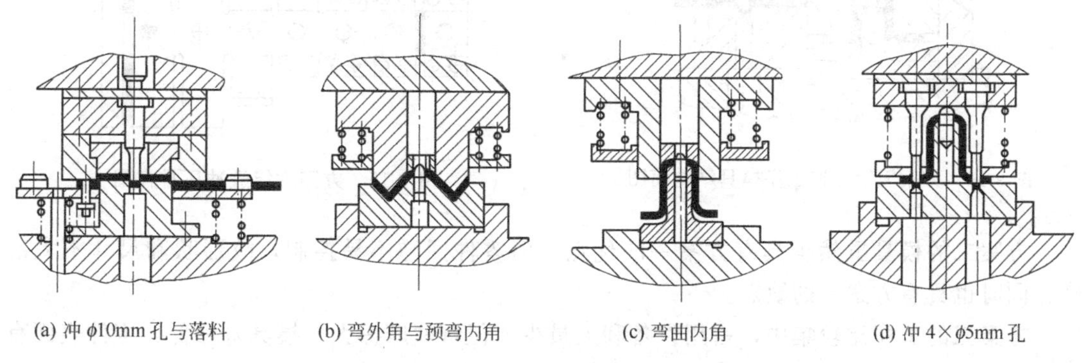

(a) 冲 ϕ10mm 孔与落料　(b) 弯外角与预弯内角　(c) 弯曲内角　(d) 冲 4×ϕ5mm 孔

图 9-10　方案一各工序模具结构简图

方案五：冲 ϕ10mm 孔、切断与弯四角级进冲压（见图 9-14）→冲 4×ϕ5mm 孔（同方案一）。

方案六：全部工序合并，采用带料级进冲压（见图 9-15）。

分析比较上述六种工艺方案，可以得出如下结论。

方案一的优点是模具结构简单，寿命长，制造周期短，投产快；零件能实现校正弯曲，故回弹容易控制，尺寸和形状准确，且坯料受凸、凹模的摩擦阻力小，因而表面质量也高；

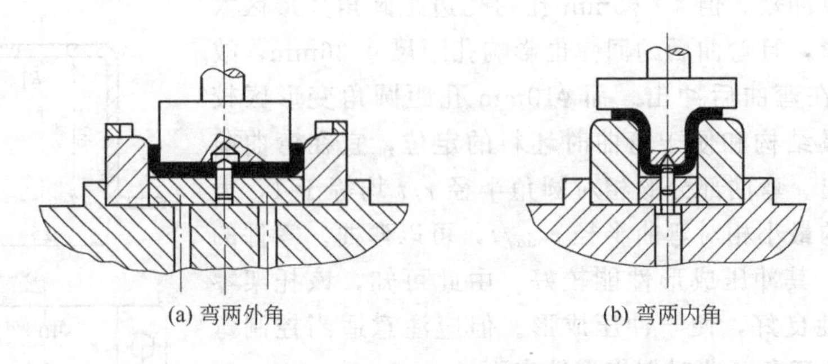

图 9-11　方案二第 2、3 道工序模具结构简图

除工序 1 以外，各工序定位基准一致且与设计基准重合；操作也比较方便。缺点是工序分散，需用模具、设备和操作人员较多，劳动量较大。

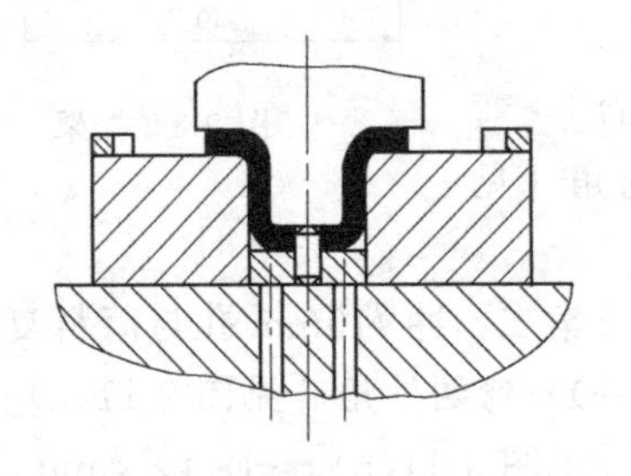

图 9-12　方案三第 2 道工序模具结构简图

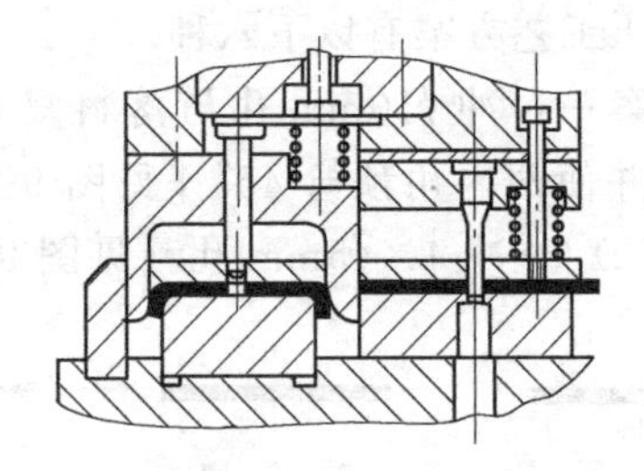

图 9-13　方案四第 1 道工序模具结构简图

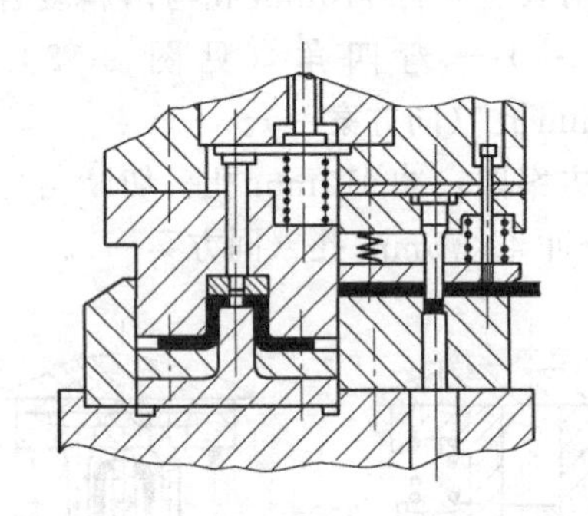

图 9-14　方案五第 1 道工序模具结构简图

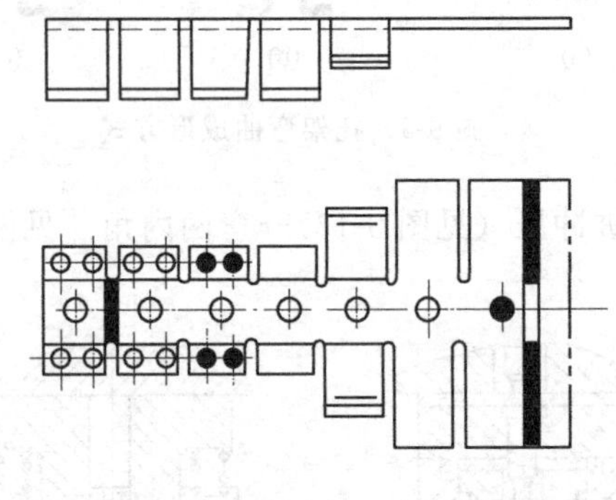

图 9-15　方案六级进冲压排样图

方案二的模具虽然也具有方案一的优点，但零件回弹不易控制，故形状和尺寸不太准确，同时也具有方案一的缺点。

方案三的工序比较集中，占用设备和人员少，但弯曲摩擦大，模具寿命低，零件表面有划伤，厚度有变薄，同时回弹不易控制，尺寸和形状不准确。

方案四与方案二从零件成形的角度看没有本质上的区别，虽工序较集中，但模具结构也复杂些。

方案五本质上也与方案三相同，只是采用了结构较复杂的级进复合模。

方案六采用了工序高度集中的级进冲压方式，生产效率最高，但模具结构复杂，安装、调试、维修比较困难，制造周期长，适用于大量生产。

综上所述，考虑到零件批量不大，而质量要求较高，故选择方案一较为合适。

3. **主要工艺参数的计算**

(1) 计算坯料展开长度　坯料展开长度按图 9-8 所示分段计算

$$\sum L_{直}=2\times 9+2\times 25.5+22=91(\mathrm{mm})$$

$$\sum L_{弯}=4\times\frac{\pi\alpha}{180}(r+xt)=4\times\frac{3.14\times 90}{180}\times(1.5+0.32\times 1.5)\approx 13(\mathrm{mm})$$

$$\sum L=\sum L_{直}+\sum L_{弯}=91+13=104(\mathrm{mm})$$

(2) 确定排样与裁板方案　坯料形状为矩形，采用单排最为适宜。取搭边 $a=2\mathrm{mm}$，$a_1=1.5\mathrm{mm}$，则

条料宽度 $B=104+2\times 2=108(\mathrm{mm})$

进距 $s=30+1.5=31.5(\mathrm{mm})$

板料规格选用 1.5mm×900mm×1800mm。采用纵裁法时

每板条料数 $n_1=900\div 108=8$(条)，余 36mm

每条零件数 $n_2=\dfrac{1800-1.5}{31.5}=57$(件)

36 mm×1800mm 余料利用件数 $n_3=\dfrac{1800-2}{108}=16$(件)

每板零件数 $n=n_1n_2+n_3=8\times 57+16=472$(件)

材料利用率 $\eta_1=\dfrac{472\times(30\times 104-\pi\times 10^2/4-4\times 5^2/4)}{900\times 1800}=87.9\%$

采用横裁法时

每板条料数 $n_1=1800\div 108=16$(条)，余 72mm

每条零件数 $n_2=\dfrac{900-1.5}{31.5}=28$(件)

72mm×900mm 余料利用件数 $n_3=2\times\dfrac{900-2}{108}=16$(件)

每板零件数 $n=n_1n_2+n_3=16\times 28+16=464$(件)

材料利用率 $\eta_2=\dfrac{464\times(30\times 104-\pi\times 10^2/4-4\times 5^2/4)}{900\times 1800}=86.4\%$

由以上计算可知，纵裁法的材料利用率高。从弯曲线与纤维方向之间的关系看，横裁法较好。但由于材料 08F 钢的塑性较好，不会出现弯裂现象，故采用纵裁法排样，以降低成本，提高经济性。

(3) 计算各工序冲压力

① 工序 1（落料冲孔复合）。采用图 9-10(a) 所示模具结构形式，则

冲裁力　$F_{落}=L_1t\sigma_b=(2\times 30+2\times 104)\times 1.5\times 360=144720(\mathrm{N})$

$F_{孔}=L_2t\sigma_b=10\pi\times 1.5\times 360=16956(\mathrm{N})$

$F=F_{落}+F_{孔}=144720+16\,956=161676(\mathrm{N})$

卸料力 $F_X=K_XF_{落}=0.05\times 144720=7236(\mathrm{N})$

推件力 $F_T=nK_TF_{孔}=5\times 0.055\times 7236=1990(\mathrm{N})$

冲压总力　$F_{\Sigma}=F+F_X+F_T=161676+7236+1990=170902(\mathrm{N})\approx 171\mathrm{kN}$

② 工序 2（弯两外角并使两内角预弯 45°）。采用图 9-10(b) 所示模具结构形式，按校正弯曲计算，则

$$F_{校}=Aq=85\times 30\times 50=127500(\mathrm{N})$$

③ 工序 3（弯两内角）。采用图 9-10(c) 所示模具结构形式，按 U 形件自由弯曲计算，则

弯曲力 $F_{自}=\dfrac{0.7KBt^2\sigma_b}{r+t}=\dfrac{0.7\times1.3\times30\times1.5^2\times360}{1.5+1.5}=7371(\mathrm{N})$

压料力 $F_Y=(0.3\sim0.8)F_{自}=0.6\times7371=4422(\mathrm{N})$

冲压总力 $F_{\Sigma}=F_{自}+F_Y=7371+4422=11793(\mathrm{N})$

④ 工序 4（冲 4×ϕ5mm 孔）。采用图 9-10(d) 所示模具结构形式，则

冲裁力 $F=Lt\sigma_b=4\times5\pi\times1.5\times360=33912(\mathrm{N})$

卸料力 $F_X=K_XF_{落}=0.05\times33912=1696(\mathrm{N})$

推件力 $F_T=nK_TF_{孔}=5\times0.055\times33912=9326(\mathrm{N})$

冲压总力 $F_{\Sigma}=F+F_X+F_T=33912+1696+9329=44937(\mathrm{N})$

4. 选择冲压设备

本零件各工序中只有冲裁和弯曲两种冲压工艺方法，且冲压力均不太大，故均选用开式可倾式压力机。根据所计算的各工序冲压力大小，并考虑零件尺寸和可能的模具闭合高度，工序 1（落料冲孔复合工序）选用 J23-25 压力机，其余各工序均选用 J23-16 压力机。

5. 填写冲压工艺过程卡

该零件的冲压工艺过程卡见表 9-1。

表 9-1 托架冲压工艺过程卡

（厂名）	冲压工艺过程卡	产品型号		零(部)件名称	托 架	共 页
		产品名称		零(部)件型号		第 页

材料牌号及规格	材料技术要求	坯料尺寸	每个坯料可制件数	毛坯重量	辅助材料
08F 钢(1.5±0.11)×1800×900		条料 1.5×108×1800	57 件		

工序号	工序名称	工 序 内 容	加 工 简 图	设 备	工艺装备	工时
0	下料	剪床上裁板 108×1800				
1	冲孔落料	冲 ϕ10 孔与落料复合	1.5; 2; 108; 31.5; t=1.5mm; 104; 30; R2; $\phi10^{+0.03}_{0}$	J23-25	冲孔落料复合模	
2	弯曲	弯两外角并使两内角预弯 45°	25; 90°; 45°; R1.5; 10.5	J23-16	弯曲模	

续表

（厂名）	冲压工艺过程卡	产品型号		零(部)件名称	托　架	共　页
		产品名称		零(部)件型号		第　页

材料牌号及规格	材料技术要求	坯料尺寸	每个坯料可制件数	毛坯重量	辅助材料
08F 钢(1.5±0.11)×1800×900		条料 1.5×108×1800	57 件		

工序号	工序名称	工　序　内　容	加　工　简　图	设　备	工艺装备	工时
3	弯曲	弯两内角	25；R1.5；30；R1.5；49	J23-16	弯曲模	
4	冲孔	冲 4×ϕ5 孔	$4\times\phi5^{+0.03}_{0}$；$15^{+0.12}_{0}$；36	J23-16	冲孔模	
5	检验	按零件图样检验				

										编制(日期)	审核(日期)	会签(日期)		
标记	处数	更改文件号	签字	日期	标记	处数	更改文件号	签字	日期					

二、汽车玻璃升降器外壳的冲压工艺过程制定

图 9-16 所示为汽车玻璃升降器外壳。该零件的材料为 08 钢，厚度 $t=1.5$mm，年产量 10 万件，试制定其冲压工艺过程。

1. 零件的分析

(1) 零件的功用与经济性分析　该零件是汽车车门玻璃升降器的外壳，玻璃升降器的装配图

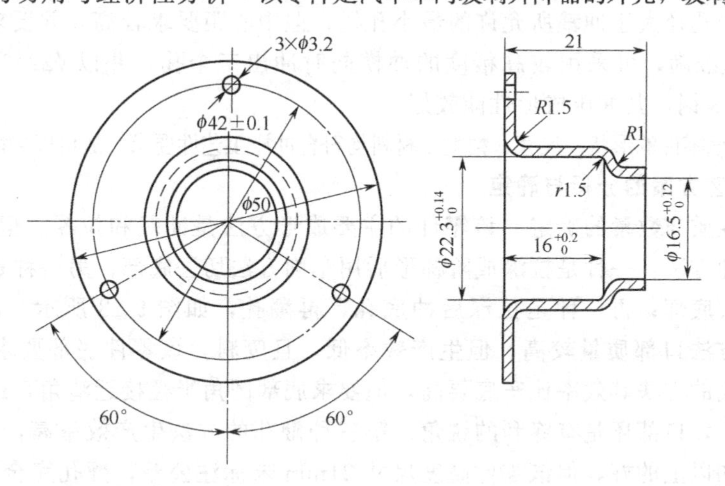

图 9-16　汽车玻璃升降器外壳

如图 9-17 所示。从装配图可以看出，升降器的传动机构装于外壳 5 的内腔，并通过外壳凸缘上均布的三个小孔 ϕ3.2mm 以铆钉铆接在车门的座板 2 上，传动轴 6 与外壳承托部位 ϕ16.5mm 的配合为间隙配合，公差等级为 IT11 级，传动轴通过制动弹簧 3、联动片 9、芯轴 4 与小齿轮 11 连接，摇动手柄 7 时，传动轴将动力传至小齿轮，再带动大齿轮 12，推动车门的玻璃升降。

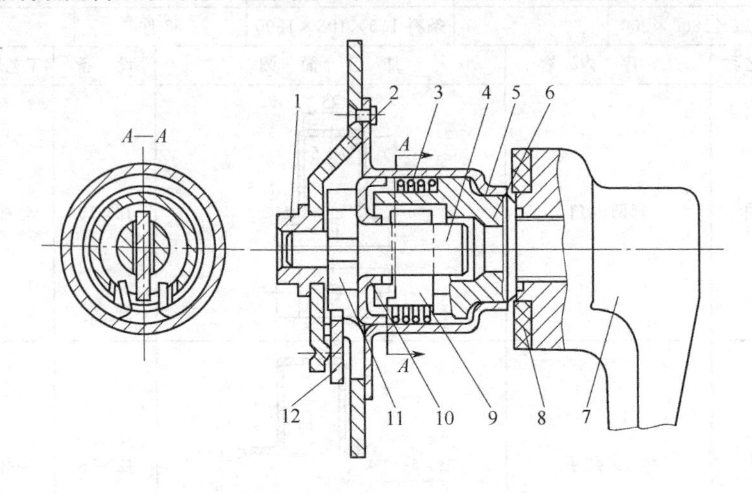

图 9-17　汽车玻璃升降器装配图

1—轴套；2—座板；3—制动弹簧；4—芯轴；5—外壳；6—传动轴；7—手柄；8—油毛毡；9—联动片；10—挡圈；11—小齿轮；12—大齿轮

外壳采用材料 08 钢及 1.5mm 厚度保证了足够的强度和刚度。外壳内腔主要配合尺寸 $\phi 22.3^{+0.14}_{0}$mm、$\phi 16.5^{+0.12}_{0}$mm 及 $16^{+0.2}_{0}$mm 为 IT11～IT12 级精度。为使外壳与座板铆接后保证外壳承托部位 $\phi 16.5^{+0.12}_{0}$mm 与轴套同轴，三个小孔 ϕ3.2mm 与 $\phi 16.5^{+0.12}_{0}$mm 的相互位置要准确，小孔中心圆直径 ϕ42±0.1mm 为 IT10 级精度。

该零件的年产量属于中批量，零件外形简单对称，材料为一般用钢，采用冲压加工经济性良好。

(2) 零件的工艺性分析　该零件形状的基本特征是一般带凸缘的圆筒形件，故主要成形方法是冲裁和拉深。零件的 d_t/d、h/d 都不太大，其拉深工艺性较好，只是圆角半径 R1mm 及 R1.5mm 偏小，$\phi 22.3^{+0.14}_{0}$mm、$\phi 16.5^{+0.12}_{0}$mm 及 $16^{+0.2}_{0}$mm 的精度有点偏高，这可在末次拉深时采用较高精度的模具和较小的凸、凹模间隙，并安排一次整形工序最后达到。三个小孔 ϕ3.2mm 的孔径大于冲裁所允许的最小孔径，但中心距要求较高，并要求与 $\phi 16.5^{+0.12}_{0}$mm 的相互位置准确，可采用较高精度的冲模同时冲出三个孔，并以 ϕ22.3mm 内孔定位。零件的材料为 08 钢，其冲压成形性能较好。

综上所述，该零件的形状、尺寸、精度、材料均符合冲压工艺性要求，故可以采用冲压方法加工。

2. 冲压工艺方案的分析与确定

(1) 工序性质与数量的确定　该零件的主要成形方法是冲裁和拉深。但底部 ϕ16.5mm 的成形可有三种方法：一种是拉深成阶梯形后用车削方法切去底部；另一种是拉深成阶梯形后用冲孔法冲去底部；再一种是拉深后冲底孔，再翻孔，如图 9-18 所示。此三种方法中，第一种车底的方法口部质量较高，但生产效率低，且废料，该零件底部要求不高，不宜采用；第二种冲底的方法其效率比车底要高，但要求底部圆角半径接近清角，这需要增加整形工序，即使这样，口部还是有锋利的锐角；第三种翻孔的方法生产效率高，且节省原材料，翻孔质量虽不如以上的好，但该零件高度尺寸 21mm 未标注公差，翻孔完全可以保证要求。所以，比较起来，采用第三种方法较为合理。

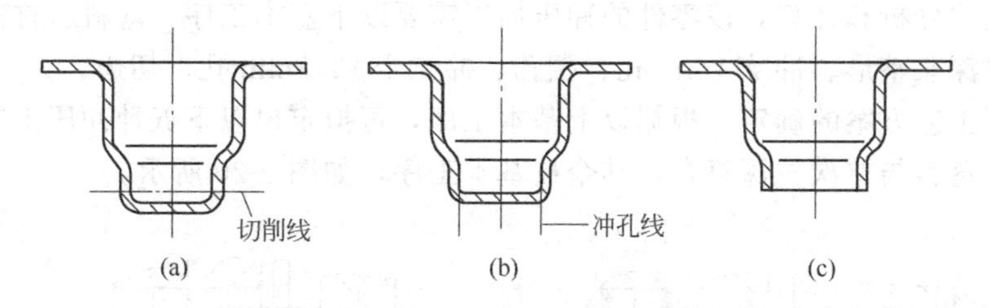

图 9-18　外壳底部成形方法

翻孔次数确定如下。

由式(6-15) 求得翻孔系数计算式为

$$K=1-\frac{2}{D}(H-0.43r-0.72t)$$

将 $H=21-16=5\text{mm}$，$t=1.5\text{mm}$，$r=1\text{mm}$，$D=16.5+1.5=18\text{mm}$ 代入上式得

$$K=1-\frac{2}{18}(5-0.43\times1-0.72\times1.5)=0.61$$

预冲孔直径 $d=KD=0.61\times18=11$（mm）

由 $d/t=11/1.5=7.3$ 查表 6-5，当采用圆柱形凸模翻孔并用冲孔模冲预孔时，其极限翻孔系数 $[K]=0.5$。因 $K>[K]$，故可一次翻孔成形。冲孔翻孔前工序件形状和尺寸如图 9-19(a) 所示，图中凸缘直径 $\phi54\text{mm}$ 是由零件凸缘直径 $\phi50\text{mm}$ 加上拉深时的切边余量（取 $\Delta R=2\text{mm}$）后确定的。

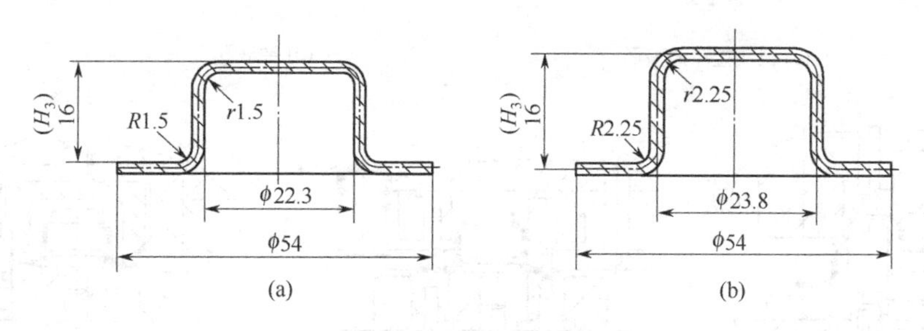

图 9-19　冲孔翻孔前工序件形状和尺寸

拉深次数确定如下。

零件的坯料直径 D 按图 9-19(b) 所示中线尺寸计算，由表 5-7 得

$$D=\sqrt{d_4^2+4d_2H-3.44rd_2}$$
$$=\sqrt{54^2+4\times23.8\times16-3.44\times2.25\times23.8}\approx65(\text{mm})$$

根据 $d_t/d=54/23.8=2.26$、$t/D=1.5/65\times100\%=2.3\%$ 查表 5-15，得 $[H_1/d_1]=0.35\sim0.45$，而 $H/d=16/23.8=0.67>[H_1/d_1]$，所以不能一次拉深成形，需多次拉深。

若取 $m_1=0.50$，有 $d_1=m_1D=0.50\times65=32.5(\text{mm})$，则 $m_2=d_2/d_1=23.8/32.5=0.73$。查表 5-16，得$[m_2]=0.73=m_2$，故用两次拉深可以成形。但考虑到两次拉深时均接近极限拉深系数，为了提高工艺稳定性，保证零件质量，采用三次拉深，并在第三次拉深时兼整形工序。这样，既不需增加模具数量，又可减少前两次拉深的变形程度，以保证能稳定地生产。于是，三次拉深系数可调整为

$$m_1=0.56,\ m_2=0.805,\ m_3=0.81$$

$$m_1m_2m_3=0.56\times0.805\times0.81=0.366=m=23.8/65$$

根据以上的分析和计算，该零件的冲压加工需要以下基本工序：落料、首次拉深、二次拉深、三次拉深兼整形、冲 ϕ11mm 孔、翻孔、冲三个 ϕ3.2mm 孔、切边。

(2) 冲压工艺方案的确定　根据以上基本工序，可拟定出以下五种冲压工艺方案。

方案一：落料与首次拉深复合，其余按基本工序，如图 9-20 所示。

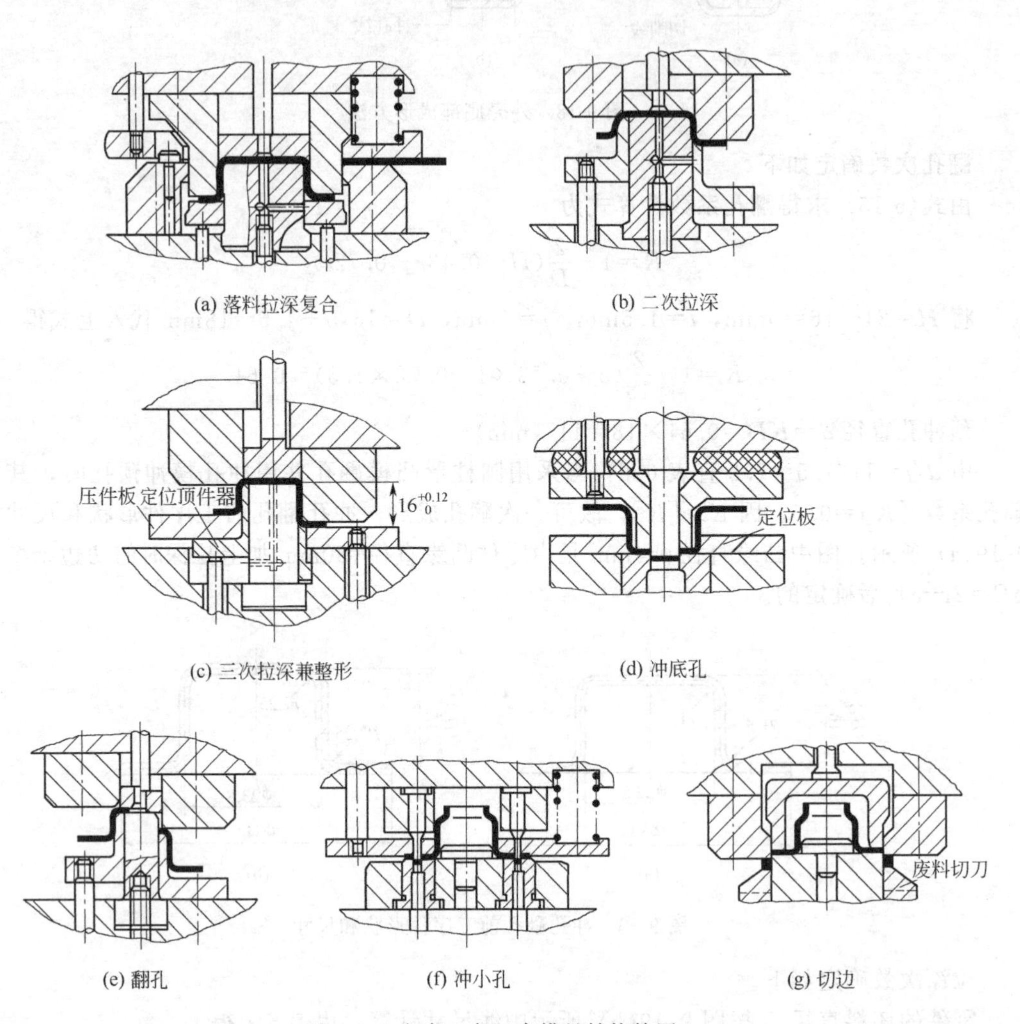

图 9-20　方案一各工序模具结构简图

方案二：落料与首次拉深复合→二次拉深→三次拉深兼整形→冲 ϕ11mm 底孔与翻孔复合［见图 9-21(a)］→冲三个 ϕ3.2mm 孔与切边复合［见图 9-21(b)］。

方案三：落料与首次拉深复合→二次拉深→三次拉深兼整形→冲 ϕ11mm 底孔与冲三个 ϕ3.2mm 孔复合［见图 9-22(a)］→翻孔与切边复合［见图 9-22(b)］。

方案四：落料、首次拉深与冲 ϕ11mm 底孔复合（见图 9-23）→二次拉深→三次拉深兼整形→翻孔→冲三个 ϕ3.2mm 孔→切边。

方案五：采用带料级进拉深或在多工位自动压力机上冲压。

分析比较上述五种工艺方案，可以得出如下结论。

方案二符合冲压成形规律，但冲孔与翻孔复合和冲孔与切边复合都存在凸凹模壁厚太薄（分别为 2.75mm 和 2.4mm）的问题，模具容易损坏，故不宜采用。

方案三也符合冲压成形规律，并且也解决了上述模壁太薄的问题，但冲 ϕ11mm 底孔与

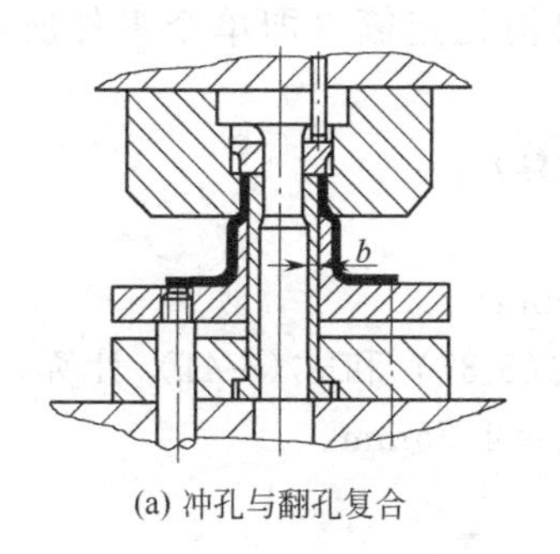

(a) 冲孔与翻孔复合

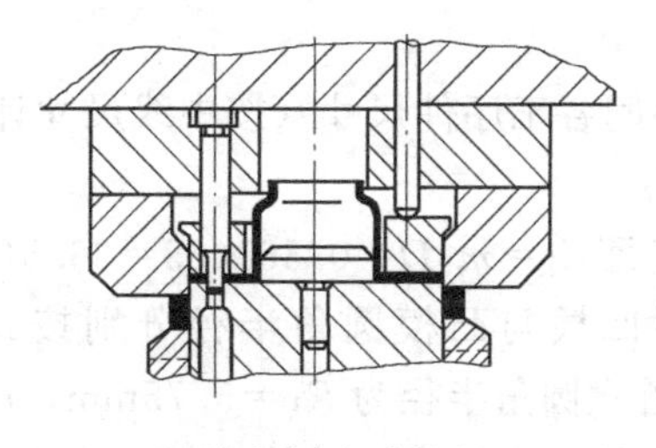

(b) 冲小孔与切边复合

图 9-21　方案二部分模具结构简图

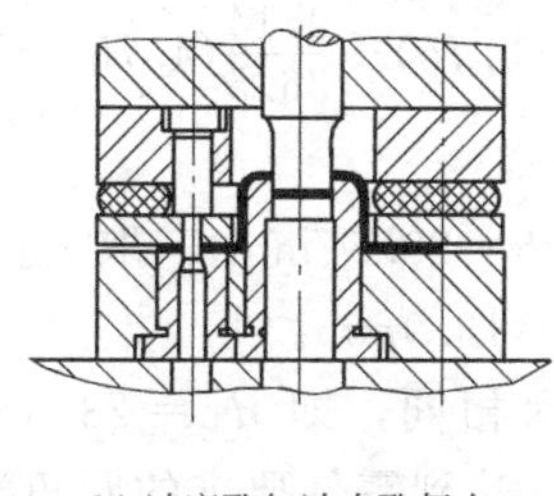

(a) 冲底孔与冲小孔复合

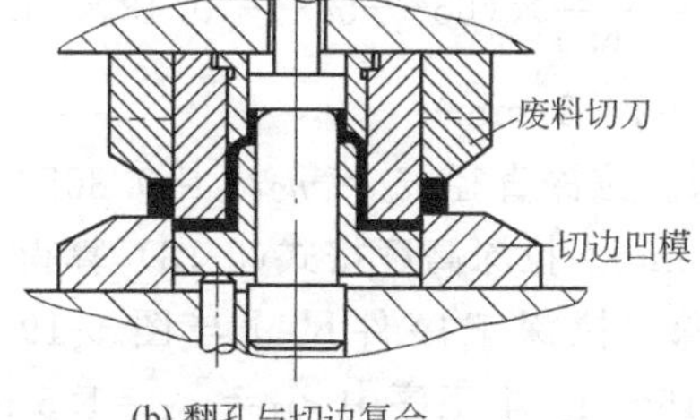

(b) 翻孔与切边复合

图 9-22　方案三部分模具结构简图

冲 $\phi3.2$mm 小孔复合及翻边与切边复合时，它们的工作零件都不在同一平面上，磨损快慢也不一样，这会给修磨带来不便，修磨后要保持相对位置也有困难。

方案四不仅存在工作零件修磨不方便的问题，而且预冲的底孔在第二次和第三次拉深时可能会变形，将会影响翻孔高度和口部质量。

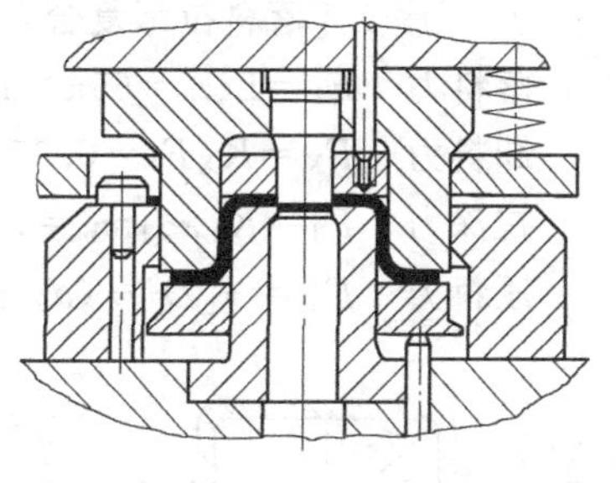

图 9-23　方案四第一道工序模具结构简图

方案五采用带料级进拉深或多工位自动压力机冲压，可获得较高的生产效率，而且操作安全，也避免了上述方案的缺点，但这一方案需要专用压力机或自动送料装置，而且模具结构复杂，制造周期长，生产成本高。因此，只有在大量生产中才较适宜。

方案一没有上述各方案的缺点，但其工序组合程度较低，生产率较低。不过各工序模具结构简单，制造费用低，对中小批量生产是合适的。

根据以上分析比较，决定采用方案一为本外壳零件的冲压工艺方案。

3. 主要工艺参数的计算

(1) 确定排样与裁板方案　板料规格拟选用 1.5mm×1800mm×900mm（08 钢板）。因坯料直径为 $\phi65$mm 不算太小，考虑到操作方便，采用条料单排。取搭边值 $a=2$mm，$a_1=1.5$mm，则

进距 $s=D+a_1=65+1.5=66.5$ (mm)

条料宽度 $B=D+2a=65+2\times2=69$ (mm)

经计算，采用纵裁法时，材料利用率为 $\eta=69.5\%$，采用横裁法时，材料利用率 $\eta=66.5\%$。由此可见，纵裁有较高的材料利用率，且该零件没有纤维方向性的考虑，故决定采用纵裁法。

经计算单个零件的净重 $G=0.033\text{kg}$，材料消耗定额（即单个零件所消耗的原材料）$G_0=0.054\text{kg}$。

（2）确定中间各工序件尺寸（按中线尺寸计算）

① 首次拉深。

首次拉深直径 $d_1=m_1D=0.56\times65=36.5(\text{mm})$

首次拉深时凹模与凸模圆角半径分别按式(5-37) 和式(5-41) 计算，取 $r_{d1}=5\text{mm}$，$r_{p1}=4\text{mm}$。则首次圆角半径为 $R_1=5.75\text{mm}$，$r_1=4.75\text{mm}$。

首次拉深高度按式(5-18) 计算，得

$$\begin{aligned}H_1&=\frac{0.25}{d_1}(D^2-d_t^2)+0.43(r_1+R_1)+\frac{0.14}{d_1}(r_1^2-R_1^2)\\&=\frac{0.25}{36.5}\times(65^2-54^2)+0.43\times(4.75+5.75)+\frac{0.14}{36.5}(4.75^2-5.75^2)\\&=13.5(\text{mm})\end{aligned}$$

② 二次拉深。拉深直径 $d_2=m_2d_1=0.805\times36.5=29.5(\text{mm})$。取 $r_{d2}=r_{p2}=2.5\text{mm}$，则 $R_2=r_2=3.25\text{mm}$。拉深高度按式(5-18) 算得 $H_2=13.9\text{mm}$。

③ 三次拉深。拉深工序件尺寸与图 9-19 所示相同，即 $d_3=23.8\text{mm}$，$R_3=r_3=2.25\text{mm}$，$H_3=16\text{mm}$。本工序中 $r_{d3}=r_{p3}=1.5$ mm，达到零件要求的圆角半径，此值虽然偏小，但因第三次拉深兼有整形作用，故可以达到。

其余中间工序件的尺寸均按零件尺寸而定。各工序的工序件形状及尺寸如图 9-24 所示。

（3）计算各工序冲压力，选择冲压设备

① 工序 1［落料拉深复合，模具结构按图 9-20(a)］。

落料力 $F_1=Lt\sigma_b=65\pi\times1.5\times400=122460(\text{N})$

卸料力 $F_X=K_XF_1=0.05\times122460=6123(\text{N})$

拉深力 $F_2=K_1\pi d_1t\sigma_b=1\times3.14\times36.5\times1.5\times400=68766(\text{N})$

压料力 $F_Y=\pi[D^2-(d_1+2r_{d1})^2]p/4$

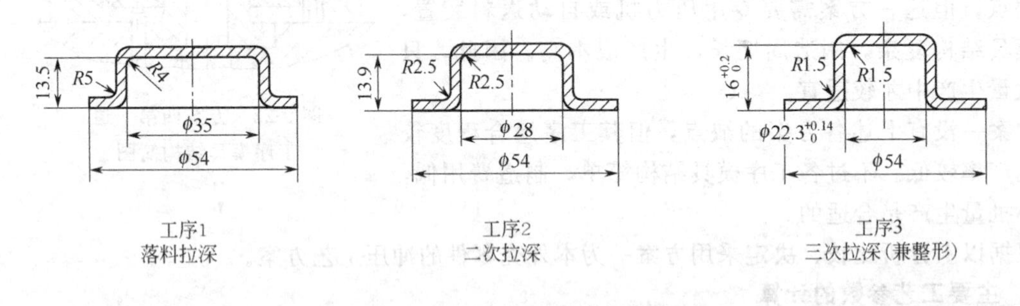

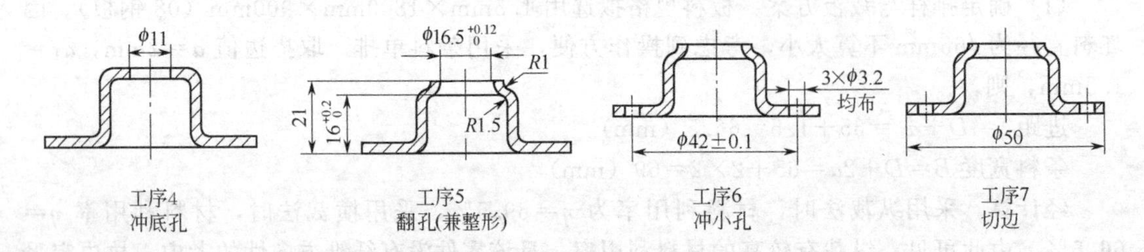

图 9-24　外壳冲压工序件图

$=3.14\times[65^2-(36.5+2\times5)^2]\times2.5/4=4048(\mathrm{N})$

因 $F_1>F_2$，故这一工序的最大冲压力在距下止点 13.5mm 左右达到，其值为

$$F_\Sigma=F_1+F_X+F_Y=122246+6123+4048=132417(\mathrm{N})\approx133\mathrm{kN}$$

因本工序是落料拉深复合，因此确定压力机公称压力时应考虑压力机的许用压力曲线，根据工厂现有设备选择合适的压力机。本工序可以选用 J23-35 压力机。

② 工序 2［第二次拉深，模具结构按图 9-20(b)］。

拉深力　$F=K_2\pi d_2t\sigma_b=0.8\times3.14\times29.5\times1.5\times400=44462(\mathrm{N})$

压料力　$F_Y=\pi(d_1^2-d_2^2)p/4=3.14\times(36.5^2-29.5^2)\times2.5/4=907(\mathrm{N})$

冲压总力　$F_\Sigma=F+F_Y=44462+907=45369(\mathrm{N})\approx45\mathrm{kN}$

压力机的公称压力同样应考虑压力机的许用压力曲线。本工序可以选用 J23-25 压力机。

本工序拉深系数较大（$m_2=0.805$），坯料相对厚度也较大（$t/d_1=1.5/36.5\times100\%=4.1\%$），可以不用压料，这里的压料圈实际上是作为定位和顶件之用。

③ 工序 3［第三次拉深兼整形，模具结构按图 9-20(c)］。

拉深力　$F_1=K_2\pi d_3t\sigma_b=0.7\times3.14\times23.8\times1.5\times400=31\ 387(\mathrm{N})$

压料力可取拉深力的 10%，即 $F_Y=0.1F_1=0.1\times31\ 387=3139(\mathrm{N})$

整形力　$F_2=pA=100\times3.14\times[(54^2-25.3^2)+(22.3-2\times1.5)^2]/4=207\ 899(\mathrm{N})$

由于整形力比拉深力大得多，且整形力是在临近下止点位置时发生，符合压力机的工作压力特性，故可按整形力大小选择压力机。本工序可选 J23-35 压力机。

④ 工序 4［冲 $\phi11$ 孔，模具结构按图 9-20(d)］。

冲孔力　$F=Lt\sigma_b=11\pi\times1.5\times400=20724(\mathrm{N})$

卸料力　$F_X=K_XF=0.05\times20724=1036(\mathrm{N})$

推件力　$F_T=nK_TF_{孔}=5\times0.055\times20724=5699(\mathrm{N})$

冲压总力　$F_\Sigma=F+F_X+F_T=20724+1036+5699=27459(\mathrm{N})\approx28\mathrm{kN}$

显然，只要选 63kN 压力机即可，但考虑冲件尺寸及行程要求，选用 J23-25 压力机。

⑤ 工序 5［翻孔，模具结构按图 9-20(e)］。本工序在翻孔变形结束时有整形作用，因而应分别计算翻孔力、整形力和顶件力。

翻孔力　$F_1=1.1\pi(D-d)t\sigma_s=1.1\times3.14\times(18-11)\times1.5\times196=7108(\mathrm{N})$

顶件力可取翻孔力的 10%，即 $F_D=0.1F_1=0.1\times7108=711(\mathrm{N})$

整形力　$F_2=pA=100\times3.14\times(22.3^2-16.5^2)/4=17\ 665(\mathrm{N})$

同样因整形力比翻孔力和顶件力大得多，故按整形力选择压力机。这里可以选用 J23-25 压力机。

⑥ 工序 6［冲三个 $\phi3.2$ 孔，模具结构按图 9-20(f)］。

冲孔力　$F=Lt\sigma_b=3\times3.2\pi\times1.5\times400=18086(\mathrm{N})$

卸料力　$F_X=K_XF=0.05\times18086=904(\mathrm{N})$

推件力　$F_T=nK_TF_{孔}=5\times0.055\times18086=4974(\mathrm{N})$

冲压总力　$F_\Sigma=F+F_X+F_T=18086+904+4974=23\ 964(\mathrm{N})\approx24\mathrm{kN}$

与工序 4 同样原因，可以选用 J23-25 压力机。

⑦ 工序 7［切边，模具结构按图 9-20(g)］。模具结构采用废料切刀（2 个）卸料和刚性推件方式，故只需计算切边力和废料切刀的切断力。

切边力　$F_1 = Lt\sigma_b = 50\pi \times 1.5 \times 400 = 94200(\text{N})$

切断力　$F_2 = 2L' t\sigma_b = 2 \times (54-50) \times 1.5 \times 400 = 4800(\text{N})$

冲压总力　$F_\Sigma = F_1 + F_2 = 94\,200 + 4800 = 99\,000(\text{N}) = 99\text{kN}$

也选用J23-25压力机。

4. 填写冲压工艺过程卡

该零件的冲压工艺过程卡见表9-2。

表9-2　玻璃升降器外壳冲压工艺过程卡

（厂名）	冲压工艺过程卡	产品型号		零(部)件名称	玻璃升降器外壳	共　页
		产品名称		零(部)件型号		第　页

材料牌号及规格	材料技术要求	坯料尺寸	每个坯料可制件数	毛坯重量	辅助材料
08钢(1.5±0.11)×1800×900		条料1.5×69×1800	27件		

工序号	工序名称	工　序　内　容	加　工　简　图	设　备	工艺装备	工时
0	下料	剪床上裁板69×1800				
1	落料拉深	落料与首次拉深复合	13.5　R5　r4　ϕ35　ϕ54	J23-35	落料拉深复合模	
2	拉深	二次拉深	13.9　R2.5　r2.5　ϕ28　ϕ54	J23-25	拉深模	
3	拉深	三次拉深(兼整形)	$16^{+0.2}_{0}$　R1.5　r1.5　$\phi22.3^{+0.14}_{0}$　ϕ54	J23-35	拉深模	
4	冲孔	冲ϕ11底孔	ϕ11	J23-25	冲孔模	
5	翻孔	翻底孔(兼整形)	$\phi16.5^{+0.12}_{0}$　R1　21　$16^{+0.2}_{0}$　r1.5	J23-25	翻孔模	
6	冲孔	冲三个ϕ3.2孔	3×ϕ3.2均布　ϕ42±0.1	J23-25	冲孔模	

续表

（厂名）	冲压工艺过程卡	产品型号		零(部)件名称	玻璃升降器外壳	共　页
		产品名称		零(部)件型号		第　页

材料牌号及规格	材料技术要求	坯料尺寸	每个坯料可制件数	毛坯重量	辅助材料
08 钢(1.5±0.11)×1800×900		条料 1.5×69×1800	27 件		

工序号	工序名称	工　序　内　容	加　工　简　图	设　备	工艺装备	工时
7	切边	切凸缘边达尺寸要求	ϕ50	J23-25	切边模	
8	检验	按零件图样检验				

										编制(日期)	审核(日期)	会签(日期)	
标记	处数	更改文件号	签字	日期	标记	处数	更改文件号	签字	日期				

思考与练习题

1. 制定冲压工艺过程时应分析研究哪些原始资料？
2. 简述冲压工艺过程制定的主要内容及步骤。
3. 冲压工序顺序的确定一般应考虑哪些原则？
4. 怎样理解工序组合的必要性和可能性？
5. 分别制定图 9-25(a)、(b) 所示零件的冲压工艺过程，生产批量为中批量生产。

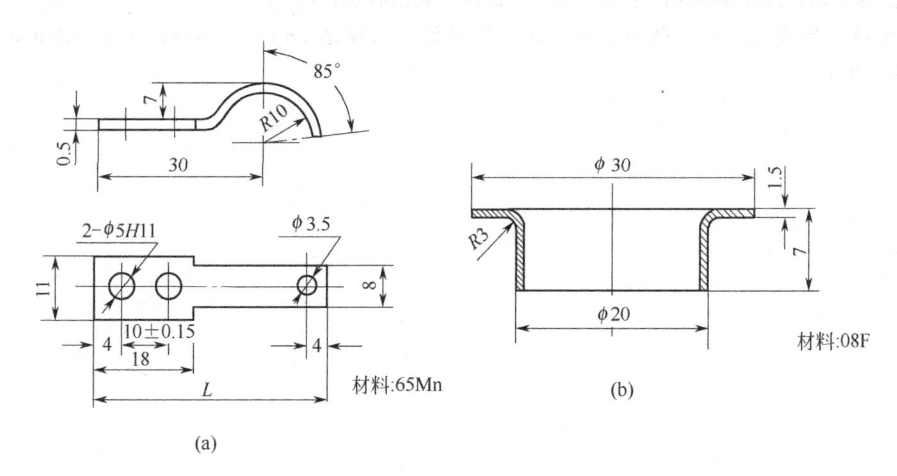

图 9-25　习题 5 附图

参 考 文 献

[1] 翁其金主编．冷冲压技术．北京：机械工业出版社，2001.
[2] 高鸿庭，刘建超主编．冷冲模设计及制造．北京：机械工业出版社，2002.
[3] 中国机械工业教育协会编．冷冲模设计与制造．北京：机械工业出版社，2002.
[4] 陈剑鹤主编．冷冲压工艺与模具设计．北京：机械工业出版社，2001.
[5] 沈兴东主编．冲压工艺与模具设计．济南：山东科学技术出版社，2004.
[6] 曾霞文，徐政坤主编．冷冲压工艺及模具设计．长沙：中南大学出版社，2006.
[7] 徐政坤主编．冲压模具及设备．北京：机械工业出版社，2005.
[8] 陈剑鹤主编．冷冲压工艺与模具设计．北京：机械工业出版社，2001.
[9] 卢险峰编著．冲压工艺模具学．北京：机械工业出版社，2000.
[10] 杜东福编．冷冲压工艺及模具设计．长沙：湖南科学技术出版社，2003.
[11] 模具实用技术丛书编委会编．冲模设计应用实例．北京：机械工业出版社，2000.
[12] 彭建声，秦晓刚编著．冷冲模制造与修理．第2版．北京：机械工业出版社，2000.
[13] 王孝培主编．冲压手册．第2版．北京：机械工业出版社．1990.
[14] 李云程主编．模具制造技术．北京：机械工业出版社，2002.
[15] 彭建声，秦晓刚编．模具技术问答．北京：机械工业出版社，2003.
[16] 甄瑞麟主编．模具制造技术．北京：机械工业出版社，2008.
[17] 周斌兴主编．冲压模具设计与制造实训教程．北京：国防工业出版社，2006.
[18] 冯炳尧等编．模具设计与制造简明手册．第2版．上海：上海科学技术出版社，1998.
[19] 段来根．多工位级进模与冲压自动化．北京：机械工业出版社，2001.
[20] 程培源主编．模具寿命与材料．北京：机械工业出版社，1999.
[21] 张鲁阳主编．模具失效与防护．北京：机械工业出版社，1998.
[22] 许发樾主编．模具标准应用手册．北京：机械工业出版社，1997.
[23] 成都航空职业技术学院精品课程：冲压模具设计与制造．http：//www. cavtc. net/jpkc/site-mo/index. html.